U0922176

2006
中国环境年鉴·环境监察分册

CHINA ENVIRONMENT YEARBOOK
ENVIRONMENTAL SUPERVISION FASCICLE

《中国环境年鉴·环境监察分册》编委会　编

2007年·北京

图书在版编目（CIP）数据

中国环境年鉴.2006，环境监察分册／《中国环境年鉴·环境监察分册》编委会编.—北京：海洋出版社，2007.7
ISBN 978-7-5027-6843-0

Ⅰ.中… Ⅱ.中… Ⅲ.①环境科学-中国-2006-年鉴 ②环境管理-中国-2006-年鉴 Ⅳ.X-12
中国版本图书馆CIP数据核字（2007）第093426号

责任编辑：白　燕
责任印制：刘志恒

2006中国环境年鉴·环境监察分册
2006ZHONGGUO HUANJINGNIANJIAN • HUANJINGJIANCHA FENCE

海洋出版社 出版发行
http://www.oceanpress.com.cn
(100081北京市海淀区大慧寺路8号)
北京新华印刷厂　印刷
2007年7月第1版　2007年7月北京第1次印刷
开本：787mm x 1092mm 1/16 印张：16.75（插页:96面）
字数：567千字　　印数：1-4000册
定价：118.00元

2006年5月31日，国家环保总局局长周生贤在全国整治违法排污企业，保障群众健康环保专项行动电视电话会议上讲话。

2006年5月31日，国家环境保护总局副局长张力军参加了全国整治违法排污企业，保障群众健康环保专项行动电视电话会议。

2006年5月31日，《全国整治违法排污企业保障群众健康环保专项行动电视电话会议》北京主会场。

“环保专项行动”期间，拆除违反国家产业政策小炼铁高炉。

环境监察人员在企业排污口提取水样。

2005年12月17日，广东北江凉城韶关段镉污染事故现场，武警官兵筑坝拦截污染物。

2006年6月，山西省与河北交界繁峙县神堂堡乡大寨口村，发生煤焦油泄漏大沙河污染事故，总局及河北省局领导在河北阜平县大沙河段现场，指导筑坝拦截污染物。

重庆市12369环保举报热线应急指挥监控中心。

河南省郑州市环境监控指挥中心。

2006年总局思想作风整顿期间，环监局组织全体干部开展拓展训练。

中华人民共和国建国65周年之际，国家环保总局、解放军环办、北京市环保局等隆重举行“我们的祖国歌甜花香”联欢会，总局环境监察局、北京市环保监察队，西城、丰台环保局同台高歌《监察队员之歌》。

《中国环境年鉴·环境监察分册》编委会

《中国环境年鉴·环境监察分册》特约编辑

（以下按省、市、自治区顺序排列）

缪旭波　（国家环境保护总局华东环保督查中心）
李文禧　（国家环境保护总局华南环保督查中心）
蔡金娜　（北京市环境监察队）
戴尚德　（天津市环境监察总队）
郭志中　（河北省环境监察局）
张全升　（山西省环境监察总队）
廉升光　（内蒙古自治区环境监察总队）
孙鹏轩　（辽宁省环境监察局）
程金灿　（吉林省环境监察总队）
郭艳军　（黑龙江省环境监察总队）
彭振发　（上海市环境监察总队）
潘　炜　（江苏省环境监察局）
刘　凤　（浙江省环境监察总队）
袁永宏　（安徽省环境监察局）
秦　明　（福建省环境监察总队）
胡予秋　（江西省环境监察总队）
韩　凯　（山东省环境监察总队）
荆国一　（河南省环境监察总队）
孟凡松　（湖北省环境监察总队）
兰　洋　（湖南省环境监察总队）
张作凡　（广东省环境监察总队）
郑伯春　（广西壮族自治区环境监察总队）
杨昌新　（海南省国土环境资源监察总队）
顾怀东　（重庆市环境监察总队）
陈泽文　（四川省环境监察总队）
邓瑞举　（贵州省环境监察总队）
崔震宇　（云南省环境监理所）
阿　松　（西藏自治区环境监察总队）
樊江泉　（陕西省环境监察局）
宁　炳　（甘肃省环境监理所）
董郁海　（青海省环境监察总队）
刘韵垠　（宁夏回族自治区环境监察总队）
刘寒峰　（新疆维吾尔自治区环境监察总队）
彭　伟　（哈尔滨市环境监察支队）
陈　舟　（南京市环境监察支队）
宋晓奔　（大连市环境监察支队）
赵润德　（青岛市环境监察支队）
陈　波　（宁波市环境监察支队）
李　华　（厦门市环境监理中心所）
郎丽娜　（沈阳市环境监察支队）
胡晓明　（长春市环境监察支队）
王　晴　（武汉市环境监察支队）
苏士路　（广州市环境监察支队）
赵文军　（西安市环境监察支队）
胡　华　（深圳市环境监察支队）
彭晓鹏　（济南市环境监理总站）

基　本　栏　目

特辑

政策法规

2005 年全国环境监察工作概况

污染源监察

生态环境监察

建设项目与限期治理监察

排污费征收

环境稽查与违法案件查处

环境事件处理与事故防范

环境监察公众参与

“两会”提案议案办理

信息系统建设与管理

环境监察自身建设与内务管理

环境卫士风采录

环境执法纵横谈

大事记

环境监察统计

2005 年环境监察重要文件目录

目　录

生态环境监察 …… 87

环境事件处理与事故防范 …… 134

环境监察公众参与 …… 145

大事记 ………………………… 218

环境监察统计 ………………… 223

2005 年环境监察重要文件目录 ………………………… 227

索引 ………………………………… 235

Catalogue

特 辑

◎ 党和国家领导人有关环境检查工作的重要讲话（2005年）

◎ 国务院六部门负责人在2005年全国整治违法排污企业保障群众健康环保专项行动电视电话会议上的讲话

◎ 国家环境保护总局领导关于环境监察工作的讲话（2005年）

党和国家领导人有关环境监察工作的重要讲话（2005年）

胡锦涛总书记在中央人口资源环境工作座谈会上的讲话（摘录）

要严厉打击违法排污企业，严肃查处环境违法行为。淘汰一批落后的技术、工艺、设备和生产能力，严格环境准入制度，加大重点污染行业结构调整的力度，加强重点流域区域污染防治，重点解决群众反映强烈、影响社会稳定的环境问题，切实维护群众利益。

（2005年3月12日）

温家宝总理在中央人口资源环境工作座谈会上的讲话（摘录）

着力解决严重威胁人民群众健康安全的环境污染问题。要切实抓好水污染防治，加快城市大气污染治理，严把建设项目环境准入关，严格环境执法。

（2005年3月12日）

中纪委吴官正书记在国家环保总局调研时的讲话（摘录）

党中央、国务院对环境保护问题十分重视。在前不久召开的中央人口资源环境工作座谈会上，胡锦涛同志和温家宝同志强调要严肃处理环境违法案件，切实维护人民群众利益。曾培炎同志对环保工作也十分重视，中央纪委第五次全会部署的严肃查处企业违法排污案件工作，就是他提出来的。今年"两会"期间，人大代表、政协委员对环境保护问题十分关注，涉及这方面的提案、议案的数量和质量都明显高于往年。近年来，随着我国经济的发展，环境问题日渐突出，企业违法排污导致严重，危害群众生产生活的事件时有发生，威胁群众的生命安全，人民群众对环境保护的呼声和要求越来越强烈。我们一定要按照党中央、国务院的要求，采取有效措施，加强环境保护，切实维护人民群众利益。

一、认真开展环保专项整治行动，维护好人民群众的切身利益。要紧紧围绕加强和改善宏观调控，深入开展以"打击环境违法行为，保障群众健康"为主题的环保专项整治行动，严查企业违法排污行为，维护群众环境权益。在专项整治行动中，主要检查地方各级政府及有关部门执行环境保护法律法规，企业违法排污影响群众健康，重点流域和重点地区污染防治等情况；着重解决群众反映强烈的环境问题，尤其是城市噪声扰民和大气污染、农村饮水安全等群众不满意的问题。开展专项行动一定要与建立健全责任制和责任追究制度联系起来，督促各级政府和有关部门切实负起责任，坚决预防和治理企业违法排污行为。

二、严肃查处违纪违法案件，坚决惩治侵害群众切身利益的行为。要加大监督检查力度，严格执行各项环境保护管理制度，督促有关单位认真履行环境影响评价报批手续，加强对新建项目的环境管理。通过监督检查和受理群众举报等，扩大案源渠道，对发现的违反国家环保法律法规的案件线索，要及时组织力量进行查处。对滥用职权、疏于监管造成重大环境污染事故和生态破坏事件的，对包庇非法经营行为的，要发现一起，查处一起。对涉嫌犯罪的，要移送司法机关处理。同时，要加强对环保先进典型的宣传报道，总结、推广创建环保模范城市、各类生态示范区、绿色社区等活动中涌现出的好做法、好经验；加强对基本国情、基本国策和有关法律法规的宣传教育，在全社会进一步树立节约资源、保护环境的意识。

三、深化改革，建立健全维护人民群众环境权益的长效机制。坚持以改革为动力，不断推进体制机制制度创新，鼓励生态建设和环境保护，从根本上解决危害人民群众健康安全的环境问题。坚持统筹规划，加大投入，标本兼治，突出重点，有步骤地进行环境治理和建设。逐步建立健全国家监察、地方监管、单位负责的环境监管体制，加强和完善环境保护协调机制，建立法律、经济手段配合使用的利益导向机制。坚持依靠科技进步推进环境保护和治理，推进资源开发与节约，不断提高环境保护成效。认真开展执法监察和效能监察，严格执法，依法行政，保证国家有关环保法律法规和政策措施的贯彻落实。实行政务公开，只要不是保密的建设项目，就要将其基本情况、主要环境影响以及审批意见等向群众公开，对于重大项目和环境敏感项目，要通过听证会等形式充分听取各方面意见，接受社会监督。

各级党委、政府要从全局和政治上考虑问题，处理好全局利益和局部利益、短期利益和长期利益的关系，进一步增强抓好环境保护工作的责任意识。要把加强环境保护、维护人民群众切身利益的工作，纳入重要议事日程。各级政府要对本地区环境质量全面负责，对经济社会发展的重大决策和规划，要进行科学论证和环境评估。环保等有关部门要切实发挥职能作用，加强沟通，协作配合，提高环境监察和管理能力，形成整体合力。纪检监察机关要积极主动地配合环保等部门搞好环境保护的监督检查和案件查处工作，维护人民群众的切身利益。

我们要牢固树立和全面落实科学发展观，本着对人民负责、对未来负责、对子孙后代负责的精神，扎实工作，开拓进取，努力实现"让人民群众喝上干净的水、呼吸清新的空气，有更好的工作和生活环境"的奋斗目标，为构建社会主义和谐社会做出新的贡献。

（2005 年 4 月 26 日）

国务院六部门负责人在 2005 年全国整治违法排污企业保障群众健康环保专项行动电视电话会议上的讲话

国家环境保护总局局长解振华的讲话

（已收入 2004 年卷《中国环境年鉴·环境监察分册》）

国家发展和改革委员会副秘书长马力强的讲话

同志们：

国务院六部门开展"整治违法排污企业保障群众健康环保专项行动"以来，切实解决了一些群众反映强烈的突出环境问题，取缔关闭了一批违反国家环保法律法规和国家产业政策的重污染企业，初步遏制了污染反弹的趋势，取得了明显成效，得到了国务院领导的充分肯定。今年，国务院办公厅印发了《国务院办公厅关于深入开展整治违法排污企业保障群众健康环保专项行动的通知》，进一步把环保专项行动推向深入。

今天由国家环保总局等六部门联合召开电视电话会议，部署 2005 年全国开展"整治违法排污企业保障群众健康环保专项行动"非常重要，是树立和落实科学发展观的具体体现。刚才，解振华局长对今年的专项行动做了具体安排，我们完全赞同。国家发展改革委将贯彻落实国办通知精神，和有关部门共同开展好这次专项行动。各级发展改革（经济）部门要在当地政府的统一领导下，与环保等有关部门密切合作，努力完成各项工作；要发挥经济主管部门的优势，结合环保专项行动，突出抓好以下几方面工作：

一、要把污染防治作为结构调整的重要目标

一是在宏观调控和经济运行中，要将抑制高资源消耗、高污染行业的盲目发展作为宏观调控的目标之一。要按照中央宏观调控要求，加强环保政策和产业政策、投资政策衔接配合，抑制部分高资源消耗、高污染行业盲目投资、低水平扩张。二是继续加大对钢铁、有色、纺织、化工、造纸等行业的结构调整步伐，提高造纸、化工、酿造、纺织等污染较重行业的工艺技术水平，有效降低主要污染物排放；同时，按照"疏堵结合"的原则，结合技术改造，"以新代老"，解决好一批老企业的污染问题。三是要大力支持和发展环境污染相对较小、对经济增长有较大带动作用的高新技术产业和服务业，促进产业结构正在朝着有利于环境保护的方向转变。

二、清理违法建设项目，严格项目环境管理

要继续把清理违法违规建设项目作为专项整治行动的一项重点工作，对不符合要求擅自开工建设的固定资产投资项目，要视情况分别提出停止建设、限期整改、取消立项等处理意见。对那些严重污染环境的固定资产投资项目和企业，在项目备案、核准和审批过程中，要在土地批复、贷款承诺、环评审批手续等方面严格把关，尤其对没有依法履行环评审批手续的项目，坚决不予批准。新建项目凡是不符合国家产业政策和发展规划、不符合环境标准的，不得批准开工建设。对新建项目，要认真执行"三同时"制度。

三、加快重点工程建设，努力改善环境质量

加快环境保护重点治理工程建设，努力改善重点流域、区域的环境质量。要突出抓好全社会普遍关注的三峡、淮河、黄河中上游等重点流域以及重要饮用水源地的污染防控工作，加大资金投入，组织实施好污染治理重点工程，确保发挥应有的环境效益。要加大对危险废物和医疗废物处置设施建设、"两控区"二氧化硫治理、东北等老工业基地矿山生态恢复、节能、节水和资源综合利用等项目的支持力度，进一步做好工业污染防治工作。

要按照"规划先行、价格政策配套、产业化发展、稽查督导"的路子，抓紧建设污水、垃圾设施及其配套管网，加快落实污水、垃圾处理收费制度，积极培育产业化发展所需的市场条件，逐步规范设施运营管理。

要把解决农村环境污染摆上重要位置，研究提出农村面源污染综合整治措施，尤其要控制规模化畜禽养殖业的污染，以及不合理使用农药、化肥造成的污染。

四、加快推行清洁生产，从源头预防污染的产生

要认真贯彻落实《清洁生产促进法》和《国务院办公厅转发国家发展改革委等部门关于加快推行清洁生产意见的通知》，大力推行清洁生产。突出抓好重污染行业和资源型行业的清洁生产工作，大力开展创建清洁生产先进企业活动；按照《清洁生产审核暂行办法》的要求，在重点行业、重点流域区域开展清洁生产审核工作，组织编制并有步骤地实施重点行业、重点区域的清洁生产推行规划，引导企业实施清洁生产，从源头和全过程控制污染的产生和排放。

五、转变经济增长方式，推动循环经济发展

要积极转变经济增长方式，努力推动循环经济发展。各级发展改革委要建立健全推进循环经济发展的协调工作机制，做好组织协调和指导推动工作，加强调查研究，及时解决推进循环经济发展中遇到的各种问题。要根据本地区实际，制定和实施循环经济推进计划。要在生产、流通和消费的各个领域，大力推进节能降耗，提高资源利用率，减少自然资源的消耗。抓好循环经济试点示范工作，积极推动可再生资源的回收和循环利用，支持一批以节能降耗、清洁生产和资源综合利用为主要内容的循环经济重大项目。

同志们，今年是开展“整治违法排污企业保障群众健康环保专项行动”关键的一年，各级发展改革（经济）部门要按照国办通知要求和六部门的统一部署，高度重视并积极配合有关部门做好专项行动的相关工作，为解决群众反映强烈的环境问题，遏制污染反弹趋势，切实改善环境质量做出积极贡献。

（2005 年 6 月 10 日）

监察部副部长陈昌智的讲话

同志们：

为贯彻落实《国务院办公厅关于深入开展整治违法排污企业保障群众健康环保专项行动的通知》，环保总局、发展改革委、监察部、工商总局、司法部、安全监管总局六部门联合召开这次电视电话会议，进一步部署环保专项整治行动工作。刚才，解振华局长对专项行动进行了全面部署，讲得很好，我完全同意。下面，我讲讲监察机关前一阶段的工作，并就继续做好专项行动工作讲几点意见：

一、两年来监察机关参加环保专项整治行动取得了一定工作成效

环境保护是我国的一项基本国策。党中央、国务院对环境保护工作一直都十分重视。在 2004 年和 2005 年的中央人口资源环境工作座谈会上，胡锦涛总书记和温家宝总理都明确指示，要严格环境执法，严肃查处环境违法行为，切实维护人民群众利益。曾培炎副总理对环保工作也多次做出批示，提出工作要求。国务院六部门联合开展的“整治违法排污企业保障群众健康环保专项行动”已经历时两年，重点整治了超标排污、偷排偷放、噪声扰民、油烟污染等危害群众利益的环境问题，纠正和处理一批违反环保法律法规的行为，取得了积极成效。各级政府工作人员和全民的环境意识明显增强，部分地区和城市环境污染得到改善，有力地促进了改革开放和现代化建设的顺利进行。

两年来，各级监察机关按照国务院统一部署，会同有关部门积极开展环境保护执法监察，在治理环境污染和生态保护方面发挥了自身职能作用。

一是积极主动地配合环保等部门部署环保专项整治行动工作。一些地方的监察机关把专项行动作为执法监察一项重要工作进行部署，积极参加环保专项整治行动联席会议，定期召开会议进行安排和落实工作，加大人员投入，努力整合执法力量和执法资源，保证工作效果。

二是通过监督检查，切实解决了一批群众反映强烈的环境问题。监察机关在监督检查中重点督促地方各级政府、有关行政主管部门认真执行国家环保法律法规和国务院有关环保决定，依法行政，切实负起责任。2004 年，18 个省（区、市）人民政府主动清理纠正了 208 件地方制定的违反环境保护法律法规的政策规定。国务院六部门部际联席会议办公室先后派出 19 个暗查组，对淮河流域污染反弹、河北省唐山市钢铁企业污染等问题进行了重点督办。监察机关配合有关部门派出暗查组和联合督察组 1 000多个，多次深入地（市）、县对环境污染治理和生态保护情况进行检查，集中督办重点问题。

三是注重发挥案件查处的震慑和警示作用。各级监察机关发挥职能作用，依纪依法查处了一批违法排污、造成恶劣社会影响的环保违纪违法案件，对有关责任单位和责任人员进行了责任追究，确保重点案件查处到位。如四川省监察厅会同环保部门查处了沱江流域特大水污染和沱江资中段严重污染问题，对 14 名责任人员给予了相应的党纪政纪处分，7 人移送司法机关处理；云南省监察厅查处了泸沽湖环境污染问题，并责成丽江市政府对 11 名责任人员进行了处理。河北、山西、安徽、重庆、海南等省（区、市）监察机关也积极采取措施，部署力量查办环保案件，解决了一批群众反映的热点问题。

二、监察机关要加大工作力度，把环保专项整治行动不断推向深入

尽管两年来的环保专项整治行动取得了一定成

效，但是，随着经济的发展，企业片面追求经济利益与保护资源环境的矛盾还比较尖锐，企业违法排污导致危害群众生产生活的事件还时有发生。一些地方的大企业故意不正常运行治污设施、偷排偷放，小企业连片反弹的问题仍然存在。今年，中央纪委第五次全会要求坚决纠正企业违法排污损害群众利益的突出问题。前不久，吴官正同志到国家环保总局检查工作时强调，对滥用职权、疏于监管造成重大环境污染事故和生态破坏事件的，包庇非法经营行为的，要发现一起，查处一起；要认真开展执法监察和效能监察，依法行政，保证国家有关环保法律法规和政策措施的贯彻落实，从根本上解决危害人民群众健康安全的环境问题。因此，我们丝毫不能放松环保专项整治行动的工作要求和标准，应当再接再厉，巩固成果，建立和完善长效机制，持续不断地整治企业违法排污行为，把专项行动进一步推向深入。各级监察机关要主动把这项工作纳入党风廉政建设和反腐败工作总体格局之中，作为服务经济建设的一项重要内容，积极配合环保等部门开展工作。

一是要加强领导。认真贯彻落实环境保护法律法规和政策规定，推进生态文明是依法行政，构建和谐社会的要求，是维护人民群众利益的具体体现。各级监察机关的领导同志要进一步提高对环保专项整治行动重要性和紧迫性的认识，加大工作力度，确保责任到位、措施到位，合理安排和使用力量；分管领导要经常听取汇报，加强工作的督促和指导，共同研究解决工作中遇到的困难和问题；要注意加强调查研究，及时总结经验，创新工作方式和方法，不断提高工作水平。

二是要加强监督检查。监察机关要配合有关部门加强监督检查。在监督检查中，首先要梳理两年来监督检查中发现的问题，对那些没有整改到位的，要跟踪检查，确保监督工作的有效性。其次，要突出重点，对重点环节和区域、环保专项整治工作进展缓慢的地方加大监督检查力度，督促其彻底整改。第三，要督促地方各级人民政府、有关行政主管部门、涉及监察对象的企业及其领导切实履行职责。在监督检查中，要注意加强与各部门的协调配合，经常沟通工作进展情况，增强工作的整体性；要与业务主管部门建立有效的工作机制和案件移送制度，完善相关的行政执法和过错追究责任制。对业务主管部门需要监察机关配合的工作，应积极给予支持，共同推动环保专项整治工作向前发展。

三是要严肃查处违纪违法案件。各级监察机关要认真查办案件，坚决惩治危害群众健康安全的行为。通过监督检查和受理群众举报等途径和方式，扩大案源渠道，对发现的违反国家环保法律法规的案件线索，要及时组织力量进行调查处理。对地方政府及有关部门在行政决策中出现重大失误，导致辖区或相邻区域环境受到严重污染或者造成破坏的；对环境违法行为查处不力，甚至包庇、纵容企业违法排污行为的；对群众反映强烈的环境问题长期得不到解决的，都必须认真调查，严肃处理。情节严重的，不仅要严肃追究直接责任人的责任，还要追究当地政府和职能部门领导人员的责任；对涉嫌犯罪的，要移送司法机关处理。

同志们，整治违法排污企业，保护生态环境，是实践“三个代表”重要思想的具体体现，是保障经济健康发展、提高人民生活环境质量的重要措施。各级监察机关要按照这次电视电话会议的部署和要求，本着对国家、对人民、对未来高度负责的精神，忠于职守，勤奋工作，维护行政纪律，保证政令畅通，为构建社会主义和谐社会作出新的贡献。

（2005 年 6 月 10 日）

司法部政治部主任张苏军的讲话

同志们：

2003 年以来，按照国务院的要求，国家环保总局等六部委连续两年联合开展了“整治违法排污企业保障群众健康环保专项行动”。通过查处环境违法典型案件、取缔关闭重污染企业、清理违反国家环保法律法规的“土政策”，解决了一批影响群众健康的突出问题，取得了阶段性成果。在专项整治行动中，司法行政机关充分发挥法制宣传、法律服务和法律保障的职能作用，紧紧围绕专项整治行动的主题，积极加强环保法律法规宣传，努力提高全社会尤其是各级领导干部和企业经营管理人员的环保法制意识，为专项整治行动营造良好的法制氛围，对推进专项整治行动的深入开展发挥了积极作用。

2005 年国务院决定在全国范围内继续深入开展以“打击环境违法行为，保障群众健康”为主题的专项整治行动，充分体现了对环境保护工作的高度重视。司法部将按照国务院的部署，进一步提高认识，紧紧围绕今年的环境专项整治主题和工作重点，认真做好以下几项工作。

一、进一步提高认识，切实抓好环境保护法律法规的宣传教育。一是继续把环境保护法律法规作为年度法制宣传教育的重点内容，有针对性地开展宣传教育。各级司法行政机关要把加强环境保护法律法规教育，与树立科学发展观结合起来。加强对各级领导干部、行政执法人员、企业经营管理人员的环境保护法律法规教育，形成依法决策、依法行政、依法经营的良好风气，不断增强环境保护法律意识。二是把环境保护法律法规的宣传教育情况作为今年“四五”普法总结验收的内容。充分利用今年“四五”普法总结验收这一有利时机，认真检查工作中的薄弱环节，发现问题，及时整改。三是立足当前，着眼长远，把环境保护法律法规列入“五五”普法内容。

今年下半年，司法部、全国普法办将研究制定“五五”普法规划，我们将结合当前环境保护工作中存在的突出矛盾和问题，广泛开展调查研究，继续把环境保护法律法规作为下一步全民法制宣传教育的重要内容之一，制定切实可行措施，努力扩大环保法律法规宣传的覆盖面和影响力，为环境保护工作的持续开展营造良好的法制氛围。

二、进一步加大力度，努力探索环境保护法律法规宣传教育的有效形式。各级司法行政机关要充分发挥法制宣传教育的优势，利用广播、电视、报刊、网络等大众传媒，以法制专栏、法制专题、法制讲座等形式，围绕今年环境保护专项整治的重点，对影响人民群众生产生活，群众反映强烈的环境问题集中进行相关法律法规的宣传，为环境问题的处理提供法制保障。要通过开展送法进机关、进企业、进学校、进社区、进农村，利用法制宣传栏、黑板报、标语栏、展板等阵地，宣传环保法律法规，使环保法律法规家喻户晓、深入人心。要密切配合环保专项整治行动，针对群众反复投诉、长期难以解决的“十五小”、“新五小”企业集中污染问题，关系群众生产生活的城市噪声污染、大气污染、饮用水污染问题，矿产开发、交通、能源建设项目开发过程中的环境保护问题等，通过编印相关环境保护的法制宣传资料、宣传挂图，引导相关单位和相关企业正确认识妥善处理环境问题，严格依法办事。要加大对环境违法典型案件的宣传，通过以案说法，加强警示教育，震慑顶风违法排污企业，教育广大干部群众。

三、充分发挥司法行政部门的职能作用，积极维护群众合法权益，努力提供方便、快捷的法律服务。各级司法行政机关要从自身的职能出发，为环保专项整治行动提供良好法律服务、法律帮助。一是基层法律服务所、人民调解组织，要充分发挥自身优势，积极为人民群众提供法律咨询和法律服务，加大对环境污染矛盾纠纷的排查、调处力度，及时发现问题，加以疏导，引导人民群众通过合法方式维护自身的权益，维护自身的合法利益，确保基层社会稳定。二是充分利用“12348”法律服务热线，及时为人民群众解答环境保护法律法规问题，并对了解掌握的有关环境问题，及时向有关部门反映，为有关部门依法处理环境污染纠纷建言献策。三是充分发挥律师、公证、基层法律服务、法律援助工作者的作用，通过开展专项法律咨询和法律援助，帮助环境污染受害群众通过法律途径解决问题，减少因环境问题引发的社会矛盾和纠纷，防止矛盾激化，以切实维护人民群众合法权益。引导广大群众正确运用法律与违法排污、破坏环境、污染环境的行为作斗争。

良好的生态环境是社会生产力持续发展和人类生存质量不断提高的重要基础，是构建社会主义和谐社会的基本要求。保护环境是我国的基本国策。保护环境是全社会每一个单位、每一名成员义不容辞的责任。当前，随着我国各项建设事业的发展，经济发展与环境的矛盾日益突出，环境保护的形势依然十分严峻，依法治理环境问题，整治违法排污企业保障人民群众健康任重道远。各级司法行政机关将坚决按照这次会议的部署，在各级党委、政府的领导下，与国家环保总局和有关部门密切配合，充分发挥自身的职能。求真务实，扎实工作，为推进我国的环保事业发展和构建人与自然和谐相处的社会贡献力量。

（2005 年 6 月 10 日）

国家工商行政管理总局副局长刘玉亭的讲话

同志们：

我完全赞成环保总局解振华局长对今年深入开展“整治违法排污企业保障群众健康环保专项行动”做出的全面部署。根据会议的安排，我就工商行政管理部门在环保专项整治行动的工作讲几点意见。

一、进一步认清形势和任务，切实增强开展环保专项整治行动的责任感和紧迫感

2003 年以来，在“整治违法排污企业保障群众健康环保专项行动”中，工商行政管理部门认真贯彻党中央、国务院关于加强环境保护工作的指示和要求，努力发挥职能作用，积极配合主管部门，加大了对有关市场主体的监管力度，解决了一批群众反映强烈的问题。据对淮河、太湖流域的江苏、浙江、黄河流域的内蒙古、山西以及北京和重庆等 6 个重点地区的不完全统计，工商行政管理部门共出动执法人员 48 000 多人次，检查企业 14 万家，依法查处 11 000余家。

工商行政管理机关承担着多项整顿和规范市场经济秩序的专项行动任务，有些是由我们牵头，有些是配合。工作任务重，头绪多，专项行动涉及的利益关系、需要协调的方面比较多，特别是有些方面的法律法规还在健全完善的过程中，需要我们不断探索。这对我们的执法工作提出了很高的要求。取得这样的成绩，大家付出了很多努力。但也要清醒看到，我们在工作中还有不少问题需要解决。有的地方在处理为经济发展服务和整顿规范经济秩序的关系上存在认识误区，对整治违法排污企业不够重视，影响了工商行政管理职能的发挥；有的地方工作机制不够健全，个别地方甚至没有建立，责任没有落实到位或者没有完全落实到位；少数地方遇到困难和问题后，既缺乏积极进取、克服困难、解决问题的精神，又缺乏及时向当地党委、政府汇报和请示，向有关部门反映的主动性。当前，企业违法排污问题还没有从根本上得到遏制，环境污染问题已经成为影响社会稳定的重要因素。一些企业违法排污实际是用违法手段从事市场竞争，是对市场秩序的干扰和破坏。查处违法排污企业，工商部门责无旁贷。我们必须更加努力，进一步认清形势任务，牢固树立和坚决落实科学的发展观，增强责任感和使命感，充分发挥职能作用，扎扎实实开展专项行动，为构建和谐社会服务。

二、认真落实工作责任，扎实开展整治行动

根据《国务院办公厅关于深入开展整治违法排污企业保障群众健康环保专项行动的通知》和国务院六部门《关于深入开展整治违法排污企业保障群众健康环保专项行动的工作方案》，工商行政管理部门在这次环保专项整治行动中的任务是：严格执行国家产业政策，对国家禁止建设的"十五小"、"新五小"企业一律不予登记；协助执行地方人民政府对违法企业下达的关闭决定，依法办理注销登记或者吊销其营业执照；对无照经营的违法企业依法取缔。

各级工商行政管理部门要认真总结近年来环保专项整治工作的执法经验，进一步加强领导，落实整治工作责任。已经建立工作机制的地方，要进一步把工作做细做实。少数没有建立工作机制的地方，要抓紧建立。各级工商行政管理部门都要确定一位领导负责环保专项整治行动，明确具体工作部门和人员，确保组织到位；要按照地方人民政府制订的具体实施方案和统一部署开展工作，确保行动到位。要及时研究解决存在的问题，推动专项整治工作深入开展。要执行严格的责任追究制，对发现的问题查处不力，或者采取措施迟缓、拖延，造成严重后果的，要依纪依法追究相关人员的责任。

三、紧紧依靠地方党委和政府，加大整治执法力度

对我们市场监管和行政执法部门来讲，监管是服务的重要内容，监管好市场秩序就是为一方经济社会的发展造福。要处理好服务地方经济发展与监管执法的关系。要按照地方人民政府的统一部署开展专项行动，对地方人民政府挂牌督办的突出环境污染问题，要重点配合。对地方人民政府责令关闭的企业，要责令限期办理注销登记。对吊销营业执照的企业，要加强后延监管，发现继续从事经营活动的，要严厉查处。对企业表面上虽然被关闭或取缔，但是生产条件依然存在的，一方面要加大巡查力度，另一方面要争取地方政府支持给予彻底解决。在市场准入、取缔无照经营、关闭不达标企业等各个环节上，要争取当地党委、政府和有关部门的最大支持。遇到一时解决不了的困难，要及时与有关部门沟通，向上级机关反映，寻求解决办法，绝不能消极等待。要通过专项整治工作进一步体现市场监管职能，规范市场秩序，真正为地方经济全面协调可持续发展服务。

四、切实加强与有关部门的协调配合，形成整治合力

各级工商行政管理部门要主动加强与有关部门、特别是环保部门的协作配合，建立有效的信息交换通报机制，增强整治合力。对环保部门移交的违法案件，要在规定的时限内依法从快处理，并及时通报处理结果；对本部门在日常监管执法、受理投诉举报过程中发现掌握的有关环保违法企业的信息，要主动向环保等有关部门进行通报。整治中遇到重大阻力，更要与环保等有关部门密切协商，积极应对，共同想办法克服困难。

各级工商行政管理机关要充分发挥工商所属地监管的职能作用，综合运用年度检验、经济户口管理、市场巡查、企业信用分类监管等手段，提高整治效果，并探索建立长效监管机制。对专项整治工作进展情况、存在问题及建议，要及时上报。专项整治工作结束时，各省、自治区、直辖市工商行政管理局要将工作总结报送总局。

（2005年6月10日）

国家安全生产监督管理总局副局长孙华山的讲话

同志们：

根据会议安排，下面，我就安全生产监管部门在参加2005年"整治违法排污企业保障群众健康环保专项行动"中的工作，讲几点意见：

一、从坚持以人为本、落实科学发展观的高度，充分认识深入开展环保专项行动的重要意义

近两年来，由国家环保总局牵头，六部门联合开展的"整治违法排污企业保障群众健康环保专项行动"，查处了一批典型违法案件，取缔关闭了一批重污染企业，取得了阶段性成果。然而，由于种种原因，环境保护形势仍然十分严峻。环境保护与安全生产工作联系密切。不少安全生产事故直接引发了环境污染。今年3月29日京沪高速公路江苏淮安段发生交通事故导致液氯泄漏，造成29人死亡，350人住院，1.5万头牲畜死亡，直接经济损失1 700多万元，对生态环境也造成一定损害。大量事例表明，凡是不注重环保、污染严重的企业，在安全生产工作上也往往存在较大的问题。

环境保护与安全生产工作，都是从维护人民群众利益出发，坚持以人为本，坚持人与自然和谐发展，落实科学发展观，实施可持续发展战略的组成部分是全面建设小康社会、统筹经济社会全面发展的重要内容。各级安全生产监管部门一定要充分认识贯彻国务院办公厅《关于深入开展整治违法排污企业保障群众健康环保专项行动的通知》（国办发[2005]34号）的重要意义，积极支持和参与环保专项行动。

二、认真落实国办《通知》要求，进一步加强对环境污染事故的防范措施

各级安全生产监管部门要按国办发[2005]34号《通知》要求，加强危险化学品安全监管工作，严防安全问题引发的环境污染事故。

第一要开展好以深化危险化学品安全专项整治为重点的整治工作，促使企业消除重大隐患，加强重大危险源管理，预防和最大限度地减少事故，从而防止因安全生产事故造成环境污染。要认真贯彻国务院办公厅《关于加强危险化学品安全管理工作的紧急通知》(国办明电[2004]19号)精神，开展“五整顿、两关闭”工作，加大对环境污染严重企业的整治力度。加强危险化学品监管，是控制、减少环境污染的一个重要方面。安全生产监管部门要结合贯彻实施《危险化学品安全管理条例》工作，促使企业遵守国家有关法律法规，使危险化学品从生产、经营、储存、运输、使用和废弃处置各环节都达到安全无害、保护环境。

第二要以实施安全生产许可制度为手段，积极贯彻国家产业政策，强化企业的安全生产条件，淘汰环境污染严重的企业。对一些仍然采用国家已规定淘汰的落后工艺技术、浪费资源和环境污染严重的企业，坚决按规定严格把关。

第三要继续加强生产安全应急救援体系建设，控制、降低事故危害，减少伤亡。同时也防止、降低事故对环境造成的污染。各地要统筹规划，协调配合，充分利用现有资源，提高救援队伍专业化水平和救援装备水平，增强重、特大事故的应急救援能力，从而有效地控制各类事故造成的严重污染，保护人民群众的生命和健康。

第四严格执法，依法查处各类事故，加大惩治违法行为的力度。严格按照“四不放过”原则，严肃查处各类事故，提出防范措施，防止类似事故发生。

三、积极配合，加强协作，继续开展好今年环保专项整治行动

各级安全生产监管部门在这次专项整治行动中，要加强协作配合。要加强信息交流、及时沟通工作进展情况，对本部门掌握和发现的有关企业存在环境违法的情况，要向环保部门主动通报，争取联合执法。要积极参加环保专项整治联合行动，要有专人负责环保专项整治行动工作，积极配合环保部门和其他部门完成环保专项整治行动的各项任务。

同志们，开展这次环保专项整治行动，是全面落实科学发展观的重要举措，对于促进环境保护和安全生产工作都具有十分重要的意义。各级安全生产监管部门要认真贯彻这次会议精神，按照职责分工，扎扎实实开展好今年环保专项行动，为改善环境质量，为维护人民群众的安全健康，为构建社会主义和谐社会做出应有的、积极的贡献。

(2005年6月10日)

国家环境保护总局领导关于环境监察工作的讲话(2005年)

以对党和人民高度负责的态度有效防范和处置环境污染事故

——国家环境保护总局副局长王玉庆在“进一步加强环境监管严防发生污染事故电视电话会议”上的讲话

最近发生的松花江水污染事件引起党中央、国务院的高度重视，也成为国内外关注的热点问题，全国环保系统的同志更为关心。总局党组决定召开“进一步加强环境监管，严防发生污染事故电视电话会议”，通报松花江水污染事件情况，总结经验教训，分析形势，找出差距，提出全国防范和处置环境污染事故的对策措施，尽一切努力避免在当前关键时刻再发生重、特大环境污染事故。下面，我讲几点意见。

一、关于中石油吉林石化分公司发生爆炸事故造成松花江水污染情况的通报

(一)松花江水污染事件发生后采取的应急措施

2005年11月13日，中石油吉林石化公司双苯厂发生爆炸事故。经初步测算，爆炸事故产生的约100吨苯、苯胺和硝基苯等有机污染物进入松花江，造成重大水环境污染事件。

党中央、国务院对松花江污染事件极为重视。温家宝总理指示环保等部门和地方政府，要采取有效措施保障饮用水安全，加强监测，提供准确信息。曾培炎副总理要求环保部门加强水质监测，确保单位、居民用水安全。11月26日，温家宝总理和国务委员华建敏同志亲赴黑龙江省了解污染防控情况，温总理明确提出七点要求。

事故发生后，总局11月14日向国务院办公厅报送了“关于中石油石化分公司发生爆炸事故的报告”，反映了出现的水污染问题。总局认真落实国务院领导同志的批示精神。随着事件的进展，启动了应急预案，成立了相应的工作小组，派专家组赶赴黑龙江现场协助地方政府开展污染监测、评估和保护饮水安全等工作。11月23日，总局向媒体通报了松花江水污染情况。24日，解振华局长会见了俄罗斯驻华大使，详细地向俄方通报了松花江水污染情况。并商定双方建立密切的信息沟通渠道。同日，国务院新闻办公室召开新闻发布会，张力军副局长向国内外媒体通报了松花江水污染的最新情况。从25日开始，总局每天向媒体和俄方通报松花江水污染情况。张力军同志作为国务院工作组副组长带领有关司局同志和专家组，一直在现场组织协调有关应急工作。29日，总局就俄方提供的关注污染物清单，说明除苯、硝基苯、苯系物三种污染物外，清单上其他种类的污染物在这次水污染事件中不存在。经过几天紧张的工作，生态环境影响评估小组提出了环境影响评估和修复的技术方案，于29日通过了由15位院士及知名专家组成专家组的审评，有关单位已按方案开展工作。

11月30日，针对污染带长度、浓度峰值及移动情况，总局决定，为阻止或减少污染物对中俄界河水质的影响，需尽一切努力在我境内削减江水中污染物总量。根据专家组的意见，提出三条措施，并与有关部门协商，取得了一致意见。目前，正在由前方工作组根据现场实际情况拿出具体工程实施方案，相关的物质设备准备工作已经开始。

事故发生后，吉林、黑龙江两省政府和环保部门做了大量工作，特别是黑龙江省环保局及有关地市环保局的干部职工日夜奋战，非常辛苦，为各级政府应急决策提供了大量监测数据和建议。

（二）松花江水环境污染现状

松花江吉林省江段水质已于22日18时全面达到国家地表水环境质量标准；黑龙江省江段污染带已于27日下午移出哈尔滨饮用水源地取水口。

目前，环保部门在松花江下游的木兰、达连河、佳木斯、富锦、同江设置了5个连续监测断面，并根据实际需要增设跟踪重点监测点位，增加监测频次，密切监控污染团变化情况。据12月1日早晨监测，污染带长约110千米，1日零时峰值在木兰县境内摆渡河断面，硝基苯浓度超标21.3倍。预计污染带前锋将于今晨到达木兰县下游55千米的通河县通河镇。

这次事件是一场由生产安全事故引发的重大环境污染事件，造成松花江水严重污染，影响两岸居民饮水安全，引起了俄罗斯的强烈反应和国际社会广泛关注。

二、我国进入环境污染事故高发时期，形势十分严峻

今年以来，污染事故不断发生，群体性事件增多。截至11月，总局共接到突发环境事件报告36起，其中特别重大事件3起，重大事件10起。造成环境污染事故多发的主要原因是：

第一，重大环境污染事故隐患突出。突出表现在：一是许多老企业年久失修，工艺老化、设备陈旧、管理不善，其中管理不善的问题不但老企业存在，许多新企业也存在，成为重大安全隐患，某种意义上也是重大环境风险。同时，不少企业污染防治设施存在维护保养不力、运行不正常、设施老化等问题。二是一些地方新建了一批不符合国家产业政策的企业，或采用了国家明令禁止或淘汰的落后工艺和技术装备。一般这些企业污染比较严重，管理比较落后，安全和污染事故频发。三是污染种类日趋复杂，涉及单位越来越广泛，环境风险加大。如放射源的丢失与失控、危险废物的随意堆存、危险化学品管护不严、运输不当等等，都有可能引发环境事故。四是许多环境事故隐患多位于饮用水源地、江河两岸等环境敏感地区和人群密集的城镇地区，一旦发生环境事件，将会造成重大人员伤亡和重大财产损失，社会影响面大。加之原本一些河道或污染负荷很高，或水体自然流量很小，一旦有污染物集中排入，就可能酿成事故。

第二，对防范突发环境污染事件重视不够。从表面上看，突发环境污染事件具有不确定性，但根源却在于科学发展观和正确政绩观没有落实，片面追求经济指标和效益，群众观点和环境观念淡薄，环境监管责任意识差。一些企业追求短期经济效益，不惜以牺牲环境为代价，偷排偷放污染物，应付环保部门检查，没有认真负责地防范企业环境污染事故。一些地方政府片面追求经济增长速度，忽视保护环境，不履行法定职责，甚至出台土政策妨碍环境执法检查，为突发环境污染事故留下了隐患。一些环保部门环境监管没有到位，使防治污染事故的最后一道闸门没有关紧。具体有以下几种表现：一是存在侥幸心理。有的地方多年没有出现环境污染事故，就没有下工夫开展污染事故排查，一旦出现突发环境事故，造成措手不及。二是工作上麻痹大意。有的地方虽然以前也出现过污染事故，但没有认真总结经验、吸取教训，应急预案没有认真落实，结果重蹈覆辙，再次发生污染事故。三是工作布置不得力。年终岁尾，工作头绪多、任务重，没有把环境事故应急工作纳入重要议事日程。越在工作忙时，如不保持清醒头脑，就越容易出事。

第三，应对突发重特大环境事件的处置能力明显不足。一是环境应急机制尚不完善。《国家突发环境事件应急预案》虽已经批准实施，但需要结合各自的情况加以细化，制订具体实施方案。全国目前只有14个省（区、市）完成了省级的突发环境事件应急预案；很多省及更多的市、县还没有环境应急预案，特别是重点企事业单位也没有环境应急预案。大多数地方缺乏应对突发环境事件的经验，环境应急指挥、调度、协调、救援等机制尚不完善；即使有了预案，也没有经过实战演练，能否经得起污染事件的考验还无把握。一些地方熟悉应急工作的同志已经离开应急工作岗位，新上岗的同志还不能掌握应急预案的基本要求，成为工作中的薄弱环节。二是应急信息的报告和反馈工作不力。这次松花江污染事件中反映出环境信息调度和发布工作薄弱，在政府间、部门间、地区间，应对跨区域突发污染事件的信息沟通和协调工作存在缺陷。吉林省环保局在事件发生初期，污染信息报送不力，总局在事件初期对污染影响范围和严重性也估计不足。三是环境应急监测能力不足。一些环保部门缺乏快速监测有毒有害污染物的手段，缺少必要的监测车辆和仪器，人员素质也不适应需要，监测数据不及时，缺乏分析评估，不能适应环境应急工作的要求。

三、采取有力措施，抓紧消除突出的环境事故隐患

总局已在11月28日下发了《关于进一步加强环境监督管理，严防发生污染事故的紧急通知》（环发[2005]130号）。我这里再强调一下有关要求。

第一，要充分认识环境安全工作的重要性。环境安全直接关系到人民群众的身体健康，关系到社会稳定和经济社会可持续发展，能否及时防范、妥善处理突发性环境事件，关系到群众切身利益是否受到伤害，关系到党和政府的形象，也是对环保部门工作水平的检验。跨国界的环境事件甚至有可能引发或激化国家之间的矛盾，损害我国际形象。

我国正处于环境事故高发时期。各级环保部门要认清形势，充分认识环境安全的重要性和紧迫性，从松花江水污染事件中汲取教训，举一反三，坚决克服麻痹大意思想和侥幸心理，将防止发生重、特大污染事故作为当前各级环保部门首要工作任务；要切实加强领导，完善制度，严密措施，确保万无一失，为构建和谐社会保驾护航。

第二，立即开展各类环境污染隐患的全面排查工作。一要对各类重点污染源、危险化学品和放射源生产、使用单位进行全面检查，检查各种污染处理设施和危险化学品、放射源存贮利用设备是否完好正常，是否符合环保要求和各项技术规范及标准，有无安全环保的规章制度和责任人。排查工作要做到不留盲区、死角。二要加大对居民集中区、江河流域沿岸及水源地上游污染事故隐患企业的监管力度。三要对排查出来的问题或隐患，根据不同情况，分类分级制订切实可行的整改方案，并落实专人督促整改，对违反环保法规的生产经营行为要予以严厉打击，从源头上杜绝各类重大环境污染事故的发生。

第三，增强应对突发污染事件的敏锐性和责任感。突发环境事件既有偶然性，也是问题长期累积的后果。一是各级环保部门的领导特别是“一把手”，要随时掌握当地污染隐患情况，做到心中有数。要制订并完善环境应急预案，健全环境应急指挥系统，配备应急装备和监测仪器，落实处理处置措施。二是要微见知著，一旦发现事件的苗头性问题，不能掉以轻心，更不能熟视无睹。要尽快研究解决方案并采取措施加以落实，尽可能把问题解决在萌芽状态。三是污染事故发生后，应沉着冷静，及时做出科学决策，并立即启动应急预案，领导同志要赶赴现场，切实保证监测、应急处置、信息发布等各项措施落实到位，做到发现早、动作快、抢救及时，最大限度地减轻事故造成的各类危害。

第四，加强防范污染事故的宣传工作。防范污染事故比发生事故后再应急处理重要得多。做好防范宣传教育工作必不可少。一是加强对各级政府的宣传，使政府在决策中考虑环境污染事故的严重危害，提高应对能力。二是加强对重点污染企业技术指导和培训，提高企业防范和处置污染事件能力。三是对污染源周围居民进行有针对性的科普宣传，增强广大群众自我防护意识，减轻事故影响和危害。四是加强对环保部门自身和下属单位人员的培训，使各岗位人员了解和掌握应对重大污染事故的要求，增强危机感和应对意识。五是要及时公开信息，做好社会舆论的引导。要对群众说实话，相信群众，依靠群众。

第五，及时做好重、特大环境污染事件的报告工作。一是发生重、特大污染事件后，当地环保部门必须按照规定程序，及时、如实地向总局报告污染状况，绝不能隐瞒真实情况，更不能拖延不报，贻误处理事故时机；要建立信息报送责任制，对不及时报送情况或隐瞒信息不报的，总局一定要会同有关部门追究单位负责人的责任，绝不手软。总局领导一致认为，对环保系统内部存在的问题不能护短，一定要严格要求，使队伍更好地健康成长。二是加强环境监测，严密监控环境质量变化情况，随时报送准确信息。需要总局提供技术支持的可及时提出要求，我们会尽全力予以支持。该地方办的，你们要办好；该总局支持的，我们一定努力做到。上下要一条心，拧成一股绳。三是随时上报事故发生后调查处理的进展情况。

以上是我代表总局提出的意见和要求。会后，各省、市、自治区环保部门要立即向政府分管领导汇报会议精神，及时把会议精神传达到基层环保部门，并结合当地实际，提出切实有效的措施。各省级环保部门要将会议精神贯彻落实情况向总局和当地政府报告。

（2005年12月1日）

政策法规

◎ 国务院2005年部门规章及文件

◎ 国家环境保护总局2005年有关环境监察工作的文件

◎ 国家环境保护总局2005年环境监察工作复函

国务院2005年部门规章及文件

交通部令

（第11号）

《中华人民共和国防治船舶污染内河水域环境管理规定》已于2005年6月20日经第12次部务会议通过，现予公布，自2006年1月1日起施行。

部长　张春贤

（2005年8月20日）

中华人民共和国防治船舶污染内河水域环境管理规定

第一章　总　　则

第一条　为加强对防治船舶污染内河水域环境的监督管理，保护内河水域的环境及资源，促进经济和社会的可持续发展，根据《中华人民共和国水污染防治法》、《中华人民共和国水污染防治法实施细则》等法律、行政法规，制定本规定。

第二条　船舶在中华人民共和国内河水域从事航行、停泊、作业及其他影响内河水域环境的活动，适用本规定。

渔船和军队、武警的现役在编船舶不适用本规定。

第三条　防治船舶污染内河水域环境，实行预防为主、防治结合的原则。

第四条　国务院交通主管部门主管全国防治船舶污染内河水域环境的管理工作。

国务院交通主管部门海事管理机构具体负责全国防治船舶污染内河水域环境的监督管理工作。

各级海事管理机构依照各自的职责权限，负责本辖区防治船舶污染内河水域环境的监督管理工作。

第二章　一般规定

第五条　中国籍船舶防治污染的结构、设备、器材，应当符合国务院交通主管部门的规定和国家有关规范、标准，经船舶检验机构检验、认可，并保持良好的技术状态。

外国籍船舶防治污染的结构、设备、器材，应当符合中华人民共和国缔结或者加入的有关国际公约，经船旗国政府或者其授权的船舶检验机构的检验、认可，并保持良好的技术状态。

第六条　船舶必须按照有关规定，持有有效的防污染证书、文书。

船舶进行涉及污染物的作业，应当按照规定在相应的记录簿上如实记录并规范填写。

第七条　船员应当具有相应的防治船舶污染内河水域环境的专业知识和技能，熟悉船舶防污染程序和要求，并按照规定参加相应的培训、考试和评估，持有有效的职务适任证书和相应的培训合格证书。

第八条　任何在内河水域航行、停泊和进行相关作业的船舶，都不得违反法律、行政法规和国务院交通主管部门的规定，向内河水域排放污染物。

禁止船舶在内河水域载运法律、行政法规和国务院交通主管部门规定的不得在内河水域运输的危险化学品。

禁止船舶在内河水域使用焚烧炉。

第九条　依法设立特殊保护水域，应当事先征求海事管理机构的意见，并由海事管理机构发布航行通（警）告。设立特殊保护水域，应当同时设置船舶污染物和其他有毒有害物质接收及处置设施。

在特殊保护水域内航行、停泊、作业的船舶，应当遵守特殊保护水域有关防污染的规定、标准。

第十条　船舶在城市市区的内河航道航行时，应当按照规定使用声响装置。

航行于城市市区内河航道的挂浆机船舶，应当将挂浆机置于封闭装置之内或者采取其他等效措施，以降低机器运转产生的噪声对环境的危害。

第十一条　所有船舶、单位和个人均有维护内河水域环境的义务，在发现船舶存在污染内河水域环境的行为时，应当立即向海事管理机构报告。

第三章　船舶载运污染危害性货物及相关作业

第十二条　船舶载运污染危害性货物进出港口，有关单位应当按照法律、行政法规和国务院交通主管部门关于船舶载运危险货物的管理规定，事先向海事管理机构办理申报手续，经同意后，方可进出港口。

第十三条　托运人交付船舶载运具有污染危害性货物，应当采取有效地防污染措施，确保货物状况符合船舶载运要求和防污染要求，并在运输单证上注明该货物的正确名称、数量、污染类别、性质、预防和应急措施等内容。

第十四条　污染危害性货物，其包装与标志应当符合国家有关要求。

曾经载运污染危害性货物空的容器和运输组件，在未彻底清洗或者消除危害之前，应当按照原所装货物的要求进行运输。

第十五条　交付船舶载运危害性不明的货物，货物所有人或者代理人应当按照国务院交通主管部门的有关规定申请进行货物危害性评估。评估机构应当根据评估结果确定船舶载运技术条件，并明确相应防污染措施。

第十六条　船舶从事污染危害性货物装卸作业和水上过驳作业时，必须遵守有关作业规程，并会同作业单位商定操作方案，合理配置和使用装卸管系及设备，针对货物特性和作业方式制定并落实防污染措施。有关防污染措施应当在作业前报海事管理机构备案。

污染危害性货物作业规程由国务院交通主管部门另行制定。

第十七条 从事船舶油料补给服务(作业)的船舶、单位，应当符合国家有关标准和要求，配备足够的防污染设备和器材，取得国家规定的经营资格。

船舶从事油料补给服务(作业)的，还应当遵守船舶载运危险性货物的有关规定。

第十八条 长江、珠江、黑龙江水系干线超过300总吨和其他内河水域超过150总吨的船舶从事下列活动，应当采取包括布设围油栏在内的防污染措施：

(一)散装持久性油类的装卸和过驳作业；

(二)散装比重小于1(相对于水)、溶解度小于0.1%具有污染危害性货物的装卸和过驳作业；

(三)可能造成水域严重污染的其他作业。

布设围油栏方案应当在作业前报海事管理机构备案。因自然条件或其他原因限制，不适合布设围油栏的，可采用其他防污染措施，但应当将采取的替代措施及理由在作业前报海事管理机构备案。

第十九条 船舶排放含有有毒物质的洗舱水，应由有资质的单位按照有关规定接收和处理，不得直接排放进入内河水域。

船舶进行洗(清)舱、驱气或者置换，应当遵守《船舶载运危险货物安全监督管理规定》等相关规定。

第二十条 船舶在港口进行下列活动，应当事先按照有关规定报经海事管理机构批准：

(一)船舶排放压载、洗舱和机舱污水以及残油、含油污水等其他残余物质；

(二)船舶冲洗载运有毒有害物质、有粉尘的散装货物的甲板和舱室。

第二十一条 载运污染危害性货物的船舶进出港口和通过桥区、交通管制区、通航密集区以及航行条件受限制的区域，必须采取海事管理机构规定的航行保障安全措施。

第二十二条 150总吨及以上的油轮和400总吨及以上的非油轮，应当将油类作业情况记载在由海事管理机构签发的《油类记录簿》中。

150总吨以下的油船和400总吨以下的非油船应当将油类作业情况记载在《轮机日志》或者《航行日志》中。

载运散装有毒液体物质的船舶应当将有关作业情况记载在由海事管理机构签发的《货物记录簿》中。

《油类记录簿》、《货物记录簿》应当随时可供检查，用完后在船上保存3年。

第二十三条 船舶运输散发有毒有害气体或者粉尘物质等货物时，必须采取密闭或者其他防护措施。对有封闭作业要求的污染危害性货物，在运输和作业过程中应当采取措施回收有毒有害气体。

第四章 船舶垃圾和生活污水

第二十四条 总长度为12米及以上的船舶应当设置统一格式的垃圾告示牌，告知船员和旅客关于垃圾管理的要求及处罚规定。

400总吨及以上的船舶和经核定可载客15人及以上且单次航程超过2 000米或者航行时间超过15分钟的船舶，须备有符合编制要求的《船舶垃圾管理计划》和海事管理机构签发的《船舶垃圾记录簿》。

除本条第二款规定以外的船舶，有关垃圾处理情况应当如实记录于《航行日志》中，以备海事管理机构检查。

《船舶垃圾记录簿》应当随时可供检查，用完后在船上保存两年。

第二十五条 禁止向内河水域排放船舶垃圾。船舶垃圾必须由有资质的单位接收处理。

船舶应当配备有盖、不渗漏、不外溢的垃圾储存容器，或者实行袋装，以满足航行过程存储船舶垃圾的需要。

禁止使用不可降解的一次性发泡塑料餐具。

第二十六条 船舶应当对所产生的垃圾进行分类、收集、存放。垃圾处理作业应当符合《船舶垃圾管理计划》中所规定的操作程序。

船舶垃圾中的危险性物品和有毒、有害性物品应当单独存放，并应当向接收单位提供所含物质的名称、性质和数量等资料。

第二十七条 客运、旅游船舶应当建立垃圾管理制度，配备专(兼)职环保监督管理员，负责船上环境卫生的管理工作。

第二十八条 船舶应当按照规范要求设置与生活污水产生量相适应的处理装置或者储存容器。

任何船舶不得向内河水域排放不符合排放标准的生活污水。

第五章 船舶污染物的排放与接收

第二十九条 船舶排放船舶污染物应当符合国家和地方有关污染物排放的标准及要求。不符合排放标准和要求的船舶污染物，应当委托有资质的污染物接收单位接收处理，不得任意排放。

第三十条 港口、装卸站应当具备与其装卸货物和吞吐能力相适应的污染物接收或者处理能力，满足到港船舶的需要。

港口、装卸站应当将接收或者处理能力的情况向海事管理机构备案。

第三十一条 从事船舶污染物接收、船舶清舱作业活动的单位，必须具备相应的接收处理能力，配备足够的防污染设备，建立安全与防污染制度。

从事船舶污染物接收、船舶清舱作业活动的单位，应当将其接收和处理能力向海事管理机构备案。

第三十二条 在船舶污染物接收和排放作业

以及船舶清舱、洗舱作业过程中，船方和作业单位必须遵守有关操作规程，落实防污染措施，防止污染物溢漏。

污染物接收单位应当在污染物接收作业完毕后，向船舶出具污染物接收处理单证，并由船长签字确认。

船舶凭污染物接收处理单证向海事管理机构办理污染物接收处理证明，污染物接收处理证明由船方保存在相应的记录簿中备查。

第三十三条 来自疫区船舶的船舶污染物、船舶垃圾、压载水、生活污水，应当经检疫部门检查处理后方可处理。

对含有有毒有害物质或其他危险成分的船舶污染物的接收和处理，必须符合国家环境保护主管部门有关危险废物的管理规定。

第三十四条 船舶动力装置运转产生的废气以及船上产生的挥发性有机化合物，不得超过国家和地方规定的标准向大气排放。

第六章 船舶拆解、打捞、修造和其他水上水下施工作业

第三十五条 在船舶修造及其相关作业过程中产生的污染物，应当由具备资质的单位回收处理，不得投弃入水。

船舶在船台(排)修理完毕或者建造竣工下水后，应当及时清除相关污染物。

在船坞内进行的修造作业结束后，应当进行坞内清理和清洁，并在开启坞门或者沉坞前，向海事管理机构提交船坞清洁报告。

第三十六条 从事船舶打捞作业和水上水下施工作业的单位，在申请施工作业时，应当说明留存在船上的污染物种类、数量，有关作业方案，防污染措施和应急预案等内容。

第三十七条 在内河水域内从事废船拆解作业应当严格按照《防止拆船污染环境管理条例》的要求执行，防止拆船污染内河水域环境。

第七章 船舶污染事故应急反应

第三十八条 海事管理机构应配合地方人民政府制定船舶污染事故应急计划。

第三十九条 船舶修造厂、拆船厂和从事散装污染危害性货物装卸作业的经营人应当制定相应的污染事故应急计划，并报海事管理机构备案。

第四十条 150总吨及以上的油轮、油驳和400总吨及以上的非油轮、非油驳的拖驳船队应当持有经海事管理机构批准的《船上油污应急计划》。

150总吨以下油船需制定油污应急预案。

第四十一条 载运散装有毒液体物质的船舶应当配备经海事管理机构批准的《船上有毒液体物质污染应急计划》。

400总吨及以上载运有毒液体物质船舶，用《船上污染应急计划》替代《船上油污应急计划》和《船上有毒液体物质污染应急计划》。

第四十二条 制定污染事故应急计划的单位和船舶应当定期组织应急演练，作好相应记录，并不断完善应急计划。

第四十三条 港口、装卸站以及从事船舶修造、打捞、拆解等作业活动的单位和载运污染危害性货物的船舶，应当配备符合国家有关标准和适合当地水文条件的防污染应急设备和器材。

第四十四条 在内河水域内清除污染需使用化学消油剂的，应当事先向海事管理机构提出申请，说明消油剂的牌号、计划用量和使用地点，经审核同意后，方可投入使用。

第四十五条 船舶发生污染水域事故，应当立即向最近海事管理机构如实报告，同时按照污染事故应急计划的程序和要求，采取相应措施。在初始报告以后，船舶还应当根据事故的进展情况进一步作出补充报告。

船舶发生水上交通事故，存在沉没可能时，或者在船员弃船前，应当尽可能地关闭所有液货舱或者油舱(柜)管系的阀门，堵塞相关通气孔，防止溢漏，并且应当在事故报告书中，说明存油或者液货的数量以及通气孔的位置。

第四十六条 海事管理机构接到船舶污染事故的报告后，应当按照污染事故应急计划的程序作出反应。

当污染可能涉及周边国家或者地区水域时，由国务院交通主管部门海事管理机构按照有关国际条约或者双边协定的要求，通知周边国家或者地区的海事主管机关，共同采取必要的防污染行动。

第四十七条 船舶发生事故，造成或者可能造成内河水域环境污染的，海事管理机构可以采取必要的防污染措施，包括强制清除、强制打捞或者强制拖航等应急处置措施，由此发生的一切费用，由责任方承担。

第八章 污染事故调查处理

第四十八条 发生船舶污染事故的当事方应当在24小时内向事故发生地的海事管理机构提交污染事故报告书。报告书的内容包括：

(一)船舶或者设施的名称、呼号或者编号、国籍、所有人或者经营人名称及地址；

(二)发生事故的时间、地点、气象和水文情况；

(三)事故原因或者初步原因判断；

(四)污染物的种类和数量，或者预估数量及污染范围；

(五)已采取或者准备采取的防污措施及污染控制情况；

(六)援助或者救助要求；

(七)需要报告的其他事项。

第四十九条 海事管理机构接到船舶污染事故的报告后，应当及时开展调查。

海事管理机构应当按照规定的程序和方法开展船舶污染事故调查。事故调查应当全面、客观、公

正。

事故当事人及有关人员，应当接受调查，积极配合，如实陈述事故的有关情况和证据，不得谎报、隐匿或者毁灭证据。

第五十条 船舶、设施或者有关作业活动造成水域环境污染损害的，应当按照有关法律、行政法规的规定承担损害赔偿费用。

第五十一条 船舶被处以罚款或者需承担清除、赔偿等经济责任的，其所有人、经营人或者有关当事方，必须在离港前办妥有关财务担保手续。

第九章 法律责任

第五十二条 海事管理机构发现船舶存在污染隐患的，应当责令立即消除或者限期消除隐患；有关单位和个人不立即消除或者逾期不消除的，海事管理机构可以采取责令其临时停航、停止作业，禁止进港、离港，责令驶往指定水域等强制性措施。

第五十三条 违反本规定，污染应急计划或者垃圾管理计划未得到落实的，由海事管理机构责令限期纠正，并给予警告或者处以 2 000 元以下罚款。

第五十四条 违反本规定，有下列行为之一的，由海事管理机构处以警告或者 10 000 元以下罚款：

(一)船舶未持有效的防污证书、防污文书，或者不按照规定记录操作情况的；

(二)船舶未配备防污染设备或者防污设备存在重大缺陷，在海事管理机构限期内不予纠正的；

(三)船舶靠泊未按照规定配备防污染设备或者防污设备存在重大缺陷的港口、装卸站的。

第五十五条 船舶和相关单位、人员有其他违反本规定行为的，由海事管理机构根据《中华人民共和国内河海事行政处罚规定》等规定给予相应的处罚。涉嫌构成犯罪的，依法移送国家司法机关。

第五十六条 海事管理机构行政执法人员滥用职权、玩忽职守、徇私舞弊、违法失职的，依法给予行政处分；构成犯罪的，依法追究刑事责任。

第十章 附 则

第五十七条 本规定中下列用语的含义是：

(一)内河水域，是指在中华人民共和国境内可供船舶航行的江、河、湖泊、水库等水域。

(二)船舶，是指各类排水或者非排水船、艇、筏、水上飞行器、潜水器、移动式平台以及其他水上移动装置。但不包括渔船和军队、武警的现役在编船舶。

(三)作业，是指与船舶有关的作业活动，包括船舶运输、装卸、油料补给、污染物接收以及船舶修造、打捞、拆解等作业活动。

(四)污染危害性货物，是指直接或者间接地进入水域，会产生损害生物资源、危害人体健康、妨害渔业和其他合法活动、损害水体使用素质和减损环境质量等有害影响的货物。包括《经一九七八年议定书修订的一九七三年国际防止船舶造成污染公约》(MARPOL73/78)附则Ⅰ“油类物质名单”、附则Ⅱ“散载运输的有毒液体物质清单”所列明的物质以及按照附则Ⅲ“包装形式有害物质的鉴别导则”的鉴别标准确定的有害物质。

(五)船舶垃圾，是指船舶在日常活动中产生的生活废弃物、垫舱和扫舱物料，以及船上其他固体废物等。包括《经一九七八年议定书修订的一九七三年国际防止船舶造成污染公约》(MARPOL73/78)附则Ⅴ所定义的垃圾。

(六)生活污水，是指任何形式的厕所以及厕所排水口的排出物和其他废物；医务室的面盆、洗澡盆和这些处所排水孔的排出物；装有活的动物处所的排出物；或者混有上述排出物的其他废水。

(七)船舶污染物，是指由船舶或者有关作业活动对水域环境造成污染损害的物质，其中包括油类、油性混合物、液态化学品、货物残余物、包装形式的有害物质、压舱水、废气、噪声等。

(八)危险化学品，包括爆炸品、压缩气体和液化气体、易燃液体、易燃固体、自燃物品和遇湿易燃物品、氧化剂和有机过氧化物、有毒品和腐蚀品等。

(九)有毒液体物质，是指排入水体将对水资源或者人类健康产生危害或者对合法利用水资源造成损害的物质。包括《经一九七八年议定书修订的一九七三年国际防止船舶造成污染公约》(MARPOL73/78)附则Ⅱ“散载运输的有毒液体物质清单”中列明的物质。

(十)特殊保护区域，是指各地人民政府按照有关规定划定并公布的需要特别保护的区域。

第五十八条 因船舶或者有关作业活动污染水域环境，受到损害的单位和个人有权要求造成污染损害的当事方赔偿损失。具体赔偿办法遵照国家有关规定执行。

第五十九条 界河水域内防治船舶污染活动优先执行国际公约和双边协定。

第六十条 本规定自 2006 年 1 月 1 日起施行。

国家环境保护总局令

(第 27 号)

《废弃危险化学品污染环境防治办法》已于 2005 年 8 月 18 日由国家环境保护总局 2005 年第十四次局务会议通过，现予公布，自 2005 年 10 月 1 日起施行。

国家环境保护总局局长 解振华

(2005 年 8 月 30 日)

废弃危险化学品污染环境防治办法

第一条 为了防治废弃危险化学品污染环境，根据《固体废物污染环境防治法》、《危险化学品安全管理条例》和有关法律、法规，制定本办法。

第二条 本办法所称废弃危险化学品，是指未经使用而被所有人抛弃或者放弃的危险化学品，淘汰、伪劣、过期、失效的危险化学品，由公安、海关、质检、工商、农业、安全监管、环保等主管部门在行政管理活动中依法收缴的危险化学品以及接收的公众上交的危险化学品。

废弃危险化学品属于危险废物，列入国家危险废物名录。

第三条 本办法适用于中华人民共和国境内废弃危险化学品的产生、收集、运输、贮存、利用、处置活动污染环境的防治。

实验室产生的废弃试剂、药品污染环境的防治，也适用本办法。

盛装废弃危险化学品的容器和受废弃危险化学品污染的包装物，按照危险废物进行管理。

本办法未作规定的，适用有关法律、行政法规的规定。

第四条 废弃危险化学品污染环境的防治，实行减少废弃危险化学品的产生量、安全合理利用废弃危险化学品和无害化处置废弃危险化学品的原则。

第五条 国家鼓励、支持采取有利于废弃危险化学品回收利用活动的经济、技术政策和措施，对废弃危险化学品实行充分回收和安全合理利用。

国家鼓励、支持集中处置废弃危险化学品，促进废弃危险化学品污染防治产业化发展。

第六条 国务院环境保护部门对全国废弃危险化学品污染环境的防治工作实施统一监督管理。

县级以上地方环境保护部门对本行政区域内废弃危险化学品污染环境的防治工作实施监督管理。

第七条 禁止任何单位或者个人随意弃置废弃危险化学品。

第八条 危险化学品生产者、进口者、销售者、使用者对废弃危险化学品承担污染防治责任。

危险化学品生产者应当合理安排生产项目和规模，遵守国家有关产业政策和环境政策，尽量减少废弃危险化学品的产生量。

危险化学品生产者负责自行或者委托有相应经营类别和经营规模的持有危险废物经营许可证的单位，对废弃危险化学品进行回收、利用、处置。

危险化学品进口者、销售者、使用者负责委托有相应经营类别和经营规模的持有危险废物经营许可证的单位，对废弃危险化学品进行回收、利用、处置。

危险化学品生产者、进口者、销售者负责向使用者和公众提供废弃危险化学品回收、利用、处置单位和回收、利用、处置方法的信息。

第九条 产生废弃危险化学品的单位，应当建立危险化学品报废管理制度，制定废弃危险化学品管理计划并依法报环境保护部门备案，建立废弃危险化学品的信息登记档案。

产生废弃危险化学品的单位应当依法向所在地县级以上地方环境保护部门申报废弃危险化学品的种类、品名、成分或组成、特性、产生量、流向、贮存、利用、处置情况、化学品安全技术说明书等信息。

前款事项发生重大改变的，应当及时进行变更申报。

第十条 省级环境保护部门应当建立废弃危险化学品信息交换平台，促进废弃危险化学品的回收和安全合理利用。

第十一条 从事收集、贮存、利用、处置废弃危险化学品经营活动的单位，应当按照国家有关规定向所在地省级以上环境保护部门申领危险废物经营许可证。

危险化学品生产单位回收利用、处置与其产品同种的废弃危险化学品的，应当向所在地省级以上环境保护部门申领危险废物经营许可证，并提供符合下列条件的证明材料：

(一)具备相应的生产能力和完善的管理制度；

(二)具备回收利用、处置该种危险化学品的设施、技术和工艺；

(三)具备国家或者地方环境保护标准和安全要求的配套污染防治设施和事故应急救援措施。

禁止无危险废物经营许可证或者不按照经营许可证规定从事废弃危险化学品收集、贮存、利用、处置的经营活动。

第十二条 回收、利用废弃危险化学品的单位，必须保证回收、利用废弃危险化学品的设施、设备和场所符合国家环境保护有关法律法规及标准的要求，防止产生二次污染；对不能利用的废弃危险化学品，应当按照国家有关规定进行无害化处置或者承担处置费用。

第十三条 产生废弃危险化学品的单位委托持有危险废物经营许可证的单位收集、贮存、利用、处置废弃危险化学品的，应当向其提供废弃危险化学品的品名、数量、成分或组成、特性、化学品安全技术说明书等技术资料。

接收单位应当对接收的废弃危险化学品进行核实；未经核实的，不得处置；经核实不符的，应当在确定其品种、成分、特性后再进行处置。

禁止将废弃危险化学品提供或者委托给无危险废物经营许可证的单位从事收集、贮存、利用、处置等经营活动。

第十四条 危险化学品的生产、储存、使用单位转产、停产、停业或者解散的，应当按照《危险化学品安全管理条例》有关规定对危险化学品的生产或者储存设备、库存产品及生产原料进行妥善处置，并按照国家有关环境保护标准和规范，对厂区的土壤和地下水进行检测，编制环境风险评估报告，报县级以上环境保护部门备案。

对场地造成污染的，应当将环境恢复方案报经县级以上环境保护部门同意后，在环境保护部门规定的期限内对污染场地进行环境恢复。对污染场地完成环境恢复后，应当委托环境保护检测机构对恢复后的场地进行检测，并将检测报告报县级以上环境保护部门备案。

第十五条 对废弃危险化学品的容器和包装物以及收集、贮存、运输、处置废弃危险化学品的设施、场所，必须设置危险废物识别标志。

第十六条 转移废弃危险化学品的，应当按照国家有关规定填报危险废物转移联单；跨设区的市级以上行政区域转移的，并应当依法报经移出地设区的市级以上环境保护部门批准后方可转移。

第十七条 公安、海关、质检、工商、农业、安全监管、环保等主管部门在行政管理活动中依法收缴或者接收的废弃危险化学品，应当委托有相应经营类别和经营规模的持有危险废物经营许可证的单位进行回收、利用、处置。

对收缴的废弃危险化学品有明确责任人的，处置费用由责任人承担，由收缴的行政管理部门负责追缴；对收缴的废弃危险化学品无明确责任人或者责任人无能力承担处置费用的以及接收的公众上交的废弃危险化学品，由收缴的行政管理部门负责向本级财政申请处置费用。

第十八条 产生、收集、贮存、运输、利用、处置废弃危险化学品的单位，其主要负责人必须保证本单位废弃危险化学品的管理符合有关法律、法规、规章的规定和国家标准的要求，并对本单位废弃危险化学品的环境安全负责。

从事废弃危险化学品收集、贮存、运输、利用、处置活动的人员，必须接受有关环境保护法律法规、专业技术和应急救援等方面的培训，方可从事该项工作。

第十九条 产生、收集、贮存、运输、利用、处置废弃危险化学品的单位，应当制定废弃危险化学品突发环境事件应急预案报县级以上环境保护部门备案，建设或配备必要的环境应急设施和设备，并定期进行演练。

发生废弃危险化学品事故时，事故责任单位应当立即采取措施消除或者减轻对环境的污染危害，及时通报可能受到污染危害的单位和居民，并按照国家有关事故报告程序的规定，向所在地县级以上环境保护部门和有关部门报告，接受调查处理。

第二十条 县级以上环境保护部门有权对本行政区域内产生、收集、贮存、运输、利用、处置废弃危险化学品的单位进行监督检查，发现有违反本办法行为的，应当责令其限期整改。检查情况和处理结果应当予以记录，并由检查人员签字后归档。

被检查单位应当接受检查机关依法实施的监督检查，如实反映情况，提供必要的资料，不得拒绝、阻挠。

第二十一条 县级以上环境保护部门违反本办法规定，不依法履行监督管理职责的，由本级人民政府或者上一级环境保护部门依据《固体废物污染环境防治法》第六十七条规定，责令改正，对负有责任的主管人员和其他直接责任人员依法给予行政处分；构成犯罪的，依法追究刑事责任。

第二十二条 违反本办法规定，有下列行为之一的，由县级以上环境保护部门依据《固体废物污染环境防治法》第七十五条规定予以处罚：

（一）随意弃置废弃危险化学品的；

（二）不按规定申报登记废弃危险化学品，或者在申报登记时弄虚作假的；

（三）将废弃危险化学品提供或者委托给无危险废物经营许可证的单位从事收集、贮存、利用、处置经营活动的；

（四）不按照国家有关规定填写危险废物转移联单或未经批准擅自转移废弃危险化学品的；

（五）未设置危险废物识别标志的；

（六）未制定废弃危险化学品突发环境事件应急预案的。

第二十三条 违反本办法规定的，不处置其产生的废弃危险化学品或者不承担处置费用的，由县级以上环境保护部门依据《固体废物污染环境防治法》第七十六条规定予以处罚。

第二十四条 违反本办法规定，无危险废物经营许可证或者不按危险废物经营许可证从事废弃危险化学品收集、贮存、利用和处置经营活动的，由县级以上环境保护部门依据《固体废物污染环境防治法》第七十七条规定予以处罚。

第二十五条 危险化学品的生产、储存、使用单位在转产、停产、停业或者解散时，违反本办法规定，有下列行为之一的，由县级以上环境保护部门责令限期改正，处以一万元以上三万元以下罚款：

（一）未按照国家有关环境保护标准和规范对厂区的土壤和地下水进行检测的；

（二）未编制环境风险评估报告并报县级以上环境保护部门备案的；

（三）未将环境恢复方案报经县级以上环境保护部门同意进行环境恢复的；

（四）未将环境恢复后的检测报告报县级以上环境保护部门备案的。

第二十六条 违反本办法规定，造成废弃危险化学品严重污染环境的，由县级以上环境保护部门依据《固体废物污染环境防治法》第八十一条规定决定限期治理，逾期未完成治理任务的，由本级人民政府决定停业或者关闭。

造成环境污染事故的，依据《固体废物污染环境防治法》第八十二条规定予以处罚；构成犯罪的，依法追究刑事责任。

第二十七条 违反本办法规定，拒绝、阻挠环境保护部门现场检查的，由执行现场检查的部门责令限期改正；拒不改正或者在检查时弄虚作假的，由县级以上环境保护部门依据《固体废物污染环境防治法》第七十条规定予以处罚。

第二十八条 当事人逾期不履行行政处罚决定的，作出行政处罚决定的环境保护部门可以采取下列措施：

（一）到期不缴纳罚款的，每日按罚款数额的百分之三加处罚款；

（二）申请人民法院强制执行。

第二十九条 本办法自2005年10月1日起施行。

国家环境保护总局令

（第28号）

《污染源自动监控管理办法》已于2005年7月7日由国家环境保护总局2005年第十次局务会议通过，现予公布，自2005年11月1日起施行。

国家环境保护总局局长　解振华

（2005年9月19日）

污染源自动监控管理办法

第一章　总　　则

第一条 为加强污染源监管，实施污染物排放总量控制与排污许可证制度和排污收费制度，预防污染事故，提高环境管理科学化、信息化水平，根据《水污染防治法》、《大气污染防治法》、《环境噪声污染防治法》、《水污染防治法实施细则》、《建设项目环境保护管理条例》和《排污费征收使用管理条例》等有关环境保护法律法规，制定本办法。

第二条 本办法适用于重点污染源自动监控系统的监督管理。

重点污染源水污染物、大气污染物和噪声排放自动监控系统的建设、管理和运行维护，必须遵守本办法。

第三条 本办法所称自动监控系统，由自动监控设备和监控中心组成。

自动监控设备是指在污染源现场安装的用于监控、监测污染物排放的仪器、流量（速）计、污染治理设施运行记录仪和数据采集传输仪等仪器、仪表，是污染防治设施的组成部分。

监控中心是指环境保护部门通过通信传输线路与自动监控设备连接用于对重点污染源实施自动监控的计算机软件和设备等。

第四条 自动监控系统经环境保护部门检查合格并正常运行的，其数据作为环境保护部门进行排污申报核定、排污许可证发放、总量控制、环境统计、排污费征收和现场环境执法等环境监督管理的依据，并按照有关规定向社会公开。

第五条 国家环境保护总局负责指导全国重点污染源自动监控工作，制定有关工作制度和技术规范。

地方环境保护部门根据国家环境保护总局的要求按照统筹规划、保证重点、兼顾一般、量力而行的原则，确定需要自动监控的重点污染源，制订工作计划。

第六条 环境监察机构负责以下工作：

（一）参与制定工作计划，并组织实施；

（二）核实自动监控设备的选用、安装、使用是否符合要求；

（三）对自动监控系统的建设、运行和维护等进行监督检查；

（四）本行政区域内重点污染源自动监控系统联网监控管理；

（五）核定自动监控数据，并向同级环境保护部门和上级环境监察机构等联网报送；

（六）对不按照规定建立或者擅自拆除、闲置、关闭及不正常使用自动监控系统的排污单位提出依法处罚的意见。

第七条 环境监测机构负责以下工作：

（一）指导自动监控设备的选用、安装和使用；

（二）对自动监控设备进行定期比对监测，提出自动监控数据有效性的意见。

第八条 环境信息机构负责以下工作：

（一）指导自动监控系统的软件开发；

（二）指导自动监控系统的联网，核实自动监控系统的联网是否符合国家环境保护总局制定的技术规范；

（三）协助环境监察机构对自动监控系统的联网运行进行维护管理。

第九条 任何单位和个人都有保护自动监控系统的义务，并有权对闲置、拆除、破坏以及擅自改动自动监控系统参数和数据等不正常使用自动监控系统的行为进行举报。

第二章　自动监控系统的建设

第十条 列入污染源自动监控计划的排污单位，应当按照规定的时限建设、安装自动监控设备及其配套设施，配合自动监控系统的联网。

第十一条 新建、改建、扩建和技术改造项目应当根据经批准的环境影响评价文件的要求建设、安装自动监控设备及其配套设施，作为环境保护设施的组成部分，与主体工程同时设计、同时施工、同时投入使用。

第十二条 建设自动监控系统必须符合下列要求：

（一）自动监控设备中的相关仪器应当选用经国

家环境保护总局指定的环境监测仪器检测机构适用性检测合格的产品；

（二）数据采集和传输符合国家有关污染源在线自动监控（监测）系统数据传输和接口标准的技术规范；

（三）自动监控设备应安装在符合环境保护规范要求的排污口；

（四）按照国家有关环境监测技术规范，环境监测仪器的比对监测应当合格；

（五）自动监控设备与监控中心能够稳定联网；

（六）建立自动监控系统运行、使用、管理制度。

第十三条 自动监控设备的建设、运行和维护经费由排污单位自筹，环境保护部门可以给予补助；监控中心的建设和运行、维护经费由环境保护部门编报预算申请经费。

第三章 自动监控系统的运行、维护和管理

第十四条 自动监控系统的运行和维护，应当遵守以下规定：

（一）自动监控设备的操作人员应当按国家相关规定，经培训考核合格、持证上岗；

（二）自动监控设备的使用、运行、维护符合有关技术规范；

（三）定期进行比对监测；

（四）建立自动监控系统运行记录；

（五）自动监控设备因故障不能正常采集、传输数据时，应当及时检修并向环境监察机构报告，必要时应当采用人工监测方法报送数据。

自动监控系统由第三方运行和维护的，接受委托的第三方应当依据《环境污染治理设施运营资质许可管理办法》的规定，申请取得环境污染治理设施运营资质证书。

第十五条 自动监控设备需要维修、停用、拆除或者更换的，应当事先报经环境监察机构批准同意。

环境监察机构应当自收到排污单位的报告之日起7日内予以批复；逾期不批复的，视为同意。

第四章 罚 则

第十六条 违反本办法规定，现有排污单位未按规定的期限完成安装自动监控设备及其配套设施的，由县级以上环境保护部门责令限期改正，并可处1万元以下的罚款。

第十七条 违反本办法规定，新建、改建、扩建和技术改造的项目未安装自动监控设备及其配套设施，或者未经验收或者验收不合格的，主体工程即正式投入生产或者使用的，由审批该建设项目环境影响评价文件的环境保护部门依据《建设项目环境保护管理条例》责令停止主体工程生产或者使用，可以处10万元以下的罚款。

第十八条 违反本办法规定，有下列行为之一的，由县级以上地方环境保护部门按以下规定处理：

（一）故意不正常使用水污染物排放自动监控系统，或者未经环境保护部门批准，擅自拆除、闲置、破坏水污染物排放自动监控系统，排放污染物超过规定标准的；

（二）不正常使用大气污染物排放自动监控系统，或者未经环境保护部门批准，擅自拆除、闲置、破坏大气污染物排放自动监控系统的；

（三）未经环境保护部门批准，擅自拆除、闲置、破坏环境噪声排放自动监控系统，致使环境噪声排放超过规定标准的。

有前款第（一）项行为的，依据《水污染防治法》第四十八条和《水污染防治法实施细则》第四十一条的规定，责令恢复正常使用或者限期重新安装使用，并处10万元以下的罚款；有前款第（二）项行为的，依据《大气污染防治法》第四十六条的规定，责令停止违法行为，限期改正，给予警告或者处5万元以下罚款；有前款第（三）项行为的，依据《环境噪声污染防治法》第五十条的规定，责令改正，处3万元以下罚款。

第五章 附 则

第十九条 本办法自2005年11月1日起施行。

国务院办公厅关于深入开展整治违法排污企业保障群众健康环保专项行动的通知

国办发[2005]34号

各省、自治区、直辖市人民政府，国务院各部委、各直属机构：

近年来，随着我国经济的快速发展，环境问题日益突出，企业违法排污现象屡禁不止，严重危害群众生产生活的事件时有发生。环保总局、发展改革委、监察部、司法部、工商总局、安全监管总局（以下称国务院六部门）自2003年开始，组织开展了"整治违法排污企业保障群众健康环保专项行动"（以下简称环保专项行动），并取得了一定成效。2005年是开展环保专项行动的第三年，也是关键一年。为贯彻落实中央人口资源环境工作座谈会精神，经国务院同意，现就深入开展环保专项行动有关问题通知如下：

一、充分认识开展环保专项行动的重要性

近年来，饮用水源地污染、大气烟尘污染、城市噪声超标等环境问题，严重危害人民群众身心健康和正常生活，成为一些地方群众上访、投诉的焦点和影响社会稳定的重要因素。深入开展环保专项行动，切实解决关系群众切身利益的污染问题，是坚持邓小平理论和"三个代表"重要思想，全面落实科学发展观，构建社会主义和谐社会的重要举措。国务院有关部门和地方各级人民政府要从以人为本、执

政为民的高度，充分认识开展环保专项行动的重要性和紧迫性，把这项工作抓紧抓好。

二、突出整治重点，明确工作目标

开展环保专项行动要以改善环境质量、保障群众健康为目标，以解决群众反映强烈、影响社会稳定的环境问题为重点，以加大环境执法力度为手段，集中整治企业违法排污行为，努力遏制污染反弹，切实维护人民群众利益。

环保专项行动的整治重点，一是城市噪声扰民、大气污染、饮用水源地污染和污水处理厂不正常运行等突出问题；二是钢铁、电解铝、水泥、电石、炼焦、铁合金等行业违法审批和在自然保护区内违法建设的问题；三是淮河流域、太湖流域、三峡库区、南水北调工程沿线以及山西、内蒙古、陕西、宁夏交界地区等重点流域、区域存在的违法排污问题。

环保专项行动的具体目标是，重点监管企业稳定达标排放率提高到90%以上，环保“三同时”制度执行合格率达到90%以上，基层政府违反国家环保法律法规的错误做法基本得到纠正，群众反复投诉的环境污染问题基本得到解决。

三、采取综合措施，严肃查处环境违法行为

（一）挂牌督办突出环境问题。要将群众反映强烈、影响社会稳定的重大环境污染问题作为重点查处事项，挂牌督办，落实责任，跟踪督查，做到查处到位、整改到位、责任追究到位。挂牌督办事项和处理结果要向社会公布，接受群众监督。国务院六部门重点挂牌督办淮河流域、太湖流域和山西、内蒙古、陕西、宁夏交界地区工业污染整治问题。各省、自治区、直辖市人民政府重点挂牌督办本行政区域内群众反复投诉长期未能解决的环境污染、违法排污整治问题，要将挂牌督办问题的解决情况，作为政府环境保护目标责任制的重要内容。

（二）大力惩治违法排污企业。要综合运用法律、经济、行政等手段，加大对违法排污企业的惩治力度，坚决遏制有法不依的行为。对未通过环境影响评价的建设项目，责令停建或停产，并限期进行环境影响评价。对未执行环保“三同时”制度，没有污染防治设施的排污企业，责令停产并依法给予处罚。对不正常使用污染防治设施且排放污染物超过排放标准的，责令改正并依法给予处罚。对长期不能稳定达标排放的企业，责令限期治理，并对严重污染环境的企业实行限产；逾期未完成治理任务的，责令停产或关闭。对未按期淘汰的生产线，责令停产或关闭。对小造纸厂等“十五小”企业和小炼油厂、小玻璃厂、小水泥厂、小钢铁厂、小火电机组等“新五小”企业责令关停。对在饮用水源地、自然保护区违法建设的项目，责令停建和拆除。对不能正常运行并超标排污的污水处理厂责令限期治理。

（三）严肃追究环境保护行政责任。要认真落实全国纠风工作会议精神，对地方各级人民政府及其有关部门执行环境保护法律法规的情况进行专项检查，坚决纠正损害群众权益的突出问题。对违反环境保护法律法规，出现重大决策失误，造成环境严重污染的；对环境违法行为查处不力，甚至包庇、纵容违法排污企业，致使群众反映强烈的问题长期得不到解决的；对不依法行使职权，并造成严重后果的政府及部门负责人、有关人员，要依法依纪追究责任。

（四）逐步建立整治违法排污企业的长效机制。要建立健全国家监察、地方监管、单位负责的环境监管体制，建立法律、经济、行政手段相配合的综合治理机制；建立健全环境保护目标责任制和责任追究制，监察部、环保总局要制订违反环境保护法律法规行政责任追究的办法，开展环境执法效能监察，提高执法水平；建立和完善环境保护企业约束机制和公众监督机制，推行环境保护有奖举报制度；加强环境执法能力建设，建立保障环境执法的投入机制。

四、加强领导，落实责任

（一）强化地方政府责任。各省、自治区、直辖市人民政府要将继续深入开展环保专项行动纳入重要议事日程。政府主管负责同志要牵头成立环保专项行动领导小组，切实加强组织领导，建立工作制度，制订具体实施方案，广泛动员部署，全面开展整治。地方各级人民政府要对本行政区域内企业的排污情况进行全面清查，认真分析影响环境质量的主要因素，梳理涉及群众切身利益的突出环境问题，提出环保专项行动中需要解决的重点问题，明确责任人和责任单位，并限期解决。

（二）加强部门协作。国务院六部门要切实负起牵头责任，精心组织环保专项行动。要制订工作方案，明确任务，落实责任，并加强督促检查。要加强部门间的协调配合，建立定期协商、联合办案制度和环境违法案件移交、移送、移办制度，共同打击环境违法行为。发展改革部门要监督淘汰落后生产能力、工艺和产品；监察机关要依法依纪追究违反环保法律法规的政府及部门负责人、有关人员的行政责任；司法机关要加大环境保护法制宣传和法律援助力度；工商部门要及时注销、吊销被依法关闭企业的营业执照；安全监管部门要加强危险化学品监管。

（三）建立考核制度。国务院六部门要制订环保专项行动考核的办法，从组织领导、案件督办、污染反弹控制、环境执法能力建设等方面，对各省、自治区、直辖市人民政府开展环保专项行动的情况进行考核，切实保障环保专项行动取得实效。各省、自治区、直辖市人民政府要将环保专项行动的各项工作逐级落实到基层政府，并将其纳入环境保护目标责任制的考核范围，认真组织落实。

（四）加强社会宣传和监督。要充分发挥公众参与和社会监督作用，要公布排污大户名单、违法排污企业名单、典型环境违法案件查处情况和环保专项行动进展情况，保障群众的知情权和监督权。充分发挥“12369”环保热线作用，畅通投诉渠道，积极鼓励群众广泛参与。要制订并落实环保专项行动宣传计划，积极组织新闻媒体进行跟踪报道，充分利用电视、广播、报纸、互联网等媒体，加大环境保护法律法规的宣传力度，营造群众参与和监督的良好氛围。

各省、自治区、直辖市人民政府要在2005年11月底前，将开展环保专项行动的工作总结报送环保总局，由环保总局会同有关部门进行全面总结后报国务院。

（2005年6月8日）

国家环境保护总局　国家发展和改革委员会　监察部　国家工商行政管理总局　司法部　国家安全监管总局关于印发“深入开展整治违法排污企业保障群众健康环保专项行动工作方案”和“全国整治违法排污企业保障群众健康环保专项行动考核办法”的通知

环发[2005]79号

各省、自治区、直辖市人民政府办公厅，新疆生产建设兵团：

为贯彻落实《国务院办公厅关于深入开展整治违法排污企业保障群众健康环保专项行动的通知》（国办发[2005]34号）要求，环保总局、发展改革委、监察部、工商总局、司法部、安全监管总局六部门共同制定了《深入开展整治违法排污企业保障群众健康环保专项行动工作方案》和《全国整治违法排污企业保障群众健康环保专项行动考核办法》，现印发给你们，请结合实际，认真贯彻执行。

附件：1. 深入开展整治违法排污企业保障群众健康环保专项行动工作方案

2. 全国“整治违法排污企业保障群众健康环保专项行动”考核办法

（2005年6月20日）

附件一：

深入开展整治违法排污企业保障群众健康环保专项行动工作方案

为贯彻落实《国务院办公厅关于深入开展整治违法排污企业保障群众健康环保专项行动的通知》（国办发[2005]34号，以下简称《通知》）要求，确保“整治违法排污企业保障群众健康环保专项行动”（以下简称“环保专项行动”）取得实效，特制定如下工作方案：

一、进一步明确整治要求

各级人民政府要按照《通知》确定的具体目标和整治重点，认真开展整治。具体要求如下：

（一）着力解决群众反复投诉的环境污染问题。各级环保部门要对群众通过电话、来信来访反映的突出环境问题认真进行梳理。凡群众投诉后两年内仍未解决、群众反映仍然强烈的，一律提请当地环保专项行动领导小组挂牌督办，制定解决方案，明确时限，落实责任，逐一解决。要将解决方案、时限以及工作进展情况向群众公布，接受群众的监督。

（二）坚决纠正各级政府违反国家环保法律法规的错误做法。各级政府特别是市、县级政府，应对在招商引资、建立各类开发区等鼓励投资工作中下发的各类文件及导向性政策进行一次清理，检查是否存在限制行政执法部门监督检查、承诺企业包干缴纳排污费、违规不予处罚等违反国家环保法律法规和国家产业政策、降低环保准入标准的政策措施。凡是与国家现行法律法规及产业政策不相符的要立即纠正。对拒不纠正的，上一级环保专项行动领导小组应公开曝光，并追究有关政府领导的责任。

（三）加大城市噪声污染治理力度。各级政府要把城市噪声污染综合整治作为为当地人民群众办实事的重要举措，统一协调环保、公安、城管、文化、工商等部门，对各类生产、建设、生活、娱乐及交通噪声进行全面监控，加大控制噪声污染的环境现场执法力度。

（四）集中整治城市大气污染。各级政府要针对严重影响群众生产生活的扬尘、异味、餐饮业油烟等问题进行集中整治。对火电、水泥、冶炼、化工等大气污染物排放量大的行业进行严格监督检查。大气污染物排放超标的，严格按照《大气污染防治法》相关条款处罚。

（五）开展饮用水源地专题检查和整治。各级政府要组织相关部门彻底清查辖区内集中式饮用水源保护区的划定情况和水质情况，查清影响饮用水源保护区水质的主要原因，重点排查向饮用水源保护区内排放废水的各类污染源和建设项目，清理一级保护区内的直排口。对于违反《水污染防治法》及其实施细则中禁止排放污染物规定的，要依法责令停业或关闭，限期拆除；对于超标排放的，要限期治理，逾期未完成治理任务的必须停业或关闭。同时，各地应健全和规范饮用水源保护区的污染事故预案，制订具体的应急措施，确保饮用水安全。

（六）对连续两年环保专项行动查处的环境违法企业整治情况进行全面复查。

对至今仍不能正常运行的污水处理厂，由省级环保专项行动领导小组挂牌督办，限期解决。对管网不配套的，2005 年 8 月以前必须制订具体方案，限期解决；对未按国家政策要求征收污水处理费或污水处理费被挤占、挪用的，2005 年 10 月前必须纠正；对不正常运行污水处理设施导致超标排污的，依法征收超标排污费；所有污水处理厂应按要求安装自动监控设备并与环保部门联网。

对再次出现“十五小”、“新五小”企业和列入国家淘汰落后生产能力、工艺、产品目录的企业污染连片反弹的地区，要追究当地政府及有关部门的行政责任。

对废弃危险化学品未做无害化处置的企业，一律责令立即整改。情节严重的，责令停产停业整顿，按有关法律法规规定予以处罚。

（七）对钢铁、电解铝、水泥、电石、炼焦、铁合金、纺织印染等行业违反建设项目环境保护有关规定的行为进行全面清理。按照国务院有关要求，逐一检查并落实整改措施，整改不到位的，要由当地环保专项行动领导小组挂牌督办，并向社会公布。

（八）加强重点地区重点污染源的整治。太湖、淮河流域各省级人民政府应落实国务院 2004 年“重点流域太湖现场会”、“淮河流域水污染防治现场会”的要求，开展全面检查；淮河流域各级人民政府应按照《国务院办公厅关于加强淮河流域水污染防治工作的通知》（国办发[2004]93 号）精神，对排放水污染物超标的企业一律实行停产整治；对虽能达标排放、但污染物排放总量仍然较高的企业，实行技术改造，推行清洁生产，削减污染物排放量。晋陕蒙宁四省（区）各有关人民政府应认真落实《国务院办公厅转发发展改革委等部门关于对电石和铁合金行业进行清理整顿若干意见的通知》（国办发明电[2004]22 号）的要求和国家环保总局、发展改革委、监察部联合召开的“晋陕蒙宁有关地区电石铁合金焦化行业环境污染整治工作会”要求，按期完成整治任务。

各省、自治区、直辖市人民政府可根据《通知》精神，结合本地实际，进一步细化工作目标并确定本省、自治区、直辖市的整治重点。

二、切实加强组织领导

（一）成立领导小组，制订实施方案

各级人民政府要按照《通知》要求，成立领导小组，制订实施方案，切实加强组织领导。各省、自治区、直辖市环保专项行动领导小组组长由政府主管领导担任，成员由政府办公厅和六部门主要负责同志组成，可适当扩充其他有关部门。各省、自治区、直辖市环保专项行动领导小组要根据《通知》和本方案要求，结合本地实际，制订具体的实施方案。

（二）完善部门协调机制

各级环保专项行动领导小组要坚持联席会议的例会制度，在环保专项行动期间的每个阶段应召开一次工作例会，针对各阶段环境执法重点工作，研究整合各部门执法资源、提高行政执法整体效能的具体办法和协调、配合问题。例会要形成会议纪要，由各部门遵照执行。

各部门要坚持依法行政，进一步完善、落实环境违法案件的移交、移送制度。各级环保部门在查处环境违法案件的过程中，凡发现生产、销售、进口、使用属于《淘汰落后生产能力、工艺和产品目录》规定的，应及时移交经济主管部门提出意见，报请同级人民政府按照国务院规定的权限责令停业、关闭；凡是因为环境违法问题被依法关停的企业，有生产许可证的要向颁证部门移送，有营业执照的要向工商部门移送；涉嫌违反《安全生产法》、《危险化学品安全管理条例》的要移送安全生产监督管理部门；需追究行政责任的，应将案件及时移送监察机关；涉嫌重大环境污染犯罪或者环境监管失职犯罪，需要追究刑事责任的，应将案件及时移送司法机关。各级发展改革委、经贸委、工商行政管理部门、监察机关、安全生产监督管理部门在行使各自职责时，凡涉嫌环境违法的案件应及时移送有关环保部门。各部门应由专人负责移送案件的受理工作，按规定程序办理移交或立案手续，处理结果及时通报。

三、统筹安排各阶段工作

全国环保专项行动整体时间安排：

（一）准备动员阶段（6 月 10 日～30 日）

各省、自治区、直辖市人民政府根据本方案要求制订实施方案，召开专门会议进行动员和部署，并将有关情况在 7 月 5 日前报送全国环保专项行动部际联席会议办公室（国家环保总局环境监察局）。

（二）自查摸底阶段（7 月 1 日～31 日）

各地（市）、县（市、区）人民政府对辖区内重点污染问题和 2003 年以来重点工作落实情况进行深入检查，对群众举报问题进行认真梳理，在此基础上确定挂牌督办名单。各省、自治区、直辖市环保专项行动领导小组于 8 月 10 日前将检查情况和挂牌督办名单报送全国环保专项行动部际联席会议办公室。

（三）全面整治阶段（8 月 1 日～10 月 30 日）

各级人民政府组织有关部门对检查出的重点环境问题进行集中整治，公开查处、曝光一批典型环境违法案件。

全国环保专项行动部际联席会议办公室将不定期组织督察组到各地进行督察或暗查，并重点督办淮河和太湖流域、晋陕蒙宁交界地区工业污染源整治问题。公开查处一批严重危害群众健康、影响社会稳定的典型环境违法案件，公开处理一批责任人。

（四）总结考核阶段（11 月 1 日～30 日）

各省、自治区、直辖市认真总结环保专项行动取得的成效与不足，提出加强长效管理的措施，提交《2005 年环保专项行动工作总结》和《环保专项行动三年工作总结》，于 11 月 30 日前报送全国环保专项行动部际联席会议办公室。

全国环保专项行动部际联席会议办公室将根据《全国环保专项行动考核办法》，组织对各省、自治区、直辖市环保专项行动的开展情况进行考核。

四、加强信息动态管理和报送工作

各级环保专项行动领导小组办公室要确定专人

负责环保专项行动信息管理工作，并通过国家环保总局《环保专项行动信息管理系统》报送环保专项行动进展情况。各地(市)、县(市、区)每周要向省级环保专项行动领导小组办公室报送一次工作进展情况，各省、自治区、直辖市环保专项行动领导小组每周编发一期工作简报，报送全国环保专项行动部际联席会议办公室和政府主要领导，并按期报送阶段报告。重要情况和工作中遇到的难点要随时报告，重点环境污染问题和查处的典型案件要及时报送。

附件二：

全国整治违法排污企业保障群众健康环保专项行动考核办法

为保障全国整治违法排污企业保障群众健康环保专项行动（以下简称“环保专项行动”）深入、广泛开展并取得实效，按照《国务院办公厅关于深入开展整治违法排污企业保障群众健康环保专项行动的通知》(国办发[2005]34号)的要求，特制定本考核办法。

一、考核内容

各省、自治区、直辖市人民政府开展环保专项行动的情况，主要包括组织领导、案件督办、污染反弹控制、环境执法能力建设等方面的情况。

二、考核指标：

按照考核内容共设17项指标，设置不同的分值。具体指标、分值见“环保专项行动考核评分细则”。

三、考核依据

1. 各地按要求报送的文件、报告、专项行动进展信息等资料。

2. 国务院六部门通过督察、检查、暗查工作掌握的情况。

3. 电视、报纸、互联网络等新闻媒体反映的情况。

四、考核程序

1. 各省、自治区、直辖市环保专项行动领导小组办公室按要求进行自我测评，并附考核依据所必需的材料，于2005年11月30日前报全国环保专项行动部际联席会议办公室(国家环保总局环境监察局)。

2. 全国环保专项行动部际联席会议办公室根据报送的资料及检查掌握的情况，对各省、自治区、直辖市2005年开展环保专项行动的各项工作按照考核评分细则进行核验、评分。评分情况反馈各省、自治区、直辖市环保专项行动领导小组。

3. 全国环保专项行动部际联席会议对考核评分结果进行审议，确定前十名。作为2005年国务院六部门对环保专项行动表彰工作的依据。

4. 考核结果将作为全国环保专项行动总结报告的附件，一并上报国务院。

五、有关要求

1. 各省级环保专项行动领导小组可参照本办法制订本辖区环保专项行动考核评分细则，对下级人民政府开展环保专项行动进行考核。

2. 各地环保专项行动领导小组要认真做好考核工作，如实提供相关资料，严禁弄虚作假。对在考核工作中弄虚作假的，将通报批评。

国务院办公厅关于加强饮用水安全保障工作的通知

国办发[2005]45号

各省、自治区、直辖市人民政府，国务院各部委、各直属机构：

饮用水是人类生存的基本需求。党中央、国务院对饮用水安全保障工作高度重视，胡锦涛总书记、温家宝总理多次做出重要批示。近年来，中央和地方加大了城乡饮用水安全保障工作的力度，采取了一系列工程和管理措施，解决了一些城乡居民的饮水安全问题。但是，饮用水安全形势仍十分严峻，不少地区水源短缺，有的城市饮用水水源污染加重，一些农村地区饮用水存在苦咸或含有高氟、高砷及血吸虫病原体等问题，对人民群众身体健康构成严重威胁。为进一步加强饮用水安全保障工作，经国务院同意，现就有关问题通知如下：

一、充分认识保障饮用水安全的重要性和紧迫性

饮用水安全问题，直接关系到广大人民群众的健康。切实做好饮用水安全保障工作，是维护最广大人民群众根本利益、落实科学发展观的基本要求，是实现全面建设小康社会目标、构建社会主义和谐社会的重要内容，是把以人为本真正落到实处的一项紧迫任务。各地区、各部门要从实践“三个代表”重要思想和执政为民的高度，充分认识保障饮用水安全的重要性和紧迫性。地方各级人民政府要加强领导，把这项工作纳入重要议事日程，建立领导责任制，切实抓好各项措施的落实。各有关部门要各司其职，密切配合，加大工作力度，共同做好饮用水安全保障工作。

二、认真组织规划编制工作

国务院有关部门要按照城乡统筹、合理布局、防治并重、综合治理、因地制宜、突出重点的原则，尽快组织编制全国城乡饮用水安全保障规划，进一步明确我国饮用水安全保障的目标、任务和政策措施。通过合理保护和配置水资源、大力防治水污染、开展城乡供水工程建设、建立合理水价形成机制、推行节约用水和加强监督管理等措施，优先满足饮用水需求，确保城乡居民饮用水安全。各地区要根据规划编制的统一部署和要求，认真研究解决本地区饮用水安全问题，结合实际提出切实可行的目标和任务，并纳入本地区经济和社会发展规划。

三、加强水资源保护和水污染防治工作

各省、自治区、直辖市要以保障饮用水水源安全为重点，进一步加大水资源保护和水污染防治工作力度。要依法严格实施饮用水水源保护区制度，合理确定饮用水水源保护区，严格禁止破坏涵养林和水资源保护设施的行为，因地制宜地进行水源安全防护、生态修复和水源涵养等工程建设。要大力治理污染，严格实行污染物排放总量控制，严厉打击违法排污行为，积极推进循环经济，加快推行清洁生产。各地区要结合实际，定期开展对集中饮用水水源保护区的检查，对查出的问题要进行专项整治并挂牌督办。对违法违规建设的项目，要责令停建并限期治理整顿或拆除。对排污超标的企业和单位，要责令限期达标排放或搬迁。要积极开展农业面源污染防治，指导农户合理施用化肥、农药，严禁使用高毒、高残留农药，推广水产生态养殖，推进畜禽粪便和农作物秸秆的资源化利用。

四、加大农村饮用水工程建设力度

进一步加大解决农村饮用水安全问题的工作力度，采取集中供水、分质供水、分散供水以及农村卫生环境整治等工程措施，重点解决高氟、高砷、苦咸和污染水以及严重缺水地区的饮用水安全问题。中央继续安排农村饮用水工程建设投资，对中西部地区重点扶持。地方各级人民政府要积极筹措资金，加大投入力度。东部较发达地区要率先解决农村饮用水安全问题，有条件的地方尽早实现城乡统筹区域供水。要强化农村饮用水工程项目管理，切实做好前期工作，并严格按照规划要求和建设程序实施。要建立良性循环的供水管理体制和运行机制，确保工程项目充分发挥效益。

五、加快城市供水设施建设和改造

各地区要加快城市供水设施的建设和技术改造，提高供水能力，扩大供水范围。要按照多库串联、水系联网、地表水与地下水联调、优化配置水资源的原则，加快城市供水水源的建设，提高城市供水安全的保障水平。凡饮用水水源水质不符合标准的，应当提出强制性的技术措施，制订水厂技术改造规划，采用先进适用技术，改进水处理工艺。要把城市供水管网改造作为重点，优先改造漏损严重和对供水安全影响较大的管网，改善供水水质。各地区要加快城市污水处理设施的建设，加强污水处理厂的运行管理，逐步实现污水深度处理，不断提高再生水利用率。

六、加强饮用水安全监督管理

各地区要加强对饮用水水源、水厂供水和用水点的水质监测，对取水、制水、供水实施全过程管理，及时掌握城乡饮用水水源环境、供水水质状况，并定期检查。对检查不合格的供水单位，要严格按照有关规定进行查处，并督促限期整改。各供水单位要建立以水质为核心的质量管理体系，建立严格的取样、检测和化验制度，按国家有关标准和操作规程检测供水水质，并完善检测数据的统计分析和报表制度。国务院有关部门要尽快制定既符合我国国情，又与国际先进水平接轨的饮用水水质国家标准，积极开展相关检测方法和标准的制(修)订工作。

七、建立储备体系和应急机制

各省、自治区、直辖市要建立健全水资源战略储备体系，各大中城市要建立特枯年或连续干旱年的供水安全储备，规划建设城市备用水源，制订特殊情况下的区域水资源配置和供水联合调度方案。地方各级人民政府应根据水资源条件，制订城乡饮用水安全保障的应急预案。要成立应急指挥机构，建立技术、物资和人员保障系统，落实重大事件的值班、报告、处理制度，形成有效的预警和应急救援机制。当原水、供水水质发生重大变化或供水水量严重不足时，供水单位必须立即采取措施并报请当地人民政府及时启动应急预案。

(2005年8月17日)

国家环境保护总局　监察部关于印发《国家环境保护总局监察部关于对企业违法排污损害群众利益突出问题开展专项检查的实施意见》的通知

环发[2005]53号

各省、自治区、直辖市环境保护局(厅)、监察厅(局)，新疆生产建设兵团环境保护局、监察局：

现将《国家环境保护总局、监察部关于对企业违法排污损害群众利益突出问题开展专项检查的实施意见》印发给你们，请结合实际，认真组织实施。

附件：国家环境保护总局、监察部关于对企业违法排污损害群众利益突出问题开展专项检查的实施意见

(2005年4月25日)

附件：

国家环境保护总局　监察部关于对企业违法排污损害群众利益突出问题开展专项检查的实施意见

为贯彻落实党中央、国务院关于严肃查处企业违法排污，坚决纠正损害群众利益的突出问题的要求和部署，国家环境保护总局、监察部决定，2005年在全国范围内联合对企业违法排污损害群众利益的突出问题开展一次专项检查工作。

一、指导思想和工作目标

以邓小平理论和“三个代表”重要思想为指导，认真贯彻落实中央纪委第五次全会和中央人口资源环境工作座谈会精神，加大环境执法力度，坚决纠正损害群众环境权益的突出问题。通过专项检查，督促地方各级政府及有关部门和企业严格执行环境保护法律法规，严肃查处环境违纪违法案件，切实维护群众合法权益，推动各级政府落实科学发展观和正确政绩观，为构建社会主义和谐社会服务。

二、检查内容和重点

(一)检查地方各级政府及有关部门执行环境保护法律法规的情况。重点检查地方各级政府能否正确处理经济建设与环境保护的关系，是否存在严重的地方保护主义；是否拒不纠正已出台的违反环境保护法律法规的地方规定；有关部门在环境监管中能否依法履行职责，是否存在玩忽职守、徇私舞弊等行为。

(二)检查因企业违法排污严重影响群众健康问题的整治情况。重点检查“十五小”和“新五小”企业连片污染是否存在反弹现象；群众两年内连续举报由于企业违法排污造成的大气污染、饮用水源地污染和危险废物污染等问题是否得到解决；重污染行业突出环境问题是否得到整改；不符合国家产业政策的火电、水泥、造纸等行业是否进行清理等。

(三)检查有关重点流域、重点地区污染防治情况。重点检查淮河、太湖流域、晋陕蒙宁交界地区污染防治工作是否认真落实国家有关要求，黄河、三峡库区、南水北调沿线工业污染超标排污问题是否得到及时有效治理等。

(四)检查企业执行有关环境保护政策规定情况。重点检查企业是否按规定进行排放污染物申报登记；是否按规定方式排放污染物；有无擅自拆除或者闲置污染治理设施、偷排污染物等行为。

(五)检查各地对环境违纪违法行为的查处情况。重点检查各地是否严厉打击违法排污企业、严肃处理环境违法行为；是否依纪依法对有关责任单位和责任人员进行了处理；是否存在不支持甚至干扰环境执法等现象。

三、工作方法和步骤

这次专项检查工作，采取自查自纠、抽查和重点检查相结合的方法，分为三个阶段实施：

(一)自查自纠阶段(5～7月)。地方各级环保和监察部门要按照本意见的要求，采取有效形式动员和部署，认真清理违反环境保护法律法规的地方规定，对企业排污情况进行全面的自查自纠，确定整顿治理对象的名单，并针对发现的问题，及时纠正和整改。自查自纠阶段结束后，各省级环保和监察部门要联合将自查自纠的工作情况和整顿治理对象名单于7月15日前分别报送国家环境保护总局和监察部。

(二)抽查和重点检查阶段(8～10月)。各省级、地(市)级环保和监察部门要组织力量分别对所辖地(市)、县(区)自查自纠情况进行抽查或交叉检查，对清查出的问题进行集中整治，并公开处理一批典型案件。国家环境保护总局、监察部将适时组织检查组对部分地区的工作进行督察。

(三)总结阶段(11月)。各地要总结专项检查工作的成效与不足，提出加强长效管理的措施，建立健全规章制度，堵塞漏洞，巩固成果。各省级环保和监察部门要联合将专项检查的总结报告于11月5日前分别报送国家环境保护总局和监察部。11月下旬，两部门将向国务院报送总结报告。

四、几点要求

(一)统一认识，切实加强领导。坚决纠正企业违法排污损害群众利益的突出问题是实践“三个代表”重要思想和党中央、国务院以人为本、执政为民、群众利益无小事理念的重要体现。要充分认识做好这项工作的重要意义，增强政治责任感和使命感。国家环境保护总局和监察部将建立联席会议制度，地方要建立由环境保护部门、监察机关主要负责人参加的协调小组，统一组织协调专项检查工作。

(二)严格执法，坚决纠正企业违法排污行为。环境保护部门要加大环境执法力度，按照环保系统“六项禁令”和环境执法人员“六不准”的要求，深入检查，严格监管。对企业违法排污行为，要依纪依法严肃处理。各地要确定一批严重影响群众健康又长期得不到解决的典型问题，实行挂牌督办，严肃查处并公开曝光。

(三)严肃查处违纪违法案件，加强责任追究。国家环境保护总局和监察部将建立案件移送制度，各地依照执行。监察机关要充分发挥职能作用，积极配合、支持环境保护部门开展工作，对违反环境保护法律法规，在综合决策中出现重大失误，导致辖区或相邻区域环境受到严重污染或者造成破坏的；对环境违法行为查处不力，群众反映强烈的环境问题长期得不到解决的，对主管部门不依法行使职权，并造成严重后果的，要依纪依法追究政府及其部门有关人员和负责人的责任。

（四）畅通投诉渠道，加强公众监督。各地要全面开通和大力宣传“12369”环保热线，加强举报受理工作，完善公众监督机制。要充分调动媒体积极性，发挥舆论监督作用，创造良好的社会舆论氛围。国家环境保护总局、监察部将适时联合召开新闻发布会，公布专项检查工作进展情况和有关环境违纪违法案件的调查处理情况。

国家环境保护总局 2005 年有关环境监察工作的文件

国家环境保护总局关于开展自然保护区专项执法检查的通知

环发［2005］37 号

各省、自治区、直辖市环境保护局（厅），华东、华南环境保护督查中心：

近年来，各级环保部门和各有关行政主管部门在自然保护区的管理方面做了大量工作，自然保护区的数量和面积逐年增加，自然保护区的建立和建设已成为我国保护自然环境、自然资源和生物多样性的有效措施。但是在各级自然保护区的建设和管理中，存在着重审批轻建设，重开发轻保护的问题，资源开发和自然资源保护的矛盾也日益突出，一些自然保护区未能发挥其保护作用。自然保护区的保护和建设、依法合理开发和科学利用问题，已经引起了党中央、国务院以及社会各界的重视。为进一步贯彻执行《中华人民共和国自然保护区条例》和国务院办公厅《关于进一步加强自然保护区管理工作通知》，加强自然保护区的环境监管，我局决定开展全国自然保护区专项执法检查，并列为 2005 年国务院领导要求深入开展的严查环境违法、保障群众健康专项行动主要内容。现将有关事项通知如下：

一、检查目的

全面落实《全国生态环境保护纲要》，以《自然保护区条例》、《行政监察法》等相关法律法规为依据，大力查处自然保护区内的生态破坏行为和环境违法案件，规范自然保护区的管理秩序，确保对自然保护区的依法合理开发和利用，推动对自然保护区等生态良好区实施主动性和预防性保护，强化对自然保护区实施环境保护统一监督管理，促进自然保护区的环境监察执法工作制度化，切实维护国家生态安全。

二、检查范围和重点

检查范围包括全国各类、各级自然保护区，重点是国家级、省级自然保护区，特别是国家生态敏感地区，饮用水源保护地区，国家自然保护区投资建设重点地区、群众反映强烈、管理混乱的自然保护区。

三、检查的主要内容

主要针对违反《自然保护区条例》和国家有关法律法规的环境违法行为进行查处。

1. 自然保护区内是否存在砍伐、开矿、挖沙等违反《自然保护区条例》的资源开发活动。

2. 自然保护区内和涉及自然保护区的建设项目和生产经营活动，是否符合自然保护区功能要求，是否进行了环境影响评价，项目开发建设单位是否落实有关保护、恢复和补偿措施；自然保护区外围地带的项目建设，是否损害自然保护区内的环境质量和生态功能。

3. 自然保护区内开展旅游活动，是否符合法规规定和自然保护区总体规划的要求，是否经过有批准权利的自然保护区行政主管部门的批准。

4. 自然保护区内的生产经营和开发建设项目是否破坏保护区内的生态环境，其污染物排放是否符合国家和地方规定的污染物排放标准。

5. 设立自然保护区时，是否履行了《自然保护区条例》规定的申请、评审、批准、备案等程序；自然保护区的规划与管理是否符合国家有关要求；是否存在违反国务院规定，擅自调整自然保护区范围或功能区的问题。

6. 调查自然保护区管理体制、投资机制等情况。

四、检查组织形式

采取各地区自查、省级抽查、国家级督察相结合的形式。

1. 自查。地方各级环保部门认真组织对本辖区范围内的自然保护区情况进行逐个检查，查处破坏自然保护区环境和保护对象的行为，并将检查结果逐级上报。

2. 抽查。各省、自治区、直辖市环保部门对本地区国家级、省级和市级自然保护区执法情况进行抽查，并对严重违法案件进行查处。

3. 督察。我局将协调监察部组成督察组，对群众、媒体反映强烈、有违法进行资源开发和破坏性建设行为及涉及国家重点工程的国家级和省级自然保护区进行检查。对检查发现的问题，提出处理意见，并挂牌督办。对严重破坏自然保护区的行为，由环保部门对自然保护区依法依规进行处罚，移送监察部门追究有关责任人的相关责任。

五、时间安排

1. 2005 年 3～5 月，各地联系实际情况编制各地自然保护区专项检查方案，开展自然保护区专项执法检查自查工作。

2. 6～7 月，省级环保部门抽查，并将检查结果及时报送国家环保总局。

3. 8～9 月，国家环保总局组成检查组对国家级自然保护区和省级自然保护区的专项执法检查情况进行抽查。

4. 10月，整理检查情况，汇总上报国务院，并召开新闻发布会，向社会通报情况。

六、工作措施及要求

1. 加强领导，精心组织。各级人民政府要重视自然保护区建设，加强对自然保护区专项执法检查的领导。各省（自治区、直辖市）环保部门要认真履行统一监督管理的职能，落实工作责任，建立协调的工作机制。根据本地区自然保护区的分布和特点，制定检查方案，确定工作重点，精心组织开展自然保护区专项执法检查。

2. 严肃查处环境违法行为。对自然保护区内及涉及自然保护区的未执行环境影响评价制度的建设项目，要依法责令停止建设，报送环境影响评价报告，经环保部门批准后，方可开始建设；对在自然保护区核心区和缓冲区开展旅游和生产经营活动依法责令立即停止或取缔；对保护区内已建成设施污染物超标排放的，责令停业停产、限期治理；对违法在自然保护区内进行的资源开发和破坏性建设活动，应责令停止违法行为，限期恢复原状或者采取其他补救措施；对违规擅自调整自然保护区范围与功能区的要责令改正，对破坏严重、失去保护价值的自然保护区环保部门要报请审批机关，取消其自然保护区资格。

3. 加大行政监察力度，追究环境违法行为的行政责任。按照中纪委、监察部关于将违法排污、生态破坏、严重损害人民群众利益的行为，作为纠正不正之风的五大重点之一，加大环境违法的责任追究的要求，各级环保部门要紧密协调监察部门，对严重违反《自然保护区条例》的环境违法行为，要加强行政监察工作，依法追究有关地方政府、行政主管部门、自然保护区管理机构和有关责任人的行政责任。

4. 加强政务公开。各地环保部门要将查处的破坏自然保护区和违反《自然保护区条例》的典型案件定期在新闻媒体上公布，充分利用媒体、网络以及“12369”环保热线，扩大信息发布渠道。鼓励媒体监督，提高地方政府、有关部门以及公众对自然保护区的认识。我局在总局网站设立自然保护区专项检查专栏，发布检查情况和典型案例。

5. 建立案件移交工作机制。在对自然保护区的执法检查过程中，如发现违法行为涉及林业、农业、国土资源、海洋等部门管理职能的，要移送移交相关部门处理，并报告当地政府督办案件的处理情况，逾期不办的，移送监察部门追究相关部门的行政责任。

6. 做好专项执法检查信息调度等基础工作。各省（自治区、直辖市）环保、监察部门对本地区范围内的自然保护区管理情况进行全面调查，及时报送自然保护区专项检查情况。各省（自治区、直辖市）环保部门或环境监察局（总队）要确定专人负责信息调度工作。

（2005年3月29日）

国家环境保护总局关于加强中高考期间噪声污染控制与监督检查的紧急通知

环发[2005]66号

各省、自治区、直辖市环境保护局（厅）：

2005年中高考即将开始，为维护群众利益，确保广大考生有一个安静的学习、考试和休息环境，现就加强中高考期间执法监督、严格控制噪声污染的有关要求紧急通知如下：

一、各级环保部门要从以人为本、执政为民、构建社会主义和谐社会的高度，提高对中高考期间环境噪声管理重要性的认识。要将查处中高考期间噪声污染作为环保专项行动的重要内容之一，切实解决群众反映强烈、影响群众切身利益的噪声污染问题。

二、各级环保部门要根据当地实际情况制订工作方案和行之有效的具体措施，着力查处环境违法行为，严格控制噪声污染。协调公安部门加强对噪声污染的控制和监督检查。禁止噪声超标和扰民的生产活动和建筑施工作业，严格限制建筑施工时间；严查营业性文化娱乐场所噪声污染超标和扰民；从严控制露天娱乐和集会等活动；限制使用高音喇叭；对部分区域采取临时性交通管制和禁鸣措施。

三、各级环境监察机构要充分履行现场执法职能。加强对建筑施工工地、室外群众性娱乐活动和其他可能产生噪声污染场所的检查，增加巡查频次。重点加强对学校周围区域的现场监督，保证考场安静的环境。对群众投诉的问题必须迅速赴现场查处。发现违法、违规行为，要坚决制止并依法依规严肃处理。

四、充分发挥公众参与和社会监督的作用。各地要利用广播、电视、报纸等新闻媒体发布严格控制噪声污染的通知，确保“12369”环保热线畅通，方便群众投诉。对群众反映强烈、影响较大、危害严重的噪声污染事件，要通过新闻媒体予以曝光。

请各地于2005年7月10日之前将贯彻落实此通知的情况报送总局环境监察局。

（2005年5月27日）

国家环境保护总局关于严格执行《城镇污水处理厂污染物排放标准》的通知

环发[2005]110号

各省、自治区、直辖市环境保护局(厅):

近年来,我国城镇污水处理厂建设进程逐步加快。但是,一些地方的污水处理厂没有严格执行我局2002年颁布的《城镇污水处理厂污染物排放标准》(GB18918—2002,以下简称《标准》)。有的地方甚至人为降低处理等级致使城镇污水处理厂运行管理不善,部分生活废水未经处理直接排放。为进一步加强对城镇污水处理厂的建设和运行管理,积极改善城镇水环境质量,现就执行《标准》有关事项通知如下:

一、对城镇污水处理厂排水,应按《标准》中的相关规定实施分类管理。

北方缺水地区应实行中水回用,城镇生活污水处理厂执行《标准》中一级标准的A标准;其他地区若将城镇污水处理厂出水作为回用水,或将出水引入稀释能力较小的河湖作为城市景观用水,也应执行此标准。为防止水域发生富营养化,城镇生活污水处理厂出水排入国家和省确定的重点流域及湖泊、水库等封闭式、半封闭水域时,应执行《标准》中一级标准的A标准;其他地区可执行《标准》中的二级标准,并可根据当地实际情况,逐步提高污水排放控制要求。现有城镇生活污水处理厂达不到排放标准的,应限期达标。

二、加强污泥和恶臭污染物的治理,配套建设污泥和恶臭污染治理设施。

必须按《标准》要求将污泥进行稳定化处理后妥善处置;若作为农用,必须达到《标准》规定的污泥农用污染物控制要求。含恶臭污染物的气体也必须达标排放。现有城镇污水处理厂应按《标准》规定配套建设恶臭处理和污泥处理设施。

三、生活污水处理厂应按《标准》要求对主要水质指标进行监测,各级环保部门应确实加强监管。

四、新建和现有生活污水处理厂均应按照《标准》要求,安装污水水量自动计量装置及主要水质指标在线监测装置。

(2005年10月11日)

国家环境保护总局关于切实加强排污费征收管理,严格执行"收支两条线"规定的通知

环发[2005]94号

各省、自治区、直辖市环境保护局(厅):

2005年8月23日晚,中央电视台《焦点访谈》栏目报道了湖北省南漳县环保局擅自以招待费、房租费、医疗费等冲抵、挪用、乱支排污费的情况,这些行为严重违反了国务院《排污费征收使用管理条例》(2003年国务院令第369号)及其配套规章的有关规定,在社会上造成了恶劣影响。为加强排污费征收管理,严肃纪律,加强廉政建设,我局进一步重申各级环保部门要严格执行"收支两条线"的有关规定,认真查找工作中存在的不足,举一反三,引以为戒。现就有关问题通知如下:

一、地方各级环保部门要严格按照《排污费征收使用管理条例》及配套规定的征收范围、权限、时限和程序征收排污费,不得简化征收程序,降低征收标准,不得擅自减、免和缓征排污费,坚决杜绝协商收费、人情收费。

二、地方各级环保部门要严格按照"环保开票、银行代收、财政统管"体制,严格足额征收排污费,不得变相或以任何形式坐支、截留和挪用。

三、地方各级环保部门要按规定和权限将征收排污费的数额,减、免、缓缴排污费等情况予以公告,接受监督。

四、请各省、自治区、直辖市环保部门在接到本通知之日起,立即组织对2003年7月1日《排污费征收使用管理条例》施行以来排污费的征收、管理、使用情况进行一次检查。对应当征收而未征收或少征收排污费的,上级环保部门要责令其限期改正,或直接责令排污者补缴排污费;对违反规定减缴、免缴、缓缴排污费,截留、挤占、挪用环境保护专项资金及不按照规定履行监督管理职责,对违法行为不予查处,造成严重后果的要依照《刑法》、《排污费征收使用管理条例》、《违反行政事业收费和罚没收入收支两条线管理规定行政处分暂行规定》(国务院令第281号)、《财政违法行为处罚处分条例》(国务院令第427号)等规定追究有关责任人的行政直至刑事责任。

请各省、自治区、直辖市环保局(厅)将检查的情况于2005年10月15日前报我局环境监察局。我局将适时组织抽查,一经发现问题,立即进行严肃处理。

(2005年8月25日)

国家环境保护总局关于加强环境保护信访工作的通知

环发[2005]127 号

各省、自治区、直辖市环境保护局(厅),新疆生产建设兵团环境保护局、解放军环境保护局:

当前,我国正处于工业化、城市化快速发展阶段,一些地方环境问题比较突出,由此引发的环境信访案件和群体性事件也不断上升,已经成为影响社会稳定的重要因素。国务院新发布的《信访条例》已于 2005 年 5 月 1 日正式实施,对信访案件的受理、交办、督察、督办以及责任追究等提出了明确的要求。各级环境保护部门要充分认识做好信访工作的重要性与紧迫性,严格按照《信访条例》的要求,认真处理每一件群众来信、每一次群众来访,真正做到件件都有领导负责、有专人办理,有督促、有检查、有办理结果,切实维护人民群众的环境权益。现就进一步做好环境信访工作提出如下要求:

一、建立健全局长接待日制度

各级环境保护部门要切实加强对信访工作的领导,建立健全信访工作领导责任制。省、市、县环保部门要建立群众来访局长接待日制度,由局领导班子成员亲自接待来访群众,认真倾听群众对环境保护的要求,切实解决与群众利益相关的环境问题。接待群众来访的时间、地点要通过当地媒体向社会公告。群众在局长接待日反映的主要环境问题、受理情况以及重要案件办理情况也应向社会公开。

二、深入细致做好信访排查调处工作

各级环境保护部门近期要集中一段时间,对辖区内的环境信访案件进行一次深入细致的排查和调处工作。排查调处的重点是群众集体来访、重复来访和联名投诉、重复来信。对排查出来的重点问题,主要领导要亲自挂帅,组织专门力量,制定解决问题的措施和办法,按照"属地管理、分级负责和谁主管,谁负责"的原则,层层落实责任,实行挂牌督办,限期解决。在加大对处理重复来信、来访案件督办力度的同时,还要做好群众投诉的初信、初访办理工作,提高信访案件的查处、办理效率,努力做到"还清旧账、不欠新账","人要回去,事要解决,人不回流"。

三、畅通信访渠道,维护信访秩序

各级环境保护部门要认真执行《信访条例》,切实转变机关工作作风,规范机关工作人员行为,建立环境信访案件的登记制度、是否受理书面告知制度、转交及交办制度、督察督办制度、处理结果书面告知制度等。畅通信访渠道,热情接待和认真受理群众来信来访,按时限要求依法处理群众反映的环境问题。对群众反映的问题应由本部门受理的,不得借口推托或引导群众到上级部门上访;对应在办理时限内受理、解决的问题而未受理或无正当理由未按办理时限办理的,应批评教育,对由此引发群体性信访事件、造成严重社会影响或严重后果的,应按照有关法律、法规的规定,追究其责任。要教育并引导来访群众遵守《信访条例》的规定,以理性、合法的方式反映意见和要求,自觉维护正常的信访秩序。对无理取闹的人,要严肃批评教育;对借上访之名扰乱正常社会秩序、妨害公共安全的,要及时取得公安机关的支持,依法处理。

四、加强信访信息报送工作

各级环境保护部门要对信访信息的报送工作给予高度重视。报送信访信息是信访工作的重要组成部分。要加强信访信息的搜集、汇总和分析研究工作,确保一旦发生群体性环境信访事件,能做到早报告、早控制、早解决,掌握工作的主动权。严格执行信息报送的有关规定,不得拖延或瞒报、漏报,对故意拖延或瞒报信访信息造成严重后果的,要追究有关责任人员的行政或法律责任。

五、加强环境信访队伍的建设

各级环境保护部门要建立健全环境信访机构,加强信访机构的能力建设和工作人员的培训;要给予环境信访部门综合协调、重要信访案件督察督办的职能;要将环境信访工作纳入公务员晋升和年度考核的重要内容;要关心信访工作人员的工作和生活,提供必要的工作环境和条件。要及时总结分析环境信访工作遇到的新情况、新问题,以改进环境信访工作。要加强对汇总的信访信息分析研究工作,从中总结环境法规政策的落实情况和环境执法的有效性,以不断改进环境立法执法工作,为推动环境保护事业发展和构建和谐社会作出贡献。

总局明年上半年将结合环境执法监察,检查本通知贯彻落实情况。

(2005 年 11 月 23 日)

国家环境保护总局关于开展环境安全大检查的紧急通知

环发[2005]145 号

各省、自治区、直辖市环境保护局(厅),新疆生产建设兵团环境保护局:

党中央、国务院对环境安全高度重视,明确要求抓紧部署全国环保系统有针对性的(特别是化工企业)开展环境安全大检查,对可能造成重大环境污染的隐患,督促相关单位采取预防措施,完善相应预案,对新项目严把环境影响评价关。为切实加强环境安全监管工作,落实全国环境污染事故应急电视电话会议精神,根据我局《关于进一步加强环境监督

管理严防发生污染事故的紧急通知》(环发[2005]130号)要求,决定在全国范围内开展一次环境安全大检查。现通知如下:

一、检查重点

1. 重要江河干流及其主要支流沿线的大中型企业,特别是城镇集中式饮用水源地上游和城乡居民集中居住区周围的大中型化工企业。

2. 小化工企业集中地区的化工企业、化工工业园区。

3. 对人民群众生产生活构成威胁的危险废物堆放场所。

二、检查内容

1. 地方各级环保部门落实全国环境污染事故应急电视电话会议精神和排查污染事故隐患的情况。

2. 地方各级政府及环保部门制定和实施环境应急预案,加强应急能力和应急装备建设的情况。

3. 对近两年审批的建设项目,尤其是化工项目环境影响评价审批开展全面排查的情况。

4. 环境管理制度、环境应急预案和企业治污设施、应急处理设施的落实和建设运行情况,尤其是环境污染事故应对措施的落实情况。

5. 小化工企业集中区域环境污染整治、达标排放情况。

6. 对饮用水源和居民居住集中区构成环境安全隐患的整改措施及落实情况。

三、检查要求

1. 尚未制订《环境突发事件应急预案》的地区,必须在2005年底前制订,并报当地政府批准。《环境突发事件应急预案》不完善、应急机制不健全及应急预防措施未落实的地区,必须按照《国家环境突发事件应急预案》的要求,于2005年年底前完成整改。

2. 对检查发现的重点环境安全隐患单位,必须提出整改要求,并提请当地政府挂牌督办。对逾期没有完成限期治理任务的,提请当地政府实行关停并转。

3. 对不执行建设项目环境影响评价和环保“三同时”制度的,依法进行处理;环境影响评价中未做环境风险评价或环境风险评价不完善的,必须提出补救措施,限期补做并完善。对因环境影响评价审批工作失误而造成重大环境污染事故的,要追究有关单位和责任人的责任。

4. 对不符合国家产业政策的小化工企业,一律关闭。对超标排放的小化工企业,实行停产治理。

5. 对污染严重的化工园区和化工集中区必须开展集中整治,确保群众的饮水安全。

四、检查安排

1. 各省、自治区、直辖市要在2006年1月30日前完成环境安全大检查,并将检查总结和附表报送我局(附表可在环保专项行动信息管理系统中在线填报)。

2. 我局将于2005年12月中旬派出督察组,赴四川、重庆、湖北、湖南、安徽、江苏、广东、山东、辽宁、甘肃等省、市进行专项督察。

附件:环境安全大检查检查企业情况表

(2005年12月7日)

附件:

环境安全大检查检查企业情况表

序号	企业名称	所属行政区			坐标		主要产品	年产量(万吨)	主要原料	年用量(万吨)	污水排放去向		主要环境安全隐患	整改时限	环境违法行为	备注
		省	地	县	经度	纬度					河流名称	所属水系				

填表说明：

1. 企业名称按工商登记注册的名称填写。

2. 主要产品和主要原料按产量、用量最大的一种危险化学品填写。

3. 污水排放去向指一旦发生泄漏时污水排放到的水体。

4. 主要环境安全隐患指环境应急措施中存在的问题。

(1)环境应急预案是否制定；

(2)应急措施是否有效；

(3)事故池等应急设施、装备是否完备；

(4)污染治理设施是否完善；

(5)应急监测能力是否具备。

5. 环境违法行为按以下分类填写：

(1)违反建设项目环保管理规定(包括违反环评法、“三同时”制度及禁止建设项目的管理规定)；

(2)违法排放污染物(没有治污设施直接排放污染物，或故意不正常使用治污设施偷排污染物)；

(3)超标排放污染物(包括污水、废气、噪声、固体废物)；

(4)违反排污申报登记制度和排污收费制度(包括拒报、谎报、不按规定申报以及不按规定缴纳排污费)；

(5)违反现场监督检查制度(包括拒绝检查、弄虚作假)；

(6)其他环境违法行为(违反排污口规范管理规定、违反生态保护管理规定、环境保护功能区管理规定、限期治理管理规定以及噪声、电磁辐射、放射性物质、核设施、危险废物、危险化学品、医疗废物环境管理规定)。

国家环境保护总局关于严肃处理乐山饮水安全事件有关责任人的通报

环发[2005]45号

各省、自治区、直辖市环境保护局(厅)，解放军环境保护局，新疆生产建设兵团环境保护局：

近日，四川省人民政府严肃处理了在乐山市饮水安全事件中处理不力、监管失职的乐山市市中区人民政府、乐山市水利局、国土资源局、环保局相关责任人。其中乐山市环保局因作风不实，向上级错误报告污染源，有关责任人受到责任追究。现通报如下：

2004年12月中旬，四川省乐山市自来水公司第三水厂取水口水源色度严重超标，威胁25万群众生活用水。四川省人民政府迅速组成调查组查实污染源，乐山市、眉山市人民政府和四川省环保局、水利厅采取有力措施消除污染源，保证了群众饮水安全，维护了社会稳定。

经查，造成该事件的主要原因是水厂水源保护区内违法沙石场违规作业。但乐山市环保局环境监察支队在发现水质色度异常，于2005年1月5日向四川省环保局环境监察总队书面报告，认定影响水厂取水安全的原因是青衣江沿岸造纸企业污染所致。由于乐山市环保局环境监察支队作风不实、责任心不强，判断错误，导致未能及时查清污染源，延误了事件处理时机。为此，四川省监察厅给予乐山市环保局环境监察支队队长周红行政记大过处分，给予市环保局副局长夏光程行政记过处分。

四川省严肃处理影响水质安全的责任单位和责任人，执法严明，对各级环保部门依法行政是一个重要的推动。各级环保部门都要从这一事件中汲取经验教训，严格执法、依法行政，提高行政效率和执法水平。

一、立足以人为本，牢固树立群众利益无小事的观念

各级环保部门要将群众利益放在各项工作的首位，从实践“三个代表”重要思想的高度，本着对人民高度负责的态度依法行政，切实解决关系群众切身利益的环境问题。

二、尽职尽责，不断提高执法水平

广大环保工作者，特别是环境执法人员要恪尽职守，发现环境污染事故隐患，要迅速分析、查找、锁定污染源，采取果断措施，防止事故的发生和扩大，并及时向上级报告，不可误报，更不得瞒报、谎报；要切实转变作风，深入一线调查研究，努力提高执法效能；不断加强学习，练就过硬本领，提高执法水平，严厉打击违法排污企业。

三、严肃问责，逐步强化责任追究制

各级环保部门要对环保工作人员和执法人员严格管理，严格要求，建立健全岗位责任制，对环境监管工作不负责任、不依法行政、不作为或乱作为等失职、渎职问题的责任人，加大责任追究力度。严肃查处一批违规违纪的典型案件，做到查处一个，震动一片，教育一方，推动环境监管工作走上制度化、规范化的轨道。

(2005年4月15日)

国家环境保护总局办公厅关于印发2005年全国环境监察工作要点的通知

环办[2005]32号

各省、自治区、直辖市环境保护局(厅)，新疆生产建设兵团环保局，华东环保督查中心，华南环保督查中心：

现将《2005 年全国环境监察工作要点》印发给你们，请结合你地区实际，认真贯彻落实。

附件：2005 年全国环境监察工作要点

（2005 年 3 月 23 日）

附件：

2005 年全国环境监察工作要点

为了促进国家环境保护“十五”规划的全面实施，2005 年全国环境监察工作要以“整治违法排污企业保障群众健康环保专项行动”为龙头，严肃查处大、要案，并以重点区域、行业执法检查、生态环境监察等工作为重点，全面推进环保执法监督工作，促进以人为本和科学发展观的落实，维护人民群众的健康安全。

一、深入开展环保专项整治行动，建立长效管理机制。继续组织开展好环保专项整治行动，加强环境违法案件和以往重点案件的督办；努力解决群众反映强烈、严重影响社会稳定的环境污染和生态破坏问题；加大对严重影响饮用水安全的建设项目、城市污水处理、垃圾处理等基础设施的监督管理；重点督办淮河、太湖流域，南水北调沿线，三峡库区，晋陕蒙宁交界，近岸海域等区域环境污染问题。进一步加强组织领导，强化部门联动，建立案件移交移送制度；实行环境违纪问责制，严肃纠正与企业违法排污相关的政府和部门不正之风；定期对重点环境违法行为曝光，营造环境执法的声势。组织好三年专项行动的考核表彰工作。

二、深化试点、抓住重点，全面推进生态环境监察工作。开展自然保护区专项执法检查，解决自然保护区批而不建、建而不管的问题，查处环境违法，强化环保部门统一监管的职能。加强对资源开发项目的环境监管，深入开展矿山生态环境监察工作。开展重点流域畜禽养殖业污染防治情况的检查、秸秆禁烧工作检查。布置开展生态环境监察试点评估、评先工作，推动生态环境监察工作全面开展。

三、整体推进全国排污申报核定工作，为排污收费、环境执法和各项环境管理工作奠定基础。全面执行《排污申报核定汇总报告制度》，深入开展淮河、太湖流域排污申报核定汇总，为全面实施排污许可证制度服务；开展黄河、松花江流域排污申报核定汇总检查；开展造纸、电力及热力、水泥行业、污水处理厂、固废处置场和危险废物的申报核定汇总；配合有关部门开展物料衡算办法研究。

四、充分利用排污收费手段，促使排污者减少污染物排放。进一步加大排污费征收力度，提高足额征收率，重点是火电行业二氧化硫和氮氧化物排污费、城市污水处理厂超标因子排污费的足额征收。开展重点行业排污费征收稽查，实施排污费征收公告公示管理制度。联合相关部门开展二氧化硫征收标准提高和城市污水处理厂超标氨氮排污费开征的前期工作。加强理论研讨和实践总结，不断改进和完善排污收费制度。

五、规范环境监察工作制度，强化执法队伍自身建设，不断提高执法效能。修订和完善环境监察规章制度，规范环境监察工作程序，建立实施环境监察队伍激励机制。采用分级培训、专项培训的方式，加强环境监察人员的岗位培训，切实提高监察队伍知识水平和执法水平。依照分类指导的原则，修订标准化建设标准，积极推进环境监察机构标准化建设。积极协助相关部门争取利用各级财政专项资金，保障执法经费。编制《全国环境监察能力建设“十一五”计划》。

六、提高环境监察信息化建设水平。总局开通“12369”环保热线并与各省联网，通过直接受理、转办、督办，加快群众关心问题的解决，树立环境监察执法的新形象。强化在线监控设备的安装、联网和数据应用等工作，建设环保举报、监控、反恐应急网络。全面推进《排污费征收管理系统》的应用。

七、建立环境应急机制，提升处理处置突发环境事件的能力。制定、完善《突发环境事件应急预案》。开展突发环境事件应急处置程序、方式的规范与培训。及时处理各种突发环境事件，严格执行重大环境事件报告制度。

八、认真开展党员先进性教育活动，加强行风廉政建设。结合环境执法工作，安排好环境监察系统党员先进性教育活动。继续开展行风建设和行风评议活动。整顿工作作风，改进工作效能。严肃查处违反“环保系统六项禁令”和“环境监察六不准”的违纪行为。

国家环境保护总局办公厅 农业部办公厅 财政部办公厅 铁道部办公厅 交通部办公厅 中国民航总局办公厅《关于进一步做好秸秆禁烧和综合利用工作的通知》

环办[2005]52 号

各省、自治区、直辖市人民政府办公厅：

自 1999 年国家环保总局、农业部、财政部、铁道部、交通部和中国民航总局印发《秸秆禁烧和综合利用管理办法》以来，各级人民政府加强领导，落实责任，疏堵结合，秸秆禁烧和综合利用工作取得较好成效，全国大部分地区秸秆焚烧现象得到了有效控制。

河北、河南、四川等省部分地区实现了秸秆全面禁烧，全国秸秆综合利用率达 60%以上。但近两年来，部分地区的监管工作有所松懈，秸秆焚烧现象出现了严重反弹，影响了交通运行，造成严重的环境污染。为进一步做好秸秆禁烧和综合利用工作，现就有关事项通知如下：

一、要从维护人民群众健康安全的高度来认识秸秆禁烧工作的重要性

据 2004 年国家卫星遥感监测数据表明，我国主要农区（包括河北、河南、山西、山东、安徽、江苏、陕西省）夏季共监测到 61 个市、208 个县的火点数 2 481个，禁烧区内共有火点数 910 个，其中河北、河南、陕西省禁烧区内火点数比 2003 年同期有所减少，江苏、安徽省秸秆焚烧现象严重。秋季共监测到 62 个市、144 个县的火点数 697 个，禁烧区内火点数 286 个，其中山东省秸秆焚烧现象较为严重。农作物秸秆禁烧和综合利用工作事关大气环境质量、交通安全和广大农民的利益，引起了党中央、国务院领导的高度关注。各级人民政府及有关部门应以对人民群众高度负责的责任感和使命感，从落实科学发展观，提高农业资源利用效率和环境质量，保障人民群众健康安全的高度，充分认识秸秆禁烧和综合利用工作的重要性，采取有效措施，进一步做好秸秆禁烧和综合利用工作。

二、各级政府要把秸秆禁烧和综合利用工作纳入目标管理，做到监管到位，责任到人

各地必须认真贯彻落实《大气污染防治法》和《秸秆禁烧和综合利用管理办法》，把秸秆禁烧和综合利用工作摆上重要议事日程。各级政府要依法对本辖区的环境质量负责，坚持"疏"、"堵"结合、以"疏"为主的方针，建立秸秆禁烧和综合利用工作目标管理责任制，把责任具体落实到市、县和乡镇人民政府。加强监督管理，强化责任追究。

三、做好服务，引导综合利用技术的推广应用

秸秆综合利用是解决秸秆出路问题的根本措施，应不断研究、开发、推广秸秆综合利用技术，因地制宜地引导农民开展并推广秸秆机械化还田技术、秸秆青贮、氨化、堆沤、快速腐熟、加工、保护性耕作、能源转化利用等综合利用技术。制定优惠政策和奖励机制，鼓励、支持农民及社会力量积极主动开发、利用秸秆资源。同时，利用各种宣传手段，为秸秆禁烧和综合利用工作创造一个良好的社会舆论环境，使秸秆禁烧和综合利用真正变成农民的自觉行动。

四、各部门加强协管，建立长效监管机制

各有关部门要将秸秆禁烧和综合利用工作作为每年的日常工作，密切协作，齐抓共管。环保部门要切实履行执法监督职责，加大督察力度；农业部门要抓紧秸秆综合利用技术的应用推广工作，尽快解决剩余秸秆出路问题；财政部门要鼓励、支持秸秆综合利用产业发展；交通、铁道、民航部门要积极配合，参与禁烧执法监督检查和宣传教育普及工作。

禁烧期间，各地要强化秸秆禁烧现场执法检查，集中力量确保机场、铁路、高速公路等重点交通干线的安全和高压输电线路的正常运行，确保大气环境质量，对焚烧秸秆的行为要坚决依法查处。今年国家环保总局、农业部、财政部、铁道部、交通部、民航总局将组成联合检查组，对重点地区秸秆禁烧工作进行督察，情况上报国务院并予以通报。同时，将继续利用卫星遥感监测秸秆焚烧情况，并通过中央新闻媒体向社会公布。

特此通知。

（2005 年 5 月 10 日）

国家环境保护总局办公厅《关于进一步做好晋陕蒙宁有关地区电石铁合金焦炭等行业清理整顿工作的通知》

环办[2005]58 号

山西省、内蒙古自治区、陕西省、宁夏回族自治区环境保护局：

近日，国务院副总理曾培炎再次对晋陕蒙宁交界区域的环境整治工作做出批示，要求各部门和相关政府要加大工作力度，继续推进晋陕蒙宁交界地区小炼焦、小铁合金、小电石等污染企业的专项整治行动，促进产业结构的调整和环境保护，把整治措施抓实、抓好。为落实曾培炎副总理的批示精神，按照《关于印发〈晋陕蒙宁有关地区电石铁合金焦炭等行业清理整顿要求〉的通知》（环办[2005]15 号，以下简称《通知》）要求，我局会同国家发展改革委、监察部、电监会于 2005 年 4 月 23～29 日对有关地市（县）清理整顿工作进行了专项检查。

从检查的情况看，整顿工作取得一定进展。一是多数地方政府比较重视清理整顿工作，政府关停和取缔了一批不符合国家产业政策的设施和企业；二是绝大多数企业安装了除尘设施；三是国家取消铁合金出口退税的宏观调控政策，对抑制高能耗产品的发展起到了显著效果。但检查也发现各地在整顿工作中仍存在一些问题。

一是责任不落实。忻州市人民政府对清理整顿重视不够，与保德、河曲、偏关三县人民政府签订的目标责任书仍然停留在纸上，清理整顿工作任务未真正落实；乌海市人民政府仅对 47 家焦炭行业签订了责任书，对污染严重的西来峰、乌达工业园区铁合金和电石企业没有签订责任书。

二是取缔关停不彻底。检查发现保德、河曲、偏关三县的小炼铁炉，在检查前一直非法生产；乌海市西来峰的路边小炼铁炉正在违法生产。更有甚者，忻州市经贸局对应取缔的同保铁厂 40 立方米炼铁高炉违规批准改建为 158 立方米炼铁高炉；保德县电力部门向本应取缔的保德县振兴铁厂和暖泉铁厂13立方米炼铁高炉违法送电。

三是炉型改造和收尘系统建设进展缓慢，整顿措施严重不到位。按照清理整顿要求，4月30日前所有半密闭式电石、铁合金炉必须完成炉型的改造和收尘系统的建设，检查发现忻州市、乌海市、阿拉善盟、鄂尔多斯市、石嘴山市等地的电石铁合金炉没有改造，收尘系统没有进行完善和建设，生产中无组织排污仍然严重。

四是部分企业除尘设施运行不正常，超标排污依然严重。乌海市蒙金冶炼有限公司、新世纪铁合金有限公司在检查中仍停运治污设施，超标排放；西桌子水泥厂、乌达电厂烟尘林格曼黑度在3级以上；西来峰和棋盘井园区的焦化厂仍存在焦炉煤气放散、冒黄烟，超标排放的情况。河曲县万兴和银兴硅钙厂的布袋式除尘器出口被封死，成为应付检查的摆设。

为按期完成清理整顿任务，认真落实曾培炎副总理对清理整顿工作的批示和《通知》要求，确实推进清理整顿工作。特通知如下：

一、各级环保部门要积极配合当地政府按照《国务院办公厅转发发展改革委等部门关于对电石和铁合金行业进行清理整顿若干意见的通知》(国办发明电[2004]22号)和《通知》的要求，将电石铁合金焦炭等高能耗污染行业清理整顿作为切实维护群众环境权益的大事来抓，对照清理整顿的要求，逐项落实整顿的各项任务。

二、要实行分类指导，对已验收合格的企业准许其生产，加强监督管理，确保稳定达标排放；对仍没有改造炉型或建设收尘系统，超标排污生产的企业，积极配合当地政府向供电部门提供停止供电的企业名单，落实强制关停措施。

三、严格验收标准。5月30日前，各级环保部门要配合当地政府完成企业的验收工作。各级环保部门要认真按照《通知》要求，严格落实清理整顿工作，防止各地进行突击验收和降低验收标准，确保清理整顿工作的顺利完成。

四、积极配合监察部门严肃追究政府及有关部门不作为的责任。对在5月30日以后仍然存在该取缔未取缔、该关停未关停违法生产企业的地区，要移送监察部门追究当地政府负责人的责任。对没有进行炉型认定或者认定错误，甚至进行违规认定或审批的；不按政府要求向违法生产企业进行供电或者违规向违法企业或淘汰关停企业供电的；不按要求进行验收或对没有完成炉型改造和收尘系统降低验收标准的，要移送监察部门追究有关部门的责任。

(2005年5月26日)

国家环境保护总局办公厅《关于全面开展淮河和太湖流域2005年上半年度排污申报核定汇总工作的通知》

环办[2005] 74号

上海市、江苏省、浙江省、安徽省、河南省、山东省(市)环境保护局(厅)：

按照《关于推进淮河和太湖流域排放水污染物许可证核发工作的通知》(环发[2005]67号)的要求，为配合排污许可证核发工作，继续推进开展淮河、太湖流域排污申报核定专项工作，并汇总2005年1～6月水污染物排放情况，现就有关问题通知如下：

一、淮河、太湖流域各级环保部门要切实重视淮河、太湖流域排污申报核定汇总工作，明确领导，指定专人，按时完成申报数据核定汇总工作。

二、各级环保部门在2004年排污申报核定工作的基础上，着重做好以下工作。

(一)按照《关于排污费征收核定有关问题的通知》(环发[2003]187号)的要求，认真填报好各类申报表。重点污染源填报《排放污染物申报登记统计表》(试行)，污水处理厂填报《污水处理厂排放污染物申报登记统计表》(试行)，非重点工业企业及具备一定生产规模的单位填报《排放污染物申报登记统计简表》，小型"三产"等填报各地自行制定的简表。

(二)注重排污申报的全面性。各地要在2005年淮河、太湖流域重点企业排污申报审核工作的基础上，结合已发放的排污许可证情况、排污收费情况和新建项目环保审批情况，充分利用经济、工商、水、电和其他能源供应部门的数据，确定排污申报的单位数量、范围，做到对辖区内的各种污染源全面申报。

(三)做好2005年1～6月排污申报数据的核定汇总。环保系统环境监察、污控等部门要密切配合，共同审核、核定排污单位的申报数据。在进行审核核定时，应重点审查：一是表格应完整，不缺项、漏项；二是数据要合理，确认数据单位正确及逻辑关系合理；三是重要数据要有来源依据。对重点排污单位、污染物排放不稳定的要按月(或季)重点核定。

各地环保部门应对辖区内各排污单位报送的2004年数据进行逐一核对，认真审核、核定，错报的应改正，漏报的应补充完善，确保企业不漏报、表格不缺项、数据真实准确(各省排污单位名单见总局网站"中国环境监察在线"网页，http://www.sepa.gov.cn/epi—sepa)。

(四)对于排污单位拒报、谎报的行为，环保部门要严格依照相关法律法规予以处罚。

三、要积极推进《排污费征收管理系统》软件的使用。已配备系统软件的部门要全面使用，未配备的部门要加紧配备。为保证本次排污申报核定汇总工作的顺利进行。请沿淮河、太湖流域各省环保局于7月20日前将“淮河、太湖流域排污申报核定汇总简表”、“淮河、太湖流域排污申报明细表”报送我局环境监察局。

四、我局将在7月底组织进行淮河、太湖流域排污申报核定会审、汇总、检查排污申报核定情况，并进行考核评比。

(2005年6月27日)

国家环境保护总局办公厅《关于进一步做好汛期淮河流域水污染防治工作的紧急通知》

环办[2005]78号

河南、山东、安徽、江苏省环境保护局(厅)：

近期国家水质自动监测数据分析结果表明，淮河干流阜南王家坝断面水质三个月来第一次出现恶化，变为劣Ⅴ类水质，其主要污染指标是高锰酸盐指数。另据7月8日安徽省环保局报告，7日接淮委防污调度办公室明传电报(淮委防污办明电[2005]30号)的通知，为联防工作的需要，从2005年7月7日开始，颍河颍上闸开闸放水流量由汛前的150立方米/秒增至300立方米/秒。为有效预防污水集中下泄造成不必要的损失，现将有关事项通知如下：

一、各级环保部门要加大对污染源的监控。按照《关于印发〈2005年淮河流域枯水期环境监控应急方案〉的通知》(环函[2005]157号)的要求，继续对重点污染源实施限产限排，并根据水质变化情况，及时调整限产限排企业名单，加大污染控制力度。

二、各级环保部门要积极加强与水利部门的协调和信息沟通，密切注意水质水情，加强水质监测，防止发生污染事故。

三、各级环保部门要联合农业等部门，根据水质变化情况，及时通知淮河沿线农业、水产种、养殖户做好预防准备工作，防止和降低水污染事故造成的损害。

请各有关省环保局(厅)将淮河汛期污水下泄情况、采取的措施及时上报我局。

(2005年7月12日)

国家环境保护总局办公厅关于对青海省湟中县环保局环境监管失职行为的通报

环办[2005]43号

各省、自治区、直辖市环境保护局(厅)，新疆生产建设兵团环境保护局：

近期，青海省人民政府在查处青海省湟中县鑫飞化工有限责任公司污染水源问题时发现，湟中县环保局未依法履行环境监管职责，放任企业违法建设，给当地的环境安全带来隐患，并已造成严重后果。我局决定，对湟中县环保局环境监管失职行为予以通报。

据查，由于湟中县地下水、地表水已被严重污染，2004年7月，青海省、西宁市环保部门否决了湟中县鑫飞化工有限责任公司重铬酸钠项目的重、扩建计划，并要求湟中县环保局严格按环境保护法律、法规规定，认真实施监管。2004年12月，媒体登载《青海湟中化工厂严重污染水源有禁不止》报道后，国务院领导做出重要批示，青海省、西宁市环保部门再次对该公司现场检查时发现，该公司未经许可，对原有设施、设备进行了更新改造。湟中县环保局在发现该公司违法建设后，既未按省、市环保部门的要求履行监管职能，也未向上级环保部门报告，致使监管失控，企业违法建设。湟中县环保局行政不作为的行为，严重影响了执法权威，造成严重后果。各级环保部门应认真汲取教训，引以为戒，切实负起监管责任。为此提出如下要求：

一、各级环保部门必须将切实保护人民群众的环境权益作为环境执法的首要任务，狠抓落实，不得懈怠。深入打击违法排污企业，着力解决群众反映强烈的环境问题，并将其作为执政为民的大事、要事来抓，建立制度，明确责任，追求实效，保障群众健康。

二、依法履行职责，严格建设项目环境影响评价和“三同时”管理。对不符合规定的项目一律不得审批，否则，追究违法违规审批者的行政责任。

三、确保环保系统的政令畅通。对上级环保部门审批的建设项目，当地环保部门应承担监管责任，切实加强监管。在发现环境违法行为后，应及时报告当地人民政府和上级环保部门，对该查不查、该管不管、该报不报的，依法追究其行政责任。

四、加强上下互动，提高日常监管的行政水平。凡发现属上级环保部门审批职权范围内的违法建设项目，应当主动向上级环保部门报告。上级环保部门应积极支持当地环保部门的监管工作，创造必要的条件，使环境监管工作切实落到实处。

(2005年4月8日)

国家环境保护总局办公厅关于对江西、四川两起因监管不到位造成污染事件的通报

环办[2005]57 号

各省、自治区、直辖市环境保护局(厅),新疆生产建设兵团环境保护局,华东、华南环境保护督查中心:

近期,我局在查处和督办江西渌江镉污染和四川东溪河污染问题时,发现江西、四川省有关环保部门环境监管不到位,放任污染项目违法上马,造成渌江遭受镉严重污染、东溪河遭受采金废水污染的后果。现将有关情况通报如下:

2005 年 3 月,我局在组织对渌江镉污染问题进行的排查中发现,渌江镉污染主要是由江西省萍乡市铟提炼企业污染物超标排放造成的,萍乡市四家铟提炼企业均存在不同程度的环境违法行为。萍乡市浙东铟厂和萍乡市大成科技发展有限责任公司虽经环保审批,但未经过环保竣工验收即投入生产;萍乡市鸿远金属提炼厂未经环保审批即投入生产;萍乡市华昌冶金化工有限公司未经环保审批即开工建设。投入生产的三家企业污染治理设施简陋,废水超标排放,废水中镉超标最高达 1 557.4 倍。在查实有关企业环境违法行为的同时,我局查明当地有关环保部门存在环境监管不到位、放任污染项目上马的责任。其主要问题是:一是越权审批。萍乡市环保局和萍乡市湘东区环保局违反我局和江西省环保局的有关规定,分别越权审批了萍乡市浙东铟厂和萍乡市大成科技发展有限责任公司的环评报告;二是把关不严、违规开展环评。萍乡市环科所超过业务范围为萍乡市浙东铟厂、大成科技发展有限责任公司编制环境影响评价报告,萍乡市环保局和萍乡市湘东区不认真审查并批准了报告书;三是监管失职。萍乡市环保局监测站在 2004 年 12 月对渌江交界断面水质常规监测时发现镉超标,但未及时查找原因,也未及时向上级主管部门汇报,使污染事故没能得到及时有效的控制而导致跨界污染事件。萍乡市环保部门在环境监管过程中,未尽职、尽责,对企业未执行"三同时"验收而擅自投产并严重超标排污的行为,未及时制止和处理。

2004 年 7 月 22 日下午,四川省广元市东溪河水体发生严重污染事故,四川省广元市朝天区环保局没有对辖区内的污染源进行排查,即断定此次污染是由甘肃省康县太平乡杜家坝村和柯家湾村的两家铜矿复选厂超标排污造成。我局接到四川省环保局报告后,立即责成甘肃省环保局开展调查,经甘肃省环保局实地调查证实,此次东溪河水污染事件与甘肃省境内的铜矿无关。我局于 2004 年 12 月 20 日将甘肃省环保局的调查结果反馈给四川省环保局,并督促四川省环保局立即进行自查。最后经四川省环保局调查证实,东溪河水污染系四川省广元市朝天区东溪河乡杨槐村的马房窝矿区非法采金、未经任何处理的生产废水直接排放造成的。此次污染发生后,朝天区环保局未对本辖区内的污染源进行排查,主观臆断是由于上游甘肃省的企业违法排污造成的;广元市环保局和四川省环保局不经核实就逐级上报,为污染问题的调查提供了错误信息;而且在查实污染源后,也未及时上报情况,反映出环保部门监管不到位,工作敷衍。

这两起因环境监管失职造成下游水质污染的事件,影响了环保部门的形象和威信。我局已对萍乡市环科所超过业务范围编制环境影响评价报告书的行为做出了限期整改的处罚。希望两省有关环保部门总结教训,追究相关人员的责任。各级环保部门要引以为戒,认真依法依规履行环境监管责任,防止类似问题的发生。各级环保部门要严格做好监管工作。

一、严查违法排污,防止跨界污染事故。各级环保部门要认真履行职责,对辖区内的污染源切实加强日常监督管理,严厉打击违法排污企业。密切监控跨省界、流域环境状况,建立水质预警机制,防止污染事故的发生。对已发生的污染事件,应迅速查找原因,采取果断措施控制污染影响范围。

二、把好环保准入关,严格环保审批和"三同时"管理。各级环保部门要严格遵守建设项目环境影响评价分级审批管理的有关规定,严把建设项目准入关,并防止污染企业的跨省转移,严格"三同时"管理。对于越权审批、超业务范围编制环境影响评价报告书并造成严重后果的单位和有关责任人,要依法依规追究行政责任。

三、建立健全建设项目环境管理的协调工作机制,落实环境管理责任。各级环保部门要建立工作制度,协调建设项目环保审批和建设过程中的现场监察工作,明确工作职责,实施建设项目全过程监管。

(2005 年 5 月 20 日)

国家环境保护总局办公厅关于加强环境监督管理严防发生水污染事故的通知

环办函[2005]161 号

各省、自治区、直辖市环境保护局(厅):

目前,全国各大江河湖库正处于枯水期,由于水量偏少,水环境容量减少,极易造成集中性水环境污染事故。近日,淮河流域涡河上游污染水体集中下

泄，导致安徽省蚌埠市城市饮用水源地淮河蚌埠闸断面水质恶化。为避免类似事件的发生，确保水环境安全，现提出如下要求，请认真遵照执行。

一、各级环保部门要充分认识水环境安全的极端重要性，将防止发生重大水污染事故作为当前各级环保部门首要工作任务之一切实予以重视。

二、增强对辖区内的重点污染企业和排污单位的监控，特别是造纸、化工、印染、制革、酿造、制药等重污染行业和容易引发污染事故的企业要继续进行重点监控，坚决遏制污染反弹，对环境违法行为必须加大监察和处罚力度。加强对已运行的城镇污水处理厂的环境监管，确保正常运营，稳定达标排放。

三、密切注视辖区内水环境质量变化情况，加大对各主要入河湖排污口和控制断面的水质、水情监测力度，必要时加密监测频次。对本辖区水质水情和水环境污染事故隐患进行认真分析，制定水环境保护应急预案。已制定了水环境保护应急预案的流域、区域，应按预案规定适时采取必要的限产限排等措施。

四、强化污染联防，主动加强与水利等部门及上下游有关部门的沟通，建立协调机制并认真贯彻落实，及时互通信息，防止因污水突然下泄造成污染事故。涉及供水安全的开闸泄流、水质突然恶化等重大事项，部门间及上下游之间要及时相互通报，涉及跨省(市、区)的向环保总局报告。

五、会同有关部门对辖区内使用、经营、贮存、运输危险化学品的单位进行认真检查，督促其落实安全防范措施，及时排除污染事故隐患，严防突发性污染事故。

六、及时做好重大环境污染事件的报告和应急处理工作。一旦发生重大污染事件，当地环保部门必须按照规定报告程序，及时报告上级主管部门，并随时上报调查处理的进展情况。未按照上述要求上报和采取措施造成重特大污染事故的，上级环保部门督促有关部门依法追究有关负责人的责任。

(2005 年 3 月 16 日)

国家环境保护总局环境监察局《关于对连片污染反弹问题进行专项检查的通知》

环监发[2005]32 号

各省、自治区、直辖市环境监察机构：

为贯彻落实国务院办公厅《关于深入开展整治违法排污企业保障群众健康环保专项行动的通知》(国办发[2005]34 号)要求，全国环境执法工作会议对专项行动做出了分五个阶段总体推进的部署，各地要集中在八月份对连片污染反弹问题进行重点检查。现将本阶段具体要求通知如下：

一、开展对辖区内连片污染反弹问题的全面检查。有关省、自治区、直辖市要重点对 2004 年专项行动中集中整治的连片污染反弹问题集中进行一次核查。

二、在全面检查中发现属于“十五小”、“新五小”及淘汰落后工艺、设备及生产能力的，要提请当地政府依法取缔关闭。在核查中再次出现“十五小”、“新五小”及属于淘汰落后工艺、设备及生产能力的或者地方出台“土政策”造成再次反弹的，立即挂牌督办或提请上级环保专项行动领导小组挂牌督办，立案查处，追究责任，在新闻媒体上公布。

三、请于 9 月 9 日前将本阶段检查情况和确定的挂牌督办名单及解决时限上报我局。

(2005 年 8 月 12 日)

国家环境保护总局环境监察局《关于对饮用水源保护区和重污染行业专项检查有关问题的通知》

环监发[2005]34 号

各省、自治区、直辖市环境监察机构：

为贯彻落实国务院办公厅《关于深入开展整治违法排污企业保障群众健康环保专项行动的通知》(国办发[2005]34 号)要求，根据 2005 年全国执法工作会议上对专项行动的总体部署，各地在环保专项行动方案中对饮用水源保护区和重污染行业的专项检查均已布置，一些地区已经完成了相关检查工作。但在各地报送的专项检查报告和情况简报中发现，有的地区汇总的全面情况过于简单，有的地区对污染企业的整治措施不具体、难以落实。为推动下一阶段的专项检查的深入进行，现将具体要求通知如下：

一、关于饮用水源保护区的专项检查和整治。各地应彻底清查辖区内集中式饮用水源保护区的划定情况和水质情况，对影响饮用水源地的违法排污企业进行集中整治。具体检查内容应包括辖区内饮用水源保护区的数量及水质现状，超标的污染因子情况，影响饮用水源地水质主要排污单位整治情况，并认真在“专项行动信息管理系统”上填报相关检查内容。专项检查报告的主要内容应包括开展饮用水源保护区检查的组织情况，辖区饮用水源保护区基本情况，专项检查取得的成效、存在的问题及下一步工作计划。请于 10 月 10 日前将专项检查报告报送我局。

二、关于重污染行业的专项检查。对照国务院六部门专项行动方案的要求，对钢铁、电解铝、水泥、炼焦、铁合金等行业违反建设项目环保规定的行为进行认真清理、全面整改。同时对目前水污染物排放量大、达标率低的造纸行业进行全面检查，按照附表指标内容，将辖区内所有造纸企业检查情况在"环保专项行动信息管理系统"中填报。专项检查报告应包括近年来对造纸行业清理整顿取得的实效，存在的突出问题及后续整治手段。请于11月5日前将专项检查报告报送我局。

(2005年9月22日)

国家环境保护总局环境监察局《关于认真办好〈中国环境年鉴(监察分册)〉的通知》

环监发[2005]5号

各省、自治区、直辖市环境监察机构，部分环境保护重点城市环境监察机构，新疆生产建设兵团环境监察机构，国家环境保护总局华东环境保护督查中心、华南环境保护督查中心：

《中国环境年鉴(监察分册)》(以下简称《监察分册》)经国家环境保护总局领导批准，由国家环境保护总局环境监察局与中国环境报社合作共同出版。2004年8月开始启动，定于2005年4月出首卷。为进一步做好《监察分册》编纂发行等工作，现通知如下：

一、各级环境监察机构要重视和支持《监察分册》的工作，把《监察分册》的编辑、出版作为自身建设的大事抓紧、抓好。各地环境监察总(支)支队长任执行编委，并负责指导和审核本地区《监察分册》编写的稿件，推动《监察分册》的发行。各地要安排一名熟悉业务、具有一定写作和组织能力的同志担任地方特约编辑，负责按时提供稿件，具体承担本地区《监察分册》稿件的编辑、宣传和发行等工作。

二、各级环境监察机构要积极订阅《监察分册》，通过订阅《监察分册》，学习环境监察法律法规，熟悉环境监察业务，更新环境监察知识，扩大视野，掌握更多的环境信息，以促进环境监察工作深入开展。

三、《监察分册》是环境监察领域权威的信息工具书，是社会各界了解环境监察工作的重要渠道。各级环境监察机构要做好《监察分册》的推荐、宣传工作，把其作为政务公开、公众环境教育、提高环境意识的有效手段，不断扩大《监察分册》的社会影响。

(2005年2月17日)

国家环境保护总局2005年环境监察工作复函

关于机动车报废法律适用问题的复函

环函[2005]7号

北京市环境保护局：

你局《关于"机动车报废"的法律适用问题的请示》(京环保法字[2004]644号)收悉。经研究，函复如下：

经国务院批准，原国家经贸委、原国家计委、原国内贸易部、原机械部、公安部、原国家环保局1997年发布的《汽车报废标准》规定，凡在我国境内注册的民用汽车，经修理和调整或采用排气污染控制技术后，排放污染物仍超过国家规定的汽车排放标准的，应当报废。

《大气污染防治法》第7条规定：省、自治区、直辖市人民政府制定机动车船大气污染物地方排放标准严于国家排放标准的，须报经国务院批准。凡是向已有地方排放标准的区域排放大气污染物的，应当执行地方排放标准。

2002年国务院批准了北京市的《车用汽油机排气污染物排放标准》、《汽油车双怠速污染物排放标准》、《柴油车自由加速烟度排放标准》、《摩托车、轻便摩托车排气污染物排放标准》、《汽车柴油机全负荷烟度排放标准》、《农用运输车及运输用拖拉机自由加速烟度排放标准》、《汽油车稳态加载污染物排放标准》、《轻型汽油车简易瞬态工况污染物排放标准》和《柴油车加载减速烟度排放标准》等9项地方机动车排放标准。按国务院规定，对同一时段生产的同一车型不能采用一种以上的测量方法和排放限值。

(2005年1月10日)

《关于城市污水处理厂执行排放标准问题的复函》

环函[2005]127号

江西省环境保护局：

你局《关于城市污水处理厂环境监管和排污收费有关问题的请示》(赣环督字[2005] 15号)收悉。经研究，函复如下：

《城镇污水处理厂污染物排放标准》(GB18918—2002)规定，本标准自实施之日起，城镇污水处理厂水污染物、大气污染物的排放和污泥的控制一律执行本标准。

鉴于青山湖污水处理厂（一期工程）是在《城镇污水处理厂污染物排放标准》（GB18918－2002）颁布之前按《污水综合排放标准》（GB8978－1996）的规定批复的，应按《污水综合排放标准》（GB8978－1996）验收。

南昌市朝阳洲污水处理厂和验收后的青山湖污水处理厂（一期工程），应当由环境保护行政主管部门提出达到《城镇污水处理厂污染物排放标准》（GB18918－2002）的期限，期满后的环境监管和超标准排污费征收均应按《城镇污水处理厂污染物排放标准》（GB18918－2002）执行。

（2005年4月15日）

《关于煤矿企业排污收费有关问题的复函》

环函[2005]128号

宁夏回族自治区环境保护局：

你局《关于我区煤矿企业排污收费有关问题的请示》（宁环发[2005]18号）收悉。经研究，现函复如下：

一、露天煤矿产生的地表土石、矸石属于一般固体废物。

《固体废物污染环境防治法》已于2004年12月29日经全国人大常委会修订，修订后的《固体废物污染环境防治法》取消了对一般固体废物征收排污费的规定。从2005年4月1日开始，对一般固体废物不再征收排污费。但是对2005年3月31日以前产生的一般固体废物，仍要按照《排污费征收使用管理条例》（国务院第369号令）和《排污费征收标准管理办法》（原国家发展计划委员会、财政部、国家环境保护总局和国家经济贸易委员会第31号令）规定的标准征收2005年1月至3月的排污费。

二、露天煤矿产生煤粉尘的排污费征收。

我局《关于露天煤矿产生粉尘征收排污费有关问题的复函》（环函[2004]483号）已有答复，请参照执行。

（2005年4月15日）

关于企业回收利用自身产生的危险废物是否属于危险废物经营活动的复函

环函[2005]203号

吉林省环境保护局：

你局《关于企业对其产生的危险废物进行回收利用是否属于从事危险废物经营活动的请示》（吉环文[2005]21号）收悉。经研究，现函复如下。

《中华人民共和国固体废物污染环境防治法》（以下简称《固体法》）第五十七条规定："从事利用危险废物经营活动的单位，必须向国务院环境保护行政主管部门或者省、自治区、直辖市人民政府环境保护行政主管部门申请领取经营许可证"。

我们认为，回收利用企业内部产生的危险废物，不属于利用危险废物的经营活动。因此，对于回收利用内部产生的危险废物的企业，不要求领取危险废物经营许可证，但必须遵照危险废物申报登记、转移联单制度，将危险废物的产生、转移、利用及处置情况向环保主管部门进行申报和登记，并保证危险废物回收利用符合相应的环保标准，得到妥善无害化处置。

（2005年5月31日）

关于饮食业单位排气适用标准问题的复函

环函[2005]225号

吉林省环境保护局：

你局《关于火锅店外排气体是否界定为饮食业油烟问题请示的函》（吉环函[2005] 40号）收悉。经研究，函复如下：

一、饮食业排放油烟应按照国家排放标准《饮食业油烟排放标准（试行）》（以下简称：排放标准）的规定进行控制。排放标准规定的油烟排放浓度限值及采样分析方法，适用于对已按要求安装油烟净化设施的饮食业单位排放含油烟气体的控制；未按要求安装油烟净化设施的，视同超标排放，不需进行排放浓度监测。

二、饮食业油烟是多种成分的混合物，排放标准规定的采样分析方法是一种非特异性监测方法，该方法不宜作为判断气体成分中是否含有油烟的定性分析方法。

三、火锅使用时排出的气体成分与其使用的汤料成分和加工食物的种类有直接关系。火锅汤料的主要成分是水和调味料，火锅汤料沸腾时的温度接近水的沸点，低于采用烹炒等方法加工食物时的温度。鉴此，火锅使用时排出的气体以水蒸气为主，并可能含有调味料和食物中的挥发性成分，与食物高温烹炒过程中产生的含油烟气体成分有较大差别。

因此，若火锅店未采用烹炒、烧烤和油炸等方法加工食品，则不宜将其排气定性为含油烟气体。

（2005年6月10日）

关于擅自闲置大气污染物处理设施认定问题的复函

环函[2005]239号

四川省环境保护局：

你局《关于对擅自闲置大气污染物处理设施认定问题的请示》(川环[2005]56号)收悉。经研究，现函复如下：

《大气污染防治法》第十二条第二款规定：排污单位的"大气污染物处理设施必须保持正常使用，拆除或者闲置大气污染物处理设施的，必须事先报经所在地的县级以上地方人民政府环境保护行政主管部门批准"。第四十六条规定："排污单位不正常使用大气污染物处理设施，或者未经环境保护行政主管部门批准，擅自拆除、闲置大气污染物处理设施的"，环境保护行政主管部门"可以根据不同情节，责令停止违法行为，限期改正，给予警告或者处以五万元以下罚款"。

关于不正常使用污染物处理设施的认定问题，2003年我局在《关于"不正常使用"污染物处理设施违法认定和处罚的意见》(环发[2003]177号)中明确提出："污染物处理设施发生故障后，排污单位不及时或者不按规程进行检查和维修，致使处理设施不能正常发挥处理作用"的，可认定为不正常使用污染物处理设施。

根据上述规定，在污染物处理设施发生故障后，如果你局请示中所反映的企业不及时或者不按规程进行检查和维修，致使处理设施不能正常发挥处理作用，即可认定为不正常使用污染物处理设施；如果该企业未报经环保部门批准同意即停运污染物处理设施，即可认定为擅自闲置污染物处理设施。对不正常使用大气污染物处理设施的违法行为，或者擅自闲置大气污染物处理设施的违法行为，环保部门都应当根据《大气污染防治法》第四十六条的规定，责令其停止违法行为，限期改正，给予警告或者处以五万元以下罚款。

(2005年6月20日)

关于建设项目建设过程中排污申报及排污费征收问题的复函

环函[2005]243号

贵州省环境保护局：

你局《关于水电建设项目建设排污申报、排污费征收有关问题的请示》(黔环呈[2004]98号)收悉。经研究，函复如下：

《排污费征收使用管理条例》(国务院令第369号)第六条规定："排污者应当按照国务院环境保护行政主管部门的规定，向县级以上地方人民政府环境保护行政主管部门申报排放污染物的种类、数量，并提供有关资料"，我局《关于排污费征收核定有关工作的通知》(环发[2003]64号)规定："新建、扩建、改建项目，应当在项目试生产前3个月内办理排污申报手续。在城市市区范围内，建筑施工过程中使用机械设备，可能产生环境噪声污染的，施工单位必须在工程开工15日前办理排污申报手续"，根据上述规定，按照"谁污染、谁治理、谁付费"的原则，在建设项目建设期间，施工单位作为直接的责任者，应当依法履行排污申报和缴纳排污费的义务。大型建设项目不同施工单位分别承担施工任务的，应按施工单位分别申报、核定排污费。

(2005年6月15日)

《关于排污费性质等有关问题的复函》

环函[2005]246号

福建省环境保护局：

你局《关于排污费性质以及相关问题的请示》(闽环保法[2005]9号)收悉。经商国家发展与改革委员会，函复如下：

一、排污费属于行政事业性收费。

二、电力企业所缴排污费不计入上网电价之内，由企业自行消化。

(2005年6月23日)

关于污泥排入城市下水道法律适用问题的复函

环函[2005]259号

湖北省环境保护局：

你局《关于排污单位向城市下水道排放用水冲稀的污泥的行为如何进行环境违法认定及法律适用问题的请示》(鄂环保文[2005]55号)收悉。经研究，现函复如下：

《水污染防治法》第三十二条规定："禁止向水体排放、倾倒工业废渣、城市垃圾和其他废弃物"。对违反上述规定的行为，《水污染防治法》第四十六条规定了相应的行政处罚。

《固体废物污染环境防治法》第十七条规定:"禁止任何单位或者个人向江河、湖泊、运河、渠道、水库及其最高水位线以下的滩地和岸坡等法律、法规规定禁止倾倒、堆放废弃物的地点倾倒、堆放固体废物"。第三十三条规定:"企业事业单位应当根据经济、技术条件对其产生的工业固体废物加以利用;对暂时不利用或者不能利用的,必须按照国务院环境保护行政主管部门的规定建设贮存设施、场所,安全分类存放,或者采取无害化处置措施"。对违反上述规定的行为,《固体废物污染环境防治法》第六十八条规定了相应的行政处罚。

根据上述规定,你局请示中反映的某企业将产生的污泥直接用水冲稀排入城市下水道的行为,同时违反了《固体废物污染环境防治法》和《水污染防治法》的有关规定。

另据《行政处罚法》第二十四条关于"对当事人的同一违法行为,不得给予两次以上罚款的行政处罚"的规定,环保部门可以依照《固体废物污染环境防治法》和《水污染防治法》两种法律规定中处罚较重的规定,对该企业的违法行为予以定性处罚。

(2005 年 6 月 30 日)

关于工业企业内独立生活污水处理设施性质认定问题的复函

环函[2005]270 号

新疆维吾尔自治区环境保护局:

你局《关于工业企业独立生活污水处理设施性质认定的请示》(新环办字[2005]147 号)收悉。经研究,现函复如下:

从你局请示中反映的情况看,该污水处理厂处理的污水基本为生活污水,污水处理设施有别于专为处理企业内工作人员生活设施(如食堂、浴室、卫生间等)排放污水而设立的附属设施,在性质上应当认定为城市污水集中处理设施。

《排污费征收标准管理办法》(国家计委、财政部、国家环保总局、国家经贸委 2003 年 2 月 28 日发布)第三条规定:"对城市污水集中处理设施接纳符合国家规定标准的污水,其处理后排放污水的有机污染物(化学需氧量、生化需氧量、总有机碳)、悬浮物和大肠菌群超过国家或地方排放标准的。按上述污染物的种类、数量和本办法规定的收费标准计征的收费额加一倍向城市污水集中处理设施运营单位征收污水排污费,对氨氮、总磷暂不收费。对城市污水集中处理设施达到国家或地方排放标准排放的水,不征收污水排污费。"

因此,对这类处理生活污水污水处理厂的排污费征收,应当适用《排污费征收标准管理办法》第三条的规定。

(2005 年 7 月 12 日)

关于排污费征收中污染当量值计算问题的复函

环函[2005]287 号

浙江省环境保护局:

你局《关于排污费征收中污染当量值计算问题的请示》(浙环[2005]19 号)收悉。经研究,函复如下:

二甲基甲酰胺(DMF)是无色透明液体,其物理、化学性质、毒理性质及对人体的健康危害特征与甲苯相似。在合成革生产过程中,二甲基甲酰胺与甲苯一样作为 PU 树脂的溶剂和稀释剂使用,是合成革生产中的主要污染物,可比照甲苯的污染当量值核定排污量。

(2005 年 7 月 21 日)

《关于建筑工地执行噪声排放标准征收噪声超标排污费有关问题的函》

环函[2005] 308 号

厦门市环境保护局:

你局《关于对建筑工地征收噪声超标排污费中执行噪声排放标准的请示》(厦环[2005] 17 号)收悉。经研究,函复如下:

《工业企业厂界噪声标准》(GB12348－90)规定:"本标准适用于工厂及有可能造成噪声污染的企事业单位的边界",《建筑施工场界噪声限值》(GB12523－90)规定"所列噪声值是指与敏感区域相应的建筑施工场地边界线处的限值",两者均属噪声排放标准。根据《环境噪声污染防治法》第二十三条、第二十八条的规定,工业企业应当执行《工业企业厂界噪声标准》(GB12348－90),建筑工地应当执行《建筑施工场界噪声限值》(GB12523－90)。

建筑施工工地噪声排放超过《建筑施工场界噪声限值》(GB12523－90),应征收噪声超标准排污费。

特此函复。

(2005 年 8 月 4 日)

关于北京市施工工地扬尘排放量计算方法的复函

环函[2005]309号

北京市环境保护局：

你局《关于北京市施工工地扬尘排放量计算方法的请示》(京环文[2005]38号)收悉。经我局组织专家论证，现函复如下：

你局提出的施工工地扬尘排放量计算方法属于物料衡算方法，根据建设规模和现场检查扬尘控制措施的落实情况等核定扬尘的基本排放量和可控排放量，通过填写表格和简易公式完成排放量计算的方式，反映了工地扬尘排放和控制的特点，可操性强，简单易行，便于环境监督管理，可用于你市施工工地扬尘排放量的核定和排污费征收等工作。

(2005年8月3日)

关于对污染物排放单位安装自动监控设备有关问题的复函

环函[2005]413号

江苏省环境保护厅：

你厅《关于淮河流域重点排污企业和城市生活污水处理厂安装在线监控装置具体要求的请示》(苏环监察[2005]63号)收悉。经研究，函复如下：

污染源自动监控设备是指在污染源现场安装的用于监控、监测污染物排放的自动监测仪器、流量(速)计、污染治理设施运行记录仪等仪器、仪表，是污染防治设施的组成部分。

根据排放污染物的特征，在各污染物的排放口可选择安装以下污染源自动监控设备：污染治理设施运行记录仪；或者污染治理设施运行记录仪和流量(速)计；或者污染治理设施运行记录仪、流量(速)计以及污染物自动监测仪器。但城市生活污水处理厂等重点排污单位必须安装污染治理设施运行记录仪、流量(速)计及污染物自动监测仪器等污染源自动监控设备；其他排污单位可根据环境管理的需要，选择安装污染源自动监控设备。

(2005年10月9日)

关于征收噪声超标排污费有关问题的复函

环函[2005]446号

福建省环境保护局：

你局《关于征收噪声超标排污费有关问题的请示》(闽环保法[2005]17号)收悉，经研究，现函复如下：

根据《中华人民共和国环境噪声污染防治法》的规定，加油站经营场所内机动车进出场地产生的噪声属于交通运输噪声，直接产生噪声的是进出场地的机动车辆。《排污费征收标准管理办法》(国家发展计划委员会、财政部、国家环境保护总局和国家经济贸易委员会[2003]第31号令)第三条第四款规定：“对环境噪声污染超过国家环境噪声排放标准，且干扰他人正常生活、工作和学习的，按照噪声的超标分贝数计征噪声超标排污费。对机动车、飞机、船舶等流动污染源暂不征收噪声超标排污费。”根据以上规定，目前对机动车辆进出加油站产生的噪声不征收超标排污费。

(2005年10月25日)

关于排污申报范围适用法律等问题的复函

环函[2005]459号

吉林省环境保护局：

你局《关于排污申报范围适用法律等问题的请示》(吉环文[2005]71号)收悉。经研究，函复如下：

根据《排污费征收使用管理条例》第二条第一款“直接向环境排放污染物的单位和个体工商户(以下简称“排污者”)，应当依照本条例的规定缴纳排污费。”和第六条“排污者应当按照国务院环境保护行政主管部门的规定，向县级以上地方人民政府环境保护行政主管部门申报排放污染物的种类、数量，并提供有关资料”的规定，机关和个体工商户应当进行排污申报登记。

机关和个体工商户拒报或谎报排污申报登记事项的，我局已在《关于排污费征收核定有关工作的通知》(环发[2003]64号)第五条第三项作出明确规定：“对拒报、谎报《全国排放污染物申报登记报表(试行)》、《排污变更申报登记表(试行)》的，由环境监察机构直接确定其排放污染物的种类、数量，并向排污者送达《排污核定通知书(试行)》。”

拒报或者谎报国务院环境保护行政主管部门规

定的有关污染物排放申报登记事项的，应参照《中华人民共和国水污染防治法》、《中华人民共和国大气污染防治法》、《中华人民共和国环境噪声污染防治法》、《中华人民共和国固体废物污染环境防治法》等法律的规定予以处罚。

（2005 年 10 月 27 日）

关于采掘废石等征收排污费问题的复函

环监发[2005]35 号

广西壮族自治区环境监察总队：

你队《关于对石矿山窿口采掘废石能否收费的请示》（桂环监察函[2005]21 号）收悉。经研究，现函复如下：

根据十届全国人大第三次会议修订的《固体废物污染环境法》（2005 年 4 月 1 日施行）的规定，除以填埋方式处置危险废物不符合国务院环境保护主管部门规定的，应征收危险废物排污费外，对其他固体废物没有征收排污费的规定。原国家环保局、原国家经贸委、原外经贸部、公安部联合发布的《国家危险废物名录》（环发[1998]089 号）中没有剥离废石、掘进废石、开采废石等，因此，对剥离废石、掘进废石、开采废石等不应征收排污费。

（2005 年 10 月 18 日）

2005年全国环境监察工作概况

【全国概况】 2005年，国家环保总局环境监察局在总局党组统一部署下，在开展保持共产党员先进性教育活动的基础上，以贯彻落实党中央、国务院领导指示和中纪委五次会议精神为契机，以贯彻实施国务院办公厅《关于深入开展整治违法排污企业保障群众健康环保专项行动的通知》(国办发[2005]34号)为主线，带动与开展各项环境监察工作。继续深入开展环保专项整治行动，严厉打击违法排污行为；编制完善环境应急预案，协调处置了部分突发环境事件，启动淮河应急预案，有效保证了淮河干流和主要支流没有发生水污染事故；生态环境监察试点工作取得不断进展；排污费征收首次突破百亿元；配合排污许可证的发放，扎实开展排污申报核定基础工作；《污染源自动监控管理办法》正式施行，污染源自动监控工作步入规范化发展；继续加强环境监察队伍建设，环境监察队伍的思想素质和专业水平取得不断提高。

全国环境监察现场监督执法情况

随着环境保护工作的不断深化，全国各级环境监察部门加强了环境现场监督检查：2005年全国各级环境监察部门对污染源现场进行监督检查共3 787 903次，比上年2 768 059次增加1 019 844次。

1. 累计对374 556台(套)污染防治设施检查2 532 445次，比上年增加1 174 867次，污染防治设施中正常运转的有329 956台，运转率达到88.1%，其中污染防治设施运转达标率达到93.6%。

2. 2005年全国各级环境监察部门对新建和在建项目现场监督检查285 249次，比上年增加24 066次，一年中项目实际投产数累计57 489项，污染防治设施投产数52 521项，建设项目“三同时”执行率88.2%，比上年度增加11个百分点。

3. 2005年全国各级环境监察部门对累计31 129项限期治理项目进行现场监督检查168 354次，其中应完成的项目数25 954项，按期完成了20 900项，项目按期完成率平均为80.5%，逾期完成的项目数2 061项，未完成的项目数4 627项，占应完成项目数的17.8%。

4. 2005年对排污许可证现场检查175 113次，其中累计检查给排污单位发放许可证的单位数128 942家，其中超证排污9 748家，占7.5%。

5. 2005年度全国统计排污单位总数472 407家，已经进行排污申报的单位421 397家，环境监察部门就排污申报情况累计检查的单位数达到352 513家。

6. 全国环境监察机构在生态监察等其他现场执法中进行了274 229次检查。

全国环境污染事故纠纷与处理情况

根据环境监察报告，2005年全国各类污染事故比上年略有减少，污染事故的处理率达99%，结案率达98%，比上年提高1个百分点；各类污染纠纷数比上年增长近150%，比较突出，污染纠纷案件的处理率达到95%，污染纠纷案件结案率94%，比上年提高两个百分点；接待群众举报信访案件比上年增长4%，举报信访案件处理率达到98%，结案率达到96%。2005年，各类环境污染案件的查处力度均得到加强。

1. 2005年全国共发生各类环境污染事故727起，处理723起，处理率99%。结案915起，结案率98%，比上年增长1个百分点。

2. 2005年全国共发生污染纠纷128 081起，处理122 164起，处理率95%。结案120 688起，结案率94%，比上年增长2个百分点。

3. 2005年全国共接待举报信访498 836件，处理487 454件，处理率98%，结案477 275件，结案率96%。

【协调华东、华南环境保护督查中心工作】 2005年，国家环保总局环境监察局指导并协调区域与流域派出机构的监督管理。落实督查中心的工作计划，协调华东、华南环境保护督查中心的有关人员分别参加了中山陵毁林案件、大黑山国家级自然保护区、九峰山省级自然保护区等生态破坏案件以及湘赣交界渌江流域镉污染等重点案件的调查处理。借助外专局引智项目，邀请美国环境专家在华东督查中心召开了区域环境管理机构设置和工作机制的研讨会。

(国家环境保护总局环境监察局)

【华东环境保护督查中心工作概况】 2005年，国家环保总局华东督查中心紧紧围绕国家环保总局的中心工作，圆满完成国家环保总局交办的各项任务。2005年，华东督查中心共完成和参与环境现场环境执法和调查18次，出动人员79人(次)，现场检查企业和单位343家；受理群众环境举报4次；参与环境保护规章、制度的制定工作4项。

(缪旭波)

【华南环境保护督查中心工作概况】 2005年，国家环保总局华南督查中心按国家环保总局的要求，认真落实各项指示精神，积极稳妥地开展各项环境督察工作，圆满完成了国家环保总局交办的各项任务，较好地协调和解决了辖区内有关跨区域、流域的跨界环境纠纷和环境污染问题，得到了国家环保总局有关部门和工作区域有关省市环保部门的认可。

2005年，华南督查中心完成了国家环保总局交给的湖南省与江西省跨界渌江镉污染的调查与协调处理工作。华南督查中心派员分别对渌江流域的湖南省株洲市、醴陵市和江西省萍乡市及其湘东区等地进行了现场调查和采样监测，及时、准确地找到了镉污染的主要原因和4个炼铟违法排污企业，并及时向有关地方环保主管部门通报情况和提出处理建议，使地方环保主管部门对违法排污企业及时进行处理，使渌江镉污染得到及时控制。

2005年，华南督查中心承担调研和起草《病原微生物实验室生物安全监督检查制度》，对控制病原微生物实验室的污染、建立安全监督检查制度、规范对病原微生物实验室生物安全环境管理工作的监管提供技术支持。参与国家环保总局组织的《环境应急响应体系建设规划基本情况调查》和《环境应急响应体系建设"十一五"规划》等编制工作。为我国重大环境污染事故构建响应迅速、协同高效、处置有力的环境应急响应管理提供科学依据。承担"十五"国家科技攻关项目《重大环境污染事故防范和应急技术体系研究》课题,并取得重要成果,为构架我国重大环境污染事故防范和应急技术支撑体系、对重大环境污染事故危险源的日常监管、提高对突发性环境污染事故处理处置的应变能力、消除和减轻突发性环境污染事故对环境和人体健康危害,为国家环保总局及地方环保部门提供了全面的技术支持。

2005年,华南督查中心开展和加强了区域环境保护督察机构与协调机制创新工作的理论构想,积极为全国政协提案委员会和国家环保总局关于建立区域环境督察派出机构设置与管理工作机制提供科学理论依据与技术支持。并编写环境督查中心规划项目建议书,为积极配合区域环境督察派出机构的建设做好支持和准备。

(李文禧)

【北京市环境监察工作概况】 2005年,北京市环境监察系统紧密围绕大气污染防治中心工作,以污染源环境监管为主线,以改善环境质量和维护环境安全为目标,积极开展大气污染综合防治工作、整治违法排污企业保障群众健康环保专项行动、重点污染源现场监察、环境安全隐患排查、噪声污染联合执法检查等工作,切实加强排污申报登记和排污收费工作,认真办理环保信访、提案、建议,稳步推进生态环境监察试点工作,及时处置多起环境污染突发事件,解决了一批环境违法问题。

全年全市共出动74 649人次,检查了65 605家单位,查处了环境违法单位2 488家,占检查总数的3.79%。其中罚款339家单位,罚款总额为394万元。

【北京市环境监察工作会议】 2005年4月28日,北京市环保局组织召开了2005年全市环境监察工作会议,会议总结了2004年工作,部署了2005年主要工作任务。

会议总结了一年来全市环境监察的工作成绩,分析了当前北京市环境保护工作的形势和面临的主要问题,并结合"北京市第十一阶段控制大气污染措施"工作,对2005年全市环境监察工作提出了具体要求。会议强调,要按照环境监察部门职责全面开展监察工作,以"绿色奥运"、"新北京、新奥运"的要求开展工作,加大监察力度,规范管理。全市环境监察队伍要认真落实科学发展观,加强自身能力建设,努力成为一支敢于打硬仗、善于打硬仗的执法队伍。

(蔡金娜)

【天津市环境监察工作概况】 2005年,天津市通过国家环保模范城市考核验收。一年来,天津市各级环境监察部门以国家环保模范城市考核验收为核心,全力保障了天津市"创建环保模范城市"既定目标的顺利完成。全年共检查排污单位两万余户次,在"整治违法排污企业保障群众健康环保专项行动"中现场检查企业和单位8 973个,立案查处违法企业217家,省级挂牌督办17家均按期完成。天津市环境监察总队全年共立案253件,移送法院强制执行案件66件,罚款总额347万元。

全市共有8 198家排污单位履行了排污申报登记手续,申报登记动态管理和信息化建设进一步加强,实现了申报数据库全市联网。

2005年,"12369"指挥中心共接听环保举报电话11 047次,属于环保部门直接管辖的投诉电话6 724次,全年办理率为100%。

(戴尚德)

【河北省环境监察工作概况】 2005年,河北省环境监察工作全面贯彻落实国务院《排污费征收使用管理条例》,认真做好生态环境监察试点工作,改进和提高排污申报登记工作,深入开展"整治违法排污企业保障群众健康环保专项行动",加大环境稽查执法力度,加快环境监察能力建设,取得了显著的成效。

2005年,全省各级环境监察、稽查机构继续加大环境违法案件查处力度,共受理群众举报环境违法案件12 205件,办理省以上领导批示案件610起,案件处理率达98%;对污染源现场检查20余万次。

生态环境监察试点张家口市以99.5分的优异成绩位列全国第一,通过国家环保总局考核评估。在环保专项行动中,共出动执法人员90 058人次,检查企业46 809家,立案1 747件,结案1 367件,取缔关闭违法企业303家,停产治理170家,限期治理201家,对98家污染企业实行了省市级政府挂牌督办。全省环境监察标准化建设工作实现了达标验收率80%的目标,10个设区市监察机构通过二级以上验收,为推进环境监察工作全面进展奠定了坚实基础。

(郭志忠)

【山西省环境监察工作概况】 2005年,山西省环境监察工作依法行政,执法为民,围绕全省建设新型能源和工业基地战略目标及全省环保工作重点,开拓创新,扎实工作,实现了环境监察新的跨越式发展。

2005年,全省环境监察力度进一步加大,查处涉及群众切身利益的案件的能力进一步增强。以"整治违法排污企业保障群众健康环保专项行动"、重点污染源和建设项目监察为重点的环境执法活动收到良好成效。全年全省累计出动监察人员132余万人(次),检查企业23 000余家,对850件环境违法案件实行挂牌督办,立案查处3 500起,结案3 100

件。全省累计关闭、铲除土焦、改良焦、小机焦730家、3 700余坑（次），减排烟尘总量6万多吨，减排二氧化硫10万余吨。

2005年，全省环境监察也还存在一些问题：一是环境监察人员综合执法素质不高。目前，部分基层环境监察人员中仍有相当一部分人员，业务水平较低、综合执法能力亟待提高；二是环境监察标准化建设水平低，截至2005年底，全省环境监察标准化建设约占机构总数的33%，没有达到“十五”环保计划要求；三是环境执法经费投入不足，全省基层环境监察人员、业务、执法经费仍有相当一部分由排污费列支，没有完全纳入财政保障范围。

（张全升）

【内蒙古自治区环境监察工作概况】 2005年是内蒙古自治区环境执法事业改革进程最快、发展成绩最为显著，取得突破最大的时期。全区环境监察工作以持续改善环境质量、打击违法排污为目的，强化了现场执法，严惩了违法案件；环境监察职能全面展开；加强了环境监察队伍建设；规范了环境监察行为；开展了环境稽查，健全了监督体系；排污申报核定工作逐步走向正轨，排污费征收基本做到了全面、足额征收；进一步完善了环境保护执法体系，加大环境执法力度，促进环境保护监察工作法制化、规范化。内蒙古自治区环保局、监察厅联合出台了《内蒙古自治区环境违法案件移送办法》，截至2005年12月底，全区各地人民政府共计关停了504家违法排污及违反国家产业政策的企业。各级环保局对215家企业下达了限期治理通知书，使内蒙古自治区环境监察工作迈上了新的台阶。

（廉升光）

【辽宁省环境监察工作概况】 2005年，辽宁省环境监察队伍坚持依法行政、规范管理、严格执法和优质服务，在实行政务公开、保障依法足额征收排污费、强化环境监察能力建设和环境执法工作等方面都取得了较大进展。

2005年，全省加大环境监察执法力度，以日常环境监管为基础，通过联合执法、暗查和突击性检查等多种形式，严厉打击环境违法行为，环境执法效能得到有效提高。全省征收排污费7.73亿元，同比增幅为14%。征收全省重点电力企业二氧化硫排污费1.33亿元，同比增幅为77%；全省各级环保部门共实施行政处罚19 078起，罚款金额4 838万余元；举行听证11起，审结行政诉讼案件两起，均胜诉；省人民政府出台了《辽宁省突发环境事件应急预案》，组织开展了以化工企业为重点的环境安全大检查，妥善处理了浑河抚顺段挥发酚超标等12起突发环境污染事故；开展“整治违法排污企业保障群众健康环保专项行动”，共检查企业1.5万家，立案查处了1 187家违法排污企业，依法取缔、关闭违法排污企业476家，对312家企业实施了停产治理，对93家实施了限期治理；共受理环境信访1.8万件，来省、进京上访案件同比分别下降38%和23%。

（孙鹏轩）

【吉林省环境监察工作概况】 2005年，吉林省环境监察工作以“三个代表”重要思想为指导，以保持共产党员先进性教育为动力，以严格执法为目标，以环保专项整治行动为重点，在排污费征收、现场环境监督管理、环境信访和环境监察队伍建设等方面都取得了新的成绩。

2005年，全省加强排污申报核定，加大排污费征收和稽查工作力度，排污费征收额再上新台阶，达到21 087万元，增长16%。按照国家环保总局等六部委的部署，继续开展了环保专项整治行动，共出动执法人员23 524人次，检查企业9 411家，对972家违法排污企业进行了立案查处。认真贯彻实施《信访条例》，坚持多措并举，标本兼治，共受理环境信访15 027件(次)，88%以上的投诉得到解决。制定了《吉林省突发环境事件应急预案》，并在松花江污染事件过程中得到检验和完善。坚持环境监察标准化建设，两个市级环境监察机构通过国家一级标准化验收。以保持共产党员先进性教育活动为载体，结合环境监察工作实际，开展了廉政警示教育。

同时，全省环境监察工作面临着新问题。一是突发环境事件及群体性事件进入高发期，环境监察部门应对突发环境事件的能力有限。二是行政干预的影响和企业社会责任感的缺失，使环境执法的阻力增大。三是部分环境监察人员素质不高，在执法中存在不会查、不敢查、不能查等问题，导致环境执法不到位。

（程金灿）

【黑龙江省环境监察工作概况】 2005年，黑龙江省环境监察总队在国家环保总局环境监察局的指导下，在黑龙江省环保局的领导下，紧紧围绕环境监察工作要点，结合省总队2005年初制定的年度工作重点，认真履行环境监察职责，扎实推进全省环境监察工作。扎实推进排污费征收工作。截至2005年12月31日，全省实现排污收费2.622 8亿元，较2004年增长28%，再创历史新高。按照解缴比例，已解缴中央国库2 622万元，解缴省级国库8 404万元，其中省管电力企业二氧化硫排污费征收率达100%。

出台《黑龙江省排污费稽查工作规范(试行)》，加强对下级环境监察机构排污费稽查工作的指导，规范稽查行为，对肇东市物业公司等排污费缴纳情况进行了稽查，继续对四煤城矿业集团排污费缴纳情况进行监督，审核了其排污申报和一季度排污费核定情况，在2004年促征590万元的基础上，2005年又促收300万元。

认真开展“整治违法排污企业保障群众健康环保专项行动”。全省共出动环境执法人员33 128人次,检查企业 22 724 家,立案企业 2 781 家,结案 2 709家。省级重点监管企业稳定达标排放率 91.3%,"三同时"执行合格率达到 92.6%,基层政府违反环保法律法规的政策措施基本得到纠正。全省共挂牌督办案件 392 件,其中省级 17 件,市级 161 件,县级 214 件,已处理完毕 320 件,其中省级 13 件,市级 135 件,县级 172 件。11 月 14 日,国务院六部委联合督察组对黑龙江省进行督察,并对专项行动开展情况给予充分肯定。

继续深入开展"两考"期间噪声综合整治工作。全省共出动执法人员 11 355 人次,出动车辆 3 681 台次,检查企业 2 276 家,处罚 227 家,通过"12369"环保热线、噪声投诉电话共受理投诉案件 858 起,直接办结 854 起,移送相关部门 4 起,办结率达 100%。

继续探索生态环境监察工作。讷河市、牡丹江镜泊湖风景区、大庆市和农垦建三江分局 4 个国家级生态环境监察试点地区均以优异的成绩通过了全国生态环境监察试点评估验收工作组的考核验收,成为全国首家全部生态环境监察试点通过验收的省份。

积极筹措资金,加强环境监察执法能力建设。编制完成了《黑龙江省环境执法能力建设规划》、《2005 年黑龙江省环境执法能力建设项目可行性研究报告》、《黑龙江省省级环境执法经费补助项目可行性研究报告》、《黑龙江省电力企业二氧化硫排放在线监控项目可行性研究报告》、《黑龙江省小型餐饮业、旅店业、洗浴业排污量抽样测算项目可行性研究报告》等 5 个项目。为全省 37 个环境监察机构配备了执法车辆 55 台、照相机 24 部以及其他设备和仪器。

黑龙江省环境监察总队成功举办了首届全省环境监察知识竞赛。组织各市县环境监察人员 29 人参加国家环保总局举办的环境监察岗位培训班。组织生态监察试点地区 6 人参加国家环保总局举办的生态环境监察培训班。7 月 4～8 日,黑龙江省环境监察总队在五大连池市举行全省环境监察人员培训班,来自 13 个市地、46 个县区的环境监察人员共 150 人参加了培训。

(郭艳军)

【上海市环境监察工作概况】 2005 年,上海市环境监察机构紧密围绕上海市第二轮环保 3 年行动计划,以全面开展保持共产党员先进性教育活动为动力,以开展环境监察标准化建设为契机,进一步加强队伍建设,在科学执法、规范执法、文明执法方面取得了显著成效。

全市环境监察机构对污染源现场监察共出动 19 212批次,50 334 人次,监察企事业单位 41 350 家次;检查废水处理设施 12 359 套,废气烟尘治理设施14 031套,噪声治理设施 4 152 套,固废治理装置 1 758套。处罚违法单位 1 560 家,处罚金额 2 406.653万元。

上海市环境监察总队和浦东新区、长宁区环境监察支队获得 2003～2004 年市级文明单位称号;徐汇区环境监察支队获得全国环保系统先进集体称号,宝山区环境监察支队获得全国打击环境违法行为先进集体称号。

【上海市区县环境监察工作概况】 2005 年,闵行区、浦东新区加强队伍建设,坚持两个文明一起抓,努力提高执法水平,充分发挥污染源在线监控的作用,全面开展各项环境监察执法工作。

徐汇区认真组织环境监察人员进行《信访条例》的培训,同时还分批进行了电子政务、MPA 核心课程、WTO 基本知识等培训,努力提高环境监察人员依法行政的能力。

长宁区实行法律法规培训和应用培训相结合,专门培训和工作实践相结合,集中培训和个人学习相结合,不断提高环境监察人员的综合素质。

卢湾区根据区政府的要求,积极推进社区网络化管理,探索以查处环境违法行为、缓解污染扰民;以倾听群众呼声、传递政府信息为重点的工作方法。

静安区把实践"三个代表"重要思想和不断提高区域环境质量、切实维护群众的环境权益作为党员的基本要求,努力做好信访工作。

杨浦区加强了队伍的基础管理,认真执行工作报告制度;在信访工作中把调解和行政处罚有机地结合起来;对一般程序的行政处罚实行调查和处理分离的办法。

松江区、青浦区结合本地实际,开展专项执法工作。

宝山区注重队伍自身素质的提高,加强对吴淞工业区现场监察,还对辖区内 776 家企业建立了"一厂一档"。

嘉定区为了全面掌握辖区内污染源的现状,为 500 余家企业建立了"一厂一档"。

南汇区为了提高队伍对污染事故的应急处理能力,自行组织举行污染事故应急演习。

崇明县努力扩大征收面,并加大执法力度,与上年相比,处罚力度、收费额均有明显的增加。

金山区对做出过行政处罚的单位进行回访,并对提出整改要求的单位增加现场监察频次,同时认真开展了"冒黑烟"有奖举报活动。

黄浦区认真执行《执法回单》制度,重视群众信访工作,加强对环保协管员的培训与管理,较好地发挥了协管员的作用。

虹口区确定了 50 家区级重点监管企业,实施全方位的监管;在开展的专项执法活动中,做到"月月有主题"。

奉贤区在标准化建设中进一步充实了执法人员,完善了各项管理制度。

普陀区加大了对桃浦地区污染企业的执法力度,并结合群众反映强烈的难点、热点问题开展了专项整治。

闸北区在清洁能源替代、扬尘污染、河道整治、医疗废物处理等专项整治中取得了显著的成效。

（彭振发）

【江苏省环境监察工作概况】 2005年，江苏省环境监察局认真贯彻落实《国务院关于落实科学发展观加强环境保护的决定》，加强环境执法，为构建和谐社会服务，环境监察工作取得较大进展。

环境监察能力进一步提升。全省环境监察人员编制增加到2 419名。在2004年组建省环境监察局的基础上，部分省辖市环境监察机构建设也实现重大突破。环境执法力度进一步加强。开展了环保专项整治行动和集中式饮用水源地保护专项整治行动。全年全省现场执法共出动40余万人次，检查污染源单位332 814厂次，建议行政处罚5 763件。"12369"投诉举报热线进一步完善。全省共立案环境污染举报53 760件，结案53 592件，奖励132件，金额119 350元；接待群众来访65批，357人次；受理群众来信768封。排污收费和排污申报工作扎实推进。55 619家企业申报了排污状况，全省排污费解缴入库113 383万元，同比增长30%。继续开展污染源自动监控和工业污染源治污设施社会化运营工作。

2005年，江苏省环境监察工作取得了一定成效，但是环境执法深层次问题并没有得到根本解决。环境监察的压力大，任务重，人员少，素质参差不齐，从而严重影响到环境质量的控制和改善，影响到经济社会的可持续发展。江苏人均GDP已基本达到3 000美元，总体上进入工业化中期、城市化加速期和经济国际化提升期，资源和环境问题将是最突出的实际困难。突发性环境事故增多，群众信访增多，群体性事件增多，应对机制缺乏，监管手段落后等问题依然存在。

（潘　炜）

【浙江省环境监察工作概况】 2005年，是浙江省全面推进生态省建设的重要一年，也是开展"811"环境污染整治的首战之年。浙江省环境监察总队坚持以"三个代表"重要思想和可持续发展思想为指导，全面落实科学发展观，加强环境监察队伍能力建设，严格环境执法监督，狠抓排污费征收工作，妥善处理群众信访、纠纷，圆满完成了年初制定的各项工作任务。

（刘　凤）

【安徽省环境监察工作概况】 2005年，安徽省环境监察紧紧围绕国家及全省环保中心工作，继续全面落实环境监察"十五"计划。政府牵头，部门配合，上下联动，继续深入开展"整治违法排污企业保障群众健康环保专项行动"，查处环境违法案件908起，31人因失职受到行政处分，严厉打击了各类环境违法行为，有效遏制了污染反弹；全面深入贯彻国务院《排污费征收使用管理条例》，以加强排污申报登记为抓手，促进新排污收费体制下的排污费征收工作全面、规范地开展；强化全省排污费征收监管与稽查工作，2005年全省排污费征收总额达28 106万元，同比增长21.22%；继续加强对装机容量30万以上电力企业二氧化硫直接征收工作，全年累计征收二氧化硫排污费4 029万元；组织六安市开展全国生态环境监察试点及总结工作；开展全省环保安全生产工作，制定《安徽省突发环境事件应急预案》，清理和集中处置"毒鼠强"；认真做好环境信访和污染纠纷的调查处理工作，2005年全省调查处理信访案件数量已突破万起；继续加强环境监察队伍管理和行风建设，促进社会监督机制的逐步建立；强化环境监察机构标准化建设，2005年全省有4个省辖市完成一级标准化建设验收，并通过了国家审核确认。

（袁永宏）

【福建省环境监察工作概况】 2005年，福建省各级环境监察部门认真贯彻省委、省政府关于建设海峡两岸经济区的决策部署，群策群力，围绕组织实施闽江流域水环境综合整治二期工程和"五江两溪"水环境综合整治，认真履行职责，严格依法行政。开展以推进城市环境整治为主要内容的建设项目环保管理、排污许可证制度、畜禽养殖业污染治理执法检查，加大饮用水源保护和内河、大气、噪声、饮食业油烟等污染的现场检查力度。开展以集中式专项行动为主要内容的整治违法排污企业、自然保护区、海洋环境保护、纺织印染及重污染行业、中高考期间噪声污染控制等环保执法专项检查。开展以应对突发环境事件为主要内容的全省环境安全大检查，参加应急演练，妥善处理处置有关环境突发事件。为全省环境质量保持良好水平提供了执法保障。全省12条主要水系达到和优于Ⅲ类水质标准的断面占89.4%，比上年提高5.8个百分点；9个设区城市饮用水源地水质达标率为95.77%，县级市为96.61%，分别比上年提高6.7和12.5个百分点；23个城市空气质量达到和优于二级的城市，占91.3%。

（秦　明）

【江西省环境监察工作概况】 2005年，江西省环境监察工作围绕全省环保中心工作，贯彻落实全省环保工作会议精神，在各级环保系统的高度重视和全体环境监察人员的共同努力下，"整治违法排污企业保障群众健康环保专项行动"取得丰硕成果，有力地打击了环境违法行为，有效地遏制了环境恶化的趋势，维护了人民群众的利益；应对环境突发事件的能力得到进一步提高，全年全省共发生环境突发事件5起，各级环境监察部门通过对事件的处理，提高了分析、判断和处理问题的能力；排污费征收工作取得了长足进步，全年全省共征收排污费19 659.5万元，比2004年同期增长3 438万元，增长率为

22.7%；认真开展排污费稽查工作，进一步规范了排污费征收管理工作程序，促进了各地排污费的依法足额征收；能力建设得到加强，省财政厅加大对全省环境监察能力建设的支持力度，全年为各设区市和部分县(市)环境监察部门配备监察执法用车55辆；生态环境监察试点工作也取得阶段性进展，3个试点市通过了省级预验收。

【江西省环境监察工作会议】 2005年4月，江西省环境监察工作会议在赣州市召开。会议总结了2004年环境监察工作，部署了2005年度环境监察工作：一、进一步依法、全面、足额征收排污费，要在2004年征收额的基础上递增25%，全年征收排污费力争达到两亿元；二、加大对排污企业的打击力度，建立和完善行政执法责任制，继续清理整顿违法排污企业，完善环境行政执法部门与司法、监察机关的协调配合，强化环境违法案件向司法、监察机关移送的力度，形成打击环境违法行为的长效机制；三、继续开展排污费稽查工作；四、在南昌、德兴、井冈山3个试点区域继续开展生态环境监察试点工作，着重查处生态环境破坏案件，解决突出的生态环境问题，推动"生态江西"工程的建设步伐；五、各设区市尽快开通"12369"环保举报热线，加快解决热点、难点环境问题；六、加强环境执法队伍能力建设，增加对执法人员业务知识的培训，积极争取资金支持，配备必需的执法装备，提高环境监察的快速反应能力。会上表彰了九江市环境监察支队等16家先进单位及39名环境监察先进个人。

2005年11月14～16日，江西省召开了环境监察支队长网络会议。各地监察支队介绍了环境监察工作的特点；交流环境监察工作的经验和做法，探讨工作中出现的一些问题及解决方法，提出如何做好环境监察工作的思路和设想。

（胡予秋）

【山东省环境监察工作概况】 2005年，山东省深入贯彻实施《排污费征收使用管理条例》，全年累计征收排污费9.01亿元，同比增长30%，其中省环境监察总队直接征收二氧化硫排污费2.81亿元，同比增长93.8%；环境监察现场执法力度进一步加大，共进行现场监督检查169 105次，同比增长2.2%；积极开展"整治违法排污企业保障群众健康环保专项行动"，对环境违法企业进行了严肃处理，对重点案件实行了挂牌督办；生态环境监察试点工作取得阶段性成果，首家以98分的成绩通过了国家环保总局的整体验收。

（韩　凯）

【河南省环境监察工作概况】 2005年，河南省环境监察总队(以下简称"省总队")在河南省环保局的领导下，以开展保持共产党员先进性教育活动为契机，围绕全省8个重点流域、区域环境综合整治，开展"整治违法排污企业保障群众健康环保专项行动"，加强领导批示件和环保热线举报案件的查处，认真做好排污申报、核定及排污费征收使用管理工作，切实履行各项环境监察职责，较好地完成了年初确定的工作目标、任务。

现场监察工作效果明显。2005年，全省各级环境监察机构共组织现场检查19万人次，纠正各类环境违法问题3 610多起，移交各级环保行政主管部门立案查处违法案件1 607起。在开展"整治违法排污企业保障群众健康环保专项行动"和"对企业违法排污损害群众利益突出问题的专项检查"工作中，从全省范围内筛选10起典型环境违法案件实行挂牌督办，使这些问题在较短时间内得到解决。各级环境监察部门对领导批示的以及上级部门批转的923起重要信访件进行了调查处理。国家环保总局挂牌督办的商丘市梁园区水池铺乡喷爆制浆厂、登封市三元水泥厂分别被依法取缔和停产，并追究了14人的行政责任。全省"12369"环保投诉电话共受理群众举报21 164件，结案20 740件，结案率达98%。

排污申报核定工作取得明显进步。2005年，全省共申报24 938家，核定并汇总16 712家排污单位。在全国排污申报核定工作中连续两年获得一等奖。

排污收费工作取得新突破。全省征收排污费总额达6.05亿元(其中处罚金额631万元)，较上年增收约1.32亿元，增长约28%。

环境监察基础工作取得明显进展。郑州、洛阳、南阳、安阳、新乡、焦作、平顶山、济源8个省辖市和巩义、偃师两个县级市已经通过省环保局组织的一级标准达标验收。17个省辖市和省总队建立了环境监察网并进行了联网。5月17日，根据河南省机构编制委员会《关于河南省环境监理总站更名的通知》(豫编办[2005]54号)，河南省环境监理总站更名为河南省环境监察总队。

2005年河南省环境监察统计

监察机构个数	省级	1
	市级	18
	县级	102

续表

<table>
<tr><td rowspan="3">监察人员数</td><td colspan="2">在编数</td><td colspan="2">3 388</td></tr>
<tr><td colspan="2">在岗数</td><td colspan="2">6 982</td></tr>
<tr><td colspan="2">持证数</td><td colspan="2">4 534</td></tr>
<tr><td rowspan="4">监察装备</td><td colspan="2">办公用房(平方米)</td><td colspan="2"></td></tr>
<tr><td colspan="2">交通工具(辆)</td><td colspan="2">300</td></tr>
<tr><td colspan="2">取证设备(件)</td><td colspan="2">522</td></tr>
<tr><td colspan="2">通讯工具(部)</td><td colspan="2"></td></tr>
<tr><td rowspan="2">污染源情况</td><td colspan="2">重点排污企业数</td><td colspan="2">16 712</td></tr>
<tr><td colspan="2">申报登记数</td><td colspan="2">16 712</td></tr>
<tr><td rowspan="5">现场检查情况</td><td colspan="2">现场检查次数</td><td colspan="2">190 823</td></tr>
<tr><td colspan="2">纠正环境违法行为数</td><td colspan="2">3 610</td></tr>
<tr><td colspan="2">立案查处案件数</td><td colspan="2">1 607</td></tr>
<tr><td colspan="2">行政责任追究(人)</td><td colspan="2">14</td></tr>
<tr><td colspan="2">行政处罚金额(万元)</td><td colspan="2">631</td></tr>
<tr><td rowspan="3">污染事故发生数</td><td colspan="2">特大</td><td colspan="2">0</td></tr>
<tr><td colspan="2">重大</td><td colspan="2">0</td></tr>
<tr><td colspan="2">一般</td><td colspan="2">14</td></tr>
<tr><td rowspan="4">上级批示件
环境投诉举报</td><td rowspan="2">批示件</td><td>件数</td><td colspan="2">839</td></tr>
<tr><td>办结数</td><td colspan="2">839</td></tr>
<tr><td rowspan="2">电话</td><td>件数</td><td colspan="2">21 164</td></tr>
<tr><td>办结数</td><td colspan="2">20 740</td></tr>
<tr><td rowspan="11">排污收费(万元)</td><td>河南省</td><td>11 807</td><td>许昌市</td><td>1 837</td></tr>
<tr><td>郑州市</td><td>9 540</td><td>漯河市</td><td>1 225</td></tr>
<tr><td>开封市</td><td>903</td><td>三门峡市</td><td>3 289</td></tr>
<tr><td>洛阳市</td><td>6 970</td><td>商丘市</td><td>965</td></tr>
<tr><td>平顶山市</td><td>5 479</td><td>周口市</td><td>561</td></tr>
<tr><td>安阳市</td><td>3 852</td><td>驻马店市</td><td>685</td></tr>
<tr><td>鹤壁市</td><td>1 038</td><td>南阳市</td><td>2 698</td></tr>
<tr><td>新乡市</td><td>2 421</td><td>信阳市</td><td>888</td></tr>
<tr><td>焦作市</td><td>4 767</td><td>济源市</td><td>931</td></tr>
<tr><td>濮阳市</td><td>686</td><td></td><td></td></tr>
<tr><td colspan="4">合计 60 542</td></tr>
</table>

（荆国一）

【湖北省“十五”环境监察工作回顾】 “十五”期间，湖北省环境监察系统围绕《湖北省环境保护“十五”规划》所确定的主要目标任务，认真履行工作职能，重点抓了5个方面的工作：一是抓调查，摸清全省环保家底。通过分年度、分行业的专项调查，全面掌握了第一手环境资料。相继建立了全省工业污染源、环境污染隐患和饮用水源地保护环境信息库。为加强环境执法工作提供了科学依据。二是抓管理，规范执法行为。每年年初，省环境监察总队制定印发《全省环境监察年度工作要点》，并与各地签订环境监察工作目标责任状，明确工作重点、考核目标及执法要求，避免了环境执法工作的盲目性和随意性。制定了《环境监察机构内部管理规章》，规范了公文印章管理、固定资产管理和现场执法行为。三是抓整治，着力解决一批环境突出问题。在连续的3年环保专项行动中，把群众反映强烈的饮用水源地污染、城市大气污染、噪声扰民和污染行业、重点排污企业、敏感地区作为监管执法的重点，采取媒体曝光、挂牌督办、部门联动及责任追究等办法，分期分批整治环境违法行为，对领导关注的焦点问题、老百姓反映的热点问题、长期得不到解决的棘手问题一律实行挂牌督办。“十五”期间，全省共出动环境执法人员120 974人次，检查企业 39 229 家，立案查处企业 2 397 家，关停企业 955 家。通过对违法排污企业的严厉打击，有效地遏制了部分地区环境恶化的趋势，解决了一批长期污染扰民问题。四是抓重点，确保饮用水水源安全。近年来，湖北省把水源监管、保障水质安全作为环保工作的首要任务，相继出台了一批政策措施，重点开展了白河襄樊市襄阳段、蛮河流域、枣阳市滚河、十堰市郧县将军河、藕池河西支安乡段及荆州市庙湖等“五河一湖”的污染查处工作，依法关闭了一批污染严重的企业。对于白河襄樊市襄阳段水质污染问题，在函请河南省加大对白河流域违法排污企业的查处力度的同时，向国家环保总局请示给予协调解决，并就水污染防治和群众饮水安全向国务院作了专题汇报。五是抓服务，维护群众环境合法权益。全省各级环境监察部门本着“群众利益无小事”的思想，按照国家环保总局“三高”(工作高标准，服务高质量、对自己高要求)要求，对待群众环境投诉工作，认真接待，热情服务，及时回复回访。“十五”期间，全省共受理环境投诉6万余起，办理无一件差错。

【湖北省 2005 年环境监察工作概况】 2005 年，全省环境监察系统主要开展了4个方面的工作：一是认真组织本省 2005 年环保专项行动。按照国务院的统一部署及要求，全省开展了环保专项行动从6月1日开始至11月30日结束，历时183天，分为动员准备、自查摸底、全面整治及总结考核4个阶段组织实施。在准备动员阶段，召开了全省环境执法工作会议，并结合省情制定印发了全省环保专项行动实施方案、宣传方案、考核办法及环保行政责任追究办法，建立了环境监管、挂牌督办、部门联动及目标考核等工作长效机制。在自查摸底阶段，重点开展了全省各乡镇以上的水厂和集中式饮用水源地、关停企业、污水处理厂、啤酒纺织印染行业、重点工业企业排污申报登记核定等“五项”环保专项调查，进一步摸清了全省环境“家底”，清查 2003 年以来辖区挂牌督办件落实、查群众反复投诉处理、查重点行业排污等活动，公布了当地一批挂牌督办企业名单。在全面整治阶段，采取媒体曝光、挂牌督办、部门联动及责任追究等有效办法，全面查处环境违法行为。2005 年，全省共挂牌督办环境违法案件 301 件。在总结考核阶段，各地对照全省考核实施办法，围绕组织领导、案件督办、污染反弹控制、环境执法能力建设等4个方面 18 项考核指标，组织了自查自评活动。省环保局会同省发改委等省直七部门对全省17个地市(州)的环保专项行动工作进行了考核验收，并依据考核办法及评判标准，对武汉、黄石、宜昌、荆门等5市环保专项行动先进单位进行了通报表彰。二是组织查处了“五河一湖”水污染问题。2005 年，全省重点开展了藕池河西支安乡段、白河襄樊市襄阳段污染、蛮河流域污染、枣阳市滚河污染、荆州市庙湖污染等“五河一湖”水污染查处工作，依法关闭了一批污染严重的企业。三是全力做好环境安全应急工作。按照国家环保总局的统一部署，集中1个月时间在全省范围内广泛开展了重点污染源及危险化学品环境污染隐患排查活动。整个排查工作，全省共出动环境执法人员 7 371 人次，排查企业 2 458 家，整治企业 353 家，下达监察通知 327 份。结合排查情况，按照行政区域、污染源类别建立了环境隐患信息库，对 1 058 家重点污染源及危险化学品生产使用企业实行了动态管理。组织编制《湖北省突发环境事件应急预案》，全省各地实行环境安全形势分析制度，建立部门联动联防工作机制，严格重特大环境污染事故报送制度，初步形成了全省环境安全监管大格局。四是规范环境执法行为。省环境监察总队将 2005 年定为环境执法规范年，重点规范了立案登记与调查取证程序、审查和决定程序、送达与执行程序、结案归档程序。建立污染源监察工作程序，全省环境监察系统达到了执法行为程序化、执法监督制度化、执法工作规范化。

(孟凡松)

【湖南省环境监察工作概况】 2005 年，湖南省环境监察工作在省环保局的统一领导下，继续坚持以改善环境质量、保护群众健康、保障环境安全为目的，努力推动环保专项行动、排污费征收、违法案件查处、信访批示办理、生态监察试点、在线监控推广和队伍能力建设等各项工作的落实，全面完成了本年度各项任务。

在 2005 年“整治违法排污企业保障群众健康环保专项行动”中，全省各级环境监察机构加大了对环境违法行为的查处力度，联合有关职能部门共出动

执法人员36 668人(次),检查企业10 152家(次),立案查处各类环境违法案件720起,处理结案624起,关闭取缔违法排污企业1 108家。贯彻落实国务院《排污费征收使用管理条例》和《湖南省实施〈排污费征收使用管理条例〉办法》,全年实现征收排污费入库51 168.25万元,完成预算108.9%,比上年增长25.2%。通过对环境投诉问题的及时办理,解决了一大批人民群众关心的环境污染问题。2005年,全省各级环保监察机构共受理环境问题来信10 050件,办理8 780件,受理群众来访6 872起,办理5 660起。以资源开发项目和开发建设活动、农村集中式饮用水源地保护及禽畜养殖业污染整治等为重点的生态环境监察试点工作取得进展。2005年,湖南省环保局和省财政厅联合制定了环境保护能力建设方案,决定3年内安排资金7 500万元,专门用于环境监察、环境监测能力建设,促进全省环境监察机构标准化建设。

(兰　洋)

【广东省环境监察工作概况】 2005年,广东省环境监察工作紧紧围绕2005年环境保护工作重点,以开展维护群众合法权益,打击环境违法行为专项行动为中心,全面推进队伍能力建设,提高环境执法水平,开展排污申报与核定,加大排污费征收力度,强化环境现场执法,开展维护群众权益打击环境违法行为,做好环境信访工作,解决群众关心的环境污染问题。环境监察机构规范化建设和队伍管理工作得到加强。

制定了内部管理制度、环境监察工作制度和工作程序,编写《环境违法行为查处指引》,从长效机制上保证执法行为的公正性、廉洁性。开展了"服务基层"和"帮扶活动"。给一些基层环境监察机构捐送办公设备,扶持解决有关执法装备经费问题。帮助基层环保部门调查处理重点环境投诉案件,并加强环境执法力度和加强执法能力建设问题。

(张作凡)

【广西壮族自治区环境监察工作概况】 2005年是开展"整治违法排污企业保障群众健康环保专项行动"的第三年。广西壮族自治区各级环境监察队伍坚持党的基本路线,积极推行和落实可持续发展战略思想和科学发展观,模范执行党和国家的路线、方针、政策,积极推行、完善环境保护各项制度和措施,严格依照国家法律、法规办事,强化环境执法,严肃查处重大环境问题;稳步推进排污收费工作;及时调查、妥善处理环境污染事故及污染纠纷;坚持以人为本,做好群众信访工作,解决了群众关心的一批热点环境问题,维护了群众的环境利益,取得了显著成效。

(郑伯春)

【海南省环境监察工作概况】 2005年,省环境监察总队着眼于强化基础,理顺关系,突出重点,解决难点,结合保持共产党员先进性教育活动,抓好全体干部职工的学习教育工作,认真履行现场执法工作职责,加强对全省环境资源现场执法工作的指导和监督,求真务实,开拓创新,扎扎实实开展现场执法工作,取得了较好的工作成绩,获得国家环境监察局评定的全国排污申报登记核定工作三等奖和国家环保总局、人事部评定的全国环境保护系统先进集体称号。

(杨昌新)

【四川省环境监察工作概况】 2005年,四川省环境监察系统紧紧围绕"三个整治、一个确保"和"建设生态四川"等全省环境保护中心工作,各项环境监察工作取得了重大进展。一是监察规范,重点突出,全省污染源现场监督管理得到明显强化;二是高规格,严查处,全省环保专项行动对环境违法行为的震慑力逐年增强;三是严格验收,强化管理,重点污染源自动监控得到稳步推进;四是依法核定,严格稽查,排污申报和排污收费又上新台阶;五是坚持以人为本,抓住热点难点,环境污染纠纷和信访投诉得到及时调查处理;六是抓住机遇,加快建设,环境监察能力得到显著提高。

全省环境监察工作虽然取得了较大进展,但也存在一些问题:一是各地环境监察工作发展不平衡;二是全省环境监察执法能力薄弱和环境执法任务繁重的矛盾仍然十分突出;三是全省环境执法形势仍然十分严峻,环境监察执法工作任务十分艰巨。

(陈泽文)

【云南省"十五"期间环境监察工作概况】 "十五"期间,云南省环境监察系统紧紧围绕全省环保中心和重点工作,以"九湖"流域水污染防治、巩固"一控双达标"成果、排污总量控制和实施排污许可证制度、建设项目环境保护管理、生态保护为重点,积极开展"整治违法排污企业保障群众健康环保专项行动",全面实施排污收费制度改革,大力加强环境监察能力建设和队伍管理,努力推进了环境监察工作,为保证环境保护法律法规、方针政策的贯彻执行和"十五"全省环保目标的实现作出了重要贡献。

(崔震宇)

【西藏自治区环境监察工作概况】 2005年,西藏自治区环境监察部门紧紧围绕"整治违法排污企业保障群众健康环保专项行动",结合实际,积极克服高寒缺氧、执法条件差、人员不足等困难,深入现场、实地检查,确保了环保专项行动全面、深入开展,取得了较好的工作成绩,得到了国家环保总局、西藏自治区环保局的肯定,获得了"全国环境保护系统先进集体"和"西藏自治区环保系统先进集体"称号。

2005年,按照环保专项行动内容,集中组织开展了全区城镇集中式饮用水水源环境保护、重点建设项目环境监察、全区农产品生产基地及食品加工企业环境监测监察、矿山环境保护清理整顿、自然保护区专项执法检查等多项执法检查。全区共出动执法人员 1 017 人次，检查企业 407 家，立案企业 31 家，结案 30 家；“12369”环保热线投诉 389 起，受理 389 起，办结 386 起。

（阿　松）

【陕西省环境监察工作概况】 2005 年，陕西省加大现场监督检查力度，以日常监督管理为基础，通过明察暗访、突击检查等多种形式，严厉打击各类环境违法行为，充分发挥环境监察职能。全省围绕群众反映的突出问题开展了 5 项大检查，共出动执法人员 4.2 万人次，检查企业 1.3 万家，立案查处违法排污企业 502 家，挂牌督办环境问题 132 个。全省上下认真贯彻执行国务院《排污费征收使用管理条例》和省政府《关于排污费征收使用管理有关问题的通知》，全年征收排污费 2.96 亿元，同比增加 5 348 万元，增长 22%，创历史最高水平。另外，在区域和流域重大案件查处、环境污染事故应急处置、中高考期间噪声执法检查、秸秆禁烧等活动中，环境监察队伍都发挥了重要作用。

（樊江泉）

【甘肃省环境监察工作概况】 2005 年，甘肃省环境监察工作牢固树立以人为本，全面、协调、可持续的发展观，以推进经济、社会与环境协调发展为目标，紧紧围绕全省环境保护重点任务，突出环境监管、现场执法、排污申报核定和排污费征收工作；加大环境监察力度，依法整治环境违法行为；不断探索开展生态环境监察各项工作；积极拓宽环境监察职能，努力提高环境执法人员综合素质。

2005 年，甘肃省环境监察工作，围绕人民群众关心的热点、难点问题，按照专项行动 5 个阶段总体推进的部署，组织开展了 5 项专项整改行动。一是城镇污水处理专项整改；二是连片污染反弹专项整改；三是对全省 103 处饮用水源地开展了专项检查；四是重点排污企业排污问题整改；五是印染纺织行业整改。

2005 年，全省各级环境监察机构与各级发展改革、经济、监察、工商、司法、安全生产等相关部门密切合作，在日常监督检查的基础上，通过联合执法、突击检查、抽查、暗查等形式，取得了查处环境违法行为的阶段性成果。全省共出动人员 19 000 多人（次），检查企业 2 100 家（次），检查饮用水源地 103 处，立案查处违法企业 260 家，结案 240 家，挂牌督办 150 家企业，其中省级挂牌督办 13 家。

2005 年，在全省环境监察系统中组织开展了提高综合素质学习、健全完善内部管理制度工作。严格执行《环境监察人员行为规范》和国家环保总局颁布的文明执法“六不准”、“六项禁令”等规章制度，用制度规范行为，靠制度管人。制定了《全省环境监察系统建立健全惩治和预防腐败体系实施办法》，从反腐倡廉教育、加强廉政建设、健全环境执法制度、开展政务公开、做好环境稽查、改进信访案件查处、整治环境违法行为、提高环境执法水平和强化组织领导 9 个方面制定了具体实施措施。

（宁　炳）

【青海省环境监察工作概况】 2005 年，在青海省环保局的领导下，全省各级环境监察部门突出重点，强化执法，继续加大对重点区域、流域环境违法行为的打击执法力度，在日常环境监察的基础上，通过各类专项执法检查，严厉打击环境违法行为，全年累计出动执法人员 6 517 人次，检查污染防治设施 781 台（套），实现污染防治设施正常运行率达 95%，下达限期治理 73 家，完成治理 43 家，完成率 62%，受理环境信访 674 件次，处理率 100%，全年处理污染纠纷 17 件，处理率 100%。

（董郁海）

【宁夏回族自治区环境监察工作概况】 2005 年，全区环境监察部门按照国家环保总局和自治区环保局对环境监察工作的部署，以“整治违法排污企业保障群众健康环保专项行动”为龙头，严格执法，严厉打击环境违法行为；建章立制，加强环境监察队伍管理；全面推进排污申报核定与排污费征收工作；通过试点稳步推进生态环境监察工作；加强“12369”环保热线管理，认真处理群众举报投诉等各项工作都取得了新进展。

环保专项行动主要对高耗能企业进行了清理整顿，对城市污水处理厂、集中式饮用水源地、自然保护区进行了专项执法检查，对群众反映强烈的环境污染问题进行了查处，对 12 家重点排污企业进行了挂牌督办。切实解决了一些群众反映强烈的环境污染问题；全区环境质量得到改善，城市环境质量逐年好转，黄河宁夏段水质有所好转。

依据国务院《排污费征收使用管理条例》，结合本区实际，自治区政府颁布了《宁夏回族自治区排污费征收使用管理办法》，从 2005 年 1 月 1 日起施行。2005 年全区共征收 8 680 万元，比 2004 年增长 75%，创历史最高水平。

2005 年，全区环境监察系统与时俱进、创新工作，一是建立了区、市、县三级环境监察联动联查机制，上下密切配合，对重点排污企业实行定期或不定期监督检查；二是加强了部门联合执法，建立联席会议制度，定期召开会议，及时协调工作中出现的重大问题；三是建章立制、抓好队伍建设，主要是加强了环境监察系统上级部门对下级部门执法工作的指导与监督，规范执法程序，提高执法水平；对建设项目监管从严、对排污企业监管从严、征收排污费从严、查处违法行为从严；四是环境监察人员严格执行“六不准”制度，规范执法行为，杜绝行政不作为和不廉洁行为。

（刘韵垠）

【新疆维吾尔自治区环境监察工作概况】 为贯彻执行国家环保法律法规和规章，强化现场监督管理职能，在国家环保总局的指导和自治区党委、政府及自治区环保局的领导和关心支持下，全区环境监察人员利用现有条件、积极探索、努力实践，使环境监察工作得到了长足的发展。

2005年，自治区各级环境监察机构根据国家环保总局等六部委及自治区七厅局联合下发的《关于开展整治违法排污企业保障群众健康环保专项行动的通知》要求，坚持把"群众投诉的重点污染问题、重点行业和违法排污企业存在的问题、直接影响群众健康的污染问题、建设项目开发过程中的违法问题、屡查屡犯和未完成限期治理的问题"等5个方面作为专项整治工作重点，分类排查、集中整治、公开曝光、统一执法，组织开展了对辖区内重污染工业企业、重点建设项目、水源保护区、城市污水处理厂的现场监察，对"12369"热线及群众投诉进行了现场处理，全年全区共出动环境执法人员21 386人次，检查排污企业4 985家，立案628家，结案581家。

同时，排污收费、环境应急、生态环境监察工作稳步推进，基础工作进一步加强。2005年，自治区环保局投入近30万元为自治区环境监察总队装备了取证设备；投入980万元用于基层业务用房建设，解决了县级环保部门的办公用房问题，全区各级环境监察机构的自动化办公水平和现场执法能力得到了较大提高。

（刘寒峰）

【大连市环境监察工作概况】 2005年，大连市监察工作紧紧围绕东北老工业基地振兴这一中心，坚持科学发展观，开拓创新，扎实工作，在推进工业污染防治、加强环境监管、加强依法行政等方面取得一定成绩。

2005年，大连市以"整治违法排污企业保障人民群众身体健康环保专项行动"为主线，开展了"十五小"与"新五小"、环境噪声、饮用水源地、生态破坏与矿山整治、建设项目、白色污染与禁磷等15项重点专项打击环境违法行为，专项行动中共出动执法人员12 869人次，检查企业3 195家，查处违法企业314家，完成限期治理23件，关闭取缔企业12家，停业治理企业5家。在对白色污染和含磷洗涤用品的监察工作中，对全市使用和销售的单位进行了5次突击抽查，共抽查20余家单位，查处违规单位3家。

在城市近郊矿山的关闭工作中，对12家硅石开采、加工企业进行环境整顿，对12家矿山企业下达了行政处罚决定书，责令企业立即停止生产，限期整改，并处以罚款。

（宋晓奔）

【青岛市环境监察工作概况】 2005年，青岛市环境执法能力进一步得到加强，目前，环境监察系统由市环境监察支队和7区、5市的环境监察大队组成。监察支队为市环保局下设的处级执法单位，内设4个科室，现有编制30人，7个区环境监察大队与各环保分局为一套机构两块牌子，7个区大队目前除黄岛大队外其余6区大队实行垂直管理。5市环境监察大队为5市环保局的内设机构，尚未全部实行公务员管理，共有在编在岗人员82人。

2005年，青岛市各级环境监察部门在市局党组的领导和上级监察部门的指导下，以"三个代表"重要思想以及中央人口资源环境工作座谈会精神为指导，强化依法行政意识，全面加强环境监察队伍建设，人员整体素质不断提高。

全市环境监察系统经过一年多的努力，建立了QE管理体系并于2005年2月正式运行，该管理体系于6月底顺利通过了上海质量审核认证中心的认证，使青岛市环境监察系统成为全国第一家建立ISO9001和ISO14001质量和环境双体系的环境监察机构，QE管理体系从改进环境监察绩效、提高工作质量出发，把人员、资源、管理等因素有机结合在一起，并对排污收费、行政处罚、污染源监察等环境监察工作程序逐一进行规范，提高了工作效率，全市环境监察工作趋于规范化、科学化。确保了环境监察工作目标的完成。

（赵润德）

【宁波市环境监察工作概况】 2005年，宁波市调查处理了大量环境违法行为，解决了一大批环境信访案件，切实维护了人民群众的根本利益。

2005年，宁波市环境监察工作任务多、时间紧、要求高，市、县两级环境监察部门以落实"811"环境污染整治行动和开展环保专项行动等重大任务为抓手，进一步加大了执法力度，严肃查处各类环境违法行为，形成打击违法排污企业的高压态势。2005年，宁波市环境监察部门累计立案查处各类环境违法案件1 140起，罚款2 528万元，责令停产停业759家，申请法院强制执行241件。罚款总额比去年增加1 572万元，其中市本级立案查处51件，平均处罚额度为10.5万元；慈溪、鄞州、镇海、北仑分别为586.4万元、300.5万元、299.2万元和255万元。

（陈　波）

【厦门市环境监察工作概况】 2005年是贯彻落实厦门市"十五"环保规划的关键一年，厦门市环境监理中心所紧密结合保持共产党员先进性教育活动的开展，积极响应厦门市委、市政府"争创首批全国文明城市"的号召，积极参与厦门市餐饮娱乐业油烟噪声专项整治、工地、道路扬尘污染考评、汽车尾气冒黑烟拍照等工作，在"整治违法排污企业保障群众健康环保专项行动"和企业违法排污损害群众利益突出问题专项检查中，共出动执法人员近7 888人次，检查企业3 594家次，查处违法排污企业244家，处罚金249.8万元；积极参与污染事故与群众举报的调查处理，全年受理各类环境信访件2 527件，处理率达 100%；积极开展生态环境监察试点工作，经过两年多的探索实践，初步建立生态环境监察的工作途径和方法，以优秀成绩通过福建省环保局的评审验收；加强对已建成在线监控系统的维护管理，保证了系统的正常运行；开展市级环境稽查试点工作，完善环境管理考核机制；充实基层执法力量，加大排污费征收力度，全市排污费开征户数达到 9 745 户，征收排污费 4 783 万元。

（李　华）

【深圳市环境监察工作概况】 2005 年，深圳市环境监察部门加强行政执行力建设，对内进一步研究和深化岗位责任制，对外严格推行环境监察政务公开，通过环境监察机构标准化和环境管理监控中心的建设，提升了规范化、科学化管理水平，提高了履行职责的能力和效率。通过实施工业污染源分类管理，有效地加强了对重点污染源监管，提高了污染源监管的针对性和有效性。结合环保专项行动，加大环境执法力度，扩大执法检查范围，对重点污染行业、重点流域开展了一系列专项执法检查和安全生产检查，在“清无”行动、蔬菜种植水产养殖基地检查、空气烟尘污染整治、市政设施专项检查等多项活动中，严厉地打击了企业违法排污行为，确保了深圳市环境安全。2005 年，深圳市环境监察部门共出动执法人员 81 200 人次，对发现的 735 家违法企业进行了立案处理，处罚总金额达到 2 772.1 万元，为历年之最，并责令其中情节严重的 119 家违法排污企业限期治理，吊销了 5 家故意偷排污染物企业的排污许可证，责令 96 家治理无望的企业关停或迫使其搬迁。全年共收到各类群众投诉 10 万多宗，立案调查处理 21 809 起，结案率为 99%。“12369 环保热线”共出动 4 150 多车次，6 800 多人次，检查施工工地 2 900场次，对251 起违法施工行为提交了处罚建议，市民举报非法排污行为 161 起，比上年多了 30 多起。2005 年，全市共征收排污费 1.36 亿元，比上年增长 30%，其中市本级 7 086 万元，比上年增长 60%，区级6 544万元，比上年增长 9%，全年上缴中央国库1 363万元，上缴省国库 682 万元。

（胡　华）

【沈阳市环境监察工作概况】 2005 年，沈阳市环境监察工作以优化整体环境为根本，以整治城乡结合部环境为基础，以解决区域内的环境热点、难点问题为工作重点，以生态环境监察试点为契机，认真开展十大执法战役，严厉查处环境违法行为。对噪声污染、原煤散烧小锅炉、土法熬制沥青、露天焚烧垃圾点、建设项目“三同时”情况及重污染行业分别进行了检查、取缔和治理，取得了显著的效果。2005 年，全市共出动执法人员 19 165 人次，检查企业 5 180 家次，立案 239 家，结案 45 家，逐步改善了城区环境质量，大气质量达到优良天数比上一年增加了 14 天。

（郎丽娜）

【长春市环境监察工作概况】 2005 年，长春市环境监察支队重点加强环境监察标准化建设，增强执法能力；加强现场管理，强化环境监察执法；开展环保专项治理整顿行动；改革排污收费体制，全面开展排污费征收工作；认真处理信访案件，做好信访投诉处理工作。通过全市各级环境监察机构和全体环境监察人员的不懈努力，较好地完成了全年各项工作目标和任务。排污费征收工作取得了历史性突破，全年征收排污费 8 491 万元，创长春市排污费征收新高。

（胡晓明）

【哈尔滨市环境监察工作概况】 2005 年，哈尔滨市环境监察系统围绕环保中心工作，强化环境执法，履行职责，结合开展保持共产党员先进性教育活动，环境监察工作取得新成绩。

强化环境执法力度，打击环境违法行为。2005 年，全市出动各类现场环境监察 36 708 人次，检查排污单位 5 320 家次，检查污染防治设施 4 016 台(套)次，噪声污染源 1 335 个，检查建设项目 892 个，限期治理项目 178 个，将 221 件重点环境违法案件列为挂牌督办案件，立案 2 467 件，结案 2 376 件，关停取缔环境违法企业 346 家，案件移送 42 个。

促进全面申报，准确核定，足额征收。2005 年全市排污申报单位 8 419 户，开征排污费 6 142 户，全市征收排污费 7 461 万元，比 2004 年增收 552 万元。其中，市环境监察支队开征 348 户，征收 4 442 万元，比上年增收 500 万元。6 个区征收排污费 1 253.1万元，松北分局征收 289.89 万元，12 个县(市)征收排污费 1765.9 万元。

环境信访以人为本，为群众办实事。全市受理各类信访事项 7 176 件，同比增长 52%，处理率达到 100%，办结率达到 98%以上，重复信访率控制在 2%以下。

环境监察执法能力建设得到提高。一是加强政治思想教育，提高政治思想觉悟。深入开展保持共产党员先进性教育活动；二是注重抓环境监察干部业务培训；三是搞好“传、帮、带”工作，对军转干部、新毕业大学生进行岗前培训；四是增加执法车辆和现场取证装备；五是巩固标准化建设成果，增加人员编制、执法车辆、执法取证装备的投入。增加人员编制 44 个，执法用车 11 辆，执法取证设备 75 台，计算机 25 台。

（彭　伟）

【南京市环境监察工作概况】 2005 年，南京市环境监察机构将保障“十运会”和“整治违法排污企业保障群众身体健康环保专项行动”作为全年工作的重点，组织开展了区域环境监控、重点污染源监管、排污费征收、环境污染投诉查办和污染应急处置等工作，维护了人民群众的环境权益，改善了生产生活环境。全年共检查排污企业 34 167 家次，工业企业污

染治理设施正常运转率达97.5%。受理群众举报投诉18 217件，分转5 344件，办结5 281件，办结率达到98.8%，满意率为90%。共收缴排污费1.44亿元，超额完成计划3 229万元。在环保专项行动中，各级环境监察机构依法查处违法企业625家。截至2005年底，全市初步建成重点污染源在线监管网络，共安装COD在线监控装置37家，烟气在线监控装置8家。

2005年，南京市环境监察机构进一步加大现场监察执法力度，强化源头控制与末端监管相结合，监察污染企业3 467家次，检查污染治理设施50 813台(套)次，工业企业污染治理设施正常运转率达97.5%。

同时，南京市环境监察机构加强对垃圾填埋场、城市污水处理厂、市政污水排放口的监管，依法对一家开发区污水处理厂和一个城市垃圾填埋场的违法排污行为分别做出10万元处罚决定。

(陈　舟)

【武汉市环境监察工作概况】 2005年，按照《国务院办公厅关于深入开展整治违法排污企业保障群众健康环保专项行动的通知》(国办发[2005]34号)和湖北省、武汉市有关文件的要求，武汉市环境监察支队在市直管企业中开展拉网式排查，对违法排污企业采取了限期治理、建议关停等措施。在强化日常监管力度的基础上，加强对重点污染单位的现场检查力度，加大夜间抽查、抽测频次，每周抽查1～2家企业，对检查中发现存在超标排污行为的十多家企业责令整改并进行了处罚。据统计，全年共实施环境现场监察5 000余人次，下达处罚决定书7份，执行处罚金额14.7万元。在武汉市环境监察支队的严格监管下，所有市直管企业未发生环境污染事故，确保了武汉市环境安全。2005年被国家环保总局授予"全国打击环境违法行为先进集体"荣誉称号。

松花江水污染事故发生后，根据国家环保总局和武汉市环保局的统一部署和要求，武汉市环境监察支队监察人员牺牲休息时间，支队领导亲自带队，在全市范围内对化工、制药、造纸企业和危险化学品贮存地及重点放射源防护设施、危险固体废弃物处置等涉危重点企业73家进行了全面环境安全隐患排查，并对涉危重点企业提出了具体的整改要求和整改期限。在国家环保总局环境安全检查督察组的环境安全督察中，督察组对武汉市的工作表示满意。

(王　晴)

【广州市环境监察工作概况】 2005年，广州市环境监察围绕创建国家环保模范城市中心任务，按照市环保局党委对环境监察工作"四个统一"的要求，牢固树立全市环境监察工作"一盘棋"的思想。加强队伍思想作风建设，加快标准化建设步伐，监察执法、排污收费、环境信访、环境应急等工作齐头并进，圆满地完成了环境监察的各项工作任务。

2005年，广州市环境监察支队把执法着力点放在影响环境质量、影响经济社会发展、影响人民群众生产生活的突出环境问题上，开展了大规模的水、大气和城市环境3项综合整治，全年持续开展"整治违法排污企业保障群众健康环保专项行动"，查办各类环境违法案件3 599件，共征收排污费2.05亿元，创造了环保执法力度最大、排污收费最高的历史记录。

新《信访条例》5月1日实施后，广州市环境监察支队及时修订完善了信访工作制度和工作程序，在网页上设置了专门的投诉邮箱，5条"12369"投诉热线24小时开通。全年共受理环境信访投诉4 765件、办结4 648件，办结率为97.5%。函复省环保局、市信访局、"12369"专线等部门1 044件，回复率达100%。

随着社会经济的持续快速发展，突发性环境污染事故呈上升趋势。广州市环境监察支队在加强日常污染隐患检查的同时，认真落实国家环保总局《突发性环境污染事故应急预案》规定，加大了应对突发性环境污染事故的装备建设，组建了两个应对重特大污染事故的应急分队，全年共处置了19起突发性环境污染事故。

2005年，全市排污总量控制管理实现预期目标。市环境监察支队根据全市污染物总量控制计划，在对重点企业近两年排污情况的数据统计分析基础上，提出了各相关企业的年度排污许可量，建立了完整有效、简便易行的排污许可证管理程序，完善了污染物排放月报制度和许可证动态管理信息系统，对持证企业实行一证式监管，做到依证管理、按证排污、超证处罚，82个持证企业全年排放COD5 841吨，较去年减排1 033吨、减幅为15%，排放SO_2 93 546吨，减排15 000吨，减幅为14%，较好地实现了排放总量控制目标。

(苏士路)

【西安市环境监察工作概况】 2005年，西安市环境监察支队以创建国家环保模范城市为契机，贯彻落实西安市政府提出的"四化理念"，扎实有效地开展保持共产党员先进性教育活动，圆满完成了上级下达的各项任务。其中环境综合整治和现场执法检查力度不断加大，成效显著；排污费征收细致、深入，超额完成全年收费任务；环保投诉热线畅通，环境污染信访投诉受理及时，查处到位，得到上级领导和广大群众的好评。同时，在强化内部管理、提高干部职工综合素质、改进环境监察工作作风、提高执法效能和深化党建等方面也都有较大进展，取得了一定的成绩。

存在的问题：一是目前部分环保法律、法规缺乏可操作性而难以执行到位；二是西安市环境监察机构尚不完善，执法能力有待加强，执法效率仍有待提高；三是地方和部门保护主义干扰环境行政执法；四是环境行政执法成本偏高。

(赵文军)

【济南市环境监察工作概况】 2005年，济南市环境监察机构以开展保持共产党员先进性教育活动为契机，坚持以邓小平理论为指导，认真实践“三个代表”重要思想，以改善环境质量为根本出发点，以创建国家环保模范城市为载体，解放思想、干事创业，加强队伍和执法能力建设，深入开展环保专项行动，狠抓现场执法监督检查和排污费征收等重点工作，全市环境监察工作稳步推进，成效显著。

1. 全市各级环境监察部门积极深入现场，强化污染防治设施现场监督管理工作，全年现场检查14 377人次，查处各类不正常使用污染处理设施案件109起，收缴罚款91.67万元。

2. 根据国务院办公厅《关于深入开展整治违法排污企业保障群众健康环保专项行动的通知》、济南市政府制定了《整治违法排污企业保障群众健康环保专项行动实施方案》，从2005年6～11月的专项行动中，全市环境执法人员共出动8 166人次，早、晚及节假日出动2 629人次，检查排污单位1 868家。取缔小炼油36家、小电镀4家、“新五小”6家、小锅炉50台，限期整改371家。查处环境违法案件87起，收缴罚款38.93万元。

3. 加强对污染物排放行为的监督管理，继续对全市排污口进行了规范整治。257家单位完成排污口整治376个，其中污水排污口144个，废气排污口197个，噪声排污口22个，固体废物排污口13个。

4. 按照国家环保总局环境监察局确定的工作重点，济南市继续贯彻落实环境监察系统行风建设5年工作计划，2005年，市、区环境监察机构先后选送6名环境监察人员参加国家环保总局举办的环境监察员培训班。市、区两级监察部门还定期组织了各类法律和业务培训、讲座和报告会30余次，使广大环境执法人员环保业务知识和法律法规水平得到了进一步提升。

5. 严格执行国家环保总局“六项禁令”和环境监察人员“六不准”规定，实行环境监察政务公开、开展所属区县行风检查，切实解决环境执法中执法不严、被动执法、野蛮执法等现象，严防吃拿卡要、通风报信等违法、违纪问题的发生。

（彭晓鹏）

污染源监察

- ◎ 整治违法排污企业专项行动
- ◎ 污染防治设施运行监察
- ◎ 建筑施工环境监察
- ◎ 排污口规范化整治

国家环保总局环境监察局

【全国整治违法排污企业专项行动概况】 2005年是国务院六部门连续第三年开展“专项行动”，国务院办公厅发文对全国环保专项整治行动进行统一部署。“专项行动”共开展了7个专项执法检查。一是双考期间开展了社会广泛关注的噪声扰民问题的专项执法检查；二是整治不正常运行的污水处理厂；三是配合国家应对纺织品争端解决，开展了印染纺织行业的专项检查；四是对一些地区“十五小”、淘汰工艺等持续反弹的问题，开展了打击连片反弹污染问题的专项检查；五是开展了饮用水源保护区专项检查；六是开展对重污染行业违规审批的专项检查，其中布置了对造纸行业的全面检查；七是联合生态司组织开展了全国自然生态保护区专项执法检查工作。全国共出动环保执法人员132万人次，检查企业56万家，立案查处环境违法案件2.73万件，已经结案1.85万件。其中取缔关闭2 609家，停产治理2 170家，限期治理4 302家专项行动推动基层政府解决了一批群众反复投诉、长期得不到解决的环境污染问题，整治效果明显。

（国家环保总局环境监察局）

华东环境保护督查中心

【污染源监察】 2005年11月，为进一步贯彻落实淮河流域水污染防治现场会议精神和国务院办公厅关于加强淮河流域水污染防治工作的通知，及时掌握《淮河流域水污染防治“十五”计划》、国家环保总局与沿淮四省签订的《淮河流域水污染防治工作目标责任书》执行情况，国家环保总局开展了淮河流域水污染防治调研工作，主要包括工业点源治理、清洁生产、产业结构调整、城镇生活污水处理厂及垃圾处理场、流域综合治理等，华东督查中心派出8人参与华东环境保护督查，中心主任高振宁担任了江苏组组长。

2005年11月11日～18日，华东督查中心派员参加“整治违法排污企业保障群众健康环保专项行动”。此次专项行动由国家环保总局、国家司法部组成督查组，对安徽、浙江两省整治违法排污企业情况以及两地自然保护区环境管理违规情况进行了检查。

2005年12月，华东督查中心按国家环保总局环境监察局要求，派出3组12人赴常州、宜兴、吴江三地，对三地环境整治情况进行了核实，包括各监控断面水质、关停企业的落实情况与污水处理厂的建设、运行情况。

按国家环保总局环境监察局《关于彻底清查部分保险粉企业环境问题的行动方案》的要求，华东环境督查中心于2005年10月和12月两次组成调查组，对安徽、江苏、浙江三省的5家保险粉企业甲酸钠法和锌法保险粉生产造成的环境问题进行了详细调查。

2005年，华东督查中心参加了由国务院南水北调办公室副主任李铁军率领7部委组成的调研组进行的南水北调山东、江苏调研，对污水处理厂的建设、淮河污染治理的情况做了调研。

（缪旭波）

北京市

【重点污染源监察】 2005年，北京市环境监察系统继续加强对260家市级重点污染源的监管。各区县环保局对辖区内的市级重点污染源进行多轮次、高密度的检查。市环保监察队开展了一轮以上的专项检查，不仅检查了污染防治设施的运行状况、污染物排放状况、建设项目环境影响评价和“三同时”制度执行情况，而且同排污申报登记工作有机结合起来，全面掌握污染源单位的各类有关资料，逐步建立污染源档案卡片，为编制《北京市重点污染源排污状况报告书》和修订《北京市重点污染源单位名录》提供了第一手资料。

【建筑施工环境监察】 2005年，北京市奥运工程等多项重点工程大面积开工，施工工地超过5 000个，施工面积超过1.3亿平方米，工地扬尘依然是影响北京市空气质量的重要因素之一。为此，全市环境监察部门采取多项措施，加强施工工地扬尘污染控制工作，取得明显成效。全年共检查施工工地6 300多家（次），对462家环保措施不达标的工地发放限期整改通知单，向市城管执法局移交256件扬尘污染案件。同时，2005年共与市城管执法局开展了35次联合检查，检查施工工地285家。在报纸、网站等媒体上曝光那些经警告仍不整改的扬尘污染严重的工地，促使施工方全面整改，落实各项扬尘控制措施，全年累计曝光十余家施工企业。

同时加强正面宣传，举办施工扬尘污染控制讲座，发挥施工单位上级主管部门的作用，定期向八大建筑集团公司通报其所属施工单位环保管理情况，评比各集团公司扬尘污染控制总体情况，通过一系列措施，促使集团公司加强施工现场管理，控制扬尘。

【燃煤锅炉监察管理】 2005年，北京市环保局采取各种措施，严格控制采暖期燃煤锅炉二氧化硫排放。一是发放《燃煤锅炉房检查通知单》，对使用单位提出脱硫除尘等5项环保要求。二是加大查处力度，仅市环保局就抽测了195家单位的624台燃煤锅炉，处罚了52家单位，罚款总额105万元。三是充分发挥在线监测的作用，将已通过验收的49家单位73套在线监测设备数据作为环境监管执法依据；同时，对尚未安装连续监测设备的20吨以上燃煤锅炉房下达限期整改通知书。四是及时与全军环办沟通，要求其加强对所属单位的管理，减少部队单位二氧化硫超标排放行为。五是新闻曝光，仅市环保局就组织了4次曝光活动，点名批评了南三环玉泉营果菜批发中心等单位。

【辐射环境监察】 2005年，北京市环保局采取了一系列措施强化对放射源的监督管理，确保了北京地区的辐射环境安全。一是摸清底数，截至2005年底，全市共查出涉源单位487家，放射源15 961枚，并依据放射源的分类、历年辐射事故情况等确定了62家重点涉源单位。二是实行编码管理，全年共对4 568枚放射源进行编码，制作了编码卡。三是开展了危险物品专项整治工作，对82家涉源单位进行了现场监督检查。四是积极推动中科院高能所化学小楼和防化九团的镭污染治理工作，解决了建材院放射源库的污染治理工作；共整治并清运去污过程产生的各类放射性废物约52立方米，治理放射性污染废水约150立方米；共清理出废旧放射源276枚。五是根据《国务院有关部门和单位制定和修订突发公共事件应急预案框架指南》的要求，在原有的《北京市核与辐射事故应急响应方案》和《北京市核与辐射突发事件应急响应预案》(送审稿)的基础上，编制《北京市环境污染和生态破坏突发事件应急预案》(辐射部分)和《辐射污染事件应急实施方案》。同时配备了应急监测仪器和个人防护用品。2005年，共处理疑似放射性应急事件两起，全年没有发生一起辐射事故。

【机动车尾气排放监察】 2005年，北京市环保局以查处尾气超标排放的上路行驶车辆为重点，开展各项监督检查工作。一是加强环保标志的检查，将其纳入日常管理工作。全年共查处无标车辆4 610辆，均移交交管部门依法处罚。二是加强对高排放车辆的检查。组织各区、县对上路行驶车辆的尾气排放情况进行检测检查；查处上路行驶的超标、冒烟车辆；对公交和货运车辆尾气排放进行入户抽查；对夜间上路行驶冒黑烟的货车进行处罚和劝返。全年在进京路口共检查车辆503 396辆，查出超标车辆43 691辆，劝返43 620辆；上路检查车辆58 785辆、处罚超标车辆1 782辆；巡查车辆7 961辆，处罚超标车辆1 054辆；夜间检查车辆110 740辆，处罚超标车辆6 139辆；入户检查车辆67 264辆，处罚超标车辆1 137辆。三是认真核查有奖举报冒烟车辆。全年共查实2 347辆冒烟车辆，并按照时限要求回复举报人。

【噪声污染联合执法检查】 2005年6月，为给广大考生创造安静的学习、生活环境，北京市环保局会同市公安局、市建委、市城管执法局联合开展噪声污染执法检查，重点查处商业经营、文化娱乐等场所的社会生活噪声扰民行为和违法夜间施工噪声扰民行为。全市共出动执法检查人员7 863人次，检查了5 708个单位(活动场所)和3 053个施工工地，对348家单位(活动场所)和364家施工工地进行了警告、责令停工、罚款等处罚，罚款总额27.09万元。

【整治违法排污企业专项行动】 2005年，按照《市政府办公厅关于深入开展整治违法排污企业保障群众健康环保专项行动的通知》的要求，7～11月，北京市环保局联合市发改委、市监察局、市工商局、市司法局、市安全生产监督局、市城管执法局等部门组织开展了历时5个月的“整治违法排污企业保障群众健康环保专项行动”。这次环保专项行动针对城市大气污染、城市噪声污染、饮用水源地及各类企业水污染物防治设施运行情况、违反环境保护法律法规的建设项目、连续两年环保专项行动以来查处的环境违法企业整治情况、群众反复投诉的环境污染问题、基层政府出台的违反环境保护法律法规的“土政策”等7个方面的突出问题进行集中整治。

全市共出动执法人员54 543人次，检查38 693家单位，立案查处环境违法问题459件，挂牌督办解决了22件市级环境问题、105件区级环境问题。通过环保专项行动，促进了科学发展观的贯彻落实，促进了区域环境质量的改善，解决了一批群众关心的热点难点环境问题，形成了全社会参与的环境执法氛围。

(蔡金娜)

天津市

【整治违法排污企业专项行动】 2005年，在天津市“整治违法排污企业保障群众健康环保专项行动”领导小组统一指挥下，各区县政府依据全市工作方案的要求，集中开展了对城市污水处理厂、纺织印染行业、连片污染问题、集中饮用水源保护区、重点污染行业5个专项检查活动。市监察局、市环保局联合对市级挂牌督办的17家企业进行了重点检查，督促落实整改措施，并要求区县政府负责对需要关闭、停产的企业一律按期完成。全市共出动执法人员12 400余人次，检查排污单位8 973家，立案查处环境违法企业217家。一批污染严重、损害群众健康的突出环境违法问题，依法得到严肃查处。

【小型化工企业污染综合治理专项行动】 2005年，按照天津市政府《关于对小型化工企业污染实行综合治理的通知》(津政发[2004]85号)、《关于综合治理北辰区西堤头镇化工污染问题的决定》(津政发[2005]38号)和天津市环保局《严厉查处污染物超标排放行为，坚决关停严重污染企业工作方案》的要求，严格查处小型化工企业污染问题。对北辰区西堤头镇等小化工重点污染区域进行了持续执法监督，及时发现和查处环境违法行为，并及时与区县政府进行通报、协调，环境违法行为得到了一定遏制。市、区两级环保部门和相关区县政府依法责令取缔、关闭、停产的企业共计64家。

【清理铜冶炼环境违法项目】 2005年，根据国家环保总局《关于请报送铜冶炼环境违法项目清理结果的通知》(环办[2005]132号)要求，天津市对铜冶炼项目进行了清理检查，天津市仅发现东丽区大毕庄工业区天津大通铜业有限公司1家从事铜冶炼的企业，主要生产电解铜，年产铜约3万吨。2005年1月，该单位因操作不当和大气污染处理设施闲置，造成大量烟气无组织超标排放。天津市环境监察总队依法对该单位烟气超标排放和大气污染处理设施闲置两项环境违法行为分别从重处罚10万元和5万元，并责令限期改正。对该企业的污染情况在《天津日报》等主要媒体进行了曝光。最终，该单位投资650万元对污染治理设施进行了更新改造并投入运行，经东丽区环保局监测能够达标排放。

(戴尚德)

河北省

【整治违法排污企业专项行动】 2005年是七部委在全国开展"整治违法排污企业保障群众健康环保专项行动"的第三年，也是国家环保总局和监察部联合开展对企业违法排污损害群众利益突出问题开展专项检查的第一年，河北省确定8项重点内容即解决群众反复投诉的重点环境问题，纠正各级政府违反国家环保法律法规的"土政策"问题，基层政府及有关部门有法不依、执法不严、违法不究、玩忽职守、徇私舞弊等问题，城市噪声及大气污染中严重影响群众生产生活的扬尘、异味、餐饮业油烟及火电、水泥、化工等重污染行业污染问题，饮用水源地污染问题，城市污水处理厂的不正常运行、超标排污问题，制革、造纸、化工、水泥、炼焦、冶炼等重污染行业和重污染工业密集区突出环境问题以及"十五小"、"新五小"连片反弹问题，子牙河、官厅水库上游、滦河等重点流域、区域工业污染源超标排污问题等，省、市、县三级挂牌督办环境违法案件540件。坚持做到违法情节没有查清的不放过，整改措施没有落实到位的不放过，对责任人没有处理到位的不放过，对该移送没有移送的不放过。

环保专项检查开展以来，河北省环保局同监察部门多次派出检查督导组，采取明查和暗查相结合的方式，对全省11个市和45个县(市、区)78家企业进行检查督导。先后暗查了赵县21家排污企业、新乐市群成化工厂等5家企业，两次暗查藁城、晋州、深泽和定州市重污染小制革污染反弹企业，督促石家庄市政府、保定市政府和有关部门加快对违法制革企业的取缔进度，并要求追究有关责任人的行政责任，特别是对行动迟缓、成效不明显的市县提出批评，推动了专项检查工作的全面开展。同时，对检查中发现的"土政策"全部予以纠正。省政府对18家省属企业下达了限期治理决定；省监察厅针对7件重点环境违法案件，向7个市政府或监察部门下达了《监察建议书》；并且狠抓了城市污水处理厂、自然保护区、纺织印染行业、连片污染、集中饮用水源保护区、废旧塑料加工行业、焦炭行业、重污染行业等8方面问题，解决了一批污水处理厂不正常运行问题，关停了一批违法排污企业，否决了一批重污染建设项目，清理了一批废旧塑料加工摊点，摸清了全省焦炭行业底数。

(郭志忠)

山西省

【整治违法排污企业专项行动】 2005年，山西省通过开展"整治违法排污企业保障群众健康环保专项行动"，圆满完成了对城市污水处理厂、城市垃圾处理厂和畜禽养殖场的专项检查；保质保量完成焦化、钢铁、水泥、电解铝、电石、铁合金、铬盐等重点行业的专项检查；完成了"土政策"、"土规定"的清理工作；实施挂牌督办，重点污染源治理和污染企业关停工作初见成效；加大执法力度，严查典型环境违法案件。2005年，全省开展环保专项行动取得成效，一是严肃查处了大批典型环境违法案件。省环保局与省监委联合对11家典型环境违法案件向社会进行了公开曝光，并依法进行严肃处理。省、市联合将550件环境违法案件列为挂牌督办，移送工商、电力等相关39件。省环保局会同省监委组成联合调查组，对临县违反环境保护法律、法规的问题进行调查，对当地政府及有关部门负责人进行了谈话，依据《山西省违反环境保护法规行政处分办法》依法追究政府及部门有关负责人的责任。二是推动了一批违法排污严重企业的整治。全省下达限期治理企业3 649家，完成企业达标治理的有3 175家，达标治理完成率为87%。三是促进了重点流域、重点地区、重点行业的环境质量改善。关闭、铲除土焦3 000余坑(次)，改良焦、小机焦共500余家，使重点流域、区域环境质量得到改善。四是整顿清理了一批"土政策"、"土规定"，共清理"土政策"、"土规定"7条。五是取缔关停了一批违反产业政策、生产工艺落后的企业。全省关停取缔各类企业2 400家。太原市对违反《建设项目环境保护管理条例》的23个选矿企业、52家石灰窑和部分采石厂予以关停取缔。大同市新荣区和临汾市蒲县对1 500余座炉体实施了拆除，关停取缔100立方米以下的小炼铁炉49座，给予罚款10余万元，对违反产业政策、生产工艺落后的应县应平化肥有限责任公司、恒达陶瓷有限公司予以关闭。六是促进并解决了一批长期拖欠排污费的企业。太化合成氨公司、山西华源电化有限公司、武乡县晋王金属镁业有限公司等350余家企业均按要求补缴了排污费，多年来一些拒缴排污费的企业也纷纷主动缴纳排污费。2005年环保专项行动中，全省共出动检查人员86 678人(次)，检查企业40 408家(次)，将336件环境违法案件列为挂牌督办案件，立案2 649件，结案1 707件。省环保专项整治行动领导组办公室对161起环境违法案件实施了立案查处。

【工业污染源监察】 2005年，针对焦化行业污染特点，山西省将焦化行业的清理整顿作为工业污染源监察重点。省政府于2005年5月出台了《关于对焦化行业实施专项清理整顿的决定》，并配套出台了17项工作细则和两项《实施办法》。在焦化行业专项清理整顿工作中，时任山西省省长张宝顺亲自担任焦化行业清理整顿领导组组长，对焦化行业过度投资、低水平重复建设等问题进行集中清理整顿，2005年5月29日、11月11日省政府两次召开全省焦化行业专项清理整顿动员会。张宝顺强调，各级党委和政府要站在贯彻落实科学发展观、维护人民群众根本利益的高度，切实增强责任感和紧迫感，坚定不移地抓好焦化行业的清理整顿工作；并强调焦化行业清理整顿是对各级党委政府的一场严峻考验，是对各级政府领导经济工作能力和是否真正落实科学发展观的检验。各级政府迅速行动，按照国家产业政策要求，关闭、淘汰小机焦57家。晋中市把太谷县玛钢行业污染治理列为全市环保专项行动重点，投入1 000多万元，对108国道沿线1千米范围内的33家玛钢生产企业实施停产治理，取缔转产8家；长治市以电石行业的违法建设项目检查为突破口，对全市调查摸底过程中发现的85家违法建设项目进行了立案查处，淘汰了11座生产工艺落后的小机焦炉。

【污染防治设施运行监察】 2005年，山西省环境监察部门对重点污染源定点定量监察，重点污染源每月、一般污染源每季检查一次，对重点企业采取专项检查与一般检查相结合、昼间与夜间检查相结合，日常与随机检查相结合的措施。共对污染防治设施检查1 299 789次、污染防治设施17 660台(套)，其中正常运转的16 500台(套)。设施运转率为93%，运转达标率为97%。

【中高考期间噪声污染监察】 2005年，山西省噪声污染监察以创造中高考期间“安静、舒适学习、应试环境”为重点，各级环境监察机构积极联合交通、教育等部门开展了“平安护考”活动。省环保局印发了《关于进一步加强高、中考期间环境噪声污染监督管理的紧急通知》，要求对中高考考场和考生住所地周边环境噪声污染进行重点监控。累计出动执法人员8 000余人(次)，车辆1 700余台次，监察建筑施工、娱乐噪声污染源2 300余处，有效地控制了中、高考期间噪声污染。

(张全升)

内蒙古自治区

【整治违法排污企业专项行动】 2005年，根据《国务院办公厅关于深入开展整治违法排污企业保障群众健康环保专项行动的通知》的精神和国家环保总局等六部委关于深入开展“整治违法排污企业保障群众健康环保专项行动”工作方案具体要求，内蒙古自治区环保专项行动领导小组及时调整领导小组成员，制订自治区2005年环保专项行动工作方案。全区环保专项行动共出动环境执法人员9 809人次，检查企业4 074家，查处环境违法企业523家。经过3个阶段的查处，环保专项行动工作达到了预期目的。

(1)群众反复投诉的环境问题得到解决。为解决群众反复投诉的建筑噪声污染、餐饮业油烟污染、企业超标排放等问题，各盟、市环保局加强了对夜间施工的监管力度，对施工单位采取教育、警告、罚金、责令停工整改等措施；对餐饮业要求使用清洁燃料，并进行油烟治理；对企业超标排放影响附近居民日常生活的问题进行挂牌督办，要求其限期整改、停产治理、实施搬迁等，取得了良好的效果。

(2)城市噪声污染得到了控制。各地加大宣传力度，通过发布公告、广播、电视等多种形式进行广泛宣传，对噪声污染进行集中整治，严肃查处噪声扰民事件；控制建筑工地噪声，严禁建筑工地在夜间施工，确因工艺需要施工的，必须经环保部门同意，并告知附近居民；对录像厅及其他娱乐性场所提出要求控制噪声污染；对机动车辆采取禁鸣等措施控制污染；完善了“12369”环保热线举报制度，安排专人值班，及时查处群众反映的噪声污染问题。

(3)城市大气环境质量得到改善。内蒙古自治区城市大气污染以煤烟型为主，因此推广清洁能源、优质燃煤，拆并锅炉提高集中供热率，是解决大气污染的有效措施。为此，呼和浩特、包头、赤峰等重点城市相继开展了以推广清洁能源、整治餐饮等服务行业污染为主题的专项治理行动。通过对小型原煤散烧锅炉、茶浴炉的拆并改造，大力推广使用燃油、燃气、电能和太阳能等清洁能源，使餐饮等服务行业的大气污染得到有效控制。赤峰市在2005年市区环境整治工作中，拆除592家餐饮业原煤散烧炉，拆除原煤散烧的浴池锅炉33台。呼和浩特市共拆除分散采暖的锅炉148台。包头市对256家高污染企业实施关停取缔，有效地控制了影响城区大气环境质量的低架源排放。

(4)饮用水源地专项检查和整治取得一定成绩。各盟市、旗县均划定了水源保护区，饮用水水质普遍良好。通过努力，巴彦淖尔市两家造纸厂停止向黄河排水，包头市对影响黄河饮用水源的13家企业实施限期治理，截至2005年底，黄河饮用水已连续4个月达到Ⅲ类标准，达到历史最好水平。

(5)对钢铁、电石、电解铝、水泥、焦炭、铁合金、冶炼、纺织等行业的清理整顿工作告一段落。根据自治区的统一部署，各盟市均开展了对上述行业的清理整顿工作。对不符合国家产业政策的电石、铁合金、炼铁、焦炭行业实行了断水、断电等关停措施。大部分电石、铁合金企业进行了治理，安装了环保设施。包铝彻底淘汰了电解铝自焙槽。

(6)重点地区重点流域重点污染源的整治顺利结束。按照“黄河内蒙古段水污染防治工作会议”要求，呼和浩特市、包头市、巴彦淖尔市均对有关直排黄河的企业下达了限期治理通知。包头市委、市政府办公厅联合下文对73家违法排污企业下达关停取缔、停产整顿的通知。赤峰市2005年列入《辽河流域水污染防治规划》的22个水污染治理项目完成了12个，在建9个；11个污水处理工程完成4个，在建7个；点源治理项目11个完成了8个，在建3个。全区完成环保治理投资共计17亿元。

(7)晋陕蒙宁高载能清理整顿成绩显著。按照国家四部委关于晋陕蒙宁交界区域电石铁合金焦化行业清理整顿的部署和要求，内蒙古自治区做出了细致安排，鄂尔多斯、乌海、乌兰察布市和阿拉善盟经过“地毯式”排查全区境内有关企业共计366家，其中符合国家产业政策的企业318家，不符合产业政策的企业48家。具体情况分别是：

全区85家电石企业中，有43家企业实现达标排放。由当地政府关停取缔10家，对已建设环保治理设施，但未能达到环保要求、偷排、偷放污染物的32家企业，由当地政府采取了断水、断电、停产整改措施。

晋陕蒙宁交界区域范围内，内蒙古自治区共有136家硅铁、硅钙、硅锰、铁合金企业，经过清理整顿，有31家企业实现达标排放；由地方政府关停取缔49家；56家已经建设环保治理设施，对未实现达标排放的企业实施停产整改措施。

内蒙古自治区焦化行业的清理整顿对象主要集中在乌海市、鄂尔多斯市棋盘井和阿拉善盟乌斯太工业园区，共计103家，绝大多数是在2002年后违规建设的项目，产业规模和设施都不符合国家产业政策。根据当地的实际情况，焦化行业的清理整治工作正在分阶段实施，按照自治区环保局、工业办、监察厅联合通报的要求，2005年6月15日前没有通过环保验收、产量在20万吨/年以下的一律关停；年产20万吨以上不符合产业政策的企业，通过采取征收二氧化硫排污费手段使其削减污染物并逐步淘汰。截至2005年11月8日，取缔了56家20万吨/年以下焦炉。

(廉升光)

辽宁省

【城市污水处理厂环境监察】 2005年7月，省整治违法排污企业环保专项行动领导小组会同辽宁省辽河流域水污染防治领导小组办公室组成联合检查组，按照国家统一部署对已建成的26座城市污水处理厂的运行情况进行了专项检查。通过检查发现，全省污水处理厂总体运行比较稳定。但个别污水处理厂也存在运行资金不足，管网建设不配套，污水收集能力不足，污水处理厂在线监控设备不完善或没有与环保部门和城建部门联网，缺乏有效的监督机制等问题。对此，省环保局印发了《关于全省城市污水处理厂检查情况的通报》，对鞍山西部第二污水处理厂等9家污水处理厂在全省通报。通报要求，各市政府针对存在的具体问题制定整改方案，负责组织实施。省整治违法排污企业环保专项行动领导小组于11月4日组织有关部门对污水处理厂的整改情况进行了复查。

【纺织印染行业环境监察】 从2005年6月中旬至8月初，全省开展了对纺织印染企业的专项执法检查。通过检查发现纺织印染企业的总体情况较好，多数企业能做到稳定达标排放。同时，也有一部分纺织印染企业存在污水处理设施不正常使用、污水超标排放和未经环保审批或验收擅自投入生产等环境违法问题，在个别地区甚至造成一定的区域环境污染。为了促进重点环境污染问题得到及时解决，全省对一批省重点纺织印染企业实行挂牌督办，具体涉及大连、鞍山、辽阳、营口、朝阳5市的30余家企业。并于8月印发《关于印发辽宁省纺织印染环境污染企业挂牌督办名单的通知》(辽环函[2005]227号)，对有关市提出两项要求：一是各有关市要高度重视当前全省组织对纺织印染企业环境问题的督办工作，加强督办力度，制定环保整改措施，逾期不能满足环保要求的企业，地方政府要实施停产治理。二是各有关市要立即将省挂牌督办的纺织印染企业名单在本地新闻媒体上公布，接受群众监督。通过挂牌督办，海城市纺织、印染企业通过治理基本达标排放。灯塔地区服装水洗企业已由政府实施了停产治理，其他挂牌督办案件已在期限内完成整改任务。

【核与辐射环境监察】 2005年，制定了《辐射工作安全许可证审批发放程序》和《放射源准购、转移手续办理程序》，开展了“清查放射源，让百姓放心”专项行动，摸清了放射源底数，基本完成了放射废源的收贮工作。全省着重对群众关注的移动、联通、小灵通和高压输变电系统的电磁辐射进行了专项检查，对5个城市的小灵通基站和6个城市的高压输变电系统进行了辐射的现场监测和调查，并要求移动和联通公司5处违规工程停止建设。同时对17家生产、销售含源射线装置单位进行专项检查，进一步规范了企业的经营管理制度，确保全省的核与辐射环境安全。

（孙鹏轩）

吉林省

【开展松花江污染源调查】 为全面了解和掌握松花江流域水污染现状和污染特征，2005 年，吉林省组织开展了松花江流域水污染状况调查工作。调查从头道松花江开始，对流经白山、通化、吉林、长春和松原等市及其各市（县）的松花江干流、拉林河和牡丹江以及其支流，共 7 个市州、11 个市（县）进行了实地踏查。调查企业 160 个，设监测点位 219 个，为建立松花江流域污染动态数据信息系统，实现松花江流域环境管理的动态监控奠定了基础。

【整治违法排污企业专项行动】 2005 年，吉林省各级环境监察部门认真执行国务院办公厅《关于深入开展整治违法排污企业保障群众健康环保专项行动的通知》精神和国家六部委《关于印发"深入开展整治违法排污企业保障群众健康环保专项行动工作方案"和"全国整治违法排污企业保障群众健康环保专项行动考核办法"的通知》要求，在全省范围内继续开展了环保专项整治行动。共出动执法人员23 524 人次，检查企业 9 411 家，立案查处违法排污企业 972 家，结案 807 件，确定省级挂牌督办企业 62 家，取缔关闭"十五小"和"新五小"企业 70 家。开展了饮用水源保护区和糠醛及造纸行业生产企业的专项检查。共检查集中式饮用水源保护区 30 余处，检查企业 124 家，安装污水处理设施 42 台（套），对超标排污企业实施了搬迁、关停和限期治理，迁出饮用水源核心区居民 100 余户。

对糠醛和造纸企业进行了检查。共检查糠醛企业 61 家，造纸企业 56 家。会同省发改委、省经委、省科技厅等部门联合制定了《吉林省推动糠醛工业发展和污染防治指导意见》，提出了发展糠醛行业的政策和管理措施，确保糠醛行业的健康发展。通过省级挂牌督办，白山虹桥纸业股份有限公司、通化市海山纸业公司、辉发城造纸厂等已建成污水治理设施并投入运行。

【专项监督检查】 2005 年，吉林省各级环境监察机构根据本地实际开展了环境专项监督检查工作。吉林市开展了污染治理设施专项检查，对全地区 600 余家企业进行了随机抽查，对 358 家有污染治理设施的重点企业进行了集中检查，共检查污染治理设施 798 台（套），严厉打击了不按规定操作、擅自停运污染治理设施的违法行为；开展了放射源的专项检查，对全市放射源进行拉网式调查，摸清了底数，并对现有放射源实施包保责任制，对存放不规范、管理不清楚的单位提出了限期整改要求，使全市放射源在存放、管理、运输等环节形成了完整的管理体系；开展了整治违法处置工业固体废物和医疗废水、垃圾的专项检查，有力地打击了随意倾倒工业固体废物的违法行为，规范了医疗废水的排放和医疗垃圾的定点存放。

（程金灿）

黑龙江省

【整治违法排污企业专项行动】 按照《国务院办公厅关于深入开展整治违法排污企业保障群众健康环保专项行动的通知》要求，黑龙江省于 2005 年 6 月～12 月开展了为期 7 个月的环保专项行动。全省各级环境监察机构共出动执法人员 33 128 人次，检查企业 22 724 家，立案查处企业 2 781 家，结案 2 709家，移送有关部门 42 件。全省共挂牌督办案件 392 件，其中省级 17 件，市级 161 件，县级 214 件。已处理完毕 320 件，其中省级 13 件，市级 135 件，县级 172 件。清理出违反环保法律法规的"土政策"5 件。对 2000 年～2003 年间的 5 086 个建设项目进行了清理，共清查出未执行环评制度的项目 94 个，未执行"三同时"制度项目 330 个，责令停止生产项目 51 个，取消、缓建、停建项目 147 个。认真开展污水处理厂、淘汰落后生产工艺、纺织印染企业、重点污染行业、饮用水源地保护区、自然保护区等 6 个专项检查，共取缔使用淘汰落后生产工艺企业 259 家，限期治理 8 家，停产治理 4 家，行政罚款 3 家。11 月 11～14 日，国务院六部委联合督察组听取了黑龙江省环保专项行动开展情况的介绍，查阅了有关资料，并对有关地市进行现场检查。督察组对黑龙江省环保专项行动开展情况给予充分肯定，认为行动对环境保护工作高度重视，认真清理部分地方出台的"土政策"，突出重点、整治难点，部门联动，严肃查处违法排污企业，专项行动成效显著。

【中高考期间噪声综合整治】 按照国家环保总局、黑龙江省环保局的统一部署，2005 年 4 月 1 日，黑龙江省环境监察总队下发《关于加强"两考"期间环境噪声综合整治的通知》，并于 4～6 月在全省范围内开展了环境噪声综合整治工作。各市、县环保部门根据行动方案，结合实际，成立了由环保、公安、行政执法等有关部门为成员的领导小组，制订工作计划并加以落实。各级环保部门与公安、城管、教育等部门联合行动，利用报纸、电台、电视台等新闻媒体，向社会发布"两考"期间噪声综合整治通告，曝光典型案例。在整治工作中，全省共出动执法人员11 355 人次，出动车辆 3 681 台次，检查企业2 276家，处罚 227 家。通过"12369"环保热线、噪声投诉电话共受理投诉案件 858 起，直接办结 854 起，移送相关部门 4 起，办结率达 100%。

（郭艳军）

上海市

【整治违法排污企业专项行动】 2005年，根据《国务院办公厅关于深入开展整治违法排污企业保障群众健康环保专项行动的通知》以及国家环保总局、国家发改委等六部委联合下发的专项行动工作方案和考核办法，以及上海市环保局和市监察委联合下发的实施意见，环境监察机构在全市范围内开展了环保专项行动。全市共出动执法检查人员16 828人次，检查企业13 213家，查处违法企业706家。其中，涉及违反建设项目环保管理规定的有240件，涉及超标排放污染物的有289件，涉及企业直排、偷排等违法排放污染物的有135件，涉及违反排污申报登记制度和排污收费制度的有1件，涉及违反现场监督检查制度的有1件，涉及其他环境违法行为的有30件。在查处的违法企业中，停产治理80家，取缔或关闭12家，限期治理160家，责令停止违法行为36家，处以警告等其他措施的76家，对342家企业给予经济处罚，罚款额共计681.44万元。

为充分发挥舆论的监督作用，鼓励公众参与，在"6·5"世界环境日，市环保局对14家大气污染物排放超标限期治理企业予以曝光。专项行动还结合全市避峰让电方案，配合市有关部门责令一批高污染、高能耗以及环境违法企业白天停止生产。

【重点工业区的污染源专项整治】 2005年，对吴淞工业区专项整治共出动执法人员1 189人次，检查企业784家次。主要针对污染严重企业的结构调整、企业污染治理项目的实施；污染治理设施运转、污染物排放情况；烟粉尘无组织排放整治；企业雨污分流、污水纳管工作；废水直排河道企业的排污口规范化整治等工作进行现场监察。处罚9家次，处罚金额23.5万元。

在桃浦工业区的环境专项整治行动中共出动284人次，检查企业524家次。主要针对污染严重企业的结构调整、企业污染治理项目的实施；企业污染治理设施运转、污染物排放情况等工作进行现场监察。对恶臭超标排放的上海三维制药有限公司做出限期治理并罚款2.5万元的行政处罚。

根据吴泾工业区环境整治要求，上海市环境监察总队和闵行区环境监察支队对工业区内重点污染源开展了执法检查，对6家企业违法行为进行行政处罚，罚款共6.7万元，其中对上海焦化有限公司钛白粉分公司故意不正常使用处理设施，超标排放废水的行为给予罚款5万元的行政处罚，通过加大处罚力度，推进吴泾工业区环境整治工作顺利开展。

【开展机动车尾气排放情况执法检查】 根据上海市环保局2005年机动车尾气排放检查工作计划，在市环境监测中心、市交警总队、市公共交通客运管理处的支持配合下，对5 372辆机动车尾气排放进行监测，其中抽检公交车1 051辆，其他机动车4 321辆，共有442辆机动车尾气排放超标，超标率为8.2%。

市环境监察总队出动16批次、208人次，对停放地的公交车辆尾气排放情况进行现场检查。共抽测1 051辆在用公交车，涉及12家公交运营公司、177条公交线路。其中共有90辆公交车尾气排放超标，超标率为8.6%。

社会车辆路检任务由闵行区、闸北区环境监察支队完成，共抽测4 321辆机动车，有352辆超标，超标率为8.1%，其中路检汽油车4 024辆，超标243辆，超标率为6%；柴油车297辆，超标109辆，超标率为36.7%。

【中心城区河道基本消除黑臭执法行动】 为推进中心城区河道基本消除黑臭，切实解决市民反映强烈的违法排污问题，促进企业污水达标排放和纳管处理，根据上海市环保局的统一部署，市环境监察总队及市区9个环境监察支队从2005年7月下旬至9月上旬，对列入中心城区重点整治的41条河道两侧排污企业进行调查和跟踪检查，集中查处了一批违法排污企业。共组织检查132批次，出动执法人员565人次，检查了41条中心城区河道及其周边单位929户，对28家有不同程度超标排放行为的单位发出了整改通知，对其中15家企业进行了行政处罚，共计28万元。

【工业区污水治理设施建设专项检查】 2005年，根据上海市政府《关于本市加快工业区污水治理的若干意见》的精神，确保工业区在2006年底前完成污水治理基础设施建设，上海市环境监察总队组织14个区、县环境监察支队对全市79家工业区进行了检查，共出动1 935人次检查工业区内企业1 930家，处罚违法单位44家，处罚金额总计83万元。

【"冒黑烟"专项整治】 2005年，为提高大气环境质量，市环境监察总队组织各区县环境监察支队加强了对烟囱"冒黑烟"现象的监控，重点检查内环线、外环线、郊区环线、南北高架、延安路高架、沪闵高架、A4、A9、沪宁、沪杭、沪嘉浏高速等主要道路沿线。通过新闻媒体向社会公开有奖投诉和举报电话、地址，宣传报道烟囱冒黑烟控制的情况。全市环境监察机构出动299批次、1 660人次，对2 264家单位进行了现场执法，处罚单位189家，罚款金额190.39万元。

【"绿色护考"行动】 2005年，根据上海市环保局、市建设与交通委、市城管执法局《关于重申加强中高考期间建设工程施工环境管理的通知》，市环境监察总队会同各区、县环保局于5月31日～6月19日在全市范围内开展了"绿色护考"控制噪声污染专项工作。共组织了3次全市范围的夜间检查，共出动执法人员 1 722 人次，对 3 442 家次建筑工地施工和娱乐场所等夜间噪声污染情况进行了检查，发现违法情况 276 起，对 183 起轻微违法行为予以现场制止，简易处罚两家、立案查处 28 家、移交城管部门处理 63 家。应市司法局《关于协助控制 2005 年国家司法考试上海考区、考点周边固定源噪声污染的函》的要求，市环境监察总队会同黄浦、静安、卢湾、徐汇区支队，在 9 月中旬出动执法人员 96 人次，检查工地、企业 140 家，劝阻影响考场的噪声源 10 余次。

由于工作到位，因违法施工造成噪声污染和群众投诉的现象较往年有明显的下降。

【污染源日常监管】 2005 年，上海市环境监察总队加强了对市级重点环保监管企业的现场监察，共出动环境监察人员 1 017 批次，共 2 240 人次，现场监察2 051家次，对 50 家次进行行政处罚，合计 107.1 万元。

现场监察发现，因企业关闭、停产等原因，到 2005 年底 166 家市级重点环保监管企业实际为 153 家。

废水监察：在 166 家市级重点环保监管企业中，116 家水污染重点监管企业因关闭、废水纳管等原因，对其中 97 家企业进行了废水排放采样。

环境监察人员对 84 家市级水污染重点监管企业和 13 家污水处理厂排放的废水进行每月一次的现场监察和采样工作，共检查 1 403 家次，其中超标 292 家次，超标率为 20.8%。

废气监察：市级大气污染重点监管企业为 65 家，因企业关闭、废水纳管等原因，实际检查 59 家企业。

为监管发电厂用煤情况，环境监察人员对 13 家燃煤电厂实行每月一次入炉煤样的采样工作。

固废监察：市级固废重点监管企业为 23 家，其中 1 家企业关闭，实际监管企业为 22 家。环境监察人员每季度都进行现场检查，对上海德尔福汽车空调系统有限公司违反环保法律规定，擅自处置危险废物的行为提出罚款两万元的行政处罚建议。

（彭振发）

江苏省

【整治违法排污企业专项行动】 2005 年，全省各级人民政府和各有关部门在省委、省政府的领导下，按照国家环保总局等六部委的要求，继续开展“整治违法排污企业保障群众健康环保专项行动”。由省政府发文，扩大到 15 个厅局参加，着重针对群众反复投诉的环境污染问题、基层政府违反国家环保法律法规的错误做法、集中式饮用水源地保护、城市噪声、大气污染、重点流域等 9 个方面的突出问题，全面检查，集中整治，落实到户。历时 7 个月的环保专项整治行动，共出动执法人员 196 250 人次，检查企业 74 791 家，立案查处 2 726 家，其中取缔关闭 693 家，责令停产 129 家，限期治理 95 家，经济处罚 1 641家。移送环保违纪违法案件 7 件，27 人受诫勉谈话、调离岗位和党政纪处分等追究处理。

通过专项行动，保障了饮水安全，加快了产业调整，解决了部分区域性环境问题和一批群众关心的热点难点环境问题。

【建筑施工环境监察】 2005 年，为控制建筑施工噪声污染，全省各地环境监察机构一是加强建设项目的全过程管理，在项目审批时与建设单位签订建筑施工噪声环境管理责任书，规定建设单位在项目施工过程中有督促施工单位办理排污申报登记、解决信访、办理夜间施工许可及缴纳排污费的管理责任；二是在建筑工地周围公布施工时间、环保要求与投诉举报电话，实行 24 小时值班受理，接警半小时内赶到现场查处，有效地规范了建筑施工单位的环境行为。

在中高考期间，环境监察部门集中力量，对考场周围的噪声环境进行摸底检查，制定“绿色护考”行动方案，确定重点控制对象，会同公安、工商、建设、城管、文化等部门采取有效措施，加强对环境噪声污染源的监督管理，对违反规定的单位和个人，依据《中华人民共和国环境噪声污染防治法》及《江苏省环境噪声污染防治条例》从严处理。

【集中式饮用水源地保护专项整治】 2005 年，江苏省召开了各省辖市分管领导和环保部门负责人参加的现场会。按照省政府要求，各地因地制宜，整合各方力量，实行齐抓共管，突出整治重点，坚持边整边改。各级环保部门会同相关单位，对排查出的违法排污企业明确责任部门、责任人和时间进度，关、停、并、转了一批企业。严格控制对水源地保护区周边地区新建项目的审批，提高准入门槛。制定完善饮用水源应急预案，建立水污染防范信息系统，形成条块结合、全天候、全方位的环境安全监察监测网络。全省共查处 171 家企业，清查各类船只 1 298 条，否决可能会影响饮用水源安全的拟建项目 262 个。

【污染源监察工作制度】 2005 年，江苏省环境监察局制定了《关于建立重点工业污染源环境监察三项制度的通知》，指导各市对重点工业污染源环境监察工作建立现场监察、留单和档案制度，并对部分省辖市落实 3 项制度的情况进行了抽查，各地在现场监察中正在逐步落实留单制度，以一厂一档为基础的档案管理制度也在不断加强和完善，进一步规范环境监管行为，推动了行风建设，确保依法行政。

【工业污染源治污设施社会化运营】 2005 年，大力推行企业治污设施市场化、社会化管理，充分调动社会力量参与环境监督管理工作，建立健全符合市场经济条件的环保设施运行模式。2005 年，在完成全省环保设施社会化运营的首批试点工作(49 家)的基础上,下发全省第二批环保设施社会化运营试点单位名单(93 家)。经调研,总结全省社会化运营成功经验,印发《关于进一步规范环保设施社会化运营试点工作的通知》,对社会化运营试点单位的运营、监督管理等方面提出明确要求。全省将用 2～3 年的时间基本实现重点排污企业的社会化运营。

(潘　炜)

浙江省

【整治违法排污企业专项行动】 2005 年,根据国家环保总局等相关部门的要求,浙江省组织召开了省七厅局“整治违法排污企业保障群众健康环保专项行动”联席会议,完成了对纺织印染行业、城镇污水处理厂的连片污染反弹问题、集中式饮用水源保护区、重污染行业的专项执法检查,并组织省七厅局联合督察组分南北两线对全省环保专项行动开展情况进行了督察。据统计,2005 年环保专项行动,全省共出动执法人员 123 625 人次,检查企业 76 157 家,查处案件 3 379 件,罚款 7 589.58 万元,关停取缔违法企业 569 家,限期治理企业 1 408 家。

【污染防治设施现场监察】 2005 年,浙江省各地环境监察人员共现场检查企业 96 901 次,检查污染防治设施 27 137 台(套),其中,正常运转台(套)数 24 911,浙江运转率达 92%。

(刘　凤)

安徽省

【污染防治设施运行监察】 结合开展“整治违法排污企业保障群众健康环保专项行动”,2005 年,安徽省环境监察部门共开展污染防治设施现场监督检查 86 934次,检查污染防治设施 33 753 台(套),污染防治设施正常运转率达 97%,运转达标率为 81%。

【整治违法排污企业专项行动】 安徽省根据全国专项行动电视电话会议精神,成立以分管副省长为组长,6 厅局为成员单位的“安徽省整治违法排污企业保障群众健康环保专项行动”领导小组,制定详细专项行动实施方案和专项行动工作时间表,组织开展全省专项行动工作。2005 年,全省环保专项行动共出动执法和检查人员 118 382 人次,派出暗访组 3 182个,检查企业 23 869 家次;对 223 个连片污染问题和企业进行了挂牌督办,对 760 家企业采取了停产治理、限期整改、限产限排、罚款等措施;依法取缔“十五小”、“新五小”企业 148 家;31 个相关责任人受到撤职、警告、调离工作岗位等处分,严厉打击了环境违法行为,有效遏制了污染反弹。

专项行动期间,省环保局直接派出 10 个督察组和 23 个暗访组,共对省内的 370 家重点企业进行了暗访和督办,对 38 家严重超标排污企业进行查处,并向相关市政府发出 15 份环境监察通知,对 7 个连片污染问题和 4 家重点污染源实行挂牌督办。

【排污许可证制度执行】 2005 年,安徽省环境监察部门共开展排污许可证执行情况现场检查 370 次,新颁发排污许可证 64 件,其中符合排污许可证执行要求的排污单位有 164 家。

【排放口规范化整治】 安徽省在完成区内重点工业企业排放口规范化整治工作的基础上,2005 年继续全面推进省内所有排污单位排放口规范化整治工作。目前,全省大部分排污单位已完成排放口规范化整治工作,为日常环保监督管理奠定了坚实基础。

(袁永宏)

福建省

【整治违法排污企业专项行动】 在 2005 年环保专项行动中,福建省各级环境监察机构共出动执法人员 24 027 人次,检查企业 9 596 家,立案查处违法排污企业 346 家。在行动中,突出部门密切配合、分工协作,完善和强化部门联动机制,形成整体合力。召开了省长黄小晶任主任、省直 31 个职能部门参加的环境保护委员会,通报专项行动进展情况,分析问题,研究任务,审议实施方案、重点挂牌督办违法企业名单、联合督察方案等。省、市、县三级都建立了联合检查和办案制度,省环保局、发改委、经贸委、监察厅、司法厅、农业厅、工商局、安监局等 8 部门联合组成 4 个督察组,对全省环保专项行动工作进展情况进行联合督察。各级各有关部门共联合检查了 1 751家企业,取缔、强制拆除或查封“地条钢”、小造纸、土砖窑、土法炼油等落后生产 76 家。莆田市纪委、市监察局积极配合环保部门组成 5 个检查组,对突出环境问题逐个检查、逐一处理。建立健全违法案件移送制度,省环保局印发了《福建省环境保护行政违法案件移送管理暂行办法》,全省各级环保部门在环保专项行动中移送其他部门处理的违法企业共 189 家。

【污染防治设施监察】 2005 年,全省共出动执法人员23 872人次,检查污染防治设施 8 055 台(套),查处违法排污企业 493 家,下达限期整改通知书 261 份,罚款 734 万元。

【中高考期间噪声污染控制】 2005 年,全省各级环境监察机构根据省环保局《关于认真做好中高考期间噪声污染控制和监督检查工作的通知》,采取有力措施,强化噪声污染控制和现场监督检查。共出动现场执法检查 4 623 人次，现场检查 1 013 家噪声排污单位，联合执法 20 余次，接投诉数 1 626 件(次)，查处违法行为 73 件。漳州市环保、公安、交警、城管、城监、工商、文化、交通等部门联合召开 53 家娱乐场所业主整治工作会议，开展市(区)噪声污染专项整治。

【饮服行业环境监察】 开展餐饮服务行业油烟污染专项整治，重点检查群众投诉、位于敏感区域和列入限期治理的餐饮业。2005 年，共限期整改不符合条件的餐饮业 1 120 家，取缔无证经营或群众强烈投诉的餐饮业 984 家，劝导关闭 245 家，不符合环保要求不予审批的餐饮业 2 500 多家，安装油烟净化器 1 000余台 (套)，设置油水分离装置 750 余台(套)。

【纺织印染行业专项检查】 2005 年，全省共出动执法人员1 000多人次，对全省 218 家纺织印染企业逐家进行了检查，对检查出的违法排污问题，加大处罚和整改力度。对集控区内擅自扩大生产能力、超量排放污水或污水处理设施不正常运行的 41 家印染企业处以 131 万多元罚款。加强日常监督检查，要求重点污染企业安装主要污染物在线监控设施，并实现与省、市环保部门监控中心联网。督促企业健全、完善各项环境管理制度，及时修复损坏的流量计等监控设施。

(秦　明)

江西省

【整治违法排污企业专项行动】 2005 年 10 月 12 日，江西省召开了 2005 年度环保专项行动第二次联席会议，省环保专项整治行动联席会议各成员单位分管领导或部门负责同志参加了会议。会议通报了江西省环保专项行动的进展情况，审议了《2005 年度环保专项行动第二阶段违法案件名单(82 家)和拟处理意见》、《江西省环保专项行动查处案件督察工作方案》和《江西省环境保护违法违纪案件移送暂行规定》。

各级有关部门统一行动，严厉打击了环境违法行为。据统计，2005 年江西省各级环保部门出动检查人员 9 826 人次，检查企业 4 805 家次，立案查处环境违法企业 156 家。

【城市污水处理厂专项检查】 2005 年，由江西省环保局领导带队，组成 4 个检查组，对全省各设区、市已建和在建的城市污水处理厂运行或建设情况开展了专项检查。

江西省目前共建成城市污水处理厂 6 个，已形成 49.35 万吨/日的污水处理能力。另有 13 个污水处理工程正在筹建或动工建设之中，15 个污水处理工程建成后将形成 105 万吨/日的处理能力。其中被列入“全国不正常运行污水处理厂名录”的井冈山市刘家坪污水处理厂，由于城市污水管网建设资金未到位，还有大部分污水支线管网未接通，目前仍未交付使用。井冈山市政府已要求井冈山市城建局必须于 2005 年底前完成城市污水管网建设，2006 年投入运行。南昌市朝阳污水处理厂自建成投产以来，日处理水量逐渐增加，目前已达到设计值，在雨季时甚至超过设计值。由于该厂不仅承担污水处理责任，而且还承担区域防洪排涝职责，使得水量超标时出水水质难以保证。同时由于该厂进水口前端没有设置紧急溢流口，发生暴雨或紧急维修情况时水泵不能及时抽排，污水将由周边地下道溢出，严重影响附近居民生活环境。对上述问题，省检查处分别提出了整改意见。

(胡予秋)

山东省

【整治违法排污企业专项行动】 2005 年，山东省人民政府办公厅下发了《关于深入开展整治违法排污企业保障群众健康环保专项行动的通知》。山东省政府成立了环保专项行动领导小组。山东省环保局、发改委、经贸委、监察厅、工商局、司法厅、安监局七部门制订印发《山东省深入开展整治违法排污企业保障群众健康环保专项行动实施方案》和《山东省整治违法排污企业保障群众健康环保专项行动考核办法》。省政府组织进行了 4 次专项行动，共出动人员 80 742 人次，检查企业 48 932 家次，对 1 745 家企业进行了立案查处，处罚共计 1 130 万元。各级人民政府确定了 511 件严重影响群众健康又长期得不到解决的重点案件实行挂牌督办。

【污染防治设施运行监察】 2005 年，山东省各级环境监察队伍坚持对重点污染源每月例行至少进行一次检查，对一般污染源每季检查，对重点企业增加夜查和节假日抽查，对存在污染事故隐患的企业派员驻厂，实行全天候、无间隙监管监控。山东省各级环境监察队伍共检查污染防治设施 109 499 次，山东省污染防治设施总数 11 493 台(套)，其中正常运转的 11 347 台(套)，设施运转率为 98.8%，运转达标率为 97%。

【建筑施工环境监察】 2005 年，山东省各级环境监察队伍继续把加强建筑施工噪声管理作为一项民心工作。在中高考期间，会同建委、公安、文化等部门进行 24 小时巡查，为考生营造良好的学习和生活环境，赢得社会各界的广泛赞誉。

【排污许可证现场监察】 2005 年，山东省各级环境监察队伍对发放排污许可证单位实施现场检查 5 601次。山东省排污许可证实际发放单位 1 187

家,其中符合许可证的单位 1 174 家。

（韩　凯）

河南省

【整治违法排污企业专项行动】 根据《国务院办公厅关于深入开展整治违法排污企业保障群众健康环保专项行动的通知》精神和国家环保总局等六部委《深入开展整治违法排污企业保障群众健康环保专项行动工作方案》的统一部署,河南省各级环境监察部门迅速行动,狠抓落实,清理了一些地方的"土政策",会同检察机关追究了 11 名责任人的行政责任,查处各类环境违法案件 689 起,立案 196 起,结案 178 起,迫使卢氏县对殴打环境监察人员后仍逍遥法外的不法业主高银锁实施了行政拘留;对将造纸黑液偷偷注入机井造成地下水污染的沁阳市红阳造纸厂有关责任人移送公安机关追究刑事责任。对挂牌督办的 10 起典型环境违法案件,实施重点查办。关闭淘汰了一批重污染、高能耗、工艺落后的企业,进一步推动了工业结构的优化调整;集中整治了一批违法排污企业,巩固和深化了工业污染防治的成果;查处了一批违法建设项目,严厉打击了环境违法行为;对不符合国家产业政策的火电、水泥、造纸等行业进行了认真清理;全省被列入应在 2005 年关闭的 788 家(条)落后企业或生产线,已关闭 681 家(条)。通过开展专项行动,解决了一批群众反映强烈的环境热点难点问题,在社会经济快速发展的情况下,全省环境质量不仅没有恶化,重点流域区域的环境质量还得到了明显改善。地表水责任目标断面水质平均达标率为 84%,较去年同期提高 5.7%;各省辖市城市空气环境质量达到优良天数的比例为 83.7%,较去年同期提高 6.8%;饮用水源地取水水质平均达标率为 97.8%,较去年同期提高 3.3%。11 月,省辖淮河流域 10 个出省境断面水质全部达到国务院下达的责任目标要求。

【重点流域、区域环境综合整治】 2005 年,河南省政府决定,对安阳市安林公路两侧小钢铁小水泥企业群、鹤壁市小金属镁企业区、平顶山市炼焦企业区、新乡市造纸企业区、郑州新密市小造纸企业区 5 个重点区域和洪汝河、贾鲁河、天然文岩渠 3 个重点流域进行环境综合整治,省环境监察总队拟定了"重点流域、区域和重点污染源现场督察实施方案",整合全省环境执法力量,采取明查与暗查相结合、日常检查和节假日检查相结合、总队独立查与联合查相结合、地方查与总队核查相结合以及"杀回马枪"等方法,增加现场检查频次,提高现场检查效果。各市、县环境监察部门也采取措施,切实加大了现场检查力度,促进了省政府确定的重点环境综合整治工作任务的完成,共关闭工艺落后、污染严重及排污不达标企业 263 家,对 111 家重污染企业实行了限期治理或停产治理。通过环境综合整治,这 8 个重点流域、区域的环境质量得到改善。鹤壁市和安阳市大气环境质量优良天数分别达到 295 天和 300 天。洪汝河、贾鲁河、天然文岩渠水质持续稳定达标。

（荆国一）

湖北省

【污染源监察】 2005 年,全省加大污染源监察频次。采取定期或不定期检查的办法,对重点工业污染源及三峡库区、汉江流域、丹江口水库等流域排污企业加大巡查力度。据统计,2005 年全省共出动环境执法人员 139 444 人次,检查企业 42 572 家。

挂牌督办了一批重污染企业。2005 年全省挂牌督办 236 起重点、难点环境污染问题,其中省级督办 11 起、市级督办 105 起、县(区)级督办 120 起。襄樊市对蛮河、白河、滚河、沙河等流域开展了重点工业污染源排查工作,挂牌督办了 38 家企业。黄石市对钢铁、电解铝、水泥、化工、啤酒等重污染行业开展了专项检查,依法关停企业 23 家。全省各地查处了一批"十五小"、"新五小"死灰复燃问题,清理了一批干预环境执法的"土政策",有效地遏制了污染反弹、环境恶化的趋势。

着力整治了一批涉危化工企业。2005 年,各地按照省环保局的统一部署,广泛开展了重点污染源及危险化学品环境污染隐患排查,全省共出动环境执法人员 7 371 人次,排查企业 2 458 家,整治企业 353 家,下达监察通知 327 份。

（孟凡松）

湖南省

【整治违法排污企业专项行动】 2005 年是开展"整治违法排污企业保障群众健康环保专项行动"的第三年,全省各级环保部门联合纪检监察、发改委、经委等部门积极开展行动。专项行动中,全省各级环境监察机构和其他有关职能部门共出动执法人员 36 668人(次),检查企业 10 152 家(次),立案查处各类环境违法案件 720 起,处理结案 624 起,关闭、取缔违法排污企业 1 108 家。开展了城市污水处理厂检查、饮用水源保护区整治、重污染行业整治、"十五小"、"新五小"以及连片污染反弹问题查处等专项行动。对沅江纸业有限公司、浏阳三友化工厂、湘阴氮肥厂等 10 家排污单位实行了省级挂牌督办,106 家排污单位被确定为市级挂牌督办企业,436 家排污单位被确定为重点监管企业。湘西自治州电解锰生产,株洲、湘潭炼铟,衡阳水口山炼铁,环洞庭湖造纸等高污染行业和敏感地区环境违法问题得到重点查处。郴州、衡阳、永州、湘西自治州等地环保部门联合其他有关职能部门,重拳出击,打击辖区内采矿选炼、滥采乱挖等严重破坏生态环境和资源的行为，关闭取缔非法个体矿洞200余个，停产治理100余个，湘西自治州将州域内非法炼钒企业全部关停取缔。

在环保专项行动中，省环保局、省监察厅联合下发了《湖南省环境保护局监察厅关于对企业违法排污损害群众利益突出问题开展专项检查的实施意见》，并建立了环境保护行政责任追究制。地方各级环保、监察部门也按照要求制订了工作方案，进一步完善了环境保护行政责任追究制度，形成了"环保部门管事，监察部门管人"的环境执法新局面。各级环保部门、监察机关对环保专项行动中查出的环境违法行为进行了严肃处理，有力地打击了环境违法者的气焰，取得了良好的社会影响。

【中高考期间噪声污染环境监察】 2005年，中高考期间，全省各级环保监察机构认真组织开展了噪声污染控制和现场监管执法，共受理投诉电话520多起，出动环境监察人员4 100人次，查处噪声污染事件411起，下达现场执法文书120份，行政处罚56起，给全省42万考生提供了一个良好的学习、考试和休息环境，得到了社会各界的好评。

【湘西自治州花垣县锰污染整治】 2005年8月11日，胡锦涛总书记和曾培炎副总理就湖南、贵州、重庆三省(市)交界地区(简称"锰三角")锰污染问题做出重要批示，国家环保总局领导多次到现场进行督办、督察。湖南省委、省政府对湘西自治州花垣县电解锰企业的污染问题高度重视，多次召开专门会议，对涉锰企业的环境污染整治方案进行研究部署。湘西自治州政府及时召开会议统一认识，明确责任，强化措施，落实任务。花垣县委、县政府也多次召开会议，对污染治理工作进行部署、协调和加压，并按照国家环保总局制定的《湖南、贵州、重庆三省(市)交界地区锰污染整治方案》要求，成立了县锰污染整治领导小组。2005年8月15日，花垣县委、县政府向各级职能部门和有关企业下发了《花垣县锰污染整治行动方案》，采取由县委、县政府主要领导直接负责具体企业的办法，对21家涉锰企业分别实行限期治理、停产治理和取缔关闭。9月18日，县政府进一步加大整治力度，对剩余的18家涉锰企业全部实行停产治理。通过综合整治，原来18家涉锰企业被整合成14家，共投入治理资金9 800万元，各企业都购置使用了含铬废水处理设施，规范了废水排放口，安装了废水排放在线自动监测装置，建设了事故应急池，进行了渣场整治和车间废气治理。2005年12月的检查验收情况表明，花垣县14家涉锰企业的废水排放情况达到国家排放标准和国家环保总局确定的"验收要求"，曾受到严重污染的清水江湖南段水质已经达到国家规定的水质标准。

(兰 洋)

广东省

【整治违法排污企业专项行动】 2005年6月10日，在国家环保总局等六部委召开全国整治违法排污企业保障群众健康环保专项行动电视电话会议之后，6月17日广东省政府召开了全省开展环保专项行动电视电话会议，确定2005年环保专项行动主题是"打击环境违法行为，纠正损害群众利益的不正之风"。省政府成立了以许德立副省长为组长，省环保局、监察厅等10部门领导组成的"广东省维护群众权益打击环境违法行为专项行动工作领导小组"，省政府办公厅转发了《省环保局关于维护群众权益打击环境违法行为环保专项行动工作方案的通知》。

2005年8月22～27日，省环保局、监察厅、发改委、经贸委、司法厅、卫生厅、工商局、安监局、质监局、海洋与渔业局、广东海事局等11个部门分7个检查组对广东省开展环保专项行动的情况进行了联合检查。建立了环境违法案件移送制度、案件查处情况通报制度、环境执法工作定期协商制度，形成了"政府领导，环保牵头，部门配合"的环保联合执法工作机制。省环保局及时召开了各市环保局长会议，研究制定了环保专项行动方案，明确全省专项行动的内容：以重点流域、重点区域为重点检查对象，以火电、水泥、电镀、造纸、印染等为重点行业，清理整顿"十五小"、"新五小"企业，遏制污染连片反弹，积极解决群众反映强烈的环保问题，严肃查处环保违法违纪案件，严格责任追究。在专项行动中，全省环境监察系统共出动人员12万多人次，检查企业6万多家，立案查处案件5 000多宗，罚款4 000多万元，限期整改1 031家企业，吊销排污许可证10家企业，关闭"十五小"、"新五小"企业390多家，没收112家企业违法所得，申请法院强制执行319件，提起行政诉讼1件。

【重污染行业专项整治】 2005年，广东省结合实际，把水泥、火电、造纸、印染等重污染行业列为全年环保专项行动的重点行业，进行集中整治。2005年9月，省环保局组织对东江北干流地区及其相邻地区的广州、东莞、惠州3市的重点污染企业进行了全面检查，共检查了3个电镀工业园区、48家电镀厂。对检查发现的违法企业，根据违法性质和情节，由省环保局直接立案查处或由当地环保局依法处理。省环保局还会同深圳市、龙岗区和惠州市、惠阳区环保局对淡水河流域内的24家制革企业、7座污水处理设施(其中集中处理设施4座)进行了检查。深圳市副市长专门主持召开会议研究制革企业整治问题，深圳市环保局于5月开展了制革行业专项整治行动，对20家企业做出行政处罚决定，处罚金额77万元，在海关等部门的密切配合下，有3家违法排污企业被注销排污许可证。梅州市政府对62家水泥厂的118座立窑实行限期整治，要求将原有烟囱全部拆除。恩平市投资4 700多万元对23家水泥厂的56座立窑进行全面达标整治，使空气质量得到明显改善。东莞市委、市政府于2003年做出了大力整治全市水泥生产企业的决策。目前，首批34家水泥生产企业已经顺利拆除完毕，其余的13家也将于2005年底前关闭拆除。肇庆、韶关等市对省挂牌督办的水泥企业认真落实整改，督促企业完善污染防治设施，在规定的期限内完成了整改任务。全省21个地级市共检查纺织印染企业528家，东莞、汕头、潮州、揭阳等市对辖区内的纺织印染企业进行全面清查，严肃查处擅自扩大生产规模、不正常使用污染防治设施等违法行为，取得明显效果。

【危险废物监管】 2005年，深圳市集中力量查处非法转移危险废物的违法行为，其中对21家医疗机构开展了检查，查处违法行为3家，限期整改3家。利用夜间和节假日查处7家电镀企业非法转移浓废液、电镀污泥等危险废物。依法扣押蚀刻废液约19.8吨、电镀污泥15吨；珠海对全市44家产生、储存、处置危险废物的企业进行检查，针对各企业存在的不同问题，提出了相应的限期整改要求；茂名市市政府组织市安监局、市公安局、市消防局、市工商局、市质监局和市环保局等部门组成联合检查组，对全市范围内集中处理危险废物、危险化学品生产企业进行地毯式检查，对存在安全隐患、证照不全的企业一律停产整顿。

（张作凡）

广西壮族自治区

【污染源监察】 2005年，广西各级环境监察部门共进行污染防治设施现场检查26 369次，检查设施8 499套，其中8 315套设施正常运转，正常运转率为97%，并有重点地检查了存在污染事故隐患的企业，发现问题及时处理，消除了大量环境污染隐患。2005年11月12日，广西环境监察总队等环保部门冒雨突击检查了广西杨森酒精有限公司。经查，杨森公司的废水通过排污沟污染地下水，再通过出水溶洞污染周边区域的一些地表河流。同时查明这家公司未能按照要求，完全有效实施建设项目“三同时”措施，公司的排污对周边环境造成了较为严重的污染。环保部门依法对杨森公司进行立案调查，并实施了行政处罚。

广西环境监察总队于2005年8月在南宁召开了14个地级市环境监察支队长参加的广西饮食娱乐等服务行业小型排污者的排污量测算工作会议，就广西饮食、娱乐等服务行业排污量测算方案的技术线路、相关系数设置、排污系数验证等有关问题进行了研究、讨论，并对工作的开展进行了布置。根据国家《排污费征收使用管理条例》、《排污费征收标准管理办法》和广西壮族自治区《转发〈排污费征收标准管理办法〉的通知》的有关规定，对小型餐饮、娱乐等服务行业的小型排污者，由自治区环境保护局制定《排污量核算办法》。

（郑伯春）

海南省

【整治违法排污企业专项行动】 2005年，海南省的环保专项行动除国家六部委要求开展的7项专项检查外，还结合海南省实际开展了木材加工行业专项检查、淀粉生产行业专项检查、小水电企业专项检查、养猪项目环境污染专项检查和娱乐饮食“三产”行业环保专项整治试点工作等5项专项检查活动，解决了一批长期存在的环境污染问题。全年共出动执法人员9 767人次，检查排污企业2 686家次，检查发现违法排污企业386家，取缔、关闭、淘汰企业8家，责令搬迁3家，停产治理77家，责令限期治理140家，经济处罚23家，其余135家违法企业（主要是木材加工企业）已在依法处理当中。同时还对25家环境问题较突出的违法企业列为省级挂牌督办企业，加强对其落实整改情况的检查督促。

（杨昌新）

重庆市

【整治违法排污企业专项行动】 2005年，重庆市集中开展了污水处理厂专项检查、饮用水源专项检查、连片污染反弹问题等专项执法检查。全市共出动执法人员36 295人次，检查排污单位15 750家；关停取缔192家；停产治理81家；限期治理283家；追究了3人的刑事责任，司法拘留8名抗法人员。通过专项行动，胡锦涛总书记批示的秀山电解锰企业污染问题通过整治取得明显实效，国家环保总局挂牌督办的“铜梁县造纸企业污染屡查屡犯问题”基本得到解决。全市10件挂牌督办环境违法案件整改取得明显进展。

亚太城市市长峰会期间，围绕“看不见异常排污行为、听不到扰民噪声、闻不到环境污染异味”的目标，市区环境监察部门将迎接亚太市长峰会的环境监察工作和实施“蓝天、碧水”行动一并进行组织、安排和部署，对主城区范围内的扬尘污染、工业废水和医疗废水污染、建筑施工工地噪声污染等进行了全面整治。

（顾怀东）

四川省

【整治违法排污企业专项行动】 2005年6～11月，

四川省按照国家的统一部署，继续深入开展了整治违法排污企业保障群众健康环保专项行动。全省共出动行政执法人员 52 800 人次，检查企业 22 270 多家，受理“12369”举报投诉 5 230 件，立案查处环境违法案件 4 700 件，已结案 4 400 件，结案率 93%，切实解决了一批群众反映强烈的环境问题，环保专项行动取得了丰硕成果。

2005 年，全省环保专项行动表现出以下新的特点：一是规格比历年都高，领导更加有力，部署更加周密。四川省召开电视电话会议，以省政府办公厅内部明电的形式向各市、州政府发出了《关于深入开展清理整治违法排污企业保障群众健康环保专项行动的通知》。省政府成立了以副省长刘晓峰为组长，省环保局、发改委、经委、监察厅、工商局、司法厅、安监局等七部门主要领导为成员的环保专项行动领导小组，省环保局等七部门转发了国家环保总局等六部门《关于印发“深入开展清理整治违法排污企业保障群众健康环保专项行动工作方案”和“全国整治违法排污企业保障群众健康环保专项行动考核办法”的通知》。二是公众参与，舆论监督，环保专项行动透明度得到增强。省环保局先后召开了 3 次新闻通报会，对“回头看、回头查”、建设项目执行两项制度和全省城市环境保护现状进行了公开通报，充分发挥电视、广播、报纸、互联网、展览等媒体的舆论监督作用，有力地推动了全省环保专项行动的开展。三是突出重点，突破难点，环保专项行动不断引向深入。2005 年，全省整治 237 家重点工业污染企业，加强 520 多个饮用水源保护区保护，开展对 29 家城市污水处理厂检查，对钢铁、水泥、电解铝、电石、炼焦、铁合金、铬盐、皂素、造纸、纺织印染等重点行业 600 多家企业进行了检查，重点整治 80 多家违法企业；关闭了 210 多家死灰复燃的小土焦、小洗选、小冶炼、小电镀、小造纸，“十五小”和“新五小”反弹得到有效控制；全面清理 2005 年审批的建设项目，环评和“三同时”制度执行有力；在全省首次开展排污费稽查工作，排污费征收管理不断规范；抽查与自查相结合，检查自然保护区 99 个，自然保护区生态保护监管力度不断加强；通过对 2003 年和 2004 年关停、治理的 62 家制浆造纸厂、564 家重点污染企业进行了“回头看”、“回头查”，全省污染治理成果得到全面巩固。四是分工协作，齐抓共管，全省环保专项行动取得丰硕成果。在 2005 年环保专项行动中，省级七部门认真落实了环境监察通知书制度、环保案件督办情况通报制度、多部门环境执法联动制度和重点案件的督办与移交制度等工作制度，多次统一行动，联合查处重点环境违法问题，形成了部门分工协作、齐抓共管的良好局面。

（陈泽文）

贵州省

【整治违法排污企业专项行动】 2005 年 6 月，国务院办公厅下发了《关于深入开展整治违法排污企业保障群众健康环保专项行动的通知》，贵州省各级政府及有关部门积极行动起来，按照国家环保专项行动工作的要求，通过加强组织领导，明确行动目标，精心组织安排，加大执法监管力度，从 3 个方面开展环保专项行动。一是加大对环境突出问题的整治力度。全省共对 188 个重点环境污染问题实施挂牌督办，其中省级对 22 家单位实施挂牌督办（两家为县级人民政府）。在各级环保专项行动成员单位及新闻媒体、广大群众共同监督下，挂牌督办工作取得预期效果。四川蓝剑（贵州）瀑布啤酒有限公司等 19 家省级挂牌督办单位已完成督办任务，其余 3 家已开始进行污染治理工作。全省各地、县约有 70% 的挂牌督办单位基本完成污染治理任务，其余排污单位正积极实施污染治理。二是下大力解决党和国家领导人批示的环境污染问题和生态破坏问题。贵州省松桃县与湖南、重庆二省（市）交界地区不少电解锰生产企业忽略环境管理，生产废水未达标就外排，对下游沿江群众健康造成影响。锰行业污染问题引起的中央领导的高度重视，胡锦涛总书记、曾培炎副总理两次批示有关部门要认真查处整改锰污染问题。根据批示精神，贵州省立即着手对锰污染进行整治，省政府环保专项行动领导小组将松桃县 10 家电解锰企业纳入了 2005 年环保专项行动第二批省级挂牌督办单位。通过各级政府及有关职能部门的强化监管，电解锰企业污染的治理工作取得实效。三是围绕解决广大群众反映强烈的污染扰民问题，各级环保部门下工夫解决群众反复投诉的城市噪声扰民、大气污染、废弃化学品等环境污染问题，集中整治城市居民区的废气、噪声、饮食业油烟污染。贵州省环保局直接组织处理贵州饭店燃煤锅炉污染问题。贵阳市、遵义市和六盘水市大力开展了清洁能源建设行动，取缔、改造 4 蒸吨以下燃煤供热装置，3 市共完成 200 余台燃煤供热装置整改工作。贵阳市还实施了“为民办实事、满意到万家”的城市环境综合整治工作，专项整治饮食业油烟污染。遵义市查处噪声污染投诉 348 件。六盘水市为确保高考、中考期间有一个良好的环境，加大了噪声监管力度，除开展白天日常环境监察外，还进行了夜间和周末检查，严查群众反映强烈的噪声污染问题，切实解决了不少群众反复投诉的环境污染问题。

2005 年环保专项行动中，贵州省共出动执法人员 30 825 人次、检查企业 13 092 家，立案查处环境违法案件 475 件，行政处罚 378.76 万元，行政处分有关责任者 5 人，较好地完成了专项行动整治任务。

【工业污染源监察】 2005 年，贵州省环境监察人员进一步加大了对工业污染源的现场执法力度和重点污染源治理的监督力度，加强对重点行业、重点流域、重点区域环境违法行为的查处力度。2005 年，全省环境监察队伍共有 47 661 人（次）参加，立案查处环境违法案件 909 件，罚款 646.9 万元，其中毕节地区 2005 年对违法排污企业罚款 140 余万元。

（邓瑞举）

云南省

【整治违法排污企业专项行动】 2003 年以来，由国家环保总局、发改委、监察部、工商行政管理总局、司法部、安全生产监督管理总局联合组织在全国范围内开展了连续 3 年的整治违法排污企业保障群众健康环保专项行动。在专项行动中，云南省通过综合整治个旧市沙甸区冲坡哨工业片区环境污染、曲靖市土法炼锌企业集中地区污染、昆明市居民区餐饮业油烟噪声污染、昆明蓝龙潭片区长虫山石灰窑烟尘污染、宜良东山片区连片污染扰民、玉溪市 29 家冶炼企业连片污染以及城市污水处理厂和垃圾处理场不正常运行等问题，解决了一批群众关心的环境问题。

三年环保专项行动中，全省共出动环境监察人员 4.5 万余人次，检查企业 1.7 万余家，立案查处企业 1 263 家，结案 663 家，历年来共取缔土法炼焦企业 872 户、土法炼锌企业 514 家，检查清理纠正了限制、阻碍环境执法的“土政策”文件 17 份，重点监管企业稳定达标排放率提高到 90%以上，环保“三同时”制度执行合格率达到 90%以上，基层政府违反国家环境法律法规的错误做法基本得到纠正，群众反复投诉的环境污染问题基本得到解决。2005 年 1 月，国家环保总局对环保专项行动中作出突出贡献的先进集体和先进个人进行表彰，云南省楚雄州、文山州环境监察支队被评为先进集体，邬永康等 20 名环境监察人员被评为全国先进个人。

2004 年和 2005 年，按照国家的统一部署，云南省全面开展了矿山生态和自然保护区专项环保执法检查工作。全省矿山生态环保专项执法检查出动执法人员 7 204 人次，检查企业 2 488 家，处理处罚 666 家，矿山生态环保专项执法检查取得了初步成效。在开展自然保护区专项执法检查的工程中，各级环保部门组织执法人员对全省 193 个自然保护区情况进行执法检查。专项执法检查期间，全省各级环保部门共出动执法人员 3 415 人次，立案 58 起，限期补办环评 28 家，关停取缔 133 家，限期治理 20 家，取缔旅游线路 4 条，移送其他部门 8 件。

【工业污染源和建设项目“三同时”监察】 “十五”期间，云南省环境监察系统共出动环境监察人员 15 万余人次，现场监察 8.5 万家次，检查污染防治设施两万多台（套），建设项目现场检查 1 万余次。各企业基本做到污染防治设施正常运转和达标排放。全省污染防治设施正常运转率为 89.5%，“三同时”执行率为 80.3%。2003 年以来，玉溪市环境监察机构加大对违规建设项目和违法排污企业的处罚力度，全市共立案查处违法、违规案件 300 多件，查处率 100%，罚没收入共计 227.6 万元。

【排污许可证专项监察】 云南省各级环境监察机构重点检查持证单位排污口状况、污染治理设施运转情况、是否按照许可证规定排污。结合连续三年的环保专项行动和工业污染源全面达标排放工作，对于违法超标排污，超过排污许可证规定总量排污的企业，进行严肃查处，责令限期治理，督促其加快治理步伐；对存在超标排放、污染事故和纠纷隐患的企业，责令其限期整改；对持临时许可证单位，重点检查其污染防治设施整改情况，督促加快进度，严格检查污染防治设施与生产设施同步运转情况。全省排污许可证现场检查次数达 3.5 万次，检查持证单位 1 700多家，查处超证排污单位 100 多家。

【中高考期间环境噪声现场监督检查】 据统计，在中高考期间云南省 5 年共出动 7 900 人次进行现场监督检查，查处造成影响的噪声源 559 起，处理群众举报、投诉 591 起，结案率 100%。昆明市政府向全市下发了《昆明市人民政府关于进一步加强中高考期间噪声和交通管理的紧急通告》，明确规定了在中考、高考期间，所有建筑施工单位在 19 时至次日 7 时不得施工作业，考点周围 500 米范围内 24 小时不得施工作业，并鼓励群众监督举报，受到了市民尤其是广大考生家长的交口称赞。昆明市环境监理所为切实解决中高考期间建筑施工噪声扰民问题，建立了夜间巡查制度，仅 2005 年就查处建筑施工噪声扰民事件 120 家（次），执法效果十分明显。

（崔震宇）

西藏自治区

【重点污染源监察】 西藏自治区环保局组织全区环保系统开展了重污染行业专项执法检查。针对区环境污染企业的特点，加强了对区内污染较大的医院、制药、水泥、啤酒等行业的监督检查。自治区人民医院、西藏武警医院、西藏高争建材股份有限责任公司、东嘎水泥厂、拉萨啤酒有限公司等规模较大的企业均完成了污染治理工作，实现了达标排放。从检查结果看，西藏自治区无钢铁、电解铝、电石、炼焦、铁合金、纺织印染等重污染行业。

【中高考期间噪声污染监察】 2005 年，西藏自治区环保局及时向各地市环保局下发了加强中高考期间噪声污染控制与监督检查通知，并在《西藏日报》上发布了“中高考期间开展环境噪声污染专项整治活动的公告”。7 个地市环保局在自治区环保局统一领导下，组织开展了中高考期间环境综合整治工作，共派出环境监察人员147人次。自治区环境监察总队和拉萨市环保局安排3个检查组，对拉萨市各考场周围进行巡查，共出动执法人员65人次，查处噪声污染问题15起，办结15起。此外，加强对“12369”环保举报电话的管理，确保了举报电话的畅通，使全区中高考期间的噪声污染得到了有效控制。

【饮食服务行业环境监察】 拉萨市于2005年5月1日，颁布实施了《拉萨市禁止生产、销售、使用一次性发泡塑料餐具、塑料袋管理办法》，并于11月22日举行了《拉萨市“禁止生产销售使用一次性发泡塑料餐具、塑料袋”责任书》签字仪式。昌都地区结合迎接西藏自治区成立40周年大庆市容卫生综合整治工作，开展了昌都饮食油烟污染专项整治，检查了170多家餐饮企业。10家大型餐饮企业安装了饮食油烟净化器，78家餐饮店安装了抽油烟机和烟罩。

（阿　松）

陕西省

【整治违法排污企业专项行动】 2005年6～11月，陕西省组织开展了“整治违法排污企业保障群众健康”环保专项行动。全省共出动执法人员4.2万人次，检查企业1.3万家，立案查处违法排污企业502家，挂牌督办环境问题132个。对查处的环境违法企业分别采取了取缔、关闭、限期治理、罚款、追缴排污费、补办相关手续等措施。先后追究吴堡县违法引进重污染项目、城固县对皂素企业监管不力、府谷县对违法排污企业擅自供电等16名政府和企业相关人员责任。

2005年的环保专项整治行动着重针对群众反映的突出问题开展了5项大检查。一是开展了城市污水处理厂专项执法检查，检查了全省现有的8个城市污水处理厂；二是开展了自然保护区专项执法检查，查处违法案件21起，处理违法人员10人，制止各类违禁资源开发活动12起，限期补办环评5起；三是开展了对饮用水源的专项检查，对全省125个集中式饮用水源保护区进行了检查；四是开展了纺织印染行业专项执法检查，普查了全省102家纺织印染企业，对检查发现的19家企业的环境违法行为进行了查处；五是开展了对钢铁、电解铝、水泥、电石、炼焦、铁合金、造纸、皂素8个重污染行业的专项执法检查，共检查企业820家，查处违法排污企业93家。

专项整治工作取得的成效主要为4个方面：一是查处了一批典型案件。立案查处典型案件502起，对违法排污企业产生了巨大的威慑作用，污染反弹、生态破坏加剧的趋势得到有效遏制；二是切实解决了一批群众关心的热点难点环境问题。全省挂牌督办群众反映强烈的环境问题132个，其中省级15个、市级67个、县级50个；三是促进重点行业结构调整。结合国家宏观调控，通过对钢铁、水泥、电解铝、电石、铁合金、焦化等重污染行业的集中整顿，淘汰了一批落后生产工艺；四是形成全社会参与环境执法氛围。陕西省级主要新闻媒体在专项整治期间开展了“三秦环保世纪行”暗查行动。陕西省电台在“秦风热线”节目开展了环保执法宣传报道，受理群众投诉举报26起，全部得到依法查处。陕西省环保局召开了“环保专项行动”新闻发布会，有力地震慑了违法排污企业。

2005年的专项行动范围之广、力度之大、工作之深入、社会关注之强烈，都是前所未有的，切实解决了一批影响群众健康的突出环境问题，取得了显著成效。

【榆林市电石铁合金焦化行业环境污染专项整治】 从2004年8月起，陕西省环境监察局连续两年先后18次派员赴榆林市进行现场检查、暗访，下发环境监察通知书和督办、通报文件20余份，组织召开各种督办会议6次，基本遏制了神府区域3个行业盲目建设、大量超标排放的势头，环保投入明显加大，企业和全社会的环境意识明显增强，区域环境质量明显改善。通过清理整顿取缔了不符合产业政策的55家企业，对符合产业政策的410家企业实施了限期治理，累计投入各类整改资金3.5亿元，基本完成了企业炉型改造和收尘系统等治污设施建设，已有326家通过了整改验收。整治期间，对国家四部委在检查中发现的擅自为企业供电的新民供电所所长给予了免职处分，解除了参与供电人员的劳动合同。2005年8月，国家四部委联合检查组高度评价了陕西省的清理整顿工作，顺利通过了验收。

【渭河流域造纸企业环境污染专项整治】 2005年，陕西省环保局组织西安市开展了以“查停运、堵暗排、防反弹”和“规范排污口”为主要内容的造纸企业违法排污专项整治，各有关县、区环保局分工负责，包厂到人，对重点企业驻厂监督，防止企业偷开、偷排，累计出动执法人员4 000多人次，关闭了12家造纸企业，60家保留企业完成投资1.96亿元，其中10家化学制浆企业中的7家上马了碱回收工程，完成投资1.57亿元，50家废纸造纸、半化学浆和混合浆企业中的36家完成达标排放，完成投资3 882万元。

【汉江丹江流域黄姜皂素企业环境污染专项整治】 2005年，陕西省环保局组织汉中市环保局查处了中央电视台《焦点访谈》报道的汉中市城固县5家黄姜皂素加工企业违法排污问题，对5家企业共处罚款23.7万元，补做了环评，扩建了中和池，对废水管道进行了重新设计，解决了跑冒滴漏现象，建立健全了废水处理厂管理制度。对监管失职的城固县环保局长、监察大队长给予了撤职处分。

【中高考期间噪声污染监管】 2005年，陕西省环境监察局按照年初的部署，向全省各级环境监察部门下发了《关于做好今年中、高考期间环境噪声污染现场执法检查工作的通知》，各级环境监察部门从5月15日～6月30日期间开展噪声污染执法检查工作，进一步畅通“12369”环保举报热线，严格值班制度，全面排查噪声污染源，严厉查处噪声污染违法行为，为广大考生创造了一个安静的学习、考试和休息环境。商洛市各级环保部门均成立了由主管局长挂帅的领导机构，落实首问负责制，对检查、整改、处罚实行一包到底；渭南市各县区环保部门均成立了环境噪声领导小组，做到分工明确、分片包干、责任到人。据统计，全省各级环保部门共出动检查人员15 973人次，现场检查4 217次，检查噪声源2 799个，受理噪声投诉举报1 161件，共查处各种噪声环境违法行为430起，处罚金额119万元，有力打击了噪声污染违法行为，维护了群众的环境权益。

（樊江泉）

甘肃省

【整治违法排污企业专项行动】 2005年，按照国务院和国家六部门统一部署，甘肃省将专项行动作为全年的重点工作，取得了阶段性成果。(一)抓领导落实，层层建立专项行动责任制。一是落实政府责任。将专项行动的各项任务纳入政府环保目标责任书，并通过层层签订责任书，将各项任务分解落实到区、县和重点企业，加强专项行动的监督管理力度，促进了重点环境问题解决；二是落实具体责任。省政府召开了全省专项行动电视电话会议，要求建立环保专项行动“四长负责制”，确保目标落实、任务落实、责任落实；三是落实部门责任。省政府制定的专项行动工作方案中明确了环保、发改委、经济、监察、工商、司法、安全生产等相关部门的职责；四是落实监察责任。要求各地严格执行《关于违反环境保护法律法规纪律处分暂行规定》，再次明确了责任追究的内容。全省各级人大、政协也充分发挥监督作用，今年以“追踪水污染”为主题、以专项行动和水污染防治为重点的水污染防治法检查和陇原环保世纪行活动中，主要新闻媒体进行了追踪报道，对违法排污企业公开曝光，促进了专项行动的开展，提高了公众环境意识和公众参与的积极性。(二)抓统一行动，集中解决群众反映的突出环境问题。按照专项行动5个阶段总体推进的部署，组织开展了5项专项整改行动。一是城镇污水处理厂专项整改。将不正常运行的一家污水处理厂和其他正常运行的、在建的污水处理厂在《甘肃经济日报》进行公布，并对在建污水处理厂提出了建设进度要求；二是连片污染反弹专项整改，对国家要求查处的两个连片污染反弹地区进行了清查，武威市凉州区已关停取缔的小造纸未出现污染反弹，所有小造纸均做到蒸球落地、断电断水；陇南市礼县政府组织公安、环保、工商等部门联合执法，取缔了65家非法小采金点，对采矿秩序进行了规范；三是加大执法力度，对全省103处饮用水源地开展了专项检查。要求各地禁止在水源地一级保护区内新建排污企业和与供水无关的设施，严格控制在二级保护区新建企业。同时，还加强了饮用水源保护区专项整改；四是重点排污企业排污问题整改，对存在违法排污问题的重点企业均纳入了省、市、县三级挂牌督办和限期治理计划，作为专项行动的重点整治范围；五是印染纺织行业整改，对已有的9家印染纺织企业进行了现场检查，其中两家停产，两家限期治理，5家完成治理任务后实现了达标排放。(三)抓挂牌督办，企业违法排污得以遏制。对一些长期得不到解决的环保难点和典型案件，各级政府进行了挂牌督办，各地将解决挂牌督办问题作为重点和专项行动的突破口，从政策、措施、协调等多方面进行全力支持，加快治理进度，对个别进展缓慢的，督促有关责任单位采取有效措施，认真按时完成，逾期不能完成整改任务的，采取强制措施停产治理，有效地遏制了企业违法排污行为。平凉宝马纸业公司、百兴集团峡门造纸厂和福利皮革厂污染问题被挂牌督办后，平凉市政府将其列为重点污染治理项目，加快了治理进度。宝马纸业公司投资近2 000万元，分别对东、西厂区黑液进行分离浓缩燃烧、碱苛化回收，中段废水进行二级生化处理。目前治理项目已经投入运行，经平凉市环保局验收，废水达标排放。百兴集团建设的二级生化污水处理厂已完成设备安装，投入试运行。张掖市明阳纸业公司污染问题被挂牌督办后，厂方加快了污染治理进度，结合2+3万吨技术改造，工程中配套建设污水处理工程，目前技改工程已开工建设，污水处理厂完成土方开挖工作，预计2006年10月建成投入使用。兰州市榆中县民生造纸厂、百美造纸厂污染问题被挂牌督办后，榆中县政府分别下达了关停和停产治理的决定。目前，民生造纸厂已被断水断电。百美造纸厂停产治理，投资1 500万元建设的黑液资源化、中段废水生化二级处理厂已完成主体工程，进入设备安装阶段。(四)抓部门联动，努力实现经济与环保的双赢。一是建立了政府负责、环保统一监管、多部门共同配合、齐抓共管的工作格局，各级政府切实加强了专项行动的组织领导，主要领导亲自过问，成立了以政府主管领导为组长，各有关部门负责人参加的专项行动领导小组，建立联席会议制度，制定了《环保专项行动工作方案》和《环保专项行动考核评分细则》，确保环保专项整治工作开展。二是充分发挥联席会议作用，通报工作进展情况，及时解决存在的问题。省环保专项行动厅级联席会议对2004年挂牌督办单位执行情况进行了通报，确定了2005年挂牌督办单位名单，制定了下一步工作计划。三是建立了重点案件移送制度，拟定了违反环境保护案件移送办法。对环境监察中发现的应取缔、关闭的企业，由环保部门移送所在地政府做出取缔、关闭决定；属淘汰落后工艺的，由环保部门吊销排污许可证后，移送工商部门吊销营业执照，供水、供电部门停水断电；对清理整顿工作不力、工作失职造成严重污染事故的负责人，移送监察部门进行查处；其他部门在查处违法案件时，与环境保护相关的及时移送环保部门查处。四是开展联合大检查，督察挂牌督办和专项行动的落实。将省人大水污染防治法检查、省政府专项行动、“追踪水污染”陇原环保世纪行结合，由省人大和省政府组成联合检查团，对全省开展了拉网式大检查。检查团由省人大常委会副主任吴碧莲任团长，由省人大环资委主任、省环保局局长带队，省人大、省环保局、省监察厅及主要新闻媒体记者组成。针对检查中发现的问题，省人大环资委向省人大常委会进行了专题汇报。甘肃电视台、甘肃广播电台、中国环境报、甘肃日报、甘肃经济日报等主要媒体开辟专栏进行了跟踪报道，甘肃电视台每晚进行连线报道。甘肃电视台、甘肃广播电台播发连线报道近 30 期，甘肃电视台制作专题节目 11 期，各媒体刊登报道近百篇，在全社会形成了良好的氛围。2005 年 9 月下旬～10 月上旬，与省监察厅联合对省人大、省政府联合检查中提出问题的整改落实情况又进行了复查，对嘉峪关嘉北工业区铁合金、平凉百兴纸业和宝马纸业、张掖明阳纸业、天水啤酒、金昌玉华纸业、陇南金星纸业等重点问题的整改情况进行了督察。促进了污染防治工程的建设进度。(五)落实督察意见，进行造纸、电石、铁合金专项核查。2005 年 11 月 11～15 日，国务院专项行动督察组对甘肃省进行了督察，针对督察情况和反馈意见，省政府及时召开了专题会议，部署了造纸、电石、铁合金企业专项核查，印发了《关于集中整治造纸企业专项核查的通知》，确定了核查的原则、任务分工，限定了完成时限。同时与发改委、监察厅配合，组织各地对 72 家造纸和 152 家电石、铁合金企业进行了全面清查。

（宁 炳）

青海省

【整治违法排污企业专项行动】 2005 年，青海省开展了“整治违法排污企业保障群众健康环保专项行动”。召开全省电视电话会议进行了动员和部署，向全省各地下发了环保专项行动实施方案，成立了以分管环保工作的副省长为组长的专项行动领导小组，对全省环保专项行动分阶段进行了部署。各级地方政府成立了由分管州(市)、县长任组长的专项行动领导小组，进行广泛的宣传动员，全省上下形成了“主要领导亲自抓，分管领导具体抓，职能部门联合抓”的格局。

青海省政府确定 2005 年的环保专项整治行动，以西宁、海东、海西地区及湟水流域和国道沿线为重点整治区域，钢铁、水泥、铬盐、电解铝、铁合金为重点整治行业，将连片污染、“十五小”、“新五小”及人民群众关心的大气环境、城市扰民噪声和油烟污染等问题作为整治工作的重点。各州(地、市)根据实际情况也增加了各自的重点整治内容：西宁市将建设项目环境管理、居民区金属加工、修理噪声及餐饮油烟污染作为整治重点；海东地区将三地连片污染和小作坊式企业列入重点整治内容；海西州将化工纳入重点整治行业；海北、海南州将矿山生态环境破坏行为作为整治重点；黄南、玉树、果洛州根据地处三江源国家级自然保护区的情况，将生态环境破坏作为专项行动的工作重点。在自查自纠和全面整治阶段，省环保专项行动领导组织省发改委、省经济委员会、省司法厅、省监察厅、省工商局等部门，对西宁市、海东地区等重点地区的环保专项整治行动工作情况和部分排污企业进行了督察。对重大问题实行挂牌督办、舆论监督，促进了专项行动的深入开展。全省各地环保部门与相关部门组成联合工作组，采取面上普查与重点检查相结合、集中检查与突击检查相结合的方式，对本地区排污企业进行了清理排查。据统计，在专项检查中，全省出动 2 515 人次，共检查排污企业 1 046 家、查处违法企业 102 家。其中，取缔、关闭“十五小”企业 24 家，对 87 家违法排污企业实施了停产治理或限期整改，受理群众环保投诉约 867 件，处理率达 97%以上，挂牌督办 47 件。

【环境噪声监管】 2005 年 4 月 17 日，青海省环保局向各地环保部门下发了《关于认真开展高考控噪专项检查活动的通知》，决定于 5 月 5 日～6 月 10 日期间在全省开展噪声控制专项检查，重点对建筑施工场地、歌舞娱乐厅、饮食服务业、街头卡拉 OK 等场所进行检查，充分发挥环境监察队伍现场职能，明确责任，落实措施，公布举报电话，加强舆论宣传。

各地环保部门结合当地情况，对专项检查活动做了更为全面的部署，西宁市把专项检查活动与创建国家环保模范城市的“安静工程”结合起来，以创建噪声达标区为载体，以环保专项行动和高考控噪专项检查为手段，对噪声进行综合整治。海东地区各县按照要求，成立了环保、公安、监察、教育等部门组成高考控噪工作领导小组，落实责任。据统计，整个活动期间共受理投诉举报案件 379 起，出动执法人员 741 人次，查处率达 100%。

【辐射环境监察】 2005 年，通过开展“清查放射源，让百姓放心”专项行动，建立了全省放射源监管数据库，并通过了国家环保总局核安全中心的现场核查校对；完成放射源申报登记管理工作；进一步加大放射源监管力度，对重点用源单位的安全管理、防护情况进行监督检查。办理了青海省人民医院等 13 家单位的购源技术审查手续，并对新购进的 23 枚放射源进行了现场安全检查、核实；办理了 6 家单位的安全运输证明和青海省火电工程公司探伤源出省进行工作的安全证明等；全程跟踪检查了江苏省第十四化工建设公司放射源来青海省进行辐射探伤作业工作;针对海北火电厂两枚放射源不按照国家有关规定申报和处置的情况,下达了限期整改通知书;应急处理了青海大学附属医院放射源丢失事故和青海东胜化工有限公司火灾事故引发的放射源烧损事件,确保了辐射环境安全。

在应急处理两起放射源污染事故中,安全收贮了青海大学附属医院丢失放射源两枚、青海东胜化工有限公司火灾事故烧损的放射源24枚,西海煤电热电厂两枚报废放射源。为省煤炭地质勘察院、省地质勘探队等单位存、取、暂存放射源20余次。

(董郁海)

宁夏回族自治区

【整治违法排污企业专项行动】 2005年,按照国务院《深入开展整治违法排污企业保障群众健康环保专项行动的通知》精神和"整治违法排污企业保障群众健康环保专项行动"工作方案要求,宁夏回族自治区各级环境监察机构结合宁夏实际,确定工作重点。对高耗能行业(电石、铁合金、焦炭)进行了清理整顿,对城市污水处理厂、集中式饮用水源地、纺织印染企业、自然保护区进行了专项执法检查,对12家重点排污企业进行了挂牌督办。在整个环保专项行动中,全区共出动执法人员14 575人次,检查企业3 536家,下达环境监察通知、整改通知200余份,立案查处企业85家,取缔关停、淘汰落后生产工艺企业58家,处罚企业49家,共处罚款145万元,确定重点监管企业135家,自治区挂牌督办企业12家,追究有关责任人13人。通过环保专项行动,切实解决了一些群众反映强烈的环境问题。全区环境质量得到明显改善。

【污染防治设施运行监察】 2005年,全区各级环境监察部门结合环保专项行动,加大了现场执法力度,对污染源现场进行监督检查27 245次,对污染防治设施检查19 237次,检查的13 524台(套)污染防治设施中正常运转13 197台,运转率达98%。

【排污许可证制度现场监察】 2005年,全区各级环境监察机构对排污许可证制度执行情况进行现场监察2 335次,对1 115家企业发放了排污许可证,符合许可证排污的企业有818家,占73%,超证排污企业297家,占27%。

(刘韵垠)

新疆维吾尔自治区

【污染防治设施现场检查】 2005年,由新疆维吾尔自治区环保局组织,自治区环境监察总队、自治区环境监测中心站及各级环境监察部门参加,对区内重点污染企业的污染防治设施进行了专项检查,对部分企业的违法行为责令限期整改,对有违反污染治理设施运行管理规定行为的企业进行了相应的行政处罚。

2005年,全区污染防治设施共6 755台(套),正常运转的污染防治设施有6 542台(套),运转率达96.85%,污染防治设施运转情况现场检查35 241人次。

新疆维吾尔自治区各地、州、市污染防治设施现场监察情况

序号	地区名称	防治设施总数	现场监察次数(人次)	正常运转台数	运转率%	运转达标率%
1	乌鲁木齐市	2 840	13 965	2 748	97	86.5
2	昌吉州	507	6 443	492	97	93
3	石河子	232	928	232	100	95
4	克拉玛依市	458	1 539	455	99.3	96.8
5	塔城地区	137	518	137	100	100
6	博州	171	1 630	171	100	70
7	伊犁州	1 289	1 852	1 282	99.7	70
8	阿勒泰地区	135	2 411	128	94	97
9	哈密地区	70	399	56	80	86
10	吐鲁番地区	149	667	136	91.2	80
11	巴州	123	1 232	119	96.7	100
12	阿克苏地区	148	1 004	147	99.3	92.2
13	克州	26	285	25	96	98
14	喀什地区	124	1 372	118	90	90
15	和田地区	346	996	296	93.5	94.2
16	合计	6 755	35 241	6 542	96.85	89.93

(刘寒峰)

的商业银行网点三线联网。

大连市

【查处排污单位环境违法行为】 2005年，大连市监察支队部署区（市、县）监察大队全面开展污染源监督检查工作，对造纸、水泥、电镀、印染等多种污染源进行专项整治，有力地打击了环境违法行为。其中检查了35家电镀企业，处罚15家；检查全市22家水泥企业，处罚10家；检查造纸企业37家，整体检查结果良好；检查24家纺织印染企业，取缔企业1家，限期整改5家。在环境噪声污染联合打击行动中，全市共检查1 108个单位、活动场所和153个施工工地，对其中的148家单位、活动场所和44家施工工地分别进行了警告、责令停工、限期治理及罚款的处罚。2005年，全年对152个污染项目下达了治理计划，治理总投资14 823万元，完成污染治理126家，二氧化硫排放减少398吨，烟尘排放减少565吨，COD排放减少398吨。

【烟尘综合整治】 在2004年烟尘区域综合整治工作取得突出成绩的基础上，2005年初确定工作重点是：解决5个广场周边的烟尘污染，继续消除6条主要交通道路两侧烟尘污染源的工作重点，完成海军广场、中山广场、港湾广场、星海湾、八七疗养院、七贤岭和甘泉热力等7个区域并网的“567”工程计划，结合各区的地理位置特点及目前实际整治状况，全年共完成拆除锅炉203台，拆除烟囱165根，完成并网供热面积为202万平方米，总投资为1.8亿元。共减少燃煤2.2万吨，削减大气烟尘272.3吨、二氧化硫254.1吨、氮氧化物212.3吨。

2005年，对沈大高速公路（大连段）、黄海大道两侧的烟尘污染进行了整治，重点检查了26家单位，发现不合格窑炉（焚烧炉）6台、燃煤锅炉10台、燃煤茶炉（大灶）6台、焚烧工业垃圾两家，并对违法单位依法进行处罚。结合2005年环保专项行动，将甘井子地区土法木材烘干窑烟尘污染源全部拆除，同时兼顾当地木材工业经济发展问题，寻求经济与环境协调发展之路，提出全市木材集中烘干、烟尘集中处理的解决方案，截至12月10日，甘井子区土法木材烘干窑烟尘污染源已全部拆除。

【机动车污染防治与监察】 2005年，针对全市机动车保有量已达40多万辆，年递增6万余辆的情况，建立“三位一体”的机动车污染防治监管体系。启动年度检测制度，依法实行与机动车安全性能检测同步进行的机动车排气污染年度检测，确保了年检制度执行率达100%。全年共抽检车辆62 600余台，处罚超标车辆7 512台，处罚金额200余万元，使路检合格率由1998年以前不足的70%上升到2005年的88%。建立I/M（检测与维护）数据信息网络平台，同时推进车管处与检测线和承担罚款收缴任务的商业银行网点三线联网。

【危险废物监管】 2005年，对174家单位进行了现场监察，对其中51家存在问题的单位进行了行政处罚，收缴罚金55.3万元。在电镀行业环保专项检查工作中累计出动执法检查人员129人次，涉及7个县、市、区35家企业，依法处罚了有违法行为的15家企业。结合全国打击环境违法行为专项行动，对7家无资质而擅自从事废油收集、加工活动的单位和个人进行了查处和取缔。对非法将废机油提供给无许可证厂家的大连华录模塑产业有限公司、大连机床集团等10家单位进行了严厉处罚。首创危险废物转移联单网上办理系统，并于7月1日正式运行，已为全市170余家单位办理了1 667份联单，网上办理转移危险废物12 145.45吨，其中废油1 456.12吨。

【放射源监管】 2005年，对全市放射源进行了彻底排查，共核查放射源2 087枚，查出漏报单位8家，漏报放射源30枚，查出错报单位9家，错报放射源79枚，完成了14家涉源企业的《辐射工作安全许可证》的预审和发放工作、23家企业521枚放射源转让手续的办理、64枚废弃放射源的贮存工作，完成了核工业大连应用技术研究所607工号实验室的报废清理。建立放射源数据库和49份放射源管理档案。制作553个放射源编码卡发放给涉源单位。加大对涉源单位的服务力度，主动宣传核技术应用的优势与安全性，使企业消除疑虑，增强利用核技术的信心。全年新增使用放射源单位两家，生产、销售含源设备221台，更换放射源17枚，总活度为607居里。

（宋晓奔）

青岛市

【整治违法排污企业专项行动】 2005年，在青岛市开展的“整治违法排污企业保障群众健康环保专项行动”和“对企业违法排污损害群众利益突出问题专项检查”工作中，全市环境监察系统以查处环境违法行为为重点，加大执法力度，坚决纠正损害群众环境权益的突出问题，全市共出动12 734人次，检查企业10 349家次，立案查处环境违法问题727项，对20家重污染企业实施了市级挂牌督办，切实解决了一批影响群众健康的突出环境问题。

一是组织开展建设项目环境违法行为专项整治工作。监察支队组织全市环境监察系统共对940个建设项目进行了监察，共取缔“黑电镀”项目6家，不符合规定的娱乐场所32家，对3家单位实施了限期治理，102家单位被责令限期补办手续，对58家违法单位进行了立案处罚。二是严查“白色污染”问题。会同青岛市监察局、市工商局、市城管执法局等部门成立了“白色污染”督察领导小组，对各区联合执法工作进行指导和督察。三是开展纺织印染行业专项检查。在加大日常监察的基础上，采取了夜间突击检查和节假日抽查等多种措施，对全市88家纺织印染企业进行了多次的明察暗访，对存在的环境违法行为给予严肃处理。对存在污水处理设施运转不正常、废水不能稳定达标排放的企业，将其列入挂牌督办名单，依法责令限期治理。四是开展了连片污染问题专项检查。对连续两年环保专项行动查处的环境违法企业整治情况进行全面复查，杜绝“十五小”、“新五小”企业和列入国家淘汰落后生产能力、工艺、产品目录的企业污染连片反弹。五是开展集中式饮用水源保护区专题检查。对影响饮用水源安全的单位进行了集中整改。六是开展重点行业企业污染源专项检查，在加大日常监察的基础上，采取了夜间突查和节假日抽查等多种措施进行明察暗访，给环境违法企业以强烈的震慑。七是对影响群众生产生活的突出环境问题进行挂牌督办。确定了青岛市20家挂牌督办环境问题单位名单，并通过制定解决方案，明确时限，落实责任，采取定期报送整改情况等措施以确保按期完成。

【水污染防治设施运行监察】 2005年，青岛市环境监察系统不断加大对水污染防治设施的监察力度，全年累计对4 101家(次)污水处理设施运行情况进行了现场监察。在加大日常监察的基础上，采取了夜间突击检查和节假日抽查等多种措施，先后对全市纺织印染、食品加工等企业进行了多次的明察暗访，对存在的违反环保法律法规的行为给予严肃处理。

【大气污染防治监察】 2005年，青岛市环境监察支队和各环境监察大队采取日常监察、节假日巡查、夜间突查、重点严查等方式，加大监察工作力度，保证大气污染防治设施的正常运行，确保污染物达标排放。全市各环境监察大队对辖区内的重点大气污染源每月现场监察1～2次，青岛市环境监察支队每月对重点大气污染源进行稽查、考核，发现问题及时纠正。继续开展冬季控制污染专项行动。2005年，环境监察支队联合市环境监测中心站对全市25家重点燃煤单位实行了燃煤含硫量、烟气二氧化硫排放浓度双监测的动态监管，对燃用高硫煤、烟气超标排放的单位进行了重点查处。整个冬季供暖期全市监察系统共采集煤样600余个，监测烟气46个，对32家燃煤含硫量超标单位进行了立案处罚，共添加固硫剂28.4吨；2005年通过狠抓25家年用煤量1万吨以上的重点燃煤单位的监督管理，淘汰燃煤锅炉76台，有效地控制了污染物排放总量。通过多项措施，全市环境空气质量优良天数达到了331天，创历史最好水平。

【饮食娱乐服务业环境监察】 2005年，青岛市政府发布实施了《青岛市人民政府关于防治饮食经营服务业环境污染的通告》。全市环境监察部门全面、及时、有效地加强了对饮食娱乐服务业的监察工作。全年共监察饮食娱乐服务业单位5 000余家次。通过排污申报登记和日常监察工作对其污染防治设施进行检查，对不符合环保有关要求的进行相应的行政处罚，最大限度地控制扰民现象的发生。

【环境噪声源监管】 2005年，青岛市环境监察系统进一步加强对环境噪声的监管。一是随着《行政许可法》的实施，认真执行夜间建筑施工出具证明制度，严格控制夜间建筑施工；二是做好环保“110”联动夜间值班工作，对噪声污染做到快速、准确查处；三是积极开展“为考生送安静”活动，协调青岛市建委、市公安局、市文化局、市政公用局和市教育局等5个部门联合发文，并向社会公布了公开举报电话，在全市开展了加强中高考期间环境噪声监督管理工作，认真查处噪声扰民行为。先后3次组织市公安局、文化局等多部门联合执法，对居民投诉比较集中的近20家建筑工地重点查处，取得了良好效果。

【烟尘控制区与噪声达标区排污监管】 2005年，青岛市继续开展烟尘控制区和环境噪声达标区的建设。2005年共批准新建烟尘控制区8块，面积36.7平方千米，累计建成烟控区55块，面积363.68平方千米，全市烟控区覆盖率达100%。共批准新建噪标区11块，复查24块，全市累计共建成噪标区70块，折合后达标面积288.61平方千米，建成区内噪标区覆盖率达到79.35%。

青岛市环境监察系统围绕市政府《关于划定高污染燃料禁燃区的通告》的贯彻落实，建立联合执法机制，依法查处违法行为。不定期联合工商、城管等部门组织联合执法活动，严肃查处禁燃区内燃用高污染燃料的行为。2005年联合执法行动共查处违法行为21起，分别给予了相应的行政处罚，在加强日常监督检查的基础上，每年对禁燃区内燃烧设施的污染物排放浓度进行一次监测，对超标排放的及时进行处理，并监督落实整改措施。

(赵润德)

宁波市

【整治违法排污企业专项行动】 2005年，根据市政府七部门《深入开展整治违法排污企业保障群众健康环保专项行动工作方案》的要求，市、县两级环境监察部门制定了具体的工作方案，通过部门间上下联动和行政稽查，有序地开展了重要水源地、城市污水处理厂、连片污染反弹区、纺织印染企业、重污染行业、海洋保护等7个专项执法检查，集中整治，严厉打击了环境违法行为，有效地遏制了污染反弹，较好地维护了群众环境权益。市监察支队和北仑、鄞州等监察大队针对目前个别企业利用节假日和夜间偷排等现象，开展“错时工作制”，有效地遏制了企业的违法行为，打击了个别企业的侥幸心理。

【电镀行业污染整治】 2005 年，宁波市、县两级环境监察部门历时数月，对全市范围内在册的 207 家电镀企业的工艺布局、处理设施运行情况，逐家进行现场检查核实。对 38 家设施工艺落后、布局混乱、擅自扩产的企业由市政府下达限期治理任务。在 38 家限期治理的企业中，21 家企业因未按期完成限制治理任务，由市政府责令关闭或停业。

（陈　波）

深圳市

【整治违法排污企业专项行动】 2005 年，深圳市以“维护群众权益打击违法排污违法行为专项行动”为契机，组织各项环境执法行动。组织了对制革、电池、电镀线路板、印染、火电厂、食品等重点污染行业的全面整治工作，查处 172 家违法企业，关停 3 家牛皮厂、责令 21 家企业限期治理；组织对坪山河、葵涌河重点流域的专项检查，查处了一批违法企业，实现了坪山河、葵涌河流域断面水质稳定达标。组织对南山半岛和清水河重点区域的检查，开展两个地区的空气污染综合整治工作，并取得较大进展。南山热电集中供热项目于 2005 年 6 月 29 日正式投入试运行，南山半岛区域的 15 家印染企业锅炉废气污染问题得到有效解决；完成西部 3 号机组的脱硫主体工程，妈湾 1 号、2 号机脱硫工程进入全面施工阶段，工程完工后可削减二氧化硫 2.1 万吨/年。2005 年 6 月 11 日，深圳市政府办公厅印发了《清水河区域臭气污染综合整治工作方案》，清水河臭气污染防治工作取得初步成效，下坪垃圾填埋场垃圾渗滤液调节池加盖等工程已完成，氨吹脱塔含氨废气的治理问题进入可行性研究阶段，在垃圾填埋体增加了喷洒微生物除臭剂的频次和药量，臭气污染得到有效缓解；市政环卫综合处理厂布袋除尘的项目缺口资金到位并实施项目招标书；市卫生处理厂和玉龙坑粪渣处理厂新厂址红线图划定，进入征地阶段。

【整治无证无照非法经营行为专项行动】 深圳市环保部门按照深圳市政府 2005 年 7 月印发的《关于开展整治无照无证非法经营行为行动的通知》要求，组织对无照无证非法经营行为的全面清理整治工作。市、区环保部门共清理项目 4 121 个，主要是不予审批或联合工商等有关部门取缔的项目，其中工业企业 583 家；为 9 833 家符合环保条件的企业补办了环保手续。

【放射源监管工作】 2005 年，深圳市逐步将放射源的管理工作纳入了正常的管理轨道，一是完善放射源监督管理的规范和程序，建立了包括放射性污染防治监督工作规范，Ⅰ、Ⅱ、Ⅲ类放射源监督管理规范，防范事故的信息通报程序，超剂量照射放射事故处理程序，放射性表面污染事故的处理程序，人员污染事故的监督处理程序以及辐射事故应急预案，确定了首批 37 家重点监管单位名单，其中放射性同位素类 29 家、射线装置类 8 家。二是组织开展了辐射源清查、摸底、核实工作，对首批 37 家重点涉源单位以及 40 家非重点单位进行了一次较全面的清查，逐一核实放射源身份并进行了不定期的跟踪检查。三是配合“安全生产月”活动，组织对首批 37 家重点涉源单位进行为期一个多月的专项整治，要求每一个涉源单位要做到“五有四到位”。“五有”是有专门机构或专人负责、有防护设备、有管理规程、有责任制度、有应急方案；“四到位”是设备建设到位、责任落实到位、个人防护到位、管理措施到位，切实消除放射事故的隐患。完成了深圳市 37 家重点涉源单位签订辐射安全工作责任书的工作。四是组织力量积极开展清查闲置、废旧放射源的工作，基本查清了深圳市闲置、废旧放射源的数量及管理现状。五是积极协助广东省环保局开办了两期放射工作人员的辐射安全知识培训班，共培训放射工作人员和辐射管理人员 200 多名。六是开展了辐射工作安全许可证申(换)领工作，积极协助广东省环保局受理涉源单位的许可证申请，并对申请单位逐一进行现场核查。

【第三产业环境监督管理】 2005 年，深圳市第三产业管理工作继续加强：一是严把验收关，通过推行服务行业《排污许可证》，规范了新建“三产”企业的环保设施及促进老的“三产”企业的改造，共对 34 家符合验收条件的新建“三产”项目发放了《排污许可证》。二是从严执法，加大对“三产”企业环境监督管理的力度，2005 年对全市“三产”行业中违法行为及时进行处罚，共对 35 起环境违法行为进行了处罚，罚款金额 21 万元。

（胡　华）

沈阳市

【整治违法排污企业专项行动】 2005 年，按照省政府办公厅关于《辽宁省 2005 年整治违法排污企业环保专项行动工作方案》，沈阳市全面认真开展了打击违法排污企业专项行动。从年初开始到 10 月末，对全市范围内存在的环境违法行为进行了彻底清查和全面整顿，全市先后出动执法人员 19 165 人次，检查企业5 180家，立案企业 239 家，结案企业 145 家，处罚金额达 247 万元，检查涉及建筑、铸造、锻造、水泥、造纸、电镀、化工、制药、蓄电池、餐饮娱乐等大部分污染行业。

为保障整治违法排污企业专项行动的顺利开展，沈阳市政府明确了 11 个部委办局的职责分工，并要求做到违法情况查处到位、整改措施到位、相关责任人处理到位，全市共组织联合执法169次。其中沈阳市环保局同经贸委配合联合集中整治电镀、造纸、化工、制药、铸造、锻造等重污染行业违法排污行为；同建设、交通部门配合，联合整治建筑工地夜间施工、扬尘污染及物料封闭运输；同工商、公安部门配合，联合查处三产业无照经营、污染扰民问题；申请法院对沈阳油漆厂拒绝执行环保行政处罚一案强制执行，执行处罚标的10万元，滞纳金近40万元。沈阳市环保局、行政执法局、林业局、水利局、公安局及当地政府联合行动，共出动执法人员1 200多人次，多次对土法熬制沥青加工点进行整顿，罚没沥青锅百余口，原材料近6 000吨，土法炼沥青基本绝迹。

【中高考期间噪声污染监察】 2005年，沈阳市制定了中高考期间环境噪声专项整治行动实施方案，下发了《关于加强中高考期间考点周围噪声整治巡检工作的通知》。中高考期间，全市环境监察系统进入全天候执法、网格化管理状态，对全市范围内重点区域、重点部位实行重点监管。对全市59个考点实行定点定人看守，严查各种噪声扰民违法行为。据不完全统计，在中高考期间，全市共出动市、区两级环境监察人员553人次，车辆246台次，对市内的建筑工地、餐饮娱乐等噪声源进行检查，现场制止噪声扰“生”20余起，对未经夜间施工审批的15家夜间施工企业，责令其立即停止违法行为并下达行政处罚通知书，有效控制了中高考期间的环境噪声污染。

【固体废物环境监察】 沈阳市制定完成了2005年固体废物监察工作“2416”计划，即抓监督管理和工程项目两条线，四方面重点工作，十六项具体工作任务，力争实现工业固废处置利用率达80%以上，危险废物全部得到安全处置，确保环境安全。一是全市相应建立了医疗垃圾、危险固体废物的巡回检查制度，定期对主要医疗单位、危险固体废物的储存和处置单位进行检查，对发现的医疗垃圾存放有问题的单位提出了整改意见。二是规范了产生废油渣单位对危险废物的管理，联合执法查处了私自收集处置废油渣单位40余家，通过强化危险废物转移联单的管理，促使产废单位将废油渣送到有处理资质的单位进行处理，避免了有害物质的二次污染。三是组织县区对全市近千家产生废弃危险化学品、危险废物和一般工业废物的单位进行了检查。对存在问题的辽宁牧昌工业固体废物处置有限公司、金山电厂等22家单位依法处罚并责令整改。对沈阳船牌制漆有限责任公司进行了挂牌督办和严肃处理，并在省、市各大新闻媒体上对违法行为的处理情况进行了曝光。四是从7月21日起开展了全市范围内的感光材料废物调查及专项执法检查行动。经调查，全市医院、影楼、印刷厂、电影胶片冲洗等12个行业，约有600多家企业产生此类废物，年产生废显定影液1 000余吨。通过为期一个半月的全面检查，打击了感光材料废物随意排放、私自处置等违法行为，共收集处置感光材料废物200余吨，使签订的296份感光材料废物处置协议得到了履行。

（郎丽娜）

长春市

【整治违法排污企业专项行动】 2005年，为了巩固前两年环保专项整治活动所取得的成果，为市民提供良好的生活环境，长春市环境监察支队分阶段分层次开展专项行动。首先，对长春地区近10 000余家单位进行调查，经过统计汇总，清查出违法排污企业451家，其中确定22家单位为长春市挂牌督办治理单位，取缔、关停死灰复燃的“十五小”、“新五小”及落后生产工艺企业18家。其次，与各区环保局联合执法，共取缔和关停噪声、烟尘污染严重的塑钢加工、铁艺加工厂(点)、餐饮娱乐场所140家，对二环路以内及二环路以外主要街路两侧100米区域内的1 000余家废旧物资收购站(点)进行全面清理。对20余家非法生产的小沥青、小炼油、小电镀及200余家废旧塑料加工厂(点)予以清理取缔。对100多个噪声污染严重的塑钢加工厂点、餐饮娱乐业户予以依法取缔。对繁华地段58处噪声污染源进行清查整治。创建经开、高新、富奥3个噪声达标小区，新增噪声达标区面积50.35平方千米，噪声达标区覆盖率达70%以上，达到全国文明城市A类标准。

对22家重点违法企业实行挂牌督办，较好地解决了一批群众反映强烈的热点难点环境问题，如针对长春皓月清真肉业股份有限公司、长春百事可乐有限公司、吉林德莱鹅业有限公司、金锣集团九台分公司污水的不达标排放等问题，在其被挂牌督办后，借助各级环保部门协调督促，使企业加快了治理污染的步伐，现已完成了污水治理设施的改造，取得了专项治理效果。

【大气污染源监察】 冬季大气污染源现场监察是长春市环境监察支队历年冬季工作的中心，2005年，长春市环境监察支队集中力量对全市大气污染源进行强化管理，明确责任人、检查要求和管理目标，利用早、中、晚3个锅炉集中运行时间段进行现场检查，对违章现象给予及时纠正，对违法行为进行处罚，并提出整改措施，有效地控制了采暖期间长春市的烟尘排放，在冬季逆温天气明显增加的情况下，较好地控制了长春市的大气污染状况。另外，通过冬季锅炉检查，及时掌握锅炉更新动态，做到明确污染源分布情况，并更新绘制全市大气污染源分布图，为全市大气管理决策提供依据。

2005年，长春市环境监察支队开展治理不合格锅炉、控制燃煤分散供暖烟尘污染工作。深入落实《长春市关于防治空气污染的通告》(第7号)，完成县(市)区大气环境容量核定和大气污染源、空气质量现状、污染气象数据的收集、汇总、分析及控制区确定。对"禁燃区"、"集中供热区"范围内的10吨以下燃散煤锅炉和污染严重的冒黑烟锅炉、不合格除尘设施进行专项调查,更新"长春市锅炉数据库"。将城区划成10个区域,加强了污染源监管。通过落实综合防治措施,城区空气质量保持良好水平:达到优级天数为33天,占总天数的9.0%;达到良级天数为307天,占84.1%;轻微污染的天数为18天,占4.9%;轻度污染的天数为5天,占1.4%;中度重污染的天数为2天,占0.5%。

【辐射环境监察】 2005年,为进一步加强危险废物、化学药品和工业固体废物的环境监管工作,长春市环境监察支队开展集中执法检查工作。在现场检查与统计汇总基础上,与52家放射源应用单位签订《辐射工作安全责任书》,对14家单位下发了限期整改通知书,对230个放射源进行了安全处置,对不合格单位提出限期治理。对长春化学试剂玻璃仪器采购供应站20.13吨危险废物进行了处置,消除了安全和环境污染事故隐患,强化了危险品的现场监管工作。

(胡晓明)

哈尔滨市

【整治违法排污企业专项行动】 2005年,哈尔滨市成立了由市委常委、副市长王世华任组长,市环保局、市发改委等7部门为成员单位的领导小组,领导小组办公室设在市环境监察支队,以市领导小组的名义下发专项行动实施方案、宣传方案,建立联席会议制度、环保行政责任追究办法和案件移送制度。环保专项行动经过动员部署阶段、自查摸底阶段、全面整治阶段和检查验收阶段,在全市范围内开展建设项目环评、建设项目"三同时",自然生态、水源保护区、固体废物和危险化学品、放射性污染源、"十五小"和"新五小"等6个专项检查。共出动10 006人次、检查企业4 875家、立案2 467件、结案2 376件,关停、取缔违法排污企业346家,案件移送42件。

2005年,哈尔滨市还开展了对纺织、钢铁、炼焦、水泥、电解铝、电石、火电、化工、造纸、蓄电池等重污染行业的全面排查。继续采取公开挂牌督办措施整治环境违法企业,收到一定效果。公开挂牌督办企业221家。其中,列为省级挂牌督办的环境违法企业4家,市级挂牌督办企业91家,区、县级挂牌督办企业126家。为防止"十五小"、"新五小"企业向外县转移,市环保局将"十五小"、"新五小"的整治列入对区县长环保目标考核之中。取缔"十五小"、"新五小"企业14家,淘汰落后的小炭窑300座。查封5家非法地条钢生产企业,并下达停电令。开展了纺织、印染企业的专项检查。对环境违法企业"哈尔滨鑫岳亚麻纺织有限公司"进行公开曝光、挂牌督办。完成市管企业的固体废物、废弃化学品、感光材料等内容的申报登记备案,申报登记企业504家。开展了直接或间接向松花江排放污染物的化工企业的环境监察,摸清污染源状况,逐一检查企业突发事件应急预案。开展放射性污染源安全检查。检查使用单位57家,在用放射源869枚,落实放射性污染源安全管理制度。坚持公开通报专项行动进展情况,利用新闻媒体扩大社会影响力,在《哈尔滨日报》设立专刊,在地方电视台设立专栏报道专项整治情况。市环保专项行动领导小组办公室编发信息简报26期,各区、县(市)编发简报298期。哈尔滨市环境监察支队获得"全国整治违法排污企业保障群众健康专项行动"先进集体。

【噪声污染专项整治】 2005年,哈尔滨市成立了扰民噪声污染防治工作领导小组,市委常委、副市长王世华任组长,市领导每周听取扰民噪声污染防治工作汇报,环境监察部门主动协调环保、公安、工商、文化、城管等部门开展噪声专项整治行动,建立噪声综合整治长效机制,查处噪声污染扰民案件4 172件。完成中高考期间环境噪声整治工作,"两考"期间,进行联合执法23次,集中整治90个考点周边环境。

【松花江污染事件期间专项环境监察】 2005年11月13日,吉化双苯厂发生爆炸造成松花江污染。随后,环境监察干部职工投入到保护全市人民用水安全的战斗中。市环境监察支队迅速启动处置突发环境污染事故应急预案,出动15人、2台执法车辆支援监测站现场采样,支队出动30人,加大水源地现场检查频次。松花江沿岸呼兰区、宾县、方正县、巴彦县、木兰县、通河县、依兰县的环境监察人员也都进入紧张的工作状态,完成了在水流湍急、大块冰排下泻等特殊条件下的采样、送样等任务。完成了在恶劣气候情况下现场监督检查任务。检查重点污染单位水污染防治设施运行情况,确保污水处理设施运行率达到100%。市环境监察支队帮助企业完善环境突发事件应急预案,在全市组织开展了化学危险品环境安全大检查,检查企业519户,摸清了化学危险品污染源的底数。历经30个日日夜夜,环境监察干部职工忠于职守,不畏艰难,无私奉献,团结协作,众志成城,为保护人民群众饮用水安全作出了贡献。

(彭 伟)

南京市

【整治违法排污企业专项行动】 2005年,南京市环境监察机构坚持围绕专项行动一条主线贯穿始终,分组织准备、自查自纠、全面整治3个阶段稳步推进，开展了饮用水源地、自然保护区、造纸业等6个专题整治工作。制定了目标考核责任制度、挂牌督办制度、重点监管制度、定期报告制度、联席会议制度、违法违纪案件移送制度、责任追究制度等7项制度。专项行动期间，全市组织了7次环保专项行动工作调研、19次市（区、县）联合督察，现场检查企业12 579家次，立案查处违法排污企业625家，挂牌督办重点污染企业121家，其中有28家被确定为市级挂牌督办企业。对群众反映强烈、污染严重的南京第二钢铁厂等14家企业，经市政府批准责令其限期治理；对南京化纤厂等长期严重污染城市的重污染企业，采取由市政府领导亲自督办的办法，确立整改和搬迁期限，使一批突出的环境问题得到了有效整治。

（陈　舟）

武汉市

【噪声污染监管】 整治中心城区扰民噪声是2005年武汉市政府工作报告中政府承诺今年为市民办理的10件实事之一，为保证整治工作落实到位，武汉市、区两级政府成立了领导小组和工作专班，武汉市环境监察支队积极承担起环保统一监管的职责，组织工商、城管等相关部门联合执法。经过一年的努力，整治工作达到了预期目标，取得了阶段性成果：群众反映强烈的31片重点扰民区域、898个噪声扰民源全部整治、取缔，同时还处理了一大批其他噪声源扰民问题；严格控制建筑施工场地夜间噪声，施工扰民投诉明显下降；中心城区范围内实现了机动车禁鸣，道路交通噪声的等效声级值平均下降1.5分贝，平均峰值下降了1.7分贝；涉及占道祭奠、无证草台班子哀乐礼仪演出、社区内哀乐扰民等不文明丧葬行为基本得到控制，举报投诉较去年同期减少70%以上；环境噪声监测加强，噪声监测网络覆盖210平方千米，并在噪声敏感地段建立噪声监测电子显示屏10个。专项整治工作不仅解决了一批长期扰民的噪声污染问题，还提高了市民的公德意识，在一定范围内改善了城市形象。

2005年中高考期间，武汉市环境监察支队充分发挥市噪声监管的组织协调作用，负责起草了《关于加强2005年度中高考期间环境噪声污染控制工作的通告》，并由武汉市环保局会同市城管局、市建委、市公安交管局在《长江日报》、《武汉晚报》上联合发布，实施“静音”行动。全支队共出动监察人员100余人次，对全市各考点进行巡查，督促检查重点建筑施工工地、金属加工、卡拉OK等噪声源，为考生提供了安静的学习考试环境。

依靠政府，发动群众，充分利用媒体是2005年圆满完成环境综合整治工作的新举措，在噪声整治工作中，武汉市环境监察支队充分依靠政府，加大公众广泛参与，以群众满意为工作的最高守则，积极与人大、政协等部门联系，认真听取人大代表、政协委员等各界人士的意见建议，注重发挥新闻媒体的舆论导向作用，对性质恶劣、整治行动不予配合的单位给予公开批评。据不完全统计，全年发布噪声整治专项行动简报13期，在《长江日报》、《楚天都市报》等媒体上发表各类相关报道120余篇。

【污染防治设施运行与排污行为监察】 2005年，武汉市环境监察支队组织开展了对全市环保设施的抽查，全年共抽查106家企业，查出违法排污企业48家，督促区环境监察大队对其中的10家企业进行了处罚，促进了区级环保部门的环保管理。

禁止向湖泊倾倒有毒有害物质、向湖泊排放超标工业废水，是市环境监察支队承办的武汉市级目标任务。按目标任务的要求，市环境监察支队开展对污湖企业的排查，并组织各区对42家排湖企业（其中工业企业29家）进行了现场检查，对超标排放的企业依法进行了查处并督促整改。

同时，支队努力加大对各区监察大队的行政执法进行指导和督察，并对各区反映处理困难的案件予以协办，全年共协助查处7个区的17件行政处罚案件。在“武汉医药工业产业园污染汤逊湖”的案件中，支队指导江夏区环保部门对超标企业进行依法处理，确保了武汉医药工业产业园内企业全部实现达标排放。

（王　晴）

广州市

【二氧化硫排放专项监察】 2005年，针对广州市空气环境中二氧化硫长期徘徊在三级标准的状况，广州市环境监察支队根据市环保局统一部署，采取驻点留守与昼夜24小时不间断巡查相结合的形式，对56家重点企业开展了两个阶段的二氧化硫排放监控专项执法行动，检查炉窑设备1 340多套（次），查处违法排污企业19家，罚款119万多元，使已经建成的3.4万吨/年的脱硫能力真正得以发挥作用，有效地减轻了二氧化硫持续超标的势头。

【珠江枯水期水环境安全专项监察】 为确保全市水环境安全，2005年，市环境监察支队开展了“枯水期保护珠江，打击违法排污企业”的统一行动，采取岸上检查设施、江上监督排污、白天与夜间结合、检查与监测同步的方式，对沿江排污企业进行了拉网式监督检查，检查企业599家（次），查处不正常使用污染治理设施、偷排偷放的违法企业44家。2005年12月中旬，韶关冶炼厂违法排放超标含镉废水导致北江重大污染事件发生后，市环境监察支队根据市环保局的紧急部署，迅速开展了严查含镉废水排放企业的执法行动，先后检查了珠江钢铁公司、广州钢铁厂等重点企业36家（次），对超标排放含镉废水的珠江冶炼厂当场责令立即停止违法排污行为；并对南部、西部、东部水源地区冶金、电镀、印染、化工、造纸等行业106家重点企业开展了执法检查。

【开展饮食业油烟专项整治】 饮食业油烟污染一直是多年来广州市群众投诉的热点问题，2005年，市环境监察支队结合环境污染投诉，重点整治了群众反映强烈的46家饮食企业，查处了29家无油烟治理设施、不正常使用油烟治理设施的企业，较好地解决了部分群众投诉多、意见大的油烟污染问题。

【机动车污染专项执法】 为进一步控制日益突出的机动车排气污染，2005年，市环境监察支队按照市环保局工作部署，在机动车停放场地实施常规抽检执法的同时，开展机动车排气污染执法“行动月”和“行动周”，在市内20个道路检测点开展执法行动，查处超标车2 477台，做出行政处罚决定书2 328份，罚款18.5万元。

【工业区污染源监管】 2005年，市环境监察支队集中对南沙地区的工业企业进行了逐一检查，立案查处了36家违反建设项目环境保护法律法规的企业。并在摸查企业排污情况以及污染物防治设施配置和运营情况的基础上，建立了《南沙经济技术开发区污染源管理档案》，准确掌握了这一地区工业企业污染状况，加强了区域环境监管工作。

（苏士路）

西安市

【整治违法排污企业专项行动】 2005年，西安市环境执法监督检查以“整治违法排污企业保障群众健康环保专项行动”为主线。市环境监察支队按《西安市关于开展整治违法排污企业保障群众健康环保专项行动工作方案》，组织西安市各区县、开发区开展了建设项目环评、“三同时”执行情况、渭河流域重污染行业、矿山生产企业、蓄电池行业等专项整治和专项检查，查处了一批影响群众健康的突出环境问题和典型环境违法案件。6个多月的专项行动期间，西安市各级环境监察部门共出动执法人员4 741人次，检查企业2 362家次，立案查处违法排污企业271家，当年结案255家。其中依法取缔关闭52家，限期治理43家，停产治理9家，罚款83.1万元。

【城市大气环境整治行动】 为进一步改善西安市大气环境质量，2005年，西安市环境监察支队组织了绕城高速公路两侧燃煤设施烟尘污染专项整治行动，对沿线区域123家企业178台冒黑烟燃煤设施实施拆改，其中拆除0.7MW以下燃煤锅炉56台，责令停用工业窑炉31台，91台0.7MW以上燃煤锅炉全部改用清洁燃料，基本上解决了绕城高速公路两侧冒黑烟老大难问题；督促改煤区内48家120台10蒸吨以上燃煤锅炉用户使用优质燃煤，添加固硫节煤剂，正常运行除尘设施，减少烟尘、SO_2排放，杜绝冒黑烟现象；将餐饮洗浴业烟尘油烟污染治理纳入各区县环保部门的日常管理之中，建立了长效管理机制，确保餐饮洗浴单位使用清洁燃料，积极治理油烟污染，减少大气污染物排放。2005年西安市环境空气质量好于二级的天数达290天。

【污染防治设施运行监察】 2005年，西安市环境监察支队采取定期检查、抽查、突击检查等形式，加强了对市属以上排污单位的污染治理设施的监督检查力度。一般排污企业每季度至少检查一次，重点监管企业至少每月检查一次，共检查、抽查污染治理设施近900台（套）次，正常运行率达95%以上。对检查中发现的13家不正常运行的污染治理设施、污染物超标排放的企业责令限期恢复正常运行，确保污染物达标排放，并依法下达行政处罚，罚款共计33.3万元。

【建筑施工环境监察】 2005年，西安市环境监察支队对夜间违法施工扰民案件及时查处，在夏、秋两季夜间建筑施工高峰期，市环境监察支队6个一线业务科室轮流值班进行检查，保证每晚都有行动，及时赶赴现场制止施工行为，减少噪声污染。中高考期间，组织西安市各级环境监察部门现场检查共280次，出动人员2 536人次，检查建筑工地832个。其中现场发现噪声污染141件，查处违法施工行为123件，新闻曝光7件，罚款共计44万余元。2005年西安市环境监察支队共计出动检查人员498人次，检查工地1 000多家次，对142家违法夜间施工扰民的单位施以重罚，罚款共计137.9万元。为控制施工噪声扰民，市环境监察支队举办了较大的建筑施工单位的100多名项目部经理建筑施工噪声污染治理学习班，提高其环境意识，自觉遵章守纪，减少夜间施工扰民行为。

【行业专项执法检查】 2005年，根据陕西省环境监察局、西安市环保局的安排，西安市环境监察支队参与实施了对多个行业的专项环保执法检查。对医疗废物集中处置情况进行了检查，确保医疗废物得到规范化、无害化处置；开展感光材料的专项检查，进一步督促相关单位规范排污口，集中处置感光材料废物；配合上级有关部门加强对造纸等高污染企业排放废水的检查，加大监管力度和检查频次，改善河流水质；开展电镀企业专项检查，对少数无废水处理设施或处理设施不完善的单位进行了责令整改、经济处罚、责令停产等相应处理措施；开展纺织、印染行业专项检查，共检查纺织印染企业12家，对个别污染处理设施运行不正常的企业做出行政处罚并要求限期整改；开展城市污水处理厂专项检查，对西安市现有北石桥和邓家村两个城市污水处理厂进行全面检查，要求其保持正常运行，真正发挥其环境效能。到2005年，两个处理厂均能正常运行处理设施，污泥能按照要求进行卫生填埋。

（赵文军）

济南市

【污染源环境监察】 2005年，济南市各级环境监察部门，积极深入现场，强化污染防治设施现场监督管理工作，将责任分解落实到各科室人员，做到每周一计划，每月一调度、总结，形成了有计划、有组织、有落实的现场检查工作体系。现场检查中，针对排污单位行业特点和排污规律，采取灵活的检查方式，增加早、晚及节假日突击检查的频次，做到对重点污染源和已达标企业每月至少检查一次，一般污染源每季检查一次或不定期巡回检查。全市全年现场检查14 377人次，早、晚及节假日检查4 031人次，检查污染防治设施4 637台（套）次，查处不正常使用污染处理设施案件109起，收缴罚款91.67万元。

【辐射环境监察】 2005年，济南市加强了放射源、电磁环境污染源日常检查和申报登记工作。出动41人次对市管20个涉源单位的346枚放射源每季度进行了一次现场监察，确保了放射源的安全。出动58人次完成了20家具有申报资格的电磁环境污染源单位的申报工作。

（彭晓鹏）

生态环境监察

◎ 生态环境监察试点
◎ 畜禽规模养殖业污染监察
◎ 水源保护监察
◎ 秸秆禁烧监察
◎ 矿产开采环境监察

国家环保总局环境监察局

【生态环境监察工作】 2005年，国家环保总局对山东、河北、黑龙江及广东深圳等17个生态环境监察试点地区进行了国家级审核评估，通过开展生态环境监察试点工作，深化了地方政府对生态保护的认识，推动了生态保护工作。

2005年，国家环保总局环境监察局联合农业部、财政部、铁道部、交通部、民航总局下发了《关于进一步做好秸秆禁烧和综合利用工作的通知》(环办[2005]52号)。继续利用卫星遥感技术对全国夏秋两季秸秆焚烧情况进行监控，及时将焚烧信息以《秸秆焚烧卫星遥感监测情况通报》的形式电传有关省局，并对秸秆焚烧严重地区电话告知，将监控结果在“12369”网站上公布。从全国整体情况看，重点禁烧区秸秆焚烧现象基本得到控制，部分地区实现了秸秆全面禁烧。

为指导地方开展自然保护区专项行动和生态环境监察试点工作，国家环保总局环境监察局编写出版了《自然保护区环境执法依据手册》，组织开展了自然保护区专项行动、生态环境监察试点思路等多种形式的研讨和交流。

(国家环保总局环境监察局)

华东环境保护督查中心

【生态环境监察专题调查】 南京紫金山陵毁林案调查。2005年1月24日上午，华东督查中心按照国家环保总局环境监察局的要求，对破坏南京紫金山国家森林公园案进行调查，华东督查中心会同江苏省环保厅、南京市环保局一起现场踏勘，调查发现正在建设的“接待中心”项目属“未批先建”，并向国家环保总局提出了处理意见。

松花江水质调查、评估与修复。松花江水污染事件发生后，华东督查中心同国家环保总局南京环境科学研究所派出专家20余人并配有相关设备，赶赴松花江，对松花江的水质进行监测，并参与了水质评估与修复工作。

内蒙古自治区赤峰市大黑山自然保护区内铁矿开采问题调查。2005年8月，华东督查中心配合国家环保总局环境监察局赴内蒙古赤峰市敖汉旗，对大黑山自然保护区内的铁矿开采问题进行调查，对保护区内的铁矿采矿点和选矿场进行了调查。

内蒙古自治区包头市九峰山自然保护区内煤矿开采问题调查。2005年9月，华东督查中心配合环境监察局赴内蒙古包头市土左旗，对九峰山自然保护区内的矿山开采问题进行调查，对保护区内的煤矿开采情况进行了调查。

(缪旭波)

北京市

【生态环境监察】 2005年，北京市环保局重点开展了生态环境监察工作：第一，推进生态环境监察试点工作，组织专家对顺义区环保局、密云县环保局的规模化畜禽养殖场生态环境监察试点工作进行预验收。第二，开展自然保护区执法检查，2005年5～7月，市环保局会同市林业局、市国土局等部门对全市各级各类自然保护区开展了联合执法检查。全市环保系统共出动100多人次，检查了20个自然保护区，重点检查了资源保护情况、建设项目环境管理情况以及建设与管理专项资金的使用情况，未发现违法违规建设项目。第三，开展秸秆禁烧检查。市环保局、市农业局联合部署了秸秆禁烧检查工作，并层层落实责任。市环保局、市农业局重点抽查了房山、大兴、通州、顺义、昌平等区(县)和机场、京昌、京承、京沈等交通干线周边地区，未发现秸秆焚烧现象。

(蔡金娜)

天津市

【生态环境监察】 2005年，天津市开展创建生态城市工作，天津市环境监察总队对全市国家级、市级自然保护区以及饮用水源保护区全面开展了专项执法检查工作。共出动98人次，对天津古海岸与湿地国家级自然保护区、天津市蓟县中上元古界国家自然保护区、天津八仙山国家级自然保护区、天津市北大港湿地(市级)自然保护区、天津市盘山自然风景名胜古迹(市级)自然保护区、天津市团泊鸟类(市级)自然保护区和天津市于桥水库饮用水源保护区进行了检查。对检查中发现的天津八仙山国家级自然保护区和天津古海岸与湿地国家级自然保护区内的环境违法问题，责令立即整改，依法进行处理，并跟踪督办。

(戴尚德)

河北省

【生态环境监察试点】 国家环保总局2003年确定河北省张家口市、围场县、遵化市和昌黎县为国家级生态环境监察试点地区，河北省确定了冀州市为省级生态环境监察试点地区。各试点地区政府和环保部门结合当地实际，创造性地开展工作。张家口市及赤城、万全、遵化、围场等县(市)开创性地开展了生态恢复方案编制、试行矿山开发生态保护保证金制度，积极鼓励生态恢复工程，在自然保护区核心区和缓冲区实行封闭管理等工作，使生态环境和物种资源得到了保护。

2005年11月，国家环保总局环境监察局对河北省生态环境监察试点地区进行了考核评估。考核评估委员会认为河北省的生态环境监察试点工作扎实有效，达到了国家环保总局开展生态环境监察试点工作的要求，并且有突破、有延伸，为经济欠发达地区开展生态环境监察工作进行了有益探索，在生态环境监察的组织建设、制度管理、宣传教育、联合执法等方面走在了全国前列。考核评估委员会成员一致同意河北省4个国家级生态环境监察试点和冀州市省级生态环境监察试点整体通过考核评估，对照《全国生态环境监察试点工作评估标准》，核定张家口市分数为99.5分、遵化市为98分、围场县为96分、昌黎县为93分。

（郭志忠）

山西省

【生态环境监察试点】 2005年，长治市、永济市、临汾市安泽县将生态环境监察试点工作同日常环境执法工作有机结合起来，在省环境监察总队的检查指导下，不断总结探索生态环境监察的新方法新机制。2005年8月，省、市联合赴河北省进行了生态环境监察试点经验调研，学习了河北省经验，提出了加强工作的指导意见。2005年9月上旬，对试点验收工作进行了检查指导和预验收，2005年10月底正式申请国家环保总局验收。

（张全升）

辽宁省

【矿山开采环境监察】 2005年，为解决部分地区矿产采选企业浪费资源、污染环境的问题，辽阳、葫芦岛、朝阳、本溪等市开展了矿产采选企业集中专项整治工作。其中辽阳市委、市政府针对本市铁矿采选企业污染严重、监管失控的问题，成立了由市长为组长的辽阳市铁矿采选企业集中整治工作领导小组，市环保局局长任市铁选矿企业整治办公室主任，组织环保、工商、国土资源、公安等有关部门在全市范围内开展了铁矿采选企业专项整治行动。取缔违法企业32家，停产治理的196家。葫芦岛市政府成立了专项行动领导小组，在全市范围内启动了整治钼业企业污染保障水源安全专项行动。环保、监察、工商、电力等部门共同参与，联合执法，共取缔环保违法钼选企业138家，有效遏制了葫芦岛地区钼选企业污染，切实保护水源安全。

【自然保护区环境监察】 2005年6月20日，省政府在全省组织开展自然保护区专项执法检查，成立了由省环保局、省林业厅、国土资源厅和海洋与渔业厅组成的自然保护区专项执法检查领导小组。在一个月的检查中，共有152人参加了专项执法检查，开展检查717人次，对辖区内的各级各类自然保护区进行了全面自查。7月21日，省自然保护区专项执法检查领导小组分成两个抽查组，对各地区自查情况进行了抽查。省抽查工作组共抽查各级各类自然保护区68个。其中，国家级9个，省级22个，市级15个，县级22个。在自然保护区专项执法检查过程中，全省共关停、取缔64家在保护区实验区内的采矿点和采石场；查处13个保护区内违法建设项目；取缔旅游线路3条；限期补办环评报告8家。在检查饮用水源保护区过程中，关停、取缔33家对饮用水源造成污染和影响的选矿场，限期补办环评3家，对保护区外围12家采矿点限期治理，对抚顺市大伙房水库周边7家餐饮服务业实行了关闭搬迁。通过自然保护区执法检查，查处了一批自然保护区违法开发建设项目和生态破坏行为，使全省自然保护区的建设和管理得到了加强。

【土法炼油环境监察】 2005年，为解决个别地区群众反映强烈的土法炼油问题，遏制污染反弹现象，辽宁省环保局、省工商局、省公安厅、省监察厅、省经贸委、省安监局、省质监局等组成联合检查组，在全省集中开展了整顿土法炼油专项行动。在专项行动中，环保部门切实加大对地方小炼油厂和土法炼油的环保监察力度；工商部门积极配合，对政府责令关闭的企业，依法办理注销登记或吊销营业执照并对超核准范围经营的企业，依法予以查处；公安部门严厉打击涉油气犯罪活动，并积极配合开展行政执法工作。各部门通过建立联席制度，形成整体合力，炼油污染反弹得到了有效遏制。联合检查组共开展现场检查8次，出动执法人员230人次。目前盘锦嘉泰新型防水材料厂、营口大石桥市大成防水材料厂、盘锦荣升油品厂3家企业被依法停产，盘山县龙马沥青厂、沈阳渤海石油化工厂两家企业有关人员被移送公安部门追究刑事责任。对台安县、凌海市、大石桥市、盘山县等重点地区进行了复查，52家小炼油场点已全部取缔，工商部门依法吊销了其营业执照。

由于出色的工作，辽宁省环境监察局被国家公安部、国家环保总局等部委联合授予“全国整治油气田及输油气管道生产治安秩序专项行动先进集体”，也是全国环保系统唯一获此殊荣的单位。

（孙鹏轩）

吉林省

【矿山生态环境监察专项行动】 2005年，按照吉林省省长王珉关于对桦甸市油页岩矿开发利用情况进行环境保护专项检查的指示精神，吉林省环保局会同吉林市和桦甸市环保局对桦甸市油页岩开发利用和环境保护情况进行了现场调查，并提出了调查处理意见和建议。

桦甸市结合本辖区实际，开展了矿山生态环境保护专项行动和选矿企业专项整治行动。对辖区内探矿活动未履行环境影响评价手续的9家单位的32个探矿区给予了责令停止建设、限期补办手续的处罚；对未履行环境影响评价手续擅自开工建设选厂的两个单位给予了责令停止建设、限期补办手续的处罚；对未履行环境影响评价手续擅自建设并投入生产的11个单位给予了责令停止生产的处罚，并对其中4家污染物超标排放的单位进行了罚款；同时，会同农电局对拒不执行停产处罚的单位实行了拉闸断电。

（程金灿）

黑龙江省

【自然保护区专项执法检查】 2005年，按照国家环保总局《关于开展自然保护区专项执法检查的通知》（环发[2005]37号）的要求，黑龙江省环保局结合实际情况下发了《黑龙江省2005年自然保护区专项执法检查方案》，对全省自然保护区专项执法检查工作进行部署和指导。全省各市地政府均成立由人大、政协、政府领导人为组长的领导小组，制订工作方案，共出动检查人员1 451人次，在各辖区内的各类保护区开展检查工作。

【秸秆禁烧监察】 2005年10月10日，国家环保总局利用国家卫星气象中心遥感技术监测到黑龙江省鹤岗市、佳木斯市、双鸭山市和七台河市焚烧作物秸秆火点80多处。10月13日，黑龙江省环境监察总队下发《关于做好我省秋季秸秆禁烧监督检查工作的紧急通知》（黑环监[2005]40号），部署秸秆禁烧工作。各级环境监察机构加大对秸秆禁烧工作的监督检查力度和频次，严查违法焚烧秸秆行为，秸秆禁烧工作取得实效。

【生态环境监察试点验收】 黑龙江省牡丹江市、大庆市、讷河市、农垦建三江环保分局4个单位被列为国家生态环境监察试点。2005年8月12～16日，国家环保总局对4个生态环境监察试点单位进行考核评估，4个试点单位全部以优异成绩通过验收，其中农垦建三江分局和讷河市95分，大庆市91分，牡丹江市90分。

（郭艳军）

上海市

【对规模化畜禽养殖场的专项检查】 2005年，根据第二轮环保三年行动计划中，对黄浦江上游水源保护区内173家规模化畜禽养殖场实行限期关闭和搬迁的既定目标，2005年，上海市环境监察总队组织闵行、浦东、奉贤、松江、金山、青浦6个区环境监察支队开展了专项检查。

执法人员对173家畜禽养殖场做了GPS卫星定位及拍照，收集畜禽养殖场空间位置信息，做好一场一档；收集畜禽养殖场的基本情况及污染处置情况，为对该区域内规模化畜禽养殖场建立有效环保监控系统积累经验；督促尚未实施关闭、搬迁的畜禽养殖场按时完成关闭和搬迁任务。

（彭振发）

江苏省

【生态环境监察】 为贯彻落实“污染防治与生态保护并重”方针，加大生态环境保护执法力度，遏制生态恶化趋势，2005年，江苏省继续开展自然保护区专项检查行动。江苏省环保厅对2个国家级、6个省级自然保护区进行抽查，对5个生态环境监察试点进行省级考核验收并通过。

（潘　炜）

浙江省

【生态环境监察】 2005年，浙江省监察总队与省环保局生态处对临安清凉峰、天目山、泰顺乌岩岭、磐安大盘山等4个国家级自然保护区以及青田鼋、诸暨东白山、安吉龙王山、泰顺承天氡泉等4个省级自然保护区进行了检查，共计出动检查人员125人次，对查实的问题进行了处理。

【饮用水源地保护监察】 为保障全省群众饮用水安全，2005年1月，浙江省环保局与省水利厅、省卫生厅联合开展了“清洁饮水源，喝上放心水”专项执法检查，出动执法检查人员3 006人次，检查饮用水源地、企业和自来水厂641个。

【海洋环境监察】 2005年，浙江省环保局印发了《关于开展海洋环境保护专项执法检查的通知》，并牵头省六厅局开展海洋环境保护专项执法检查，陪同国家五部委海洋保护专项执法检查组对浙江省海洋环境保护工作进行督察。

（刘　凤）

安徽省

【生态环境监察试点】 2005年，安徽省环保部门紧紧围绕安徽省委、省政府确定的建设“生态安徽”战略部署，加大环境执法力度，充分发挥环境监察队伍在生态省建设中的作用，重点开展以下工作：1. 加强对资源利用开发和非污染性建设项目的环境管理；2. 加大对畜禽养殖企业的环境检查力度；3. 切实加强对饮用水源保护区的环境管理；4. 加大秸秆禁烧的监管力度；5. 加强对自然保护区、风景名胜区、生态示范区的现场监察。继续督促指导六安市深入开展全国生态监察试点工作。六安市成立以分管市长为组长，发改委等 26 个部门为成员单位的市生态监察领导组，举办 3 期专项知识培训，并在新闻媒体上进行广泛宣传。2005 年，全市开展生态环境监察共出动执法人员 1 218 人次，检查企业 368 家，查处生态破坏违法案件 61 起，促进生态监察试点工作的深入、全面开展，试点工作已进入最后阶段。

（袁永宏）

福建省

【饮用水源保护监察】 2005 年，全省环境监察部门在饮用水源执法检查中共排查出影响饮用水水源地水质的违法排污单位 93 家，分别提出处理意见并监督落实，其中，限期拆除一级保护区内排污单位 17 家，非一级保护区内 6 家；搬迁 11 家；关停 20 家；限期治理的 50 家；行政罚款的 1 家，以保证全省人民喝上干净、卫生、安全的放心水。

【海洋环境保护专项检查】 2005 年，福建省环保局、省监察厅、省海洋与渔业局、省交通厅、省海事局联合开展海洋环境保护专项检查，省和沿海市县环境监察部门参加联合执法检查，对排污入海企业、拆造船厂、海水养殖、港口、码头等 675 家单位进行现场检查，依法取缔违法排污入海企业 45 家。

【自然保护区专项检查】 2005 年，全省开展自然保护区专项执法检查，各级环境监察部门组织了 149 次现场检查，出动检查人员 749 人次，检查自然保护区 61 个，其中，对 36 个国家级和省级自然保护区检查 88 次，出动 560 人次。针对自然保护区建设、管理情况中存在的问题进行整改，对违法行为进行查处。全省共查处 37 起自然保护区违法行为。省环保局对位于屏南鸳鸯猕猴省级自然保护区下游边缘，未办理环保审批擅自动工建设的后垄溪一级水电站发出责令停止建设行政处罚决定书。古田县环保局责令古田人工湖自然保护区内 3 处违规建设的经营活动项目停止营业。泉州市环保局对深沪湾海底古森林遗址自然保护区外围的漂染行业集控区进行执法检查，查处了 27 家擅自扩大生产规模的企业。宁德市环保局针对自然保护区检查中发现的问题，与有关单位召开联席会议，研究解决方法。

（秦　明）

山东省

【生态环境监察】 2005 年，山东省生态环境监察试点工作进展顺利。天津、深圳、大连、沈阳等兄弟省市先后到山东考察交流生态环境监察试点工作。印发了《山东省生态环境监察试点工作资料汇编》，编印了 5 期《山东生态环境监察试点工作简报》，在《中国环境报》、《环境监察工作简报》和《山东环境信息》等刊物中报道了生态环境监察试点工作的信息。根据国家环保总局《全国生态环境监察试点工作评估标准》，国家环保总局于 2005 年 9 月 24～26 日对山东省生态环境监察试点工作进行了考核验收，以 98 分的成绩在全国首家通过了国家环保总局的整体验收。

（韩　凯）

河南省

【矿产开采环境监察】 2005 年，根据温家宝总理的批示，国家有关部门对济源市济钢集团铁山河生态破坏案进行了联合查处，河南省环境监察总队在省环保局领导的带领下快速反应、及时核准上报了生态破坏具体情况，受到了国家联合调查组和省政府领导的表扬。

【取缔“十五小”监察】 2005 年，共查处取缔“十五小”企业 34 个。国家环保总局挂牌督办的商丘市梁园区水池铺乡喷爆制浆厂，尉氏县、临颍县的小制浆企业，南阳市、平顶山市小炼矾等一大批群众反映强烈的环境违法企业被依法取缔。追究了商丘市梁园区水池铺乡副乡长、工业办副主任以及电业部门相关人员等 4 人的行政责任。

（荆国一）

湖北省

【生态环境监察】 2005 年，湖北省建立生态环境监察协调工作机制。全省 17 个市、州均成立了以政府分管环保工作的领导为组长，由农业、林业、水利、国土、旅游、建设、财政、公安、工商、安全生产等有关部门负责人为成员的生态环境监察工作领导小组，全面开展生态环境监察工作。

建立和完善公众参与、监督机制。采取公众义务监督、“12369”环保举报热线等多种形式，建立全省生态环境监察的社会监督网络。有的地市还设置了专职生态监察员。

规范全省生态环境管理制度。为保证生态监察工作的顺利开展，省环保局制定了一系列生态环境保护监督管理的措施和办法：一是从行业环境管理方面出台了有关湿地、旅游风景区、矿山、水电开发等资源开发环境监管规定，以及畜禽养殖、农药化肥等农村生态监管规定。二是从区域环境管理方面，制定了《自然保护区管理办法》、《饮用水水源保护区污染防治暂行规定》。三是从工作制度方面，制定了生态环境监察定期报告制度、联合执法制度及案件通报制度。

突出抓好“四项”生态环境监察工作。一是认真开展自然保护区的生态环境工作。严格按照环境法规，监察保护区内部人为活动是否合法，外部人为活动是否对保护区造成严重不利影响，对自然保护区内以及涉及自然保护区的开发建设项目进行重点监察。二是开展旅游资源开发的环境监察。主要监察旅游开发是否对自然生态系统和野生动植物栖息地的影响和破坏，旅游建设项目是否严格执行环评和“三同时”制度，旅游设施建设是否对生态环境和自然景观造成影响和破坏，景区内“三废”是否达标排放和妥善处置。三是认真开展水电资源开发的生态环境监察工作。主要监察水资源利用对生态用水有无损害，排污企业的排污口是否规范，有无任意改变河流走向和河床现象。四是认真开展交通等重大项目建设的生态环境监察工作。主要监察项目建设是否严格执行环评和“三同时”制度，是否按要求落实有关保护、恢复及补偿措施，严禁“修一条公路毁一座山”的现象发生。

（孟凡松）

湖南省

【生态环境监察试点】 2005年，湖南省怀化、永州、张家界3市和岳阳县、南岳区是国家环保总局确定的生态环境监察试点单位。试点工作中，各地以查处生态环境违法行为为手段，促进了区域生态保护和整治力度。对洞庭湖湿地保护、湘西大开发建设中的生态保护问题和洞庭湖种植杨树情况进行了专项检查，提出了整改建议。桃源乌云界等5个自然保护区申报国家级自然保护区，壶瓶山国家级自然保护区已列入国家重点建设示范项目。开展了自然保护区专项执法检查，立案查处违法案件16起，限期补办环评手续10起，关停取缔违法建设项目7个，取缔旅游线路两条。永州市泡水河流域锡矿群综合整治、怀化市雪峰山矿山整治、张家界市景区环境综合整治等均取得了十分明显的成效。

【饮用水源环境监察】 2005年8～9月，全省各级环保部门按照统一部署，对各自辖区内的饮用水源保护区的数量、水质现状、超标情况等方面进行了全面检查。根据检查结果，组织开展了对影响饮用水源水质排污单位的整治工作。针对湘江流域水污染防治和枯水期饮用水环境监管问题，湖南省人民政府召开了湘江流域污染治理专题会议，下发了《关于加强枯水期湘江流域水污染防治工作的通知》。按照省政府的要求，全省第七批26家企业的36个限期治理项目已经全面启动，被责令关闭的两批共34家污染严重企业已经基本执行到位，绝大多数水上餐饮娱乐设施被取缔。上游城市对出境水质负责的行政首长问责制基本确立。经过整治，全省饮用水源水质有明显改善，14个市、州饮用水源水质达标率在93.3%～100%之间，其中永州、郴州、岳阳为100%。

（兰　洋）

广东省

【饮用水源保护区专项执法检查】 2005年，广州市开展了“环保行动月饮用水源整治行动”，以面源流溪河为重点，整治企业46家，关停8家污染严重企业，关闭取缔51家无牌无证企业；揭阳市共取缔、关闭严重污染企业45家，投入资金6 580万元，对102家限期治理和停产整改企业落实治理措施。通过各级环保部门共同努力，饮用水源水质明显改善，2005年上半年，全省城市饮用水源水质总达标率为86.4%，比去年同期提高19个百分点；饮用水源水质达标率达100%的城市有11个，比去年同期增加1个。主要超标项目氨氮、铁、总氮、生化需氧量和粪大肠菌群比去年有所改善。

【海洋环境保护专项执法检查】 2005年，国家6部委对广东省海洋环境保护进行检查，省环保部门联合省海事、农业、海洋等各部门对陆源污染源防治、海岸工程及海洋工程环评及“三同时”制度执行、海洋环境监测、海洋倾倒废弃物、港口、船舶污水及垃圾处理、渔业养殖污染防治及海洋生态保护等方面进行督察。

【自然保护区执法检查】 2005年，全省各地环保部门共检查自然保护区87个，有国家级自然保护区9个、省级自然保护区47个、市县级自然保护区31个。其中，国家级和省级自然保护区的规划与管理基本符合国家有关要求。

【清理整顿“十五小”、“新五小”专项行动】 2005年，怀集县由主管公安、矿山的副县长挂帅组织开展对非法小采矿、小选矿污染进行整治，开展100人以上整治行动9次，拆除采矿设备250多台(套)，发出责令停止违法采矿行为通知书300多份，罚没120余万元，移交公安司法机关依法逮捕两人，有力打击了乱采、滥挖、破坏生态环境和浪费资源的行为。汕头市澄海区对清理出来的25家小电镀工厂立案查处，强制断水、断电，拆除设备，清除原料。目前，非法小电镀工厂已全部停产关闭。高州、廉江等市对污染饮用水源的小炼金、小造纸企业实施了强制取缔和关闭。通过清理整顿，一些地方污染连片反弹的势头得到了有效遏制。

（张作凡）

广西壮族自治区

【生态环境监察】 2005 年，广西畜禽养殖污水年产生量约为 6 亿吨，占当年全自治区废水（工业、生活、养殖）总排放量的 22.2%。总体来说，全自治区畜禽粪便及养殖污水处理率很低，除有部分农户养殖畜禽产生的粪便得到处理（沼气池处理）外，大部分是作为肥料直接施用到农作物。一些地表水体和地下水也受到不同程度污染。海水养殖特别是高密度对虾养殖对海域环境的影响较大，对虾养殖污染物来源主要是剩余饵料、对虾粪便和生物残体。沿海虾池废水排入的海域水体交换能力较差，并且一些虾池分布过密，大量养殖废水排放入海域后，局部海水中污染物浓度较高，容易造成虾塘附近海域水质富营养化，影响近岸海水质量。2005 年对虾养殖废水排放 99 414.0 万吨，排放有机物 34 795 吨，排放营养盐 646 吨。

2005 年，广西环境监察总队指导北海、钦州、防城港 3 市，结合当地的海岸生态环境特点，制定《生态环境监察试点工作方案》，开展沿海生态环境监察试点工作。

【水源保护监察】 2005 年，广西环保部门对 25 条主要河流的 58 个断面进行了河流水质例行监测，大部分河段可满足水环境功能区水质要求。丰水期和平水期水质状况比上年有所改善或与上年持平，枯水期水质则较上年同期略有下降。独流入海河流、珠江流域部分河段的水质污染依然存在。环保部门继续实施"四江"（左江、右江、邕江、郁江）流域水质污染综合整治规划。桂江、柳江、南流江、钦江水污染防治开始实施。广西碧海行动计划制定完成。

（郑伯春）

海南省

【生态环境监察】 2005 年，海南省环境监察部门切实落实《生态环境监控管理办法》，采取明查与暗访相结合的方法，直接深入现场进行检查，全年共检查影响生态环境重点污染源 298 家次，发现 91 家生产企业存在环境违法行为，直接处理 15 家，督促市县处理 76 家。重点加强了对洋浦开发区新建项目的现场检查，每月对金海浆纸厂现场检查两次、监测一次；对松涛水库毁林开垦种植、采矿破坏库区生态环境、三亚旅游开发项目破坏珊瑚礁生态环境、澄迈加连潭保护区生态环境遭破坏等情况直接调查处理；参与了全省自然保护区专项执法检查工作；对海口、三亚、文昌、琼海、屯昌、琼中等市县的 27 家畜禽养殖场进行了现场检查。

【旅游生态环境监察试点工作】 按国家环保总局的部署，海口、三亚、琼海、乐东和五指山 5 市县于 2005 年分别通过了省级验收，三亚市作为全国生态监察试点工作先进评选单位上报国家环保总局，试点单位的旅游生态环境监管工作都取得了较好的成果。

（杨昌新）

重庆市

【生态环境监察试点】 2005 年，根据国家环保总局对生态环境监察总结验收阶段的工作要求，市环境监察总队全面部署了生态监察试点总结验收工作。渝北区、江津市、南川市 3 个试点地区按照国家环保总局要求于 9 月底完成了自然保护区生态环境监察试点工作的考核评估。

（顾怀东）

四川省

【生态环境监察试点工作】 2005 年是全国生态环境监察试点工作的第三年。四川省生态环境监察工作领导小组切实加强了对生态环境监察试点工作的组织领导。都江堰、攀枝花、雅安和阿坝州四地贯彻落实生态示范市（区）建设规划和生态环境监察试点工作方案，进一步推进了生态监察试点工作。攀枝花市摸索建立了一套符合实际的生态环境监察工作机制，联合国土、经贸、林业、水利、农业、建设、安监等部门，先后组织开展近 1 000 人次的现场检查，从重、从严、从快处理生态破坏的信访和案件，关闭或上市拍卖矿山和资源加工型企业 33 家，整治 447 家。雅安市、攀枝花市结合矿业秩序整顿，落实了"三同时"、排污费征收、污染物处理设施建设、土地林地使用证管理、水土保持等生态环境保护制度。其中，雅安市"锅粑岩"矿山恢复综合整治项目效果十分明显。

（陈泽文）

贵州省

【生态环境监察试点】 2005 年，贵州省不少地方在生态环境监察工作上不断探索，努力工作，切实加强了对生态环境的保护，关停淘汰了自然保护区内的一批违法项目。对梵净山国家级自然保护区边缘外的两个金矿企业实施关停取缔，炸封了梵净山国家级自然保护区印江延伸段内各种矿井 23 个，有效地防止了区域生态环境的破坏。对普安风火砖水源涵养保护区内违法开采铅锌矿企业依法实施取缔；对雷公山国家级自然保护区违法建设的水电站依法责令停止建设。

根据国家和贵州省环保局《关于开展生态环境监察试点工作的通知》的要求，贵州省通过开展生态环境监察试点工作，余庆县、赤水市、贞丰县3个试点县(市)积累了较好的工作经验，生态破坏得到了初步遏制，生态环境质量有所改善。2005年8月，省环保局组织对试点县生态环境监察试点工作情况进行了审验，并根据审验情况进行评估，评估结果为：余庆县96分、赤水市90分、贞丰县86分。

(邓瑞举)

云南省

【生态环境监察】 “十五”期间，云南省率先在易门、宾川两县开展省级生态环境监察试点工作的基础上，大理、文山两州和易门、宾川两县被列为全国生态环境监察试点，省环境监理所制定了《云南省生态环境监察试点工作方案》，认真组织实施，加强督促检查。试点地区对自然保护区、矿产资源开发区、农村生态区开展了生态环境监察，逐步建立了生态环境监察制度，基本形成了工作模式。省生态环境监察试点工作经验得到国家环保总局的好评，通过开展生态环境监察试点工作，有效促进了试点地区生态环境保护。

【九大高原湖泊流域现场环境监察】 九大高原湖泊水污染综合防治工作是云南省环境保护“十五”计划的重点。从2002年起，省环境监理所和“九湖”所在地5个州、市环境监察机构出动环境监察人员2.3万多人次，重点对“九湖”流域181家以污水排放为主的企业进行了现场环境监察，检查流域内19家污水处理厂(站)500余次，建设项目1 029个，查处环境违法事件150多起，有效遏制了以滇池为重点的“九湖”水环境恶化趋势。

(崔震宇)

西藏自治区

【水源保护监察】 2005年，为加强饮用水源环境保护执法检查力度，确保人民群众喝上干净的水，根据《西藏自治区饮用水水源环境保护管理办法》的规定，制定了全区城镇集中式饮用水水源环境保护专项执法检查方案，组织开展了水源保护专项执法检查工作。全年共出动执法车辆49台次、执法检查人员130余人次，检查饮用水水源地49个，占全区城镇集中式饮用水水源地总数的67%。完成了15个县的饮用水水源保护区的划定，并设立了标志牌或界桩。此外，16个县建立了饮用水源环境保护管理机构，配备了管理人员，制定了规章制度，有效保护了饮用水源的安全。

【矿产开采环境监察】 2005年，西藏自治区环保局联合自治区国土资源厅、自治区发展改革委、自治区安全监管局，于2005年4月制定了矿山环境保护清理整顿方案，组织全区环保、国土等部门，开展了矿山环境保护清理整顿工作。先后出动执法车辆80余台、人员310余次，对所辖110余个重点矿区进行了执法检查。此外，按照自治区人民政府于2005年10月8日发布的《西藏自治区人民政府关于禁止开采砂金矿的公告》精神，自治区黄金生产秩序整顿工作领导小组统一安排部署，在全区范围内开展了砂金矿清理整顿工作。自治区环保局多次对那曲地区尼玛县、申扎县的重点砂金矿进行了实地检查，特别是深入申扎崩纳藏布矿区，全面参与矿区停产闭矿撤离工作，确保了矿区人员、设备的有序撤离和按期闭矿。

【自然保护区环境监察】 2005年，西藏自治区环保局联合自治区监察厅印发了《关于开展全区自然保护区专项执法检查的通知》(藏环发[2005]70号)，制定了自然保护区专项执法检查方案。按照自治区环保专项行动领导小组的总体部署，全区环保部门集中开展了自然保护区专项执法检查工作。全年共出动了执法检查人员410余人次，检查自然保护区30个，占自然保护区总数的78.95%。通过执法检查，使全区自然保护区综合管理与分部门管理相结合的管理体制得到了加强，自然保护区建设和管理工作趋于规范，管理能力和管理水平有了一定程度的提高。

【农产品生产基地及食品加工企业环境监察】 2005年，西藏自治区环境监测中心站开展了西藏自治区农科院蔬菜研究所(西藏现代农业示范基地)、堆龙德庆县乃琼镇无公害绿色蔬菜种植基地、城关区蔡公堂乡无公害绿色蔬菜种植基地3家无公害绿色蔬菜种植基地灌溉用水水质监测；配合绿色食品办公室的绿色食品认证工作，对西藏绿宝食品开发有限公司、西藏山南雅砻畜禽有限公司、西藏山南雅拉香布实业有限公司、西藏山南绿色畜禽有限公司等5家公司的养殖业用水、农产品加工用水、农田灌溉用水的水质状况进行了监测。昌都地区对城关、俄洛、卡若3镇蔬菜基地所引灌的水质进行了监测。

西藏自治区环保局结合环保专项行动方案的要求，及时制定了农产品生产基地及食品加工企业环境监测、监察工作方案，组织全区环保系统，开展了农产品生产基地和食品加工企业专项执法检查。全年共开展执法检查43次，出动执法人员105人次，报送专项执法检查信息32份。通过严格执法，最大限度地预防和控制了农产品生产基地和食品加工企业的环境污染。

（阿　松）

陕西省

【陕南矿产开发企业环境污染专项整治】　2005年，陕西省环保局组织汉中市环保局查处了宁强县违法采金，造成环境污染破坏问题。取缔了非法采矿和小混汞选金，拆除混汞碾19台，封堵坑口25处，责令区域内所有选金企业全部停产整顿。责令八海金矿补做环评，责令玉泉坝金矿完善尾矿库，对丁家岭金矿罚款8万元。公安部门拘留3名违法使用剧毒物品者，省国土资源厅对非法转让矿产权的违法问题处罚30万元。经过专项整治，目前河水水质已恢复正常。

【陕北石油开发企业环境污染专项整治】　2005年3～11月，陕西省环保局进行了为期9个月的陕北石油开发企业环境污染专项整治，涉及延安、榆林两市的14个县，初步遏制了陕北石油开发造成的环境污染与生态破坏的趋势。两市出动执法人员1.3万人次，检查井场2.7万个、油井4.3万口、输油管线6 700千米，检查了污水处理站、集油站、选油站、注水站等环保设施390个；限期关闭和报废油井616口，建成清洁文明井场10 587个；责令补办环评报告书18份、报告表86份、登记表7 874份；下达限期整改通知书1 658份，立案查处各类违法案件110起，处罚285万元；水源地环境质量得到了显著改善，关闭了王瑶水库一级保护区内6个井场的10口油井，子长县关闭了中山川水库内的两口油井，各县区均把饮用水源地列为石油开发禁区；专项整治工作开展以来，两市境内的石油开发企业共投入资金约6.8亿元，用于清洁文明井场建设、污水处理设施建设、地下水回注、原油管输建设和油区道路绿化硬化工作。

【秦岭北麓生态环境专项整治】　2005年，陕西省环境监察局先后查处了西安铁路分局华山石料供应站、华阴县违法采石、长安区违法采石等多起污染反弹企业，对尚未完成整治的43家企业继续跟踪督办。在建立长效机制方面，陕西省环保局组织起草了《秦岭保护纲要》和《秦岭北麓生态环境保护与利用规划》，陕西省旅游局编制完成了《陕西秦岭生态功能区生态旅游规划》。陕西省建设厅对7个风景名胜区中的6个已经完成了建设规划的修编，并已组织实施；陕西省国土资源厅完成了《陕西省矿产资源总体规划（2001～2010）》，经国土资源部批准，陕西省人民政府已发布实施。陕西省交通厅完成了秦岭北麓区域内公路建设规划的修订工作。陕西省林业厅组织编制了《陕西省森林公园生态旅游总体规划》，并着手开展《秦岭主体山脉生态环境保护条例》的立法准备工作，陕西省十届人大常委会已经决定将该“条例”列入5年立法规划。

【秸秆禁烧监察】　2005年，陕西省认真贯彻国家环保总局等6部局《关于进一步做好秸秆禁烧和综合利用工作的通知》及《陕西省人民政府关于加强秸秆禁烧和综合利用工作的通告》精神，坚持“疏”、“堵”结合的原则，加强领导，落实责任，严格执法，注重实效，使秸秆焚烧现象得到有效遏制。据秸秆禁烧重点关中4市统计，夏收期间，西安、咸阳、宝鸡、渭南4市共召开市（区、县）秸秆禁烧和综合利用动员会、现场会30多次，组成检查组60多个，出动巡查人员7 600多人次，现场查处违法焚烧秸秆事件200多起，批评教育100多人，有效地制止了焚烧秸秆的行为，防止了农村大气环境污染。

2005年秋季，陕西省在总结夏季秸秆禁烧和综合利用工作经验的基础上，继续坚持“疏”、“堵”结合，宣传教育与执法检查结合，大力开展秸秆禁烧和综合利用工作。据关中4市统计，秸秆禁烧率和秸秆综合利用率均比2004年提高10个百分点以上。

（樊江泉）

甘肃省

【生态环境监察】　2005年，甘肃省稳步推进生态环境监察试点工作，各地在生态环境监察试点工作领导小组的领导下，借鉴其他省、市的做法，积极探索生态环境监察工作机制、执法机制。及时总结试点工作成果，编写了《甘肃生态环境监察试点工作情况汇报》，从采取的主要措施、取得的成绩、工作体会、查处生态破坏案件、存在问题等方面进行了总结。按照国家环保总局“试点工作验收标准”，对各试点地区进行对照检查。目前，4个试点地区已完成总结验收报告。同时认真组织开展自然保护区执法检查专项行动，做好执法检查的督办和信息调度工作，及时上报工作动态情况、数据报表。

（宁　炳）

青海省

【春灌期间水污染环境监察】　2005年，全省环境监察部门组织开展了春灌期防止水污染专项检查活动。对青海黎明化工厂、苏青氯酸盐有限公司、桥头铝电股份有限公司、西部化肥有限责任公司、青海西部锌业、青海博大纸业等重点排污单位进行了现场检查；对存在污染隐患的青海黎明化工有限责任公司、苏青氯酸盐有限责任公司派人驻厂监督企业生产过程中污染物排放状况和环保设施运转情况，督促企业加强内部生产管理，杜绝含铬工艺废水外排；为保证多吧镇、甘河滩镇地区农灌用水的安全，对青海博大纸业有限公司、西部锌业、西部化肥等单位下达了限产通知书。此外，省环境监察总队还会同西宁市及湟中县环境监察部门对群众反映强烈的湟中县共和镇花勒城、苏尔吉、石城等村，利用河水加工土砂，造成下游农田灌溉受影响的违法案件进行了多次现场查处，共和镇洗砂加工点实行全部停产。据统计，这次专项检查活动中全省出动执法人员748人次，检查企业211家，对1家企业予以5万元的经济处罚，3家企业停产和限产，9家洗砂点责令停产，8家责令限期改正，1家小企业责令搬迁。通过专项检查，确保了全省春灌期间农灌水安全，杜绝了春灌期间水污染事件的发生。

【资源开发项目生态环境监察】 2005年，青海省生态环境监察工作以资源开发与非污染性建设项目执行环境影响评价和“三同时”制度的情况为主要内容，以格尔木市、海南州、海北州和青海湖流域作为重点，深入开展生态环境监察工作。共出动生态环境监察执法人员300余人次，检查企业60余家、关停、取缔1家，限期补办环境影响评价手续8家，对两家未执行“三同时”的企业提出了整改措施。加强海西州木里、江仓、鱼卡煤矿煤炭资源开发项目监督检查工作。针对木里煤田煤炭资源开发实际，多次深入现场进行检查，向6家开发企业下发停止建设通知，要求限期完善环保审批手续，做好现有矿区的环境整治工作。通过现场监察检查，打击和纠正了一批环境违法行为，解决了一批群众关心的生态破坏问题。

【青藏铁路公路生态环境监察】 2005年10月，青藏铁路西格段增建二线应急工程开工建设后，省环境监察总队制定了《青藏铁路西格段增建二线应急工程建设环境监察工作方案(试行)》、《青海省环境监察总队青藏线西格段增建二线应急工程生态环境监察总体安排》，将自然保护区及野生动物保护区、取弃土场、施工便道、施工单位驻地、仓库、施工机具及堆料场等小型临时设施和场地恢复等列为重点环境监察范围，选派4名环境监察员进入施工一线驻点，依法监督施工单位严格落实各项环境保护措施和要求，对沿线5个铁路施工局路基建设中存在的102处取弃土场、施工便道、营地等临时用地进行了300余次现场检查，对设置、开挖和运输中存在的环境问题进行了规范，下达《环境违法行为限期整改通知书》5份，形成现场检查笔录8份。省环境监察总队还对国道214线清水河至结古段、化隆扎巴至湟源哈城三级公路、省道阿赛公路阿岱至同仁段改建工程进行现场检查。配合省局管理部门组织江仓、木里矿区业主前往青藏铁路学习生态环境保护工作经验。

【旅游区环境监察】 2005年，针对青海湖区旅游旺季的到来，省环境监察总队执法人员对环青海湖地区的“151”景区、鸟岛景区、沙岛景区、景区码头的环境综合整治及青海湖游轮有限公司码头和海南州海心山游轮有限责任公司码头进行了现场检查。要求各旅游景区，加强环境管理，采取切实有效措施，保护旅游区生态环境，杜绝污染事故发生；要求经营景区码头、游轮的业主，在旅游旺季加强对码头和旅游路线的环境管理，妥善处理生活垃圾与污水，防止游船运行及停泊中产生的油污染。

【自然保护区环境监察】 根据国家环保总局《关于开展自然保护区专项执法检查的通知》精神，2005年省环境监察总队积极配合有关部门，对国家、省级自然保护区进行专项执法检查，先后对三江源、青海湖、隆宝湖、克鲁克湖、托索湖等保护区8个，共出动执法人员285人次，检查面积达6.9万平方千米，查处并妥善处理在自然保护区内违法养殖、公路建设环境案件7起。

（董郁海）

宁夏回族自治区

【生态环境监察】 2005年，为全面落实《全国生态环境保护纲目》，依据《自然保护区管理条例》，宁夏回族自治区各级环境监察部门开展了对自然保护区生态破坏和环境违法案件的查处。全区目前共有自然保护区13个，其中国家级5个，自治区级8个。

（刘韵垠）

新疆维吾尔自治区

【生态环境监察】 2005年，为充分发挥环境保护行政主管部门统一监督管理的职能，保护和改善辖区的生态环境，根据新疆维吾尔自治区环保局《关于开展自然保护区专项执法检查的通知》和《关于开展矿山开发环境保护工作执法检查的通知》，全区各级环境监察部门大力开展了生态环境监察工作。

阿勒泰地区环保局由副局长波拉提亲自带队，于2005年5月16日～7月8日，在全地区开展了地、县两级联合专项执法检查。检查内容主要包括自然保护区专项执法检查、辖区内矿产资源开采和公路建设项目执行环境影响评价和“三同时”制度的检查、旅游资源开发环境保护工作的检查、有机食品基地建设及产品认证情况的检查等5项工作。

石河子市环境监察支队按照“保护优先，预防为主”的方针和“分类指导，重点突破”的原则，积极主动开展生态环境监察。将畜禽养殖和旅游开发纳入生态环境监察的日常工作之中，先后对市区的3家大型养殖场进行了现场监察，对143团桃园旅游区进行了现场监察和管理。

2005年，全区各级环境监察部门严格按照国家和自治区有关生态环境保护的规定，始终以“找准定位、明确职责、发挥作用”为目标，结合当地实际，积极探索，开拓生态环境监察的新思路、新办法，促进了全区生态保护工作的开展。

（刘寒峰）

大连市

【饮用水源地污染排查】 2005年，为确保大连市饮用水源安全，大连市监察部门和水务监察部门采取联合行动，重点排查饮用水源保护区内各类企业及畜牧业的污染物排放情况及建设项目的环评情况。全市共出动1 342人次，出动车次111台次，检查企业269家，处罚违法企业58家，其中，违法排污企业53家，违法建设项目企业5家。此次行动对各地的饮用水源和大连饮用水源地——英纳河、碧流河及朱偎子水库等污染源情况进行了实地专项检查，对污染严重的4家企业进行了曝光。

【海岸线污染检查】 2005年，针对大连市三面环海这一地理位置，2005年大连市监察支队专门开展了海岸线污染专项整治行动。此项行动由市环保局、城建局、综合执法局、公安局联合开展。其中，重点对市内海岸线污染进行整治，对出现污染隐患问题的单位提出环保整改要求，查处违法排污企业12家，并对其依法进行处罚。

【矿山污染整治】 2005年加大了矿山污染整治力度，对甘井子辖区内的矿山进行了深度摸底调查，共计调查了35座矿山，完成了32座矿山的现场监察、限期整改、行政处罚工作。对旅顺口区艾子口矿区违反环评法的12家矿山企业及两个围坝填海工程进行了严厉查处。

（宋晓奔）

青岛市

【白色污染防治监察】 2005年，为防治“白色污染”，青岛市环境监察支队会同青岛市监察局、市工商局、市城管执法局等部门成立了“白色污染”督察领导小组，对各区联合执法工作进行指导和督察。各区、市大队牵头，会同工商、城管等部门对辖区内塑料制品生产厂家一次性塑料包装制品的生产情况及各农贸市场、商场、餐饮单位、旅游景点在经营中使用塑料袋的情况进行了联合执法检查，对生产和使用超薄塑料包装袋的单位进行了处罚。

【海洋环境监察】 为进一步改善近岸海域水环境质量，保护胶州湾水质，2005年青岛市环境监察支队结合过城河道污染调查工作，组织开展了对全市近岸海域排污口污染集中整治工作，一是以调查促整治，开展市区主要过城河道的污染源调查工作，对市区内的海泊河、李村河等7条河道流域进行了全面调查，通过调查分析确定各过城河道主要断面水质状况及污染原因。二是开展近岸海域排污口污染集中整治工作，对全市所有直接或经过城河道（未进城市污水处理厂）的排海单位排污情况进行全面调查和登记，对不能稳定达标排放的排污企业实施集中整治，确保稳定达标排放。

（赵润德）

厦门市

【生态环境监察】 厦门市生态环境监察试点工作是2005年厦门市市长环保目标责任书的重要内容之一，该试点任务作为专项工作由厦门市环境监理中心所具体负责。厦门市环境监理中心所从海岸工程建设项目的生态环境监察入手，按每月一次的频次对在建海岸工程建设项目开展现场监察，共出动35人次，检查了7个工程项目，对两例违反环评的工程项目督促项目所辖区环保分局下达了限期改正通知。同时积极参与自然保护区的专项执法检查，不断提高生态环境监察现场监察水平，丰富生态环境监察内涵。

（李　华）

深圳市

【自然资源保护监察】 2005年，组织完成《深圳市生物物种资源编目》，是全国较早完成此项工作的城市，编目成果为深圳市今后进一步开展物种资源保护和管理奠定基础。组织东部海域环境保护联合执法。认真落实市领导重要批示，及时组织联合执法，将监察情况、发现的问题、采取的措施、处理的结果等向深圳市政府办公厅进行报告。开展自然保护区专项检查，将自然保护区管理纳入生态保护范畴，统计完成了自然保护区设施建设情况，并向广东省环保局撰写了自然保护区检查情况报告。跟踪采石场整治复绿。2005年，采石场整治复绿工作加大了关闭力度，关闭了12家采石场。

【水源保护监察】 2005年，深圳市重点推进全市饮用水源保护区的入库支流污染治理工程建设，加强全市主要饮用水源监督管理和环境综合治理力度。一是主要水库入库支流整治稳步推进。2005年，重点推进四大水库的10项支流整治工程，总投资1.41亿元。其中，在西丽水库流域白芒河支流整治工程（11 500吨/日）和麻磡河支流整治工程（14 000吨/日）已动工建设；大磡河支流整治工程进行可行性研究并申请立项；铁岗水库和石岩水库流域，黄麻布河人工湿地工程(1万吨/日)、石岩河人工湿地二期工程(4万吨/日)和塘头河人工湿地工程和料坑—麻布污水截排工程动工建设，完成牛成河水污染处理工程并投入使用，编制九围河污染治理工程项目建议书并立项；在深圳水库流域，完成大望村污水处理工程前期可行性研究、项目建议书和申请立项。二是督促落实水源保护区内市政污染治理设施建设。继续开展梧桐山河水污染治理工程续增的新平村部分污水截排工程；督促宝安区组织落实观澜河应急工程扩容改造工程；督促组织开展白泥坑人工湿地改造工程前期工作。三是进一步加大水源保护区环境监督检查力度。结合全市饮用水源保护区生态监察及查处违法建筑的工作计划和安排，推动西丽水库流域违法建筑的清理和清拆。做好巩固违法养殖全面清理的成果，严厉打击违法排污和违法养殖回潮。四是完成饮用水源保护区划修编的上报工作。

【蔬菜基地和饮用水源保护区专项检查】 2005年7月，深圳市、区环保部门联合开展蔬菜种植基地和水产品养殖地专项行动，查处致美内衣配件(深圳)有限公司擅自增设了染色工序的违法行为。2005年9月底，深入组织开展全市蔬菜基地和水产养殖基地执法行动，共出动657人次，检查了42家蔬菜基地和309家周边污染企业，全面摸清了蔬菜基地的分布、规模、灌溉水质及水库入库支流的水质达标状况，建立了蔬菜基地电子信息地图，查处了12家超标排污违法企业，有效保证了食品安全。对水源保护区，深圳市从“点、线、面”实施污染控制，查处了13家违法排污企业，组织对13个入库支流进行了监测，对异常情况进行溯源追踪，确保监控断面水质达标，清理了4处非法养殖点约360头生猪，排查了潜在的安全和污染隐患，保障了饮用水质安全。

(胡　华)

沈阳市

【水源地保护监察】 2005年，沈阳市现有9个集中式饮用水厂，共有水源地30个。除8个水厂的部分水来自大伙房水库外，其余均采自地下水。为保证市民喝上放心水，2005年沈阳市环保局下发了《沈阳市集中式饮用水源环境综合整治实施方案》，并与市卫生局、市自来水公司联合开展“放心工程”，全面普查各水源地基本情况。实地勘察水源地周边800米范围内的污染源分布情况及环境状况，共监测在用水源井364眼，监测项目28项，获得监测数据11 008个。对在水源一二级保护区内的沈阳市苏家屯区东风润滑油厂等13家企业进行了严肃处理；取缔了二分厂河北水源地周边的10多家木材加工点。

【生态环境监察试点工作】 2005年，沈阳市在“试点”工作中，彻底整治了部分地区养猪户饲养垃圾猪、焚烧垃圾、严重污染大气和地表水的环境问题；解决了市民反映强烈的望花烘干窑污染问题；开展了全方位的安全农产品基地环境安全监控管理。90%的食品安全生产环境得到了保障；开展绿色有机食品、农药化肥限施区、禁施区生态环境监察，有效地控制了外来污染源对安全农产品保护区环境安全的威胁；加大了卧龙湖湿地生态环境监察，恢复卧龙湖湿地生态面貌；开展森林资源生态环境监察，对毁林和其他滥伐林木，非法收购、运输、出售野生动物制品等破坏森林资源的违法行为进行了依法查处。

【矿山生态环境监察】 沈阳市现有矿山企业345户，其中煤矿11户，非煤矿334户。市环保局、市国土资源局、市安监局联合下发了《沈阳市开展矿山生态环境保护专项检查实施方案》，市相关部门成立了领导小组，并组成联合检查组，分别对郊区县矿区和百姓举报的矿山生态环境保护情况进行了检查，共检查87家矿山企业，查处了存在问题的68家企业，关闭了位于巴尔虎山市级保护区内的王爷陵村采石场、苏家屯区高速公路两侧的沈阳市兴华采石场、康家山智凯采石厂、白清联合采石厂等12家矿山企业；拆除了位于沈阳市三环以内的甘官砖厂、八家子砖厂等28家砖厂；取缔了群众反映强烈的于洪建材总厂；查处了铁法矿务局小康煤矿所属煤矸石粉碎厂和沈阳市霄雷矸石粉碎厂违反环保“三同时”的违法行为；对康平县三台子煤矿因使用的10吨循环硫化床破损，造成排放烟尘黑度超标的行为进行限期整改；对查处的典型矿山环境污染与生态破坏案件，在新闻媒体上进行了曝光。

(郎丽娜)

长春市

【生态环境监察】 2005年，长春市环境监察支队进一步加强自然生态保护环境监察工作，加强对农村生态环境、矿产资源开发及自然保护区、风景名胜区、森林公园等区域的生态环境监察，并配合长春市环保局相关部门做好国家级环境优美乡镇建设的现场监察工作，如净月潭经济开发区玉潭镇国家级环境优美乡镇的复检工作、九台市卡伦镇创建国家级环境优美乡镇的迎检工作、双阳区云山街道办事处、榆树市五棵树镇创建省级环境优美乡镇初审以及农安县伏龙泉镇、德惠市郭家镇、布海镇等省级环境优美乡镇试点单位创建工作。认真做好长春地区秸秆禁烧区域范围的现场环境监察工作。

【水源地环境监察】 2005年，为确保长春市饮用水安全，长春市环境监察支队对城市集中式饮用水源地进行全面检查，建立并完善了饮用水源保护制度，完成了城市饮用水源保护区划立标和榆树、德惠、九台、农安、双阳等城镇饮用水源保护区划。对在饮用水源一、二级保护区和自然保护区核心区、缓冲区内的私搭乱建和沙石开采、牲畜放养行为进行了清理。对开展旅游和生产经营活动,依法责令停止或取缔。对保护区内10家超标排放污染物企业实施限期治理。对市区二次供水设施实施全面清理整顿,对二次供水污染进行及时治理。采取定期检查、经常抽查和在线监测办法,加强污水处理设施监管,全市污水处理设施正常运行率达90%以上,在线监控量达到全市工业废水排放量的40%。按照"突出重点、分批治理"的原则,加强了对污染严重、治理难度大、治理进展缓慢企业的督促检查,重点对糠醛、电镀、啤酒和屠宰等污染行业和一汽、煤气公司、大成公司和皓月公司等企业进行了限期治理改造。全市累计投入工业污水治理资金近4亿元,建成企业污水处理设施120台(套),形成了日处理10万吨污水的点源治理能力。

(胡晓明)

哈尔滨市

【生态环境监察】 2005年,哈尔滨市环境监察支队开展生态执法专项检查。对各县(市)生态保护区、自然保护区、磨盘山水源地、湿地保护区进行生态监察11次,重点检查、取缔保护区内"三乱"现象。全市环境监察部门对29个水源地保护区,38个取水井进行了专项检查。对松花江哈尔滨江段、呼兰河等支流13家违法排污企业下达了限期治理通知书,进行挂牌督办。对哈尔滨渔业集团长岭湖渔场、宾县宾西镇造纸企业连片污染蜚克图河案等19件环境违法案件分别予以了关停和挂牌督办。

(彭 伟)

南京市

【生态环境监察】 2005年,南京市环境监察机构把城镇饮用水源保护区的环境保护,畜禽、渔业养殖业污染源现场监察和秸秆禁烧现场督察工作作为生态环境监察的重点,组织开展生态环境监察试点工作。高淳县通过3年的试点,制定出台了一批生态环境监察规范性文件、工作规范、工作制度和程序,形成了部门联合执法的生态监察机制。

(陈 舟)

西安市

【生态环境监察试点工作】 2005年,西安市环保局根据陕西省环保局的要求,结合实际,确定临潼区、户县两地环境监察大队为试点检查站,在西安市环境监察支队设立试点工作领导小组办公室,初步建立了环保部门统一监管,多部门密切配合的生态环境监察机制。同时,提高生态环境监察人员素质,制定规范的生态环境监察工作制度、程序及联合执法工作制度,并在试点环境监察大队成立专职生态监察中队,使生态环境违法案件得到及时有效查处,促进生态环境监察工作的全面开展。2005年10月,西安市生态环境监察试点工作初步通过了陕西省环保局的验收。

【秦岭北麓矿山开采环境监察】 2005年,西安市环境监察支队加大对沿秦岭北麓5个区县境内126家矿山生产企业的环境监管力度,对秦岭北麓各种资源开采的矿山企业及其违法开采行为予以严查,严禁在饮用水源保护区、自然保护区、重要生态功能区内违法开采矿产资源,建立了长效管理机制。

(赵文军)

济南市

【生态环境监察】 2005年,济南市生态环境监察工作主要有5项内容:一是加强水源保护监察。根据济南市政府关于开展饮用水源地专项检查和整治的工作要求,对卧虎山水库一级保护区内违法建设项目进行了调查。对历城一中生活污水未经处理直接排入水库的违法行为依法立案查处,并下达限期治理;加强对章丘明水泉群补给区的生态环境监察,严肃查处乱开山石、乱伐林木、乱垦荒地等生态环境违法行为,关停了5家污水排放工业企业,关停煤矿井23家,关闭企业单位自备水井72眼,治理规范泉域内的餐饮废水排放大户,确保了城市集中饮用水源水质稳定达标,实现了百脉泉群的长年喷涌;组织有关部门共同执法,关停取缔白云湖内的网箱养殖,拆除位于湖心的7家餐饮企业,对湖区进行环境综合整治,对擅自在自然湖内乱挖鱼池的业户进行了严肃处理,限期恢复原状。关停取缔海山湖内养殖网箱17家,年减少投放饵料85万千克,对沿湖数家餐饮废水实施了治理,规范了生活垃圾的收集、运输和处理,对湖区周围的乱开山石、乱建项目进行了关停取缔,确保了湖体水质稳定达到了国家规定的饮用水质标准,为明水泉调水补源起到重要生态功能。二是狠抓重点行业的生态环境监察工作。取缔62

家利用废钢丝加工钢球企业，关停小造纸企业 14 家，取缔小石子、小石灰窑 31 家，治理、关停、搬迁锻铸造窑炉 153 家，关停砖厂 12 家，有效加强了行业污染防治。三是强化重点区域的生态环境监察工作。对市区、市区周围、主要交通干线、乡镇驻地、敏感村庄内生产生活用锅炉、茶水炉、锻铸造、耐火材料生产等实施了三期生态环境综合整治。治理、关停、搬迁污染企业 381 家，其中治理生产生活用锅炉企业 20 家，关停取缔茶水炉 79 家，治理改造经营灶 252 家，食堂大灶 30 家，全面完成了重点区域内的环境综合整治，有效地降低了环境污染，促进了区域生态环境质量的改善。四是开展“两区一园”环境监管专项执法检查活动，加强规模化畜禽养殖场污染防治工作。五是夏、秋收期间，列出禁烧秸秆的重点监察区域，配备专车，组成若干监察小组，出动 2 578 人次进行拉网式和突击检查，发现焚烧现象及时制止或通报有关部门联合灭火，大大降低了秸秆焚烧造成的污染。

（彭晓鹏）

建设项目与限期治理监察

- ◎ 环境影响评价执行监察
- ◎ “三同时”制度执行监察
- ◎ 限期治理项目监察

山西省

【建设项目环境监察】 2005年，山西省各级环境监察机构按照《山西省建设项目环境监察办法》，将建设项目检查和环保专项行动有机结合起来，对近两年来国家、省、市审批的在建、已建成并投产和未进行竣工验收的项目进行了集中清理整顿。全省累计出动检查人员3 200余人，检查建设项目企业6 513余家，立案处理700家，进一步完善了以建设项目环境监察为重点，从源头上控制污染的环保管理机制，并收到良好成效。

（张全升）

辽宁省

【建设项目环境监察】 2005年6月，省整治违法排污企业环保专项行动领导小组组织对全省建设项目环境管理情况进行了全面检查。此次检查共出动执法人员500多人次，对2004年52个国债项目和3 000多个其他建设项目进行了检查。通过检查发现，个别建设项目没有按照《环评法》要求履行环保审评手续，擅自开工建设；一些建设项目虽然报批了环保审批手续，但“三同时”执行得不好，污染防护措施没有配套建设。省整治违法排污企业环保专项行动领导小组对鞍山冀东水泥项目、辽阳恒威水泥项目、阜新嘉忆铜业项目、辽宁华锦化工集团合成氨及尿素装置节能增产项目、辽宁南票劣质煤坑口电厂项目和辽阳北方化工厂新建项目存在的不同程度的环境违法行为及重点建设项目依法进行了查处。辽宁南票劣质煤坑口电厂项目，配套建设的贮灰场未按环评批复要求采取防尘、防渗和防洪措施，造成了环境污染。检查发现后，领导小组及时向国家环保总局作了报告，总局责令该公司立即采取补救措施，妥善处理好灰渣，现有灰场限期在2006年1月31日前完成治理整改。辽宁华锦化工集团合成氨及尿素装置节能增产项目未经请示即擅自投入试生产，属于没有验收就投入生产项目。辽宁省环保局及时向国家环保总局作了汇报，总局责令该公司限期补办竣工验收环保手续。

【建设项目施工期环境监察】 2005年，辽宁省环保局在大连港大窑湾港三期工程和丹东蓄能电站工程建设项目施工期监管工作中引入市场机制，通过招标确定工程监察公司，经环保部门培训后，开展建设项目施工期的环境监察工作。施工期的环境监察工作主要包括环保达标监察和“三同时”监察。这一做法，有效地解决了环境执法部门和项目审批部门人员有限，建设项目“三同时”管理不到位造成新污染的问题。

（孙鹏轩）

吉林省

【建设项目与限期治理监察】 2005年，起草了《吉林省建设项目执行“三同时”制度现场监督检查办法》，加强对全省建设项目的环境管理，各级环境监察机构共开展建设项目现场监督检查11 113次。白山市对2003年以来的建设项目进行了一次全面清理，尤其是对小型建设项目加大了查处力度，共查处违法建设项目70个，12个项目申请了法院强制执行。

全省共完成限期治理项目507个，开展限期治理项目现场监督检查13 887次。关停、迁转企业73个。

（程金灿）

江苏省

【“三同时”制度执行监察】 2005年，江苏省环境监察局对全省所有在建项目履行环保手续情况进行梳理排查，加强地方监管责任，采取有效措施防止违法违规、擅自开工建设的情况发生。制定《江苏省建设项目环境监察工作暂行规定》，严格按照程序，对未认真履行环评批复、不符合试生产条件的项目坚决不予通过。省级共组织新建项目“三同时”检查196家，对未落实环境审批意见实施建设的项目予以否决（否决试生产19家），责令整改。

【流域、区域污染源限期达标排放监察】 2005年，江苏省环保厅和江苏省质量技术监督局联合制定《江苏纺织染整工业废水污染物排放标准》，把印染行业污染物排放标准由原先执行的Ⅱ级全面提升至Ⅰ级。

为有效解决苏南化工行业的结构性污染，省环保厅、省发改委、省经贸委决定，对太湖流域化工行业污染进行集中整治。从2005年8月起至2006年2月底，将全面提高太湖流域化工废水的达标排放标准，同时砍掉一批新建项目、关闭一批相关企业、往园区集中一批企业。

（潘　炜）

浙江省

【限期治理项目现场监察】 2005年，浙江省各地环境监察人员对当地限期治理项目现场检查13 521次，限期治理项目数为3 187个，按期完成项目数1 920个，逾期完成项目数463个，完成率为75%。

（刘　凤）

安徽省

【建设项目环境监察】 2005年，安徽省环境监察部门共开展建设项目现场监督检查5 974次，建设项目按计划竣工数1 462家，项目实际投产1 505家，项目污染防治设施投入使用数1 406台(套)，“三同时”执行率达93%。

【限期治理项目监察】 2005年，全省环境监察部门共开展限期治理项目现场监督检查3 840次，限期治理项目总数485家，应按期完成的项目数473家，实际按期完成的项目数465家，逾期完成的项目数8家。

(袁永宏)

福建省

【建设项目环境监察】 2005年，福建省各级环境监察部门加强建设项目环评和“三同时”执法检查，清理出违反建设项目环境管理的建设项目986个，对其中526个项目由环保行政管理部门责令停产处罚。莆田市共清查建设项目1 018家，清查出38个应办理而未办理环境影响评价审批手续的违规项目，66个已建成并已投入生产但尚未办理环保“三同时”验收的建设项目。市环保局针对查出的违法项目，分别下达限期整改和责令停止生产或者使用的处罚决定。

【限期治理项目监察】 2005年，福建省各级环境监察部门加大执行污染源限期治理的监察力度，对857项污染源限期治理项目进行现场检查，督促其中的411项按期于当年完成治理任务，对未按期完成治理的325项提出处理意见，并依照法定程序监督实施关停或搬迁决定。

(秦　明)

山东省

【建设项目现场环境监察】 2005年，山东省各级环境监察队伍共对建设项目实施现场检查15 652次，按计划竣工项目数2 010个，实际投产项目数2 017个，污染防治设施投产数1 919台(套)。

【限期治理项目现场监察】 2005年，山东省各级环境监察机构对限期治理项目实行现场检查7 834次，山东省共下达限期治理项目1 855个，应按期完成项目数1 610个，其中按期完成的1 491个，项目按期完成率为92.6%。

(韩　凯)

河南省

【建设项目环境监察】 2005年，河南省各级环保部门严格执行《环境影响评价法》，坚持“上大关小”促进产业结构调整。重点支持省政府确定的100家重点企业、重点工程项目和城市污水处理项目。在建设项目环评审批中，限制高耗能、高污染的项目建设，坚决制止不符合国家产业政策项目的建设，对在环境敏感区建设的重污染项目予以否决或提出调整产品工艺和规模的要求。全省各级环境监察部门进一步加强对建设项目的“三同时”的检查，检查验收“三同时”建设项目共2 286个，其中省级96个。

(荆国一)

湖北省

【建设项目环境监察】 2005年，湖北省共清理已建、在建、拟建矾矿项目102个，其中已建项目56个，在建项目41个，拟建项目7个。各地已关停取缔已建和在建炼钒项目65个，环保部门仍在查处的炼矾项目4个，7个拟建项目暂停审批。

地方环保部门对磷矿开采生产加工的检查中发现的竹山县满仓肥料公司、黄冈芦凤肥业公司、黄冈兴旺化工公司、随州曾都区长岗镇矿产开发公司、随州天地化工有限公司、湖北洪磷化工股份有限公司6家违反环评和“三同时”制度的企业及时予以查处。

2005年，组织力量对全省2003年以来已建、在建、拟建建设项目执行环境影响评价和“三同时”制度情况进行了清查。查出违反环评制度、“三同时”设施不配套、建成后长期不申请环保验收等违法项目200多个。对这些违法项目基本都及时进行了查处。

(孟凡松)

广东省

【建设项目环境监察】 2005年7月，广东省环保局组织了对河源、清远两市的开发区和工业园引进项目的情况进行调查，对发现的问题提出整改意见，防止污染向山区转移。深圳市环保局对新建项目执行环评制度、“三同时”制度进行专项检查，坚决查处“未批先建”和“三同时”制度不到位，违法生产和违法排污行为。全市共对27 820个建设项目进行了环境影响审批，因不符合环保要求而被否定的项目553项，全面整治阶段期间共对43起违反“三同时”制度的违法行为进行了查处，同时建立了相应的“三同时”后续管理制度。

(张作凡)

广西壮族自治区

【建设项目与限期治理监察】 2005 年，广西对新建和在建的建设项目现场监督检查共 6 653 次，按计划项目竣工数 3 451 项，项目实际投产数 3 399 项，配套污染防治设施 3 330 套。2005 年，广西共对 617 个项目下达限期治理任务，全区各级环境监察部门共开展限期治理项目现场监督检查 1 923 次。应在 2005 年度完成限期治理任务的项目 478 个，共完成 291 个，限期治理任务完成率为 61%。

（郑伯春）

四川省

【建设项目环境监察】 2005 年，为规范全省建设项目现场监察，四川省环境监察总队研究和制定了《四川省环境污染治理设施建设过程环境监察暂行办法》。2005 年，省环保局审批了 102 个环境影响报告书、112 个环境影响报告表和 20 个环境影响登记表，审查通过了 18 个区域规划环评，当年验收 76 个工程建设项目。2005 年年初，通报了成都美饰建筑装饰集团有限公司西岭发电公司鱼泉电站等八大环境违法违规建设项目。全省环境监察系统共开展建设项目现场监督检查 12 185 人（次），从源头上控制了环境污染。

【限期治理项目监察】 2005 年，四川省对食品、化工、印染、制革、再生纸等五大行业的 237 家重点超标排污企业实行挂牌限期治理或停产治理。其中省政府挂牌督办 30 家、市州政府挂牌督办 207 家。全省环境监察系统将 237 家限期治理或停产治理企业纳入重点监察范围，定期开展现场巡查，全年开展限期治理项目检查 13 692 人（次），有力地促进了污染治理。

（陈泽文）

西藏自治区

【重点建设项目环境监察】 2005 年，为预防和控制重点工程施工过程中的环境污染和生态破坏，切实保护好工程建设区域的生态环境和自然景观，结合西藏自治区重点建设项目多、规模大等特点，自治区环保局制定了 2005 年重点建设项目环境监察方案，确定了青藏铁路、林芝机场、直孔水电站等 20 多个重点建设项目作为环境监察的主要内容，要求加强监督管理。2005 年，全区共出动执法检查人员 70 余次。自治区环境监察总队加强了对全区环境执法工作的监督和指导，全年行程两万余千米，对日喀则、山南、林芝、那曲地区的重点建设项目环境监察工作进行了检查。此外，拉萨市、山南地区等地环保部门对重点工程环境监察实行了责任分派制度，将责任落实到人，促使环境监察人员积极参与或监管项目建设全过程，增强了重点工程建设环境监管力度，有效避免了责任不清、管理混乱、环保措施难以落实等问题。

（阿　松）

青海省

【建设项目与“三同时”制度执行监察】 2005 年，青海省环境监察部门围绕全省重点项目建设，参与了青海白云化工有限责任公司年产 5 万吨氯酸钠技改工程等 101 个建设项目环境影响报告书及国家审批的青海华电大通发电有限公司 2×30 万千瓦火电机组工程等 12 个项目的技术评估；协助省局监督管理处督促西宁经济技术开发区管委会、青海甘河工业园区管委会开展开发区和工业园区区域环境影响评价工作。2005 年，全省共完成 203 个建设项目的环保竣工验收，完成 554 个建设项目的环境保护跟踪监察，大中型建设项目环境影响评价和“三同时”制度执行率分别达 100%。

（董郁海）

宁夏回族自治区

【建设项目现场监察】 2005 年，宁夏回族自治区各级环境监察部门加强对建设项目的现场监察，全年新建项目 501 个，其中自治区 36 个，环评执行率达 100%；市、县级 475 个，环评执行率达 98%；“三同时”执行率自治区 100%，市、县级 95%。全年各级环境监察部门开展建设项目现场监督检查 869 次，查出未办环评手续擅自开工建设项目 9 个，未执行“三同时”制度项目 24 个。环境监察部门依法进行了处理。

【限期治理项目现场监察】 2005 年，全区各级环境监察部门共对 561 个限期治理（限期整改）项目进行现场监督检查 1 321 次，其中完成限期治理（限期整改）任务的 357 项，占总数的 64%，其余跨年度完成。

（刘韵垠）

新疆维吾尔自治区

【建设项目环境监察】 2005 年，新疆维吾尔自治区各级环境监察部门加强对辖区内建设项目的施工和验收阶段的监督管理，有效遏制了建设项目不做环评或环评滞后的现象，部分建设项目“三同时”执行率有所提高，对铁路、公路及输油管线等国家和自治区重点建设项目，由自治区环境监察总队亲自组织进行现场监察。2005年自治区环境监察总队对“精伊霍”铁路现场监察两次，完成监察报告两份。这是环境监察总队首次介入铁路建设项目，为以后铁路建设项目的现场监察奠定了基础。

2005年全区建设项目实际投产数为2 849项，污染防治设施投产2 444项，比上年增加69.49%，全区各级环境监察部门对建设项目现场检查14 097人次，“三同时”执行率为97.5%。

新疆维吾尔自治区各地、州、市建设项目现场监察情况

序号	地区名称	现场监察总次数（人次）	按计划项目施工数	项目实际投产数	防治设施投产数	“三同时”执行率(%)
1	乌鲁木齐市	1 856	574	658	594	90
2	昌吉州	1 710	340	196	184	100
3	石河子	90	17	14	13	93
4	克拉玛依市	2 190	219	219	219	100
5	塔城地区	1 188	329	318	318	96
6	博　州	342	53	49	1	100
7	伊犁州	1 423	268	225	210	93.3
8	阿勒泰地区	703	197	160	56	100
9	哈密地区	316	102	94	94	100
10	吐鲁番地区	384	90	49	49	97
11	巴　州	1 360	90	86	63	100
12	阿克苏地区	948	253	246	246	100
13	克　州	198	13	18	12	100
14	喀什地区	771	214	207	126	100
15	和田地区	618	245	310	259	93
16	合　计	14 097	3 004	2 849	2 444	97.5

【限期治理项目监察】 2005年，全区限期治理项目共2 065项，应按期完成的项目1 980项，实际完成1 773项，未按期完成的项目189项；全区各级监察部门对限期治理项目现场检查共9 469人次，比上年增加790人次。(见下表)

新疆维吾尔自治区各地、州、市限期治理项目现场监察情况

序号	地区名称	现场监察总数（人次）	限期治理项目	应按期完成项目	按期完成项目	逾期完成项目	未完成项目	项目按期完成率(%)
1	乌鲁木齐市	4 393	1 138	1 123	1 043	80	15	92.8
2	昌吉州	730	100	83	60	23	17	72
3	石河子	—	—	—	—	—	—	—
4	克拉玛依市	—	—	—	—	—	—	—
5	塔城地区	316	49	48	47	—	1	98
6	博　州	106	10	10	4	6	—	40
7	伊犁州	531	106	99	58	41	7	58.6
8	阿勒泰地区	307	30	30	28	—	2	93
9	哈密地区	—	—	—	—	—	—	—
10	吐鲁番地区	244	70	64	36	28	6	56
11	巴　州	1 241	92	77	77	—	15	100
12	阿克苏地区	505	175	160	145	—	15	90.6
13	克　州	164	8	8	4	4	—	50
14	喀什地区	662	197	191	184	7	6	92.7
15	和田地区	270	90	87	87	—	3	100
16	合　计	9 469	2 065	1 980	1 773	189	87	78.6

（刘寒峰）

大连市

【建设项目与限期治理监察】 2005年，大连市新批建设项目6 145个，项目投资总额585亿元；否定建设项目120个；验收竣工项目3 318个，项目投资总额152.5亿元，其中环保投资5.5亿元，占总投资的3.61%；查处违法建设项目78个，罚款92万元。制定了《大连市人民政府办公厅关于印发大连市建设项目环境影响评价文件分级审批管理规定的通知》、《关于加强工业园区环境影响评价及有关问题的通知》、《关于进一步加强建设项目环境管理工作的通知》，规范了建设项目的审批行为。跟踪完成大连棋盘冷冻加工厂等11个水产加工企业的限期治理验收工作。组织完成了全市造纸行业污染专项核查工作。（宋晓奔）

青岛市

【"三同时"制度执行监察】 2005年，青岛市环境监察支队切实加强环保"三同时"制度执行情况的监察，开展了建设项目环境违法行为专项整治工作，全年共对940个建设项目进行了监察，取缔"黑电镀"项目6家，不符合规定的娱乐场所32家，对3家单位实施了停产治理，102家单位被责令限期补办手续，对58家违法单位进行了立案处罚，有效打击了建设项目环境违法行为。

【限期治理项目环境监察】 青岛市2005年实施"污染源治理再提高工程"，对全市不能稳定达标排放的污染源实施污染源限期治理。2005年将涉及废水、

废气、工业粉尘、落后生产工艺等56家单位的57个项目列入污染源治理再提高计划，环境监察人员定期赴现场进行监督检查，督促企业对生产工艺、处理设施进行改造，确保了企业污染物在持续稳定达标排放的基础上进一步得到有效削减，解决了一批污染扰民问题，改善了环境质量。

【环境影响评价制度执行监察】 为切实掌握建设项目建设期环保设施"三同时"和其他环保措施的执行情况、建设期的污染防治措施落实情况和试生产过程中环保设施的运行情况等，2005年，青岛市环境监察支队充分发挥现场监管作用，积极推进建设项目建设期环境监察工作，每月对在建的建设项目进行现场监察，收到了较好的效果。

（赵润德）

宁波市

【建设项目专项整治】 2005年，宁波市、区县两级环境监察部门先后两次开展"环保风暴"行动，严肃查处环境违法违规建设项目，第一批9个严重违反环境法律、法规的建设项目被责令立即停建，总涉案投资额为16.3亿元。违法企业名单在全市各大媒体上进行公开曝光，并对其违法行为进行处罚。在进一步清理的基础上，对第二批17家（总涉案投资额约7亿元）严重违反《环境影响评价法》和《建设项目环境保护管理条例》，在未报批环境影响评价文件的情况下擅自扩建或开工建设项目进行了严肃查处。

（陈　波）

沈阳市

【环境影响评价与"三同时"制度执行监察】 针对钢铁、电解铝、水泥、造纸、铁合金等行业污染较为严重的情况，2005年沈阳市环保局下发通知，在全市范围内专项检查重污染行业建设项目环境影响评价和"三同时"执行情况。专项检查期间，共出动执法人员4 000余人次，在全市进行了地毯式检查，对存在问题的215家企业及时进行了整改；对法库陶瓷工业园等21个未批先建项目的违法行为进行了处罚，并限期补办了审批手续；对兴博钢管厂等15家单位治理设施不正常运行、污染物超标排放行为进行了处罚；对沈阳方圆集团康平铝厂使用淘汰的自焙式生产工艺下达了限期治理；对沈阳图书城等37个房产开发项目未批先建的违法行为进行了处罚，并限期补办了审批手续。

（郎丽娜）

长春市

【建设项目环境监察】 2005年，长春市环境监察支队进一步加强建设项目"三同时"现场监察工作，对2005年申报的建设项目逐一检查，经统计，全年共审批中型建设项目98项，总投资26.65亿元，其中环保设施专项投资2 562.8万元，国家开发银行及东北老基地工业项目26项，其他民用建筑项目136项，对各个在建及建成项目现场实际情况及时检查汇总，并上报有关部门。

（胡晓明）

哈尔滨市

【建设项目与限期治理监察】 2005年，哈尔滨市环境监察支队开展对2002年以来哈尔滨市环保局审批的248个建设项目"三同时"制度执行情况的现场监察。对在建项目，依法检查环保设施是否实行"三同时"；对已投入运行的项目，依法督促办理建设项目竣工环保设施验收手续；对严重违法排污的企业及时上报市环保局进行依法处理，全市共检查建设项目892个。对178个限期治理项目进行现场监督检查，促进了烟尘、扬尘、限期并网和使用清洁能源工作。

（彭　伟）

南京市

【建设项目与限期治理监察】 2005年，南京市环境监察机构进一步加强对建设项目的现场检查力度，采取分类别抓重污染行业、重管理过程抓申报环节、典型案件严处告诫等措施，全面规范建设项目的环境监察工作。全市全年清理排查建设项目4 703个，立案查处建设项目违法案件186件，其中未批先建的113件，超时未验收的59件，未执行"三同时"的43件。市环境监察支队还对2002年以来的903个建设项目进行全面的清理排查，立案查处建设项目违法案件97件，其中未批先建的66件，未执行"三同时"的31件。

（陈　舟）

武汉市

【建设项目环境监察】 2005年，武汉市环境监察支队对2004年武汉市环保局审批未验收的和2005年审批的建设项目进行环境现场监察，督促企业按环评批复要求落实"三同时"制度，对符合验收条件的建设项目督促完成验收工作，共进行现场监察60余家，其中41家已经完成了验收工作。

（王　晴）

西安市

【环境影响评价与“三同时”制度执行监察】 2005年，西安市环境监察支队发挥现场监管作用，配合西安市环保局开发处开展建设项目执行环境影响评价及“三同时”制度专项检查，对查实的278个未做环境影响评价的建设项目，责令限期办理环评手续，对43家违反“三同时”制度的单位，依法责令限期改正，控制了新污染源的产生。（赵文军）

济南市

【建设项目环境监察】 2005年，济南市环境监察部门对1998年以来国家环保总局和山东省环保局审批的89个大型项目的建设进度逐一核实，对市环保局审批的上千个项目的建设情况进行了核查。全年共出动3 085人次，监察509个建设项目，对没有履行环保审批项目的单位依法给予查处，限期治理项目370个，立案15起，收缴罚款8万元。

（彭晓鹏）

排污费征收

国家环保总局环境监察局

【排污申报核定管理工作】 2005年，国家环保总局环境监察局加强对全国排污申报工作的宣传与指导，先后赴江苏、贵州、甘肃三省12个市、县对排污申报核定工作的开展情况及碰到的问题进行调研。

进一步开展淮河流域、太湖流域等重点流域排污申报核定汇总工作，通过培训、免费下发试用版软件，对淮河流域4省两万余家、太湖流域1.4万余家排污者进行了申报数据的核定，不仅为排污许可证发放提供了基础数据，而且在总局为淮河流域“十五”规划执行情况的调研检查提供了第一手资料。

2005年，国家环保总局环境监察局召开排污申报核定会审会并进行考核评比，除西藏自治区外，30个省、市、自治区分别获得了排污申报核定、排污费征收工作一、二、三等奖，评出了全国排污申报核定工作先进个人350名，排污费征收工作先进个人340名，调动了申报核定工作人员的积极性。对2005年核定汇总数据与2004年环境统计汇总数据进行了对比，为统一采集和核定重点工业污染源排污数据打下基础。

《排污费征收管理系统》软件进行全面升级，并进行完善性维护开发，召开了软件升级工作会议，对22个已用软件的省份进行升级，并积极推动未用软件的省份使用。

【排污费征收】 从2003年下半年《排污费征收使用管理条例》开始实施的两年多来，排污收费制度改革平稳过渡，各地严格排污费征收程序，实行“收支两条线”，排污费征收户数稳定，排污费征收额更是以每年近30%的速度快速递增，2005年达123亿元，首次突破100亿元。

国家环保总局环境监察局针对向城市污水集中处理设施排放超标污水是否应当缴纳超标污水排污费问题，积极与发改委、财政部沟通，取得重要进展。积极配合国家环保总局法规司，全过程参加国务院法制办召开的《水污染防治法》协调会，就排污收费、超标处罚以及罚款额度等提出切实可行的修改建议。

通过对江苏、贵州、甘肃三省12个市县的调研，基本了解了各地排污收费进展情况及面临的问题，听取了先进的经验，同时对地方普遍关心的问题给予了解释、回复，有效指导了地方严格按照《条例》征收排污费。适时修订《排污费征收季报表(试行)》，出台《重点行业划分与〈国民经济行业代码表〉对应关系表》，促进了地方对排污费征收数据的汇总、分析。

2005年度全国排污费解缴入库123.16亿元，比上年增长30.4%；开征单位74.59万家，比上年增长1.7%。

2005年排污费收入情况表

项目	排污费收入(万元)		各项收入占合计比重(%)	2005年比上年增减额(万元)	2005年比上年增减率(%)
	2004年	2005年			
排污费收入合计	944 550.3	1 231 586.7		287 036.4	30.4
污水排污费	343 168.1	364 182.5	29.6	21 014.4	6.1
废气排污费	499 319.2	756 910.7	61.5	257 591.5	51.6
噪声排污费	68 347.1	72 956.7	5.9	4 609.6	6.7
固废排污费	33 715.9	37 536.8	3	3 820.9	11.3

2005年全国排污费征收情况

地区名称	排污费收入总额(万元)		2005年比2004年		缴纳排污费单位(个)		2005年比2004年	
	2005年	2004年	增减额(万元)	增减率(%)	2005年	2004年	增减数(个)	增减率(%)
总计	1 231 586.7	944 550.3	287 036.4	30.4	745 859	733 621	12 238	1.7
北京	16 726.5	13 908.3	2 818.3	20.3	2 327	3 877	−1 550	−40.0
天津	20 176.7	14 929.0	5 247.7	35.2	8 717	7 327	1 390	19.0
河北	64 234.3	55 383.5	8 850.8	16.0	45 155	40 161	4 994	12.4

续表

地区名称	排污费收入总额(万元)		2005年比2004年		缴纳排污费单位(个)		2005比2004年	
	2005年	2004年	增减额(万元)	增减率(%)	2005年	2004年	增减数(个)	增减率(%)
山西	119 201.2	75 251.0	43 950.2	58.4	17 353	18 038	－685	－3.8
内蒙古	25 168.7	14 310.7	10 858.0	75.9	16 700	15 469	1 231	8.0
辽宁	76 625.2	67 882.5	8 742.7	12.9	30 388	35 384	－4 996	－14.1
吉林	21 086.7	18 524.6	2 562.1	13.8	26 466	27 457	－991	－3.6
黑龙江	26 228.4	20 750.2	5 478.2	26.4	1 8142	20 310	－2 168	－10.7
上海	29 630.7	22 011.0	7 619.7	34.6	6 098	6 222	－124	－2.0
江苏	116 439.2	87 221.6	29 217.6	33.5	53 218	50 024	3 194	6.4
浙江	92 880.5	69 783.2	23 097.3	33.1	47 324	51 211	－3 887	－7.6
安徽	27 698.8	21 840.4	5 858.4	26.8	20 256	23 330	－3 074	－13.2
福建	31 975.5	25 236.7	6 738.8	26.7	24 508	22 034	2 474	11.2
江西	19 785.8	15 876.9	3 908.9	24.6	30 459	28 194	2 265	8.0
山东	90 572.21	69 632.4	20 839.5	30.1	35 553	35 072	481	1.4
河南	60 578.9	47 054.8	13 524.1	28.7	31 629	35 255	－3 626	－10.3
湖北	28 041.0	23 240.3	4 800.7	20.7	27 704	28 382	－678	－2.4
湖南	37 831.5	36 171.1	1 660.4	4.6	34 827	33 225	1 602	4.8
广东	95 907.0	74 002.3	21 904.7	29.6	113 946	91 853	22 093	24.1
广西	26 124.4	22 317.1	3 807.3	17.1	23 134	24 559	－1 425	－5.8
海南	2 581.5	1 750.6	830.9	47.5	2 684	2 854	－170	－6.0
重庆	29 744.3	18 443.9	11 300.4	61.3	13 062	13 781	－719	－5.2
四川	40 222.7	28 223.7	11 999.0	42.5	26 683	27 665	－982	－3.5
贵州	33 962.3	22 268.4	11 693.9	52.5	14 874	16 152	－1 278	－7.9
云南	19 415.4	15 351.9	4 063.5	26.5	9 127	10 920	－1 793	－16.4
西藏	577.3	384.2	193.1	50.3	4 148	2 391	1 757	73.5
陕西	29 735.8	24 244.3	5491.5	22.7	15 126	18 037	－2 911	－16.1
甘肃	18 915.1	16 924.2	1 990.9	11.8	15 345	16 748	－1 403	－8.4
青海	1 857.5	1 562.6	294.9	18.9	2 779	2 384	395	16.6
宁夏	8 680.2	4 935.3	3 744.9	75.9	2 256	1 404	852	60.7
新疆	18 981.6	15 133.8	3 847.8	25.4	25 871	23 901	1 970	8.2

(国家环保总局环境监察局)

北京市

【排污申报登记与排污费征收】 2005年，北京市以“底数清、情况明、数据准”为目标采取多项措施推进排污申报登记工作，基本上真实、准确地说清了主要污染源的排放数据。一是扩大了申报范围，全市共申报了6 358家单位，核定了4 500多个单位的数据。二是创新了手段，编制了全市及各区县2004年排污申报登记数据册和《市级重点污染源排污状况报告书》。三是加强了信息化管理，6 358家单位的数据全部录入到计算机。四是推进了机制建设，初步建立了“申报核定工作日常化、数据管理动态化”机制。五是强化了为环境管理服务的功能，基本建成了全市污染源数据仓库。

2005年，经市、区（县）两级环保局的共同努力，全市共征收排污费1.68亿元，为收费制度改革以来的最高值。市环保局对装机容量30万千瓦以上的四大电厂加大了监测力度，核定排污量，征收排污费，全年共征收四大电厂排污费10 974.2万元，同时促进了高井电厂、京能电厂、华能电厂等企业加快脱硫除尘设施建设。此外，北京市还完成了施工工地扬尘排放量计算方法和排污费征收的前期研究工作和报批工作；北京市的排污申报登记核定工作被评为全国一等奖。

（蔡金娜）

天津市

【排污申报登记】 2005年，天津市排污申报登记工作进展顺利，排污单位主动申报意识有较大提高。为做好全市供热系统的收费工作，2005年提前布置了供热单位的排污申报工作，从2004年12月开始申报核定，为全面征收供热系统排污费奠定了基础。

按照国家环保总局《关于加强排污申报与核定工作的通知》（环办[2004]97号）的要求，向国家环保总局上报了《2004年度排污申报核定工作报表》。加大了申报登记的宣传力度，开展了工业企业、餐饮娱乐等服务业、畜禽养殖业等各类污染源的申报登记，申报数量和质量稳步提高。2005年天津市全市申报登记户数达8 198户。

2005年，重点加强了《排污费征收管理系统》的培训。针对使用中存在的问题，指导各区县使用“数据库合并程序”以及针对97号文的升级软件《报表管理》汇总系统。

【排污费征收】 2005年，天津市环境监察总队以创模验收工作为契机，以执行《排污费征收使用管理条例》为主线，依托申报、突出稽查，严格依法行政，排污收费大幅增长。按照“全面申报、准确核定、足额征收”的原则，分门别类，突出重点，开展了全市排污量统一核定工作，促进了排污费的征收。根据排污申报登记数据，开展对全市重点污染行业的排污费稽查，成功解决了渤海化工集团公司三大化工厂多年来未能足额上缴排污费的问题。2005年，全市排污收费突破两亿元大关，上缴市财政1.056亿元，突破历年排污收费水平，创历史新高。

（戴尚德）

河北省

【排污费征收】 2005年，河北省直收电力企业排污费的核定征收工作因政策分阶段执行的原因，分上下半年两个轮次进行了核定，在核定工作完成后，又针对个别单位存在的具体问题，多次到所在地进行协调解决。通过努力，全年征收总装机容量30万千瓦以上电力企业排污费2.98亿元，超出计划0.7亿元；全省征收排污费7.3亿元，超额完成了排污费征收任务，均创历史新高。同时，加大了对市、县环境监察机构排污费征收的稽查力度。对9个设区市及14个扩权县的排污费征收工作进行了稽查，为市县增收排污费600多万元。

【排污费申报登记和年审】 2005年，河北省按计划完成了2004年度全省污染源现状评价的编写工作。全省共有22 105家排污单位进行了申报，其中污水申报单位有11 752家，废气申报单位有15 118家，固体废物申报单位有9 530家。为加强对重点行业的污染整顿，2005年，省环保局还专门组织开展了全省焦炭行业的摸底调查工作，共统计调查焦化企业89个，完成并向省政府报送了全省焦炭行业摸底调查情况报告。在此基础上，联合省发改委起草了全省焦炭行业清理整顿工作实施方案。2005年以来，为了督促和帮助指导市、县排污申报登记工作的开展，省环境执法监察局研究制定了全省排污申报登记督察计划，完成了对全省8市、20多个县的近40家排污单位的督察工作，进一步了解基层申报登记工作开展状况，规范了市、县的排污申报登记工作。

（郭志忠）

山西省

【排污费征收】 2005年，山西省征收排污费11.5亿元，其中，核定焦炭计费生产量5 251.96万吨，收费生产量3 648.13万吨，核定焦炭生产排污费16.13亿元，税务部门代征入库焦炭生产排污费8 005万元。省环境监察总队对30万千瓦以上电厂征收二氧化硫排污费2.037 8亿元，超过了前三年的总和（前三年收费2.006 7亿元），比去年增长

197%，创历史最高水平。

在全省范围内推广使用《排污费征收管理系统》软件，排污费征收信息化管理实现质的飞跃。组织了全省《排污费征收管理系统》软件培训，对全省11个市、101个县(区、市)的122个环境监察机构、220余名环境监察业务骨干进行了业务培训，并向参训单位发放了《排污费征收管理系统》软件。30万千瓦以上电力企业均实现异地网络化排污申报，省管电力企业排污申报登记、排污费核定工作全部实现自动化操作，工作效率有了提高，数据随时调取，全省排污收费信息化管理实现质的飞跃。

(张全升)

内蒙古自治区

【排污申报登记】 2005年，内蒙古自治区排污申报核定工作走向制度化和程序化。排污申报工作体制逐步健全，为各级环保局在区域规划、环境总量、在线监测等方面提供支持。

2005年，内蒙古自治区排污申报核定户数10 335户，较2004年增加了2 732户。其中污水排放核定户数6 128户，污水排放量25 830.62万吨，其中污水超标排放量8 016.25万吨；废气排污申报核定户数6 046户，二氧化硫达标排放量877 351.65吨，超标排放量202 884.22吨；固体废物申报核定户数778户。重点排污单位废水申报核定户数378家，污水排放量18 505.95万吨，占污水总排量的71.64%，重点废气申报核定户数1 231家，二氧化硫排放量1 047 588.78吨，占二氧化硫排放总量的96.97%。污水处理厂申报核定户数9家。从2005年的申报情况看，内蒙古自治区境内的固体废物专业处置厂几乎没有。全区重点行业污水排放前3位的分别是钢铁行业、化工行业和造纸行业。重点流域辽河流域废水排放量3 267.8万吨，黄河流域废水排放量7 718.602万吨，其中超标排放量4 500.18万吨，主要超标污染物是化学需氧量和氨氮。松花江流域废水排放量102万吨，其中超标排放量20.8万吨。二氧化硫控制区申报核定户数1 892户，二氧化硫达标排放量127 284.37吨，超标排放68 192.76吨。

【排污费征收】 2005年，内蒙古自治区征收排污费大幅度提高。环境监察部门加强了排污收费，实现了由浓度收费向总量收费的转变和由单因子收费向多因子收费的转变，实行了“部门开票，银行代收、财政统管”的征收方式，全面执行“收支两条线”。2005年度全区共收缴排污费2.517亿元，取得了历史性突破，比2004年增长了1.74倍。其中，自治区直属收费8 090万元，12个盟市1.126亿元，101个旗县区5 821万元。缴纳户数16 700户，杜绝协议收费和人情收费，做到全面、足额征收。

(廉升光)

辽宁省

【排污申报核定】 2005年，辽宁省高度重视排污申报核定工作，建立健全排污申报核定考核评比制度，制定了《辽宁省排污申报核定考核评比办法》。对各市每季度和全年的申报核定工作进行汇总考核评比，每季度的考核结果通报全省环境监察系统，全年考核评比结果直接通报各市环保局长；2006年1月20～25日，在沈阳组织各市召开了“2005年辽宁省排污申报核定会审工作会议”，并邀请西安长天软件工程师对各市的排污申报核定报表逐一进行了核查，发现问题及时纠正，并现场进行考核评比，保证及时准确地完成了全省的排污申报核定汇总工作。针对部分县级环境监察部门能力建设差的情况，向省财政申请专项资金，为全省40个县级环境监察部门配备了专用电脑，为全面使用收费软件提供了重要保障。

2005年，全省共对30 260家排污企业进行了申报核定，其中重点污水排污单位6 052家，占污水类核定总数的41.7%；排放污水量61 955.6万吨，超标量为19 422.9万吨，达标率为68.7%；重点废气排污单位8 438家，占废气类核定总数的75.8%；排放废气量1 816亿万标立方米，超标量为71亿万标立方米，达标率为96%。通过以上分析可以看出，辽宁作为工业大省，重点排污单位占全省污染物排放量比重很大。被国家环保总局授予“2005年排污申报核定工作一等奖”。

【排污费征收】 2005年，经省人民政府同意，辽宁省物价局、省财政厅、省环保局联合下发了《关于污水超标排污费有关问题的通知》，明确了污水排污费征收的有关问题。全省排污费征收入库76 625万元，同比2004年增加8 804万元。2005年征收户数为30 388户，比2004年减少7 065户。造成征收户数减少的主要原因，一是全省为改善大气质量，积极推进集中供热，拆除了很多污染重的小型供热企业；二是实施棚户区改造，很多小的餐饮企业被取缔；三是对向城市污水集中处理设施排放污水的达标企业，不再征收排污费和超标排污费。由于全省排污费征收工作坚持公平、公正、公开，全面使用“排污费征收系统管理软件”，进一步规范了排污费征收工作，被国家环保总局授予“2005年排污费征收工作一等奖”。

(孙鹏轩)

吉林省

【排污申报登记】 2005年是排污申报核定工作报告制度试行的第一年，吉林省各级环境监察部门高度重视，加强了对排污申报登记工作的领导，在组织、人员、物质上给予保障。省、市(州)环境监察部门积极督促和指导基层工作，各级环境监察部门通过新闻媒体加大宣传力度，加强对排污申报工作人员和重点排污单位的培训，与环境监测部门密切配合，严格执行排污费征收核定程序及各项规定，如期完成了排污申报核定工作。排污申报核定工作报告的全面性和数据的准确性较以往有明显提高，荣获了全国排污申报核定与排污费征收会审二等奖。长春市充分利用监测数据及工商、技术监督、水务、能源、电力、统计等部门的相关资料，对排污申报数据进行审核，对重点污染源的用水量、能源使用量、生产工艺、污染物排放等情况逐一审核，确保排污申报数据的准确性。

【排污费征收】 2005年，吉林省各级环境保护行政主管部门和环境监察部门认真执行《排污费征收使用管理条例》，加强排污申报和排污费核定，加大排污费征收工作力度。加大稽查工作力度，使全省排污费征收额首次突破两亿元，达到21 087万元，比上年度增加了2 930万元，增幅16%。

(程金灿)

黑龙江省

【排污费征收】 截至2005年12月31日，黑龙江省实现排污收费2.622 8亿元，较2004年增长28%，再创历史新高。按照解缴比例，已解缴中央国库2 622万元，解缴省级国库8 404万元。省级直接征收装机容量30万千瓦以上电厂二氧化硫排污费核定排污费3 747万元，实际征收3 747万元，足额征收率为100%。

【排污费征收稽查】 2005年，黑龙江省环境监察总队出台《黑龙江省排污费稽查工作规范(试行)》，加强对下级环境监察机构排污费稽查工作的指导，规范稽查行为。对肇东市物业公司等企业排污费缴纳情况进行了稽查；继续对鸡西、鹤岗、双鸭山、七台河4煤城矿业集团排污费缴纳情况进行监督，审核了其排污申报和一季度排污费核定情况，在2004年促征590万元的基础上，2005年又促收300万元。

(郭艳军)

上海市

【排污费征收】 2005年，全市共开征排污费6 540户，开征金额32 711.4760万元，实收金额319 635 791.44元，征收率为97.71%；其中市环境监察总队开征排污费142户、开征金额250 271 658元、实收金额246 225 631.50元，征收率为98.38%。

(彭振发)

江苏省

【排污申报登记和年审】 按照“全面申报，准确核定，如实上报，逐步掌握全省排污状况”的总体目标，江苏省环境监察部门认真组织开展排污申报核定工作。根据“突出重点、兼顾一般”的原则，进一步扩大全省排污申报核定面，数据的真实性、准确性和全面性有新的提高。排污申报核定数据广泛应用到环境管理和环境执法工作中，在改善环境质量和保障环境安全方面发挥了一定作用。2005年全省排污申报核定户数为55 619个，其中污水排放申报核定户数为42 663个，废气排放申报核定户数22 654个，固体废物排放申报核定户数18 611个，噪声排放申报核定户数7 605个。

【排污费征收】 2005年，全省排污费解缴入库113 383万元，同比增长30%，其中省级收费20475万元。含省级收费的征缴总额。全省省辖市前三名为：苏州市(20 483万元)、南京市(14 423万元)、无锡市(12 389万元)。县级前三名为：铜山县(5 505万元)、常熟市(5 436万元)、江阴市(4 857万元)。苏南、苏中、苏北片县级征收解缴排污费第一名分别是：常熟市、泰兴市(1 356万元)、铜山县。

【排污费解缴管理】 2005年，为进一步提高排污费足额征收率，江苏省继续坚持省、市、县(市、区)三级排污费征收解缴月报分析制度，出台《关于加强二氧化硫、氮氧化物排污费征收解缴工作的通知》、《关于加强火电企业燃煤硫分和燃煤量审核工作的通知》。加大宣传力度，举办培训班，提高管理人员对排污收费制度的认识。加强对重点地区、重点行业、重点单位收费情况的稽查和审计，研究制定了《江苏省排污费征收稽查暂行办法》。对华能太仓电厂和太仓港环保电厂因谎报2004年度污染物排放情况造成的二氧化硫排放瞒报量进行核定，追缴其排污费。10月底，组织6个小组对13市排污费征收情况进行稽查，共稽查出未缴排污费1 000多万元，通报了排污费征收稽查情况，促进了排污费依法、全面、足额征收。

(潘　炜)

浙江省

【排污申报核定】 2005年，浙江省环保局组织全省汇总了2004年度排污申报年报、2005年度3个季度排污申报季报。完成了2005年上半年太湖流域排污申报核定汇总以及2004年重点调查统计工业企业排污申报数表核定汇总等各项工作。组织召开了2005年度全省排污申报与收费技术工作座谈会，充分探讨了在新形势下排污申报工作的特点、难点和对策。

【排污费征收】 2005年，浙江省征收排污费92 880.5万，省本级征收排污费20 995.5万元。11月1日，《浙江省排污费征收使用管理办法》实施，全省监察系统围绕新的征收管理办法开展了一系列工作。

（刘　凤）

安徽省

【排污申报与核定】 2005年，安徽省全面、深入开展排污申报登记及核定汇总工作。组织完成全省排污申报及专用管理软件培训班1期，召开全省排污申报及专用管理软件专题研讨和工作会议两次；组织完成并及时上报2004年度排污申报核定结果和2005年上半年淮河流域重点排污单位排污申报核定结果；组织完成安徽省2005年上半年排污申报核定汇总工作，汇总排污单位共计2 170家，收集重点排污单位申报监测核定报告509份，全省排污申报及核定汇总工作已基本走上正轨。安徽省排污申报与核定工作在国家环保总局组织的年终会审考核中，被评为一等奖。

2005年12月28～29日，协助国家环保总局在合肥召开了“全国排污申报与核定工作会审会议”。

【排污费征收】 2005年，安徽省排污收费工作继续深入贯彻国务院《排污费征收使用管理条例》，进一步强化排污费征收和稽查工作。针对全省排污收费工作现状，重点加强了排污费的规范征收和扩大征收面等工作，强化县、区排污费征收和征收稽查工作，促进全省排污费征收工作再上新台阶。安徽省2005年排污费征收总额达到28 106万元，同比增长21.22%，连续3年实现两位数的高速增长。

【电力企业二氧化硫排污费征收】 2005年，安徽省继续加强对装机容量30万千瓦以上电力企业二氧化硫排污费征收工作。2005年安徽省装机容量30万千瓦以上电力企业增加到了13家，安徽省环保局严格按照国家规定的排污费征收工作程序，在加强现场检查和监测的基础上，全年共计征收装机容量30万千瓦以上电力企业二氧化硫排污费4 029.83万元，同比增长63.13%。

（袁永宏）

福建省

【排污申报核定】 2005年，根据国家环保总局《关于加强排污申报与核定工作的通知》的要求，在全省推行排污申报核定和排污费征收工作报告制度，完成国家环保总局部署的对2004年度重点工业企业排污申报等有关情况的调查统计和对国家五大电力公司在福建省的7家电力企业2000～2004年二氧化硫排污收费情况的摸底调查。其中，重点工业企业排污申报调查统计废水单位2 674户、废气单位2 247户、固废单位139户。各地加强排污申报和核定工作，对拒报、谎报以及排污状况有重大变化或污染物排放方式、去向发生改变不及时进行变更申报的排污单位，严格依法处理。莆田市对7家不如实申报排污量的企业追补征收排污费98 241元，福州市对82家重点排污单位进行重新申报核定。

【排污费征收】 2005年，福建省从制度创新入手，继续深化排污收费制度改革，省环境监察总队组织对城市污水处理厂和海水高位池水产养殖的调查摸底，完成有关基础数据的监测、收集和分析测算等基础性工作，拟定了有关加强征收的措施。下发了《福建省环保局关于规范海水高位池水产养殖废水排污费征收工作的通知》和《福建省环保局、财政厅关于加强城市污水集中处理设施超标排污费征收工作的通知》，有力地推动了排污费征收工作。福州、南平市开征了城市污水处理厂超标排污费950多万元。2005年，全省征收排污费30 902.22万元，比上年同期增长了22.45%。

【排污收费稽查】 2005年，省环境监察总队加大排污费稽查力度，对30万千瓦以上电力企业开展专项稽查。福州市对洋里、祥坂污水处理厂下达责令补交超标污水排污费的通知，同时加大对拖欠排污费的行政处罚力度，下达限期缴纳排污费通知书211份，行政处罚4份，申请法院强制执行6家。闽清县对18家未按期缴纳的单位，征收滞纳金，对6家拒缴单位，通过法院强制执行。莆田市对有关县区未开征或少征排污费的8家企业由市支队直接征收。

（秦　明）

江西省

【排污费征收工作检查】 2005年，江西省环保局共对南昌市环保局等11个设区、市及进贤县等15个县(市、区)环保局开展了排污费检查。主要检查以下内容:查阅有关文件执行情况、排污收费台账、排污收费报表等材料,检查排污费资金、解缴情况等,检查重点行业排污单位的排污申报表、排污费核定通知书、排污费缴纳通知单等一系列相关材料,并进行核对,检查排污费征收核定工作是否按国家环保总局规定的工作程序开展,是否依法足额收费。

通过排污费工作检查,规范了排污费征收程序,促使各级环保局实行收支两条线,确保排污费资金全额解缴财政。

【排污费征收专项稽查】 2005年,江西省环境监察总队共对赣州永源稀土有限公司、赣州华兴钨业有限责任公司等72家企业开展了排污费专案稽查工作,通过监测分析等方法核实企业污染物排放情况,核算应缴纳的排污费数额,并要求当地环保局追缴企业欠缴的排污费。通过开展该项工作,2005年有关企业补缴排污费合计790万元。

根据江西省环保局《关于对水泥等七个行业开展排污费稽查工作的通知》(赣环监字[2005]5号)的要求,2005年重点开展了对水泥行业的排污费专项稽查工作。

根据调查,全省共有水泥行业生产企业172家。省环境监察总队在召开水泥行业排污申报工作会议的基础上,对第一批98家水泥企业进行了排污费核算,对其中93家下达了排污费稽查意见书,目前通过稽查已经补缴排污费合计229.369 3万元。

【火力发电企业二氧化硫排污申报工作会议】 为做好2006年火力发电企业二氧化硫排污申报工作,2005年12月5~6日,江西省环境监察总队在弋阳县召开了"2006年全省火力发电企业二氧化硫排污申报工作会议"。全省9家30万千瓦以上装机容量火力发电企业的分管领导、环保科科长参加了会议。

为体现排污收费公平、公正、公开的原则,会议要求各火力发电企业严格按照有关法律、法规的规定,认真做好2006年二氧化硫排污申报工作。

【排污费征收报表工作会议】 2005年12月22~23日,江西省环境监察总队在南昌市召开了2005年全省排污费征收报表工作会议。全省各设区市负责排污费报表编制的工作人员参加了会议。会上,总队对2005年全省排污费征收快报、月报、季报、年度报表的编制提出了具体要求,并对2006年度全省排污费征收报表的编制工作做出安排。

【排污费征收】 2005年,江西省共征收排污费19 659.5万元,比2004年增长3 438万元,增长率为22.7%。其中省总队征收电厂二氧化硫排污费2 452.5万元,增长率为22%;全省有5个设区、市排污费比上年增长超过了25%。

2005年,江西省各设区、市环境监察部门积极挖掘新资源,拓宽收费面,强化排污费征收工作。如抚州市以重点污染企业为收费突破口,同时抓住市政府联审联批的大好机遇,加大了建筑噪声的收费力度。九江市在征收排污费工作中加强与工商、财政、物价、法院、银行等部门的联系,理顺各种关系,本级收费达1 829万元,增长率达52.4%。赣州市环境监察支队在辖区内几家主要费源企业因治理达标、排污减少和城区开征污水处理费等情况下,充分钻研,加大对重点排污单位的稽查力度,2005年征收排污费达671万元,较上年增长47.5%。南昌市环保监理所充分运用法律武器,依法强化收费工作,2005年本级收费达2 639万元,创历史新高。

(胡予秋)

山东省

【排污费征收】 2005年,山东省各级环境监察机构累计征收排污费9.01亿元,创历史最高水平,同比增长30%。其中省环境监察总队征收二氧化硫排污费2.81亿元,同比增长93.8%,继续位居全国前列。2005年,开展了加强排污费征收管理、落实"收支两条线"的专项检查,省环境监察总队帮助泰安等市开展了排污费清欠工作,清欠金额达到150万元。

【排污申报核定】 2005年,山东省环境监察总队组织召开了山东省排污申报核定、排污费征收工作年度会审会议。按时完成了国家环保总局布置的淮河流域排污申报核定汇总,淮河、太湖流域上半年排污申报核定汇总,全国"重点调查统计工业企业"排污申报核定数据汇总上报等项工作。

(韩　凯)

河南省

【排污申报核定】 2005年,为切实提高排污申报质量,充分发挥申报数据在环境管理中的基础保障作用,河南省环境监察总队进一步加强了对排污申报工作的组织、指导和督促检查。2005年,统一调整了排污申报表,规范了申报表的逻辑关系,将原来的5个申报表改为6个表,减少360多个项目和数据,同时编制了配套的填报说明近2 000条。明确了申报表中不同项目存在的几十项逻辑关系,提出了规范化要求。邀请国内环保专家对全省负责排污申报的管理人员进行了专门的业务培训。组织对全省18个省辖市和36个县(市)的排污申报情况进行了检查,共查看排污申报表近5 000份,现场核查100余家企业的排污申报情况,及时总结推广了一些市、县好的经验,有效地遏制了排污企业漏报、瞒报的行为,及时纠正了排污申报表中缺项、漏项、逻辑关系不对应、申报与实际不一致等现象。组织省辖淮河流域环境监察机构完成了淮河流域2005年上半年排污申报核定汇总工作，共汇总上报1 104家排污企业和15家污水处理厂近110万个申报数据。2005年共完成了16 712家排污单位的申报核定汇总工作，申报的全面性和数据的准确性明显提高，2005年的排污申报核定工作继2004年之后再次获得全国一等奖。

各类污染物的申报核定单位数

污水		废气		固体废物		噪声
申报单位数	其中重点单位数	申报单位数	其中重点单位数	申报单位数	其中重点单位数	申报单位数
7 521	2 593	6 682	3 718	1 688	1 009	1 607

【排污费征收】 2005年，河南省征收排污费总额达6.05亿元(其中处罚金额631万元)，较上年增收约1.32亿元，增长约28%。其中，省环境监察总队征收电厂二氧化硫排污费1.19亿元（罚款51万元），较去年同期增收近5 900万元，增长93%。

【排污费征收稽查】 2005年，河南省环境监察总队对开封、许昌、洛阳、鹤壁等市进行了排污费检查，对查处有违法行为的17家企业进行排污量的核定，并下达了书面限期改正通知书，对逾期不能足额征收的企业由省环保部门直接征收。通过稽查，追缴部分企业拖欠排污费达1 355万元，其中通过省环境监察总队的稽查，促进有关市、县环保部门增收排污费500多万元。

（荆国一）

湖北省

【排污费征收】 2005年，湖北省各级环保部门对企业加大监督管理力度、监测频次，强化现场监督管理，开拓收费渠道，扩大征收面，并规范排污收费行为，督促各地严格执行征收程序和解缴程序，努力推进了征收工作的规范化、程序化和制度化。

2005年全省排污费征收户数为27 971户，征收排污费28 040.99万元，较2004年增长20.66%。在排污费征收类别中，各项目均较上年有所增长，其中二氧化硫排污费增长较快，增幅为4 962.85万元，增长率达114.18%；其次是噪声类，增长率为12.86%。从重点行业的征收情况来看，火力发电和钢铁行业增幅较大，分别占征收总额的27.66%和21.2%。

湖北省地处长江流域，多数企业污水直接或间接排入长江，因此长江流域的污水排污费占污水排污费征收总额的88.91%。湖北省的酸雨控制区主要分布在武汉、黄石、荆州、宜昌、荆门、鄂州、咸宁、潜江8个地市，控制区废气排污费征收为9 115.23万元，占废气排污费征收总额的71.45%。

（孟凡松）

湖南省

【排污申报登记】 湖南省排污申报登记工作开展顺利，2005年共完成排污企业申报登记3 491家，申报登记工作荣获国家环保总局二等奖，10人荣获申报登记工作先进个人奖。

【排污费征收】 2005年，湖南省实际征收排污费入库51 168.3万元，完成预算108.9%，比上年增长25.2%。其中中央、省属单位征收入库22 037.4万元，比上年增加22.7%，市州及以下排污单位征收入库29 062.5万元，完成预算114.3%，比上年增加27.2%；8家火电企业入库13 538.4万元，完成预算116.7%，比上年增加37.5%。排污收费总额在4 000万元以上的有长沙、株洲、岳阳；3 000万元以上的有湘潭、衡阳。与上年相比，排污费征收增长较快的市(州)有株洲、常德、张家界等市(州)。

（兰　洋）

广东省

【排污申报和排污费征收】 根据国务院《排污费征收使用管理条例》、国家环保总局《关于排污费征收核定有关工作的通知》，2005年，广东省环境监察总队积极推进排污申报和核定工作，规范了工作程序和工作制度，完善排污费管理系统软件，举办了排污费管理系统软件培训班，按要求完成了年度、季度排污申报和核定报表。

坚持依法核定排污费，加大依法追缴排污费工作力度，对不按时缴纳排污费的单位，依法作出罚款，或申请人民法院强制执行。省监察总队直接负责装机容量30万千瓦以上电力企业二氧化硫排污核定和征收工作。

（张作凡）

广西壮族自治区

【排污申报核定与排污费征收】 2005 年，广西环境监察总队统一了全区排污申报登记表格，将国家环保总局制定的排污申报表格统一印制、发放给各地，2005 年共印制、发放了 7 种样式，共计 24 205 份表格，还采用电子表格的形式汇总并审核数据，完成了广西排污申报数据上报国家环保总局的任务，并且在 2005 年 10 月开展了重点调查统计工业企业排污申报核定工作，评审、修改和印刷了 2001～2003 年的排污申报技术报告。2005 年，广西的工业企业普遍面临能源(煤电)供应紧张、开工不足的局面，各级环境监察部门加大排污费征收工作力度，确保排污费征收额稳定增长。2005 年广西累计完成排污费征收入库 26 143 万元，其中自治区环保局直接征收 6 064 万元。

(郑伯春)

海南省

【排污费征收】 2005 年，海南省超额完成排污费征收入库任务。截至当年 12 月，省环境监察总队征收排污费 1 380.67 万元，比上年增加 171%；省本级排污费入库 1 532.15 万元(合市、县上缴部分)，完成收费计划的 118%。

在排污征收工作中，坚持规范管理。如期完成排污申报登记核定年审工作。制定了餐饮、娱乐等小型企业污染物排放核算系数表；强化排污收费稽查。

(杨昌新)

重庆市

【排污费征收】 2005 年，重庆市加强污染源现场监督检查力度；使用"排污费征收管理系统软件"，认真核定排污量，强化征收与查处。对全市水泥企业污染物排放情况进行了调查，对江津市 8 家水泥企业和秀山县的 18 家电解锰企业排污费进行了稽查，开展了餐饮业排污费征收工作专项检查。2005 年，全市排污收费额达 2.72 亿元，与去年同期相比增长 33%(其中市级排污费征收额为 1.35 亿元，与去年同期相比增长 35%)。

(顾怀东)

四川省

【排污申报和排污费征收】 2005 年，四川省各级环境监察机构在全省使用《排污费征收使用管理系统》软件开展排污申报登记和排污费征收。省环境监察总队重点开展了 5 000 千瓦以上火电机组的排污申报和收费工作，进一步规范了全省 30 万千瓦以上电力企业(集团)、四川石油管理局和中石油西南油气田分公司的排污申报登记。截至 2005 年底，全省共征收排污费 3.85 亿元，较去年增长 41.2%；其中省本级征收排污费 1.38 亿元，较去年增长 181.6%。全省排污费征收入库在千万元以上的市有攀枝花、成都、宜宾、德阳、内江、雅安、达州等。

【实施排污收费稽查制度】 2005 年初，四川省环境监察总队结合四川省实际，以省环保局的名义下发了《关于排污收费稽查工作的通知》，在全省建立和试行排污费稽查制度。2005 年 3 月，省环境监察总队又下发了《关于排污收费稽查工作的通知》，对 2005 年排污收费稽查做出了具体的安排和部署。2005 年 10 月，省环境监察总队抽调各市、州支队人员，在全省开展首次排污收费稽查工作，重点稽查了 16 个市的 106 家企业，对排污费征收标准执行情况，排污费减、免、缓审批情况和排污费征收程序的执行情况等工作进行全面稽查，促进了全省排污费足额征收。

(陈泽文)

贵州省

【排污费征收】 2005 年，贵州省各级环境监察队伍以环保专项行动为契机，通过加大环境现场执法力度和推动排污申报制度的贯彻落实，努力克服收费工作中的各种困难，使全省排污费征收额突破了 3 亿元大关，开创了全省排污收费工作的新局面。全省累计完成排污费征收额 33 934.75 万元(2004 年为 22 176.67 万元)，与上年同期相比增长幅度达 53.13%。其中，省级征收的电力企业二氧化硫排污费 15 978.23 万元，占总收费额 61.4%，六盘水市排污费征收去年突破 4 000 万元大关，安顺市排污费征收增长 100%。

(邓瑞举)

云南省

【排污费征收】 "十五"期间，与排污收费制度发生了历史性的改革。2003 年国务院颁布了《排污费征收使用管理条例》，国家环保总局会同有关部委出台了一系列有关的配套管理办法。云南省环保局结合本省实际，及时会同省财政厅、发改委、经委、人事等部门制定了云南省的贯彻意见，以省政府云政发[2003]100 号文批转各地贯彻执行。"十五"期间，云南省排污收费实现了由浓度收费向总量收费的转变和单因子收费向多因子收费的转变，实行了“部门开票、银行代收、财政统管”的征收方式，基本执行了“收支两条线”。“十五”期间，全省对近 1.5 万户排污单位累计征收排污费 5.95 亿元，比“九五”期间增长 16%。其中 2005 年全省征收排污费 1.94 亿元，上缴省级国库 8 000 余万元，均创历史最高水平。

（崔震宇）

陕西省

【排污费征收】 2005 年，陕西省有 8 个城市污水处理厂投入使用，由于污水处理厂运行后影响到污水排污费的征收，上半年仅完成全年收费任务的 1/3。为此，陕西省环保局及时下发了《2005 年上半年各市征收排污费情况的通报》，指出了征收工作中存在的主要问题，提出了下半年的工作要求。全省各级环境监察部门采取积极有效措施，强化排污申报登记，坚持依法足额征收，全年征收额达到 2.96 亿元，比去年同期增加 5 348 万元，增长 22%，是陕西省历史上收费额最高的一年。

（樊江泉）

甘肃省

【排污申报登记】 2005 年，甘肃省申报登记工作力求在面上取得突破，采取“抓大不放小”的原则，加大了对重点企业、重点污染源、第三产业的排污申报登记工作力度。并全面安排部署了污染源申报核查工作。各地环境监察部门将排污申报作为排污费征收的第一程序向社会公开，继续发挥监察、管理、监测等部门为成员的核查工作小组和复核工作小组的作用，有重点、有组织、有计划地开展了排污申报登记数据核查。统一了排污申报登记表，实施月（季）申报与年申报相结合的形式，建立健全污染源排污申报基础档案或登记卡，实行动态管理。在此基础上，全省组织各地环境监察部门对重点污染源开展排污核查工作，为排污申报数据的科学规范、客观真实夯实了基础。

据统计 2005 年，全省共有 15 690 家排污者按期进行了排污申报登记，其中污水排污申报登记 94 102家，废气排污申报登记 7 668 家，固体废物排污申报登记 2 797 家，噪声排污申报登记 1 720 家，第三产业申报登记 8 237 家。申报面和申报质量都较往年有较大幅度的提高。

【排污费征收】 2005 年，全省各级环境监察部门严格执行排污费征收规定，按照规定的征收范围、权限、时限和程序征收，杜绝擅自减、免、缓征排污费及协商收费、人情收费等现象。对现有 8 家 30 万千瓦以上电厂实施半年一次的燃煤硫分分析、按季度核定二氧化硫排放量排污费征收，省级环境监察部门共征收二氧化硫排污费 3 542.28 万元。据统计，2005 年全省共征收排污费 1.98 亿元，其中兰州市 4 470万元、金昌市 3 150.6 万元、白银市 2 213 万元、嘉峪关市 1 017.5 万元。

（宁　炳）

青海省

【排污申报登记】 2005 年，青海省各级环境监察部门在做好《排污费征收使用管理条例》规定的工作及相关法律法规宣传工作的同时，规范排污费征收程序，严格按照“全面申报，准确核定，足额征收”的原则，对辖区内污染源逐一进行申报登记，对工业企业、乡镇企业、“三产”及行政事业单位污染物排放情况进行了全面申报核定，共完成排污申报核定单位 2 709 家。

申报核定污水排放户 2 369 家，污水排放量 8 663.7万吨，主要污染物化学需氧量、氨氮、石油类、铅排放量分别为 46 070 吨、1 716 吨、855 吨、8.323 吨，污水排放达标率 74%，工业废水主要来自有色金属、矿石采选、钢铁业、化工和酿造业。

申报核定废气排放户 2 578 家，废气排放量 739.5 亿标立方米，二氧化硫排放量 51 834 吨，烟尘排放量 24 789 吨，工业粉尘排放量 83 021 吨，废气达标排放率 84%，废气排放主要来自燃煤电厂、有色金属冶炼、水泥建材、铁合金冶炼、化工等行业。

申报核定固体废物排放户 83 家，工业固体废物产生量 473.9 万吨，固体废物主要来自有色金属采选业、火力发电、石棉采选、煤炭等行业。

申报核定重点排污单位 183 家，重点排污单位污水排放量占全省工业污水总排放量的 89%，二氧化硫排放量占全省工业总排放量的 86%，烟尘排放量占全省工业总排放量的 80%，粉尘排放量占全省工业总排放量的 60%，固体废物产生量占全省总量的 91%。

申报核定污水处理厂 1 家，设计日处理污水 8.5 万吨，实际日处理 4.5 万吨；小型“三产”等排污者 2 186 户。

【排污费征收】 2005 年，青海省各级环境监察部门全面贯彻落实《排污费征收使用管理条例》及配套规章，加强排污企业现场监督检查，严格排污费征收程序，全省除玉树、果洛两个牧业州外的各级环境监察部门开征了污水、废气、噪声、固体废弃物 4 项排污费，对 2 558 家排污单位共征收排污费 1 857.5 万元，地市级征收 756 户，征收金额 709.9 万元，县级征收 1 801 户，征收金额 937.6 万元。

按污染类别征收排污费情况为：污水类排污费征收户数 1 313 户，征收排污费 510.7 万元，占年排污费收费总额的 29.8%；废气类排污费征收户 1 388

户,收费额 935.6 万元;噪声类排污费征收户 141 户,征收额 112.18 万元;固体废弃物排污费征收户 43 户,征收额 153.73 万元。

(董郁海)

宁夏回族自治区

【排污申报登记与核定】 2005 年,按照《宁夏回族自治区排污费征收使用管理办法》,全区各级环境监察部门认真开展排污申报登记与核定,共对 1 996 家排污单位进行排污申报登记,其中废水排污申报登记 1 501 家,废气排污申报登记 1 688 家,固体废物申报登记 820 家,噪声申报登记 516 家。通过排污申报登记,摸清了污染源底数,为征收排污费打下了基础。

【排污费征收】 2005 年,全区环境机构认真贯彻"条例",依法足额征收,2005 年开征单位 2 256 户,征收排污费 8 680 万元,比 2004 年增长 75%,创历史最高水平。

【排污费解缴管理】 2005 年 1 月 25 日,区财政厅等 5 部门制定的《宁夏回族自治区排污费收缴管理办法》颁布实施,各级环境监察部门严格执行"办法"有关规定,进行环保开票、银行代收、财政统管。征收的排污费及时解缴国库,其中解缴省级国库5 148万元,地市级国库 3 036 万元,县级国库 472 万元,缴入各级国库的 10%划入中央国库。

(刘韵垠)

新疆维吾尔自治区

【排污申报与排污许可证制度执行监察】 2005 年,新疆维吾自治区环境监察总队和全区各级监察部门对自治区辖区内五大油田、装机容量在 30 万千瓦以上的 4 家电力企业、3 家石化企业以及 34 家中央、自治区直属企业的排污申报全面进行了现场核查,保证了全区重点污染源企业排放污染物的浓度、种类、数量和排污费核算的准确性。2005 年全区应申报单位28 335家,实际申报单位 19 911 家,符合许可证发放的单位共 5 204 家(见下表)。

新疆维吾尔自治区各地、州、市排污许可证发放情况及排污申报情况

序号	地区名称	许可证现场监察情况				排污申报情况		
		现场监察总次数	许可证发放数	符合许可证的家数	超标排污的家数	排污单位总数	申报单位数	检查单位数
1	乌鲁木齐市	—	—	—	—	4 802	3 235	4 802
2	昌吉州	1 568	56	55	21	1 483	881	901
3	石河子	313	175	175	121	319	319	797
4	克拉玛依市	720	270	270	96	1 052	989	979
5	塔城地区	2 141	1 399	1 448	304	2 056	1 914	1 938
6	博　州	796	435	435	422	938	938	938
7	伊犁州	12 298	2 523	2 484	2 393	4 662	4 014	4 549
8	阿勒泰地区	162	25	10	16	1 219	42	54
9	哈密地区	—	—	—	—	975	975	975
10	吐鲁番地区	85	18	—	—	790	18	18
11	巴　州	—	—	—	—	1 400	1 400	1 400
12	阿克苏地区	—	—	—	—	2 895	—	—
13	克　州	8	8	—	—	339	34	34
14	喀什地区	1 660	67	327	315	3 405	3 167	3 355
15	和田地区	—	—	—	—	2 000	1 985	1 040
	合　计	19 751	4 976	5 204	3 688	28 335	19 911	21 780

【排污费征收】 2005 年，全区排污费征收额为 18 981.62万元(不含新疆建设兵团)，比 2004 年增长5 375.63万元，征收户数达 26 441 户(不含兵团)，圆满完成了年初制定的 17 654.7 万元的征收任务，完成计划的 117.48%，比 2004 年同期增长 34.98%。全区 15 个地、州、市及自治区、生产建设兵团均超计划完成了征收任务，其中乌鲁木齐市、昌吉州、博州、阿勒泰地区、阿克苏地区、吐鲁番地区及和田地区完成排污费征收计划的120%以上。

2005 年所征收排污费中：污水排污费为 4 823.32万元，占收费总额的 25%；废气排污费为 10 517.04万元，占收费总额的 56%；噪声超标排污费为 1 589.48 万元，占收费总额的 8%；固体废物排污费为 2 051.61 万元，占收费总额的 11%(见表)。在废气排污费中，氧化物排污费仅占 15%，二氧化硫排污费占 38%，两项合计为 53%。由此看出，新疆因受监测力量、监测水平和核定制约，全区废气排污费征收过程中氮氧化物和二氧化硫排污费的征收力度不到位，有 50%的地、州、市未开展氮氧化物排污费的征收。

【排污费征收管理】 2005 年，自治区及全区 15 个地、州、市和绝大部分县(市)级环境监察部门严格执行国家《排污费奖金收缴使用管理办法》，全区范围内已实现了排污费收缴开票工作的微机化管理，保证了排污费收费票据的准确、清晰，坚持单位开票、银行收款、财政统管的规定，减少中间环节，切实保证了排污费征收和使用过程中“收支两条线”制度的贯彻落实。

(刘寒峰)

大连市

【排污费征收】 2005 年 1 月 1 日，大连市政府行政服务中心环保局排污费征收窗口正式启动，收费软件实现了窗口与各级环境监察机构之间的网络传输信息传递，提高了办事效率，推进了政务公开。收费窗口对外接待达 1.5 万余人次，打印核定通知、收费通知和限期缴纳通知达 6 万余份。

2005 年，共征收排污费 13 317.004 3 万元，市本级累计收缴排污费 9 084.035 8 万元，区(市、县)累计收缴排污费 4 232.968 5 万元。

【排污收费稽查】 强化排污费稽查工作，确保排污费依法、全面、足额征收。2005 年，市监察支队从加强排污申报核定和加大稽查、监察力度，清查足额收费率入手，加强了对排污单位的监督检查，使排污收费有了新增长点。为了全面有效地开展排污收费稽查工作，制定了《大连市排污收费稽查实施办法》，明确了各部门职责，规定了各种稽查的主要内容和工作程序。针对个别区市、县存在的对重点污染源排污单位收费难、对个别单位收费工作没有开展的情况，制定了“重点企业环境监察工作程序”，下发了《上报重点污染源企业排污费核定情况的通知》。

2003 年至 2005 年大连市征收排污费情况

	合计(万元)	市本级(万元)	区市县(万元)
2003 年	13 044	9 714.4	3 327
2004 年	13 133	9 733.1	3 400
2005 年	13 317	9 084.0	4 233

(宋晓奔)

青岛市

【排污申报登记】 2005 年，青岛市申报户数 2 940 家。其中污水排放申报户数 2 229 户，核定污水排放量 11 998.84 吨，化学需氧量达标排放 17 566.32 吨，超标排放 3 904.49 吨，氨氮达标排放量2 942.73 吨，超标排放量 189.95 吨；废气排放申报户数 604 家，全市煤炭用量 8 494 540.8 吨，其中燃料煤用量 7 453 147.8 吨，废气排放量 1 382 亿标立方米，二氧化硫排放量 53 646.18 吨(不含省局核定收费的青岛发电厂和黄岛发电厂)，烟尘排放量 27 139.8 吨；固体废物申报户数 878 家，其中危险废物产生 23 480.8吨；噪声申报户数 423 家。

从数据汇总情况分析，餐饮业排放的废水是造成化学需氧量超标的主要原因。大部分超标废水进入城市污水处理厂进行再次处理后达标排放。

【排污费征收】 2005 年，青岛市环境监察系统加大对重点污染行业征收力度，促进排污费全面足额征收。2005 年全市共开征排污单位 3 871 个，征收开单金额 7 393 万元。其中征收污水排污费及超标准排污费 3 869 万元，开征户数 2 878 个；征收废气排污费3 114万元，开征户数1 169个；征收噪声排污费334万元，开征户数250个；征收固废排污费76万元，开征户数82家。超额完成了全年征收任务。

（赵润德）

宁波市

【排污申报登记与排污费征收】 2005年，宁波市继续推进排污申报登记制度改革，全面落实市级排污单位的申报工作；坚持收费制约机制，严格规范排污费征收程序，增加工作透明度；加强对各县、市、区排污申报和收费工作的指导和监督，统一征收口径和标准；通过采取严格依法征收排污费、提高排污费征收额度、把危险固废物收费纳入排污收费范围等措施，有效地强化了企业保护环境意识和社会责任意识。2005年，全市共征收排污费11 375万元，比上年增长3 230.79万元，其中市本级征收1 689.57万元（包括3个分局），比上年增长344.96万元，北仑、镇海分别征收3 478万元和2 756万元，名列全市前茅。

（陈　波）

厦门市

【排污费征收】 2005年，厦门市环境监理中心所根据厦门市环保局对排污费征收工作的调整，定制了《排污费征收管理系统》软件，规范各类征收表单和票据的管理和使用，制定《厦门市环保局排污费征收内部工作程序实施细则》，进一步规范排污申报、开单、审核、发单工作程序，排污费的征收管理走入正常化，并且随着派驻各区环保分局环境监理人员的增多，征收面明显加大，全市排污费开征户数达到9 745户，征收排污费4 783万元。

（李　华）

深圳市

【排污费征收】 2005年是深圳市排污费征收工作全面进入规范化管理阶段。一是加强领导，高度重视，指定专人负责，落实申报、审核和录入各个环节，落实责任到人，确保数据规范、齐全、准确。二是结合深圳市的实际情况，针对不同行业的特点，制定了各类污染源污染物排放申报表和申报工作管理制度，全面、准确地掌握污染物排放动态、及时核发排污费征收通知书。三是成立排污费征收工作领导小组，指导、规范、督察全市排污费征收，定期组织业务培训、考核，提高征收人员的管理水平。四是重点加强对电力行业废气排污费、市政污水处理厂污水排污费和建筑施工噪声超标排污费的征收工作。五是会同市财政局、排污费托收商业银行，建立协调，联络机制，及时解决排污费缴纳过程中出现的问题、及时准确解缴排污费。2005年，深圳市共征收排污费13 625万元，开征户数7 982个，其中市本级7 086万元、1 304户，区级6 549万元、6 678户。

【排污费解缴管理】 2005年，深圳市财政局确定了缴纳排污费的商业银行，并按照委托协议书的有关规定，及时准确地将排污费解缴到中央国库和省国库，并及时完成向区财政的划拨。共解缴排污费13 625万元，其中10%部分计1 363万元缴入中央国库，5%部分计682万元缴入省国库。其余85%部分属本市级征收的共计7 086万元缴入市本级国库，属各区代征收的缴入区级国库，其中福田区367万元，罗湖区539万元，南山区767万元，盐田区50万元，龙岗区2 771万元，宝安区2 055万元。

（胡　华）

沈阳市

【排污申报登记】 2005年，沈阳市环保局强化申报登记，扩大排污费开征面，统一收费标准，严格执行收费程序；同时，推行核、收分离，规范收费行为，全市共有8 000余户排污单位进行了排污申报登记。沈阳市环境监理支队通过对600余家餐饮、洗浴等16个类型“三产”行业排污者的监督性监测结果，制定了《沈阳市餐饮娱乐等小型“三产”行业水污染物排放浓度及污染当量数核算试行办法》，并在全市开展实施，有力地促进了收费工作的公平、公正、公开。并在皇姑区、沈河区开展排污费核定与征收分离的试点工作，形成了有效的监督、制约机制。

【排污费征收】 全年对6 593户排污者征收排污费13 237万元，其中沈阳市环境监理大队征收4 341万元，其他区、县（市）、开发区环境监理机构征收8 896万元。

（郎丽娜）

长春市

【排污费征收】 2005年，长春市环境监察支队按时超额完成了排污费征收计划指标。全市共征收排污费8 491万元，较2004年增加1 956万元，创全市排污收费历史最高水平。其中市本级征收7 734万元，双阳区和4县（市）征收757万元。

为保证全年排污费征收工作圆满完成，2005年年初，长春市环境监察支队制订新的排污费征收实施方案，确立征收主体，指导监督各县（市）征收的工作机制。对排污费征收工作采取“四个统一”方式，即统一部署、统一指标、统一文书和统一考核的方式，明确了职责和要求，制定奖惩措施，理顺体制，规范排污费征收行为。

在完善征收体制的基础上，进一步抓好基础数据工作，全面开展污染源普查，加强排污申报登记，建立动态的“污染源数据库”，并与排污申报登记审核有机结合，确保排污申报的真实性；借助工商、水务、能源等部门的相关资料，加强对漏管单位、谎报单位的申报登记管理工作；在抽样监测、测算的基础上，对小型企业和餐饮等特殊行业确定污染物排放系数，在合法的前提下确保排污费的全面征收。据统计，2005 年全市共征收单位 5 574 户，比 2004 年增加了 1 970 余户。

在排污费征收工作中严格执法，强化征收。首先，长春市环境监察支队设立公安值班室，对现场不配合工作的排污单位，由长春市公安局城市管理支队干警配合现场执法工作；其次，协调各级法院对无故拒绝缴纳排污费的单位，给予依法强制执行。如对长春市建工集团吉润有限公司晨光小区建筑工地征收排污费一案的胜诉，不仅强制执行了 140 800 元排污费，同时也执行了 80 537 元的滞纳金。

（胡晓明）

哈尔滨市

【排污费征收】 2005 年，哈尔滨市排污费征收额再创历史新高。排污申报单位 8 419 户，开征排污费 6 142户，全市征收排污费 7 461 万元，比 2004 年增收 552 万元。其中，市环境监察支队征收 4 442 万元，开征 348 户，比 2004 年增收 500 万元。6 个区征收排污费 1 253.1 万元，松北分局征收 289.89 万元，12 个县（市）征收排污费 1 765.9 万元。

2005 年，哈尔滨市排污费征收坚持依法、全面、足额征收的原则，强化法律法规的宣传，使企业增强缴费意识。实行申报核定动态管理，修订排污收费内部运转程序，完善审核、核定工作。强化对拒绝排污申报的行政处罚力度，对 32 户拒绝排污申报登记的单位责令限期补报，对仍然未报的违法行为进行了行政处罚。在省内率先应用《排污费征收管理系统》软件。通过软件统一出具各种文书、报表，进一步规范排污收费工作的文书、档案，并且将严格排污收费程序、应用软件收费等工作内容纳入对区、县（市）环保局的目标考核，进一步推动了排污费征收管理的规范化、程序化。贯彻执行排污费征收政务公开制度，公开排污收费程序、征收标准，各单位都实现排污收费上网公示或在办公地点进行公示，排污收费逐步实现“阳光收费”。

【排污收费稽查】 2005 年重点对县（市）排污费进行稽查，解决地方保护行为的影响。针对清查缴费“钉子户”，重点稽查造纸、水泥等重污染企业，结合“专项行动”，稽查排污单位 79 户，促收、追缴排污费 110 万元；同时强化了对供暖系统排污费的稽查和征缴力度。

（彭　伟）

南京市

【排污费征收】 2005 年，南京市环境监察机构加大了对排污申报、排污费征收管理稽查、规范排污费征收管理等工作力度，促进排污费全面、足额、及时征收到位。2005 年，全市征收 1.44 亿元，超额完成省市级目标任务，并两次对全市 1 345 家排污单位的申报和缴费工作进行稽查，对 151 家餐饮、138 家施工单位申报和缴费情况进行比照，下达《稽查意见书》28 份，提出稽查意见 160 条。通过稽查整改，全市各区县 711 家排污单位进行了补充申报，补征 291 家共 409.9 万元排污费。

（陈　舟）

武汉市

【排污费征收】 2005 年，武汉市排污费征收首次突破 1 亿元，其中武汉市环境监察支队征收 6 800 万元，超过年初制订的 5 000 万元目标任务，完成全年目标任务的 136%，较去年增长 33%。

（王　晴）

西安市

【排污申报登记与年审】 2005 年，西安市环境监察支队先后制定了《西安市排污量变更审批制度》、《西安市排污核定备案制度》等文件，进一步规范各级环境监察部门的排污申报登记、年审与核定工作，共依法对 2 489 家单位开展此项工作。对排污者的申报数据，要求申报单位必须附相关凭据，对需要监测的单位，根据其行业特点，确保抓住排放浓度高峰，对瞒报、拒报、谎报排污量者加大处罚力度，为年审工作打下良好基础。

【排污费征收】 2005 年，排污费征收工作坚持依法、足额、及时的征收原则，从严核定排污申报、规范征收程序，在足额征收上下工夫，严格执行排污费减、缓、免的有关规定，确保征收工作规范有序进行。共征收 2 489 家单位排污费 6 063 万元，完成计划任务的 144%，其中西安市环境监察支队直接征收 434 家单位排污费 3 510 万元。

（赵文军）

济南市

【排污申报核定】 2005年《排污申报核定工作制度》和《排污费征收工作制度》在济南市正式启动，先后4次组织了由各县(市)、区监理站长及具体承担此项工作的人员参加的培训，对各种季度、年度报表进行了讲解，统一了标准。对全市386家排污单位的水、固废、废气等各项污染物进行了申报核定。

【排污费征收】 2005年，在征收中严格排污费征收程序，严把核算审核关，特别是对排污量和收费数额较大的单位在每月申报的基础上，按月对排污量进行严格的审核，充分利用在线监测数据和监督数据进行核定。对有在线监测的热电行业和数据变化较大的化工企业等单位按月进行核算，对新建项目进一步到现场调查，重新核算排污费。对部分排污单位的污水去向进行摸底调查，确保污水排污费征收不遗漏。为杜绝收费工作中的随意行为，避免总量核定人工计算的缺陷，济南市环境监理总站在收费工作中始终坚持实行三级审核制度，并坚持月上网公示制度。

2005年，全市共计征收排污费6 241.58万元，比2004年增收682.71万元。

（彭晓鹏）

环境稽查与违法案件查处

- ◎ 监察稽查与督办
- ◎ 环境违法立案查处
- ◎ 环境污染与生态破坏典型案例实录

国家环保总局环境监察局

【大案、要案的查处督办】 2005年,国家环保总局环境监察局共处理环境污染案件160件,已办结142件,结案率89%。案件涉及全国25个省、自治区、直辖市。其中:中共中央、国务院领导批示案件23件,总局领导批示案件100件。按污染类型分类:水污染的案件92件,占总数的57%;大气污染的案件57件,占总数的36%;噪声污染的案件5件;固废污染的案件6件。国家环保总局环境监察局直接赴现场查处的案件包括胡锦涛总书记批示的河北、江苏、湖北、四川4省水污染问题和湖南、重庆、贵州"锰三角"污染案;吴邦国委员长批示的9起环境污染案件;温家宝总理批示的4起环境污染案件;曾培炎副总理批示的河南与湖北交界地区白河污染案件、天津西堤头化工企业污染案件等。

(国家环保总局环境监察局)

山西省

【违法案件查处】 2005年,全省加大了对环境违法案件的查处力度,全年共立案800余起,执行行政罚款1 300余万元。山西省环境监察总队对环保设施不能运转的环境违法行为,立案220余起,执行行政罚款130.3万元。

(张全升)

内蒙古自治区

【国家环保总局挂牌督办案件查处情况】 1. 晋陕蒙宁交界区域电石、铁合金、焦化行业清理整顿。按照国家4部委关于晋陕蒙宁交界区域电石、铁合金、焦化行业清理整顿的部署和要求,内蒙古自治区环保局做出了细致安排。鄂尔多斯、乌海、乌兰察布市和阿拉善盟经过"地毯式"排查,发现境内有关地区此类行业共计366家,其中符合国家产业政策的企业318家,不符合产业政策的企48家。对未能达到环保要求的企业采取了停产整改等措施。

2. 东乌旗小坝梁联合金铜矿厂、冰铜冶炼厂危害草原生态问题。该案件被列为国家挂牌督办案件后,自治区环保局责成自治区环境监察总队认真查办。东乌旗小坝梁联合金铜矿于1994年建矿,未履行环境影响评价手续,擅自开工。

冰铜冶炼厂虽经环保审批,但自2004年7月在未进行配套环保设施竣工验收的情况下,擅自开工投入试生产,并且未按照环境影响报告书的要求,对生产废渣堆置场做防渗处理。

查处情况:内蒙古自治区环保局责令锡林郭勒盟环保局下达停产整顿通知书,补办环境影响评价手续,东乌旗环保局下达了行政处罚决定书。目前,东乌旗小坝梁联合金铜矿处于停产整顿状态,该项目的环境影响报告书已由内蒙古煤炭环境影响评价中心编制完成,由锡林郭勒盟环保局组织专家审查通过,并已对该项目的环评报告进行了批复(锡署环审[2005]2号)。

冰铜冶炼厂对现有的环保设施进行了改造,对生产废渣堆置场采取了防渗措施,目前,企业正处于停产整改阶段。同时,由锡林郭勒盟监察局对相关责任人进行行政责任追究。

3. 东乌旗淀花浆板厂危害草原生态问题。该企业的环境污染问题造成的影响十分恶劣,当地居民多次越级上访。列为国家挂牌督办案件后,自治区加大了监管力度。10月,该企业停产治理,同时由锡林郭勒盟监察局对相关责任人进行责任追究。

4. 通辽梅花科技有限公司环境违法案件。基本情况:通辽梅花科技有限公司是河北梅花味精集团有限公司在内蒙古的子公司,一期建设项目年综合加工玉米20万吨。

违法事实:通辽市、科尔沁区两级政府在招商引资中制定工业园区封闭式管理的"土政策",为企业逃避环保监管提供了条件。通辽梅花科技有限公司一期部分建设项目在未进行配套环保设施竣工验收的情况下,擅自开工投入试生产。

同时,在试生产期间,在污水处理设施出现事故检修停用期间,未报经所在地环境保护行政主管部门批准,也未采取措施,擅自排放超标生产废水。

查处情况:2005年5月19日,通辽市市长那顺孟和主持召开会议,决定对科尔沁区人民政府在该企业违法行为中应负的责任进行严肃追究处理;5月20日,通辽市委副书记王治安主持召开现场办公会议研究梅花生物科技有限公司超标排污整改问题。由市政府出资1 600万元,修建排污管线,解决木里图工业园区污水排放问题。通辽市人民政府责令科尔沁区人民政府废止《研究对重点企业梅花公司实行封闭管理等有关事宜》([2004]5号)等文件、纪要。责令通辽市环保局下达了对通辽梅花生物科技有限公司行政处罚决定书。目前该公司已完成了防渗事故池建设,该项目一期环保设施已由通辽市环保局组织进行了竣工验收。此案已移送自治区监察区。

【典型案例】 1. 九峰山自治区级自然保护区生态破坏案件。九峰山自然保护区基本情况:九峰山县级自然保护区成立于1996年,2001年九峰山县级自然保护区经自治区人民政府批准晋升为自治区级自然保护区,保护区总面积125 192公顷,其中核心区面积47 661.8公顷,缓冲区面积29 646.1公顷,试验区面积47 884.1公顷。2005年10月包头市土右旗人民政府申请,自治区人民政府批准,对九峰山自治区级自然保护区的范围和功能区进行了调整,调整后的保护区总面积为 108 284 公顷，其中核心区面积 36 943.8 公顷，缓冲区面积 24 324 公顷，试验区面积 47 017 公顷。

违法事实与查处情况：九峰山自然保护区内的煤炭规模性开采始于上个世纪 70 年代，煤矿数量在 2005 年 8 月由原来的 146 座减至 37 座，其中核心区 1 座、缓冲区 8 座、试验区 28 座，煤炭产量每年在 400 吨以上，均未履行环评审批手续。2005 年 8 月，国家环保总局环境监察局、内蒙古自治区环境监察总队、内蒙古自治区国土资源厅和包头市环保局先后多次进行了专项检查，包头市政府对 37 家煤矿下达了停产整顿的通知。2005 年 10 月自治区人民政府将保护区的范围和功能区进行了调整，将煤炭资源集中的区域划出保护区。目前，37 家煤矿处于停产状态。包头市环保局根据内蒙古自治区环保局《关于对九峰山、大青沟自然保护区生态破坏事件进行调查处理的通知》(内环办[2005]181 号)的指示精神，会同有关部门多次深入生态破坏现场，进行实地考察，制定了整改意见。同时包头市环保局积极协调监察部门，依法追究相关地方政府、自然保护区主管部门、自然保护区管理机构和相关责任人的行政责任。

2. 大青沟国家级自然保护区生态破坏案件

大青沟自然保护区基本情况：大青沟 1988 年经国务院批准为国家级自然保护区，位于通辽市科左后旗境内，总面积为 8 183 公顷，其中核心区面积 1 322.4公顷，缓冲区面积 2 082.2 公顷，试验区面积 1 322.4公顷，属森林生态系统类型自然保护区。

违法事实与查处情况：大青沟自然保护区生态破坏案件发生在保护区的试验区内三岔口景区。由于景区游人较多，为避免游人顺势于峰谷间徒步穿行而破坏自然植被，同时提升自然保护区景点设施的档次，科左后旗政府批准了空中滑道和旱地滑道两个建设项目。

空中滑道两端站点占地面积为 379 平方米，于 2004 年 9 月 2 日由科左后旗发改委立项批复，委托通辽市环境科学研究所于 2006 年 9 月编制完成了《环境影响报告表》，但未报批，属于未批先建项目。

旱地滑道项目，在建设过程中，对山体植被造成一定程度的带状破坏，面积约 800 平方米。该项目未经环评审批，属未批先建项目。

11 月 21 日，内蒙古自治区环保局下达了《关于对九峰山、大青沟自然保护区生态破坏事件进行调查处理的通知》和《关于立即停止在大青沟国家级自然保护区建设旱地滑道和索道等旅游项目的通知》。责令大青沟保护区空中滑道建设单位大青沟森林空中滑道场按照环保法律有关程序于 2005 年 12 月底前办理环境影响评价手续；责令大青沟保护区旱地滑道项目建设单位立即停止建设并限期于 2005 年 12 月底前到环保部门办理环境影响评价手续。对旱地滑道项目建设造成的植被破坏由建设单位于 2006 年 5 月 1 日前完成生态恢复。

(廉升光)

吉林省

【环境违法案件查处】 2005 年，吉林省组织开展了辽河流域重点排污企业专项检查。对四平红嘴钢铁集团、四平九丰酒业有限责任公司、公主岭市华正肉类加工有限公司、公主岭市巨元纸业有限公司、吉林省稷丰种猪场、辽河纸业股份有限公司、梨树县白云灰厂、吉林省贵名丰酒业有限公司等重点污染企业实施了现场监督检查，对存在的环境问题提出整治要求，对环境违法行为进行了查处。

(程金灿)

江苏省

【环境违法案件查处】 2005 年 6 月 27 日，江浙交界水系澜溪塘在吴江市恒祥酒精制造有限公司附近水域出现黑色污染带，污染物下泄导致浙江嘉兴市秀州区新塍镇地表水厂取水口紧急关闭，停止向该镇 3 万居民供水。经查明，肇事单位为吴江市恒祥酒精制造有限公司。

这是一起由吴江市恒祥酒精制造有限公司 3# 厌氧罐爆裂事故引发的环境污染事故。事发后，肇事企业既没有及时向当地环保部门报告，也未向下游新塍镇地表水厂通报情况，致使有关部门丧失了最佳处置时机，肇事企业的事故性排放为主要责任。此外，吴江市环保局在建设项目管理上存在违规审批、监管不力等严重问题；南京大学环科所作为负责该项目的环评单位，在该项目环境影响评价过程中对环境敏感保护目标识别、污染防治措施评述及事故风险评价等方面存在重大缺陷。

江苏省环保厅协同省监察厅及地方政府依法依纪对有关责任单位及责任人做出了处理：

1. 吴江市人民政府向吴江市恒祥酒精制造有限公司下达了责令停产通知。

2. 吴江市人民政府和嘉兴市秀州区人民政府协调，补偿嘉兴市秀州区方面直接和间接损失共计 210 万元；苏州市环保局依据《水污染防治法》的有关规定，于 2005 年 12 月对肇事单位吴江市恒祥酒精制造有限公司处以罚款 18.39 万元的行政处罚。上述补偿款、罚款已全部到账。

3. 吴江市人民政府已做出决定：(1)对建设项目越权审批没有把住关、负有责任的吴江市环保局局长吴少荣同志给予行政记过处分。(2)对分管项目审批工作，对此项目越权审批负有责任的吴江市环保局副局长严永琦同志给予行政警告处分一次，并免去环保局副局长职务；(3)对吴江市桃源镇分管环保工作的镇人武部部长蒋雪林同志给予党内严重警告处分一次。

4. 对本次事故的直接责任人朱荣根(吴江市恒

祥酒精制造有限公司中层管理干部)，吴江市人民法院于2005年12月12日以重大环境污染事故罪开庭宣判，判处其有期徒刑一年，缓刑一年，并处罚金人民币10万元([2005]吴刑初字第807号)。

5. 江苏省环保厅对吴江市恒祥酒精制造有限公司二期“年产12万吨酒精生产扩建项目”未批先建环境违法行为，下达了限期改正违法行为通知书(苏环限改字[2005]第7号)，责令停止建设，限期补办手续。

6. 对于环评单位——南京大学环科所在该项目环境影响评价过程中存在的问题，江苏省环保厅专门行文建议国家环保总局对南京大学环科所做出处理。目前国家环保总局环评司已责令南京大学进行12个月限期整改(2005年9月15日至2006年9月14日)，整改期间，不得承担任何环评工作。

(潘　炜)

浙江省

【环境违法案件行政处罚】 2005年，浙江全省各级环保部门承办环境行政处罚案件8 178件，比2004增长10.3%；罚没款总额1.62亿元，比去年同期增长92.6%；平均个案处罚额达19 778元。其中举行听证的行政处罚案件有103件；受理的环境行政复议案件为8件；结案的环境行政诉讼案件为16件，涉案金额34.2万元。全省去年颁布环境保护地方性法规一件，环境保护地方性政府规章一件。据国家环保总局的统计，浙江省2005年罚款额位居全国环保系统第一位，达1.62亿元。

(刘　凤)

福建省

【环境违法立案查处】 福建省2005年立案查处环境违法案件2 326起，其中有23起举行了听证，受理环境行政复议案件10起，经复议后维持原具体行政行为的8起。省环境监察总队下达环境监察通知书163份。

【环境违法典型案例实录】 2005年3月30日，省环保局接到群众关于屏南后垄溪一级水电站未经环境影响评价和环保部门审批擅自开工建设的投诉，省政府督察室也转来省长黄小晶关于屏南后垄溪一级水电站违规建设的批示件。省环保局组织省局监督处、省环境监察总队执法人员赶赴现场检查。从现场检查情况看，已修建了9千米的郑山村村道和4千米的进坝公路。省环保局组成包括省环境监察总队人员在内的调查组进行全面调查。针对屏南后垄溪水电有限公司未经环评和环保审批擅自动工建设水电站，依据《环境影响评价法》第三十一条第一款规定和第二十四条的规定，省环保局于4月4日向该公司发出了《停止建设行政处罚事先告知书》(闽环保理[2005]5号)，该公司未在规定的期限内向省环保局提出陈述和申辩。

4月27日，省环保局发出了《环境行政处罚决定书》(闽环罚[2005]2号)，责令后垄溪一级水电站工程停止建设。同时行文要求宁德市环保局和屏南县环保局加强对后垄溪一级水电站的环境监管，监督后垄溪一级水电站工程在《环境影响报告书》经批准前不得继续动工建设。屏南后垄溪水电有限公司接到省环保局行政处罚决定后，停止了施工。

(秦　明)

江西省

【查处企业违法排污损害群众利益专项行动】 2005年，江西省各级环保部门在纪检监察机关的支持和配合下，以解决重点环境问题为突破口，对企业违法排污严重影响群众健康又长期得不到解决的突出问题抓住不放，一查到底，严肃处理。据统计，2005年专项治理期间，全省各级环保部门共查处违法排污损害群众利益问题2 897件，纠正违法行为2 647件，实施行政处罚1 230起，处罚金额434.72万元，其中基层政府和有关部门的7名相关责任人受到纪律处分。

【依法追究监管失职当事人行政责任】 2005年8月，江西省环保局依据《江西省环境保护违法违规行为行政责任追究暂行规定》的有关规定，在对萍乡市莲花县纸业有限公司违法排污查处中，发现负有环境监管责任的人员不认真履行职责，对企业违法排污监管不力，造成该公司长期违法排污。在查清事实后，省环保局建议监察部门依法追究相关责任人的行政责任。监察部门根据环保部门提供的有关责任人的违纪事实，对莲花县分管环保工作的副县长给予行政警告处分，给予县环保局长和县经贸委主任行政记过处分。

【环境违法案件查处】 2005年，江西省环境监察总队严肃查处了“新浪网”上报道的“肆意排污，河水变血水”的东乡县长林造纸厂环境污染问题。

经查，该企业自1986年成立以来，一直未办理环保审批手续，也未建任何废水治理设施，生产废水未经处理直接排放到县城外汝河，由于生产过程中加入一种碱性玫瑰精，致使汝河大面积呈现红色。

鉴于东乡县长林造纸厂严重污染环境的违法事实，江西省环境监察总队建议当地政府采取措施，制止违法行为；责令该厂立即停止违法排污行为，停产治理，治理达标并经环保部门验收后方可恢复生产；要求依法对该厂下达限期治理通知书；对该厂的处理情况及时报告省环保局，以便省局对处理执行情况及时跟踪督察。

（胡予秋）

山东省

【环境违法行为责任追究】 2005年1月8日，山东省人民政府鲁政字[2005]1号文件，对违反环保法律法规单位查处情况进行了通报。2005年，山东省各市、县（市、区）监察机关依法依纪对40名相关责任人给予党纪、政纪处分，其中国家机关工作人员12人，企业法人12人，直接责任人16人。

【环境违法案件查处】 1.2004年底至2005年初，山东省环保局执法检查组两次依法对菏泽市郓城县富仕达食品有限公司进行检查。该企业未经环保部门审批，擅自生产长达10年。生产过程中产生的废水未经处理通过私设的排污口直接排放，经检测CODcr浓度高达5 800毫克/升，超过国家排放标准48.3倍。该企业在县开发区又擅自开工建设中粮发展菏泽富仕达实业有限公司，该公司没有办理环境影响评价手续，没有经过环保部门审批。针对该企业的违法事实，按照山东省环保局和省监察厅的要求，菏泽市郓城县纪委根据《中国共产党纪律处分条例》第一百六十七条之规定，给予郓城县富仕达食品有限公司董事长杨平党内严重警告处分。

2.2005年4月1日，山东省整治违法排污企业保障群众健康专项行动暗查组在对聊城市临清银河纸业有限公司执法检查时受到阻挠，检查发现企业存在偷排超标废水行为。通过取样化验，外排废水CODcr浓度为8 400毫克/升，超标19倍。针对该企业的违法事实，按照山东省环保局和省监察厅的要求，临清市根据《山东省环境污染行政责任追究办法》第七条第（四）、（六）、（八）项之规定，给予临清银河纸业有限责任公司董事长孙占元行政撤职处分。

（韩　凯）

湖北省

【查处十堰市郧西县富民生物化工厂违法排污案】 湖北省郧西县关防乡富民生物化工厂于2002年10月投产，由于该厂黄姜加工废水未经治理直接排放，流经陕西省旬阳县仙河乡后汇入汉江，导致下游河底变黑，河水中絮状物增多。该环境污染案件跨流域、跨省域，所造成的影响较为恶劣。郧西县环保局多次赴现场监察，责令该厂进行整改，并先后两次对该厂下达了行政处罚决定书，同时报请郧西县人民政府责令该厂实施限期治理。但该厂无视国家有关环保法律、法规，以治污技术不成熟为由有意停运治污设施，长期超标排污，对仙河水环境质量造成严重不良影响。同时郧西县政府有关领导有意拖延县环保局对该企业的关停建议的审批，并在中央、省、市三级政府及环保部门对十堰市郧西县富民生物化工厂进行督办（被国家环保总局列为2005年度首批挂牌督办的九大环境违法案件之一）的情况下，擅自批准其恢复生产，从而造成了严重的环境污染问题和恶劣的社会负面影响。根据国家监察部和国家环保总局的要求和《湖北省监察厅、湖北省环保局关于违反环境保护法律法规行政处分的暂行规定》的规定，省环保局已将富民生物化工厂违法排污案件移送至省监察厅，建议追究有关责任人的行政责任。目前，郧西县关防乡富民生物化工厂被依法关停。十堰市纪委、监察局对负有领导责任的郧西县县委副书记、分管副县长、关防乡党委副书记等同志分别给予批评教育、行政记过和党内警告等处分。

（孟凡松）

湖南省

【环境违法案件查处】 2005年，湖南省环境监察总队在部署、指导、督办基层环境执法工作的同时，直接查处了湖南金信化工有限责任公司、浏阳市三友化肥有限公司、岳阳纸业股份有限公司、沅江纸业有限责任公司、岳阳（湘阴）丰隆纸业有限公司、湖南金富源碱业有限公司、安乡日银纸业有限公司、湖南常德纸业股份有限公司、益阳金北顺纸业有限公司、衡阳湘丰瓷厂、衡阳松柏化工、衡阳开泰化工、晨溪电厂等单位的环境违法行为，有力地推动了全省环境执法工作。

（兰　洋）

广东省

【严肃查处环境违法责任】 2005年，广东省环保局在加大环境违法行为查处力度的同时，主动与纪检、监察部门配合，加强对有关责任人的追究。对一些地方环保局违规审批、越权审批建设项目的问题在全省范围进行了通报批评。纪检监察部门查处了5宗环境违法违纪责任人，其中四会市南江工业园电镀企业违法排污案的两名责任人受到党纪政纪处分，4名责任人被组织处理；中石化广州分公司对非法转移危险废物监管失职的安全环保部予以通报批评；云浮市环保局分管领导因对郁南县粤鹰水泥项目监管失职被责令做出深刻书面检讨，科室负责人被调离岗位；湛江雷州人事局干部纪某非法经营花蛤螺养殖，滥用农药污染造成194户网箱养殖户经济损失1 000多万元，检察机关对有关犯罪嫌疑人依法逮捕；广州芳村海北化工购销部长期偷排化工废酸液案，责任人已被公安机关立案侦查。通过严肃追究管理部门及其工作人员环保失职责任，有力推动了有法必依、执法必严、违法必究工作。

（张作凡）

重庆市

【**环境违法立案查处**】 2005年，重庆市查处环境违法行为坚持按程序立案、移交，实行案件查处分离制、重大案件集体审查制、错案责任追究制、执行前告知制度和处罚回访制度，实施效率卡，不断提高办案质量和效率。全市行政处罚案件数、处罚金额分别为1 939件、2 980万元，与去年同期相比，分别增长3%、16%。

（顾怀东）

四川省

【**环境违法企业查处**】 2005年，四川省加大对环境违法行为的查处力度，全省共立案查处环境违法案件1 483件，较上年增加223件；罚款1 120万元，较上年增长72.3%。其中省环境监察总队直接处罚环境违法企业9家，罚款47万元。

（陈泽文）

陕西省

【**环境违法行为立案查处**】 2005年，陕西省环保局会同有关市环保部门立案查处了宁强金矿污染嘉陵江案件和城固县黄姜皂素加工企业污染汉江案件。2005年1月24日，省环保局按省长的批示，组织调查组赴宁强县对金矿企业进行了现场检查。据调查，宁强县境内矿产资源较为丰富，全县已指明的矿产34种，有矿产地155处，矿石储量2.68亿吨。全县现已开发利用矿产资源15种，有矿山开采选炼企业43个，年产矿石量约50万吨。矿业经济是该县经济的支柱产业。陕西省环保局根据现场检查发现的宁强县金矿污染环境问题，致函汉中市人民政府，要求对宁强县金矿环境污染问题开展专项整治工作。汉中市政府组成执法检查小组对宁强、略阳、勉县等重点地区的矿产开发进行全面检查和整治。宁强县政府对丁家林、玉泉坝、八海3家黄金采选企业进行停产整顿，并由县政府领导带队，从公安、环保、安监、国土等部门抽调人员组成工作组多次深入矿区，进行全面清查，对矿区内的非法矿洞进行封堵，拆除了空压机、混汞碾等非法采选设备，对现场埋藏隐匿的违法探采和提炼设备进行了清缴；环保部门对金矿污染环境的违法行为处以8万元的罚款；省国土资源厅执法监察总队对无证开采、非法转让矿产权的问题已立案侦查，并罚款30万元。据统计，本次专项整治工作期间，共拆除小混汞碾8台，炸毁小混汞碾11台和空压机两台，拆除工棚15处，封堵坑口8处。通过专项整治，遏制了3家黄金采选企业矿区内非法探采行为，彻底取缔了小混汞碾选金等国家明令禁止的采选行为。

2005年8月2日，中央电视台《焦点访谈》以《治污作秀、汉水遭殃》为题，报道了陕西省汉中市城固县5家黄姜皂素加工企业违法排污，造成汉江水质面临污染威胁的问题。国务院副总理曾培炎、国家环保总局局长解振华和陕西省委书记李建国等领导要求解决《焦点访谈》所反映的环境污染问题。2005年8月3日，陕西省环保局各有关处室组成检查组，由一名局领导带队立即赶赴城固县进行现场检查。检查组及时向汉中市政府通报了现场检查情况并提出四点整治意见。

2005年8月4日，城固县政府下发了《关于责令秦城化工厂等5户皂素化工企业停产整治的决定》，2005年8月5日上午8时起，对5家黄姜皂素加工企业实施了断电停产；2005年8月5日，城固县政府下发了《关于对全县企业污染进行集中整治的决定》。汉中市监察局、环保局于2005年8月6日，抽调工作人员组成调查组赴城固县，调查处理违法事实，依法追究相关责任人员的责任。在此次专项整治中，对5家企业共处罚款23.7万元，责令补做"环评"，扩建了中和池，对废水管道进行了重新设计，解决了跑、冒、滴、漏现象，建立健全了废水处理厂管理制度。同时对监管失职的城固县环保局长、环境监察大队长给予了撤职处分。

（樊江泉）

宁夏回族自治区

【**环境违法案件查处**】 案例一：2005年9月27日宁夏回族自治区环保局自然生态保护处、自治区环境监察总队执法人员在对青铜峡湿地自然保护区现场执法检查时，发现宁夏鸟岛旅游公司未经自治区环境保护行政主管部门批准，于2005年5月11日在青铜峡鸟岛自然保护区实验区开工建设环湖路面，将原有路面进行降低、拓宽湖堤，现场检查时，该路面已硬化了5.8千米。

宁夏鸟岛旅游公司的行为违反了《中华人民共和国环境影响评价法》第二十二条、第二十五条规定，及《中华人民共和国自然保护区条例》第三十二条规定。自治区环保局依据《中华个民共和国环境影响评价法》第三十一条规定，责令宁夏鸟岛旅游公司立即停止建设环湖路面建设工程，恢复原状，并处罚5万元。

案例二：2005年6月10日22时28分，银川市"12369"环保举报投诉中心接到群众电话投诉，投诉高尔夫花园夜间施工噪声扰民。银川市环境监察支队立即派人前往现场查处。经查，江苏苏中建设工程有限公司承建的位于兴庆区民族北街由中房房地产开发公司开发的高尔夫花园12号楼工程，未经环保部门批准，于2005年6月10日夜间23时30分施工打混凝土，经现场监测，噪声值达到80分贝，噪声超标排放，严重扰民。银川市环境监察支队执法人员现场要求该单位立即停止违法施工，并下达了《现场环境监察单》，但该单位仍施工至6月11日凌晨1时40分，违法情节恶劣。根据《银川市环境噪声污染防治条例》的相关规定，检查人员对该单位做出了3万元的行政处罚。该单位领导接到处罚通知后，对其施工现场的职工进行了教育，并到环保部门递交了保证书，保证今后不再违法施工并及时足额缴纳了罚款。

案例三：2005年11月，石嘴山环境监察支队在宁夏伊斯兰地质造纸厂监督检查时发现，该厂COD在线监测仪在正常生产过程中未能正常使用。针对该厂的环境违法行为，石嘴山环境监察支队进行了调查取证，对该企业进行立案查处，责令立即恢复COD在线监测仪的正常工作。并处5万元罚款。

案例四：2005年7月，在石嘴山环境监察支队现场执法检查过程中发现惠农区兴义硅石矿料场存在"未经环保行政主管部门审批，擅自开工建设并投入生产"的环境违法行为，经石嘴山环境监察支队调查取证，对该企业进行了立案查处，责令其停止生产，并停止使用该料场，同时处1万元罚款。

案例五：固原市原州区清河镇长城村马铃薯淀粉加工废水排放时由于管理不善进入农田，致使部分冬小麦枯死。这起事故涉及52户农民，受损面积约40亩，直接经济损失约两万元。固原市环境监察支队对本案立案查处。执法人员多次深入现场调查、取证、丈量、计算，经过艰苦的工作，污染方在事实面前表示接受处理，并给予受损方以经济赔偿。

（刘韵垠）

新疆维吾尔自治区

【环境违法案件查处】 2005年新疆维吾尔自治区行政处罚案件共计2 341起，处罚金额906.52万元，其中已执行2 312起(强制执行92起)，已执行处罚金额824.1万元，未执行29起，提起行政复议7起。

【环境违法典型案件】 1. 新疆鄯善天山水泥有限责任公司粉尘污染扰民环境违法行为。

2005年4月12日，吐鲁番地区环境监察支队接鄯善县环保局转来的鄯善县辟展乡英牙三村村长叶铁宝投诉，称新疆鄯善天山水泥有限责任公司粉尘污染严重，使村里农田、民房受到严重影响，不能正常生活。接到投诉后，吐鲁番地区环境监察支队当日到达现场，进行实地调查。经查：该公司近几年主要对生产工艺除尘设施进行了改造，但对堆放生产水泥的原辅材料场所未做防扬尘保护，受西北风影响，致使原辅材料堆放场所的扬尘飘落到距厂区较近的农田。

处理结果：根据《中华人民共和国大气污染防治法》有关条款规定，对该公司下达了环境违法行为限期改正通知书和行政处罚事先告知书，处以行政罚款5万元，并要求该公司加强环境保护工作，防止环境违法行为发生。该公司对处罚无异议，并在期限内在堆放场建起防护栏，经验收符合整改要求。吐鲁番地区环境监察支队召集双方当事人就相关问题召开现场协调会，双方当事人对处理结果均表示满意，该村已和水泥厂结为共建单位。

2. 吐鲁番公路段沥青拌和站新建项目未进行环境影响评价的环境违法行为。

2005年5月12日，环境监察人员在进行现场执法检查时，发现吐鲁番公路段黑烟滚滚，经监测站监测，林格曼黑度超过五级，烟尘严重超标，污染严重。拌和机没有任何除尘设施，直接外排。而且该厂建成投入生产一直未办理环保相关审批手续。拌和站地处葡萄沟口，紧邻312国道，属吐鲁番市城市环境敏感区域，占地面积1 000平方米。

导致废气严重超标排放的原因是该站建设前未做环境影响评价，造成选址不当，生产工艺未建配套污染防治设施。

处理结果：依据《中华人民共和国环境影响评价法》第三十一条规定，对该单位在建设沥青拌和站项目过程中未依法办理建设项目环境影响评价相关审批手续的违法行为，处以5万元罚款，并责令其立即停止违法行为。该站对处理结果无异议。

3. 和田地区洛浦县幕仕塔格水泥有限责任公司未经环保部门审批擅自进行建设的环境违法行为。

和田地区洛浦县幕仕塔格水泥有限责任公司始建于1972年，2002年9月26日由国有企业改制为股份公司，现属于民营企业。该公司拥有一条3.1米×2.5米×55米的旋窑生产线和两台3米×11米立窑生产线，年设计生产能力为30万吨，实际生产能力20万吨。主要排放的污染物为烟尘和粉尘，是和田地区废气排放量较大的企业，年排放废气214 316万标立方米。

2005年4月，和田地区环保局环境执法人员在现场检查时，发现该公司旋窑旁有项目正在进行土建。经询问，该公司正在建设窑外分解设施，以达到缩短生产工艺流程增加产量的目的。但后来该公司在未经环境保护主管部门审批的情况下擅自将窑外分解设施改建成了两条直径为3.6×13m、年设计生产能力为40万吨(20×2)的立窑生产线。对此，2005年5月13日，和田地区环境保护部门依据相关法律法规当场下发了《环境保护现场行政处罚决定书》，对该公司违法行为处以1 000元的罚款，并要求该公司在2005年6月30日前办结环保审批手续。但是该公司在要求的时限内没有依法办理相关手续。

为依法整治违法行为，在2005年的环保专项行动期间，和田地区将该公司作为重点整治对象，并于2005年8月3日对该公司下发了《环境保护行政处罚决定书》，对其违法行为处以10万元罚款，并要求该公司两台立窑必须达标排放。该公司在依法执行罚款的同时，投资140余万元对这两台立窑安装了低压脉冲布袋式除尘器，经监测，收尘效果为每立方米烟尘浓度小于50毫克，优于国家规定的排放标准。

4.217国道克—布公路改建项目中的环境违法行为。

2005年6月中旬，阿勒泰地区环境监察支队与布尔津县环境监察大队对217国道克—布公路改建项目环境影响评价和"三同时"执行情况进行现场检查。检查发现个别取料场、拌和站及取料量等与环评报告中所规定不符，共查出3个施工单位出现严重的擅自改变取料点和超取料量的行为，经查施工单位在改变取料地点时无环保及任何部门的审批文件，特别是收费站建设未做环评擅自开工建设。对此，布尔津县环境监察大队按环评法有关规定，对施工单位中铁十四局集团有限公司进行行政处罚，并责令补办环评审批手续，对武警八支队公路建设第一合同段改变取料点、未经报批、擅自取料的违法行为，按环评法有关规定进行行政处罚、并责令补办审批手续，对擅自取料点进行恢复。

第二合同段由新疆天通路桥公司承建，针对其在施工中出现未经审批、擅自改变取料点等违法行为，按环评法有关规定进行行政处罚，截至2005年10月中旬，两起公路建设行政处罚案件已全部按有关程序完成，处罚款按规定上缴国库，两起案件共处罚款2.5万元。

（刘寒峰）

青岛市

【环境违法行为查处】 2005年青岛市共查处违法案件1 030起，罚款额共计530万元。为提高执法水平，加大执法力度，一方面从规范执法人员的执法行为入手，抓好执法人员法律法规的学习培训，提高法律知识的掌握程度和法律运用水平；另一方面重新规范了执法文书，经过培训使执法人员更加明确了执法权限、执法程序和工作责任。

（赵润德）

厦门市

【环境稽查试点】 环境稽查试点工作是厦门市环保局2005年的主要工作，由厦门市环境监理中心所配合完成该项工作，该项工作主要目的是通过对环境管理对象的现场检查实现对各区环保分局履行环境管理职责情况的督促。检查内容包括企业建设项目环境影响评价审批、建设项目竣工环境保护验收、污染设施运转、污染物排放、排污收费、危险废物管理、污染事故预案报备等，现场检查要求填写《环境管理现场稽查记录表》，检查结果以《环境监察移送函》的形式移交所辖区环保分局，并督促区环保分局落实函送建议。2005年先对3个区开展稽查试点，检查污染源281个。

（李　华）

深圳市

【环境监察稽查】 2005年，深圳市环境监察部对全市各区的环境信访、工业污染源监察、排污费征收等工作进行检察和指导，同时加强了对重点流域、区域及环境敏感问题的专案稽查，组织开展了对坪山河、葵涌河等重点流域、江碧工业区、清水河、南头半岛等重点区域及蔬菜水产基地、制革污染源的环境监察工作的稽查，把各方面稽查结果及时汇总、反馈，对存在问题较大的通报各区政府，督促改进。

（卫　军）

【环境违法立案查处】 2005年2月4日，深圳市龙岗区环保局执法人员对某企业进行现场检查时发现，企业存在以下违法行为：第一车间电镀废水存在渗漏和废水收集不全现象，部分电镀废水通过雨水沟排出厂外，经采样分析，外排废水中六价铬为412毫克/升，总铜为11.325毫克/升，总镍为3.916毫克/升；企业第五车间和第一车间的电镀废水通过污水收集管缺口直接排入市政管网，经采样分析，直排废水中六价铬为0.589毫克/升，总镍为10.475毫克/升。以上污染物浓度均超出广东省《水污染物排放限制》规定的标准，深圳市龙岗区环保局立即将案卷移送市环保局相关部门立案查处。深圳市环保局对违法事实和证据进行审查后认为，这家企业上述违法行为违反了《中华人民共和国水污染防治法》第十四条第二款的规定，根据《中华人民共和国水污染防治法》第四十八条和《中华人民共和国水污染防治法实施细则》第四十一条的规定应予处罚。考虑到其违法行为的情节，对这家企业做出了罚款10万元的行政处罚。

（胡　华）

广州市

【环境违法案件查处】 海北化工购销部环保违法案件。根据国家环保总局环境监察局转来的举报线索，广州市环境监察支队认真分析案情，制定查处方案，在2005年8月30日初查、2005年9月9日雨夜守候摸查的基础上，于2005年9月10日下午16时许，对广州市芳村海北化工购销部（以下简称"海北化工"）进行突击检查，当场查获其一辆槽车正非法向珠江佛山水道直接排放有毒有害的危险废液。现场查获"海北化工"的槽罐车尾部安置的一条白色塑胶软管将槽罐中的蓝黑色废液接入地下埋设的暗管，直接排向墙外的江中。经连夜监测分析，证实废液 pH 值为 0.5，属强酸性，镍浓度为 1 190 毫克/升、超标 1 189 倍，总铬浓度为 3 690 毫克/升、超标 2 459 倍，总氰化物浓度为 4.06 毫克/升、超标 12.5 倍，氟化物浓度为 68 900 毫克/升、超标 6 890 倍。从槽罐车驾驶室中获取的供货单中，发现槽罐内的运载含酸废水 7.81 吨(基本排空)；并查实，仅 2005 年 9 月 5～10 日短短的 6 天时间里，海北化工就向江中非法倾倒了 29 吨同样的危险废液。2005 年 9 月 11 日，在省环境监察总队、佛山环境监察支队的支持配合下，广州市环境监察支队查实“海北化工”从 2005 年 5 月 22 日起从佛山市顺德区华平金属热处理有限公司一家就非法运回酸处理、电镀生产废水 26 车，计 234.5 吨。

经计算这 234.5 吨危险废液中含总铬 865 千克、镍 279 千克、氟化物 16 157 千克、铜 452 千克、氰化物 0.95 千克，分别占广州市环境监察支队所监管市属以上重点排污单位同类污染物排放量的 492%、100.1%、48%、15.7%和 0.73%。广州市芳村海北化工购销部有营业执照和危险化学品经营许可证，但未办理环保手续，无污染防治设施。其为牟取每吨 40 元的处理费，多次向珠江佛山水道非法倾倒大量危险废液。目前，涉嫌破坏环境资源罪、违反建设项目环境保护管理规定，未履行环境影响评价、“三同时”等法定义务以及非法向水体排放有毒有害危险废液，非法经营、跨市转移危险废物等环境违法行为的涉案单位和人员已依法予以处罚。

（苏士路）

西安市

【环境违法案件查处】 2005 年，西安市环保局委托西安市环境监察支队根据国家环保法律法规及规章，在西安市辖区内，以西安市环保局的名义对违反环境保护法律法规及规章的自然人、法人及其他组织实施行政处罚，罚款限额由原 3 万元提高到 5 万元。

2005 年，西安市环境监察支队共出动检查人员 1 400 多人次，检查企业 1 305 家，立案查处违法排污企业 234 家，罚款 251.1 万元，限期治理 1 家，限期改正 59 家，警告 41 家，采取其他措施进行整治的 72 家。

（赵文军）

环境事件处理与事故防范

◎ 突发环境事件应急处置
◎ 环境污染纠纷调查处理
◎ 环境安全检查

国家环保总局环境监察局

【协调处理跨界环境污染纠纷】 2005年，国家环保总局环境监察局协调解决的跨界污染纠纷6起，通过跨界纠纷的查处，指导敏感地区或容易发生污染事故的上下游地区建立定期协调协商机制、联防联办制度，最大限度避免发生纠纷。环境监察局直接查处的苏浙边界澜溪塘铜锣段污染纠纷，得到了中办有关部门的肯定。中共中央办公厅有关部门在调查了解江浙边界水污染协调机制后指出："江苏建立的跨界水污染协调机制，已取得了十分明显的成果。这一创新做法，对国内外处理跨界水污染具有十分现实的指导作用。"

【环境应急工作】 按照国务院的统一部署，国家环保总局环境监察局代拟了《国家突发环境事件应急预案》，并制定了涉及重点流域敏感水域水环境应急预案、大气环境应急预案、危险化学品（废弃化学品）应急预案、核与辐射应急预案等9个相关环境应急预案。2005年国务院正式发布了《国家突发环境事件应急预案》。国家环保总局环境监察局还制定了相应的应急工作程序，完成了《国家突发环境事件应急预案》宣传报道提纲、预案简本和操作手册的编写工作，指导省级环保部门制定完善环境应急预案和应急体系。

2005年国家环保总局环境监察局共接报、处置了72起突发环境事件和因环境问题引发的群体性事件。其中特大环境事件3起，重大环境事件13起。环境监察局参与处置了因环境问题引发的特大、重大群体性事件8起。

2005年枯水期，淮河流域因水量比往年偏少，导致水质恶化。环境监察局协调水利部、建设部制订并启动了《淮河流域枯水期环境监控应急方案》，通过对重点污染企业采取限产限排和停产措施，加大对饮用水源水质监测频次，配合有关部门合理调度水量等措施，有效保证了淮河干、支流在枯水期和丰水期没有发生任何水污染事故。

（国家环保总局环境监察局）

华东环境保护督查中心

【环境污染事故与跨界环境纠纷调查】 1. 嘉兴新塍镇澜溪塘（江浙交界）饮用水源污染调查。2005年6月27日17时许，华东环保督查中心接到浙江省嘉兴市环保局报告，嘉兴市绣州区新塍镇澜溪塘受到污染导致饮用水源无法采水，自来水厂已经停运，饮用水出现问题。华东环境保护督查中心接到国家环保总局指示后立即前往调查事故情况，经过7天的调查完成了国家环保总局交办的任务。

2. 赣榆县石梁河水库（苏鲁交界）死鱼事件调查。接国家环保总局转来的公安部周永康部长、总局解振华局长等领导批示，要求调查核实"石梁河水库连遭污染，千余名渔民反复上访"事件，华东督查中心于2005年8月22～25日赶赴现场开展了调查。

3. 京沪高速公路淮安段槽罐车液氯泄漏事故调查。2005年3月，华东督查中心接国家环保总局环境监察局的指示，迅速派出3名专家前往江苏省淮安市了解京沪高速公路淮安段槽罐车液氯泄漏事故情况，并为受害地区的环境应急提供技术帮助。

4. 苏州华源农用生物化学品有限公司有毒有害气体污染事故调查。2005年12月8日，华东督查中心按国家环保总局环境监察局的电话指示，立即派3人赶赴江苏省苏州市吴中区，开展木渎镇第二小学和木渎镇第三中学部分学生受不明污染气体的危害事故调查与污染处置工作。

5. 江苏江都市化工厂丙烯腈储罐爆燃事故调查。2005年12月2日，华东督查中心接到国家环保总局环境监察局关于赶赴江苏省调查江都化工丙烯腈储罐爆燃事故现场的通知，即刻派员赴江都市丁伙镇江都市化工厂，开展调查工作。

6. 上海市槽车10吨硫酸泄漏事故。2005年12月6日晚21时，华东督查中心接国家环保总局指示，调查了解浦东发生的浓硫酸槽车泄漏事件，华东环境保护督查中心一行4人在中心主任高振宁的率领下于凌晨1时抵达事故现场，听取了浦东区环保局汇报并进行现场勘察，同时对事故发生及污染控制情况做了认真讨论和部署。

7. 安徽铜陵市冬瓜山铜矿事故调查。2005年12月18日晚23时，华东督查中心接到国家环保总局指示，调查了解冬瓜山铜矿事故情况，遂立即派人前往。

（缪旭波）

北京市

【环境突发性公共事件应急处置】 2005年，北京市环保局共参与处置16起突发性公共事件，按类型分为，包括大气污染两起；水污染1起，为固体废弃物污染11起，放射性物质两起。按起因分，包括由非法违章遗弃或填埋废弃物引起的7起，由交通事故引起的6起，由安全生产事故引起的3起。在上述事件中，市环保局均能迅速启动预案，及时组织监测，提出应急处置建议或污染控制建议，在市政府的领导下配合有关部门实施应急处置决定，并组织有关单位安全处置危险废物和放射性废物。特别是在"10·26"首钢煤气泄漏事件、"12·4"八达岭高速公路交通事故引发的水体污染事件等重大事件中，北京市环保局迅速拿出监测数据，为控制事态、疏散群众、保护水源提供了数据支持，得到了市政府的高度评价。

【环境应急体系建设】 2005年，北京市着重从组织机构、应急预案、购置设备、外部协作等方面加强环境应急体系建设。市环保局成立了环境应急工作领导小组，抽调专人组建领导小组办公室。各区、县环保局也分别成立了环境应急工作领导小组。市环保局结合松花江水污染事故的教训，修改了《北京市环境污染和生态破坏突发事件应急预案》并报送市政府。同时制定了《北京市突发性环境污染事件应急处置实施办法》、《突发性环境污染事件应急监测预案》、《辐射污染突发事件应急实施方案》，确保环保部门在环境突发事件中能够做到反应灵敏、指挥有序、运转高效。市环保局购置了一批个人防护用品和快速监测仪器，并完成了流动式车载实验室、应急指挥车的项目预算。一方面，市环保局加强同安监、水务、交通、交管等部门的协作，共同研究如何防范、处置环境污染事件；另一方面，选用燕山石化公司、红树林环保技术公司等单位作为市应急处置的技术协作单位。同时，市环保局在2005年共组织开展了两次环境安全隐患排查工作。7～9月，组织开展了第一次环境安全隐患排查工作，全市共出动1 100多人(次)，检查了522家单位，确定了316家环境安全隐患重点单位。松花江水污染事故后，市环保局根据市政府的要求和国家环保总局的部署，按照“三个延伸”的原则组织开展了第二次环境安全隐患排查工作。排查范围从生产单位延伸到生产、贮存、经营、使用单位，排查内容从排污口延伸到生产和贮存装置，排查形式从区、县环保局普查延伸到区、县环保局普查、市监察队抽查、专业检查相结合。全市共出动 4 600 多人(次)，检查1 936家单位，其中加油站、油库491家，危险化学品生产、使用单位277家，使用液氯单位134家，重点危险废物产生单位40家和危险废物利用单位10家，其他单位984家。

（蔡金娜）

天津市

【环境应急工作】 2005年，天津市环境监察总队完成了《天津市突发环境事件应急预案》(征求意见稿)的编制工作。

2005年11月23日下午，天津市津南区八里台镇发生硫酸运输车泄漏事故，“12369”指挥中心接到举报后，立即启动应急预案，组织执法人员与监测人员在50分钟内到达现场开展事故处理工作，天津市环保系统的应急能力经受住了实战的考验。

（戴尚德）

河北省

【环境应急体系建设】 2005年，按照政府统一领导、分级负责、条块结合、以属地管理为主的突发环境事件应急管理体制原则，河北省环境执法监察局编制完成了《河北省突发环境事件应急预案》，经省法制办审核，上报省政府批准。各设区、市的《突发环境事件应急预案》也已编制完成，待政府审定后发布实施。全省环境应急能力建设正逐步加强，在资金上加大投入，购置应急监测、应急通讯、个人防护用品等装备，并组织部分市环境执法人员参加全国环境应急培训班。

根据国家环保总局的统一部署，河北省全面开展了环境安全大检查工作，并组成5个督导组对11个市的贯彻落实情况进行了检查督导。这次排查工作中，全省各级环境监察机构共出动执法人员5 000余人次，检查企业2 000余家，对存在重要环境安全隐患的企业提出整改措施，并进行挂牌督办，其中取缔不符合产业政策的小化工、小选金企业30多家，要求限期整改或完善的企业120多家。通过排查摸清了底数，进一步提高了控制突发环境事件的能力。

（郭志忠）

山西省

【污染事故应急处置】 2005年，山西省市级环保部门依照国家省应急处置预案制定各市应急预案，太原、朔州、阳泉、晋中、长治、晋城、临汾、运城，吕梁9市已制定并出台了处置突发环境事件应急预案，大同、忻州市完成了环境应急预案起草工作。山西省加大对应急体系装备建设投入，购置了多种气体分析仪、防护服、空气呼吸器等必备的应急监测和防护设备，省级环境应急处置和应急防护能力得到提高，全省处置突发环境事件应急体系基本形成。全省开展重大危险源申报和汾河流域排污企业调查，全面掌握全省重大危险源数量、状况及其分布，加强对重大危险源的监督管理，及时发现、有效控制环境突发事件，建立了重大危险源数据库和环境应急专家库，为全省环境应急相应能力建设提供坚强后盾。同时加大对重点污染源及危险化学品的排查力度，防范环境污染事故发生。2005年11～12月，针对全国一些地方相继发生重特大安全生产事故引发的突发环境事件，全省环境监察机构立即对辖区内重点污染源及危险化学品污染隐患进行全面排查，特别是加大对居民集中区、河流沿岸及水源地重点污染源的监管力度，建立危险源数据库。对存在环境污染事故隐患的单位立即责令整改，限期消除隐患。同时，严格执行环境污染事故报告制度，如发生环境污染事故要立即启动应急预案，并按规定时间和程序上报。山西省畅通“12369”环境举报热线，向社会公开了省环境监察总队领导的办公电话及手机号码，加快对举报案件的查处速度，有效地防范了各类环境污染事故的发生。

（张全升）

辽宁省

【环境安全专项检查】 2005年12月23日，辽宁省人民政府组织省环保局、省公安厅、省安监局等省直有关部门及14个省辖市环保局召开了全省环境应急工作会议。副省长李佳对全省环境应急工作提出了具体要求，并专题部署了全省环境安全大检查工作。会后，省环保局针对辽宁省实际确定了4个检查重点：一是辽河、大凌河、鸭绿江等河流沿线的大中型企业，特别是水源保护区、城镇集中式饮用水源地上游和城乡居民集中居住区周围的大中型化工企业；二是小化工企业集中地区的化工企业、化工工业园区；三是对人民群众生产生活构成威胁的危险废物堆放场所，放射性同位素生产、使用、收贮企业和机构；四是疫情畜禽集中处置(填埋)场所。

辽宁省环保局成立了安全大检查督察组，由省环保局有关处室组成了11个督察工作组，于2005年12月24～28日对鞍山、抚顺等12个市(沈阳、大连自查)进行了督察。这次省级督察共检查重点企业和建设项目267家，查出231处环境安全隐患。其中位于水源地上游企业21家，位于环境敏感区域企业9家，无环境应急预案企业9家，环境应急预案不健全企业102家，无环境应急设施企业3家，环境应急设施不完善企业19家，超标排放污染物企业15家，不能稳定达标排放企业14家，无环评企业3家，未经审批擅自建设或生产企业11家，不执行“三同时”企业7家。对督察发现的违反建设项目“三同时”制度、超标排放的沈阳金碧兰化工有限公司实施限期整改，并给予经济处罚；对抚顺市东山地区8家废油再生企业予以取缔，拆除了生产设备；对抚顺金星焦化厂实施了停产治理；对严重超标排污并威胁辽阳市饮用水安全的庆阳化工集团公司，省政府下达了限期治理令；将庆阳化工集团公司和新巨浪造纸有限公司上报国家环保总局挂牌督办，有效地推动了全省环境安全大检查工作的深入开展。

(孙鹏轩)

吉林省

【突发环境事件应急处置】 2005年11月13日13时45分，中石油吉化公司双苯厂苯胺车间发生爆炸，部分苯类污染物随消防水流入松花江吉林市江段，引发了松花江水污染事件。

在吉林省委、省政府的直接领导下，在国家环保总局等有关部门的指导下，沿江各级政府和有关部门密切配合，迅速反应，科学处置，积极开展了污染防控工作。省政府及时启动了处置突发环境事件应急预案，省环保局先后组织省环境监测中心站，吉林、长春、松原市环境监测站，增加监测点位，加密监测频次，前期防控期间共出动监测人员5 461人次、车辆1 416台次，提供监测报告单171份、监测数据2 920余个，为流域内政府领导正确指挥和以后的科学研究提供了有力的数据支持。防控期间，适时组织有关专家和专业技术人员科学论证，预报污染带变化规律，坚持科学防控。制定并实施科学用水方案，重点保护饮用水源地。经过扎实有效的工作，确保了沿岸居民的饮水安全和社会秩序的稳定。

在事件处置过程中，吉林省各级环保部门认真履行职责、忠于职守、团结协作、不畏艰难、任劳任怨圆满完成了任务，得到了党和国家领导人和吉林省领导的充分肯定。

【开展环境安全检查】 2005年，为吸取松花江水污染事件的教训，预防环境污染事故的发生，根据国家环保总局和吉林省人民政府的部署，开展了环境安全检查。以松花江、辽河、浑江、嫩江等流域为重点，对所有存在环境安全隐患的污水排放源、放射源、危险废物源等进行了全面排查。共出动执法人员6 912人次，检查企业4 076家。省环保局对80家存在环境安全隐患的企业直接督察，并逐一督促整改。吉林市绘制了全市工业企业入江排放口点位电子地图，确定了30个重点监控点位。辽源市分别对水污染治理设施运行，危险化学品使用、贮存和经销，放射源使用、贮存和管理，饮用水源地环境安全隐患等进行了检查。

(程金灿)

上海市

【宝山区化学品仓库泄漏事故调查处理】 上海市宝山区真大路501号上海建筑材料供应公司仓库于2005年8月7日18时发生化学品泄漏事故，8日上午9时环境监察人员到达现场进行调查。

上海建筑材料供应公司南侧仓库(面积1 200平方米)内存放有硫酸钠、纯碱等40吨。由于连日暴雨，且仓库地势较低，仓库进水，部分化学品受到浸泡后融解，呈强碱性(pH值>12)的废水从仓库东南角溢出，估算约有1 000立方米，部分积水通过龙珠港流向走马塘河道水体。由于仓库内化学品种类复杂，部分化学品遇水起化学反应，致使仓库内温度升高。为防止因高温发生爆炸等剧烈反应，消防人员不间断往仓库内喷水，进一步增加了废水蓄积。

市环境监测中心、市环境监察总队负责人参加了由宝山区政府主持的现场处置协调会，经过专家商讨决定：

1. 上海建筑材料供应公司8日下午14时30分前，负责阻止仓库内强碱废水继续外流；

2. 仓库外强碱性积水紧急排至龙珠港封闭的河道内，待环保部门做出进一步监测，确保在不造成二次污染的情况下做妥善处理；

3. 仓库内强碱性废水由上海建筑材料供应公司负责用槽车转运至有危废处置能力的金山水泥厂处理。

化学品泄漏事故发生后，当地政府组织对周围群众进行了疏散，事故造成45人脚部轻度灼伤。环境监测部门对相关河段水质进行连续取样监测。高浓度的碱性废水由市危险废物处理中心进行监控追踪，防止造成二次污染。

【杨树浦港重油泄漏事故调查处理】 2005年4月23日上午8时35分，上海市环保应急热线中心接到通报：杨树浦港部分河道漂有油污。

杨浦区分中心执法人员经巡查，发现新昆明泵站及周塘浜泵站内有大量重油油污，泵站正组织人员捞油。执法人员立即向上级部门报告了情况，杨浦区环保局领导指挥人员采取了紧急措施：

1. 对两泵站出现的重油油污情况进行进一步调查，新昆明泵站在4月初就发现污水来水中有大量重油油污，现造成泵站设备无法正常运转；周塘浜泵站也出现较少量重油油污。

2. 针对该区域内使用重油的两家单位：上海二钢有限公司和新华医院立即进行了现场检查，发现两单位排向泵站的污水中都含有重油油污。现场检查中了解到上海二钢有限公司重油储罐2月出现穿孔现象，由于气温回升，致使大量重油泄漏流入污水管道，并进入该公司总集水井。区监察支队对两单位进行了立案调查。

3. 区环境监察支队对上述两家单位所使用的重油进行采样分析，以明确责任主体。

4. 为了减少对环境造成的危害，要求上海二钢有限公司和新华医院协助泵站及时清捞油污，并在泵站两端设置吸油隔离带，至4月25日上午，河道上的大部分油污已被清捞。

（彭振发）

江苏省

【污染破坏事故应急处置】 2005年，江苏省发生的环境污染事故达11起，省环境监察局参与了淮安"3·29"液氯泄漏事故、无锡格林艾普化工公司液氯泄漏事故、江都化工厂爆炸事故、吴江光气污染事件等多起突发性污染事件的环境应急处置和救援工作。

为应对因安全问题引起环境污染问题频发的严峻形势，省环境监察局成立了环境应急办公室，局主要负责人亲自挂帅，并再次修改完善了《江苏省环境污染事故应急预案》。同时突出工作重点，不断强化各级环境监察机构的环境安全意识。一是突出重点行业。化工、印染、造纸等行业是江苏省的支柱产业，污染总量大，事故隐患多，环境风险不容忽视，要求各级环境监察机构加大对这类行业重点污染源的监督检查，确保污染物达标排放。二是突出重点地区，长江、淮河、太湖流域和南水北调东线涉及周边地区的饮用水源和农业灌溉，是防范重点。三是突出重点时段，每年在枯水期、汛期等污染事故高发季节来临前，及早部署，防微杜渐。

【环境污染事故防范】 2005年，加强农灌期间水污染防治工作，确保水环境安全。特别在淮河流域枯水期，江苏省环境监察局安排24小时值班，组织各地实施淮河流域环境敏感时期水环境质量控制应急工作方案，与水利等有关部门紧密配合，建立信息报送和上下游沟通机制，有效预防和控制了上游污水对本省造成的大面积污染。

2005年底，国家严防污染事故电视电话会议召开后，各级环境监察机构迅速开展环境安全大检查，摸清事故隐患，为日后的应急工作奠定了基础。无锡、常州、苏州等市还开展了应急处置模拟演习。

【重大环境污染事故实录】 2005年3月29日晚6时50分，京沪高速公路淮安段发生交通事故，一辆载有约30吨液氯的山东槽车与一辆迎面而来的山东货车相撞，导致槽罐车液氯大量泄漏。两车相撞后，由于槽罐车驾驶员逃逸，延误了最佳抢险时机，造成大面积危险化学品污染，以致公路旁北侧3个乡镇29人中毒死亡，311人入院抢救治疗，村民群众近1万人被紧急组织疏散。

事故发生后，江苏省环保厅立即启动突发性环境事件应急预案，连夜奔赴现场调查处置。并组织成立环境应急小组，对事故造成的环境污染应急处理工作进行现场指挥，协助有关部门在污染源得到妥善控制后对储罐中残留的氯气进一步加强防范和监控，严防再次发生泄漏。并邀请专家对事故现场的环境质量变化情况进行调查、勘验和评估。

3月31日晚，淮安"3·29"槽罐车液氯泄漏事故处理指挥部对液氯储罐做出处置决定：将储罐吊起装车，运至位于淮安市区的江苏安邦化工股份有限公司做最终处理。应急小组要求加强事故预警监测，全面规划，周密部署，加密监测节点，确保监测数据的全面性和代表性。根据专家建议，在受害严重的麦田增设监测节点，同时加强农户室内空气环境质量的监测。储罐运输过程中，采用定距跟踪监测的方法，直至检测不到氯气浓度为止。4月1日上午10时40分，在距储罐运输车后25米处，环境监测跟踪车氯气浓度监测仪已经显示未检出状态。为确保疏散农户在环境质量达标的前提下能及时返回家园，大批环保工作人员深入农户，开窗通风，提醒农户应注意的环保事项和防护措施。此外，还对当地居民的饮用水源取水口水质进行了监测。截至当天下午4时，距事故发生地300米以外室内、室外的氯气和氯化氢浓度均达到国家日均值0.03毫克/m^3和0.015毫克/m^3标准，300米范围以内氯气基本达标、氯化氢部分超标，饮用水水源水质达标。根据环境监测数据，事故指挥部决定，除受灾最严重的高荡村(三尖村)5、6、7三组和离高荡村最近的老张集乡的两个组(事故核心区)的230户大约1 300多人外,其他农户均可返迁。

4月2日早晨7时30分,环境应急小组召开会议,一是要求省、市两级环境监测机构继续对事故核心区的室内外空气环境质量跟踪加密监测,对用于液氯储罐中和的烧碱池中剩余的碱液要协助有关部门进行妥善、安全处置,防止产生新的污染;二是按照省委、省政府的要求提出本次事故的环境救援办法,配合有关部门制定救援方案。当天中午,事故指挥中心决定对污染最严重的高荡村7组空气污染实行定点清除,由省环保厅、省农林厅和当地政府联合实施了清除措施。

4月3日,地方政府继续组织人员对高荡村7组农户室内和周围麦地喷洒食碱溶液,以降低空气中的氯化氢浓度。截至当天下午5时30分,农户室内的氯化氢浓度基本达标。

4月4日上午,省、市环境监测机构各监测点氯化氢的监测结果均为未检出。农户陆续返回家园。

(潘　炜)

浙江省

【群体性环境事件处理】 2005年,浙江省发生了东阳“4·10”事件与和宁波华光不锈钢公司环境污染、浙江天能电池有限公司污染、京新药业臭气扰民等问题引发的群体性事件。省环境监察人员及时赶赴现场协助当地政府进行了妥善处置,确保了社会稳定。

【突发环境事件应急能力建设】 2005年,浙江省环保局编制了《浙江省环境污染和生态破坏突发公共事件应急处置预案》,省政府已审批实施;着手制定《钱塘江流域水环境安全应急预案》、《饮用水源突发环境事件应急处置预案》,为有效防范和及时处置环境污染及突发环境事件提供了机制保障。

(刘　凤)

安徽省

【环境污染事故及纠纷查处】 2005年,安徽省共发生环境污染事故7起,环境监察部门均及时参与调查处理,结案率100%。全省共调查环境纠纷案件845起,处理827起,处理率97%,结案数809起,结案率95%。

(袁永宏)

福建省

【污染破坏事故报告制度】 2005年,福建省发生污染事故15起(水污染11起,大气污染3起,危险化学品污染1起),直接经济损失26.9万元,其中较大事故两起,一般事故13起。当地环保部门均及时报告并进行调查处理。

【污染事故应急演练】 2005年,福建省进一步加强和规范应急污染事故的应对措施。省环境监察总队制订突发性应急演练工作方案。三明市支队、泉州市支队也分别参加了市环保局和市政府组织的突发性污染事故应急演练。

【环境安全大检查】 2005年,福建省环境监察系统参加省环保局组织开展的环境安全大检查,共出动环境执法人员7 053人次,检查企业2 356家,检查水源地103个,查出存在安全隐患或管理制度不健全的企业565家,书面责令整改540家,提请政府挂牌督办的企业24家。省环保局与省委宣传部共同向新闻媒体通报了检查结果。

(秦　明)

江西省

【调查处理重大水污染事故】 2005年5月15日,江西省赣州市801厂违法大量排放超标工业废水,致使自来水厂水源受到污染,造成赣州市停止正常供水长达22小时,使市区307万人口生产生活受到影响,造成“5·15”重大环境污染事故。对801厂的环境违法行为,省环保局成立了专门的调查处理小组,将调查处理情况向省委、省政府作了专题报告。对801厂做出了以下处理:依照《中华人民共和国环境保护法》关于限期治理的规定要求,责令801厂进行彻底整改,尽快按要求完成限期治理任务。对801厂违法排污造成重大环境污染事故的行为,依法对其实施行政处罚。由江西省冶金集团公司依法依纪对造成赣州市“5·15”重大环境污染事故责任人员进行行政责任追究。

(胡予秋)

山东省

【环境应急能力建设】 2005年,山东省修改完善了《监察应急分队突发环境污染事件应急预案》,组织了应急演练,增强了应对突发环境污染事件处理处置能力,妥善处置了一批突发性环境事件。

(韩　凯)

河南省

【环境污染事故应急处置】 2006 年 1 月 5 日 11 时 30 分，郑州市环保监察人员在排查环境事故隐患时发现位于巩义市辖区的伊洛河水面有油污，立即顺河对上游重点污染源进行排查，发现巩义市第二电厂的燃油泵房外地下管道沟回油管弯头处正在漏油。环保人员当即要求值班人员立即停止燃油泵运行，关闭所有进出阀门，停运了大修后正在调试的 2#锅炉，13 时 10 分封堵了输油管道沟和下水道的洞口，柴油不再向厂外排放。

事故发生后，郑州市环保局向市政府和河南省环保局汇报，省环保局立即向省政府和国家环保总局报告，并立即成立了由郑州市市长王文超为指挥长，省直、市直有关部门和巩义市政府主要负责同志为成员的事故处置指挥部，启动应急预案，研究并采取了 10 项处置措施。

经过努力，本次事故对伊洛河造成的污染迅速得到有效控制，没有影响到黄河下游市、县的正常供水，群众生活稳定，生产秩序正常。经调查，巩义市第二电厂生产过程中柴油泄漏造成的污染事故是一起责任事故。该厂 2#发电机组锅炉供油管道燃油泵房段回油管弯头处因锈蚀漏油是造成本次污染事故的直接原因。此次事故造成的直接损失、各种物资消耗、民工劳务费等总计 304 897 元。

巩义第二电厂柴油泄漏引发环境污染事故，巩义市政府负有监管不到位的责任，鉴于事故发生后巩义市政府高度重视，措施得力，成效明显，责成巩义市政府分别向郑州市政府和省政府写出深刻检查。对巩义二电厂厂长、党委副书记、法人代表霍国政等 8 名有关责任人进行了责任追究。环境保护行政主管部门依法对该厂加倍征收排污费和经济处罚，共计 26.8 万元。

（荆国一）

湖南省

【环境安全检查】 2005 年，湖南省环境监察机构认真贯彻落实中办、国办《关于处理松花江重大水环境污染事件的通知》的精神和曾培炎副总理关于开展全国环境安全大检查的重要指示，认真开展了全省环境安全大检查，检查企业 332 家，对 182 家存在环境违法行为的企业进行了查处。针对全省实际，及时组织了对排镉企业的全面摸底和专项整治，共取缔、关停排镉企业 40 余家，有效地减少了含镉废水排放。郴州、衡阳、娄底、邵阳、益阳、湘西、常德、怀化、岳阳等地分别对辖区内采矿、化工、冶炼、养殖等行业进行了重点清查和整治，对危及饮用水源安全的违法排污行为予以打击，对违法企业采取关闭、搬迁或限期治理措施，消除了事故隐患，确保了环境安全。

（兰　洋）

广西壮族自治区

【污染破坏事故应急处置】 为完善事故应急处理的运行机制，进一步提高广西各级环保部门对突发性环境污染事故的应急处理能力，最大限度地降低事故造成的环境危害和经济损失，减少对事发地群众生产生活的不利影响，2005 年，广西壮族自治区环保局草拟了《广西壮族自治区突发环境事件应急预案》，拟成立环境污染事故应急处理指挥中心，该中心包括事故应急处理系统、污染源在线监控系统、“12369”环保热线处理系统和排污申报系统。

【环境污染事故调查处理】 2005 年 1 月，广西金嗓子有限责任公司燃油锅炉进油管破裂，造成重油泄漏，渗入厂外的市政三中干渠流入柳江河，造成柳江河油污染，被处罚款 3 万元，并支付河面油污清理费用 5 万元。

2005 年 3 月 25 日，柳州市柳江河局部河段发生重大环境污染事故，水中非离子氨浓度超标最高达 328 倍，造成网箱养鱼 1.9 万公斤鱼死亡，直接经济损失约 30 万元。广西柳州钢铁集团公司排放的生产废水的氨氮浓度超标是造成事故的主要原因。

2005 年 4 月 24 日，广西粤景浆纸有限公司由于使用含硫量较高的劣质煤，且不正常使用环保设施，造成二氧化硫超标排放，导致周边 20 公顷水稻禾苗遭受污染，造成直接经济损失 6.7 万元。

2005 年 6 月 29 日，贺州市信怀公路发生车载硝酸泄漏污染事故。事故系责任人不按规定运输危险化学品，且在运输过程中违反交通规则引发，直接经济损失 5.38 万元，责任人被处罚款 3 万元。

2005 年 11 月 23 日，柳州市的柳城县和河池市的宜州市三岔镇交界处龙江河段水质恶化，局部河段鱼类死亡，共计死亡网箱鱼 1 万千克。事故为多家企业排放的好氧污染物消耗水中溶解氧，使鱼类缺氧窒息死亡。事故主要责任者有广西凤塘六塘制糖有限责任公司、宜州市桂鹰非金属矿工业有限公司和宜州市神龙纸业有限公司。

2005 年 12 月 7 日，一辆装载约 15 吨黄磷的贵州槽罐车在行驶至河池市金城江城区铜厂大转盘时发生交通事故，致使黄磷泄漏、自燃，产生五氧化二磷酸雾，造成金城江城区约 10 平方千米范围内被烟雾笼罩，能见度不足 100 米。环保等部门及时应对，使事件在短时间内得到有效控制，未造成更大范围的污染和人员伤亡。

【污染事故统计分析】 2005 年，广西共发生环境污染事故 125 起，农作物受污染面积 1 115.44 万平方米，鱼塘受污染面积 41.04 万平方米，造成的直接经济损失共 321.06 万元。其中水和大气污染事故造成的损失分别为 146.09 万元和 166.68 万元，两者占损失总额的 97%。按事故类型统计结果，水污染事故和大气污染事故共 119 起，占污染事故总数的 95.2%，造成直接经济损失分别占总数的 45.7%和 51.9%。按事故程度统计，特大事故和重大事故均为 5 起，合计占事故总数的 8.0%，造成直接经济损失分别占总数的 29.5%和 6.8%。与 2004 相比，环境污染事故发生起数下降了 43.4%，其中大气污染事故和水污染事故均有较大幅度下降。除大气污染事故造成经济损失有所上升外，其余类型污染事故的经济损失均有所下降。

广西壮族自治区 2005 年环境污染与破坏事故情况汇总表

汇总项目		计量单位	全区合计
合计事故数		次	125
直接经济损失		万元	321.06
按事故程度	特大事故	次	5
		万元	94.8
	重大事故	次	5
		万元	21.92
	较大事故	次	39
		万元	81.83
	一般事故	次	76
		万元	122.51
按事故类型	水污染	次	52
		万元	146.59
	大气污染	次	67
		万元	166.68
	固体废物污染	次	0
		万元	0
	噪声与振动危害	次	0
		万元	0
	化学危险品污染	次	5
		万元	7.19
	其他	次	1
		万元	0.6
伤亡人数		人	0
其中死亡人数		人	0
农田污染面积		万平方米	1 115.44
污染鱼塘面积		万平方米	41.04
事故罚款金额		万元	35.3
事故赔偿金额		万元	259.77

（郑伯春）

重庆市

【环境安全检查】 2005 年，重庆市重点对长江、嘉陵江、乌江及其次级河流沿岸进行安全隐患排查。对生产、运输、销售、使用危险化学品易燃易爆物品、放射源及产生、处置危险物品且污染严重的企事业单位，特别是城镇集中式饮用水源地上游和城乡居民集中居住区周围的化工企业实施了拉网式排查。针对检查中发现的环境安全隐患，限期进行整改，同时要求其制定环境应急预案，强化应急处理设施建设。市环境监察总队分别对重庆长寿化工总厂等20家市级环境安全重点企业进行了现场核查,初步建立了环境安全信息档案。汇编了全市40个区、县环保部门和16家重点企业环境应急预案。

【环境突发事件应急处置】 2005年,重庆市加强了环境污染事故应急处置的信息化建设,对易发生污染事故的单位建立了污染源及污染事故隐患动态档案,建立了以"12369"环保举报热线为基础的环境应急处置指挥平台。按照快速反应、科学处置、统筹协调的原则,及时启动环境突发事件应急处置预案,妥善处置了嘉陵江"白色泡沫"、梁平"8·3"甲醇泄漏、垫江县"11·24"苯爆炸、铜梁"12·21"违法倾倒煤焦油、武隆鼎泰公司碱液泄漏和綦江化肥厂硫酸生产废水泄漏等环境污染事件,确保了事故地饮用水源安全。

(顾怀东)

四川省

【环境污染事故处理】 2005年,四川省环境监察系统及时调查处理了13起环境污染事故,均为一般污染事故(纠纷)。按照《报告环境污染与破坏事故的暂行办法》的规定,事发地环境监察机构及时向上级报告了调查处理情况。根据国家环保总局和省政府的要求,省环境监察总队参与了《四川省环境应急预案》的草拟。2005年底,为贯彻落实国家环保总局《关于进一步加强环境监督管理严防发生污染事故的紧急通知》,全省环境监察系统积极配合参与了环境安全隐患的排查工作,有效地防止了环境污染事故的发生。

(陈泽文)

陕西省

【环境污染事故报告与应急处置】 2005年,陕西省政府进一步加强了对突发环境事件的应急管理工作,制定并下发了《陕西省突发环境事件应急预案》,全面加强了对突发环境事件的防范、应急处置、调查处理和报告工作。陕西省环保局建立了污染事故月报制度,督促各市按时上报月报情况。年终报表统计,全年共发生污染事故20起,其中重大事故1起,较大事故5起,一般事故14起,这些事故均得到了妥善处置。陕西省环保局专门下发了《关于2005年度全省环境污染事故发生及报告情况的通报》,要求各市进一步加强对突发环境事件的应急管理工作,按照《陕西省突发环境事件应急预案》的要求,重新修订"应急预案",建立专家处置系统,开展日常培训,加强应急演练,完善报告制度。

【环境安全隐患排查】 2005年,陕西省环保局组织开展了全省环境安全大检查,确定了51个饮用水源保护区、40个放射源使用单位、25家危险化学品单位和55家大中型化工企业作为检查重点,制定了详细的检查方案,并对各市的突发环境事件应急预案制定情况进行了检查。全省共排查排污企业2 278家,出动执法人员1.8万人次,对25家有环境安全隐患的企业实行了挂牌督办。通过环境安全大检查,发现应急预案不落实、水源地保护隐患多、应急反应能力差和放射源管理机构不健全4方面的问题,陕西省环保局提出整改意见上报省政府协调解决。

(樊江泉)

甘肃省

【环境事故隐患排查】 在认真分析甘肃省污染源存在的突出问题的基础上,2005年6月安排在全省开展了污染事故隐患调查,在松花江水污染事故发生后,根据国家环保总局和省环保局的安排,立即组织各地对黄河等重点流域、石化等重点行业组织开展了拉网式大检查,要求隐患单位制定污染事故预案,排查存在的污染隐患,落实具体措施和设备,建立协调统一的指挥、通信、救助、信息报送和发布系统,组织开展应急演习,提高应对突发性环境污染事故的能力。

【突发性环境污染事故应急预案制订】 根据甘肃省人民政府政府批准的环境突发性事故应急预案的要求,指导各地制定符合当地实际的应急预案,截至2005年底,全省14个市、州及甘肃矿区均由政府制定并颁布实施了环境应急预案。指导全省化工企业及重点污染隐患企业制定了突发性环境污染事故应急处置预案。

【环境污染事故与纠纷调查处理】 2005年,甘肃省共发生污染事故23起,调查处理23起,处理率为100%,结案率为100%。调解处理各类环境污染纠纷1 100起,处理率为100%,结案率为100%。并普遍建立了信访纠纷回访制度。

(宁 炳)

青岛市

【环境安全监管】 2005年,青岛市环境监察系统围绕污染事故预防,重点抓了以下几项工作:一是组织层层制定和完善环境污染事故应急预案。牵头制定了《青岛市环保局突发性环境污染事故应急预案(试行)》,组织各环保分局、各市环保局及重点环境污染隐患单位按要求结合各自实际制订了环境污染事故应急预案；二是下发了《关于进一步加强环境保护工作严防发生污染事故的通知》、《青岛市环境保护局关于加强环境监管严防发生环境污染事故的通知》，提高污染事故防范意识；三是组织开展了全市环境安全隐患大检查和对重点污染源、危险化学品和放射源生产、使用、贮存单位污染隐患的排查，其中仅在12月就连续进行了3次污染隐患排查，出动人员100余人次，检查重点单位109家，责令10余家存在事故隐患的单位进行限期整改；四是加强污染应急处置能力建设，包括提高应急监测能力，购置了大量防护装备，同时组织开展了两期各级应急人员的培训班，组织参与了全市危险化学品事故救援演习；五是组织召开了由污染物排放大户、危险化学品生产储存运输使用及废弃危险化学品产生单位、固体废物及危险废物处置经营单位等参加的“加强环境保护严防发生污染事故重点企业工作会议”，切实提高企业环境安全意识和管理水平；六是编制了《环境污染事故应急处理须知》，筹建应急处置咨询专家库，同时面向重点企业、社区和学校大力开展了环境污染事故应急常识宣传工作。

（赵润德）

宁波市

【环境事故应急处置】 2005年，宁波市环境监察支队在购置应急仪器装备的基础上，编制完成《宁波市环境污染和生态破坏突发性事件应急预案》，完善了《宁波市环保局环境事故应急处置预案》，编制了《支队环境应急预案》。北仑、镇海等地也加大投入，配置了应急仪器设备，进一步提高全市应对突发性污染事故的能力和水平。2005年，全市共发生突发性环境污染事件19起，其中市本级处理11起，各县(市)区处理8起。由于响应及时、处理得当，各环境污染事件均未导致人员伤害和重大经济损失。在甲醛槽罐车倾覆事件、亚洲浆纸、综研化学3起突发性污染事故和镇海紧固件企业铁离子污染下游河道等5起跨区域污染纠纷中，两级环境监察部门上下联动，各司其职，采取了针对性紧急处置措施，有效地控制了污染的扩散，维护了社会稳定。

（陈　波）

深圳市

【环境污染事故应急处置】 2005年，为增强事故预警能力和快速反应能力，深圳市环保局制订了《深圳市突发环境污染事件应急预案》，全面加强了对突发环境事件的防范、应急处置、调查处理和报告工作。同时，对全市存在环境风险隐患的污染源进行了全面清查，逐家督促制订《环境风险应急预案》，落实相关风险防范措施。

【环境安全检查】 2005年，深圳市组织开展“全国安全生产月”活动，在环保系统内部开展安全管理自查自改活动，组织检查各单位安全档案建立及健全安全管理措施情况；组织开展了安全生产大检查工作，堵塞了环保方面的安全漏洞，及时对存在的问题提出整改要求。2005年6月，制定了《深圳市环境保护局突发性环境污染事故应急预案》，各区环保局及相关单位也制定了本部门的《应急预案》，为有效预防、及时控制和消除突发性环境污染事故对公众和生态环境造成的危害奠定了基础。

（胡　华）

哈尔滨市

【环境污染事故处理】 2005年12月24日晚5时50分，哈尔滨石油化工厂苯酐车间发生火灾，环境监察支队领导立即带领环境监察人员赶赴现场。发生火灾点为苯酐车间精馏工段。火灾发生后，该厂立即启动突发事件应急预案，向化工消防队报警，并在10分钟内将通往污水处理厂的总阀门关闭，把污染废水控制在厂区内，避免了大量污水的外排。灭火后，在对污水处理厂进行检查时，发现事故溢流口有少量污水溢出，遂及时对溢流口进行了有效封堵。

12月25日，市环保局、市环境监察支队及有关环保专家召开火灾事件环境影响论证会。

企业按照要求封堵了总排口，将二沉池和曝气池的污水进行强制循环，并在曝气池中投放了11吨菌种，保证处理质量。收集的11袋消防残渣被妥善移送到市环保局固体辐射管理中心。将调节池内的污水抽出存在厂区其他密闭储罐内，确保污水没有外排。

2006年1月6日，监测结果显示各项数据达标，企业提出申请恢复处理厂正常运行。当日，在环境监察人员的监督下，企业污水处理厂开始正常运行，达标废水排入市政管网。到1月10日，环境监察人员经过14天的现场跟踪检查，调查取证，指导企业落实应急预案，有效地防止了苯污染物的超标排放，事件没有对松花江水体造成影响。

（彭　伟）

南京市

【环境事故应急处置】 2005年，南京市环境监察机构按照《环境污染事故应急处理方案》，积极组织相关部门和企业演练。全年环境监察机构共处置应急污染事件24起。

（陈　舟）

西安市

【污染事故应急处理】 2005 年，西安市先后发生了岳家寨浓盐酸污染、硫酸厂液氨泄漏污染和西安天韵化学制品有限公司反应釜破裂 3 起污染事故。接群众举报后，西安市环境监察支队反应迅速，立即启动应急预案，及时向主管领导进行汇报，同时安排人员在第一时间到达现场调查处理，有效地控制了重大污染事故的发生。

2005 年 9 月 21 日上午 9 时 10 分，西安市环境监察支队接群众举报，称西安硫酸厂发生液氨泄漏事故，监察人员及时到达事故现场，对现场及厂区外居民区环境污染进行调查取证。事故发生后，西安硫酸厂 1 名工作人员因吸入大量氨气死亡。由于当天西安地区大雨，氨气易溶于水，降低了氨气泄漏的危害，此次氨气泄漏对周围大气环境危害较小。对硫酸厂废水总排口取样 pH 值为 7.8，此次污染事故对下游河道水质影响也不大。事故由西安市安监局进一步处理，西安市环境监察支队调查完毕后，按《西安市重大环境污染投诉应急处理预案》的程序要求，当天向西安市政府、陕西省环保局上交了此次污染事故的调查报告。

（赵文军）

环境监察公众参与

◎ 环保政务与信息公开

◎ 环境污染投诉举报受理查办

◎ 群众来信来访办理

国家环保总局环境监察局

【环境问题投诉处理】 2005年,国家环保总局环境监察局共受理公众投诉环境问题案件735件,其中电话投诉423件,信访投诉312件,结案率为81%。其中环境污染584件,生态破坏18件,环境稽查9件,其他124件。环境污染案件中,涉及水污染的338件,大气污染672件,噪声97件,固体废弃物214件。

(国家环保总局环境监察局)

北京市

【环境信访和公众举报处理】 2005年,北京市环保监察系统继续坚持"依靠群众、服务群众"的工作路线,认真办理群众信访、有奖举报和人大代表建议、提案,基本上做到了件件有回音、事事有着落。

全市全年受理投诉举报8 534件,其中"12369"环保热线转来5 700件,来信2 652件,来访182次。所有案件全部得到查处,查处率为100%。4～12月,市环保局共受理"少一缕烟尘,多一分健康"有奖举报521件,315件属实,占60.5%。其中举报工地扬尘共有497件,306件属实,涉及的323个工地全部按程序移送至城管执法部门处理,及时解决了扬尘问题;举报烟囱冒黑烟的共有20件,9件属实,相关单位均被依法处理。

(蔡金娜)

天津市

【公众举报处理】 2005年全年,天津市"12369"指挥中心共接听环保举报电话11 047次,属于环保部门直接管辖的投诉电话6 724次,占投诉电话总数的60.87%,其中噪声污染电话4 562次,异味投诉电话1 004次,烟尘投诉电话671次,油烟投诉电话198次,扬尘投诉电话56次,水污染投诉电话230次。

(戴尚德)

河北省

【环境信访处理】 2005年,河北省共受理群众举报环境违法案件12 205件,案件处理率达98%。省环保局举报中心共接到群众举报1 743件,其中电话举报747件,群众来访169人次、来信157封,网上举报114件,领导批办557件。另外受理省长举报电话投诉229件,局长接待63件121人次。全年直接查处各种信访举报案件62起,下达督察通知14个。全省共发放举报奖励资金3批,对374件环境举报案件的376名举报人进行了奖励,发放奖金22.33万元。新的《信访条例》颁布以后,组织召开了全省环境信访工作会议,并邀请了国家环保总局和省信访局领导予以授课,为新信访条例的全面施行奠定了基础。

2005年河北省环境执法监察局按照"举报、信访、稽查"三位一体的办案机制,本着认真对待、积极查办、行动迅速、力度到位的原则,环境违法案件办案质量明显提高。共接办各级领导批示环境违法案件610件,解决了一大批领导关注、群众关心的热点、难点环境问题,得到各级领导及群众的认可。

(郭志忠)

山西省

【环保政务与信息公开】 2005年山西省各级环境监察队伍严格按照政务公开的要求,将环境监察执法、排污收费等政务内容进行了"三公开"、"三公示",即执法依据公开、执法程序公开、执法事项公开,排污收费标准公示、核定排污量公示、排污费核定额公示。按照依法行政要求,基本达到了"阳光执法"、"透明收费"要求。

【环境信访办理】 2005年,山西省环境监察机构受理群众信访举报38 000余件,调查群众信访举报36 500件,查处率为96%、反馈率为93%,接待上访群众3 000人次,对查证的1 300余件环境问题进行了查处,结案率100%。解决了一大批重点环境问题,维护了群众环境权益,保障了环境安全。

(张全升)

辽宁省

【环境来信来访处理】 2005年,解决了一大批环境信访热点问题和基层群众突出信访问题。辽宁省共受理环境信访事项19 245件,处理率100%,办结率95%,息访率90%。其中,国家环保总局转办件55件,省领导交办件12件,省信访局转办件11件。在这些环境信访事项中,反映水污染1 518件,大气污染13 193件,固体废物污染231件,噪声污染2 748件,辐射类污染72件,其他类1 663件。另外,进京上访26批214人次。

在2005年的保持共产党员先进性教育活动中,辽宁省委、省政府开展了两次领导干部包案下访、解决基层突出信访问题的活动。其中对第一批省环保局共负责4个疑难信访案件,分别由4名副局长负责包案解决。其中丹东市汤山城染化厂、丹东市汤山城树脂厂、沈阳市橡胶二厂的污染问题已全部解决。大连机床集团铸造有限责任公司的污染案件是由省环保局与大连市委、市政府共同负责的包案案件,环保部门的工作已经全部到位。9月,第二次领导干部包案下访活动中,省环保局共负责18个疑难信访案件,其中7个群体信访环境案件、11件个体信访非环境案件。辽宁省环保局副局长朱京海组织召开了3次专题会议,详细了解案情,提出解决方案,并邀请省信访局副局长陈绍敏参加与锦州市信访局举行的工作对接会。7个群体访环境案件全部息访,结案4件。11件个体访非环境案件,结案两件。由于出色的工作,省环保局被省委、省政府授予"省信访突出问题专项治理先进单位"称号。

(孙鹏轩)

吉林省

【环境信访办理】 2005年,吉林省各级环境监察机构贯彻实施《信访条例》,充分发挥"12369"环保举报热线电话的作用,认真受理群众来信来访和投诉,共受理环境信访案件15 027件(次),88%以上的投诉得到解决。省直接受理环境信访118件,其中,涉及水污染的63件,大气污染32件,固体废物污染5件,噪声污染8件,辐射污染3件,其他问题7件。年底结案112件,结案率为95%,较好地完成了与省政府签订的2005年信访工作目标责任状的各项内容,被省政府评为2005年度信访目标责任制优秀单位。

全省各级环境监察机构把环保专项整治行动作为解决环境信访问题的重要途径。通化市通过明察暗访和联合执法,有效地解决了群众反复投诉的歌厅噪声扰民问题,使"12369"环保举报热线投诉量下降了30%。白城市成立了环境信访工作领导小组,建立岗位责任制,规范了工作程序,并实行领导接待月制度。白山市对环境信访案件采取"早调查、细分析、快解决、求实效"措施,将各种环境纠纷和矛盾化解在萌芽状态。一年来,全省未发生因环境污染问题进京或集体来省上访事件。

(程金灿)

上海市

【群众投诉信访处理】 2005年,上海市"12369"环保应急热线共受理群众投诉电话65 283个,其中环保投诉23 681个、环保咨询21 306个、非环保投诉20 296个;处理群众来信2 815件,接待群众来访853人次。其中热线中心受理群众来电52 228个,处理群众来信81件,接待群众来访9件。

(彭振发)

江苏省

【环保政务与信息公开】 2005年,为推进公众参与环境监督,推动环境执法向纵深发展,江苏省各级环境监察机构实行环境监察政务公开,主动接受社会监督,保证环境监察各项工作依法公正、公开进行。一是加强"窗口"建设。在办事窗口和醒目场所公开工作职责、法律依据、工作制度、办事程序、工作质量标准、排污收费标准、行政处罚情况和监督举报办法等,并在此基础上开展"诚信建设看窗口"活动。二是坚持亮证执法。在执行公务中,环境监察人员要表明身份,出示证件,接受群众监督。三是聘请行风监督员,形成有效的社会监督网络。省环保厅在每个省辖市的各行业聘请5名行风监督员,全省共聘请70余名行风监督员。每年至少两次召开行风监督员座谈会,听取行风监督员的意见和建议。全省各市、县也都在辖区内聘请了行风监督员。四是开展问卷调查、群众座谈等形式,广泛听取公众意见,接受社会监督。五是邀请新闻媒体参加重要的环境执法活动,加大环境违法行为的公开曝光力度,广泛接受舆论监督。

【环境信访与投诉举报处理】 2005年,江苏省推行"有诉必受、有受必查、有查必果、有果必复"的工作机制,接报后及时跟踪查办并及时向举报人回复查处情况,基本做到件件有回音,事事有结果。江苏省环保厅两次参加江苏人民广播电台的《政风热线》节目,现场安排查处听众投诉的环境污染问题,并组织在宁高校大学生利用假期参与有奖举报工作,调动公众参与环境监督的热情和积极性,通过奖励手段把有限的行政监督化为无处不在的市场监督,建立了群众与环保部门沟通的渠道。

2005年,省环保厅共受理国家、省级交办件78件、厅领导批转件14件、各类新闻媒体投诉85件,全部按规定进行处理,并定期征求举报人对环保部门的工作意见。全省共立案环境污染举报53 760件,结案53 592件,奖励132件、金额11.935万元。

2005年9月,江苏省环境信访办公室与省环境违法行为举报中心合并,统一归口管理,更加有效地为群众解难,为百姓分忧。全年省环保厅接待群众来访65批、357人次,其中群众集体上访17批、242人次。受理群众来信768封。

(潘　炜)

浙江省

【环境信访处理】 2005年,浙江省共受理群众信访63 057件,结案62 168件(截至2005年12月31日),结案率为98.5%。其中,浙江省环保局受理中心受理各类举报共 1 135 件，办结率、处理率、回复率均达到 100%，群众满意率达到 93.5%。办理国家环保总局、省政府办公厅、省人大等有关部门的信访批示回复 23 件。为进一步推进全省环境信访工作的信息化建设，省环保局与全省 11 个设区（市）环保局通过省环境信访系统实现省转信访案件的网上交办、处理和反馈，提高了信访件的处理效率和效果。

（刘　凤）

安徽省

【环保政务与信息公开】 2005 年，安徽省环境监察部门继续认真落实"环境监察五公开"、"排污收费六公开"要求，深入开展政务公开，各级环境监察机构通过网络、报纸、张榜公布等方式，将环境现场执法、案件查处、环境监察工作程序和排污费征收依据、标准、核定结果和征收额上网、上墙等工作形成规范和制度。目前，省各级环境监察部门已全部实现环保政务公开与信息公开的动态化管理，促进了环境监察工作公平、公开、公正开展。

【举报投诉、来信来访办理】 安徽省环境监察部门 2005 年共接听、接待环保举报投诉、来信来访12 040 件，处理 11 127 件，处理率 92%；结案 10 971 件，结案率 91%。安徽省环境监察局直接接待处理环保投诉电话 485 件，其中电子邮件投诉 112 件、网络投诉 118 件、人民来信 210 件和上访 43 批 115 人次，接待处理率 100%，办结率 95%。

2005 年，安徽省环保局开始启动"开门接访、带案下访"工作，省局领导带案下访 6 次，接待来访群众 9 批、22 人，涉及案件均得到妥善处理。

（袁永宏）

江西省

【环境信访处理】 2005 年，江西省环境监察部门受理群众来信来访 8 078 件，处理率为 95.68%，其中九江、景德镇、赣州、新余、鹰潭等市的信访处理率为 100%。各设区、市环境监察机构都很重视环境信访投诉工作，并把此项工作作为目标管理的一项重要内容。建立了信访工作责任制度，明确责任人，规定处理时限，特别是在"两会"、汛期、节假日、中考、高考期间，各设区市都建立了值班制度，加强对重点污染源、重点地段的巡查，保障了环境安全，维护了群众利益。

（胡予秋）

河南省

【环保政务与信息公开】 河南省总队加强环境监察政务和信息公开工作。一是在电台和报纸等新闻媒体公开"12369"环保举报热线。二是在省环保局大厅设立的电子触摸屏上，将收费标准、收费项目、执法依据等进行公示。三是在河南环境监察网上，将机构设置、工作职责、工作制度、排污收费、法律法规、排污申报等向社会公开。四是现场执法人员亮证执法，接受群众监督。五是邀请新闻媒体参加重要的环境执法活动，加大环境违法行为的公开曝光力度，广泛接受舆论监督。

【环境污染投诉举报处理】 2005 年，河南省"12369"环保投诉电话共受理群众举报 21 164 件，结案 20 740 件，结案率 98%，其中，省总队"12369"环保投诉电话受理群众举报 258 件，都依法进行了查处。对领导批示的以及上级部门批转的 83 起重要信访件进行了调查处理，包括党和国家领导人批件 3 件、省领导批件 11 件、省人大批件 1 件、国家环保总局批转件 39 件、省局领导批件 29 件，妥善解决了一批领导关心、上级机关关注危害群众环境权益的污染问题。

（荆国一）

湖北省

【环境信访处理】 2005 年，湖北省环境监察机构"12369"环保热线 24 小时值班受理与处理投诉案件，全省环境监察机构共受理群众投诉 21 669 起，其中电话投诉16 488起，信访 2 233 起，批示件 1 436 起，上访 571 起。整个查处工作，无一件漏查、错查，无一名环境监察人员发生违纪违规现象。2005 年省环境监察总队重点查处了群众投诉的武汉青江化工股份有限公司和宜都市金珠矿选有限公司等 7 家尾矿洗选企业、英山县华中化工发展有限公司、宜昌东圣实业有限责任公司、丹江口第一造纸厂、武穴市长江纸业、广济药业和中牧药业等企业环境违法问题，处理了鄂州市全兴化工有限公司苯泄漏污染问题、仙桃市境内一运碱槽车违章翻入汉江影响水质问题以及汉川市马口镇土桥村毒鼠强污染问题。

2005 年全省各级环保部门收到群众来信18 147 封，其中水污染 2 527 封、大气污染 7 485 封、固体废物污染 378 封、噪声污染 8 242 封；当年已处理来信 17 956 封，办结率为 100%。接待群众来访13 842人次，其中反映水污染 1 357 批、大气污染 2 087 批、固废污染 407 批、噪声污染 4 247 批；当年已处理来访 7 274 批次，办结率为 100%。

（孟凡松）

湖南省

【环境问题来信来访办理】 2005 年，湖南省各级环保部门受理环境问题来信 10 050 件，处理 8 780 件，处理率 87%；受理群众来访 6 872 起，处理 5 660 起，处理率 82%。其中：省环境监察总队直接接待群众来访 84 批 201 人次，接投诉电话 23 人次，接受群众来信反映环境污染及纠纷投诉 396 件，办结 348 件。在办理过程中，各级环境监察机构充分依靠地方政府和当地人民群众，深入细致地调查研究，耐心科学地处理协调，使邵阳宝兴科肥公司、株洲古桑州烟气污染、水口山有色金属第四冶炼厂污染松北村茶场、湘乡铝厂电石渣使用、常德桃园化工厂污染纠纷、醴陵浦强水泥厂污染纠纷、张家界楚霸水泥厂污染投诉、益阳海峰胶业有限公司污染扰民案、涉及“锰三角”的花垣县锰污染集中整治问题等一批环境污染热点问题得到了较好解决。

（兰 洋）

广东省

【环境信访投诉处理】 2005 年，广东省各地环保部门开通“12369”环保投诉电话，及时受理群众投诉。全省环保系统共受理群众投诉 4 万多宗，接待群众来访 1 300 多批、3 000 多人次，来访批次和人次分别比 2004 年同期上升约 9%和 15%。在环保部门受理的群众投诉中，大部分得到妥善处理，处理率达 95%以上，及时解决了一批严重污染扰民的环境问题。

（张作凡）

广西壮族自治区

【环境信访处理】 2005 年，广西壮族自治区反映环境问题的来信多达 16 607 封，比 2004 年的 15 750 封增加了 857 封；来访 2 703 批、4 911 人。南宁、柳州等地环保部门收到的群众投诉数量创历史新高。来信来访反映的问题以水、大气、噪声和固体废物为主，来信已处理 16 049 封，处理率 97%；来访已处理 2 060 批，处理率 76%。广西全区各级人大、政协关于环境问题的建议和提案共 341 件，已办理 341 件，处理率达 100%。2005 年，广西环保部门接到约 1.4 万个“12369”环保热线电话，处理 13 653 个，处理率为 97.5%。

（郑伯春）

海南省

【环境信访举报处理】 2005 年，海南省环保部门加大了信访举报办理工作的指导和监督力度，认真做好本级信访举报办理工作。全年共处理了环境生态举报案件 1 664 起，其中噪声污染案件 1 088 起，废气污染事件 473 起，水污染事件 91 起，生态破坏案件 9 起，废渣污染事件 3 起；妥善处理了环境污染事故 5 起；其中 1 646 起已处理结案，处理率达 100%，结案率达 99%。

（杨昌新）

重庆市

【公开政务接受监督】 2005 年，重庆市环境监察总队实行行政处罚全过程“六公开”。即：立案公开、当事人陈述申辩意见公开、听证情况公开、从轻或免处的理由公开、处理结果公开、执行情况公开；同时还实行了排污费征收工作实行征收标准、缓缴、免缴结果公开，办事机构和人员身份、行政执法工作制度和工作程序、举报投诉电话与受理部门等政务公开。通过政务公开，主动接受社会各界的监督，将环境执法工作变成“阳光作业”，促进环境执法做到公开、公平、公正。

（顾怀东）

四川省

【环境信访受理】 2005 年，四川省加强了重要信访投诉办理、污染纠纷调查处理及其督察督办。2005 年初以来，对国家环保总局、省委、省政府交办的举报攀钢钛业公司环境污染问题、甘孜水泥厂废气和粉尘污染环境问题、九寨沟神仙池风景区遭破坏事件、广元朝天区马房窝违法采金环境污染问题等 28 宗信访件，省环境监察总队领导亲自带领执法人员深入现场开展调查处理。对 165 件交办信访件的办理情况进行督办，对未在规定时限内办理的予以全省通报批评。为规范调查处理工作，省环境监察总队还及时组织全省环境监察系统信访投诉调查处理工作调研。据统计，2005 年全省环境监察机构共处理污染纠纷 1 631 件，受理污染投诉 4 454 件，其中省环境监察总队直接受理信访投诉 193 件，群众来电、来信、来访投诉的处理率达到 100%，污染纠纷案件结案率达到 100%。2005 年，四川省成都市环保局建立了社会公众有奖举报制度。

（陈泽文）

云南省

【群众投诉举报处理】 “十五”期间，云南省各级环境监察机构认真做好“12369”环保举报热线的受理和查处工作，继续加大对环境污染事故、纠纷和信访案件的调处力度，做到发现一起就认真调处一起，严肃查处一起。全省环境监察机构受理并参与调处环境污染事故、纠纷、信访数分别为 457、6 023、21 694 起，结案率分别为 98.1%、96.2%、95.8%。

（崔震宁）

甘肃省

【环境信访处理】 2005 年，甘肃省各级环境监察机构进一步规范了信访工作程序，建立健全了信访工作制度，紧紧围绕“早、细、快、实”做文章，对信访案件早调查、细分析、快解决、求实效，将各种环境纠纷和矛盾化解在萌芽状态。畅通“12369”环境污染举报投诉电话，对来信来访做到“热情接待、认真登记、迅速处理、及时回复”。接到投诉后，迅速组织执法人员赶赴现场，获取翔实资料，坚持以事实为依据，以法律为准绳，做好现场检查笔录。对上级转办的信访案件，及时将调查情况和处理结果进行了反馈。

2005 年，省环境监察部门受理日常环境信访 80 余件，接到群众来访 5 批 15 人次，督办重要环境信访 22 件，包括国家环保总局督办的天水市东方纸业水污染、兰州卷烟厂天水分厂噪声污染、华亭石堡子开发区铅冶炼废气污染、陇南文县碧口铁合金污染等重要信访件。目前，所有案件均已办理，结案率为 100%。全省全年受理群众来信 5 925 件、来访 912 批 1 023 人次。

（宁 炳）

青海省

【环境信访处理】 2005 年，青海省各级环境监察机构把群众来信来访、投诉举报及污染纠纷的查处当做一项重要工作来抓，特别是在省纠风办和青海人民广播电台举办的政风行风热线直播节目中，针对听众投诉的 16 个环境问题，省市（州）环境监察部门立即逐一进行了检查核实，全部提出了限期整改的要求，并进行追踪检查，最终使所有问题得到了及时处理，并将检查处理情况及时向投诉听众进行了反馈，切实维护了广大群众的合法环境权益。全年共受理群众投诉举报及来信来访 1 257 起，处理群众来信来访 674 件次，查处率达 100%，结案率达 100%。

（董郁海）

宁夏回族自治区

【环保政务与信息公开】 2005 年，宁夏回族自治区各级环境监察机构按照政务公开的要求，将环境监察人员“六不准”、环境监察人员行为规范、排污费征收工作程序、污染源监察工作程序、环境污染事故及纠纷调查处理工作程序、行政处罚程序等在新闻媒体上公开。

每季度征收排污费企业名单、污染物种类、数量、应缴纳的排污费数额通过媒体予以公告。

各级环境监察机构在办公地点设置了环境监察人员监督岗标志牌，标明环境监察人员姓名、职务、环境监察证号，接受广大群众的监督。

【环境污染投诉受理】 2005 年，宁夏回族自治区已有 9 个市、县开通了“12369”环保投诉举报热线，共受理群众投诉 6 183 件，其中水污染投诉 220 件，大气污染投诉1 650件，噪声污染投诉 4 245 件，固废投诉 11 件，其他污染投诉 57 件。通过“12369”环保投诉举报热线，调动了广大人民群众参与环保的积极性，利用公众力量，加强了对排污行为的监督。

（刘韵垠）

新疆维吾尔自治区

【环境信访处理】 2005 年，新疆维吾尔自治区环境监察人员始终把“一切想着群众，一切为了群众，群众利益无小事”作为信访工作的基本准则。通过认真学习《信访条例》，进一步规范了信访工作处理的程序，建立健全了办信工作制度、接访工作制度、紧急信访事件处置制度及信访登记归档制度等信访工作制度。2005 年全区受理信访投诉 6 215 件，处理率达 99.1%。

（刘寒峰）

大连市

【环境信访处理】 2005 年，大连市环保局成立了环境投诉应急指挥中心，将环境信访的受理和处理工作由分离进行改为集中进行，这一工作模式改革取得了良好的效果。

2005 年，全年共受理各类信访 6 256 件。其中来电 5 878 件，来信和网上投诉 280 件，来访 78 件，其他 20 件。市内信访总量比去年下降 17.4%，全市信访总量比去年下降 12.6%。在 6 256 件信访中按污染种类分：水污染 204 件，大气污染 2 030 件，噪声污染 3 942 件，其他 80 件，各占 3.3%、32.4%、63.0%和 1.3%，信访处理率达 99%，群众满意率达

90%以上,重访率控制在3%以下。

继续实行新闻发言人发布环境新闻制度,保证公众的知情权,做到不隐瞒、不漏报、不瞒报。健全和完善了公众参与环境保护机制。认真贯彻、落实国家《信访条例》,实现信访统一受理和处理结果网上公示。

2001年至2005年大连市环境信访统计表

	受理数	噪声	烟气	废水	固废	其他
2001年	8 235	5 118	2 419	247	19	432
2002年	9 419	5 927	2 752	249	64	427
2003年	9 619	6 024	2 999	281	55	260
2004年	7 173	4 519	2 365	175	13	101
2005年	6 256	3 942	2 030	204	15	65
合计	40 702	25 530	12 565	1 156	166	1 285

(宋晓奔)

青岛市

【群众举报投诉处理】 2005年,青岛市强化"12369"为民解忧愁服务理念。"12369"受理中心接听电话34 955个,登记网上举报、电子邮件和传真194件。共处理环境信访案件6 674件,其中,群众来访131批、150人次;群众来信、来电6 543件。信访处理率100%,处结率99.9%。全年未发生到省进京上访案件。

(赵润德)

宁波市

【群众投诉举报处理】 2005年,宁波市、县两级环境监察部门耐心细致地做好信访投诉的接待、受理工作,认真受理环境信访,切实解决好人民群众关注的热点、难点和敏感问题。2005年,市环境投诉受理中心共受理各类有效环境投诉2 651件,查处1 668件,结案率达100%,满意率98.4%,做到了事事有回音、件件有着落。

(陈 波)

深圳市

【环保政务与信息公开】 2005年,为主动接受社会监督,深圳市全面推行政务公开和"阳光工程"。将办事机构和工作人员身份、环境监察工作制度和程序、排污收费的法规和征收标准、行政处罚情况、环保举报电话等相关内容对外公开,并在办公楼大厅设立触摸屏,开发编制了触摸屏软件,将相关内容录入查询系统,方便外来办事人员查阅。实行排污收费政务公开,在市环保网站上开辟了排污收费改革专栏,将排污收费改革的有关政策法规和国家、省、市各级文件向社会公布。严格执行《排污费征收使用管理条例》第十三条关于公告的有关规定,在市环保网站建立排污收费公告栏,将每个周期排污者排放的污染物种类、数量,以及据此确定的排污者应当缴纳的排污费数额予以公告。定期在新闻媒体上公开"12369"环保举报热线电话和监督电话,公布热线受理范围,同时宣传工业污染源违法排污公众有奖举报制度。

【环境污染有奖举报制度】 2005年,深圳市进一步完善公众举报工业企业环境违法行为奖励制度,加强公众有奖举报的宣传力度,在打击企业违法排污行为方面取得明显成效。"12369"环保举报热线共受理群众对工业企业环境违法行为举报322起。根据群众举报线索,对数十宗工业企业废水偷排、直排行为进行查处,对违法情节严重的企业实施了吊销排污许可证和罚款10万的处罚,并对28起举报人实行500~2 000元不等的奖励,共发放奖金金额达2.4万元。

【来信来访办理】 2005年,深圳市、区环保部门共收到群众的来信、来电、来访、上级领导和有关部门批转及环保业务咨询共109 093起,比去年下降了10%;立案并到现场处理21 052起,比去年下降了8.2%。按污染类型来分,噪声类为12 372起,占总量的58.8%;废气类为7 211起,占总量的34.2%;废水类为1 138起,占总量的5.4%;固体废物及其他为331起,占总量的1.6%。从信访方式来分,来访233批438人次,占信访总量的1.1%,来访比去年上升了15.9%，来访人次比去年下降了36%；来信512起，占总量的2.4%，其余是通过来电、传真、邮件等方式。按环境信访的来源行业来分，“三产”业9 262起，占总量的44%；工业4 832起，占总量的23%；建筑施工5 085起，占总量的24.2%；其他行业1 873起，占总量的8.8%。所有的信访件均得到了及时妥善处理，处理率100%。

【群众投诉举报处理】 2005年，深圳市环境监察支队继续认真做好“12369”环保举报热线的值班工作，及时为群众排忧解难，每天坚持人工接听电话至凌晨3时，重要时期24小时人工值班。对群众休息影响较大的夜间施工噪声污染问题，实行现场受理现场查处。全年夜间共出动9 600多人(次)，3 840车(次)，检查施工、娱乐场所2 900多场(次)，对250多宗违法施工行为及娱乐场所实施了行政处罚；同时，加强对环保投诉电话的稽查工作，对各信访责任单位实行定期和不定期的信访稽查以及对信访考核打分制来进行考评，并将相关情况在全市环保系统内予以通报，有力地推动了各单位环保投诉电话的值班工作。

(胡　华)

沈阳市

【信访案件督办】 2005年，沈阳市环保局信访办挂牌督办了两件重要信访案件，分别是金山热源和砂南热源建设项目。这两处热源建设选址距居民楼很近，因群众认为建成后会有严重的污染扰民问题，故引发了大规模的群体上访。对此，市环保局领导高度重视，亲自挂牌督办。经信访办多次协调，最终市政府同意两处热源另选址建设，从而避免了因选址不当造成的环境污染问题。

【群众投诉举报受理】 2005年，沈阳市共受理并处理环境信访案件2 189件，接待群众来访380人次，办理群众信件81封，转交相关部门市民建议11个，定期通过网络平台向社会各界公布环境信访工作信息76条。采取应急现场查处案件184件，组织多部门联合执法行动7次。另外，在中、高考及投诉高峰时期，组织全市环保系统开展对信访热点、难点问题开展集中整治行动共3次，严厉打击了环境违法行为。

(郎丽娜)

长春市

【环境监察政务公开】 2005年，长春市环境监察支队在上一年度向社会及服务对象发送政务公开公示卡的基础上，在日常管理中对所管辖的排污单位送达环境现场执法反馈卡。反馈卡直接反馈环境监察人员日常执法工作相应情况，并注明环境监察人员行为职责。管理权限及管辖范围以及主管领导投诉举报电话，一年来共发放反馈卡1 284张。通过收到的反馈卡和电话调查摸底，满意率达100%。一年来长春市环境监察人员无一人违法违纪。

【信访投诉举报受理】 2005年，长春市环境监察支队“12369”信访大队信访工作得到了进一步加强，专职信访办公人员增加到5人，值班人员坚持24小时值班服务。在保证“12369”投诉热线畅通的同时，长春市环境监察支队还与市政府“12345”信访办公室及长春市城建系统“12319”信访办公室建立高效联动机制，坚决做到有警必接，接警必出，快速到位，及时查处，依法处理。据统计，2005年共接到各类信访2 791件，其中“12369”投诉信访案件2 183件、“12345”信访案件550件、“12319”信访案件44件。此外，还接办省环保局转办6件、市人大督办3件、市环保局来信5件。处理率为100%，反馈率为100%，群众满意率达100%。

(胡晓明)

哈尔滨市

【环境信访处理】 2005年，哈尔滨市受理各类信访事项7 176件，同比增长52%，处理率达到100%，办结率达到98%以上，重复信访率控制在2%以下。其中，支队直接处理3 191件，完成省、市领导交办和省市长热线交办168件，办理群众来信78件、来访71批(件)次、集体访3次。建立“12369”电话举报受理中心，实现电话信访案件统一受理。坚持重点案件例会制度，支队领导班子定期对重点案件、群众反映集中案件进行检查、监督，对难度大、问题多的信访案件支队领导亲自过问、亲自主抓。坚持文明受理、及时出现场、限期结案、跟踪问效的机制。支队各科室明确分工、密切配合，保证了信访案件的及时查处，并及时将查处情况反馈给举报人，并征求举报人对信访工作的意见和建议，受到群众的好评。

(彭　伟)

南京市

【环境信访处理】 2005年，南京市“12369”污染举报热线共受理污染举报18 217个，受理回复局长信箱信件760封，对所反映的5 344件有效举报全部进行了转办和查办，办结5 281件，办结率达到98.8%，举报满意率达90%，满意率较2004年有所上升。

2005年，南京市环境监察机构结合新颁布的《信访条例》，制定实施了重要信访告知制、复查终结制两项信访工作新机制。对可能导致不良后果的污染举报,以《重要污染举报告知单》的形式报送信访部门,将环保部门单一行为升格为政府行为;对目前机制、条件、技术无法解决,而投诉人又长年累月缠诉缠访的问题,从避免行政执法资源浪费、提高信访举报查处效率角度出发,建立了污染举报复查终结制度,采取市、区、县联合查办、书面回复投诉人的方法,取得了较好的效果。

(陈　舟)

武汉市

【环境信访处理】 2005 年,武汉市环境监察队伍共受理各类信访案件 7 880 件次,其中来访 388 件次。全年接到省、市领导及有关部门批示 250 件,其中市环保局领导批示 59 件,落实领导包案处理信访突出问题办结率 100%。全年共安排领导接待工作日 12 次,接待处理来信来访 12 件次,完成率达到 100%,对市信访办交办的信访突出问题按期办结率达 100%。2005 年没有一起因环境污染投诉群众集体赴省、赴京上访案件发生。被武汉市委、市政府授予了信访工作先进集体的称号。

2005 年,武汉市环境监察支队坚持 110 联动 24 小时备勤制度,及时处警、回告,确保"12369"投诉热线畅通无阻。被市长专线、市 110 联动办授予了市长专线及 110 联动工作先进集体称号。

(王　晴)

西安市

【环境信访投诉受理】 2005 年,西安市环保部门共受理群众投诉电话 6 852 个,其中环保投诉电话 5 486 个。在环保投诉电话中,废水占 6.3%,废气占 11.9%,噪声占 79.6%,其他占 2.2%。接待来访群众 20 余人,共受理环境污染信访 23 件,办结率 100%。2005 年 3 月 15 日《人民日报》从改进机关作风方面对西安市环境监察支队受理群众环保投诉工作提出了表扬。

(赵文军)

济南市

【环境监察政务公开】 为营造公众参与环境监督的社会氛围,2005 年,济南市各级环境监察机构进一步加强了政务公开工作。每个环境监察机构都实现了将工作职责、执法依据、征收依据、征收程序、环境监察程序、征收情况及环境监察人员"六不准"制度、监督电话等向社会公布;市监理总站的公开内容已编入济南市环保局政务公开手册及载入市局网站进行公开;聘请了 17 名社会义务监督员监督行政执法情况。在定期召开的两次社会义务监督员座谈会上,监督员对全市环境监察执法工作给予了高度评价。

【环境污染投诉举报受理查办】 2005 年,济南市环保 110 指挥中心共接到群众业务咨询与投诉电话 9 987个,投诉环境违法行为 2 812 件,处理率 100%,结案率 100%。特别是中、高考期间,派专人对各考场周围各类环境噪声污染源进行严格控制,制止环境噪声扰民行为 767 余起,对违规单位和个人按照有关规定,依法从严处罚,并在新闻媒体上予以曝光。对群众投诉的较复杂案件进行回访近 400 余件。

(彭晓鹏)

“两会”提案议案办理

国家环保总局环境监察局

全国人大会议提案与全国政协会议议案办理

【《对十届全国人大三次会议第4877号建议的答复》】 (环建函[2005]26号)

景海燕等19名代表:

你们提出的《关于支持新疆建设污染源排放在线监测系统的建议》收悉,经商国家发展和改革委员会,现答复如下:

新疆地处我国边疆,地域辽阔,由于水资源匮乏,且分布不均,生态环境十分脆弱。目前全区工农业及人口主要聚集在平原绿洲内,加强城镇和工业企业污染治理和重点污染源监测,是实现可持续发展战略的重要举措。

一、关于安装污染源自动监控系统问题

对污染源实施监控的目的有两个:一是环境保护部门依据环境保护法律、法规,应对辖区内污染源污染物的排放、污染治理设施运行等情况进行现场检查、取证、处理等,此系统是环境执法监管的工具;二是排污企业为遵守环保法律法规、控制污染物排放,需要掌握自身排污和治理设施运行的情况。污染源自动监控工作不仅能为当地环保部门辖区属地管理服务,也为上级环保部门的宏观管理服务;污染源自动监控工作与控制达标排放、排污收费、许可证发放甚至环境统计都有着密不可分的关系;污染源自动监控数据对突发环境事件应急处理、处置也具有关键作用。

二、关于安装污染源自动监控系统经费来源的问题

污染源自动监控系统按功能和安装部位的不同,可分为两部分:安装于污染源现场、监控排污情况的数据收集子系统;安装于环保部门用于自动监控管理和数据分析应用的信息综合子系统。数据收集子系统建在排污现场,用于直接收集排污数据,属于环保设施的一部分,建设运行经费应由排污单位自筹解决、财政酌情予以支持。信息综合子系统建在环保部门,属于环保部门信息化电子政务建设的内容,直接为环保部门监督管理工作服务,建设运行应由环保部门编报预算,申请财政经费。

感谢你们对环境保护的关心和支持。

【《对十届全国人大三次会议第1036号建议的答复》】 (环提函[2005]46号)

傅一鸣代表:

您提出的"关于加强环保执法力量,加大环保执法力度的建议案"收悉,经研究,答复如下:

一、关于充实环境执法力量

1. 目前我国环境执法基本情况。截至2004年底,全国共有环境监察执法机构3 064个(中央级1个,省级32个,地市级347个,县级2 684个),人员4.96万人,大专以上学历占55%,已初步形成了国家、省、市、县4级环境监察机构网络。这支环境执法队伍负责监管20多万家工业企业、70多万家"三产"企业、几十万个建筑工地,每年现场检查200多万人次,处理环境违法案件两万多件,征收排污费90多亿元,处理环境投诉40多万件,处理污染事故与纠纷6万多件,还承担着日益繁重的生态环境监察和农村环境监察工作。

从1999年以来,全国的环境投诉和上访每年分别以25%、35%的幅度递增,大大高于其他问题信访增长幅度。2003年环境问题被国家信访局列入全国八大投诉热点之一。然而全国平均每个环境监察机构执法车辆仅1.4辆,200多个县的执法机构没有执法车辆,更没有取证设备。截至2003年底,全国环境监察机构共拥有执法车辆4 439部,通讯设备6 553台,取证工具(pH值计、黑度计、便携式COD仪、照相机、摄像机等)8 205台(套),平均每个执法机构2.1台通讯设备、2.7台(套)取证工具。距离标准化建设最低要求(标准化三级)6 400辆车、3.5万(套)取证工具,还有较大的差距。环境执法确实装备不足,力量薄弱。

2. 提高环境执法能力开展的一些工作。我局高度重视环境执法能力建设,正在积极协调有关部门出台相关政策,已经取得一些进展。一是积极协调财政部、发展改革委,争取更大政策和财力支持。目前国家财政已连续两年安排专项资金共8 300多万元用于中西部执法能力建设补助,今年还将安排5 000万元。二是按照胡锦涛总书记提出的要探索健全国家监察、地方监管、单位负责的环境监管体制的要求,我局正在向中央编办汇报,争取在进一步加强国家监察上有所突破。三是根据国家"环境保护十一五"总体规划编制要求,编制《全国环境执法能力建设"十一五"规划》,全力推进环境执法能力建设。"十一五"期间计划重点推进全国环境应急网络建设、环境监察执法标准化建设、污染源自动化监控网络建设和"12369"环保热线网络建设,增强重点区域、流域、重点工程和重点生态保护区的环境执法能力。但是环境执法能力建设涉及各级政府的财力、编制等问题,还需做大量基础工作,进一步协调有关部门。还希望全国人大代表给予更多呼吁和建议,促进环境执法能力的提高。

二、关于加大环保执法力度

多年来,我局不断加强环境执法工作,并与国务院有关部门紧密配合,持续开展联合执法检查,对违法排污企业的打击力度逐年加大。

开展环保专项整治行动。2000年开展了以控制污染物排放总量、主要工业污染物达标排放、环境功能区质量达标的"一控双达标"行动。2001年我局联合经贸委、监察部、林业局开展了为期3个月的严查行动,依法处理政府、有关部门直接责任人46名。2002年我局联合监察部开展了为期4个月的严查环境违法行为,遏制污染反弹行动。

2003年、2004年我局联合发展改革委、监察部、工商总局、司法部、安全监管总局开展了"整治违法排污企业保障群众健康环保专项行动"。严肃查处了一批环境违法行为,重点曝光、督办了一批重大案件,切实解决了一批关系群众健康的突出问题。

2001～2004年环保专项行动共出动执法人员310万人次,检查企业133万家,查处各类环境违法问题8.2万件,取缔关闭违法企业15.5万家。

下一步我局将继续深入开展环保专项整治行动,不断加大环境执法力度。2005年主要是通过加大政府挂牌督办,公开曝光企业环境违法行为;加大责任追究,公开处理相关责任人;加强考核落实地方政府环保责任;实行以企业自律为主的环境行为定期公布制度等一系列措施,着重解决群众关注的突出环境问题,以及重点流域、区域工业污染源超标排污等问题。

三、关于进一步完善环保法律法规

我国先后颁布了《环境保护法》、《水污染防治法》、《大气污染防治法》、《噪声污染防治法》、《固体废物污染环境防治法》、《海洋环境保护法》、《环境影响评价法》、《促进清洁生产法》、《放射性污染防治法》9部环境保护法律,《国务院关于环境保护若干问题的决定》、《建设项目环境保护管理条例》、《排污费征收使用管理条例》等30多件环保行政法规,以及160多件部门规章。

但从环境执法实践来看,正如您所说的现有环保法律法规确实存在一些问题,主要表现在:

一是法律规定不具体,可操作性不强。现有的环境保护单行法规过于宏观,难落实,往往是有要求的内容却没有相对应的法律责任条款。

二是排污费征收标准偏低,经济处罚力度弱,造成"违法成本低,守法成本高"。

三是环保部门只有限期治理、停产治理的建议权,限期治理、停产、关闭、取缔权均在当地人民政府,在地方保护主义严重的地区,限期治理、停产治理难落实。

四是缺乏查封、冻结、扣押、强制划拨等行政强制手段。

五是对屡查屡犯无制约手段,处理上仍是限期治理或罚款了事。

针对这些问题我局正在积极建议国务院法制部门、全国人大有关部门等开展环境保护法律法规的修订工作,力争取得突破。

综上所述,尽管我国的环境立法和执法工作取得了很大的进展,但环境执法在体制、机制、法制、能力等方面还面临许多困难。希望您能继续关注并支持环境法制建设和环境执法工作,对我们的工作多提宝贵意见。

【《对政协十届全国委员会第三次会议第0663号(城乡建设类090号)提案的答复》】 (环提函[2005]73号)

彭磷基委员:

您提出的《关于严格治理工业区对住宅区环境污染》的提案收悉。该建议由国家环保总局和建设部门分别办理,经研究,现就提案中与我局职责有关的问题答复如下:

工业园区的环境管理已经成为我国环境管理的重要内容之一,它贯穿于工业园区规划、开发、建设和日常运作的各个方面,已初步形成较为完善的工业园区环境管理体系。近年来,我国许多工业园区在发展建设中重视环境保护,严格禁止污染项目建设,全面加强环境管理,坚持经济发展和环境保护双赢原则,在各地经济发展中发挥了重要作用。

从工业园区的环保机构设置看,大体分为3种情况:一是规模较小的工业园区不设环保机构,环保工作由所在地环保部门负责;二是中等规模的工业园区,由所在地环保部门在区内设立环保分局或派出机构负责环保工作;三是规模较大的工业园区,管委会有关机构管环保或单独设立环保机构。

从全国工业园区环境管理工作的总体情况看,凡是由当地环保部门或其派出机构负责环境管理的工业园区,环保工作都能较好开展,而自设环保机构或由管委会有关机构负责的,则问题较突出。但目前我国工业园区的环境管理还主要是对入园企业的污染防治的管理,缺乏对园区规划和项目引入期的环境管理与监督。

提案中提出的问题带有一定的普遍性,我局今后将进一步加强对工业园区的环境管理工作,针对工业园区的特点,有针对性地采取管理措施,开拓工业园区环境管理的新思路,促使工业园区的环境管理上一个新的台阶。

1. 理顺和完善工业园区环境管理体制。面对我国加入WTO的新形势,我们将努力明确工业园区的环境管理体制,力争将工业园区的环保工作作为所在地区环保工作的一部分,由当地环境保护行政主管部门直接管理;内设的环保机构,在业务上接受当地环保部门的指导,或改为当地环保部门的派出机构,切实加强环境管理。

2. 严格执行区域环境影响评价制度,结合城市环境规划和城市环境容量,确定工业园区的布局和发展目标。对环境敏感地区严格限制重污染工业园区的建设,在工业园区的选址、功能定位和污染集中控制上把好关,把环保要求落实到园区建设的规划中。工业园区要以资源环境承载力为前提,实行环境功能分区,严格控制引进严重污染环境又难以治理的项目。对于效益好、技术含量高、污染轻、符合产业导向的优先准入。

3. 鼓励创建"生态经济技术工业园区",发展循环经济。在园区开展以资源综合利用为核心的污染集中控制;推行清洁生产。进行ISO14000环境管理体系认证，使工业园区成为当地环境保护示范区，坚持以人为本，实现人与自然的和谐相处。完善园区环保基础设施，实现污染处理设施的集中建设和统一管理。

感谢您对环境保护工作的支持！

【《对十届全国人大三次会议第 2649 号建议的协办意见》】 [(环提函[2005]96 号)国家环境保护总局办公厅 2005 年 6 月 22 日印发]

国家发展和改革委员会办公厅：

彭建勋等 6 名代表提出的《关于独立工矿区环境治理给予政策支持的建议》收悉，现提出如下协办意见：

一、关于采煤沉陷治理问题

采煤沉陷是典型的矿山生态环境问题。党中央、国务院领导对矿山生态环境治理非常重视，曾多次作出重要批示。2004 年，国家环保总局、国土资源部、国家安全生产监督管理局三部门首次联合开展了矿山生态环境保护专项执法检查行动。其中，对煤矿企业立案查处 828 家、限期补办环评手续 1 270家、关停取缔 7 221 家、查处相关责任人 7 名。此次专项检查，提高了各级政府、有关部门和煤矿企业对矿山生态环境保护的认识，初步形成了联合执法的协调机制，打击和纠正了一批违法企业及不法行为，解决了一批群众反映强烈的生态破坏问题，遏制了局部地区生态环境进一步恶化的趋势，对我国加强煤矿山生态环境监管工作起到了积极的推动和促进作用。

为进一步加强对煤矿山生态环境保护的监管，将采取如下措施：(一)建议国务院尽快出台《矿山生态环境保护条例》。(二)采取切实有效的长效管理措施，将矿山生态环境保护监督管理贯穿于矿产资源开发、生产的全过程，形成环保部门统一监管，相关部门分工负责、协调配合、齐抓共管的工作机制。(三)建立矿山生态环境保护管理制度和环境监察工作规范，提高相关法规的可操作性。加强矿山生态环境保护执法能力建设，改善执法条件，提高执法水平，为开展矿山生态环境监察工作提供有力保障。(四)明确地方政府是当地矿区生态环境治理第一责任人，要按照"谁污染、谁治理"的原则，尽快落实费用承担主体和实施治理的主体，保证治理资金和各项工作落实到位。协助你委和财政部制定矿山生态保护与生态恢复的经济政策。(五)采取多种形式加强宣传教育，增强全民资源忧患意识，通过新闻媒体表彰先进典型，曝光违法行为，在全社会形成保护矿山生态环境的舆论氛围。

二、关于对豁免排污费问题

《排污费征收使用管理条例》(中华人民共和国国务院令第 369 号)第二条规定，"直接向环境排放污染物的单位和个体工商户(以下简称排污者)，应当依照本条例的规定缴纳排污费。"第十五条规定，"排污者因不可抗力遭受重大经济损失的，可以申请减半缴纳排污费或者免缴排污费。排污者因未及时采取有效措施，造成环境污染的，不得申请减半缴纳排污费或者免缴排污费。"财政部、国家发展和改革委员会、国家环保总局在《关于减免及缓缴排污费有关问题的通知》(财综[2003]43 号)中规定，"排污者遇台风、火山爆发、洪水、干旱、地震等不可抗力自然灾害以及因突发公共卫生事件、火灾、他人破坏等遭受重大直接经济损失，可以按照本通知规定申请减缴或者免缴排污费；排污者因未及时采取有效措施，造成环境污染的，不得申请减缴或者免缴排污费。"根据以上规定，老矿山不在免缴排污费范围之内，不能"豁免或部分豁免排污费"。

另外，关于排污费的使用问题，《排污费征收使用管理条例》第五条规定，"排污费应当全部专项用于环境污染防治，任何单位和个人不得截留、挤占或者挪作他用。"第十八条规定，"排污费必须纳入财政预算，列入环境保护专项资金进行管理，主要用于下列项目的拨款补助或者贷款贴息：(一)重点污染源防治；(二)区域性污染防治；(三)污染防治新技术、新工艺的开发、示范和应用；(四)国务院规定的其他污染防治项目。"可见，排污费取之于排污企业，用之于污染防治。环境污染和生态破坏严重的老矿区属于重点防治对象，环境保护专项资金应予以支持，此类老矿山企业可以向当地环保部门和财政部门申请。

三、关于对"矿山煤矸石电厂等综合利用项目给予优先核准，并简化程序"问题

我局鼓励资源综合利用，但所有建设项目必须依据《中华人民共和国环境影响评价法》履行相应环评手续，必须执行"三同时"制度。我局正在采取措施简化审批程序，提高审批效率。目前已出台《关于简化建设项目环境影响评价报批程序的通知》(环办[2004]65 号)。对属应当编制环境影响报告书的建设项目，符合规定条件之一的，建设单位可委托有资质的环境影响评价机构，直接编制环境影响报告书，报送到有审批权的环保行政主管部门审批。与本提案相关的两个条件是"以促进企业技术进步和调整产业结构为目标，用清洁生产工艺替代落后工艺，污染物排放总量显著减少的技术改造项目"以及"火电、建材、冶金、机械、电子、纺织等环境影响因素相对简单、环境保护技术成熟、环境影响评价技术体系完善的行业项目"。通知要求，地方各级环保部门在建设项目管理中，要结合地方实际，采取切实有效的措施，减少工作环节，严格依法审批，强化后续监管工作。

以上意见供你委答复时参考。

【《对政协十届全国委员会第三次会议第 4407 号(城乡建设类 317 号)提案的答复》】 (环提函[2005]118 号)

李安民委员：

您提出的"关于合理征收排污费，促进循环经济发展”的提案收悉。经研究，答复如下：

一、关于排污费征收

国务院《排污费征收使用管理条例》规定，排污费征收是依照污染物排放的种类和数量实行总量收费和多因子收费。排放量越大，交费越多；反之，排污者治污力度越大，排放污染物越少则可以少交费甚至不交费，这种方式可以直接促进排污者积极治理污染。

山西省政府《焦炭生产排污费征收管理使用办法》(晋政发[2004]12号)规定的按吨征收排污费的方式，是一种以物料衡算为基础的核定办法，实际上是按照企业规模、工艺水平，依据污染防治设施运行情况确定收费系数，根据产量确定排污费征收额。在实施过程中，促使一批污染物排放量大的小机焦被迫关停，对产业结构调整起到一定促进作用，但其能否实现山西省政府出台此办法的目标则需要认真的评估。

二、关于排污费解缴比例

为加强国家对排污收费资金的宏观调控职能，更好发挥排污收费作为筹集资金和防治污染的经济手段的作用，《排污费资金收缴使用管理办法》(财政部、国家环保总局2003年第17号令)第十条规定：“商业银行应当在收到排污费的当日将排污费资金缴入国库。国库部门负责按1∶9的比例，10%作为中央预算收入缴入国库，作为中央环境保护专项资金管理；90%作为地方预算收入，缴入地方国库，作为地方环境保护专项资金管理”。国家将筹集到的这部分资金以环境保护专项资金的形式对重点污染治理项目和新技术新工艺的开发和应用进行补助或者贴息，对于发挥国家宏观调控职能、改变行业结构、提高区域治污能力具有重要意义。

三、关于污染源自动监控

污染源自动监控系统是准确核定排污量、足额征收排污费的科学手段，是提高环境管理科学化、信息化水平的重要措施。为指导全国污染源自动监控系统的建设，规范污染源自动监控系统的管理，我们已起草《污染源自动监控系统管理办法》，并将尽快出台。

四、关于克服地方保护主义、强化环境保护问责制

针对地方政府出台“土政策”、“土规定”，限制和阻挠环境执法等问题，我局正在争取将环保指标纳入干部政绩考核指标体系，并已开展绿色GDP考核试点工作。通过建立健全“政府环境保护目标考核制”、“环境保护问责制”和“环境问题定期公布制”等，使环境监管责任真正落实到政府头上。

五、强化执法队伍自身建设与管理

《条例》规定排污费征收实行“收支两条线”，这有利于环保部门规范收费，从制度上避免为收费而收费的现象。我们在环境监察执法队伍管理上实行环境监察人员准入制度，持证上岗，强化队伍内部稽查，完善工作制度和工作程序，深入推进政务公开，拓展群众监督的途径，落实群众的知情权、参与权。要求各级环境监察机构开展环境监察系统行风检查，我局先后颁布了环保系统“六项禁令”、环境监察人员“六不准”，对违反法律法规和我局规定的违法违规人员将给予严厉查处，从制度上保障环保执法的公开、公平与公正。

感谢您对国家环境保护工作的关心和支持，欢迎继续对我们的工作提出宝贵建议。

【《对政协十届全国委员会第三次会议第4429号(城乡建设类319号)提案的答复》】 [(环提函[2005]196号)国家环境保护总局办公厅2005年9月14日印发]

梁从诫委员：

您提出的“关于群众反映湖北省宜都市枝城镇近年建立了一批大型化工厂，却没有一家污水处理厂，化工污水直排长江，应予查封”的提案，由我局会同国家发展改革委、湖北省政府研究办理。我局接到提案后，即责成湖北省环境保护局组织对枝城镇现有化工企业进行了全面调查。根据国家发展改革委、湖北省政府会办意见，现就提案有关内容答复如下：

一、基本情况

枝城镇现有5家大型化工企业，主要生产合成氨、碳酸氢铵、磷酸一铵、硫基复合肥和磷酸二氢钾等农用肥料，没有麻黄素等产品。这些企业均依法进行了环境影响评价，落实了“三同时”，对生产废水、废气、废渣和噪声采取了污染治理措施。

二、存在的主要问题

经查，枝城镇化工企业主要存在以下问题：

一是城市规划管理滞后，生产区与居住地卫生防护距离不够。部分城镇居民住宅倚厂而建，形成了厂房和民房紧邻的局面，对周围居民生活带来一定影响。

二是生产废气量大。虽然主要为水蒸气，但感观效应较差。另外，因工艺性或外界条件影响(如雷击断电)造成的有害气体外泄引发的突发性事故对周围环境造成危害。2004年楚星化工股份有限公司一蒸馏储罐受雷击发生硫化氢气体泄漏事故，造成108人中毒。

三是污染物排放总量相对较大，处理后的废水外排长江。由于枝城镇地势低洼，镇内所有外排水(生活污水和工业废水)只能通过唯一的排放闸排入长江，当长江水位升高，排水靠抽排。

三、工作措施

针对目前在环境保护上存在的问题，宜都市政府拟从以下4个方面抓好环保工作：

(一)科学制定枝城城镇发展规划。合理分区布局，在工业区与城镇居住区建立有效防护距离。对位于卫生防护区内的居民尽快实施搬迁。搬迁工作从2004年就已着手进行，制定了搬迁方案和补偿标准，划定了安置地点。

（二）加快城镇环境基础设施建设。规范城市排污管网，尽快建成城镇集中污水处理厂。按照城市总体发展规划，宜都市制定了城市污水处理厂建设规划，现已完成项目可行性研究和环境影响评价工作，并已向省发改委进行了项目申报。

（三）加大企业环境治理投入。进一步改进现有生产工艺与生产设备，保证稳定达标排放，最大限度减少污染物排放量，削减污染物排放总量。因几家公司均存在磷石膏运输问题，将投资 6 000 多万元，改磷石膏汽车运输为管道输送，以减少运输环节污染。

（四）加强环境监督管理力度，杜绝各类环境污染责任事故发生。严格执行环境影响评价和"三同时"制度，加强日常环境监管和巡查，加大对偷排和超标排放等违法行为处罚力度，保证企业稳定达标排放。建立环境污染事故防范及应对机制，采取积极有效的应急措施，减少事故造成的污染影响。

您的提案给湖北省各级环保部门和宜都市政府很大震动，我局和湖北省环保局已将宜都市枝城镇化工企业环境问题作为今年环保专项行动的重点，督促当地政府牢固树立科学的发展观，进一步加大产业结构的调整的力度，落实环保治理措施，保障群众环境权益。

感谢您对环境保护工作的关心和支持。

【《对政协十届全国委员会第三次会议转信第 X133 号提案的答复》】 （环提函[2005]202 号）

刘迺强委员：

您提出的"建议依法审查金光集团云南林纸浆一体专案"由我局和国家林业局、云南省政府分别办理。现依据我局职责答复如下：

一、为推进我国林纸浆一体化发展，加快造纸工业结构调整，促进产业升级，保护环境，节约资源，走可持续发展的道路，国务院于 2003 年底批准了《全国林纸一体化工程建设"十五"及 2010 年专项规划》。目前，我局按照国务院要求，对所受理的符合全国林纸一体化规划、国家产业政策和国家环境保护法律法规要求的企业，依法开展环境影响评价审批工作。

二、种植桉树对生态环境的影响与桉树品种、整地方式、抚育措施、立地条件、林地布局、造林密度、轮伐要求、成材利用方式等密切相关。陡坡山地造林，机耕全垦整地，抚育施肥不足，造林密度过高，大面积集中连片，混交不足，轮伐过度，成材全树利用，都极易造成地力衰退和水土流失，影响区域生态环境和生物多样性。但如果区域选择与种植科学，造林密度与布局合理，采取挖穴整地、多树种轮种与混交、抚育施肥、凋落物和采伐剩余物归还林地、建立防虫防火与环境监测系统等措施，就可以避免对生态环境产生不良影响。

三、我局至今尚未收到金光集团提出的要求审批云南林纸浆一体化项目环境影响报告书的申请。据云南省环保局介绍，目前，云南省政府正在组织调查此案。

感谢您对环境保护工作的关心和支持。

【《对政协十届全国委员会第三次会议第 0442 号（城乡建设类 054 号）提案的答复》】 （环提函[2005]206 号）

柴宝成委员：

您提出的"关于严厉惩处环境违法者"的提案收悉，经研究，现答复如下：

您在提案中所建议的加强对环境违法行为的责任追究，确实是我国环境执法工作面临的重要问题，尤其是应进一步运用司法手段加大对环境违法行为的刑事责任追究力度。

一、关于环境违法企业相关人员的责任追究现状

近年来，我局不断加大环境执法力度，联合国家发展改革委、监察部、司法部、工商总局、安全监管总局等国务院相关部门连续开展"打击违法排污企业保障群众健康环保专项行动"，每年现场检查 200 多万人次，处理环境投诉 40 多万件，处理污染事故与纠纷 6 万多件，对环境违法行为产生了一定的震慑作用。但环境污染反弹屡禁不止，生态破坏加剧的趋势仍没有得到有效遏制，危害群众健康的环境问题还没有从根本上得到解决，反映出我国环境执法在体制、机制、法制、能力等方面的深层次问题亟待解决。我国现行的法律法规，对环境违法行为的处罚力度尚不能真正对环境违法者产生足够的威慑，"环境违法成本低、守法成本高"的现象还没有根本改变。

一是环境违法行为所对应的法律责任条款尚不完善。《刑法》相关破坏环境资源保护罪责任条款中的量刑标准还不明确，迄今仅有山西省运城市天马文化用纸厂案等二十余起环境违法案例涉案人员受到刑事责任追究；《环境保护法》等相关环保法律法规中，对相当部分环境违法行为缺乏对应的法律责任条款，致使环境执法机关面对环境违法行为常常束手无策，已有的法律责任条款也缺乏强制手段，多以罚款为主且处罚较轻，罚款限额一般在 10 万元以下，对发生特大污染事故的处罚高限也仅为 100 万元。

二是环保部门环境执法手段不硬。目前，按现行法律法规规定，环保部门对违法排污企业只有向当地政府提出限期治理、停产整顿的建议权，更是缺乏查封、冻结、扣押、强制划拨等强制手段。取消环保执法统一着装以来，违法排污企业常以"不着装就不是执法部门"为由拒绝执法人员进厂检查，环境执法受阻事件屡屡发生。

二、关于环境监管人员责任追究状况

为了不断加强环保系统内部管理，规范环境执法工作，我局先后发布实施了《环境监理人员行为规范》（国家环境保护局第 16 号令）和《全国环保系统六项禁令》(国家环保总局第20号令),对环保人员依法履行职责、杜绝行业不正之风做出了明确规定,要求各级环保部门对违规违纪人员严格按照相关规定进行处理。同时,公布开通了行风举报热线、网上举报系统接受群众监督举报,并利用抽查、督察等手段检查监督实施执行情况。经统计,2004年全国共有81名政府相关部门人员在环保专项行动中受到行政责任追究,部分人员被免职、调离岗位。2002年,我国第一例环境监管失职案涉案人员山西省阳城县环保局赵璋信局长、赵余库副局长分别被依法追究刑事责任后,在全国环保系统反响强烈,各级环保部门对依法履行职责进一步提高了认识。目前,我局正在联合监察部开展对企业违法排污损害群众利益突出问题的专项检查,进一步加大对政府、部门相关责任人员的行政责任追究力度。

三、关于进一步完善法律法规及部门规章

为了进一步加强对环境违法行为的打击力度,我局现正在继续加强有关环保法律、法规的起草、修订和研究论证工作。

一是积极协调最高人民法院出台司法解释细化《刑法》中"破坏环境资源保护罪"的量刑标准。

二是组织进行《环境保护法》修订的研究和论证工作。进一步建立和完善环境与发展的综合决策、资源循环利用、跨界污染纠纷解决机制、环保投入机制、生态补偿、信息公开和公众参与及公民环境权益保障等法律制度和措施。

三是抓紧进行《水污染防治法》修改工作。进一步加大对环境违法行为的处罚力度,提高环境违法成本,争取法律赋予环保部门对违法排污企业的"停产整顿权"和对出现严重环境违法行为地区的"暂时停批建设项目权",以及必要的查封、扣押、没收等强制执法手段。

四是组织起草"环境监察条例",进一步明确环境执法人员的法律地位和职责。

五是探索研究建立企业环保监督员制度,健全企业内部环保体系,明确企业法人的环境法律责任。

六是协调监察部出台违反环境保护法律法规行政责任追究办法,加大对环境违法行为相关企业、政府、环保等相关部门领导的行政责任追究力度。

上述立法、修法工作,我局还需做大量的基础工作,并与人大法工委和国务院法制办等相关部门进行协调。目前,环境执法工作在体制、机制、法制、能力等方面还面临许多困难,环境执法形势十分严峻,环境法制建设还需要全社会的共同参与、推进,希望您对我们的环境法制建设及环境执法工作继续给予更多的关注和支持。

非常感谢您对环境保护工作的关心和支持,欢迎今后继续对我们的工作提出宝贵建议。

【《对政协十届全国委员会第三次会议第0621号(城乡建设类第078号)提案的答复》】 (环提函[2005]207号)

陈万志委员:

您提出的"关于加强环境执法能力建设"的提案收悉。经研究,答复如下:

您在提案中所反映的环境执法能力问题,确实是当前我国环境执法需要解决的重点问题。尤其是面对严峻的环境保护形势和违法企业日益隐蔽的排污手段,解决环境执法能力问题更显紧迫。近年来,我局一直在不断努力提高环境执法能力,虽取得了一定进展,但问题仍很突出。

一、全国环境执法能力建设状况

目前,我国环境执法能力状况正如您在提案中所反映的,人手少、任务重、装备差、环保工作经费不足。自1999年我局组织开展全国环境监理(现已更名为监察)标准化建设达标工作以来,全国环境执法队伍建设得到进一步发展,环境执法能力得到逐步提高。但总体来讲,全国环境执法能力还很弱,发展水平还很不平衡,特别是中西部贫困地区,环境执法能力更是相对薄弱。据统计,截至2004年底,全国有647个环境监察(监理)机构通过了标准化达标验收,达标率仅为21%。在当前严峻的环境形势下,全国环境执法能力远远不能满足环境执法需求,与人民群众日益增长的环境需求以及党和国家对环境保护工作的要求相比,更是还相差甚远。

一是机构设置和职能不到位。《关于进一步加强环境监理工作若干意见的通知》(环发[1999]141号)要求,省市、县各级环保局均应设置环境监察机构,积极推进环境监察标准化建设,配备一定数量的人员充实环境监察队伍。但目前全国仍有278个县市没有环境监察机构,有些市、县监察机构只负责收费,没有现场执法权。《关于统一规范环境监察机构名称的通知》(环发[2002]100号)要求在2002年10月底之前统一更名,目前我国还有较大比例的环境监察机构尚未更名,我国环境执法机构名称仍有8种之多,很不规范。目前全国仅有江苏、上海、重庆、贵州4个省(市)的环境监察机构全部实现更名,北京、辽宁、吉林、河南、福建、云南、甘肃7个省级机构没有更名,其余省份省级机构已完成更名但市县级更名工作参差不齐。

二是依照公务员制度管理难以全面实施。1995年,人事部《关于同意国家环境保护系统环境监理人员依照国家公务员制度进行管理的批复》(人法函[1995]158号)就明确要求环境监察人员要依照公务员制度管理。截至2003年底,全国只有9 476名环境监察人员完成了人员过渡,只占总人数的20.6%。

三是人员编制不到位。环境监察人员不仅总数不足,而且地区结构性矛盾十分突出。目前,60%以上的环境监察机构达不到标准编制的要求。全国环境监察人员标准编制基数6.93万人(以省、自治区13人、直辖市50人、中大城市40人、县、区20人计),而现有编制3.55万个,在岗人数4.59万人,分别只占标准建制基数的51%和66%。同时,环境监察人员的地区分布很不平衡。

四是投入有限，基础设施和执法装备严重不足，较大比例的环境监察机构现有基础设施和装备难以满足实际工作的需要。以全国环境监察人员按标准编制基数 6.93 万人计，一、二、三级标准应分别配备环境监察车 17 300 辆、11 600 辆、8 700 辆。而目前仅有 4 500 辆，从总量看，距离一、二和三级标准分别还差 12 800 辆、7 100 辆和 4 200 辆，车辆配备明显不足。摄像机、照相机、林格曼仪、声级计等取证设备也普遍达不到标准化建设的要求。部分地区环境监察机构办公用房仍未得到解决，如黑龙江省有 46 个机构办公用房未解决，占全省机构总数的 38%，山西省 85%的机构办公用房不能满足需要。

上述硬件与软件因素也制约了排污费征收、污染源检查、建设项目检查、限期治理检查、海洋生态监察、事故和纠纷查处等业务工作的开展。为此，从 2002 年起，我局在加大环境执法力度的同时，着手对环境执法工作中暴露出的一系列问题进行深入系统的调查研究（其中包括您在提案中所反映的环境执法能力问题），并针对环境执法在体制、机制、法制和能力等方面存在的问题及产生原因进行了深层次分析，研究提出了对策措施，形成专题报告上报了国务院领导。国务院领导对我局在报告中所反映的环境执法相关问题给予了高度重视，并明确批示要求有关部门研究解决。目前，我局正按照国务院领导的批示要求，积极与有关部门进行协调。

二、下一步拟开展的主要工作

为了进一步提高各级环保部门环境执法能力，不断强化我国环境执法工作，我局拟进一步做好如下工作：

一是根据国家环境保护"十一五"总体规划编制要求，继续做好《全国环境执法能力建设"十一五"规划》编制工作，从软件和硬件两个方面全力推进环境执法能力建设。"十一五"期间计划重点推进全国环境监察执法标准化建设、环境应急网络建设、污染源自动化监控网络建设和"12369"环保热线网络建设，增强重点区域、流域、重点工程和重点生态保护区的环境执法能力，同时进一步发展壮大环境执法队伍，加强岗位培训，提高环境执法队伍的整体素质。二是修订全国环境监察标准化建设达标标准，保障环境执法能力建设适应各地环境执法工作的开展需要。三是积极协调财政部、发展改革委，争取更大政策和财力支持。在连续两年安排专项资金 8 300 多万元用于中西部执法能力建设补助的基础上，今年还将继续安排环境执法能力建设专项补助资金 5 000万元用于加强环境执法装备建设，进一步推进了环境监察标准化建设进程。四是与财政部研究解决各级环保部门环境执法经费问题。拟争取增设环境执法财政科目，保障环保部门环境执法经费财政预算。五是按照胡锦涛总书记的要求，进一步研究健全国家监察、地方监管、单位负责的环境监管体制。六是积极协调国务院法制办等相关部门，争取出台《中国环境监察条例》，明确环境监察人员执法地位。七是积极同中编办、人事部等相关部门沟通，争取将环境监察人员纳入公务员序列。八是积极协调有关部门争取解决环境执法人员统一着装问题，提高环境执法的威慑力。

环境执法能力建设涉及各级政府的财力、编制等问题，我局还需做大量基础工作，进一步协调有关部门。希望全国政协委员给予更多呼吁和建议，促进环境执法能力的提高。

非常感谢您对环境保护工作的关心和支持，欢迎今后继续对我们的工作提出宝贵建议。

【《对政协十届全国委员会第三次会议第 2629 号（政治法律类 314 号）提案的答复》】 （环提函［2005］213 号）

薛蓓儿委员：

您提出的"关于尽快出台服务业环境管理法规的提案"收悉，该提案由我局会同工商总局、建设部、卫生部办理。经研究，现答复如下：

一、关于出台《服务业环境管理办法》

随着我国市场经济体制的逐步建立，城市第三产业尤其是服务业蓬勃发展，由此给环境带来巨大压力，噪声、油烟污染扰民问题比较突出，群众投诉逐年上升。因此，通过法律法规来规制服务业的相关环境行为十分必要，我局已将制定我国《服务业环境管理办法》列入了"十一五"立法规划。

目前，对服务业环境管理的规定分散在《中华人民共和国环境保护法》和各单项污染防治法中。近年来，我局也加快了这方面法规、标准的立法步伐，如 2002 年出台了《饮食业油烟污染控制标准》，发布了加强饮食业油烟管理的通知。目前，我局正在制定餐饮业潲水油污染控制标准、饮食业固体废物污染控制标准、社会生活噪声污染控制标准等。为加强对服务业的环境管理，一些地方如北京、上海、江苏、广东等相继出台了专门的地方性法规。

二、关于环境监察部门的执法主体地位和执法权

根据目前环境法律法规的相关规定，具有环境管理权限的部门较多，环境执法权限和执法责任相对分散，环保部门难以负起统一监管职责。全国 95%以上的环境监察机构是事业单位，受环保部门委托开展执法工作。

现在，我局正与有关部门进行协商，准备在环境执法机制、体制、法制等方面进行改革，如：将分散的环境管理职责进行调整，整合执法资源，加强统一监管，提高执法效能；明确环境监察部门的地位，理顺环境执法管理体制；加快立法步伐，将"环境监察条例"列入立法计划，积极争取国务院早日颁布实施，明确授予环境监察机构执法主体地位和相应的工作职责。

三、关于增强环境执法的强制性和力度

现行法律法规对环保部门授权有限。第一，环保部门缺乏必要的行政强制权，特别是限产治理决定权、停产治理决定权、查封、扣押、没收权以及特定情况下的强制处置权等。第二，环境行政处罚种类单一（基本以罚款为主）且现行法律法规规定的罚款数额过低。如发生污染事故造成重大经济损失的，罚款额最高不得超过100万元，导致守法成本高而违法成本低。第三，对某些连续状态的环境违法行为，特别是连续超标排污、长期闲置或者不正常使用污染治理设施等环境违法行为，现行环境法律法规缺乏有针对性的处罚规定。

为满足环境管理的实际需要，增强环境执法的强制力，加大执法力度，我们将在《环境保护法》、《水污染防治法》等法律法规的修订中，争取写入以下内容：第一，赋予环保部门必要的行政强制权。第二，设置"按日计罚"的处罚规定，严厉惩处连续环境违法行为。第三，建立部门间的协调机制，加强行政部门之间的配合，在规划、土地利用、贷款、供电和办理工商执照等环节，切实落实环境保护规定，打击违法排污者。

四、关于加快制定服务业发展规划

城市发展规划和环境规划对一个城市的发展至关重要，我局将与有关部委协商，将制定城市发展规划和环境规划等相关内容纳入服务业环境管理的专门规定之中。

感谢您对环境保护工作的大力支持。

【《对政协十届全国委员会第三次会议第3127号提案的答复》】（环提函[2005]214号）

田静委员：

您提出的"关于加强《环境噪声污染防治法》执法力度的提案"收悉，经研究，现答复如下：

您对《环境噪声污染防治法》在执行中存在的问题提出了中肯的意见和解决问题的建议，这对我们进一步完善相关法律法规，加大对噪声污染的执法力度有重要作用。

正如建议所述，近年来，群众对噪声污染的投诉不断上升，有的已占据城市环境污染投诉的首位。据统计，2004年国务院6部委开展的环保专项整治行动中，有关噪声污染的投诉共计18.7万件，占投诉总数的44%。

您提出群众反映最强烈的是交通噪声和社会生活噪声问题。根据《环境噪声污染防治法》规定，环保部门与公安机关在噪声污染管理方面是统一监管与分职权监管的关系。在具体类别噪声污染的管理方面，环保部门主要负责工业噪声和建筑施工噪声的监管，公安机关主要负责交通噪声的监管。对社会生活噪声的监管是以公安机关为主，环保部门主要负责其中的娱乐场所噪声污染和商业经营活动中使用空调器、冷却塔等产生噪声污染的监管。

近年来，我局十分重视环境噪声污染的防治工作，开展了一系列的行动。第一，2003年、2004年、2005年我局联合发展改革委、监察部、司法部、工商总局、安全监管总局连续3年开展了"整治违法排污企业保障群众健康环保专项行动"。严肃查处了一批环境违法行为，重点曝光、督办了一批重大案件，切实解决了一批关系群众健康的突出问题。2001～2004年环保专项行动共出动执法人员310万人次，检查企业133万家次，查处各类环境违法问题8.2万件，取缔关闭违法企业15.5万家，查处的违法案件中包括了噪声扰民问题。"12369"环保投诉热线平均每年接到关于噪声污染的投诉电话20万个，出动执法人员10万人次。第二，从2002年起开展了创建"安静居住小区"的活动，通过创建活动，树立了一批环境管理优秀、生活安静舒适的居住小区典范，以此进一步推动城市的环境噪声管理。第三，加强高考期间噪声污染控制。从2003年起，每年高考前，我局下发《关于加强中高考期间噪声污染控制与监督管理的紧急通知》，要求各级环保部门着力查处环境违法行为，严格控制各类噪声污染，尤其是社会生活噪声的污染。"绿色护考"是近年来各级环保部门在高考期间采取的强制性措施，有效地保证了学生有一个安静的学习和休息环境，防止和减少了噪声扰民。

当然，以上所做的工作还不能满足目前环境噪声污染防治工作需要和人民群众对环境质量的要求。究其原因，除执法力度不够、执法能力仍然薄弱外，也与法律法规本身的不完善、公民环境意识和法治意识淡薄有关。下一步，我局将从以下几方面加强环境噪声污染的防治工作：

一、进一步加大环境执法力度，加强执法能力建设

我局将继续深入开展环保专项整治行动，不断加大环境执法力度。主要通过对重点案件的挂牌督办，公开曝光企业环境违法行为；加大责任追究，公开处理相关责任人；落实地方政府环保责任；实行以企业自律为主的环境行为定期公布制度等一系列措施，着重解决群众关注的突出环境问题，其中也包括与群众生产生活密切相关的噪声污染问题。此外，我局还要逐步理顺环境执法机制、体制，加大投入，加强环境执法能力建设。我局将继续开展创建"安静居住小区"的活动和高考期间噪声污染监管行动。

二、修改完善相关法律法规

1996年制定的《环境噪声污染防治法》为防治噪声污染提供了法律保障，对噪声污染防治工作起了十分积极的作用，但该法也存在一些缺陷。一是监管体制规定不明确，正如您提出的有时会出现公安机关与环保部门相互推诿的情况，原因之一是法律规定不明确，人们不了解应由哪个部门管理哪类噪声。二是罚款措施未规定具体数额，给执法工作带来困难。我局将积极配合立法机关对《环境噪声污染防治法》进行修改完善，明确界定各管理部门的权限和分工，加大处罚力度，明确规定罚款额度等。并配合立法机关制定《环境噪声污染防治法》实施细则，增加其可操作性。

三、加大宣传力度,促进公众参与,提高公众环境意识

我局将加大环保法制宣传力度,增强企业事业单位和普通民众的环保意识、责任和法制观念,使他们能自觉遵守环境噪声污染防治法律法规,最大限度地减少社会生活噪声的产生。通过新闻媒体继续开展《环境噪声污染防治法》的宣传。公布违反《环境噪声污染防治法》的各种行为,形成人人监督、人人守法的良好氛围。

(国家环保总局环境监察局)

辽宁省

【"两会"提案议案办理】 2005年,辽宁省环保局共承办省人大代表建议13件,政协提案29件;其中主办18件(6件建议,12件提案),协办24件(8件建议,16件提案),与2004年相比,总量翻一番。所有建议提案均按时全部办结,与建议人、提案人的见面率为100%,办案满意率也达到100%。

(孙鹏轩)

吉林省

【"两会"提案议案办理】 2005年,吉林市环境监察支队对人大、政协的提案议案进行了认真办理,使部分难度较大的环境问题和群众反映强烈的噪声扰民问题得到解决。共办理人大提案21件,政协议案11件,并将案件的办理情况向人大代表和政协委员进行了面复,得到人大和政协的一致好评。

(程金灿)

江苏省

【"两会"提案议案办理】 2005年江苏省环境监察局办理省人大议案、政协提案5件,协助总局办理全国人大议案2件。并与有关代表见面,沟通情况,取得理解和支持。

(潘　炜)

湖北省

【"两会"提案议案办理】 2005年湖北省各级环保部门办理人大代表建议204件、政协委员提案291件,办结率均为100%;认真办理人大建议、政协提案。建议、提案办理工作实现了政府提出的"办复率100%,见面率100%,满意率95%"的目标。

(孟凡松)

宁夏回族自治区

【"两会"提案议案办理】 2005年,宁夏回族自治区环境监察总队、石嘴山市环境监察支队、固原市环境监察支队代表自治区环保局答复政协提案5件。就委员提出的《关于处理好经济发展与环境保护的关系,进一步加大环境污染治理力度》、《关于统一标准,加强各工业园区环保工作》、《关于加强排污费收取与使用管理工作》、《关于加强焦炭行业环境保护工作》、《建议关注山区马铃薯淀粉加工产业带来的环境污染问题》提案一一采取了积极有效的措施。

如,固原市有马铃薯淀粉加工企业近3 000家,95%为家庭作坊式加工企业,加工工艺较落后,废水排放量大,造成较严重的污染,对周围群众的生产、生活产生了一定的影响,也影响到了马铃薯主导产业的健康、持续发展。固原市委、市人民政府对此高度重视,就淀粉加工污染防治工作进行了认真的调查,在调查的基础上,市政府召开常务会议专门进行了研究,要求市环保局、水务局等有关部门从2004年10月开展了为期两个月的淀粉加工污染的专项检查整治行动,对全市上规模的淀粉加工厂和相对集中的"三粉"加工进行了现场执法检查。一是规范企业的排污行为,遏制部分企业将废水随意排向村庄、道路和农田。二是督察企业建造废水沉淀池,对洗涤废水沉淀后进行循环利用。三是责令原州区长城村淀粉加工企业给海堡村因其淀粉废水污染农田受到损失的农民进行了经济赔偿。四是要求企业对粉渣综合利用,严禁乱堆乱放。五是通过调查、研究,制定了符合实际的以节约用水、减少废水排放、减轻环境污染为主的综合整治方案。执法检查中帮助排污企业制定治理方案并督促落实,起到了节本和减少废水排放,取得了初步的成效。

在整治工作取得初步成效的基础上,市政府审议通过了市环保局提交的《关于加强马铃薯淀粉加工废水污染防治实施意见》,并开展了淀粉加工废水治理及淀粉加工废水用于农田灌溉的探索、调研等。

(刘韵垠)

青岛市

【"两会"提案议案办理】 2005年,青岛市环境监察系统共收到"两会"期间建议、提案109件,其中:人大建议43件,政协提案66件,建议提案的办理率、面复率、满意率均为100%。为了提高建议提案的办理质量,按市局安排对每一件建议和提案都建立了监督卡,随时与人大代表和政协委员取得联系,征求他们的意见,并将建议提案办理工作列入环保干部学法的重要内容。

(赵润德)

深圳市

【"两会"提案议案办理】 2005年，深圳市环保局认真做好市人大议案、政协提案的承办工作，市政府交办的人大议案、政协提案共52件，办结率为100%，满意率为100%。市环保局对每件议案、建议和提案都落实了责任单位，跟踪落实办理工作，对一时难以解决的问题，提出了解决的思路，并采取召开座谈会和组织现场视察等形式，加强与市人大代表和政协委员的沟通，顺利办结各项议案、建议和提案，得到有关人大代表和政协委员的肯定。

（胡 华）

武汉市

【"两会"提案议案办理】 2005年，武汉市环境监察支队共办理湖北省和武汉市人大、政协提案、议案共47件，其中，省政协提案6件，市人大议案1件、建议17件，市政协建议案两件、提案21件，所接议提案件全部提前1个月按期完成市政府下达的目标任务，办案满意率达到100%，受到市政府督察室的好评。

（王 晴）

西安市

【"两会"提案议案办理】 2005年，西安市环境监察支队受理政协议案1件，即西安市政协关于灞桥热电厂烟尘污染的议案。经西安市环境监察支队现场检查，灞桥热电厂烟尘排放林格曼黑度为三级，主要是因为其老厂区二号机组仍在使用布袋除尘设备。西安市环境监察支队随即要求该厂停运二号机组，并限期更换静电除尘设备，2005年7月，灞桥热电厂完成整改。西安市环境监察支队就调查处理情况向西安市政协进行了书面回复，此项工作得到了西安市政协的肯定。

（赵文军）

信息系统建设与管理

◎ 污染源现场监控系统建设

◎ “12369”环保投诉举报热线管理

国家环保总局环境监察局

【污染源自动监控系统建设】 2005 年，国家环保总局环境监察局配合法规司起草了《污染源自动监控管理办法》，经国家环保总局 2005 年第十次局务会议审议通过，现已公布。制定并发布《污染源在线自动监控（监测）数据传输标准》。对全国 113 个重点城市的污染源自动监控系统建设使用进行了调查，初步掌握了全国重点城市污染源自动监控工作开展情况。目前全国环境保护重点城市安装污染源自动监控仪器设备共 6 979 台（套），其中：水污染监控设备 5 397 台（套）、大气污染监控设备 1 516 台（套），其他监控仪器设备 66 台（套），各级环保局已建监控中心 80 个。2005 年 11 月在济南召开了全国首届污染源自动监控工作现场会，贯彻《污染源自动监控管理办法》，总结经验，布置工作。

（国家环保总局环境监察局）

山西省

【"12369"环保举报热线管理】 2005 年，全省（市）级环保部门开通了"12369"环保举报热线并与省级联网运行。山西省和太原市环保部门开展了信息分析，为环境监察执法提供了有效线索。全省共受理环境污染投诉举报 48 500 件，在受理举报中，坚持做到"5 个及时"，即及时受理、及时报告、及时转（查）办、及时督导反馈、及时总结归档。使群众举报做到了件件有回音，事事有结果，让群众满意，让领导放心。

（张全升）

内蒙古自治区

【信息系统建设与管理】 2005 年，全区开通了 65 部 24 小时值班的"12369"环保热线，对群众反映的环境污染问题能够及时处理，迅速反馈。2005 年，全区"12369"环保热线受理 8 173 起环境问题咨询和环境污染举报，处理 8 019 起，处理率 98%。

（廉升光）

江苏省

【污染源监控系统建设与运行】 2005 年，各省辖市均完成自动监控系统建设与联网工作。江苏省环境监察局继续推动淮河流域重点污染源安装自动监控装置工作，实行自动监控系统双月报告制度，调度全省自动监控系统建设整体进度。制定全省贯彻《污染源自动监控管理办法》实施计划，对污染源自动监控系统应用与管理、系统建设、第三方运营资质及经费保障等方面提出具体的落实措施。截至 2005 年底，全省安装自动监控仪器企业数达 1 114 家。

【"12369"投诉举报热线管理】 江苏省各地不断完善"12369"举报热线的建设和联网，全面提升"12369"自动受理系统的能力。至 2005 年底，13 个省辖市举报中心均实现与省级联网。

（潘　炜）

安徽省

【"12369"投诉举报热线管理】 截至 2005 年底，安徽省 17 个省辖市已全部开通"12369"环保举报热线，县一级"12369"环保举报热线建设得到全面推动，30 余个县已经开通。

（袁永宏）

福建省

【信息系统运行管理】 2005 年，加强对全省环保 110 工作指导，福建省环境监察总队下发《关于加强环保 110 值班和"12369"环保热线电话的管理的通知》，细化工作职责，界定失职内容，建立责任追究。对全省"12369"环保投诉电话管理情况进行抽查，每季度对抽查情况进行统计、通报。规范现场笔录、现场证据收集和调查处理报告。确保"12369"热线为广大人民群众提供一个随时投诉、及时查处、有效消除污染侵害的畅通渠道。2005 年，全省各级"12369"共接到各类投诉27 133件，已处理 26 925 件，处理率 99.23%。

【污染源自动监控系统建设】 2005 年，福建省环境监察总队积极探索环境自动监测监控系统的市场化运营管理方式，由省环境监察总队、省环境监测中心站、信息中心和运营商签订自动监测监控系统运行、维保四方协议。完成全省 95 个省重点污染源 126 个点位自动监控设施运营管理的移交工作。对检查中发现的 25 家自动监控系统不能正常运行的排污单位分别下达限期整改通知。加快自动监控系统建设步伐。按照省局"省级财政补助，相关企业配套，政府集中采购"的指示，省环境监察总队牵头完成重点排污单位污染源在线监测设备的招投标工作。泉州市下达了第二批污染源自动监控系统建议计划，全市已有 45 家企业安装了 49 台（套）污染源在线监测仪。

建立和完善自动监控系统配套管理制度。制定下发了《福建省环境自动监测监控系统建设运行管理实施细则》和《福建省重点污染源自动监测监控系统响应处置方案》,制定了自动监测监控系统反馈工单、污染源报警应急处置单、污染源点位现场故障排查单等省重点污染源监控室的相关操作规范,使各项日常管理工作流程化、规范化。

(秦　明)

山东省

【污染源自动监控系统建设和运行】 2005 年,在枣庄、烟台、潍坊、聊城 4 市开展了污染源自动监控第三方运营试点,并适时向全省总结推广了烟台市试点工作经验。截至 2005 年底,建成了省环保局局域网、政务网、卫星网、数据传输专网,建成了自动监测数据 CDMA 无线传输网络,实现了省环境监控中心对重点河流断面和重点污染源的自动监测监控。

(韩　凯)

河南省

【污染源现场监控系统建设与运行】 2005 年,河南省确定的 110 家重点污染源安装在线监控设备工作,除因需调整的 30 家外,已有 64 家完成或基本完成了安装任务,占总数的 80%以上,漯河、许昌、新乡、三门峡、商丘、平顶山 6 市已全部安装完毕并投入运行。

【"12369"投诉举报热线管理】 "12369"环保热线投诉、举报、咨询电话不断增加,为及时、有效地保护群众的环境权益,省环境监察总队修改完善了"12369"环保投诉受理管理办法,实行了首问负责制、限时办结制和责任追究制,提高了环保投诉件的办理效率和质量,受到了人民群众的好评。洛阳、安阳等市根据省环保局要求,向社会公开承诺,环保部门接到"12369"环保热线举报后,在城市市区的,执法人员要在两小时以内到达现场,在农村乡镇的,执法人员要在 6 小时以内到达现场;对群众反映强烈的环境违法案件查处结案率保持在 98%以上。郑州、平顶山等市开通了市长热线,直接受理群众投诉。

(荆国一)

湖北省

【污染源自动监控系统建设】 2005 年,湖北省污染源自动监控系统建设采取系统建设运营商与环保部门签订目标责任书的措施,企业实行有偿服务,但不参与系统的管理。2004 年省环保局在全省确定了 100 家重点排污单位作为先行试点单位,并通过招标确定了 4 家环保公司负责安装和运营。通过近一年多的摸索与实践、全省污染源自动监控系统建设规模逐步扩大,技术日益成熟,自动化程度逐渐提高,到 2005 年省、市、县三级监控网络基本形成。据统计,全省现有 12 个市(州)已建成污染源在线监控平台,共装有 247 台(套)污染源自动在线监测系统,除 95 套因适配器不匹配、欠费、无 GPRS 信号及仪器故障等原因未联网外,其他均已联网运行。

【"12369"环保热线建设】 经过近几年的规划、建设、人员培训及运行管理,全省已基本形成环境投诉举报网络。2005 年,除孝感、神农架等地未安装建设外,其他地市均已开通"12369",有的地市还与当地 110 实现了联动。全省"12369"运行较为稳定,接访认真,查处有力,回复及时,社会反映良好。

(孟凡松)

湖南省

【污染源在线监控系统建设】 2005 年,湖南省进一步加强了重点污染源在线自动监测系统建设,8 家大型火电企业烟气在线自动监测系统已全部建设完成,6 家城市污水处理厂在线自动监测已建成并投入试运行,省级污染源在线监控平台已初步建成。花垣县 14 家涉锰企业全部安装了废水在线自动监控装置。针对污染源自动监控设施在运行、维护和管理中存在的问题,湖南省人民政府出台了《湖南省污染源自动监控管理办法》(省政府令第 203 号),把在线自动监测系统纳入法制化管理轨道。

(兰　洋)

广东省

【污染源在线监控系统建设】 2005 年,广东省各级环保部门加强对企业污染治理设施运行远程监控系统建设工作,目前全省共有 1 600 多个排污口安装了远程监控设施。全省 120 家重点污染源共有 61 家安装了主要污染物在线监控系统。

(张作凡)

广西壮族自治区

【污染源监控系统建设与运行】 2005 年 6 月,广西壮族自治区环保局污染源在线监控中心软、硬件建设初步完成,进入验收阶段。南宁、柳州、桂林、北海 4 个地级市率先建立了污染源在线监控中心,其中桂林、北海两市监控中心在广西环境监察总队的指导下,逐步升级、完善软件及计算机网络系统,下一阶段实现与广西壮族自治区环保局监控中心联网。

(郑伯春)

重庆市

【完善"12369"受理中心工作机制】 2005 年，重庆市加强了环境信息系统建设，通过加强中心值班力量、推行接线员片区联系制度、重要案件优先查处制度、应急事故联动响应制度、环境监察快报制度，完善"中心"工作机制。通过开展争创全国青年文明号活动，促进受理中心的工作迈上新台阶。2005 年，"12369"受理中心共受理群众投诉 26 349 件（其中无效投诉 961 件），已处理 25 015 件，移交其他部门 1 054 件。

（顾怀东）

四川省

【污染源自动监控系统建设】 2005 年是四川省水污染源自动监控系统建设管理质量年。全省环境监察系统认真贯彻落实四川省委、省政府《关于进一步加强环境保护工作的决定》（川委发[2004]38 号），继续推进水污染源在线自动监控设备安装和加强系统管理工作。全省当年完成了重点污染源企业 121 台水质自动在线监控设备的安装和验收，全省至 2005 年底累计完成 400 台（套）水质自动在线监控设备安装和验收。通过实施《四川省水污染源自动监控系统监督管理办法》，严格执行水污染源自动监控系统运行登记制度，落实专人管理水污染源自动监控系统运行记录，全省实现省、市（州）、县（市、区）三级联网率达到 100%，已验收合格的仪器稳定运行达 80%以上。

同时，四川省环境监察总队还对全省水污染源自动监控系统运行记录实行了不定期抽查，及时制作下发《水污染源自动监控数据超标监察通知单》，加强了水污染源自动监控的督查，对在自动监控网络上发现 308 起超标排放情况，及时通知了当地环境监察机构查找原因，并责成当地环保局依法查处。四川省采用的数据自动上传、远程启动仪器、远程调控监测频率等设备，技术先进，在全国保持领先地位和水平。

2005 年，四川省全面开通环保举报热线，畅通了公众积极参与环境保护的渠道。

（陈泽文）

贵州省

【污染源自动监控系统建设】 2005 年，在贵州省环境监察总队与省环境科学研究院、省环境信息中心的共同努力下，贵州省省级污染源自动监控平台已经建立，省级自动监控中心试运行情况良好，贵阳电厂等 4 家单位的监控数据上传情况稳定，已达到预期目标。六盘水市也积极开展自动监控工作，已对 22 家重点排污单位的污染防治设施监控点安装了污染源自动监控装置，有效地提高了对污染源的监管水平。

（邓瑞举）

陕西省

【"12369"投诉举报热线管理】 2005 年，陕西省环境监察系统开通"12369"环保举报热线，各级环境监察部门在当地媒体进行了公告，建立健全相应的值班制度和投诉举报受理接待制度，推行首问责任制，做到仔细接听询问，如实记录，认真办理，及时答复。全省环境监察系统通过"12369"环保举报热线等方式，2005 年受理群众投诉举报 14 130 件，较 2004 年增长 2.3 倍，其中越级举报至陕西省环保局和国家环保总局的案件 185 件。

（樊江泉）

宁夏回族自治区

【污染源监控系统建设】 截至 2005 年底，宁夏回族自治区安装了 4 套电子眼（即远程烟气监控仪）对城市烟尘污染源及重点工业园区进行跟踪监控。有 45 家重点排污企业安装了在线监控系统：其中，15 家造纸企业安装了 COD 在线监控装置，3 家火电企业安装了烟气在线监控装置，6 家城市污水处理厂安装了在线监控设施，13 家企业安装了废水流量计，其余 8 家企业按照生产工艺特点，安装了不同类型的在线监控装置。目前有 7 家企业与监察总队联网（4 家造纸、3 家火电），其余与各市、县监察机构联网，进行实时监控。

【"12369"环保热线建设及管理】 2005 年，全区已有 9 个市、县开通了"12369"环保投诉举报热线。为了加强对"12369"环保热线的管理，做好受理、查处、反馈、归档每一个环节的工作，各级环境监察部门建立健全内部管理机制，如值班制度、责任制度、报告制度、工作纪律等，制定了《"12369"工作职能》、《"12369"工作程序》、《"12369"规范受理细则》、《"12369"文明用语》等。通过建章立制，以"不以事小而不为，不以事难而不为"的行为准则，及时、快捷、高效地查处了每一起投诉举报的环境违法事件，维护了群众利益，保障了环境安全。

（刘韵垠）

大连市

【环境监察信息系统建设与管理】 2005年1月1日，排污收费进入大连市政府行政审批服务中心。2005年，监察支队总结了《排污费征收使用管理条例》颁布实施以来的工作经验，抓住"一个窗口一条龙服务"这条主线，积极协调信息中心和银行进行有关电脑安装、银行账户开通等工作，优化工作流程，简化工作程序，逐步实行网上办公。在调整和完善排污收费工作程序的同时，落实了排污收费的规章制度，理顺了排污申报登记、排污核定、排污费缴纳、环保部门及银行之间的对账方式等收费软件，实现了窗口与各级环境监察机构之间的网络传输信息传递，并在窗口尝试了以快件邮寄方式将有关排污费的各类文书送达排污者。同时完成了排污的申报、审表和录入、集中核定、指定财政银行缴款专户缴费等工作，实现了稽查、核定、征收的三分离。

（宋晓奔）

青岛市

【信息系统建设与管理】 2005年，青岛市环境监控指挥中心正式建成，指挥中心系统主要包括污染源在线监测系统、视频监控系统、GIS环境地理信息系统、信息门户系统、移动办公系统、控制及监视系统、通讯网络系统、中心机房的扩容改造8部分，将于2006年正式启用，将极大提高青岛市的环境执法和自动化办公水平。

【污染源在线监控系统建设】 青岛市于2005年正式启动了污染源在线监测装置安装和监控中心建设工作。全市共安装废水、废气在线监测装置32套，其中废水在线监测装置24套，废气在线监测装置8套，超额完成全年计划，切实提高了重点污染源的监控水平。

（赵润德）

宁波市

【污染源自动监控系统建设】 2005年，宁波市环保局对宁波市环境在线监测网络进行升级改造，建成具有查看实时数据、历史数据、报警数据、汇总统计报表以及脱机记录，并有超标监测数据手机短信报警功能。在各县(市)区环境监察部门的积极努力下，至2005年底，全市有144家水污染在线监测企业接入市环境在线监控网络。2005年12月开始，市环境监察支队派专人负责各企业排污数据的监控和分析，出现超标或异常的，先由各县(市)区环境监察大队查实，多次出现异常则由市环境监察支队派人查处。从2005年11月到2006年1月9日，各级环境监察部门共对各企业超标情况查处52次，并对故意不正常使用在线监测仪器的企业通过媒体进行曝光。

（陈　波）

厦门市

【信息系统建设与管理】 厦门市污染源监控系统2004年12月通过国家环保总局验收，2005年厦门市环境监理中心所把工作重心移至对系统的维护管理上。在《污染源自动监控管理办法》有效实施前，厦门市环境监理中心所促成污染源监控系统集成商、被监控企业共同参与系统的维护工作，三方按照各自的职责，积极管理，保证了系统的正常运行。

（李　华）

深圳市

【环境监控中心建设与运行】 深圳市环境管理监控中心是集"12369"环保举报热线系统、视频在线监控系统、GPS卫星定位系统、污染源管理和污染源在线监测等多功能于一体的动静态相结合的环境管理监控系统。2005年10月，深圳市环境监控中心二期监控系统投入运行，主要是采用先进的视频通讯技术，对市管重点污染源、市政环保处理设施等重点污染源排污状况和污染治理状况进行远程实时视频监控，从而解决长期以来存在的管理人力不足、管理手段缺乏的问题，为深圳市环境管理工作水平上升到一个新台阶提供了有力的技术支撑。从监控中心的运行情况看，效果十分明显，一是畅通环境信访渠道，环保投诉热线难打的局面得到彻底改变；二是提高了处理环境问题的快速反应能力，加大了执法力度；三是实现了对重点工业污染源、市政环保处理设施、建筑工地以及部分路段汽车尾气的实时监控，增强了环境执法手段。

【在线监控系统建设】 2005年，深圳市加快了在线监测系统建设工作，完成对30家污染源废水COD在线监测安装工作、48家污染源废水pH在线监测安装工作及3家工业窑炉废气在线监控装置的安装工作。污染源在线监测接收平台调试完成，逐步将安装的在线监测设备进行联网验收。安装了COD在线监测的8家城镇污水处理厂中，深圳经济特区内的4家工厂的仪器实现联网，南山污水处理厂的流量计实现了局域联网，另有10家废水COD在线监测设备实现了联网。

（胡　华）

沈阳市

【"12369"环保信息系统建设】 2005年沈阳市环保局对现有的"12369"环保信息自动管理系统进行了改造,升级了举报信息分析统计系统和自动呼叫分配系统,并增加了自动交办、自动催办、自显历史投诉次数等11项功能,缓解了目前信访岗位因人员不足但信访量大带来的压力。

(郎丽娜)

长春市

【污染源在线监控系统建设与管理】 2005年,长春市市区内实现实时监控大气污染源排放情况,利用烟尘黑度分析软件自动分析大气污染源烟尘林格曼黑度,超标自动报警;污染源在线监控系统无线实时监控长春市的重点污染源,系统自动生成数据图表,超标自动报警。污染源在线监控有效地遏制了污染物偷排和因污染治理设施擅自停运造成超标排污现象的发生,促进了排污单位加强内部管理和污染治理,提高了污染治理设施的正常运行率,减少了污染物排放,为治理区域污染提供决策依据,使大气和水环境质量得到改善和提高。

2005年,长春市将大气污染源资料录入到环境污染源地理信息系统,动态更新。排污收费工作全面实现计算机化管理,排污申报数据的录入、审核和排污费计算、征收全部通过计算机网络完成。现场执法车辆全部安装GPS,采用GPRS传输技术,就近调动车辆现场执法。推进了环境监察政务公开工作,进一步丰富了长春市环境保护网站内容,实现了政府信息公开、网上办事和公众参与,完成了环境监察OA系统建设,环境监察各项信息系统的建设与管理提高了办公自动化水平和各项业务数据的综合统计分析能力,加强了排污申报登记核定工作,规范了排污费征收工作程序,降低了管理成本,增强了环境监察自动监控系统的实用性。

(胡晓明)

哈尔滨市

【信息系统建设与管理】 2005年,哈尔滨市环保系统重新组建"12369"电话举报受理中心,统一受理全市环境举报、投诉,加大了信访案件的受理、分转、查处和监督力度,提高了信访案件的受理、查处率。2005年,全市19个环境监察机构中有17个机构应用《排污费征收管理系统软件》进行排污申报、核定和征收。

(彭　伟)

南京市

【信息系统建设与管理】 2005年,南京市环境监察机构运行远程监控技术,强化污染源监察执法实效性。南京市环境监察支队以提高现场监察执法实效为出发点,采取现场监察调查取证与污染源在线监控仪数据有机结合,对工业污染源尤其是重点污染源实施24小时无缝隙的监督管理。依托污染源在线监控仪数据发现和查处违法排污案件17件,查处故意不正常使用污染源在线监控仪6件,处罚金额11.9万元。同时,积极推进污染源基础台账建设,通过现场监察、企业申报、在线监测等手段和途径,充实完善全市排污单位基础台账,形成了市管大中型企业污染源电子台账,为加大全市污染源监督管理,提高环境管理、环境执法的科学性、规范性、公正性起到积极的推进作用。

(陈　舟)

武汉市

【污染源在线监控初具规模】 2005年,武汉市完成29个水、气、声在线监控系统建设,其中武汉市政府一级目标10个;完成14家新建、39家已建污染源在线监控系统联网升级改造建设,并对投入运行的武汉南太子湖、汤逊湖和沌口污水处理厂实施了在线监控。

(王　晴)

西安市

【环境监察信息采集与上报】 2005年,西安市环境监察支队编发了20期《环保专项整治行动工作简报》,及时向陕西省专项行动领导小组办公室报送了阶段工作进展情况报告4份;重点行业、蓄电池行业等专项检查报告及报表7份;上网报送西安市确定的19个挂牌督办环境污染问题情况,违法排污企业明细表、进展情况报表7期。编辑12期《西安环境监察》,上报西安市每月环境监察工作动态。开通西安市环境监察网,设置政务公开、征缴查询、环保知识法规标准、网上投诉等16个子栏目,加强了西安市环境监察工作的信息交流。

【"12369"环保热线建设】 2005年,西安市加强了"12369"信息系统的建设。成立独立的"12369"环境污染投诉受理中心,按科级建制,人员编制5人,强化管理,保证"12369"受理电话畅通。12369投诉中心始终坚持"电话畅通,记录认真,接待热情,解答耐心"的16字原则,确保"12369"投诉热线电话24小时畅通。2005 年“12369”投诉中心共接听电话6 000余次，全部按程序妥善处理。同时严格落实各项信访制度，指定专人负责各新闻媒体和环境监察网站的群众投诉，做到当天投诉，当天记录批转。对已经受理的投诉及时批转或查处，并将处理结果及时回复给投诉的群众。

（赵文军）

济南市

【信息系统建设】 2005 年，济南市设有环境保护 110 指挥中心“12369”环保投诉热线，实行市、县(市)区联动机制，24 小时开通环保投诉热线。一是统一修订了济南市环保 110 和“12369”工作标准及考核办法、队员守则与行为规范、值班制度与值班程序、文明用语与服务忌语、接处警记录与交接班登记等管理制度；二是对全市环保 110 和“12369”投诉热线受理系统进行升级业务培训，实现了全市“12369”环保投诉热线信息处理系统网上办公自动化；三是加强了环保 110 和“12369”环保投诉热线信息宣传工作；四是投资 50 余万元升级改造了指挥室、监控室和设备室，使“12369”环保举报信息自动管理系统、大气远程视频监控系统、GPS 车辆卫星定位系统、GIS 地理信息显示系统、烟气在线检测系统等融为一体。

（彭晓鹏）

环境监察自身建设与内务管理

- ◎ 环境监察机构建设
- ◎ 环境执法装备配置
- ◎ 环境监察人员培训
- ◎ 执法证件与执法标志管理
- ◎ 环境监察档案管理

国家环保总局环境监察局

【环境监察机构和能力建设】 2005 年，国家环保总局环境监察局完成了《东、中、西部环境监察标准化建设分类指导意见》、《环境监察工作考核暂行办法》和《环境稽查工作暂行办法》的起草；组织举办 8 期全国环境监察处(队)长岗位培训班，共培训 969 人；继续推进环境监察标准化建设，加强执法证件管理。环境监察队伍素质和能力建设有了进一步提高。截止到 2005 年末，全国共设有环境监察机构 3 061 个，其中省级机构 31 个，地市级机构 349 个，县级机构 2 681 个。有派出机构(环境监察所)1 103 个。全国环境监察机构在编人员 41 316 人，比上年增加 2 101 人，实有人员 53 163 人。其中大专以上学历人数 32 513 人，比上年增加 4 334 人，大专以上学历人数占总人数的 61%，比上年提高 6 个百分点。

(国家环保总局环境监察局)

华东环境督查中心

【环境监察自身建设】 2005 年，华东督查中心投资约 100 万元用于办公场所的改造；50 多万元购置现场执法越野车一辆；20 多万元购置便携式电脑、台式计算机、打印机、扫描仪等办公设施和环境监测装备等。

(缪旭波)

天津市

【环境监察制度建设】 2005 年，天津市环境监察总队制定并出台了《关于严格执行案件审议集体决议的规定》、《案卷管理规范》、《行政处罚案件审议会章程(试行)》、《处罚和收费票据使用管理办法(试行)》、《处罚烟气黑度超标排放参考标准》、《关于成立行政处罚审议委员会的通知》、《现场检查法律文书使用管理办法(试行)》和《行政执法案件结案暂行办法》等 8 项规章制度。进一步规范了现场检查的内容、行政处罚的内部程序、处罚和收费票据的使用、法律文书使用及案卷的管理等环节，保证了行政处罚的客观、公正。执法工作逐步形成了“巡查有情况，审查有意见，审议有结论，交接有手续，执行有结果，宣传有效果”的局面。

【环境监察培训】 2005 年度，天津市环境监察总队开展了“创新、创造、创业、成才”的主题实践活动，坚持综合培训与专项培训、普遍培训与重点培训、国家级培训与市培训、国内培训与境外培训相结合，形成四级培训网络，圆满完成了 2005 年度培训计划。在环保系统内部，对区、县环保局主管局长、监察人员及部分新录用人员进行了排污收费制度、排污收费软件的使用和管理、排污申报登记、环保的法律法规及岗前培训；对排污单位进行了关于排污申报登记及征收排污费有关政策的培训；安排两人参加国家环保总局“中国环境监察员执法效能研究培训”，3 人参加国家环保总局“环境监察岗位培训”，1 人参加国家环保总局“档案管理培训”，1 人参加天津市财政局“会计后续教育培训”，3 人赴澳大利亚参加“环境治理与污染防治”学习，1 人赴日本参加“关于水污染防治与治理”考察。2005 年共组织了 29 期培训班，共培训各类人员 1 850 多人次。

【市环境监察总队领导成员调整】 2005 年，天津市环保局加强了天津市环境监察总队领导班子建设，任命韩宝福担任天津市环境监察总队总队长，李世才担任天津市环境监察总队党支部书记，杨家辰、张祥、赵锋任天津市环境监察总队副总队长。

(戴尚德)

河北省

【环境监察机构标准化建设】 2005 年，河北省组建了河北省环境执法监察局，按照河北省环保局党组的要求和部署，环境执法监察局建立完善了内部机构设置，明确了职责分工，完善了规章制度和工作程序；同时编制了《河北省环境监察能力建设“十一五”规划》；全省环境监察标准化建设工作实现了达标验收率 80%的目标，10 个设区市监察机构通过二级以上验收。

(郭志忠)

山西省

【环境监察机构标准化建设】 2005 年，山西省各级环境监察机构紧紧抓住环境监察标准化建设这条主线，全面加强环境监察队伍和能力建设。太原市环境监察支队、晋城市环境监察支队加强环境监察标准化建设，并通过了国家标准化建设一级达标验收。同时，加强环境监察证件管理，各级环境监察机构围绕环境监察证件换发工作开展了一系列环境监察业务培训工作，累计培训 45 场(次)，培训监察人员 3 200余人，换发环境监察证件 1 700 余套，全省环境监察持证上岗率提高约 20%以上，全省环境监察持证上岗率达到 85%以上。

【党风廉政建设】 加强党风廉政建设，提高反腐倡廉能力，是做好环境执法的政治保障。党风廉政建设中，山西省环境监察队伍始终坚持 3 个统一，使党风廉政建设与环境监察工作有机统一。一是坚持党风廉政建设与环境监察执法工作的高度统一性，从本质上认识党风廉政建设对环境监察执法工作的促进作用,从而增强党风廉政建设的自觉性;二是坚持党风廉政建设与履行职责的互融共进性,把党风廉政建设做为履行职责的基本保证和重要基础,要求各级各类环境监察人员在履行职责的过程中自觉严于律己,维护党风、行风的纯洁;三是坚持党风廉政建设与工作实绩的关联性,在整体部署上,把党风廉政建设当作环境监察工作的一个环节、一道程序,一同部署,一样督办检查。另一方面,狠抓国家环保总局"六项禁令"、"六不准"和"山西省环保局廉政建设8项规定"的贯彻落实,自觉抵制不正之风,坚决杜绝执法检查过程中的"吃,拿、卡、要"等不良现象。全省环境监察队伍在党风廉政方面没有发生重大违法违纪现象。

(张全升)

内蒙古自治区

【环境监察自身建设】 2005年,内蒙古自治区进一步规范了环境监察机构设置、名称。11个盟(地区)市(除阿拉善盟未成立环境监察机构)、101个旗县(区)(16个未成立环境监察机构)环境监察机构统一了名称,内蒙古自治区环境监察人员由1 246人增到1 283人。在充实人员的同时,进一步强化现场执法监督职能,基本建立了自治区、市、旗县区三级环境监察机构网络。截至2005年底,全区环境监察车辆共配置109辆,用于环境现场执法的车辆占配置总数的80%。目前仍缺乏充足的交通工具、通讯设备和现场监测设备。

【保持共产党员先进性教育】 内蒙古自治区环境监察总队党支部及时成立了"保持共产党员先进性教育"领导小组,并将学习范围扩大到入党积极分子和群众,参加保持共产党员先进性教育的党员12人,参加学习培训率100%。编制了9期"保持共产党员先进性教育活动"《学习简报》。针对分析评议阶段征求到的4个方面30个问题,制定了整改方案。自治区环境监察总队党支部代表自治区环保局第二批保先教育单位作了《提高党员素质,服务人民大众,促进各项工作》的典型发言。

(廉升光)

辽宁省

【环境监察机构建设】 2005年末,辽宁省共有监察机构102个,批准编制数为1 757人,实有环境监察人员2 087人,其中大专以上学历人员1 822人。2006年1月25日,辽宁省机构编制委员会印发了《关于辽宁省环境监理处更名的批复》(辽编办发[2006]7号),同意将辽宁省环境监理处更名为辽宁省环境监察局。其他机构编制事项不变。

【环境执法能力建设】 至2005年末,辽宁省共有环境监察用车254辆。共安排环境保护能力建设资金3 451万元,其中环境执法能力建设资金3 073万元。为省级水汽应急监测车准备了配套资金,配备了省级放射性和危险废物应急监测设备,开展了市级应急监测设备配置;为9家电厂安装14套烟气在线监控设备;为23个县级环境监察执法机构配备执法车辆。

【环境监察业务培训】 2005年7月,在沈阳举办了"全省环保系统收费软件培训班",各市及县、区主管排污费征收工作的局长和负责同志共200多人参加了培训。2005年12月,邀请长天公司软件工程师,再次对全省负责此项工作的同志共180余人进行专门的培训,对软件功能的升级进行讲解和答疑。

2005年4月22日,辽宁省环保局举办了全省环保系统《信访条例》培训班。全省14个市、71个县(区)的主管环境信访工作的领导和有关人员共99人参加了培训。辽宁省环保局局长杜秋根结合全省当前环境信访的形势与任务提出了具体要求;省信访局副局长陈绍敏作了关于目前全省信访形势和《信访条例》宣传、贯彻要求的报告。

(孙鹏轩)

吉林省

【环境监察机构标准化建设】 2005年,吉林省环境监察机构标准化建设工作取得新进展。白城市和松原市环境监察支队通过了省局组织的考核验收,成为国家一级标准化环境监察机构。全省已有长春市、吉林市、通化市、白城市和松原市5个环境监察支队跨入了国家一级标准化环境监察机构行列,占市级环境监察机构的56%。

【环境监察业务培训】 为推动全省环境监察工作,吉林省环保局组织部分环境监察支队长赴外省市学习考察,组织98名环境监察支(大)队长和环境监察业务骨干参加了全国环境监察业务骨干岗位培训。组织举办了《排污费征收管理系统》软件培训班,使排污费征收工作进一步科学化和规范化。组织召开了全省环境执法工作现场会,所有市州和县(市、区)环境监察机构负责人参加了会议,会议听取了珲春市环境执法工作经验介绍。

(程金灿)

黑龙江省

【环境监察能力建设】 在财政部、国家环保总局、黑龙江省财政厅、省发改委、省采购办等有关部门的大力支持下,黑龙江省环保局利用国家和黑龙江省环境执法能力建设专项资金,招标采购了一批环境执法车辆和执法设备。2005 年 9 月 28 日,黑龙江省环保局在哈尔滨市国际会展中心广场举行全省环境执法授车仪式。此次授车范围覆盖了 13 个市(地)、23 个县(区)的 37 个环保机构,共发放执法车辆 55 台、照相机 24 部、摄像机 12 部、计算机 36 台、传真机 12 台、打印机 24 台、酸度计 12 台、烟气测试仪 12 台和声级计 24 台。

黑龙江省环境监察总队网站正式开通,网址为 http://www.hljepi.com/。

(郭艳军)

上海市

【环境监察自身建设】 业务培训。上海市环保局全年共组织各类培训 5 次,参加培训的环境监察人员达 500 余人次。

环境监察标准化建设。在市环保局的高度重视下,各区、县环保局全面开展了环境监察标准化建设工作,本年度 12 个区县通过了验收,全市环境监察机构经过多年的努力,全部达到了国家环保总局规定的一级标准。

人员装备情况。截至 2005 年底,全市环境监察人员编制数为 489 名,在编在职数为 403 名;环境监察车辆为 111 辆;取证工具为 571 台(套);通讯工具为 289 台(套)。

(彭振发)

江苏省

【环境监察机构建设】 江苏省环境监察局开展了对全省环境监察能力的调查,做好设立环境监察区域分局的准备工作。部分省辖市环境监察机构建设也实现了重大突破,如泰州、淮安、盐城市相继成立环境监察局,增加了编制,理顺了经费渠道。

【环境执法装备配置】 江苏省环境监察局加大环境监察能力建设投入力度,为全省环境监察机构配备执法车辆 95 台、取证器材 180 件,共计 900 万余元。

【环境监察业务培训】 江苏省环境监察局先后组织 33 名人员参加国家环保总局举办的环境监察员培训班,集中举办了两期全省环境监察员培训班,培训人员 340 名。各市也组织了各类讲座、培训和报告会,使广大执法人员进一步熟悉了环保业务知识和法律法规,促进了执法能力的提高。

【执法证件与证件标志管理】 对环境监察执法证进行严格年审,新上岗环境监察人员必须经培训合格、条件符合后方颁发新证。

(潘 炜)

浙江省

【环境监察队伍建设】 2005 年 9 月,浙江省环境监察总队协同省环境宣教中心举办了两期"全省环境监察岗位培训班",共计培训监察人员 320 人,合格率为 97.2%,有效地提高了全省环境监察队伍的业务水平、业务能力和综合素质;认真做好市、县环境监察机构的标准化建设工作。截至 2005 年 12 月,全省辖区内 82 家环境监察机构中共有 68 家通过了标准化建设验收,占总数的 82.9%。杭州、宁波、嘉兴、湖州、绍兴和衢州 6 市已全部通过标准化建设验收。

(刘 凤)

安徽省

【环境监察机构规范化建设】 2005 年,安徽省环境监察机构继续深入开展机构标准化和规范化建设。截至 2005 年底,全省共有环境监察机构 109 个,在编人员 1 153 人,实有人员 2 298 人。全省 17 个省辖市已有 15 个更名为"环境监察支队",其中副处级机构 7 个。

2005 年 2 月 2 日,安徽省机构编制委员会办公室依据《关于安徽省环境监理所机构编制有关问题的批复》(皖编办[2005]13 号)批准成立"安徽省环境监察局",核定全额事业编制 26 人,其中局长 1 名、副局长两名。

【环境监察工作装备标准设置】 安徽省环境监察机构按照《安徽省环境监察机构标准化建设计划》要求,加快标准化建设步伐。截至 2005 年底,全省环境监察用房 7 089 平方米,交通车辆 82 辆,通讯设备 82 套,取证设备 101 台。

截至 2005 年底,马鞍山、合肥、铜陵、安庆 4 市环境监察机构通过了省环保局组织的标准化一级验收,并报国家环保总局审查核准。

【执法证件、标志管理】 2005 年,安徽省共新换发环境监察执法标志 130 套。

(袁永宏)

福建省

【环境监察机构建设】 2005 年,福建省共有省、市、县(区)环境监察机构 96 个。2005 年 12 月 29 日,省委机构编制委员会办公室批复省环境监理所更名为省环境监察总队,增加 5 名编制,9 个设区市除福州、厦门市外,其余设区、市已更名为环境监察支队,

58个县(市、区)更名为环境监察大队。

省环境监察总队组织对漳州市环境监察标准化建设进行了预验收,对莆田市环境监察标准化建设工作进行检查,办理了罗源县环境监察标准化建设一级达标报国家环保总局认定事项。对全省标准化建设执法装备情况进行了调查,编制"福建省部分山区县级环境监察机构仪器设备配置方案",完成了福建省环境监察执法能力建设"十一五"规划。

【环境执法装备配置】 2005年,除厦门市外,全省其他8个设区市及所辖县(市、区)共有环境监察执法车91辆,车载GPS卫星定位仪6台,摄像机64台,照相机104台,林格曼仪37台,水质快速测定仪25台,声级计70个,酸度计44个。全省仍有47个县一级环境监察机构没有交通工具。

(秦　明)

江西省

【环境监察机构建设】 2005年,江西省各设区市支队加强了制度建设,强化了制约机制,赣州市环境监察支队先后制定了《支队会议制度》、《排污收费政务公开》等18项制度。南昌市环保监理所将近年来制定的各项工作制度进行修改和完善,印成《职工手册》,规范干部职工个人行为。萍乡市环境监察支队以"创一流执法队伍,建一流环保功业"为目标,加强对干部职工的工作目标考核,做到责、权、利相统一,调动干部职工的工作积极性。

为了适应现代环境监察面临的更加严峻的形势,各设区市环境监察机构普遍开展了加强队伍建设、提高干部职工综合素质的活动。上饶市环境监察支队开展了"精通环保法律、了解公共法律、熟悉排污企业、熟练制作文书"的环境执法"四项基本功"训练,使干部职工业务水平得到了提高。新余市环境监理所开展全所科室负责人轮流讲课的活动,构建了全所干部交流工作经验的平台,营造出学习业务、钻研业务的浓厚氛围。

2005年,江西省环保局加强与省财政部门的联系,争取到省财政厅的支持,为各设区市和部分县(市)环境监察部门配备监察执法用车55辆,资金总额近700万元,另为各设区市环境监察机构安排了15万元的能力建设经费。

【环境监察机构职责与权限调整】 江西省环保局2005年,对省环境监察总队的工作职责重新做出调整,新调整的工作职责(暂行)内容包括:贯彻执行国家和地方环保法律、法规、规章和政策,参与制定省排污收费和环境监察政策;拟订、组织实施全省环境监察规划和工作计划;负责对全省环境监察部门和政府其他部门执行环保法律、法规、规章情况的行政稽查;指导、监督、全省环境保护现场执法、排污申报核定以及排污费征收管理工作;参与全省重大或跨省、跨设区市协调环境污染事故、突发事件和纠纷的调查处理,承办信访投诉环境违法案件调查处理;配合对由国家环保总局和省环保局批准的建设项目执行环保法律法规情况进行监督检查;配合对省级限期治理项目及重点污染源执行环保法律法规情况进行监督检查;负责装机容量30万千瓦以上的火力发电企业二氧化硫排污费的核定征收管理工作;配合省局职能处(室)对使用环保专项资金项目执法情况实施现场监督检查;检查指导全省环境监察机构标准化建设并负责全省环境监察员岗位培训工作。

为加强环境保护现场监管力度,完善执法运行机制,江西省环保局决定调整委托省环境监察总队实施行政处罚的权限,对检查中发现、接受举报、领导批办、上级机关和有关部门转办、局机关处(室)和局直单位告知等需要立案查处的环境违法行为,由省环境监察总队直接立案查处;省环境监察总队对立案的环境违法行为,经调查违法事实确凿并有法定依据,除暂扣或者吊销许可证及处以10万元以上(不含10万元)的行政处罚案件外,具有行政处罚权;如当事人申请听证的,由局政策法规处依照法定程序组织。需要追究违法当事人党纪、政纪责任的,省环境监察总队应将有关材料移送局纪检监察室处理。对于超出委托处罚权限范围的案件,省环境监察总队应按照有关规定及时移送局政策法规处处理。

(胡予秋)

山东省

【环境监察队伍建设与管理】 2005年,山东省共有环境监察机构163个,在编人员2 966人,同比增长2.4%,实有人数达3 720人,同比增长2.1%。山东省环境监察人员中具有大学以上学历的人员数为2 105人,占人员总数的56.6%。山东省环境监察机构用房面积达到25 224平方米,较上年增加了1 458平方米,同比增长6.1%。

【环境监察工作装备标准配置】 山东省各监察机构共有交通、通讯、取证等监察设备2 188台(套),设备价值达到4 202.2万元,较上年增长9.7%。省环境监察总队标准化建设工作通过了省环保局组织的自查验收,达到了一级标准化目标。山东省大多数市级环境监察机构的执法装备基本达到国家环保总局规定的一级标准。

(韩　凯)

河南省

【环境监察队伍建设】 根据上级党组织的统一部

署，河南省环境监察总队党支部认真开展了保持共产党员先进性教育活动，使干部队伍特别是党员队伍的政治素质有了显著提高，党员先锋模范作用和党支部的战斗堡垒作用进一步得到发挥；建立了正常的组织发展制度，积极做好入党积极分子的培养和党员发展工作；严格执行领导干部选拔任用条例，按照公平、公开、公正的原则，有4位同志的职务得到晋升；2005年，省环境监察总队进一步加大全省环境监察干部岗位培训工作力度，成效显著。一是在《河南省环境监察工作实用手册》第二辑的基础上修订编辑了第三辑培训教材。二是组织培训了一期全省环境监察干部岗位培训班，协助郑州、洛阳两市举办两期市级环境监察人员培训班，共培训617人。三是组织一次排污量核定培训班，邀请国内有关环保专家讲解造纸、酿造、化肥等污水排放行业以及电力、金属冶炼、水泥、电解铝等废气排放行业污染物排放量核定等内容，共组织全省市、县级环境监察机构分管排污量核定的主管领导和业务骨干200余人参加了培训。省总队执法能力建设得到进一步加强。在河南省环保局的重视和支持下，“河南省环境监理总站”正式更名为“省环境监察总队”，省总队标准化建设所需的执法车辆、取证设备、快速监测设备和办公机具等大部分购置到位，硬件条件已基本达到国家一级标准的要求。实行了全系统重点工作目标考核，加强了对监察业务的定期调度和分析，加大了地方环境监察部门的支持力度，初步形成了上下联动的环境监察工作机制，使全系统行风建设得到进一步加强。省总队和各省辖市环境监察机构开通了环境监察网，进一步促进了环境监察政务公开。实行了投诉受理限时承诺制，提高了快速反应能力和现场处置能力。

【环境监察机构标准化建设】 河南省总队积极建议把18个省辖市和5个直管县(市)环境监察机构标准化建设列入了省政府环保目标，对全省环境监察机构标准化建设进展情况进行了调查摸底，上报了全省环境监察机构标准化建设所需装备、资金的报告，并得到了省环保局的支持，省财政厅、省环保局决定安排专项资金600万元、地方配套600万元，专门用于18个省辖市环境监察机构标准化建设。2005年，郑州、洛阳、南阳、安阳、新乡、焦作、平顶山、济源8个省辖市和巩义市、偃师市两个县级市通过省环保局组织的一级标准达标验收。

【执法证件管理】 根据国家环保总局要求，河南省总队对全省报送需办理中国环境监察执法证件的1 688名环境监察人员，逐一进行审核，最终对符合办证条件的1 504人，进行了证件发放。

（荆国一）

湖北省

【环境监察机构建设】 2005年9月，湖北省环境监察总队在咸宁市举办了首期环境监察执法效能培训班，就新时期加强环境执法工作进行了交流与探讨；10～11月分别在武汉、孝感等地举办了两期环境监察培训班，培训学员246名；2005年落实了中西部环境执法能力建设资金195万元，全省30个县级环境监察大队执法装备得到了加强；2005年12月，咸宁市、赤壁市、嘉鱼县环境监察机构标准化建设通过了检查验收。

【环境监察内务管理】 规范内部管理。为强化内部管理，提高行政执法效能，2005年省环境监察总队制定了《内部管理规章》，对会议制度、学习制度、重要工作督办制度、环境监察人员考核考评制度以及公文印章管理、执法车辆管理、固定资产管理等16个方面做出了规定，基本上形成了用制度管人、用规章管事的良好运行机制。推行了环境监察政务月报制度，组织编发环境监察简报及环保专项行动专报，为各地相互学习交流、及时掌握全省环境执法动态及环境监察队伍建设情况提供了一个良好的信息平台。

（孟凡松）

湖南省

【环境监察能力建设】 经湖南省人民政府同意，省环保局和省财政厅联合制定了环境保护能力建设方案，决定3年内安排资金7 500万元，专门用于环境监察、环境监测能力建设。2005年，省级环保专项资金安排了2 100万元，为20多个县、市配备了环境监察车辆和仪器设备，为部分市、州安排了环境监察专项资金。

（兰　洋）

广东省

【环境监察机构与执法能力建设】 2005年10月，广东省环境监察总队标准化建设通过国家环保总局环境监察局验收。广州、河源、梅州、珠海、番禺等环境监察机构在本年内通过了标准化建设验收。省环境监察总队完成了“十五”期间环境监察能力建设经费预算方案，争取安排了600万元用于全省环境监察能力建设。完成了全省“十一五”期间环境监察能力建设规划方案。

完成了省环境监察总队作为省环境保护系统综合行政执法试点实施方案的编制，该方案使各级环境监察机构现场执法的主体地位和职能更加突出，并对各级环境监察机构的名称、建制、职能、编制等做了原则要求，为解决长期困扰监察工作的定位和机构问题打下基础。

（张作凡）

广西壮族自治区

【环境监察机构建设】 2005 年，广西壮族自治区成立环境监察机构 94 个，其中省级 1 个、地级市 14 个、县级 79 个、派出机构 20 个。全区环境监察在编人员 749 人，实有人员 939 人，大专以上学历 625 人，占实有人数的 66.6%。

【环境执法装备配置】 2005 年，广西共投入1 102.6 万元用于环境监察部门执法能力建设，在交通、通讯、取证设备上都较去年同期有所增加。

【环境监察人员培训】 为提高广西环境监察队伍的素质，2005 年，广西环境监察总队组织并举办了广西各市专项行动信息上报培训班，广西 14 个地级市派代表参加了培训。

（郑伯春）

海南省

【环境监察人员培训】 2005 年，海南省环境监察部门加强了人员的业务培训，结合工作实践，组织开展环境资源和行政法律法规的业务学习，采取自学为主、集中学习为辅的方式，全年共集中学习 16 次，累计集中学习 45 课时；加大选派人员参加培训力度，全年共派出干部职工参加国家举办的培训 11 人次、省举办的培训 8 人次，其中有两名干部出国参加了培训；重视结合正在调查处理的案件和专业报刊上的典型案例，有针对性地组织会审和讨论，学以致用，提高执法业务水平。

（杨昌新）

重庆市

【环境监察机构与队伍建设】 重庆市环境监察总队对环境监察标准化建设工作早部署，同时加大对区、县标准化建设指导的力度，使区、县根据要求早计划、早落实，确保按期完成验收任务。2005 年，大渡口区等 11 个区县（自治县、市）的环境监察机构顺利通过了达标验收。

2005 年，市环境监察总队调整了领导班子的分工，加大了对区县环境监察部门制度建设的监督和指导；从建立完善日常监察程序、规范行政处罚程序和排污收费程序、规范投诉办理程序、规范执法材料档案管理、落实行政执法责任追究等方面入手，将市环境监察总队“十五”期间的环境监察典型经验向各区县环境监察部门推广；与此同时实行区、县环境监察部门的业务骨干上挂锻炼。涪陵、铜梁、南岸、江北、万盛等环境监察部门 10 余名业务骨干先后到市环境监察总队挂职锻炼，有力推动了区、县的环境监察工作；在永川、渝北分别举办了排污申报技术分析报告、排污收费软件培训以及环境监察岗位培训。

（顾怀东）

四川省

【环境监察机构标准化建设】 2005 年，四川省环境监察总队稳步推进环境监察机构标准化建设，年初将 38 个环境监察机构的达标建设纳入了对各市、州党政“一把手”环境保护责任目标考核内容。各地党委政府领导、环保部门领导高度重视，各市、州环境监察部门积极行动，省环境监察总队对各地达标建设工作加强了业务指导。财政部拨专款 195 万元，为全省装备了一批现场执法设备，省财政厅首次拨专款 140 万元，用于执法车辆购置，省环境监察总队统一采购，统一标志，统一车辆，统一调拨，为基层环境监察机构配置了 14 辆执法车，进一步充实了基层环境监察执法能力。2005 年 9 月下旬，省环境监察总队抽调部分市、州环境监察支队长，分 4 个组对全省环境监察机构标准化建设工作情况进行了为期一周的督察。2005 年 10 月，邀请国家环保总局环境监察局和云南、贵州、甘肃省环境监察总队领导对全省 8 个市、州环境监察支队达国家一级标准建设进行了验收。2005 年全省实际检查 44 个环境监察机构达标建设工作，41 家通过了验收，其中 8 个市环境监察支队已通过达一级验收，33 个县级环境监察大队通过了达二级和三级验收。至 2005 年底，全省有 84 个监察机构达标，其中有 12 个市级环境监察机构达到了国家一级标准，72 个县级环境监察机构达到国家二级或三级标准，全省环境监察机构达标率为 51%，较 2004 年提高了 15 个百分点。

【省环境监察总队内部建设】 2005 年，四川省环境监察总队为适应环境监察形势的发展需要，加强了自身的机构和队伍能力建设。通过从基层选调、社会公招、接收转业干部等方式，当年新增工作人员 10 人。在人员充实的基础上，任命了综合科、稽查与收费科、工业企业与城市环境监察科和区域环境与生态监察科的科长，进一步强化了内部管理，逐步建立健全各项规章制度。

【环境监察人员培训】 2005 年，四川省环境监察总队举办了 3 期环境监察人员上岗培训班，对全省近 500 名市、县环境监察人员进行了监察上岗培训；组织全省 35 名环境监察支队长、大队长参加了国家环保总局举办的全国环境监察处(队)长培训班。

【开展行业作风整顿】 2005年,围绕建设一支“思想好、作风硬、懂业务”的铁队伍的目标,四川省环境监察总队狠抓了党风、行风和廉政教育。根据四川省环保局党组和机关党委的统一安排,认真开展了“保持共产党员先进性教育活动”,充分发挥和调动了省环境监察总队共产党员在全省环境现场监察执法工作中的先锋模范作用。继续深入学习国家环保总局环境监察局《关于进一步加强环境监察系统行风建设工作意见》等通知精神,认真贯彻落实“全国环保系统六项禁令”和“环境监察人员六不准”等廉政规定,做到了文明执法、公正执法、清正廉洁,在社会上树立了良好的执法形象。

【环境监察档案管理】 2005年,四川省环境监察总队加强了监察档案管理,落实了专人负责档案管理。将各类文书、信访材料、行政处罚调查材料等文件资料,及时进行了分类归档,全年立卷归档18卷。

(陈泽文)

贵州省

【环境监察能力建设】 按照贵州省环保局年初对环境监察工作的安排,2005年10月在花溪举办了135人参加的环境执法培训班,并为重点污染治理地区配置了有关环境监察执法设备,进一步提高其环境执法能力。同时加强了环境监察队伍标准化建设,贵阳市云岩区环境监察大队、乌当区环境监察大队、小河区环境监察大队的标准化建设工作达到了国家一级标准,通过了贵州省环保局组织的验收;六盘水市盘县环境监察大队的标准化建设工作也顺利通过验收,达到了二级标准。

(邓瑞举)

云南省

【环境监察机构与队伍建设】 “十五”期间,在各级政府的重视下,按照国家环保总局的要求,云南省环境监察机构建设逐步推进。全省15个州、市完成了“环境监察支队”更名,121个县(市、区)完成了“环境监察大队”更名,有8个州、市监察支队人员和50个县(市、区)监察大队人员依照公务员管理。截至2005年底,全省环境监察系统共有机构148个,在编人员805人,实有人员815人,其中大专以上学历494人,占总人数的61%。

“十五”期间,云南省环境监察能力也得到了提高。2004年,省环保局安排1 600万元专项资金用于全省各级环境监察机构的能力建设,现已完成。另外,近几年来,通过国家西部执法能力建设项目和省级环保专项资金安排等,使全省环境监察装备有了显著增加,提高了现场执法能力。到2005年底,全省监察系统共有执法车辆96辆,通讯、取证设备282台,分别比2000年增长了45.5%、54.9%。

“十五”期间,全省各级环境监察机构加强了政治理论学习,强化环境监察机构和人员在严格执法、依法执法、学执法、明执法上求生存、求发展的意识,全面参与了全省环保系统民主评议行风活动,自觉接受行风评议员的评议,虚心听取意见,认真查找问题,制定整改措施。结合行风评议,深入贯彻国家环保总局“环保系统六项禁令”和环境监察人员“六不准”制度,进一步开展环境监察人员职业操守教育。坚持了持证上岗制度,推行环境监察政务公开工作,提高工作的透明度和办事效率。实行“一把手”负责制,不断加强党风廉政建设,加强反腐倡廉教育。环境监察人员的整体素质有了进一步提高,在执法中做到依法行政、规范执法、文明执法,树立了环境监察队伍的良好形象。

(崔震宁)

陕西省

【执法证件、执法标志与执法装备管理】 2005年,陕西省环境监察局按照国家环保总局的要求,加强执法证件的管理工作。对调离环境监察执法工作岗位、在环境监察执法标志上进行涂改和在非公共场合使用或转借他人使用的和不再胜任环境监察工作岗位者,收回环境监察证件及证章,并报陕西省环境监察局备案。对执法标志丢失的,立即向当地环境保护行政主管部门挂失,声明作废后,方可办理中请补发的有关手续。对申请符合办理执法证件的执法人员,填写《环境监察执法标志申请表》,由各设区(市)环境监察支队统一办理有关手续。加强执法证件的年审工作,对全省2 100多个环境监察执法证件进行了年审。

【环境监察人员培训】 2005年,陕西省环境监察机构先后组织了50多人参加了国家环保总局举办的环境监察人员培训班。按照陕西省环保局组织开展的执法队伍整顿的要求,全省所有环境执法人员必须通过考试后重新上岗,据此,各省辖市环保局对所有环境执法人员进行了培训,并参加了陕西省环保局组织的执法人员考试,对考试不符合要求的人员进行了淘汰,促进了环保执法队伍素质的提高。

(樊江泉)

甘肃省

【环境监察机构与队伍建设】 2005年,甘肃省14个市、州及甘肃矿区完成了环境监察机构更名工作。

全省共有环境监察机构102个，监察人员1 343人，有县级环境监察派出机构4个，人员18人。环境监察人员全部纳入了各级财政预算。

2005年，甘肃省结合环境监察标准化建设，加大了对监察自身能力建设的资金投入，逐步实现了装备的换代更新，环境监察队伍快速反应能力和现代化监察水平明显提高。全省各级环境监察队伍拥有交通工具114台、通讯设备224台（套）、取证设备314台（套），监察设备总价值达到1 470万元；拥有监察工作用房11 600平方米。

（宁　炳）

宁夏回族自治区

【环境监察机构建设】 2005年，宁夏回族自治区共设有环境监察机构24个，其中省级机构1个，地市级5个，县（区）级机构18个（含5个派出机构），比上年增长33%。全区环境监察机构共有在编人员235人，实有人员329人，分别比上年增长25%和33%。实有人员中大专以上学历人数250人，占到总人数的76%，持证上岗人员220人，占在编人员的94%。

截至2005年底，全区共有执法车辆34辆，取证设备214台（台套），建成"12369"环保热线管理系统9个，全年投入环境执法能力建设资金264万元，环境执法能力比上年有所提高。

（刘韵垠）

新疆维吾尔自治区

【环境监察机构建设】 截至2005年底，新疆维吾尔自治区共设有环境监察机构112个，其中自治区和副省级城市的环境监察机构各1个，地、州、市监察机构16个，县（区）级监察机构94个，比2004年增长2.17%。全区共有环境监察派出机构7个，派出人员23人。目前，全区还有两个县因地处偏远、财政困难尚未设立环境监察机构。

2005年，全区环境监察机构在编人员1 052人，实有人员1 075人，分别比2004年增长3.75%、1.32%。其中大专以上学历人员945人，占实有人员数的87.91%，比2004年增长14.27%；持证上岗人员671人。

各级环境监察机构现有工作用房面积44 965.28平方米；其中地、州、市级监察用房面积4 414.6平方米，县级监察用房面积40 550.68平方米，分别比上年同期增长4.15%、156.23%。自治区环境监察总队目前无办公用房（使用自治区环保局机关服务中心房屋）。

各级环境监察部门共配备执法车辆138辆，比2004年增加5.34%，其中地、州、市环境监察部门拥有执法车37辆，占全区执法车辆的26.81%；各县（区）环境监察部门环境执法车辆已达101辆，占全区执法车辆的73.19%，比2004年增长10.99%。其他取证设备192台，设备总价值1 840.59万元，比2004年增长14.24%，其中乌鲁木齐市、区（县）两级环境监察部门设备总价值为697.05万元，占全区设备总价值的37.87%。

（刘寒峰）

大连市

【环境监察机构与队伍建设】 2005年，大连市完成了市环境监察支队的整合工作，将中山、西岗、沙河口、甘井子分局环境监察大队由原环保分局管理划归市环境监察支队管理，撤销高新园区分局环境监察大队，原支队内设科室调整为办公室、第一、第二、第三、第四、第五监察大队。组建了大连市环境投诉应急指挥中心。成立了大连市环保局保税区分局，并在长兴岛临港工业区派驻办事处。

2005年，继续实施行政执法责任制工作。出台《大连市环境监察工作手册》、《2005年环保系统行政执法责任制检查考核标准》，建立科学、规范、系统的环境监察工作管理模式。为更好的依法行政，对执法工作考核项目进行了全面更新和调整，将考核标准细化、量化、规范化，使考核内容更加全面，对执法工作中的每一具体行政行为均纳入考核范围。

2005年，继续推行"双卡"，实施便民服务和服务质量评议制度，把执法监督权直接交给企业和社会百姓。中山分局实施"两告制"，减少了扰民案件的发生；西岗分局开展了"便民服务站"进社区活动，通过社区发放"双卡"，为服务对象提供快捷方便的服务；沙河口分局在局内设立了"环保巡回法庭"，及时解决环保法律所不能解决的扰民问题；甘井子分局制定了"信访两制"，即信访领导负责制和信访公示制，加强了信访工作；高新园区试行了网上收费；监察支队实施了排污费"核、收、查"三分离，环境违法案件处罚"查、处、缴"三分离。深入开展"双最佳"的争创活动，在市直机关工委"双最佳"评比中，大连市环保局获得"做好环保信访工作，打击环境违法行为"最佳服务成果奖。

（宋晓奔）

宁波市

【环境监察机构与队伍建设】 目前，宁波市环境监察队伍在编人数147人，实际在岗人数131人。截至2004年底，市、县两级环境监察部门全部通过标准化验收，2005年各环境监察部门在巩固标准化建设的基础上，进一步强化自身能力建设，坚持以"内强素质、外树形象"来提高队伍整体素质，努力向管理规范化、执法专业化、装备现代化、作风军事化的建设目标迈进。

市、县两级环境监察部门积极开展应急仪器的使用、现场取证工具的应用和钢铁、化工、印染、造纸等重点污染行业的工艺学习；采取“走出去、请进来”的办法与企业共同学习掌握各类企业的生产和污染治理方法；对重点、难点以及复杂案例进行分析讨论和开展国家、地方法律法规、各项工作制度和工作程序的学习交流，有效提高了监察人员的法律知识、专业知识和环境执法能力，进一步规范了现场执法行为，实现环境监察工作制度化、规范化和执法专业化。

为了规范现场执法行为，做到职责明确、有章可循，实现环境监察工作的制度化、程序化、规范化，切实防止监察机构和人员滥用职权、徇私舞弊、以权谋私等行为，市、县两级环境监察部门根据实际分别制定了工作制度、工作程序及相关规定。如北仑区环境监察大队全面制定了12项工作制度和11项工作程序，公开上墙制度5项，工作职责7项，程序文件8份，作业指导书4份，有效规范了监察队伍工作程序，树立了监察队伍新形象。

为增强环境监察队伍的快速反应能力，各县(市)区环境监察部门数码照相机、声级计、林格曼黑度仪、有机气体快速测定仪、执法车辆等现代化环境监察装备不断完善、不断更新，提高了环境执法能力和应急处理能力，确保了环境执法工作和应急处置工作的正常开展。

市、县两级环境监察部门严格执行监察人员的相关禁令，严格实行政务公开，严格按照执法程序，做到执法公正与公平。通过建立廉洁执法档案和社会监督网络，杜绝了征收“人情”排污费，维护了监察队伍形象。如镇海区环境监察大队开展了“内强素质、外树形象”等活动，集体凝聚力进一步提高。

（陈　波）

厦门市

【环境监察自身建设】　2005年，厦门市为保证《排污费征收管理系统》软件正常、安全使用，派驻各环保分局环境监理分所指定专人操作排污费征收管理系统软件，并委托系统软件开发技术人员培训软件操作人员，通过考试合格后方可上岗操作。开展对环境监察人员贯彻执行《排污征收使用管理条例》、开展现场监察业务等的系统培训，提高基层环境监察人员对排污收费工作的征收、使用管理、行政执法等方面的业务能力。

（李　华）

深圳市

【环境监察队伍建设】　2005年，深圳环境监察支队大力开展职业操守教育和素质教育，提高环境监察人员的政策水平和业务水平，增强环境监察人员的责任意识、服务意识、效率意识；推行行政执法责任制工作，在明确执法依据、落实执法责任、统一执法尺度的基础上，建立重大事项集体讨论制度、违法行政责任追究制度，强化执法监督，确保环境行政执法的合法、规范、高效；开展岗位责任制考核试点工作，根据工作职责和工作计划把具体任务、目标分解到每位工作人员，明确规定了每个岗位的责任考核项目、标准和办法，建立行政责任追究制度，并将考核结果与工作人员的年度考核、评先评优挂钩；推行政务公开，公开办事机构、人员身份和工作职责，公开排污收费标准，公开环境污染投诉举报电话和投诉部门等，加强社会舆论监督；倡导文明执法，树立服务意识，要求环境监察人员在执法时，寓服务于执法之中，急企业所急，想企业所想，落实党风廉政建设责任制，通过逐级签订反腐保廉工作责任书，将党风廉政建设工作逐条细化，融入部门年度工作计划中。

（胡　华）

长春市

【环境监察自身建设与内务管理】　2005年，长春市环境监察系统标准化建设工作得到进一步加强，通过各级政府资金投入及监察机构自身相关软件配套设施的完善，初步形成净月旅游开发区、经济技术开发区达到国家一级标准，宽城区和绿园区达到二级标准，其他各区达到三级标准。

2005年，长春市环境监察支队重新修订了执法文书与环境监察档案管理制度，规定执法文书专人负责管理，编写执法文书打印程序，实现所有执法文书全部以打印形式下发，建立执法文书下达预审批制度，文书内容、法律依据必须进行三重审核，并由两名以上监察人员限时送达，做到一件一立案，一件一装订。

长春市环境监察支队于2005年11月开始对全市所有环境监察执法文书及排污费征收档案进行审核验收，达不到标准直接按照岗位目标责任制考核方案进行考核，确保执法及收费档案及时完整归档。

（胡晓明）

哈尔滨市

【环境监察机构建设】　哈尔滨市19个环境监察机构，有环境监察标准化一级单位1个，二级单位9

个,标准化晋级达标率52%。2005年增加人员编制44个、执法用车11辆、执法取证设备75台、计算机25台。争取到黑龙江省财政局、省环保局的支持,为松花江流域哈尔滨市10个环境监察机构配备了执法车辆、取证设备和计算机。

加强了制度建设和目标考核,强化基础工作,规范执法程序、环境信访程序和排污收费程序,坚持行政处罚集体讨论和排污收费例会制度。力求使执法、信访、收费的程序更加规范合法。注重提高环境监察人员素质,全年举办《排污费征收管理使用管理系统》软件培训班两期,举办排污申报培训4次,对环境执法人员进行业务培训两次,办"12369"培训两次。

哈尔滨市环境监察支队贯彻执行《哈尔滨市环保系统办理事项监督评价制度》和设立一个接待服务窗口行风建设在市环保系统走在前列。2005年为企业办好事实事96件,回访率、满意率达到100%,走访服务对象103个,收到表扬信11封、锦旗两面,制定服务措施4条,完善出台制度22件,进行新闻媒体宣传27次,举行政治理论学习近百次,向市管单位下发行风建设调查问卷400份,满意率达到100%。转变工作作风,优化服务意识,转变思想观念,变单一的执法为集现场监督检查、管理、服务、宣传为一体的环境监察工作。强化了内部管理,提高工作效率。杜绝"门难进、脸难看、话难听、事难办"现象,执行环境监察人员"六不准"和环保人员"六条禁令",全年未出现违法违纪问题。支队获得市级文明单位标兵等荣誉称号。

【环境监察内务管理】 2005年,哈尔滨市环境监察支队围绕提高执法能力建设,结合行风检查活动,将廉政教育、警示教育列入全队的日常工作。一是结合"保持共产党员先进性教育活动",开展反腐典型教育,抓好党风廉政和行风教育,做到警钟长鸣。二是严格执行各项规章制度,完善各项监督措施。实现以制度约束全体干部职工,做到有章可循、保持良好的工作秩序。三是加强内部管理。落实早晚出勤打卡和外出登记制度。四是抓日常管理,增强工作的透明度。设立挂牌服务工作制度,便于企业、群众监督,加强了企业对执法人员违法、违规、违纪行为的监督、举报,杜绝了各种违法、违纪、违规行为。

(彭　伟)

南京市

【环境监察自身建设】 2005年,南京市环境监察支队根据上级"保持共产党员先进性教育活动"的总体要求,组织全体党员参加"保持党员先进性教育活动"。教育活动卓有成效地完成了规定工作;联系实际开展具体要求大讨论,多渠道、多途径广泛征求意见,全力打造环境执法满意工程,取得了明显成效,被南京市建设系统评为"保持共产党员先进性教育活动"先进单位。

2005年,南京市环境监察机构开展有针对性的政策法规和业务技术培训,全市共有199名监察人员参加了各类业务技术培训。此外,全市集中82名监察人员进行了为期5天的集中整训,采取学习研讨、论文演讲、业务竞赛等形式,强化了环境监察人员的污染源监管、现场调查取证、排污量核定、污染纠纷调处和污染事件应急处置5种能力建设。

2005年,南京市环境监察支队以"三个代表"重要思想和科学发展观为指导,以服务"两个率先"为落脚点,以转变执法理念高效优质服务,创造服务品牌为着力点,在执法中服务,在服务中执法,建设高效、廉政、文明的执法队伍,全力维护人民群众的环境权益,取得显著成绩,先后被评为江苏省文明单位和南京市文明单位。

(陈　舟)

武汉市

【环境监察队伍建设】 2005年,武汉市环境监察支队狠抓领导班子建设,不断完善民主决策机制,把构建社会主义和谐社会和用科学发展观统领环保工作落到实处,加大反腐倡廉教育力度,着力加强对领导干部权力的制约和监督,制定了《武汉市环境监察支队议事规则》,做到了凡重大事情由集体讨论决定。2005年初以"保持共产党员先进性教育活动"为契机,支队紧紧抓住党员多、入党积极分子多的特点,从提高党员骨干的综合素质入手,带动全队的素质全面提高;同时,严格执法,依法行政,努力建立环境管理长效机制。支队不断强化日常管理,立足现场执法,通过平时的现场监察、节假日和夜间突击检查等方式,严厉打击环境违法行为。在严格执法的同时完善远程在线监控系统,并不断探索排污处理设施市场化运营,努力建立环境管理长效机制。支队还强化内部监督机制,严格落实目标管理。支队充分利用目标管理手段,层层签订责任状,将目标任务分解到科室,落实到个人,做到人人有责任,个个有目标,既明确了责任,又调动了职工的工作积极性,同时强化内部监督机制,对各科的目标工作实行"月清季查半年一总结",确保目标工作的完成。

(王　晴)

广州市

【环境监察机构标准化建设】 广州市环境监察支队制定了《标准化建设实施方案》,明确任务、分工和进度,使标准化建设工作有序地开展,并于2005年12月22日通过了国家一级标准验收。市环境监察支队机构设置规范、职能职责明晰、经费财政得到保障、工作用房、交通通讯工具及执法、应急装备等满足实际工作需要；基础工作扎实，工作制度、工作程序建立健全，各项业务工作规范。在环境监察信息化、环境污染事故应急、建立二氧化硫长效监控机制、跨区域交叉执法、机动车排气监督执法等方面进行了有益的探索和实践。

（苏士路）

西安市

【环境监察机构标准化建设】 2005年，根据国家环保总局《关于环境监理标准化建设达标单位考核验收有关问题的能知》，西安市环境监察支队加强了机构标准化建设。莲湖区、雁塔区、户县、未央区、阎良区、长安区、周至县和高陵县环境监察大队上报了环境监理标准化建设达标考核请示文件。西安市环境监察支队8月、9月对以上区县环境监察大队的标准化建设工作进行了检查和指导，认为各环境监察大队还要对在岗人员进行培训，按标准化建设标准购置取证设备和仪器，进一步加大执法力度，提高执法能力建设，达到“严格环保执法，规范执法行为，完善执法程度，提高执法水平”的要求。同时，向西安市财政局上报增加硬件配备的资金申请。

截至2005年底，西安市9个区、4个县、3个开发区共设置环境监察机构14个。其中市级1个，县级13个，环境监察人员292名。共有执法取证设备189台(套)，交通工具27辆，计算机41台。

（赵文军）

环境卫士风采录

天津市

【"十五"先进集体】 2005年，天津市环境监察总队荣获"十五"期间先进集体称号。

（戴尚德）

内蒙古自治区

【先进集体与先进个人】 2005年，内蒙古自治区环保局授予的环境监察先进集体和个人：

1. 先进集体：

内蒙古自治区环境监察总队、包头市环境监察支队、呼和浩特市监察支队、兴安盟监察支队、巴彦淖尔市监察支队、乌兰察布市监察支队、乌兰察布市集宁区、通辽市监察支队、呼伦贝尔市监察支队

2. 先进个人：

赵国勇、黄埔延龙、赵文君、甄波、杨补维、宋伯军、白冰、蔡兆祥、钱军、王海峰、王大辉、曲桂香、白德成、侯春雨、时长鸣、王国柱、邵云飞、葛晓光、白振国、张纯、于勇、王桂华、张强、张建国、冯磊、范勇、刘宝、钢嘎、宝音、刘沛、苏亚拉图、杨金柱、白玉、赵红霞、马雄飞、苏依勒、莫巴依尔、赵胜祥、青格勒、苏依拉其其格。

（廉升光）

吉林省

【2005年度先进集体】 吉林省环境监察总队被吉林省人民政府评为"信访目标责任制先进单位"。

长春市环境监察支队被国家环保总局和人事部评为"环境监察先进单位"，被长春市委、市政府授予"文明单位"称号，被长春市机关工委评为"先进基层党组织"。

吉林市环境监察支队被吉林市人民政府评为"信访工作先进集体"和"提案议案先进集体"。

【2005年度先进个人】 长春市环境监察支队支队长刘忠诚被长春市委授予"优秀共产党员"称号。

（程金灿）

黑龙江省

【先进集体与先进个人】 黑龙江省环境监察总队获人事部、国家环保总局联合表彰的全国环境保护系统先进集体称号。

黑龙江省环境监察总队获2005年度全国排污申报核定工作先进集体二等奖。李欣、何文秀、阎枫、梅国芳、蒋新德、倪恩辉、舒立斌、黄加宁、褚春岩等获2005年全国排污申报核定工作先进个人。

黑龙江省环境监察总队获2005年全国排污费征收工作先进集体二等奖。李欣、石莉、姜瑞、郭胜、陈斌、夏炎华、刘颖、匡洪兴、王峰枫、刘华等获2005年全国排污费征收工作先进个人。

2005年11月17日，黑龙江省环保局对在"两考"噪声综合整治工作中涌现出的先进集体和先进个人进行表彰。哈尔滨市环境监察支队、齐齐哈尔市环境监察支队、牡丹江市环境监察支队等36个单位获"两考期间噪声综合整治工作先进集体"称号，侯明需、陈振宇、刘国祥、杨涛等123名同志获"两考期间噪声综合整治工作先进个人"称号。

（郭艳军）

江苏省

【2005年度环境监察先进集体】 江苏省环境监察总队及9个省辖市环境监察支队(局)被评为江苏省省级文明单位，其中连云港、淮安市环境监察局被评选为省文明单位标兵。南京市环境监察支队被国家环保总局、人事部评为"十五"期间"全国环境保护系统先进集体"。

（潘　炜）

河南省

【先进集体与先进个人】 2005年，河南省环境监察总队获国家环保总局环境监察局颁发的全国排污申报核定工作一等奖。

河南省环境监察总队先进个人

获奖人	奖　项	授予单位
张　迅	先进工作者	河南省环保局
荆国一	优秀共产党员	河南省环保局党委
荆国一	"五好"党员	河南省环保局党委
孙自臣	先进工作者	河南省环保局
孙自臣	"五好"党员	河南省环保局党委
王玉香	先进工作者	河南省环保局
王玉香	全国排污申报核定工作先进个人	国家环保总局环境监察局
程　芳	优秀共产党员	河南省环保局党委

（荆国一）

湖北省

【刘定武同志先进事迹】 刘定武同志，1963 年 10 月出生，1983 年 7 月参加工作，1997 年 6 月加入中国共产党，1991 年 7 月从事环境保护工作，环境管理高级工程师，现任襄樊市环境监察支队党支部书记、支队长。他热爱环保事业，廉洁奉公，不谋私利，开拓进取，严格贯彻执行党和国家的环境保护方针政策、法律法规。15 年来，他始终保持强烈的事业心，高度的责任感，昂扬的工作热情，积极投身环境违法行为查处、群众投诉案件处理、环境污染现场监督管理等环境监察工作中，为保护和改善襄樊市区域环境质量，维护广大市民的环境权益，做出了突出贡献。

刘定武同志 2004 年 8 月由襄樊市环保局办公室主任调任襄樊市环境监察支队支队长。他上任伊始，就深入调研环境监察工作面临的新情况，仔细研读《排污费征收使用管理条例》等环境保护法律法规，牢记排污费征收、治理设施监督、环境污染监控、环境违法行为查处各项环境监察工作的法律依据、计算方法、工作环节、法律程序等，在最短的时间内熟悉了环境监察各项工作。

他紧紧围绕年度环境监察责任目标，以整治环境违法企业保障群众健康专项行动为契机，以饮用水环境保护专项执法为重心，全面开展对新上环境违法建设项目、严重污染环境的老污染源、新老“十五小”依法进行监管和整治。他先后深入枣阳市、老河口市、南漳县、襄阳区等地，查处关停死灰复燃的“十五小”企业。他敢于克服重重困难，与“十五小”的地方保护主义作斗争。2004 年、2005 年，他常常亲自挂帅，奔波在“十五小”整治第一线。他通过明察暗访，现场核实，一旦发现“十五小”死灰复燃，坚决会同有关政府部门，及时给予关闭、取缔。如南漳白马山鞭炮纸厂、枣阳市杨凼的两家制浆厂、襄阳区的三家造纸厂、谷城县、樊城区的皂素加工厂等，他严格稽查，跟踪督办，有的拆除蒸球，有的处理掉纸机零部件，使其丧失再生产能力。他以国家环保总局“六项禁令”、“六不准”严格规范环境监察人员行为，加强党风廉政建设。真抓实干，克难攻坚，严格依法行政，成绩斐然。2004 年，襄樊市环境监察支队在面临许多困难的情况下，超额完成了各项工作指标，排污收费首次接近 1 000 万元，2005 年再创新高，突破 1 100 万元。一批未经审批新建项目被查处，小造纸、小化工、皂素加工、钒加工等新老“十五小”被取缔，群众信访投诉逐渐减少，区域环境污染得到遏制。

他在工作中善于抓主要矛盾，依法征收排污费是环境监察工作的重心，并一抓到底。2004 年，襄樊市面临的收费形势非常严峻，一大批国有企业生产经营继续下滑，破产企业继续增加，依照规定停止征收污水排污费，致使近 200 万收费计划落空。他把整治企业环境违法行为、排污费征收作为全部环境监察工作的主轴。他带领监察人员深入湖北金环、襄樊火电、东汽襄樊基地、大枫纸业公司等大型排污企业，经过现场调查，摸清排污底数，严格依法足额计征排污费，提高收费 130 万元。2005 年又在此基础上，根据企业生产发展变化，再次核实排污量，对上述 3 家企业分别提高收费计划 40 万元、30 万元、10 万元，为超额完成年度计划打下了坚实基础。

他坚决依法行政，认真履行环境监察现场监督管理职能，堪称人民群众的环境卫士。同时，他又强化环保服务意识，为企业排忧解难，以情感人，以理服人，以细致的思想工作取得企业的理解和支持。他经常主动走访大型排污企业，当面向企业老总逐条解释新的收费政策，实地了解企业生产经营所处的困境。协助指导企业加强环境管理，减少污染排放。一大批排污企业对依法缴纳排污费心中有数，配合环保执法，自觉遵守环保法。

他为了保护人民群众的工作生活环境，对各类环境违法行为坚决依法查处。一些单位为了节省污染治理设施运转费用，常常擅自停运、空转治理设施，偷排污染物。他与监察人员一道加大监控力度和巡查频次，常常利用夜晚、节假日进行突击检查。曾几次接群众举报，凌晨三四点沿汉江巡查饮用水源保护区，及时查处企业偷排污染物的环境违法行为。位于樊城区的李道友养猪场严重废气污染，恶臭熏天；襄城的九龙居酒店，油烟和噪声污染，周围群众怨声载道，成为市区的污染钉子户；襄樊高新开发区的宏图造纸厂，肆意排放黑液。他敢于碰硬，抓住不放，坚决予以关停取缔。

他注重环境监察能力建设和干部职工业务素质的提高。他倡导厉行节约，从节约一张纸、一滴油、一度电抓起。但对支队标准化建设舍得花钱，积极按照国家环保总局要求在交通通讯工具、执法取证设备、办公用房、档案管理等方面筹集资金，配置到位。对待监察人员的业务培训，他更是亲自抓落实，积极参加国家、省举办的各类环境执法培训班。2005 年达到 17 人次，2006 年已达到 36 人次。襄樊市环境监察支队正努力创造条件，计划于 2007 年通过国家一级环境监察标准化建设。

刘定武同志曾先后获得 1996 年襄樊市环保局先进工作者、1997 年襄樊市环保局先进工作者、2002～2003 年度襄樊“市直系统优秀共产党员”、2003 年度襄樊市环保系统先进工作者、2005 年度襄樊市政府“三创”(创全国文明城市、国家卫生城市、全国环保模范城市)先进个人等光荣称号。

(孟凡松)

广西壮族自治区

【环境监察先进集体】 2005 年，国家环保总局授予广西壮族自治区环境监察总队全国环境保护系统先进集体荣誉称号。

（郑伯青）

宁夏回族自治区

【先进集体与先进个人】 2005 年度，石嘴山市环境监察支队因成绩突出，被评为“全国环保系统先进集体”。

2005 年，宁夏回族自治区环境监察总队被国家环保总局环境监察局授予全国排污申报核定和排污费征收先进集体，荣获二等奖。

排污申报核定先进个人为：

何小英、王彩茹、肖鸿、郭世宏、杨宁、吴永琪、王建军、朱继荣、赵克祥。

排污费征收先进个人名单为：

李晓芸、姚玉芳、杨先梁、王少军、张滨、解巧萍、周新业、朱宁芳、杨发奎、许德明。

（刘韵垠）

大连市

【2005 年度先进集体和先进个人】 2005 年，环境监察支队被国家环保总局评为全国打击环境违法行为先进集体，孙勇同志被评为先进个人。

刘晓东同志荣获大连市“五一”劳动奖章，被大连市人民政府授予“人民满意的公务员”荣誉称号，并记二等功一次。

（赵润德）

沈阳市

【2005 年度先进个人】 1. 2005 年，沈阳市环保局被市文明委授予“告别陋习，文明祭祀突出贡献奖称号”，江树志、周文学被评为“先进个人”。

2. 2005 年 12 月 28 日，沈阳市环境监察大队刘群、仇宝泉获得全国排污申报登记和排污费征收工作先进个人称号。

3. 2005 年，张健同志被沈阳市直机关委员会评为优秀共产党员。

【周文学同志先进事迹】 周文学同志于 2003 年 11 月从沈阳军区防化技术大队转业至沈阳市环境监理大队工作。爱岗敬业勤奋工作，认真钻研业务知识，两年来，一直战斗在环保第一线，出色完成日常的各项工作，多次受到领导表扬。在工作中坚持原则、坚持依法办事，遇到亲朋说情、吃请，甚至直接送现金的都严词拒绝。廉洁自律，作风正派，维护了环保执法的尊严。

2005 年年末，在法库县“除氟改水”工程中，冒严寒，顶风雪，驱车日行程 300 多千米，跑遍 11 个村镇，出色地完成了市领导交给的任务，为市环保局争得了荣誉，受到市领导的高度赞扬。

2005 年在“告别陋习，文明祭祀”活动中由于工作突出，被沈阳市精神文明办评为先进个人。

【刘群同志先进事迹】 刘群，1993 年参加工作并一直战斗在环境监察工作岗位。在 2005 年沈阳市的排污申报登记工作中，带领沈阳市环境监察人员，按行业或区域组织召开了 33 次申报工作会议，近 4 000家排污单位参加。会议使排污申报表的填报质量和申报登记户数大幅度提高，消灭了无申报即收费的违规行为。

【张健同志先进事迹】 张健现任沈阳市环境监理大队副大队长。8 年来一直在环境监察现场执法岗位一线工作。曾荣获市环保局授予的 2004 年度最佳卫士奖称号。

2003 年春天，市监理大队成立了防治非典严密监控医疗废水的环保突击队，工作风险非常大，在这紧要关头，作为共产党员的副队长张健挺身而出与其他同志一道不顾个人安危、夜以继日地坚守在防非典环保第一线。依法对预防非典定点医院污水处理和医疗垃圾安全运输及处理进行了严密监控，并对全市 31 家市属医院进行了多次执法检查。促使全市医院的医疗废水及医疗垃圾得到了妥善处理，有效地阻塞了非典传播扩散的途径。

张健为事业、为工作，舍小家，顾大家。他是母亲唯一的小儿子，但在八旬老母住院动手术时，他在执法最前线不能在床边尽孝奉亲；他是幼子慈爱的父亲，但幼子发高烧患重病，未阻挡他奔赴执法第一线的步伐。为此，他常感到对亲人的愧疚、亏欠。但为沈阳市的环境建设添砖加瓦，让共产党员形象在环境执法中闪光，他舍弃了亲情，把更多的精力奉献在工作上。

在环境执法工作上，张健无论面对老同学的温语求情，还是“钉子户”的威胁恫吓，坚持原则，铁面无私，亮出了环保卫士的风采。在沈阳市创建国家环保模范城市及“整治违法排污企业保障人民群众健康”环保专项执法活动中，张健带领大家查处违法企业 862 家，处理信访 275 件，依法取缔 1 吨以下手烧炉 29 台，取缔非法熬制沥青加工点 82 个，查封违法企业 7 家，圆满地完成现场执法各项工作任务。

环境执法铁面无私。张健深知自己是环保局的执法形象代表之一，只有一言一行、一举一动都要树立良好的形象，事事严格按照党员的标准要求自己，才能体现环境执法崭新风貌。

在日常执法中，一些执法相对人为了个人的利益总是想尽办法与执法人员拉关系。多年来面对亲情、友情和物质利益的诱惑，张健同志时刻保持清醒，高标准要求自己，经受住了各种考验。

张健的同学和朋友经常说，我们不认识在环保局工作的张健，只认识在日常生活中的张健，张健私事公办从不给面子。有一次，张健中学时代一个很要好的同学，拿出他们单位锅炉烟尘超标处罚单请张健帮忙减免，张健告诉挚友说，他个人没有左右法律规定减免处罚的权利，同学听后非常气愤地挂断了电话。张健觉得虽然他伤了同学友情，可他尽到了一名环保执法者应尽的职责，他问心无愧。

（郎丽娜）

哈尔滨市

【2005 年度哈尔滨市环境监察先进集体】 2005 年，哈尔滨市环境监察支队获市级文明单位标兵荣誉称号。支队获得全国“整治违法排污企业保障群众健康专项行动”先进集体，并被黑龙江省人事、环保部门推荐为全国环境保护系统先进集体。

（彭 伟）

广州市

【先进集体与先进个人】 广州市环境监察支队先后被评为中共广州市委、市政府 2003～2005 年先进集体，广东省整治违法排污企业保障群众健康环保专项行动先进集体，副支队长姜海涛被评为全国环境保护系统先进工作者和广东省“整治违法排污企业保障群众健康环保专项行动”先进个人。

【姜海涛同志先进事迹】 姜海涛同志从事环保工作 20 年来，一直战斗在环境监察（监理）第一线。在复杂的监督执法工作中敢说“跟我来”，树立了环境监察队伍的良好形象。2005 年，在应对北江镉污染事件普查执法中，他带领执法人员深入厂矿企业，不辞劳苦、不畏艰难，连续战斗在排查隐患执法的第一线，为确保广州市饮用水源安全做出了突出贡献，被广东省评为应对北江水域镉污染事件环境执法先进个人。在处置 2005 年“6·18”芳村省农资仓库大火污染、“1·6”花都交通事故造成二甲苯污染等 19 起有一定影响的突发性环境污染事件中均表现突出，为确保羊城的环境安全和社会稳定作出了积极的贡献。

姜海涛同志以对人民群众高度负责的精神，严厉打击环境违法行为，维护最广大人民群众的环境权益。2005 年，先后参与组织开展了 10 余次专项环保执法行动。特别是在 4 月，针对广州市二氧化硫超标的严峻形势，他积极参与组织了广州市环保历史上规模最大、持续时间最长、力度最大的二氧化硫专项执法行动，亲自组织制定执法工作计划、方案，主动承担夜间带队巡查任务，以自己的模范带头作用，带动和影响全队干部职工自觉投入到艰苦的执法工作中，有力地遏制了二氧化硫超标排放的势头，并通过建立企业脱硫台账制度，形成了控制二氧化硫超标排放的长效监督管理机制，被评为全省“整治违法排污企业保障群众健康环保专项行动”先进个人。2005 年 8 月中下旬，接到国家环保总局转来怀疑有人向珠江偷倒危险废液的举报件后，他身先士卒，带领执法人员摸查 10 余天，于 9 月 10 日终于一举查获了广东省第一起涉嫌环境犯罪的案件——芳村海北化工购销部向珠江非法倾倒危险废液案。国家环保总局及广东省、广州市领导对此先后作出重要批示，对广州市环境执法人员的工作予以了充分肯定。中央电视台、《广州日报》等主流媒体相继对这一事件进行了报道，树立了广州市环保部门严格执法的良好形象。

对支队担负的工作任务，姜海涛同志总是站在全局高度来思考。他勇于创新，积极探索以信息化建设为依托、规范化管理为手段、依法行政为抓手的创新管理机制，激发单位内在活力。形成全市环境执法“一盘棋”的格局，提高了环境执法队伍的战斗力。仅 2005 年，就有效组织和参与查办了各类环境违法案件 3 599 件，征收排污费 2.05 亿元，创造了环保执法力度最大、排污收费最高的历史记录。因工作突出，姜海涛同志被评为 2005 年度全国排污费征收工作先进个人。

作为副支队长，姜海涛同志在日常环境监察执法工作中，坚持管严自己的嘴、管好自己的手、管住身边的人。他用廉政准则规范自己的言行，自觉抵制腐朽思想、拜金主义的冲击。努力实践“权为民所用、情为民所系、利为民所谋”，真正做到了耐住清贫，守住寂寞，顶住压力，挡住诱惑，树立了无私奉献、忘我工作、勤政为民的良好形象。

（苏士路）

西安市

【2005 年度先进集体与先进个人】 2005 年，西安市环境监察支队被陕西省环保局授予“环境监察工作先进集体”称号，被西安市政府授予“基层行风建设示范窗口”和“西安市收费公示工作先进单位”等称号。

西安市环境监察支队陈冰被国家环保总局环境监察局评为“2005 年度全国排污申报核定工作先进个人”。

西安市环境监察支队李刚被国家环保总局环境监察局评为“2005 年度全国排污费征收工作先进个人”。

西安市环境监察支队蒋涛、新城区环境监察大队乔鲁安、莲湖区环境监察大队程章顺、雁塔区环境监察大队李波、未央区环境监察大队张向峰被陕西省环保局评为“陕西省环境监察先进工作者”。

（赵文军）

济南市

【2005 年度先进集体与先进个人】

1. 集体荣誉

济南市环境监理总站被授予“省级文明单位”称号；

济南市“环保 110”指挥中心被山东省人事厅、环保局评为山东省环保系统“十五”期间先进集体。

2. 个人荣誉

济南市环境监理总站征收科科长吴清敏同志被国家环保总局环境监察局评为 2005 年度排污申报工作先进个人。

（彭晓鹏）

环境执法纵横谈

改革创新破解难题
环境执法工作必须适应历史性转变

陆新元

在第六次全国环保大会上，国务院总理温家宝指出："做好新形势下的环保工作，关键是要加快实现'三个转变'。"周生贤局长强调："'三个转变'是对我国经济发展与环境保护关系认识的新飞跃，是战略性、方向性、历史性的转变，是我国环境保护发展史上一个新的里程碑。"历史性转变的提出是落实科学发展观的必然要求，是对科学发展观的丰富和发展，是第六次全国环保大会的标志和灵魂。历史性转变为环境执法带来了战略机遇，开辟了广阔天地，描绘了宏伟蓝图。环境执法工作必须抓住历史机遇，正视执法障碍，勇于剖析不足，加强改革创新，破解执法困境，适应并推进历史性转变。

一、深刻认识历史性转变中环境执法工作面临的重要机遇

为实现历史性转变，温家宝总理要求"建立完备的环境执法监督体系"。周生贤局长把建立完备的环境执法监督体系列为国家环保总局重点解决的两件大事之一。可见，环境执法的改革创新是推进历史性转变的重要举措，历史性转变的过程也将是环境执法体系不断完善、执法力度不断加大、执法效果不断增强的过程。

历史性转变为环境执法工作的开展创造了难得的发展机遇。一是实现经济发展与环境保护"并重"为环境执法提供可靠保障。地方政府是环境保护的责任主体，而部分地方政府就会为追求短期政绩，重经济增长轻环境保护，不惜制定"土政策"，搞地方保护主义，不支持甚至阻碍环境执法，基层环境执法就会呈现"站得住的顶不住，顶得住的站不住"、"单打独斗"、收效不佳的局面。实现经济发展与环境保护"并重"，地方各级人民政府就会切实负起环保责任，就会积极创造条件支持环境执法，就会自觉克服各种地方保护主义，环境执法就有了可靠政治和组织保障。二是实现经济发展与环境保护"同步"将使环境执法赢得主动权。由于环境保护滞后于经济发展，很多地方环保"旧账"未还，"新账"又欠，环境执法犹如救火，执法人员只能疲于奔命。实现环境保护和经济发展"同步"，就必须改变先污染后治理、边治理边破坏的状况，就必须将环境执法关口前移、重心下移，环境执法就会赢得主动权。三是综合运用法律、经济、技术和必要的行政手段解决环境问题将提高环境执法效能。环境保护是全社会的共同责任，需要在政府主导下，在环保部门的组织和推动下，多部门、各界人士共同参与。主要用行政办法保护环境，手段单一，难以组织、推动全民参与监督，执法效果较差。而综合运用法律、经济、技术和必要的行政办法解决环境问题，就会调动最广泛的群众参与监督，就会将环境违法行为消灭于人民战争的汪洋大海，就能大大提高环境执法效能。总之，历史性转变为环境执法的改革创新带来了重要机遇，能否抓住这个机遇，事关环境执法工作的长远发展，事关环境保护事业发展的大局。

二、适应并推进历史性转变要正视环境执法的"四大障碍"

环境执法难是一个长期的普遍现象。主要表现为四大障碍：一是法制障碍，法律规定"软"、权力"小"、手段"弱"等问题，导致难查处、难执行、难到位。二是体制障碍，目前，环境执法体制存在的突出问题是横向分散、纵向分离、地方分割。三是机制障碍，环境执法的工作机制散而不全、有而无用。四是能力障碍，执法工作任务重、装备差、人员少，经费难以保障，环境执法能力严重不足。

环境执法面对的往往是地方经济活力的推动者、地方财政收入的贡献者、当地群众就业岗位的提供者。企业环境违法的危害不容易受到重视，环境执法面临诸多难题，主要表现为四大障碍：

□法制障碍

规范、严格、完备的法律是环境执法的必要前提。现有24部环境与资源保护法律、50项行政法规，普遍存在规定"软"、权力"小"、手段"弱"等问题，导致难查处、难执行、难到位。法律规定"软"，主要体现在现行的许多有关环境保护单行法规过于宏观，难以体现环境具体法、实施法性质，往往要求或禁止企事业单位和个人实施某种行为规定很多，但是却没有对应的法律责任条款，致使环境执法机关面对违法行为常常束手无策，难以查处。权力"小"，主要体现在环保部门只有限期治理、停产治理的建议权，在地方保护主义严重的地区，环保部门无能为力，缺乏查封、冻结、扣押、强制划拨权等行政强制手段。而申请法院强制执行往往难落实。东北某市提交法院强制执行的31起案件无一执行。手段"弱"，主要体现在环境处罚的主要手段就是罚款，处罚额度除对拒缴排污费可按3倍处罚外，最高处罚额度为30万元，多数行为的处罚额度为5万～10万元。同时，周期长、程序复杂。据统计，在去年查处的2.7万家企业中，就有3 000多家企业在前年已查处过，但在处理上对屡查屡犯的仍然是申请政府限期治理，或罚款了事，难以执行到位。

□体制障碍

顺畅的执法管理体制是环境执法的关键环节。目前，环境执法体制存在的突出问题是横向分散、纵向分离、地方分割。突出表现在：一是基层环保部门难以克服地方保护主义。环境执法工作的“瓶颈”集中在市、县级。2004 年查处的 208 件违规环保“土政策”，全部集中在市、县，其中 90%集中在县级政府。而我国环境执法人员主要集中在市、县，现有国家、省、市、县四级环境执法监察网络的 5 万人环境执法队伍中，市、县级占全国总数的 99%，这部分人员的位子、票子均受到地方政府的制约。二是环境监察队伍执法地位不明确。绝大多数省级、地市级、县级环境监察执法机构是事业单位，没有直接的法定执法权，《行政许可法》的实施，事业单位执法只能通过委托进行，极易造成行政诉讼。2004 年仅 12 个省的环境执法受阻就达 4 000 多起，发生暴力冲击环境违法 120 多起。2005 年，据 15 个省统计，发生暴力抗法事件达 130 多起，有的环境执法人员被打致残。三是地方分割管理严重，环境纠纷难处理。2005 年，全国发生环境污染纠纷 12.8 万起，其中相当一部分是跨界污染。在处理跨界污染时，往往是各说各的理，各拿各的证据，很难处理到位。

□机制障碍

工作机制是环境执法与监管工作正常进行的保障。当前，环境执法的工作机制散而不全、有而无用。首先体现在责任追究机制不健全。从目前全国环境违法案件查处和污染事故处理情况看，地方政府对环境质量负责变成了地方环保部门负责。许多企业违法排污造成了污染事故，地方政府并没有受到追究，环保部门却成为责任追究对象，肇事企业也只是交罚款了事，企业法人代表和有关责任人员没有受到应有的处罚。其次，缺乏守法企业激励机制和企业自我监督机制。突出表现是“违法成本低，守法成本高”，造成守法企业与违法企业事实上的不公平竞争，最终导致守法企业也蜕变为违法企业。造纸企业的 5 万吨污水处理厂一天的运转费就达 3 万～4万元，如停用污水处理设施，《水污染防治法》规定的最高处罚权限是仅为 10 万元，相当于企业 4 天的污水处理运转费。上海一电厂一期脱硫工程需投资 8 亿元，按现行排污收费标准，8 亿元可缴纳 116 年的排污费。在目前的政策下，很难使企业做到主动投资治理。企业自我监督机制不全，人才缺乏，致使在企业决策和生产中不顾环境安全，造成污染后果再受处理。再次，部门联动协调机制有而不完善。连续 4 年开展的六部门环保专项行动，在对下发动和增强行动效果方面取得一定成效。但真正在一线开展行动的还是环保系统。在日常执法中，往往是环保部门单打独斗，应当关闭的，该断电的不断电、该断水的不断水、该吊销执照的不吊销。在已初步实施移送制度的 15 个省级环保部门移送的 850 件违法案件，涉及工商、经贸、司法和监察等部门，结案率却不足 60%。

□能力障碍

执法能力是确保环境执法任务落实的关键所在。当前我国环境执法工作任务重、装备差、人员少且素质参差不齐，加之经费难以保障，环境执法能力严重不足。2005 年底，全国平均每个环境监察机构 1.5 辆车左右，300 多个县没有执法机构，200 多个县的执法机构没有执法车辆，更没有取证设备，却监管了近 30 万家工业污染企业、70 多万家“三产”企业、几万个建筑工地，还要面临十分繁重的农村及生态环境监察任务、承担着 120 多亿元/年排污费征收工作和 6 万多件/年污染事故与纠纷调查处理工作。另外，执法人员少、素质参差不齐。目前，虽然环境监察系统大专以上学历已达到 52%，但多集中在大中城市，县级仍有相当一部分环境监察人员素质低，对法律法规、产业政策、生产工艺等不熟悉。

三、适应并推进历史性转变要剖析环境执法“四个不适应”

认识不足才会完善，寻找差距方能进步。对照历史性转变的要求，环境执法存在着一些很不适应的方面：在工作协调上，重“单打独斗”、轻“握指成拳”；在工作程序上，重事后被动查处、轻事前主动预防；在工作方式上，重行政手段、轻综合手段；在队伍建设和工作作风等方面，重监管，轻服务。对于这些都需要进一步改进和完善。

□重“单打独斗”、轻“握指成拳”，工作协调不适应

“握指成拳”才能彰显力量。环保部门内部缺乏有效协调机制，执法资源没有很好地整合，执法监督难形成合力，甚至相互矛盾。一是环境执法与环境管理脱节。有些环保部门内部没有形成良性互动的工作协调机制，如在查处的环境违法企业中有的是环境评奖企业，有的严重违法排污企业还优先安排了大量的财政资金。二是环境执法与环境监测脱节。许多地方环境执法部门与环境监测部门协调配合不够，环境执法人员看不到环境质量监测数据，难以了解环境质量状况，也就难以及时捕捉企业违法排污的事实，监测没有发挥执法的科学依据作用。三是环境执法与环境审批脱节。许多地方环境执法与负有审批职权的部门没有形成监管合力。老生产线超标排污，新项目照批不误；企业违法排污，环境准入资格照样审批。

□重事后被动查处、轻事前主动预防，工作程序不适应

预防为主是环境管理的基本方针，污染预防胜于污染治理，源头控制胜于违法查处。目前，环境执法主要是事后查处、被动查处，没有制定体现预防为主的环境执法监督程序和制约机制。一是规划只制定无监督。城市规划、环境规划制定以后束之高阁，没有落实监督执法的职责，有的甚至不公开、不宣传，没有作为环境执法的依据。二是建设项目只审批少监管。许多环境执法部门不知道批了项目，不

清楚是否验收，往往是新项目变成了老污染才去查处，建设过程的监管往往成了空话。有的项目在建设时就已埋下暗管、设下违法排污的机关，有的验收时达标，验收后超标。

□重行政手段、轻综合手段，工作方式不适应

目前，环境执法重行政手段，轻司法、经济、技术和精神鼓励等手段。一是运用司法手段整治污染力度不够。各地在如何协调司法部门加强环境执法上，缺乏措施和办法，申请法院强制执行率很低，很多执法成了协调，收费变为协商。二是运用经济和技术手段限制环境污染措施不足。排污收费政策执行普遍不到位，受地方保护、经济状况等因素影响，协商收费、人情收费的现象仍然严重存在，没有很好地发挥促进污染治理的作用。三是运用精神鼓励的奖惩机制不多。有的地方反映，现在超标排污企业不在少数，时有超标的超过50%。这样的打击面既不利于环境执法，也不利于经济发展。对好的企业缺乏鼓励和奖励措施，影响其治污积极性和社会的积极影响。四是运用其他综合手段制度化不落实。挂牌、督办、回访、举报、投诉、通报、考核等手段多数只用于典型问题查处，没有全面形成制度，不足以发挥其有效作用。

□重监管、轻服务，队伍建设与工作作风不适应

队伍建设与管理是环境执法的重中之重，工作作风尤其重要。目前环境执法队伍自身问题主要体现在4个方面：一是部分人员素质低，作风浮躁。一些执法人员对法律法规、生产工艺、产业政策不熟悉，找不到问题、找不准问题。上级没有直接要求的不想查，看得见但管不了的不想查，老百姓没有举报的不想查。二是执法不到位、不作为，甚至失职、渎职。一些地方的环境执法人员对群众反映的环境污染问题熟视无睹、不闻不问，缺少执法者应有的责任感。三是违反环保系统“六项禁令”和环境监察人员“六不准”。一些地区之所以对环境违法企业查处不到位、关停不力，后面也隐藏着严重腐败问题。群众反映“官不清则水不清”，有的地方环境执法人员为企业通风报信，为环境污染求情，甚至入股分红，为污染企业当保护伞。四是服务意识淡薄，为基层、为企业排忧解难不够。对企业的法律、政策宣传引导不够，对基层一线环境监察人员的业务培训不够，没有建立长效激励机制，没能充分调动队伍的积极性。环境执法与应急工作的规范化、制度化建设滞后。

同时，环境应急工作相对于当前环境突发事件频发的严峻形势存在严重的不适应。我国经历了20多年的快速推进工业化的发展阶段后，目前环境问题集中出现，已进入环境突发事件的高发时期。改革开放初期建设的许多企业，特别是化工、冶炼等高污染行业，由于产业布局不合理、生产工艺落后、设备老化等因素，多数存在这样或那样的环境安全隐患问题。从去年底国家环保总局开展的全国环境安全大检查来看，当前环境隐患非常突出。特别是一些企业破产、停产或转制，正常监管体系被打乱，极易造成危险品擅自转移、流入社会或排入环境，产生重大环境污染。2006年1～5月环境监察局接报并处置突发环境事件68起，共造成16人死亡，233人中毒(受伤)。与去年同期相比，突发环境事件总数增加44起，同比增加183%；重特大环境事件6起，较大环境事件19起，一般环境事件43起。而目前环境应急工作难以满足有效处理突发性环境事件的要求。一是思想认识不到位，敏感性不强。二是信息不够畅通，部门配合不协调。很多交通、安全生产等事故诱发突发性环境事件之后，环保部门难以在第一时间获取信息，因而失去了最佳处理时机。三是应急能力不强。环境应急的预案制定、处置技术研究等基础工作缺乏，应急监测与应急处置装备水平较低。四是处理突发性环境事件的经验不足。环境应急工作开展时间不长，人员新，处理突发性环境事件的经验尚需一个较长的积累过程。五是对地方政府和企业的责任追究不到位，致使教训不吸取、管理难到位。

四、要以改革创新加快环境执法“四个实现”

环境执法要适应和推进历史性转变，关键在改革创新、理顺体制、健全机制、强化法制、增强能力。要紧紧围绕全面推进重点突破的总体思路，紧紧瞄准构建完备的环境执法监督体系的目标，紧紧坚持“权责明确、行为规范、监督有力、运转高效”的方向，紧紧按照先进性、完整性、系统性的要求，切实做到“四个实现”，建设一支“政治素质好，业务水平高、奉献精神强”的环境执法队伍。

□实现全过程主动、积极的环境执法

环境执法须从源头抓起，实行全过程环境监管。一方面，环境执法“关口要前移”，从规划入手，检查区域规划、城市规划、环境规划、规划环评等环境保护措施落实情况；从全过程监管入手，对建设项目的建设过程和建成投产等环节进行执法检查，实行建设项目“三同时”全过程环境监察制度，使环境执法由“末端控制”向“前期预防”延伸，实现预防与控制相结合。另一方面，环境执法“重心要下移”，赋予市、县区级环境执法监督更大的职责，以实行环境执法属地管理、上级监督、谁审批谁验收为原则，增强各级环境执法监督的主动性，提高积极性。彻底改变事后、被动、消极的执法模式，实现全过程、主动、积极的环境执法。

□实现全系统综合、协调的环境执法

环境执法要多管齐下，“握指成拳”，综合运用法律、经济、技术和必要的行政手段加强环境执法。一是环保部门要形成环境执法监督的合力，优化、协调、整合环保部门环境执法资源。建立环境管理和企业环境行为信息通报、有限制约的制度，建立环境监测与环境执法良性互补、互动的工作机制，从环境质量着眼，从污染源着手，实行联动的工作方式，解决环境执法监测和应急监测的良性互动的机制问题。二是形成经济、技术、宣传教育等综合环境执法的长效机制。建立环境执法信息公开制度和上市公

司环境信息公开制度，推进企业年度环境报告书制度，逐步建立企业环境信誉制度。建立环境执法责任考核制度，按分级管理的原则，对各地环境执法开展情况实行目标管理，增强管理和调控能力；建立排污费稽查制度，提高环境经济政策的效能；建立全面的责任追究机制，切实贯彻《环境保护违法违纪行为处分暂行办法》，延伸企业环境违法的行政责任追究。

□实现全社会性、全方位的环境执法

正确处理环保系统内部和外部的关系，充分利用环境保护的社会监督和企业自律，环境执法要依靠和发挥社会的力量。一是要发挥环保部门统一监督管理职能，建立健全多部门联合执法机制和移交移送机制。积极拓宽与相关部门的互联互通渠道，既充分发挥环境管理行政资源，又积极探索统一监督管理的实现形式，形成执法合力；二是要加大环境司法执法力度，完善环境犯罪案件的移送程序。研究建立环境民事和公诉制度，依法强化对环境违法行为的司法追究范围与力度。逐步建立民事调解、司法处理和仲裁等纠纷处理机制。三是实施环保义务监督员制度，并研究和探索企业环境行为审核、审计制度。加强社会公众参与和监督的力量，弥补环境执法资源缺乏问题，为环保部门环境执法提供服务。四是实施企业环境监督员制度。按照《国务院关于落实科学发展观加强环境保护决定》中有关“推进企业环境监督员制度，实行职业资格管理”的要求，对企业的原材料消耗、清洁生产、污染治理等工作进行全过程监督，提高企业自律、守法的意识和水平。

□实现素质好、水平高、能力强的现代化环境执法

全面加强执法队伍思想、作风、组织、业务和制度“五大建设”，全面提升环境监察队伍整体素质和执法能力。首先，制订培训规划，抓好人员培训。要针对不同的培训对象，充分利用系统内外的教育资源，努力形成多层次、多渠道、大规模培训格局。第二，尽快制订环境监察办法和修订环境监察工作规范，从法律法规上明确环境执法队伍的法律地位，进一步规范统一环境监察职责，科学设立执法岗位，明确执法程序。第三，开展稽查工作，建立内部监督、层级监督和外部监督相结合的监督机制。要尽快出台《环境稽查暂行办法》，在全国范围内部署开展上级对下级的稽查工作。第四，建立突发环境事件的应急体系和预案，初步建成统一领导、分级管理、功能全面、反应灵敏、运转高效的突发环境事件应急机制。切实加强对突发环境事件的预警、应急和处理，降低突发环境事件所造成的损失。第五，根据先进性原则，按照现代化要求，积极推进环境监察标准化建设。经修订的《环境监察标准化建设标准》即将发布，要加大在全国推行执法单位达标力度，本着“强化本级、带动各级，配全省级、配强市级、加强县级”的原则，建立健全国家、省、市三级环境监控中心，对全国65%的重点污染源实现实时监控、形成监控网络。第六，公开承诺，取信于民。向全社会提出环境执法工作的5项承诺：严格执法、履行职责；依法执法、公正公平；高效执法、政务公开；文明执法、优化服务；秉公执法、廉洁自律。

同时，要改革环境执法监督体制，实现国家监察有效、地方监管有力、单位负责有方。改革与理顺国家环境监察与环境应急的体制，在全国设立区域环境保护督察中心，强化国家环境监察与环境应急的能力，做到国家监察有效；落实地方政府环境保护的责任，加大对地方政府的责任追究，鼓励各省级政府从执法体制上采取加强环境监管的措施，设区城市环保部门或环境执法机构实行对区级环保机构的直管，保障监管有力；通过完善和建立制度与机制，强化和落实各单位环境保护的责任。

好风凭借力，送我上青云。在历史性转变的重要时期，广大环境执法工作者大有可为，应充满信心、迎接挑战，抓住机遇、勇于创新，摒弃浮躁、真抓实干，适应并推进历史性转变，创出环境执法的新天地。

（作者单位：国家环境保护总局环境监察局）

对当前农村环境保护问题的研究

陆新元　熊跃辉　曹立平　张　胜

摘要：以农村环境保护问题为研究对象，运用归纳、例证等方法对农村环境问题的危害、产生根源、解决措施进行了考察。通过分析环境污染与生态破坏制约农业持续发展、威胁农民生命财产安全、扰乱农村稳定，阐明了农村环境问题的危害，指出农村环境问题是“三农”问题的重要内涵。从滥伐、滥牧、粗放式农业生产、城市污染向农村转移、乡村企业污染加剧等方面剖析了农村环境问题的主要根源。提出了我国农村环境保护的主要措施是加强农村环境政策体系创新、城镇化、发展现代生态农业、推进农业集约化经营、多途径有效控制乡村企业污染等。

关键词：农村环境 “三农”问题 环境污染 生态

破坏

改革开放以来，我国农村经济建设取得了举世瞩目的成就，乡村面貌发生了翻天覆地的变化。但是农村环境污染逐步加剧，生态破坏日益严重，农业环境受到严重冲击，农民利益受到极大伤害。深刻剖析农村环境问题产生的根源，加强农村环境保护，是解决“三农”问题 的客观要求和必由之路。

1 环境问题是“三农”问题的重要内涵

所谓“三农”问题，是指农业、农村和农民问题，是一个从事行业、居住地域和主体身份“三位一体”的问题。农村环境问题是“三农”问题的重要内容。当前，农村环境污染和生态破坏日趋严重，极大地冲击了作为弱势产业的农业和弱势群体的农民，给中国农村带来了一定的混乱。农村环境污染和生态破坏正在逐步地、以隐蔽或公开的方式瓦解着中国农业的基础条件，对中国的乡村进行着系统的破坏和颠覆，对越来越多的中国农民进行着无声的迫害和驱赶。

1.1 环境污染和生态破坏制约农业持续发展

环境污染和生态破坏从根本上侵蚀了农业耕作的基本物质基础，致使农业生产减产，农产品质量下降，农业的可持续发展受到严重制约。

1.1.1 水污染触目惊心，严重影响农业生产

2004 年，长江、黄河等七大水系的 412 个水质监测断面中，Ⅳ～Ⅴ类和劣Ⅴ类水质的断面比例分别为 30.3%和 27.9%。27 个重点湖库中，Ⅴ类水质湖库占 22.2%，劣Ⅴ类水质湖库占 37.0%。地下水硝酸盐污染在城郊的集约化蔬菜种植区特别严重。根据中国农科院在北方 5 省 20 个县集约化蔬菜种植区的调查，在 800 多个调查点中，45%的地下水 NO_3-N含量超过 11.3 毫克/升，20%超过 20 毫克/升，个别地点超过 70 毫克/升。

水污染对农业生产的破坏作用非常突出，它可以导致农业减产，甚至颗粒无收；可以导致农作物有毒物质富集，降低农产品质量，甚至完全丧失使用价值；可以导致渔业受损，如 2004 年 7 月，淮河发生重大污水事件，污水所到之处，鱼虾绝迹；可以迫使部分地区改变农业种植结构，如安徽省宿州市杨庄乡多年来一直以水稻种植为主，但由于灌溉的是奎河的污水，质量差，有怪味，当地农民只好改种小麦，可是，小麦又岂能逃脱污染！

1.1.2 土壤污染加重，作物受到显著影响

目前，全国约 1 300 万～1 600 万公顷耕地受到农药污染，近 1/4 陆地的表层土壤受到多种有毒污染物不同程度的污染。全国约 25%的土壤处于警界状况，污染比较严重的上壤占 5%。

土壤污染使作物遭受严重污染。在典型区域土壤环境质量状况调查中，江苏调查区蔬菜和稻米中铅超标率分别达 60%和 46%，江苏高邮调查区稻米中汞超标 56.6%；广东调查区蔬菜样品中硫丹硫酸盐、异狄氏剂醛和七氯的检出率分别为 94.2%、86.8%和 85.1%。由于土壤污染，全国每年粮食减产 100 亿千克以上，直接经济损失达 125 亿元。

1.1.3 草地破坏严重，牧业可持续发展受到挑战

我国草地退化严重，生态功能下降，生态承载力减小。2004 年，全国 90%的可利用天然草原不同程度地退化，且每年以 200 万公顷的速度递增。全国草原鼠虫害总面积为 6 887 万公顷，其中，鼠害面积为 3 893 万公顷，虫害面积为 3 922 万公顷。2004 年全国鼠虫害造成的直接经济损失为 61.98 亿元。

2004 年，全国共发生草原火灾 489 起，受害草原面积 2.51 万公顷。内蒙古、新疆、青海、甘肃、西藏 5 省区遭受雪灾、冻灾，受灾群众 100 多万人，受灾牲畜 1 500 多万头(只)，因灾死亡牲畜 9.93 万头(只)，直接经济损失上亿元。

1.1.4 土地沙化迅速、水土流失严重，耕地面积减少、质量下降

沙化土地发展迅速。截至 1999 年底，全国沙漠和沙化土地总面积达 174.3 万平方千米，占国土面积的 18.2%；沙化发展速度快，20 世纪 90 年代前 5 年达 2 460 平方千米/a，后 5 年则达到 3 436 平方千米/a。土地沙化导致了土地生产力的严重衰退。沙区每年损失土壤有机质及氮、磷、钾达 5 590 万吨，折合化肥 2.7 亿吨。

水土流失区域差异大，部分地区仍在加剧。根据全国第二次遥感调查结果，2004 年全国水土流失面积为 356 万平方千米，占国土面积的 37.1%。水土流失遍布各地，几乎所有的省、自治区、直辖市都不同程度地存在水土流失。我国水土流失的治理任务十分艰巨，按目前治理速度计，全国水土流失初步治理一遍，东部地区需 30 年，中部地区需 50 年，西部地区则无法预期。40 多年来，全国因水土流失损失耕地 260 多万公顷，平均每年损失 6 万公顷，每年流失土壤约 50 亿吨以上，带走氮、磷、钾约 4 000 多万吨，相当于我国 20 世纪 80 年代初化肥的全年产量。土壤肥力下降已成为发展粮食生产的严重障碍。

1.2 环境污染与生态破坏威胁农民生命财产安全

环境污染和生态破坏威胁农民的饮用水、食品安全，导致多种疾病发生，减少农民经济收入，加剧农民贫困。

1.2.1 农村饮用水污染严重，导致多种疾病暴发

我国近 3 亿农村人口饮用不合格的水，其中 1.9 亿人的饮用水中有害物质含量超标。一些地区的农村饮用水存在高氟、高砷、苦咸、污染及血吸虫等水质问题，严重影响农民身体健康。据调查，目前全国农村有 6 300 多万人饮用水含氟量超过生活饮用水标准。长期饮用高氟水，轻者形成氟斑牙，重者造成骨质疏松、骨变形，甚至瘫痪，丧失劳动能力，往往给农民家庭带来沉重负担。在氟病区，由于氟斑牙、驼背病等屡屡发生，直接影响青少年入学、参军、

就业和婚嫁。我国农村引用苦咸水的人口有3 800多万，长期引用导致功能紊乱，免疫力低下。

1.2.2 农产品农药残留广泛存在，农民食品安全受到威胁

尽管无公害农产品作为强制性标准已是食品安全的最低标准，但仍有大量的食品达不到这些标准。农产品农药残留的种类和数量逐年增加，全国大约10%的粮食、24%的农畜产品和48%的蔬菜存在质量安全问题；动物的各种疫病更是令人担心。与城市食品安全监测相比，农民的自产粮食（包括自产蔬菜等）农药残留几乎无人关注。

1.2.3 环境污染和生态破坏加重农民经济负担

环境污染对农民造成的经济损失巨大。据郑易生等人估算，1995年全国农业污染损失至少为819.6亿元，相当于当年5 196万农民的纯收入；颜夕生等人估算，1988年全国农业污染损失达125亿元，相当于当年2 294万农民的纯收入。1995年和1998年两个年度，全国农业污染损失分别为当年农业税的2.9倍和1.7倍。在2004年7月淮河污水事件中，仅盱眙县就有半数水产品（价值3亿元）化为乌有，损失非常惨重！

生态破坏威胁农民的生命财产安全，是农民贫困的重要根源之一。据统计，我国每年因生态破坏而防治斑潜蝇的成本高达4亿元。有害外来物种入侵每年造成1 200亿元经济损失。1993年5月，发生在西北地区的特大沙暴，造成4省区72个县（旗）116人死亡或失踪，264人受伤，12万牲畜受损，33.67万公顷农作物受灾，仅甘肃、新疆两省区的直接经济损失就近4亿元。全国592个国家级贫困县几乎都分布在水土流失地区，水土流失是贫困地区难以脱贫的重要原因。

1.3 环境污染与生态破坏扰乱农村稳定

环境污染诱发并加剧社会矛盾。就国家内部而言，某些个体或群体为了谋取自身利益，在生产和消费中过多排放污染物，导致了外部不经济性的产生，侵犯了其他群体的健康和生存发展的权利，从而引起群体间的社会矛盾。如2005年4月，浙江省东阳市画水镇因竹溪工业功能区污染导致严重冲突，造成30多人受伤，其中5人伤势较重，数十辆汽车被砸，学校停课，造成巨大经济损失，干群关系紧张，严重影响社会稳定。

生态破坏迫使部分地区大量移民，影响农村稳定。自20世纪80年代起，作为世界4大流动沙漠之一的腾格里沙漠每年以15米的速度向南、向东推移，先后有数万亩农田被吞噬，近百个村庄被湮没，使当地群众成为“生态难民”。内蒙古自治区将在未来10年内被迫生态移民20万，山西省将在未来5年内被迫生态移民40万。大量的生态移民严重扰动了农村的正常秩序，也给接受移民地区带来新的不稳定因素。

所以，从更加贴近现实的角度来看，农村环境问题是比那些以制度化和非制度化的形式施加于农民的“负担”更为沉重的负担，农村环境问题已经成为“三农”问题的重要内涵。

2 农村环境问题根源剖析

我国农村环境问题的致因很多，最突出的是人口压力过大、滥垦、滥牧、滥伐、滥采、滥用水资源、粗放式农业生产、畜禽养殖和农村生活污水乱排、城市污染向农村转移、乡村企业污染加剧、农民环境意识低下等因素。

2.1 人口压力过大，诱发并加剧农村生态环境问题

我国农村地区人口迅速增长和需求急剧膨胀，加剧了对生态环境要素的改变，加重了以水土流失为核心的生态环境问题。2000年，陕北黄土高原地区人口密度为79人/平方千米，远远超过了世界上较为公认的干旱地区8人/平方千米，半干旱区20人/平方千米的承载力标准。为了维持人口增长、收入提高所造成的对资源需求的大幅增长，人们不断提高资源利用强度，扩大资源利用范围，从而导致乱垦、滥伐、过牧等现象，使环境因不断超载而遭到破坏，出现水土流失和土地沙化。

在人口增加、需求不断上升和当地社会生产力水平很低的情况下，出现了“需求上升→土地超载（如过垦、过牧）→环境破坏（水土流失、土地沙化等）→土地生产力下降→资源投入量增加（扩大垦殖、放牧范围等）→需求上升→土地超载……”的恶性循环。

2.2 “五滥”是生态破坏最直接、最主要的因素

所谓“五滥”，是指滥伐、滥牧、滥垦、滥采、滥用水资源。第一是滥伐。滥伐林木使大量最宝贵的荒漠植被遭到破坏。青海柴达木盆地原有固沙植被200多万公顷，到20世纪80年代中期因滥伐造成植被破坏，使1/3以上的土地沙化。第二是滥牧。沙区草场牲畜超载率为50%～120%，有些地方甚至高达300%。超载放牧使草场大面积退化、沙化。内蒙古草原牧草平均高度由20世纪70年代的70厘米下降到目前的25厘米，昔日“风吹草低见牛羊”的地方，变成了“老鼠跑过现脊梁”。第三是滥垦。许多地方在无防护措施的情况下，无计划、无节制地开垦，导致土地沙化。1958年到1973年，内蒙古曾出现两次开荒热，造成133.33多万公顷土地沙化。第四是滥采。沙区滥采中药材、搂发菜以及无序采矿工程建设的问题十分突出，使大量植被破坏，直接导致土地沙化。内蒙古自治区近几年因搂发菜破坏草原面积达1 300万公顷，其中400多万公顷已经沙化。第五是滥用水资源。部分地区还沿用大水漫灌的落后方式，造成土地盐渍化。据甘、宁、青、新4省（区）统计，已有1 573万公顷土地盐渍化。由于对水资源的开发利用缺乏有效的管理，大面积农田被迫撂荒，形成土地沙化。新疆塔里木河流域由于20世纪50年代以来上游不断超量采水，下游270千米河道断流，造成35.33万公顷胡杨林枯死，1.6万公顷农田被迫弃耕，6.7万公顷草场退化。“五滥”

给我国农村带来了生态灾难。

2.3 粗放式农业生产导致农村面源污染

农田化肥投入逐年增加，化肥是造成面源污染的主要原因之一。2002年我国化肥用量为4 339.5万吨，超过世界总用量的1/3，居世界之首；2004年全国化肥使用量已高达4 412万吨。据估算，除N_2外，化肥氮的损失中对环境质量有影响的各种形态的氮素总量约为其施用量的19.1%。2002年，我国农田化肥氮通过损失进入环境的数量达471.8万吨。这些氮导致地表水的富营养化，地下水的硝酸盐富集以及温室气体含量的增加。过度使用化肥导致了严重的非点源污染和水体的富营养化，如太湖非点源污染一半以上的氮磷来自化肥使用。

我国是农药生产和使用大国，农药是造成面源污染的另一主要原因。1990年起，我国农药生产量一直居世界第二位，仅次于美国。近10年来，农药使用量每年基本稳定在23万吨左右，各种制剂约120万吨，已注册登记投入使用的农药有效成分的品种约600多种。据1998～2000年统计数据分析，全国平均农药使用水平为12.73千克/公顷。目前我国使用的农药中高毒农药品种仍占相当高的比重。据统计，2000年我国有机磷、氨基甲酸酯类杀虫剂的高毒品种用量占整个农药用量的37.4%。长期大量和不合理使用农药导致土壤、地表水、地下水和农产品污染。

2.4 畜禽养殖、农村生活污水已成重要污染源

畜禽养殖污染已不容忽视。几乎每个大城市周边都有许多养鸡场和养猪场，排放大量粪便与有机废水。早在1995年，我国牲畜总排污量就已达25亿吨，是工业固体废物年排放总量的3.9倍。只有少量的牲畜排泄物在排入水体前处理过。

农村居民生活污水污染加重。随着经济的发展，农村人口居住由分散趋向集中，生活污水和垃圾对环境造成的影响也逐渐凸现起来。我国农村每天约产生35万千克的生活垃圾。尤其是近年来的东部沿海地区，来自城市、乡镇和农村的COD排放物每年约为800万吨，高出工业排放总量的35%，且以年增长高于10%的速度递增。

由于资金、技术有限，人口分散、污染物难以集中处置等多种原因，村镇生活废弃物处理厂的建设及容量都远不能满足实际需要。不少村镇的生活污水都是直接排入河流，路边和河沿成为堆放垃圾的主要场所，使得农村污染较之城市更加严重。

2.5 城市污染向农村转移，乡村企业污染加剧

城市工业生产的“三废”和市民生活产生的废物，未经妥善处理排入大自然，污水通过河流广泛渗流到农村。同时，许多能耗大、污染重的化工、造纸等企业，在城镇中难以立足，利用农村环境管理力量薄弱和农民致富心切，以联营、设分厂、扶助、技术转让等名义，纷纷下乡进村。因此，乡村企业多为电镀、印染、造纸、化工、炼焦、炼磺和制苯等重污染行业。这些企业往往技术落后、装备陈旧。

此外，我国乡村企业在改革开放初期一哄而上，没有配套的技术经济政策引导，具有盲目性和随机性，缺乏环境综合整治规划，布局不合理，不利于污染集中治理。目前，乡村企业呈现“多、小、散”的格局，工艺陈旧、设备简陋、能源消耗高，绝大部分企业没有污染防治设施。另外，乡村企业没有形成规模经济，无力承担污染治理费用。目前，乡村企业污染占整个工业污染的比重已由20世纪80年代的11%增加到45%，一些主要污染物的排放量已接近或超过工业企业污染物排放量的一半以上。数量如此庞大的污染物对农村环境的影响可想而知。

2.6 环境教育严重滞后，农民环境意识普遍低下

我国农村教育水平低，农民环境保护意识淡薄。据研究，超过1/3的农民不知道农药对人体和环境是有害的，有65%的农民不了解虫害天敌或病虫害综合防治等概念，84%的农民会超过规定标准剂量用药。农民受长期生活习惯的影响，观念上难以改变，很多地区的农民至今还是靠砍伐林木作炊事燃料。农民环境保护法制观念薄弱是造成农村生态环境恶化的重要因素。

3 加强农村环境保护推动“三农”问题的解决

农村环境问题是“三农”问题的重要内涵，解决“三农”问题必须加强农村环境保护。加强农村环境保护要“对症下药”，要针对农村环境问题产生的主要根源，从农村环境政策体系、城镇化、农业发展模式、农村人口、农民环境意识等多方面寻求农村环境保护的综合对策。

3.1 加强农村环境政策体系创新

现有的环境政策是在工业和城市污染防治的基础上建立的。由于农村和城市环境特点不同、环境问题的致因不同，现行的环境政策在农村的作用具有相当的局限性。因此，必须与时俱进，对现有环境政策体系进行创新。一是建立生态补偿机制。用计划、立法、市场等手段来促使下游地区对上游地区、开发地区对保护地区、受益地区对受损地区进行利益补偿。当前，城市产生的污染向农村转移，城市作为一个整体并没有对农村进行生态补偿，这对农村非常不公。应将城乡之间的生态补偿上升到区域整体之间，并介入政府行为，增加可操作性和政府的认同。二是逐步建立引导性环境政策体系。我国农村生产生活单位日益细化，对大量分散的生产行为进行环境监督不切实际。所以，政府管制性环境政策向引导性环境政策转变是农村环境保护的必由之路。要用市场经济等手段引导农民自觉采取有利于环境的行为。现阶段，加强对有机食品和绿色食品的宣传，引导市场消费需求，一方面促使农民自觉采取有利于环境的生产方式，另一方面引导消费者对农产品的质量进行监督，是引导性环境政策的成功范例。

3.2 城镇化是农村生态环境治理的有效措施

城镇化是农村生态环境减压的有效途径。传统

农业对以土地为核心的地表自然生态系统的施压过重，从而导致环境超载，引发、加重生态环境问题。区域生态环境空间的承载力是有限的，需要在地域空间上合理聚集，即农村人口向城镇转移。因而，需要通过农村经济结构调整，发展非农产业，引导农业人口向第二、第三产业转移以及空间转移，使当地农村居民把生存或提高生活水平的努力放到非农产业上，从而减轻农业人口对土地资源的依赖性。

城镇化是治理农村环境污染的最佳选择。城镇化是非农化的必然结果，非农化必须以城镇化作为支撑。出于协作和效益的要求，非农产业的发展趋向于在地域上集聚。城镇作为区域社会、经济、文化活动的中心，是非农产业理想的集聚地。非农产业向城镇的集中可以共享基础设施，方便协作，如财政支持、多方筹集资金，建立城镇生活污水处理厂，避免乡村工业发展导致"户户点火、村村冒烟"的局面。

3.3　发展现代生态农业，推进农业集约化经营

推广现代生态农业可以促进农业持续发展，保证食品安全，增加农民收入。现代生态农业以生态学原理为理论基础，以农业可持续发展为核心，促进生态与经济的平衡与发展，将农业安全与人类健康列为首位，是现代农业技术集成的产业化经营体系，是多资源利用的生产体系。现代生态农业的特点，决定了它在农村生态环境保护中将发挥重要作用。

农业集约化经营可以合理高效利用资源，保护生态环境。所谓农业集约化经营，就是在一定土地面积上投入较多的生产资料、技术措施和劳动力，精耕细作，努力从单位土地面积上产出较多的农产品，进而达到不断提高土地生产率和劳动生产率的目的。实行集约化经营，可以提高土地生产率；运用先进技术，增强人们控制自然的能力；因地制宜调整生产结构，最大限度地发展生产力，从而走出一条速度和效益并重的发展路子。

3.4　多途径有效控制乡村企业污染

必须从多途径推进乡村企业的污染防治。第一，要加强乡村企业的环境综合整治规划，乡村企业应合理布局，相对集中，以利于污染集中控制。第二，要严肃执法，坚决依法打击乡村企业的环境违法行为，坚决取缔、关停"十五小"企业。第三，要因地制宜，大力发展乡村循环经济。乡村循环经济应在3个层面发展，一是提高企业内部物质循环利用；二是建立企业之间的物质循环链；三是发展行业之间的循环经济链，尽量减少乡村企业能源和原材料的投入，延长乡村生态系统中的"能源"循环周期，实现物质和能量多层次利用和良性循环。第四，推行清洁生产，大力发展资源开发充分、附加值高、有利于环境保护的"绿色产品"。

3.5　以饮水安全和重点流域治理为重点，加强农村水污染防治

要采取最严格的措施保护饮用水源，以饮水安全为目标划定饮用水源保护区，取缔直接排入水源保护区的排污口，严格控制有毒有害物质的污染。将淮河、海河、辽河、松花江、三峡库区及上游、黄河小浪底水库及上游、南水北调工程、太湖、滇池、巢湖作为流域污染治理的重点。

3.6　控制农村人口数量，提高人口质量

农村人口数量的增加，应控制在不同时间跨度的空间适度承载力范围内，通过控制区域人口增长速度，减少总需求量，或降低总需求量的增长率速度，从而减轻对自然生态环境的压力。要切实普及九年义务教育，大力提高农民科学文化素质，引导农民破除陈规陋习，提倡文明习俗。

3.7　加强宣传教育，提高农民环境意识

充分利用宣传、教育阵地，运用电视、报纸等一切可以利用的形式，大力宣传农村环境保护的方针、政策和法规。不仅要强化农村基层干部的环境意识，还要对广大农民进行宣传，加大对中小学生的环保教育。利用"地球日"、"世界环境日"等纪念日开展多层次、宽领域的环境宣传教育活动，使环境保护深入人心。

综上所述，环境污染与生态破坏制约农业持续发展、威胁农民生命财产安全、扰乱农村稳定。加剧"三农"矛盾的农村环境问题的主要根源是：人口压力过大、滥垦、滥牧、粗放式农业生产等因素。解决"三农"问题必须加强农村环境保护，必须多方面寻求综合对策，以促进农业持续发展与农村和谐、保障农民生命财产安全。

（作者单位：国家环境保护总局环境监察局）

法律与利益的碰撞

——中国环境执法失灵的经济学分析

曹凤中　周国梅　陈海敏　刘新虎

从经济学角度看，环境保护执法失灵的原因可以归咎于利益驱动。不管是基层政府的政绩、官员个人的经济利益，还是企业追求的经济效益，当它们与环境保护执法产生博弈时，便有可能使某些地方政府、官员、企业放弃遵守法律，而选择维护各自的利益。

全国人大和地方人大，差不多每年都要进行环境保护执法大检查，可以说这是一种具有中国特色的执法形式。而几乎每次都会查出，一些企业仍在“偷排污水”，违背环境影响评价法的“新建项目”依然存在，一些“小煤矿，小化工、小炼焦等”禁而不止……“环境保护执法失灵”必须引起我们的深思。

执法失灵说明我国环境保护法制建设本身还存在一些问题，这另当别论。也有人说这是“环境保护行政不作为”。“行政不作为”，就是指行政主体有积极实施行政行为的职责和义务，能够履行而未履行或拖延其法定职责的状态。笔者觉得有这方面的原因，但没有这么简单，还有更深层次的问题需要探讨，比如利益驱动。

环境保护执法失灵：政绩驱动

地方保护主义的支持是少数企业违法排污的一个重要原因。在一些地方，部分领导干部还存在“先污染后治理”的错误观念，为了追求政绩不惜牺牲环境，环保执法部门根本无法检查，处罚更无从谈起。有的领导在新建项目上马时擅自开“绿灯”，绕过环境影响评价这一关，当执法部门依法查处时，又公然为企业“打招呼”，充当违法企业的“保护伞”。地方保护主义削弱了环境保护部门的执法力度，其消极影响不可低估。

案例：在河南省有一家大型企业，地方环保局去进行达标检查，发现污水排放超标。按照规定，企业排放不达标，环保局就不能给他们盖章通过验收。执法人员当场表示：“不达标，我们就不盖章。”该企业的一位负责人笑了笑说：“我就不信这邪。”一会儿工夫，县里领导的电话就打过来了：“方便方便，帮他们把章盖了吧。”领导一句话，权衡利弊，最后只能是盖章了事。

沈丘县环保局一位工作人员说，环保局长这个位置是最没干头的，没权也没钱。环保部门有保护当地环境的职责，却无真正的执法权利，地方领导为了追求经济指标，当然要保护企业的利益，有政府撑腰，大企业根本不把环保部门放在眼里。

政绩，必须用法规制度加以保障。权力能否正确行使，政绩能否经得起检验，制度是关键。权力是把双刃剑，为公为民则利，为私为己则害。树立和落实正确的权力观，非常重要。正确行使权力，必须遵循权力运行规律，按照民主集中制原则规范运行机制，在公开透明的环境和法律制度的约束下依法行政必须完善监督体系，加强监督制约，真正做到权力行使到哪里，监督就有效延伸到哪里。树立和落实正确的政绩观，创造政绩，必须深化干部人事制度改革，建立科学的干部政绩考核体系、评价标准，完善考核方法和奖惩制度，形成凭实绩用干部的用人导向，形成靠勤奋工作、踏实苦干、求真务实创造实绩的作风导向，确保政绩经得起群众、实践和历史的检验。

在追求政绩工程时，腐败现象的存在源于其“成本”的低廉。一般说来，腐败分子参与非法行为时都要进行权衡，即对腐败的“利益”和“成本”进行比较，然后做出抉择，这种抉择从经济学的角度上甚至可以看做是一种特殊的“投资活动”：投入的是“自由乃至生命的风险”，获得的是通过正常劳动所不可能得到的巨大物质利益。如果他们发现从事腐败活动是“赔本生意”，腐败就不会发生。但由于现阶段我国政治权力存在相当程度的失控，就使得腐败行为的风险减小，成本降低；同时，大量单位利益的存在又使腐败分子在事情败露时极易得到包庇，这便进一步降低了腐败行为的风险和成本。既然腐败成了一种能够以较低的成本获得巨大利益的手段，那么，它的发展和蔓延就变成了一种必然。

环境保护执法失灵：经济利益驱动

基层地方政府与企业有着千丝万缕的经济联系，有些甚至还是企业股东。

案例：浙江省余杭市塘栖镇是花果之地、鱼米之乡。然而，近些年来，他们的这种感受逐渐消失乃至消退殆尽。太平桥河已经成了一条惨遭工业废水污染的河道，沿岸的水草枯萎死亡，河里的渔网、破船被染成红色，鱼塘成了“空塘”。2000 年 6 月初，唐家棣村与得胜坝村联合向镇里打了报告，要求整治太平桥河的污染。那么，塘栖镇领导对此事是什么态度呢？有关负责人只是告诉记者，太平桥的污染治理需要一个过程，而具体的处理意见还没有形成。可见镇政府的态度有多么不积极。而实际上，镇政府在污染企业——金属压延厂是占有一定比例股份的。

地方政府官员保护污染企业一为政绩，二为私利。为此，他们把关闭“十五小”等等禁令置于脑后，以至于污染源“死灰复燃”现象经常发生。

我国正处于社会主义初级阶段，处于生产力水平从不发达向发达、从计划经济体制向市场经济体制转轨的过渡时期。新旧体制交替导致社会经济生活的各个方面均发生了深刻的变革：市场宏观控制难度增大，微观调控机制弱化，市场序列化多元化造成的利益关系、人们的行为方式和价值观念多元化，各种关系错综复杂。而与之不协调的又是：经济管理秩序的不完善，法律的不健全等，这种情况给腐败的出现提供了土壤。

一般说来，在其他条件相同的情况下，政府官员对企业活动或公民生活的自由裁量权越大，腐败滋生、蔓延的可能性就越大。政府的干预、控制妨碍了市场竞争的作用，给少数有特权进行不平等竞争的人，创造了凭权力取得超额收入的机会。

寻租理论将权力寻租分为政治辟租和政治抽租两类。政治辟租是指政府官员以对某些企业或其他利益集团有利的经济政策为诱饵，引诱这些企业或利益集团向具有经济规制权的政府官员行贿。例如，有些违规上马的项目仍然通过了环境影响评价。政治抽租则是政府官员对一些赢利丰厚行业、产业，以出台对获得既得利益的生产者不利的经济政策相威胁，迫使这些行业或产业的生产者向把持经济规制权的官员让渡一部分利润。例如，在一些小煤矿，地方官员占有股份。

在寻租理论中，权力寻租是以信息不对称和监督不力为基础的。权力寻租存在于环境保护工作中，说明环境保护工作必然存在信息不对称和监督不力的方面。

在我国，采取任何经济措施解决“地方保护主义”都是不现实的，例如小煤矿，过去死了一个人，只有上千元、上万元的补偿，现在提到20万元，已经有了威慑力，但还不能杜绝。这种情况下，或许只有“就地免职”才是最终选择。

环境保护执法失灵：违法成本太低

案例：郴州金贵有色金属有限公司1999年9月擅自建成的年产5 000吨粗铅冶炼生产线，因采用国家明令禁止使用、淘汰的落后生产工艺、设备，无法实现达标排放，造成周边山林、果木的大面积死亡，引发了与附近村民、林果场业主的污染纠纷。类似于该公司的一些企业把不法排污作为追求经济利益的“捷径”，在激烈的市场竞争中，依靠偷排、漏排、直排污染物等不法手段，来降低生产成本和产品价格，争取产品的市场份额，谋取最大的经济利益。而环保部门的权力有限，对不法企业行为的处罚额度偏小，处罚程序周期较长，致使不少屡查屡犯的不法行为得不到有效遏制。

那些不法排污企业，都是以牺牲环境、大量消耗资源为代价来降低生产成本和产品价格的。凭着这些恶劣手段去参与市场竞争，扰乱了市场公平竞争的秩序。无形之中，就使那些奉公守法的企业“吃了大亏”。

而环境违法成本太低，是目前许多企业违法排污的重要原因。市场经济条件下，追求经济利益最大化是企业经营活动的主要目的。由于经济利益的驱动，个别企业无视国家法律，违法排污，以求降低生产成本，获取更多利益，这也并不奇怪。但问题是，目前我国普遍存在排污收费标准偏低、违法排污处罚力度不够的现象，致使排污企业宁愿违法排污、缴纳罚款，也不愿意建设与运行污染治理设施。

一般来讲，目前我国环境违法成本平均不及治理成本的10%，不及危害代价的2%。违法成本过低，致使企业往往只需偷排一两天，其“省”下来的治污费用就会远远超过因违法行为而承担的处罚。守法成本高于违法成本，致使守法企业生产成本偏高，在市场竞争中“吃亏”，这无异于从经济上暗示或引导企业违法排污。

所以，应该建立健全环境污染责任追究制度，让污染环境者“伏法”。严厉的制裁措施不可或缺。污染防治要向行政责任与刑事责任相融合的行政刑法方向发展，将现行大量的行政处罚上升为具有刑事责任性质的处罚。检察机关也应积极参与其中，健全污染赔偿制度，真正实现“污染者付费”原则。

环境保护是我国的一项基本国策，改革开放以来我国非常重视环境保护立法。有专家统计，在全国人大及其常委会制定的法律中有1/10涉及环境保护问题，足以说明我国对环境保护问题的高度重视。但是环境保护有一个重要特点，那就是污染防治需要高投入，环境监测需要高科技。比如建设配套的治污排污设施，少则投入数十万元，多则需要投入数百万甚至数千万元。这样一来，就必然导致守法成本和执法成本高。而按照法律经济学的观点，守法成本和执法成本高，必然要求违法成本更高，这样才能有效遏止违法，对环境违法行为产生一定的震慑。

但我国当前的情况却恰恰相反，在守法成本和执法成本高的前提下，违法成本却是惊人的低。例如对投资数十亿元的特大电站项目，其违反环评法擅自开工建设的违法罚款最高不过才20万元。试想，区区20万元罚款，对于一个投资上亿元的项目来说，简直是九牛一毛，施工中的“跑、冒、滴、漏”也不止20万元！这样的处罚力度对违法行为谈何震慑力？

笔者去江苏省考察时，省环保厅法规处反映，工商、税务、供电部门等可以通过吊销执照、没收非法所得等一系列有效的手段来处罚企业。但环保部门仅有的权利便是责令整改，如果企业不执行，环保部门就得向政府申请，要求对该企业予以停产，最后没办法，只能向法院起诉，等到法院判决下来，时间已经过去了6个月。在这6个月中，企业生产照旧、排污照旧。“让一个企业停产要费这么大劲，这严重影响了执法部门的效率和权威。”

其实，守法成本高而违法成本低，损害法律的公信力，造成事实上的法律不公，是严重违背法治精神的执法“怪胎”。西方有句法律谚语，叫做“任何人都不得因违法而获利”。守法成本高、违法成本低的实质就是让违法者获利，使违法者对自己的违法行为支付了比守法者还要小的成本。这样的结果必然是促使守法者违法，让好人变坏。

目前，在我国的环保法律法规中，对环保违法行为设定的处罚方式和措施不足以震慑违法者。比如，对环境违法者一般只责令停工，并限期补办手续。多么宽容的态度，违法者无需为自己的违法行为付出任何代价。法律只规定违法者在拒不补办手续、拒不整改的情况下，才进行罚款。而罚款的数额也是极其有限的，最高的环境污染罚款只有100万元，一般都在20万或10万元，甚至是5万元、1万元以下。这样的罚款数额对中小企业或中小型建设工程可能还有些影响，但对那些“巨无霸”工程简直毫发无伤，不足以显示法律的权威和尊严。

环保执法要硬起来，环保法规首先要健全和完善。当务之急是加大处罚力度，要让违法者确实感到“切肤之痛”，要让违法成本大大高于守法成本，让违法企业买不起单。

在传统的理论研究中，一般是从公共物品的角度出发认识环境资源的物品属性，认为正是市场机制对环境资源配置的无功能性导致了环境污染与生态破坏等外部性问题的产生。外部性是由市场自身的功能缺陷所致，可以将其称为“市场失灵”。而实际上，这只是原因之一，“政府失灵”同样不可忽视。

环境保护执法失灵：经济制度不完善

产权制度

任何法律法规在实施过程中所表现的权威与有效性，都与其赖以存在的经济基础密不可分。在我国，煤炭资源浪费和破坏的实质，是国有煤炭资源的巨额流失和破坏损失，是国有大矿周边“寄生性”小煤窑的非补偿性开采，而这些小煤窑也是安全事故频发的最大隐患。宪法规定，矿山资源属国家所有。这个“国家所有”，就是与矿山开采有关的法律基础。可是，宪法及针对矿山资源管理的专门法，却没有明确“国家所有”的实现形式及开采利用这些国家所有资源后的收益分配形式。在计划经济时期，地方利益无条件服从中央利益——各地区之间的利益由中央计划实现平衡，谁都不觉得自己吃亏。到了市场经济时期，地方有了自己的利益追求，而自然资源的国家所有制却长期忽视了其中暗含的地方利益。国家所有的矿山分布于各地方行政辖区内，地方政府怎么可能守着自然资源受穷？如果不从所有制实现形式和利益分配机制上去解决，国家矿产资源的保护性开采必将难以实现。

所谓产权，从最基本的含义上说，就是对经济物品或劳务根据一定的目的加以利用或处置以从中获得一定收益的权利。有效率的产权应具有排他性和可转让性，这将有助于减弱未来的不确定性因素，避免产生机会主义行为的可能。

产权关系不清晰所导致的利益摩擦问题与外部性及不确定性相联系，它一般发生在以下两种场合：一是如果产权的归属是不清晰的，如在我国矿产资源属于国家，但是没有具体的政策落实，则意味着没有人对该项财产的价值（租金）拥有排他性的所有权，从而必然导致搭便车行为的盛行，即行为人力图避免付费来享受外部正效应；二是如果产权的归属是清晰的，但产权的保护是低效的或无效的，即法律制度不能充分界定当事人能够做什么或不能做什么的行为边界，从而包含一个当事人或其他当事人受益或受损的权利分配，则当事人会利用自己的财产去损害他人的利益，使外部效应普遍存在。

当前存在的“乱采滥伐”秩序紊乱现象便与产权制度存在缺陷有关。自从我国走市场化道路后，我们不仅承认人们追求经济利益的合法性，而且还以经济利益为动力来激励人们不断提高资源配置效率。但产权规则还不完善，这表现在产权关系不清晰、企业负盈不负亏、竞争不充分、存在行政垄断、政府职能转换不到位等方面。于是，在计划经济体制向市场经济体制的过渡时期，等级规则不再像过去那样壁垒森严。行政命令的权威性已大打折扣。当资源配置同时受缺乏权威性的等级规则和残缺的产权规则调节时，利益冲突就不可避免，从而导致市场秩序的紊乱。

所以关闭“小采矿”，关键是要确立排他性产权，以便造成一种刺激，将个人的经济努力变成私人收益率接近社会收益率的活动。但问题在于产权的界定和保护是要花费代价的，由于国家拥有“暴力潜能”，由国家来界定和保护产权不仅可以使产权具有合法性和权威性，减少交易过程中所付出的成本，使所有的交易活动更容易、更顺利地进行，而且可以实现产权界定和保护的规模经济效应，降低交易费用。

国家将通过界定产权及时获得一切有关产权破坏行为的信息，并对破坏产权的行为进行有效制裁来保护主权主体在交易活动中应享有的利益。但国家通过产权的界定和保护要达到的目标是双重的：一是通过降低交易费用使社会总产出最大化，这就要求明确界定产权关系，因为产权的明确界定与有效保护能对经济人的经济活动造成一种激励效应，从而可以促进经济增长并增加税收；二是通过形成产权结构的竞争与合作的基本规则使执政者的垄断租金最大化，限制对其执政地位产生威胁的潜在竞争者力量的发展。为此，国家就要分别为不同的利益集团设定不同的产权规则，而国家的这种在界定和保护产权中的非中立立场交替导致低效率产权结构的长期存在。

经济补偿机制

矿山资源的开发必须受国家计划的综合调控，小矿、小窑必须无条件关闭。但是，国家得同时建立经济利益补偿机制，承担大矿开采的生态成本，并对大矿周边的贫困农民提供转移支付。有了这个前提，才可理直气壮地追究地方行政当局的不作为责任。

我们可以得出结论，政府失灵是造成我国资源环境问题的主导性因素，尽管这里面有一些客观和现实的原因，但就目前情况而言，要解决环境执法失灵的问题，在对策的寻求方面应首先从政府失灵的纠正切入，从制度的设计上规范政府行为，最大限度地避免政府决策及运转中不当或失当行为的发生。

（作者单位：国家环保总局环境与
经济政策研究中心）

浅析基层环境执法存在的问题及对策

邢　一

环境执法是环保工作中至关重要的环节，是我国环保方针、政策得以贯彻与实施的重要保证。环境执法工作，对于维护环境法制尊严，全面落实环境保护基本国策，实现我国社会、经济和环境的可持续发展，具有十分重要的意义。然而当前环境执法存在许多问题及障碍，特别是基层环境执法难问题显得尤为突出，影响了环境保护工作的顺利开展。环境执法是关系到政治、经济、社会等各个方面的综合问题，破解环境执法难这一具有普遍性的现象更是一项系统工程。

一、影响环境执法的各种因素

1. 地方保护主义是环境执法难的根本因素

我国部分地区特别是经济欠发达地区，地方政府缺乏科学的发展观与正确的政绩观，对环境、经济与社会的可持续发展缺乏正确的认识，重经济发展，轻环境保护，片面强调 GDP 增长，甚至出台有悖于环境保护法律法规的“土政策”、“土规定”，降低招商引资门槛，对引进的有些项目不经过环境影响评价和“三同时”验收就开工生产，“先上车后买票”或者“上了车也不买票”，对部分企业减免排污费，工业园区的项目除工商、税务部门一律不得进入等，致使一些被发达地区淘汰的技术落后、设备陈旧、高耗能、重污染的项目向落后地区转移，这些地方环境污染现象一直得不到治理，即使暂时得到治理但很快又反弹。由于环保部门的负责人由地方政府任免，执法人员要靠地方税收“吃饭”，不敢管得太严，生怕丢了“饭碗”，基层环保部门出现了“站得住的顶不住，顶得住的站不住”的局面。

2. 企业守法成本高、违法成本低是环境执法难的直接因素

首先，企业的守法成本高，使得企业不愿治污或治不起污。例如造纸行业一套日处理能力为 150 吨的碱回收工程需投资近亿元，占企业环保总投资的近 1/2，运行费用可占其销售总收入的 10%以上。而对于中小企业，由于规模和技术有限等因素，污染治理成本已远高于其可能获得的经济效益。企业以追求利润最大化为目的是不愿付出治污成本的。二是违法成本低，企业宁愿被罚款，也不愿达标排放。例如造纸企业的 5 万吨污水处理厂一天的运转费就达 3 万～4 万元，如停运治污设施，《水污染防治法》规定的最高处罚权限仅为 10 万元，相当于企业 4 天的污水处理费用。只要企业偷排 4 天，其“省”下来的治污费，就会超过因违法行为而承担的罚款。三是排污收费征收手段弱，由于征收标准偏低，又有少收、漏收、征收不上来等情况，比治污成本低很多，难以达到促使企业削减排污的目的。四是由于受违法排污企业不正当竞争的挤压，造成价格扭曲，又没有相应政策激励企业治污，致使企业治污积极性不高，使得原本守法企业蜕变为不法企业。

以上各种因素，使得企业采取各种对策违法排污。环境执法常常陷入“排污—查处—罚款—继续排污—继续查处—继续罚款—再继续排污”被动局面，致使环境执法成本高，环境执法效果差。

3. 体制不通畅是环境执法难的主要因素之一

一是我国环境执法主要集中在市、县，现有国家、省、市、县四级，环境执法监察网络的 5 万人环境监察队伍中，市、县级占全国总数的 99%，这些人是靠地方税收发放工资，由于受地方保护主义的影响，给环境执法带来很大难度。二是环境监察队伍缺乏主体资格，环境监察单位多数还是事业单位，由于没有法律授权，开展行政稽查也缺乏法律依据。

4. 法律法规不完善是环境执法难的主要因素之二

一是环境法律法规不完善，可操作性不强，执法人员面对违法行为难查处。在现有的 7 部环境大法、3 个条例中，仅有《水污染防治法》有实施细则，容易操作，而大气、固废、噪声污染防治方面的法律均没有制定实施细则，特别是《环境噪声污染防治法》中规定了违法行为的法律责任，其中包括罚款，但没有规定处罚具体数额，如对当前群众反映强烈的居民楼下开办饮食服务项目的噪声、振动等问题的查处，由于法律对处罚具体额度没有规定，给环境执法带来难度。二是由于各环境执法部门之间职责的法律规定不够明确、具体，又缺乏有效的解释，存在着执法交叉冲突现象。《环境保护法》规定了环保行政主管部门对本辖区的环境保护工作实施统一监督管理，同时也规定土地、矿产、林业、农业、水利等行政主管部门按照资源要素，分别对资源保护实施监督管理，致使执法权力和执法责任分散，容易造成执法混乱。如《环境噪声污染防治法》对工业、生活、交通噪声规定了不同的管理部门，虽然看起来很细，但事实上不便于执法，特别像生活噪声，公安部门根本无暇顾及，而环保部门却无权处罚，造成此类违法行为得不到有效查处。三是罚款数额幅度太大，易造成执法不公。比如环境法律、法规中有大量的 10 万元以下、两万元以上 20 万元以下、10 万元以上 100 万元以下一类的条款，上下限差额在 90 万元不等，客观上增加了执法难度。四是行政处罚额度太

小，缺乏刺激企业自觉控制污染的动力。环境违法处罚额度除对拒缴排污费可按3倍处罚外，最高处罚额度为30万元，多数行为的处罚额度为5万～10万元。10万元以下的罚款对排污单位影响不大。五是环保部门缺少法律授权，使环境执法难到位。《环境保护法》中有关污染企业的限期治理、责令停业、关闭的决定权在当地政府，环保部门只能提出建议。由于受地方保护主义影响，重经济发展、轻环境保护，有关这类的行政处罚决定，往往不了了之。六是缺乏查封、冻结、扣押、强制划拨权等行政强制手段，依赖法院强制执行又难以落实。一些环境违法行为从发现立案到做出处罚决定，再到法院强制执行，往往需要一段比较长的时间，有时长达1年的时间，降低了环境执法的权威性。特别是对取缔"十五小"企业及查处铝合金加工点噪声扰民、建筑施工噪声扰民、城市露天烧烤烟尘污染、小饮食店油烟污染等，迫切需要查封、扣押等强制措施。

5. 机制不健全是环境执法难的主要因素之三

一是部门联动执法没有形成长效机制。相关环境执法部门缺乏配合，按照《建设项目环境保护管理条例》的规定：各级计划、土地管理、基建、技改、银行、工商行政管理部门，都应结合本规定将建设项目的环境保护管理纳入工作计划。由于没有建立起协调配合的运行机制和约束机制，部门各自为政，工作脱节，未经环保审批就建设开业的项目依然存在，出现问题时，部门之间相互推诿，在日常执法中，环保部门"单打独斗"的现象依然存在。二是缺乏事前监督机制。许多环境违法问题都是决策不当造成的，应加强事前防范，预防为主。三是有效的奖惩机制尚未建立。由于"守法成本高，违法成本低"而导致守法企业竞争力下降的怪现象，打击了企业治污积极性。四是缺乏公众参与和舆论监督机制。

6. 环境监察能力不足是环境执法难的内在因素

一是环境执法人员少。一般县级环境执法人员多则20～30人，少则十几人，由于执法人员的不足，导致在环境执法的内容、范围、执法检查的频次、环境执法的质量以及环境信访和纠纷处理上受到影响，对环境违法问题的发现、解决和处理表现出滞后性，甚至出现环境执法的"真空地带"。二是执法装备差。按照标准，4人应拥有一辆办公用车，但全国5万人的执法队伍目前仅拥有3 000多辆车，合16人/辆车。还有相当多的基层环保部门，甚至连执法车辆与取证设备都没有，更谈不上先进的自动监控设备了，遇到紧急情况不能及时到位，及时取证，致使一些有力证据灭失。三是环境监测能力弱。由于基层环保部门资金短缺，现有的监测仪器装备陈旧落后，档次低，种类少，再加上仪器设备化验分析时所需药品紧缺，至使环境监测不到位，影响了环境执法。如对于一些异味（恶臭）气体的监测，基层环保部门目前一般没有这方面的监测能力，难以根据科学的监测数据进行处理，出现污染纠纷，只能做双方的调解工作，化解双方的矛盾。四是执法人员素质低。由于基层执法人员对环保法律法规、生产工艺、产业政策不熟悉，执法时找不到问题、找不准问题，同时责任心不强，应掌握的第一手资料没掌握，该履行的程序不履行，服务意识淡薄，对企业的法律、政策宣传引导不够，执法应急能力不强，环境应急的预案制订、处置技术缺乏，并在执法中存在执法不严、查而不究、玩忽职守的现象，损害了环境执法队伍的整体形象。

二、抓住机遇，破解执法困境，开创环境执法工作新局面

在第六次全国环保大会上，温家宝总理指出："做好新形势下的环保工作，关键是要加快实现三个转变"。"三个转变"为环境执法工作，特别是基层环境执法工作带来新的机遇。一是实现经济发展与环境保护"并重"，地方各级人民政府就会切实负起环保责任，自觉克服各种地方保护主义，环境执法就有了可靠政治和组织保障。二是实现经济发展与环境保护"同步"，就必须改变先污染后治理、边治理边破坏的状况，环境执法就会赢得主动权。三是综合运用法律、经济、技术和必要的行政手段解决环境问题，就会调动最广泛的群众参与监督，就能大大提高环境执法工作效能。历史转变为环境执法带来难得机遇，环境执法工作必须抓住历史机遇，正视执法障碍，破解执法困境，努力开创环境执法工作新局面。

1. 落实科学发展观和政绩观，促使各级政府切实加强环境保护工作

首先各级领导干部和决策者必须树立科学发展观，努力建设资源节约型、环境友好型社会，缓解经济发展与环境保护之间的矛盾。二是推进落实正确的政绩观。建立完善各级领导干部的环境保护政绩考核制度，主要领导干部离任环境保护审计制度，将环保指标作为与经济发展并重的指标来衡量地方各级领导干部的政绩。

2. 进一步理顺体制，强化执法能力

一是实行环保系统垂直管理体制。在美国、法国及北欧一些国家，环保部门实行垂直管理体制，把整个国家分成若干区域，区域环保部门有独立的执法队伍；不受当地政府管辖，可对各州、市直接处罚。我们可以借鉴这种自上而下垂直管理的体制。特别是环境监察系统先行实行垂直管理体制，这样才能避免地方保护主义对环境执法的干预。二是加强乡镇环保队伍建设。保证机构设置、工作经费，配备乡镇环保队伍交通工具和执法器材，加强人员培训，充分发挥乡镇环保执法队伍作用。

3. 逐步完善法制，强化执法手段

一是制订与环境法律配套的实施细则，使已颁布的法律得以有效的贯彻实施，为环境执法提供法律依据。二是增强环境法律条文的可操作性，明确规定违反法定义务将承担相应的法律责任，明确人民政府对本辖区环境质量负责的责任人，具体责任，承担责任的条件以及责任方式，以促使政府对辖区

环保工作的重视。三是建立健全市场经济条件下的双罚制度,针对目前执法中普遍存在的只罚企事业单位、不罚单位的直接责任人和有关领导的缺陷,确立既罚单位、也罚个人的“双罚”制度。四是赋予环保部门必要的强制执行手段,如查封、扣押、没收等,落实对违法排污企业的限期治理、责令停业和出现严重环境违法行为的地方政府“停批停建项目”权等。

4. 建立健全机制,强化执法监督

一是建立事前监督机制。为避免环境执法事后查处、被动查处,应制定以预防为主的环境执法监督程序和制约机制,严格建设项目审批关和“三同时”制度,从源头控制违法行为。二是建立“三元环境执法监督体系”。建立“政府—企业—公众”三方相互制衡、良性互动,以政府为主导,环保部门的组织和推动,多部门、各界人士共同参与,企业内部监督的环境执法监督体系。三是探索各部门联合执法机制。环保部门与其他部门建立起各尽其责、齐抓共管、协调配合的环保机制。重点理顺与计划、经贸、工商、国土资源、建设、农业、水利、林业等部门的关系,建立建设项目“联审联批”制度。建立环保、监察、发改、司法、工商、安监、电监等部门联合执法长效机制。四是建立环保经济奖惩机制。要从税收、金融等经济政策方面给予自觉遵守环境法律法规的企业以支持和鼓励,从而降低守法成本,使环境成本从由生产者单独承担向全产业链共同分担。五是实行治污设施产业化运营机制。将排污单位的治污设施运行管理由专业环保设施运营公司实行产业化运营管理,从而促使治污设施的正常运转,减少污染,改善环境质量。

5. 加强能力建设,提高环境执法水平和能力

一是提高执法人员素质。增加环保执法人员编制,强化执法人员培训,建立执法人员培训、考核、淘汰和监督机制,提高执法人员执法水平。二是加强执法设备建设。配备必要的交通工具和通讯工具及现场快速监测仪器,对重点污染源安装主要污染物在线监控装置,实现污染源监控的自动化。三是加强监测能力建设。要添置和更新先进的监测仪器设备,加强区域和流域的环境质量监测,为环境执法提供强有力的科学依据。四是建立突发环境事件的应急体系和预案制度,切实加强对突发环境污染事件的应急处理,避免因突发环境事件造成损失。五是实行政务公开,提高执法效率,保证“12369”环保热线畅通,加强社会监督,规范执法行为,树立执法部门的良好形象。

(作者单位:中国海洋大学法学院)

《排污费征收使用管理条例》应用过程中的一些问题探讨

王玉宏

摘要:《排污费征收使用管理条例》为规范排污费的征收、使用、管理提供了有力的法律保障。但其中尚存在着一些问题:存在与法律相违背的规定,征收程序繁杂,没有确立“排污收费、超标处罚”原则等。建议《条例》中应当确定“排污收费、超标处罚”的原则,将征收程序分为一般程序和简易程序,加大处罚力度等。

关键词:排污费　条例　问题　完善

从1982年我国发布《征收排污费暂行办法》、建立排污收费制度之日起,到2003年7月1日《排污费征收使用管理条例》(以下简称《条例》)作为行政法规的正式颁布实施,我国排污收费制度已实施了22年。20多年来,这项制度已经成为我国环境管理政策的一个核心制度,对促进污染治理、控制环境恶化趋势、提高环保监管能力发挥了重要作用。《条例》进一步规范了排污费的征收、使用、管理,使排污收费制度出现了一些新的变化,如实行总量收费,严格执行“收支两条线”,将排污费纳入财政预算,增加个体工商户为收缴对象等等。国家环保总局等相关部门为保证《条例》更好实施,相继出台了《排污费征收标准管理办法》、《排污费资金收缴使用管理办法》等配套规章。《条例》及其配套规章将为我国环保事业的发展提供有力的法律保障,但《条例》及其配套规章存在着若干问题,需要加以完善。

一、《条例》中存在与法律相违背的规定——关于“责令停产停业整顿”的不一致

《环境保护法》、《水污染防治法》、《大气污染防治法》、《环境噪声污染防治法》、《固体废物污染防治法》中都只是规定对经限期治理逾期未完成治理任务的单位,可以责令停业、关闭,并没有涵盖对不按照规定缴纳排污费的给予停产停业整顿的处罚种类。而《条例》第二十一则规定,对排污者未按照规定缴纳排污费的,责令限期缴纳,并可责令停产停业整顿。法律、行政法规、部门规章之间应当层级分明、互相配套。国务院制定行政法规要以宪法和法律为依据,在内容上不得与宪法、法律相抵触。并且根据《行政处罚法》的规定,法律对违法行为已经做出行政处罚规定,行政法规需要做出具体规定的,必须在法律规定的给予行政处罚的行为、种类和幅度的范围内规定。换句话说,《条例》必须在上述几大环保单行法律规定的行政处罚的行为、种类和幅度内进行明确,不能超范围、超种类进行规定。虽然目

前环保违法行为屡禁不止，环境污染持续恶化，违法排污企业有恃无恐，亟待需要加大处罚种类，让法律法规起到应有的震慑作用，但是绝对不能以牺牲立法的严肃性来达到这种目的，否则无益于涸泽而渔，不仅达不到本来的效果，反而适得其反，最终会危害到国家的法律制度。

二、关于罚款额度的适用问题

各部环保单行法律对“排污者未按照规定缴纳排污费的”给予行政处罚均做出了规定，只是额度各不相同。所谓“排污者未按照规定缴纳排污费”是指未在规定期限到指定银行缴纳排污费、少缴欠缴排污费、以种种理由拒缴排污费等行为。《环境保护法》第三十五条规定，不按国家规定缴纳超标准排污费的，给予警告或者处以罚款。《水污染防治法》第四十六条规定，不按国家规定缴纳排污费或者超标准排污费的，给予警告或者处以罚款，具体办法和数额由《水污染防治实施细则》规定；《水污染防治实施细则》第三十八条明确，可以处应缴数额50%以下的罚款。《环境噪声污染防治法》第五十一条也是规定可以给予警告或者处以罚款。2000年的《大气污染防治法》对此未做规定，但是1991年的《大气污染防治法实施细则》第二十五条规定，不按国家规定缴纳超标准排污费的，处以1 000元以上1万元以下罚款。新修订的《固体废物污染环境防治法》(2004年)取消了对一般固体废物征收排污费，对不按照国家规定缴纳危险废物排污费的，从原来的“处应缴纳排污费50%以下的罚款”调为“处应缴纳危险废物排污费金额1倍以上3倍以下的罚款”。《条例》第二十一条规定，排污者未按照规定缴纳排污费的，责令限期缴纳；逾期拒不缴纳的，处应缴纳排污费数额1倍以上3倍以下的罚款，并责令停产停业整顿。

按照《中华人民共和国立法法》的规定，法律的效力高于行政法规的效力，制定行政法规必须在法律的范围内制定，不允许有超越法律的行为；同一机关制定的法律、行政法规、地方性法规、自治条例和单行条例、规章，特别规定与一般规定不一致的，适用特别规定，新的规定与旧的规定不一致的，适用新的规定。由于《环境保护法》、《环境噪声污染防治法》两部法律不涉及具体罚款的数额，可由《条例》的规定予以补充；《水污染防治实施细则》、《大气污染防治法实施细则》与《条例》属于同位阶的环境行政法规，但《条例》是新规定，按照优先适用新规定的规则，应当适用《条例》的规定，可执行1～3倍的罚款。新修订的《固体废物污染环境防治法》在罚款额度上已经与《条例》规定保持一致。因此，从上述看，不存在如果不按照规定缴纳污水排污费和大气排污费仍沿用原来的只能对排污者处以50%以下罚款的规定，不按照规定缴纳污水、废气、噪声、危险废物排污费的均执行1～3倍的罚款的规定。

三、《条例》规定的程序复杂问题

排污收费制度改革的目的之一就是要做到依法、按标准、按程序、足额收费，改变过去收费过程中的“协商性”和“随意性”。按照现代法制的要求，必须严格行政程序，规范行政机关的行政行为，保护相对人的合法权益。《条例》将排污费征收规定为申报、审核、核定、征收、缴纳几个程序，每个程序都有一定的时间限定，一方面执收机关要一步步按规定的程序进行申报、核定、征收，防止执收机关任意收费、漠视相对人权益的现象发生；另一方面，要尊重法律法规授予相对人的权利，按照规定的程序，给予相对人准备“自证不缴证据”的时间，提供申请的渠道。可以说严谨的程序是最大限度地保证了排污收费的合法性。但是凡事都有两面性，程序的严谨必然摒弃征收的简便，这种一步步地按程序走，在实际操作中对一些小企业、边远地区企业有些繁琐，而且在时间上极大地限制了收费进度。

《条例》规定，排污费征收程序是每个月或每季都要分别向排污者送达核定的污染物排放种类、数量通知书和缴费通知单。大的城市需收取上万家单位的排污费，如果全部按程序发送通知书，需要大量的人力、物力，而且多数通知书要通过邮政部门挂号、特快送达，即使部分小单位每季度的排污费只有十几元也要开销同样的邮费，大大增加了收费开支。加之部分企业或拒签通知书，或要走复核程序，更加大了排污费的征缴难度。一般排污者走申报、审核、核定、计算、征收和缴纳5个程序就可以完成排污费缴纳工作，但是对于不守法的排污者，必须增加4道程序：《排污费限期缴纳通知书》、《行政处罚告知书》、《行政处罚决定书》、申请法院强制执行。排污者自收到《排污费缴纳通知书》之日起，如对排污费缴纳通知不服，可在接到通知之日起60日内向复议机关申请复议，也可在3个月内直接向人民法院起诉。环保部门只有对不申请复议又不提起诉讼期满之日起180天内申请当地法院强制执行。这样就造成了对违法行为处理过长的问题。这种处罚时间，对大中型企业可以适用，但对于一些小型“三产”业、季节性开业的产业就不适用。

《条例》规定，排污者自接到缴纳通知单之日起7日内向指定的银行缴纳排污费，这对于大中城市比较适合，但对于边远山区的一些排污者，很难按时去商业银行缴纳。另外，《条例》规定，环保部门对逾期未缴纳的排污者，自逾期未缴纳之日起7日内下达《排污费限期缴纳通知单》。如果环保部门未按期下达《排污费限期缴纳通知单》，则是环保部门违反规定，将承担未按期下达的后果。实际中环保部门囿于人力的有限，不可能按期下达《排污费限期缴纳通知单》。这样的规定无疑限制了环保部门的征收力度。

同时票据反馈程序复杂，缴费过程缓慢，收费部门很难及时掌握各单位缴费情况。《条例》规定企业缴费后，将一般缴款书(共5联)的4、5联通过商业银行流转到人民银行国库，财政部门定期到人行国库领取4,5联，交给执收的环境监察机构建立台账，时间之长可以想象。更有一些地方市人行、省人行国库留下第3、4联，只把第5联交给财政，这样执收的环境监察机构没有缴款书回联来对账。这种程序往往造成环境监察机构不能及时掌握企业是否已缴费，而向企业或银行反复核对的现象。

四、《条例》存在的一些其他问题

《条例》第7条规定：装机容量30万千瓦以上电力企业二氧化硫排污费，由省级环保部门负责核定和征收，除二氧化硫以外的其他污染物的排污费，按照属地征收的原则，由所属的县级或者市级环保部门核定征收。之所以这样规定，是因为以煤为燃料的大型电力企业是排放二氧化硫的主要污染源，每年征收的二氧化硫排污费数额较大，但是建设二氧化硫治理设施的投资也较大，为了筹集大量二氧化硫治理资金，国家决定对它们征收的二氧化硫排污费进行集中管理、集中使用，分批治理。《条规》规定的装机容量30万千瓦以上的电力企业排二氧化硫的排污费，由省级环保部门进行核定和征收，使用也由省级环保部门管理监督，这样便于集中全省大型电厂二氧化硫排污费，一次进行一个或几个大型火电厂的二氧化硫污染治理。但是这样的规定会导致电力企业要向两个不同级别的环保局排污申报，接受两级环保部门的监督检查，不仅给企业带来不便，也不利于排污核定和排污费的征收管理。考虑到大型电力企业数量少，废渣、废水等污染物排污费所占比重很小，因此，应该由省环保部门负责核定和征收装机容量30万千瓦以上电力企业的所有污染因子的排污费。

《排污费征收标准管理办法》第三条规定，“对环境噪声污染超过国家环境噪声排放标准，且干扰他人正常生活、工作和学习的，按照噪声的超标分贝数计征噪声超标排污费。”此规定在实际工作中很难操作，对“干扰他人正常生活、工作和学习”如何认定？如何取证？如果产生的噪声超过排放标准，但周围居民因拿了企业的钱、因不愿惹是生非等种种理由对此没有提出异议，环保部门是否就不能收费了？其实从立法的本意来看，这条规定的着重点应在前半句里，认为“对环境噪声污染超过国家环境噪声排放标准”即是“干扰了他人正常生活、工作和学习”，两句话是同一个意义，不存在后半句是对前半句的界定问题，后半句只是对前半句的补充。所以应当认定只要生产经营性噪声超过功能区域标准的，都应按照标准来征收排污费，不应以是否干扰他人正常生活、工作和学习为标准。另外，现有《污水综合排放标准》中只对50张床位以上的医院污水排放量做了规定，而《排污费征收标准管理办法》规定对超过20张床位的医院核算其排污量，但是20张以下床位的医院确无相应的执行标准，造成收费的漏洞。实际上，尤其是县一级有很多卫生所、医务室、个体医疗诊所、社区医疗服务站等，床位数很少，位置分散，但污染严重，因此对20张床位以下医院应当加强监管，对其征收排污费，促使其治理污染。

五、《条例》应具有的前瞻性规定

1. 应规定“排污收费，超标处罚”原则

根据《条例》第十二条的规定，排污费是按照污水、废气、噪声、固废分类征收的，具体的征收只能按照单行法中规定的原则进行。即征收废气排污费实行“排污收费，超标处罚”原则；一般固体废物不征收排污费，对以填埋方式处置危险废物不符合规定的，才收费；污水排污费分征排污费与超标准排污费；环境噪声仍然实行超标准排污费。可见，《条例》没有将收费与污染物对环境的损害联系起来。按照法律规定，达标排放是一种合法行为，但要通过对排污者征收排污费对造成的环境资源损害给予补偿。而超标排放是一种违法行为，必须给予法律制裁，而不能仅仅对其征收排污费。征收排污费这样一种经济手段并不是法律制裁形式，明显缺乏惩罚性。加之我国的排污收费标准偏低，远远低于排污单位治理设施的运行成本，特别对那些宁愿交排污费也不愿上治理设施的排污者，不能起到应有的制裁作用。《条例》没有明确“排污收费，超标处罚”为排污收费制度的基本原则，不能不说是一个遗憾。

2. 建议针对一般排污者和小型“三产”排污者制定不同的征收程序，对小型“三产”排污者制定简易程序

《条例》规定的程序不仅要体现规范执法的要求，又应体现一定的灵活性，使排污费征收更具有合理性。在整体上保证法律规定的规范性、完整性的同时，应通过简化、优化有关的排污费征收的手续、制度、措施等规定，体现出灵活性与合理性，提高征收效率，合理配置征收资源。可在排污申报与收费方面，规定简易申报、简并征收的方式。

另外，应注重征收的现代化、信息化，贯彻“科技加管理”的理念，在排污费征收的制度、措施、手段、程序等的规定上，不仅要体现依法征费，更要注重信息化、现代化在排污费征收中的作用。根据排污费征收方便、快捷、安全的原则，应积极推广使用支票、银行卡、电子结算方式缴纳排污费等，体现尊重、保护缴费人权益的思想。

3. 应加大处罚力度

处罚有着正负两方面的作用：一方面对于违法者可以消除他们因违法所得到的不正当收入，使其违法收益为零或负；另一方面，对违法者的处罚能够给守法者带来事实上的收益，可以激励守法者坚持守法行为。因此，科学合理的制定处罚额度至关重要。虽然《条例》规定的“1倍以上3倍以下的罚款”相对于以前的“50%以下罚款”是个进步，但是这个罚款额度（不单是针对不按规定征收排污费，其他偷排漏排行为等的罚款额度是一样的）并没有经过严格的科学验证，往往是根据经验“拍”出来的，与污染造成的损失之间不存在联系。所以才会出现四川沱江污染事故实际损失几个亿而只能处罚100万的无奈。加上现行的罚款只对已造成环境破坏的行为进行处罚，属于事后监督管理，没有“防患于未然”，所以罚款额度的规定达不到应有的震慑作用。但是这

并不表明，要无根据地任意加大处罚力度，不适当的处罚不仅达不到保护环境的目的，反而可能会将行政处罚引入司法纠纷，或者带来一些负面效果。因此，必须对罚款额度进行科学合理的设定，保证适度的处罚强度。

（作者单位：国家环保总局环境监察局）

运用科技手段拓宽环境执法公众参与渠道

高　虹

当今，“环境状况的优劣与每一个人息息相关”这个话题已经从过去的报刊宣传走进了公众的现实生活。环境保护的公众参与也从以往的环境宣传教育、公益性的环保活动拓展到环境执法和依法维护权益的层面。环保举报投诉作为公众参与环境执法和依法维权的重要形式已是当今环境监察部门获取查处环境违法行为极为重要的信息来源。近年来，江苏环保部门查处的环境违犯案件，80%以上是通过群众举报投诉提供线索得以实施的。为了便于群众举报投诉，1998年，江苏的省、市、县三级环保部门向社会公开了举报投诉电话，作为公众参与环境执法的快速通道，在淮河、太湖、长江三大流域达标排放“零点行动”中发挥了不可替代的作用。2001年8月，江苏将各市县的举报投诉电话与“12369”特服号进行捆绑，并开通语音信箱，群众使用座机或移动电话直接拨打“12369”热线即可举报投诉，这条服务热线成了环保部门与社会公众实行紧密联系沟通的重要桥梁。2001年底，江苏又在全省推行举报环境违法予以奖励的规定，并用制度统一规范了全省环保热线和受理举报的各项工作，形成了公众举报投诉与环境监察工作互动的局面。开通“12369”环保热线，主旨是建立举报环境违法与执法监管的信息通道。这条热线开通6年多来，由于其方便快捷，已为广大群众熟知和认同。因此，目前这条热线所传递的信息已不再局限于环境违法的举报，环境违法行为举报中心的“窗口工作”也随之发生一系列新变化：一是举报投诉量急剧增加。目前，江苏省环保厅环境监察局一个月受理的举报投诉就相当于1998年环保厅全年受理的举报投诉量。环境监察系统的同志感到举报投诉的受理承办工作压力很大，责任很重。二是举报投诉人已不再是单一的直接受到污染与破坏的侵害当事人，不少自身并没有直接受到侵害的“局外人”，面对环境违法行为不再保持沉默而主动充当维护公共环境安全的代言人。举报中心受理工作内容也由当初接听记录转呈，扩展到对群众提出的各类环境问题做出解答、对环境法律法规进行解释、对举报人进行心理疏导、对投诉受理情况进行跟踪与回复。三是举报投诉方式多样化。过去群众只是通过电话反映环保问题，现在是电话、短信、传真、网络邮件等多种方式的混合运用。四是以往举报中心的工作只是电话受理与结果回复“一进一出”，而目前对通过各种方式汇集而来的大量举报投诉件需要整理归类，掌控承办、转办、督办动态，对各种信息进行综合分析、归档管理和查询利用。因此，以往那种一两部电话、三四名值班人员人工接听、纸笔记录、通过电话或传真进行调度督办已无法适应公众广泛参与和强化执法的要求，往往导致举报投诉的办理动态无法及时掌握、现场查处资料难以充分利用、上级对下级的办理情况难以有效监控、环境违法单位文档难以归类管理和查询利用，重复举报与越级投诉的情况屡有发生。

正如一条新建的城市道路，刚通车时通行无阻，但行人与车辆一多就发生拥堵一样，“12369”热线开通后因其通畅和影响大而信息量剧增，使传统的举报投诉受理模式面临新的挑战。

为了拓展环境执法公众参与的渠道，我们借鉴“流程再造”等现代管理理念，以信息化为依托，以环境违法行为举报投诉的受理、承办业务流程为导向，遵循环境违法行为查处的要求和原则，规范举报投诉的工作程序，优化组合工作流程，研究建立起了一套内部关联、上下畅通的信息网络和一系列工作制度和程序。这一新型的“12369”举报投诉受理信息管理系统具备自动受理、按时分转、及时上报、如期回复、日常监督、催办督办、实现联网管理、污染事故越级报告等功能。对举报投诉件实现了“一单到底，全程跟踪，节点推送，限时催报”的人管与机控有机结合的管理模式，创建了以流程管理为导向的环境违法行为举报投诉信息管理运行新机制。它的特点是：

一、自动受理、全程跟踪：可以完成从受理、转办、催办、督办、整理、回复、奖励、归档的全过程计算机管理，系统可以随时进行人工、自动受理的转换，可以接收固定电话、手提电话、传真、网上邮件与短信等多种形式的举报投诉，同时对受理通话过程全程录音，对录音内容随时调出监听。一个举报投诉件在经过重复举报查询（通过对违法企业的名称与地址、受理类型、受理事实等内容进行模糊查询，提供该违法行为是否重复投诉，办理情况如何的基本情况）后自动形成转办单，推送到各级领导手中，经领导批示后将指示下传、通过多级转办推送到各个查处单位，对整个查办过程实现计算机的全程跟踪，可以通过短信、邮件等形式及时对办理件进行到期提醒、过期催办，将办理情况通过短信、信箱、电话等方式及时与举报人回复，并按照举报人满意程度对办理情况进行督办。通过网上信息的发送完成上报材料、奖励过程直至最终形成档案。

二、数据的计算机管理：可以按照工作流程自动生成各种工作单（受理单、转办单、催办单、督办单、奖励表直至最终的归档目录），按照工作要求自动形成各种工作报表（月报表、季报表等），能够对各类数据（按照受理类型、方式，立案情况，办理内容，催办、督办情况，群众满意程度等）进行统计、分析、归纳、重组并产生各种表格单据，按照要求对历年来的各类数据进行比较。

三、多级联网多级管理：系统具有多级联网接口，能够实现与省长信箱、厅环保网等网站的连接，实现与各省辖市举报中心的联网，数据、信息的互相传输，各种命令、文件的直接下达。自2005年底厅举报中心与常州、南通、泰州等市举报中心进行前期的联网和调试后，2006年开始和13个省辖市的举报中心全面联网，现在，厅举报中心已经可以完成在网上交办、催办、督办、上传下达、回复、归档等工作，能够在网上监控各市举报中心的工作情况，在网上发布各种工作指令。

四、污染事故绿色通道：通过绿色通道，可以完成突发性污染事故的越级上报工作。一旦发生污染事故，所在地的举报中心只要按下绿色通道按钮，系统通过判别事故类型就可以完成越级推送功能，将污染事故情况及时推送到省厅举报中心，工作人员及时将信息推送应急处置部门，也可以用短信将信息发送到各个分管领导手机上。

"12369"举报投诉受理信息管理系统投入实际应用以来，已经见到显著成效。

首先是拓展了服务渠道，提高了工作效率。现代化系统的使用，使工作人员摆脱了繁重的手工劳动，有更多的时间和精力用在回复举报人、倾听群众对环保部门工作的意见、改进工作作风等方面，仅去年就受理各类举报投诉4 000多件，立案400多件，上报全国人大、国家信访局、国家环保总局、省长信箱、省政风热线等上级部门的交办件300多件；由于系统功能完善，厅举报中心对非省厅立案的投诉件及时通过系统进行转办，并跟踪查处情况，及时与举报人沟通，加快了办理时效，提高了群众的满意程度，加深了群众对环保部门工作的理解和支持。省"政风热线"的同志进行现场调查测评时，就有群众说：我们有时向省里好几个部门反映问题，有的部门敷衍了事，但是我们打电话到省环保厅，虽然有时不是环保部门的事，但工作人员总是热情、耐心地听，并告诉我们怎么去做，我们愿意给省举报中心打电话。群众朴实无华的语言，从一个侧面肯定了我们的工作。

其次是人机结合、综合协调，提高了管理水平。通过对受理员、受理单位工作情况的统计，为综合管理提供依据；完备的查询和联网功能，能对各市举报中心的受理、职守、办理、回复等动态情况一目了然，既可以通过录音查询了解群众的满意情况，又可以通过催办、跟踪督办提高整体办理速度，节省了大量的办公费用；通过网上信息的交流，既规范了举报投诉的工作行为，又方便了下级部门的工作，提高了案件办理率和工作质量；完备的数据管理程序能够对办理情况等各类数据、信息进行统计分析和归纳处理，为及时完成各级领导部门交办的查询、统计等工作提供保障。

再次是提高了快速响应能力。从去年5月起，厅举报中心开始24小时值班，已经处理处置各类突发性污染事故56件，每一个事故受理后均由举报中心在第一时间内将信息发送到分管领导及应急处置部门；目前，厅举报中心已经和省公安厅110指挥中心实施联动，构建了横向与省政府、相关职能部门沟通，纵向与国家环保总局、各省辖市、各县级举报中心相联系的能够满足多种工作需要的自动受理系统。

从江苏省"12369"举报投诉受理信息管理系统的运行效能我们已经看到这样的事实：群众举报投诉环境违法行为，既是法律赋予的一种权利，也是强化环境执法的巨大推力；受理承办举报投诉，查处违法行为既是环境监察部门的职责，也是对群众合法环境权益的尊重，这两者的联结点就是高效通畅的信息渠道。公众参与环境执法和政府部门强化执法的良性互动也在很大程度上依靠这个通道，而这个通道的实际效能又主要取决于先进可靠的现代科技手段。

（作者单位：江苏省环保厅环境监察局）

加强环境监管是提高政府环保绩效的重要手段

内蒙古自治区环境监察总队

为全面落实科学发展观，加快构建社会主义和谐社会，有利于提高全社会的环境意识和道德素质，有利于保障人民群众身体健康。经济靠市场、环保靠政府，"努力让人民群众喝上干净的水、呼吸清洁的空气、吃上放心的食品，在良好的环境中生产生活"是考核政府环保绩效的中心工作。建立政府的环保绩效考核就是对政府部门的工作效率、能力、服务质量、公共责任和公众满意程度等方面进行考评。加强对全社会的环境监管就是提高政府环境绩效的重要手段。

政府的环保绩效就是指政府在环境管理活动中的结果、效益及其管理工作效率、效能，是政府在行使其功能、实现其意志的过程中体现出的环境管理能力。政府的环保绩效主要包括在3个方面：经济绩效、社会绩效、政治绩效。衡量这3个方面有两个指标：政府的职能指标和政府的影响指标。政府的职能指标是政府环保绩效指标的主体，影响指标是用来测量政府管理活动对整个经济社会发展成效的最终成果。在政府的职能指标中，环境监管是一项维护秩序的执法活动，目的是向公众和社会提供优质高效的环境服务。为保障社会主义市场经济可持续发展，遏制“守法企业成本高、违法企业成本低”的现象产生，环境监管在市场经济活动中起到了“经济杠杆”的调节作用，有利于经济结构和资源配置的合理化。加强政府的环境监管力度，是做好环境保护工作的基本依据，是污染防治工作的重要手段之一，也就是体现出以人为本、以环境友好促进社会和谐。

“十五”期间，随着社会经济建设的快速发展，环境事故高发期的出现，环境监管能力薄弱，一些老企业年久失修、工艺老化、设备陈旧、管理不善，污染防治设施存在维护保养不力、运转不正常、设施老化。环境事故频繁出现，环境监管面临着新的挑战、新的问题。环境监察工作是政府实施监督管理的一个组成部分，要建立新时期的环境监管体系，提高政府的环保绩效，就必须加强完备环境执法监督体系建设，完善机构，增强装备，切实提高环境监管的实力；建立环境执法责任制和责任追究制，完善联合执法机制，政府各部门形成环境执法的合力；建立起内部监督、层级监督、外部监督的“三位一体”的立体网络，建立及时高效、公正诚信的环保行政执法监督机制，形成依法监管的强大压力。通过排污申报登记制度、排污许可制度，对辖区内的企业进行梳理，区分出排污企业、排污隐患企业、环保友好企业。建立监管信息网络，分区监管层次，突出重点、全面推进，消除突发的环境事故隐患。建立健全环境执法能力，提高政府的环境监管力度，才能保障政府的环保绩效。

“12369”环保热线是政府在环境监管活动中与公众联系的桥梁和纽带，也是政府环境监督机构的“千里眼”、“顺风耳”。建立公众的环境知情权、参与权和监督权，加大公众获得环境信息和参与环保事务的机制，是保障提高政府环保绩效的有效手段。全面开通“12369”环保热线，建立和推动公众参与的契机和制度平台，形成社会、企业、政府全方位的“阳光”监管，及时发现和解决污染纠纷问题，协调企业和群众之间的关系，使违法排污企业无生存之地，加大环境执法力度，严肃查处违法行为，减少了因环境问题而引发的社会不安定因素，促进了环境友好型社会的建设，实现经济社会发展与环境保护相协调。

政府环境监管的相对人是辖区内的一切单位和个人，企业是监管的主要相对人，企业对环境执法的满意度是衡量政府环保绩效的重要组成部分。执政为民、依法行政、以德行政、全面监管、维护社会稳定是提高政府环保绩效的重要指标。要完善环境监察工作制度、工作程序，规范执法标识，严格行政执法，文明执法，严肃查处执法违法行为，保障合法企业的合法权益，在环境监管的活动中，实行环境行政执法公示制、环境监察工作责任制、年度考核制和责任追究制，使政府环境监管的程序具有强制性、及时性、法制化、公正性，造就一支思想好、作风正、懂业务、会管理的环境监察队伍，建立完善环境监管体系，加大环境执法力度，巩固和深化工业污染防治，提升城乡环境综合整治水平，保障人民群众的生活环境质量，为“十一五”环境保护目标的全面实现提供坚强有力的保证。

梳理环境违法行为　促进环境处罚工作

石　勇

温家宝总理在第六次全国环境保护大会上指出“深入开展整治违法排污企业保障群众健康专项行动，决不允许违法排污的行为长期进行下去，决不允许严重危害群众利益的环境违法者逍遥法外。”曾培炎副总理提出“要继续把人民群众反映最强烈的环境问题作为重点，集中力量开展专项整治，每年解决一两个实际问题。”这为加大对环境违法行为的打击指明了方向，各地都加大了对环境违法行为的处罚力度。如何对环境违法行为进行快速有效的处罚？首先，对国家相关法律法规认真学习研究；其次，对环境违法行为进行分析归类，如：排污申报、排污收费、建设项目管理等等；第三，对比较常见的环境违法行为进行梳理，形成规范性条款，工作中参照执行，并且运行起来十分简单，也便于操作。

常见的环境违法行为及处罚方式：

1. 拒报或者谎报污染物排放申报登记事项。

警告或者处以罚款

《环境保护法》第35条，《水污染防治法》第46

条,《大气污染防治法》第46条,《环境噪声污染防治法》第49条,《水污染防治法实施细则》第38条,《排放污染物申报登记管理规定》第15条,《防治尾矿污染环境管理规定》第18条。

2. 拒绝环境保护部门(或者有关监督管理部门)现场检查,或者被检查时弄虚作假。

警告或者处以罚款(责令限期改正,可以处罚款)

《环境保护法》第35条,《水污染防治法》第46条,《大气污染防治法》第46条,《环境噪声污染防治法》第55条,《固体废物环境污染防治法》第70条,《放射性污染防治法》第49条,《水污染防治法实施细则》第38条,《自然保护区条例》第36条,《电磁辐射环境保护管理办法》第26条,《废弃危险化学品污染环境防治办法》第27条,《新化学物质环境管理办法》第25条,《防治尾矿污染环境管理规定》第18条。

3. 不按国家规定缴纳排污费或者超标准排污费。

警告或者处罚款

《环境保护法》第35条,《水污染防治法》第46条,《环境噪声污染防治法》第51条,《固体废物环境污染防治法》第75条,《水污染防治法实施细则》第38条,《排污费征收使用管理条例》第21条,《排污费资金收缴使用管理办法》第22条。

4. 建设项目的防治污染设施没有建成或者没有达到国家规定的要求(未经验收合格),投入生产或者使用(建设项目需要配套建设的环保设施未建成、未经验收或者经验收不合格,主体工程正式投入生产或者使用)。

责令停止生产或者使用,并(可以)处罚款

《环境保护法》第36条,《水污染防治法》第47条,《大气污染防治法》第47条,《环境噪声污染防治法》第48条,《固体废物环境污染防治法》第69条,《放射性污染防治法》第51条,《水污染防治法实施细则》第40条,《建设项目环境保护管理条例》第28条,《建设项目竣工环境保护验收管理办法》第23条,《电磁辐射环境保护管理办法》第28条。

5. 未经环境保护部门批准,擅自拆除或者闲置防治污染设施,故意不正常使用污染防治设施,污染物排放超过规定标准。

责令重新安装使用(恢复正常使用),并处罚款

《环境保护法》第37条,《水污染防治法》第48条,《大气污染防治法》第46条,《环境噪声污染防治法》第50条,《固体废物环境污染防治法》第68条、74条、75条,《水污染防治法实施细则》第41条。

6. 经限期治理,逾期未完成治理任务。

处罚款或者责令停业、关闭(搬迁)

《环境保护法》第39条,《水污染防治法》第52条,《环境噪声污染防治法》第52条,《固体废物环境污染防治法》第81条,《水污染防治法实施细则》第42条,《废弃危险化学品污染环境防治办法》第26条,《防治尾矿污染环境管理规定》第18条。

7. 造成环境污染事故。

处罚款(停业或关闭)

《环境保护法》第38条,《水污染防治法》第53条,《大气污染防治法》第61条,《固体废物环境污染防治法》第82条、83条,《水污染防治法实施细则》第43条,《电磁辐射环境保护管理办法》第30条,《废弃危险化学品污染环境防治办法》第26条,《医疗废物管理行政处罚办法》第15条。

8. 违反规定贮存、堆放、弃置、倾倒、排放污染物、废弃物,污染地表水或者地下水(向水体排放剧毒废液,或者将含有汞、镉、砷、铬、氰化物、黄磷等可溶性剧毒废渣向水体排放、倾倒或者直接埋入地下;向水体排放、倾倒放射性固体废弃物、油类、酸液、碱液或者含有高、中放射性物质的废水;向水体排放船舶的残油、废油,或者在水体清洗装贮过油类、有毒污染物的车辆和容器;向水体排放、倾倒工业废渣、城市生活垃圾,或者在江河、湖泊、运河、渠道、水库最高水位线以下的滩地和岸坡存贮固体废弃物;向水体倾倒船舶垃圾;企业、事业单位利用溶洞排放、倾倒含病原体的污水或者其他废弃物;企业、事业单位使用无防止渗漏措施的沟渠、坑塘等输送或者存贮含病原体的污水或者其他废弃物)。

警告(限期改正)或者处罚款

《水污染防治法》第46条,《水污染防治法实施细则》第39条。

9. 不按照排污许可证或者临时排污许可证的规定排放污染物。

可以处罚款;情节严重的,并可以吊销排污许可证或者临时排污许可证

《水污染防治法实施细则》第44条。

10. 未按照规定设置排污口、安装总量控制监测设备(现有排污单位未按规定的期限完成安装自动监控设备及其配套设施)。

责令限期改正,处罚款

《水污染防治法实施细则》第45条,《污染源自动监控管理办法》第16条。

11. 在生活饮用水地表水源二级保护区内违法排污或建设禁止建设的建设项目。

责令停业或者关闭、限期治理或者限期拆除,可以处罚款

《水污染防治法实施细则》第46条。

12. 在生活饮用水地下水源保护区内利用储水层孔隙、裂隙、溶洞及废弃矿坑储存石油、放射性物质、有毒化学品、农药。

责令改正,可以处罚款

《水污染防治法实施细则》第47条。

13. 建筑施工单位在城市(市)区噪声敏感建筑物集中区域内,夜间进行禁止进行的产生环境噪声污染的建筑施工作业。

责令改正,可以并处罚款

《环境噪声污染防治法》第56条。

14. 经营中的文化娱乐场所，其经营管理者未采取有效措施，使其边界噪声超过国家规定的环境噪声排放标准；在商业经营活动中使用高音广播喇叭或者采用其他发出高噪声方法招揽顾客，或者使用空调器、冷却塔等可能产生环境噪声污染的设备、设施的，其经营管理者未采取措施，使其边界噪声超过国家规定的环境噪声排放标准。

责令改正，可以并处罚款

《环境噪声污染防治法》第 59 条。

15. 未采取防燃、防尘措施，在人口集中地区存放煤炭、煤矸石、煤渣、煤灰、砂石、灰土等物料。

给予警告或者处罚款

《大气污染防治法》第 46 条。

16. 向大气排放污染物超过国家和地方规定排放标准。

限期治理并处罚款

《大气污染防治法》第 48 条。

17. 将产生严重污染的设备(有毒有害废弃物)转移给没有污染防治能力的单位使用(将淘汰的排放气体的设备转让给他人使用)。

给予警告或者处罚款(没收转让者违法所得、处罚款)

《环境保护法》第 35 条，《大气污染防治法》第 49 条。

18. 在当地人民政府规定的期限届满后继续燃用高污染燃料。

责令拆除或者没收燃用高污染燃料的设施

《大气污染防治法》第 51 条。

19. 在城市集中供热管网覆盖地区新建燃煤供热锅炉。

责令停止违法行为或限期改正，可处罚款

《大气污染防治法》第 52 条。

20. 未按照国务院规定的期限停止生产、进口或者销售含铅汽油。

没收所生产、进口、销售的含铅汽油和违法所得

《大气污染防治法》第 54 条。

21. 未依法取得委托进行机动车船排气污染检测，或者在检测中弄虚作假。

责令停止违法行为，限期改正，可以处罚款

《大气污染防治法》第 55 条。

22. 未采取有效污染防治措施，向大气排放粉尘、恶臭气体或者其他含有有毒物质气体；未经当地环境保护行政主管部门批准，向大气排放转炉气、电石气、电炉法黄磷尾气、有机烃类尾气；未采取密闭措施或者其他防护措施，运输、装卸或者贮存能够散发有毒有害气体或者粉尘物质；城市饮食服务业的经营者未采取有效污染防治措施，致使排放的油烟对附近居民的居住环境造成污染。

责令停止违法行为，限期改正，可以处 5 万元以下罚款

《大气污染防治法》第 56 条。

23. 在人口集中地区和其他依法需要特殊保护的区域内，焚烧沥青、油毡、橡胶、塑料、皮革、垃圾以及其他产生有毒有害烟尘和恶臭气体的物质；在人口集中地区、机场周围、交通干线附近以及当地人民政府划定的区域内露天焚烧秸秆、落叶等产生烟尘污染的物质。

责令停止违法行为，情节严重的可处罚款

《大气污染防治法》第 57 条。

24. 新建的所采煤炭属于高硫分、高灰分的煤矿，不按照国家有关规定建设配套的煤炭洗选设施；排放含有硫化物气体的石油炼制、合成氨生产、煤气和燃煤焦化以及有色金属冶炼的企业，不按照国家有关规定建设配套脱硫装置或者未采取其他脱硫措施。

责令限期建设配套设施，可以处罚款

《大气污染防治法》第 60 条。

25. 违反固体废物管理规定(不按照国家规定申报登记工业固体废物，或者在申报登记时弄虚作假；对暂时不利用或者不能利用的工业固体废物未建设贮存的设施、场所安全分类存放，或者未采取无害化处置措施；将列入限期淘汰名录被淘汰的设备转让给他人使用；在自然保护区、风景名胜区、生活饮用水源地和其他需要特别保护的区域内，建设工业固体废物集中贮存、处置设施、场所或者生活垃圾填埋场；擅自转移固体废物出省、自治区、直辖市行政区域贮存、处置；未采取相应防范措施，造成工业固体废物扬散、流失、渗漏或者造成其他环境污染；在运输过程中沿途丢弃、遗撒工业固体废物)。

责令停止违法行为，限期改正，处罚款

《固体废物环境污染防治法》第 68 条。

26. 从事畜禽规模养殖未按照国家有关规定收集、贮存、处置畜禽粪便，造成环境污染；未采取有效措施，致使储存的畜禽废渣渗漏、散落、溢流、雨水淋失、散发恶臭气味等对周围环境造成污染和危害；向水体或其他环境倾倒、排放畜禽废渣和污水。

责令(停止违法行为)限期改正，处罚款

《固体废物环境污染防治法》第 71 条，《畜禽养殖污染防治管理办法》第 18 条。

27. 尾矿、矸石、废石等矿业固体废物贮存设施停止使用后，未按规定进行封场。

责令限期改正，可以处罚款

《固体废物环境污染防治法》第 73 条。

28. 违反危险废物污染环境防治规定(不设置危险废物识别标志；不按照国家规定申报登记危险废物，或者再申报登记时弄虚作假；将危险废物提供或者委托给无经营许可证的单位从事经营活动；不按照国家规定填写危险废物转移联单或者未经批准擅自转移危险废物；将危险废物混入非危险废物中贮存；未经安全性处置，混合收集、贮存、运输、处置具有不相容性质的危险废物；将危险废物和旅客在同一运输工具上载运；未经消除污染的处理，将收集、贮存、运输、处置危险废物的场所、设施、设备和容器、包装物及其他物品转作他用；未采取相应防范

措施，造成危险废物扬散、流失、渗漏或者造成其他环境污染；在运输过程中沿途丢弃、遗撒危险废物；未制定危险废物意外事故防范措施和应急预案）。

违反危险废弃化学品管理规定（随意弃置废弃危险化学品；不按规定申报登记废弃危险化学品，或者在申报登记时弄虚作假；将废弃危险化学品提供或者委托给无危险废物经营许可证的单位从事收集、贮存、利用、处置经营活动；不按照国家有关规定填写危险废物转移联单或未经批准擅自转移废弃危险化学品；未设置危险废物识别标志；未制订废弃危险化学品突发环境事件应急预案）。

限期改正，处罚款

《固体废物环境污染防治法》第 75 条，《危险废物经营许可证管理办法》第 25 条，《废弃危险化学品污染环境防治办法》第 22 条。

29. 危险废物（废弃危险化学品）产生者不处置其产生的危险废物（废弃危险化学品），又不承担依法应当承担的处置费用。

责令限期改正，处代为处置费用 1 倍以上 3 倍以下的罚款

《固体废物环境污染防治法》第 76 条，《废弃危险化学品污染环境防治办法》第 23 条。

30. 无经营许可证或者不按照经营许可证规定从事收集、贮存、处置危险废物（废弃危险化学品）经营活动。

责令停止违法行为，没收违法所得，可以并处罚款或吊销经营许可证

《固体废物环境污染防治法》第 77 条，《危险废物经营许可证管理办法》第 25 条，《废弃危险化学品污染环境防治办法》第 24 条。

31. 对已经非法入境（已经造成环境污染）的固体废物。

依法向海关提出处理意见，责令消除污染

《固体废物环境污染防治法》第 80 条。

32. 建设单位未依法报批环评文件，或未重新报批（报请重新审核）环评文件，擅自开工建设。

责令停止建设，限期补办手续，逾期不补办处罚款

《环境影响评价法》第 31 条，《建设项目环境保护管理条例》第 24 条。

33. 环评文件未经批准或未经重新审核同意，擅自开工建设。

责令停止建设（限期恢复原状），可以处罚款

《环境影响评价法》第 31 条，《放射性污染防治法》第 50 条，《建设项目环境保护管理条例》第 25 条，《电磁辐射环境保护管理办法》第 26 条。

34. 试生产建设项目配套建设的环保设施未与主体工程同时投入试运行。

责令限期改正，逾期不改正，责令停止试生产，可以处罚款

《建设项目环境保护管理条例》第 26 条，《建设项目竣工环境保护验收管理办法》第 21 条。

35. 建设项目投入试生产超过 3 个月，未申请环保设施竣工验收。

责令限期补办环保设施竣工验收手续，逾期未办理的，责令停止试生产，可以处罚款

《建设项目环境保护管理条例》第 27 条，《建设项目竣工环境保护验收管理办法》第 22 条。

36. 电磁辐射项目不按规定办理环境保护申报登记手续，或在申报登记时弄虚作假。

责令限期改正，并处罚款

《电磁辐射环境保护管理办法》第 26 条。

37. 擅自改变环评文件所批准的电磁辐射设备功率。

处罚款

《电磁辐射环境保护管理办法》第 27 条。

38. 排污者以欺骗手段骗取批准减缴、免缴或者缓缴排污费。

责令限期补缴并处罚款

《排污费征收使用管理条例》第 22 条。

39. 环境保护专项资金使用者不按批准用途使用环保专项资金。

责令限期改正，逾期不改正 10 年内不得申请，并处罚款

《排污费征收使用管理条例》第 23 条，《排污费资金收缴使用管理办法》第 23 条。

40. 核设施营运单位、铀（钍）矿开发利用单位不按规定报告监测结果。

责令限期改正，可以处罚款

《放射性污染防治法》第 49 条。

41. 违反规定生产、销售、使用、转让、进口、贮放放射性同位素和射线装置以及装备有放射性同位素的仪表。

责令停止违法行为，限期改正，逾期不改正的责令停产停业或者吊销许可证，没收违法所得和处罚款

《放射性污染防治法》第 53 条。

42. 未建造尾矿库或不按放射性污染防治要求建造尾矿库，贮存、处置铀（钍）矿和伴生放射性矿的尾矿；向环境排放不得排放的放射性废气、废液；不按规定排放放射性废液，利用渗井、渗坑、天然裂隙、溶洞或者国家规定禁止的其他方式排放放射性废液；不按规定处理或者贮存不得向环境排放的放射性废液；将放射性固体废物提供或者委托给无许可证的单位贮存和处置。

责令停止违法行为，限期改正，处罚款

《放射性污染防治法》第 54 条。

43. 不按规定设置放射性标识、标志、中文警示说明；不按规定建立健全保卫制度和制定事故应急计划或者应急措施；不按规定报告放射源丢失、被盗情况或者放射性污染事故。

责令限期改正，逾期不改正责令停产停业并处罚款

《放射性污染防治法》第 55 条。

44. 产生放射性固体废物的单位不按规定对放射性固体废物进行处置。

责令停止违法行为，限期改正，逾期不改正的承担代为执行费用，并处罚款

《放射性污染防治法》第56条。

45. 未经许可擅自从事贮存和处置放射性固体废物活动；不按照许可有关规定从事贮存和处置放射性固体废物活动。

责令停产停业或者吊销许可证，没收违法所得和处罚款

《放射性污染防治法》第57条。

46. 违反规定，新建、改建、扩建和技术改造的项目未安装自动监控设备及其配套设施，或者未经验收或者验收不合格的，主体工程即正式投入生产或者使用。

依据《建设项目环境保护管理条例》责令停止主体工程生产或者使用，可以处罚款

《污染源自动监控管理办法》第17条。

47. 违反污染物排放自动监控系统管理规定(故意不正常使用水污染物排放自动监控系统，或者未经环境保护部门批准，擅自拆除、闲置，破坏水污染物排放自动监控系统，排放污染物超过规定标准；不正常使用大气污染物排放自动监控系统，或者未经环境保护部门批准，擅自拆除、闲置、破坏大气污染物排放自动监控系统；未经环境保护部门批准，擅自拆除、闲置、破坏环境噪声排放自动监控系统，致使环境噪声排放超过规定标准)。

责令恢复正常使用或者限期重新安装使用(责令停止违法行为，限期改正)，处罚款

《污染源自动监控管理办法》第18条。

48. 未获得环境污染治理设施运营资质证书的单位从事环境污染治理设施运营活动。

责令停止违法行为，并处罚款

《环境污染治理设施运营资质许可管理办法》第25条。

49. 不按照环境污染治理设施运营资质证书的规定从事环境污染治理设施运营活动。

责令改正，可以处罚款

《环境污染治理设施运营资质许可管理办法》第27条。

50. 持证单位环境污染治理设施运营超标排放。

依照有关法律法规规定予以处罚

《环境污染治理设施运营资质许可管理办法》第28条。

51. 持证单位提交《环境污染治理设施运营情况年度报告表》时弄虚作假。

责令改正，可以处罚款

《环境污染治理设施运营资质许可管理办法》第29条。

52. 违反规定，伪造、变造、转让环境污染治理设施运营资质证书。

责令改正，可以并处罚款

《环境污染治理设施运营资质许可管理办法》第30条。

53. 未按规定填报新化学物质生产、进口以及流向情况备案表；未按规定保存新化学物质申报、生产或者进口、新化学物质影响等资料；未申报或者未取得登记证生产或者进口新化学物质。

责令改正，处罚款并报告国家环保总局

《新化学物质环境管理办法》第25条。

54. 违反规定在秸秆禁烧区内焚烧秸秆。

责令其立即停烧，可以对直接责任人处罚款

《秸秆禁烧和综合利用管理办法》第8条。

熟练掌握上述环境违法行为及处罚方式，对提高处罚效能有积极促进作用。

(作者单位：江西省九江市环境监察支队)

为环保问责制叫好

京 力

《环境保护违法违纪行为处分暂行规定》(下称"暂行规定")于2006年3月1日开始施行。这是我国第一部关于环境保护处分方面的专门规章。

正如监察部副部长李玉赋在谈到该规定出台的意义时所说，"在对环境保护违法违纪行为的惩处方面，程度不同地存在着重经济处罚、轻纪律追究的问题"，因此，"加大对环境保护违法违纪行为及直接责任人的惩处力度，势在必行"。

理解这句话，其实很简单：环保，归根结底还是"人"的问题。环保做得不好，是因为责任人的思想没到位、行动不积极。而在此前，环保出了问题，常常把账算到"财力不足"、"技术落后"等客观原因上，对人的处分寥寥无几。

既然是人的问题，必然要从"人"上着手解决。无论是处于试点的"把环保列入官员政绩考核"，还是此次环保违法违纪行为处分暂行规定，显然都在致力于解决人的问题。

环保中人的问题，大部分是地方政府官员的问题。用李玉赋的话说，是"一些地方和部门的领导重经济发展、轻环境保护，不仅不履行对辖区环境保护

应负的责任，而且还出台一些'土政策'，限制和阻挠环境执法”。

有不少事例可以对此提供佐证。2005 年 5 月，国家环保总局通报了内蒙古通辽市一家公司环境违法问题，该企业严重违犯国家环保法律法规，当地政府不仅没有及时制止，反而免收该企业的排污费，甚至明文要求对企业进行检查须事先提出申请经同意后方可进入，“甘当违法企业的保护伞”。而在国家环保总局组织的一次整治违法排污企业行动中，竟然清理出了 208 件基层政府制定的地方保护的“土政策”。

企业违反环保法律法规，造成了污染，危害到公众的身体健康和财产安全，却被有的地方政府以看起来“合法”的文件“保护”起来。其中原因，一是扭曲的发展现，片面强调以经济增长为核心，政绩考核机制忽视了对环境成本的核算；二是没有严格执行法律法规，提供“保护伞”的官员没有受到应有的处分。

而“暂行规定”有针对性地对一些违反环保法律法规行为提出了处分措施。比如，对各地保护违法企业的“土政策”，规定有国家行政机关及其工作人员“制定或者采取与环保法律、法规、规章以及政策相抵触的规定或者措施，经指出仍不改正，情节严重的，将给予撤职处分”；对那些“不作为”(“对严重污染环境的企业事业单位不依法责令限期治理或者不按规定责令取缔、关闭、停产”)的官员，情节严重者也将被撤职。

作为对国家环保法律法规的一种细化和延伸，出台这样的行政处分规定显然是必要的。它除了为处分违反环保法律法规的官员提供可操作的依据，也在向各级官员发出一个强烈的信号：环保已经不是一个可为可不为的事，而是为官者必须履行的法定责任，如果做得不好，或者所作所为直接为相关法律所不容，说不定头上的“乌纱”就会保不住。

从过去单纯强调经济发展到树立科学发展的理念，不是一朝一夕的事。具有引导性和强制性的配套制度，是一个不可或缺的重要方面。“暂行规定”的出台，可以理解为这些配套制度中的一个。如果得以很好地实施，将有可能改变当下环保工作被“地方保护主义”所软化的局面，成为环保工作的一个转折点。

（摘自《环境经济》）

“守法吃亏”是环保陷于困境的根源

陈军华

最近，全国人大环资委主任委员毛如柏在新闻发布会上说：我国环境污染的旧账没还清，新账又欠下。他的这一说法，源自今年上半年环境保护法律的执行情况并不理想。“上半年，单位产值能耗和两个主要污染物的指标不降反升。”

在我国，环境保护是有法可依的。我国已经制定了 9 部环境保护法、15 部自然资源法；批准和签署 51 项多边国际环境条约、1 600 余件各地环境规章。但是，许多地方为了片面追求经济发展，常常有法不依。违法者受不到惩处，却能从污染环境的杀鸡取卵般的发展中获取经济利益；而守法者因治理环境反而增加了成本，在经济上吃了亏。从而导致了“守法吃亏、违法占便宜”的现象。

无疑，这种现象是对法律的最直接伤害，同时也是环境保护陷于困境的根源。法律只有被严格执行才能被人们所敬畏和遵守，只有当法律制度得到严格遵守，整个社会才能有条不紊地运转。这是历史早已得出的结论。

在以 GDP 考核政绩的体制下，地方政府官员追求经济发展的动力永远存在。而环境法律的执法者，要么是地方政府下属的有关部门，要么是人、财、物受到地方政府控制或影响的司法机关。地方政府要发展经济，环境执法部门要依法保护环境，而后者诸多方面受到前者的制约或影响，这种执法设计本身，就为执法不力埋下了隐患。

更有甚者，一些环保执法部门，竟然也被地方政府要求招商引资，引来一些污染项目。2005 年 1 月 16 日，新华社报道了这样一件事情：青海省湟中县有一个铬盐厂，给当地河水和地下水造成严重污染，令人匪夷所思的是，引进这一项目的竟是本县城乡建设和环保局局长。

当环保局也去引进污染项目，环境执法还能进行吗？这只能导致两个结果：其一，环保部门睁一只眼闭一只眼，依照地方政府的脸色行事，通过与地方政府的配合，换取地方政府相应的财力支持；其二，以罚代法，打着执法的名义捞点罚款，“丰富”自己的部门利益。这种执法现状，决定了我们的环境状况要想明显改善是非常困难的，单位产值能耗和两个主要污染物的指标不降反升即是一个明显的证明。

要解决这些问题，需从两个方面着手。一方面，要改变片面以 GDP 发展考核官员政绩的做法，加入环境保护的内容，并且要将环境保护与经济发展放在同等重要的位置考核，促使官员将不得不发展经济和环境保护同时抓。另一方面，要使环保、司法机关等在人、财、物上完全摆脱地方政府的控制和影响，强化执法机关的独立性，赋予执法机关更大的执法权力，并对执法不力的执法者予以严厉问责。这样，既能为地方政府片面追求经济发展甚至不惜拿污染环境换取 GDP 增长来个釜底抽薪，同时，也能提高执法机关的执法能动性。

以环境为代价换取的经济发展只能是短暂的，而由此带来的损失早晚会让我们付出代价。环保执法，再也不能让“守法吃亏，违法占便宜”了！

（摘自《环境经济》）

县级环境执法存在的主要问题及对策

刘义荣

面对新形势新任务，要想实现国家提出的“到2010年，重点地区和城市环境质量得到改善，生态环境恶化趋势基本遏制；到2020年，环境质量和生态状况明显改善”环保总目标，县级环境管理工作具有举足轻重的作用。县级环境执法处在基层的第一线，工作的重点是现场监管，这不仅关系到“十一五”期间环保任务的顺利完成，而且还影响到当地社会经济的可持续发展与和谐社会的构建。

一、县级环境执法存在的主要问题

从总体上看，县级环境执法呈现出良好的发展势头：执法意识日益提高，执法手段逐步增强，执法环境明显改善，执法氛围初步形成，但是县级环境执法面临的新情况，如环境压力越来越大，执法任务越来越重；外部干扰越来越大，环境执法越来越难等问题急需加以研究和解决。究其原因，其主要问题来自法制、体制、管理及企业 4 个层面。

1. 法制层面

(1)环境管理授权不明。我国现行的《环保法》，对环境保护领域实行的是统管与分管相结合的多部门多层次的执法体制。这种多头执法、交叉执法（如环境保护涉及国土、林业、水利等多个部门）的环境管理体制，分散了环境执法的权限，容易导致部门与部门之间相互扯皮、争权推责等问题发生，严重影响了环境执法效率和效果。

(2)环境执法手段不硬。现行的环境执法主要靠法律、行政、经济、技术和宣传教育 5 种手段，但在实际工作中，我们感受到环境执法工作仅限于后者，偏重于“政策宣传”，其他手段实施十分困难，就连罚款都要申请法院强制执行，限期治理也要报请当地政府批准下达。由于缺乏强制性措施，没有赋予工商、税务等部门所拥有的查封、冻结、扣押、没收等手段，难以及时有效地制止环境违法行为。

(3)环境保护立法不全。随着城市工业化发展和社会主义新农村建设的步伐加快，湖北省环境形势呈现出复合型和压缩型特点，老的污染尚未解决，新的污染问题接踵而至。面对新的环境问题，环境保护立法“空档”较多，如环境质量实行是政府负责制，但目标考核及“问责”机制尚未确立；面对流域、区域性环境污染问题，没有相应的法律条文对水质界定、责任追究及生态补偿做出明确规定；环境民事与公诉、环保违法案件举报、重大环境违法案件督察督办及污染受害者的法律援助等工作机制尚未建立，这些均严重影响了环境执法工作的正常开展。

2. 体制层面

(1)体制不顺，政府行政干预多。目前，环保部门实行的是属地化管理，是政府的直属事业单位，无执法主体资格，只能受政府委托执法。这种体制，容易造成地方重经济效益、轻环境效益，重经济发展、轻环境保护等问题，甚至滋长本位主义和地方保护主义。从现实情况分析，环保执法不到位的“瓶颈”在县、市级，县、市级环保部门由于受同级政府的管理，位子、票子受地方政府制约，地方保护主义的干扰，往往使环保执法部门难有作为，不利于环境保护工作的开展。有的地、市明目张胆保护违法行为，出台一些有悖于国家法律法规的“土政策”、“土规定”（如“零收费”、“宁静日”、“零处罚”等），给环境执法和监督管理设置障碍，“守法成本高，违法成本低”的现象未能从根本上加以解决。

(2)责任不清。由于尚未建立环境质量目标考核机制和绿色 GDP 核算体系，使得各级政府面对“五个统筹”发展，环境保护让路于经济建设。有的地方为了加快发展，抢先争上，招商引资，甚至降低“准入”门槛，引进一些重污染、高能耗、生产工艺落后的项目。这种片面追求政绩、不走科学发展之路，其恶果是把污染转嫁给社会，把责任推卸给下一届政府。尤其是乡镇机构改革和农业税费减免政策出台后，县级政府为了增强财源，盲目搞开发，重复搞建设，违法违规审批项目和行政许可，致使当地“边污染，边治理”、“先污染，后治理”的发展怪圈难以根治。“十五小”、“新五小”等一批国家明令禁止或淘汰的污染型企业，在一些地方打而不死、死灰复燃的现象时有发生。

3. 管理层面

(1)执法人员素质较低。现有环境监察人员中，大多数年龄偏轻，且专业不对口，这样的队伍现状，难以适应当前环境执法要求，尤其是面对农村面源污染、城市噪声及餐饮业油烟扰民、城市机动车尾气污染、电子电器废物污染等新的环境污染问题，往往不知所措，研究解决新问题、开创工作新局面的能力有限。

(2)执法装备投入不足。近年来，湖北省采取分片实施、重点保障及逐年配备等办法，对部分基层环境监察机构进行了一些“武装”，但现有执法装备难以适应发展要求，离国家对中西部40%的要求(最低标准)相差甚远，资金缺口高达亿元。由于执法装备严重不足，不仅制约了全省环境监察机构达标创建工作，而且还严重影响了基层执法队伍的日常监管及现场执法。

(3)少数环境执法队伍监管不严。据统计，全省大多数环保部门所需的人员经费和工作经费尚未按规定纳入地方财政予以保证，环境执法能力建设无财力投资，环保队伍建设和正常工作受到影响，有法不依、执法不严、行政不作为的现象在某些地方依然存在：一是对存在的环境问题视而不见、思想麻木；二是环境监管的意识与责任心不强，存在错位、缺位和越位问题；三是以执法难为借口，搞人情执法、协商执法，甚至违规执法；四是建设项目管理把关不严，不管、乱管现象比较普遍。由于监管不严，执法不力，致使部分地方污染反弹、环境隐患等现象时常发生。

4. 企业层面

(1)环保责任意识淡化。随着企业改制改组的步伐加快，全省工业企业履行环保义务与责任出现新的情况：一是一些企业不执行环评和“三同时”制度，违规建设，“先上车后补票”，甚至“上了车也不补票”，致使新的污染源不断产生，且存在布局性环境风险问题；二是一些企业在利益的驱动下，以停运污染治理设施或偷排、暗排等手段来降低成本，以牺牲环境来换取利润；三是有些企业以经济效益为借口，以企业承受不了为理由，拒缴、拖缴排污费等现象屡见不鲜；四是有的企业环境保护的法制意识比较淡薄，擅自停运、闲置治污设施，致使超标废水长期排入江河湖泊，严重危及当地群众的正常生产生活。

(2)污染防治推进缓慢。由于历史原因及多种因素的影响，湖北省产业结构不尽合理，工业结构性污染问题较为严重，特别是县、市少数企业经营困难，无力开展环境污染治理。部分企业面临着改革脱困和结构调整的双重压力，劳动生产率偏低，职工安置难度大，污染治理工作开展十分缓慢。有些行业(如十堰市黄姜产业)污染治理难度较大，目前尚缺乏经济适用的治理技术，达标排放十分困难。

(3)违法行为查处困难。由于县级环保部门执法能力滞后，对环境违法行为难以实行有效、全面打击。有的地方在处理环保违法案件时，明显偏袒本地利益，有的地方在环保执法上采用双重或多重标准，严重破坏了环境保护的统一性、严肃性，影响了环保执法的公正性。2003年以来，3年的环保专项行动，为严厉打击环境违法行为以及联合执法、案件移送等监管机制的建立，起到了积极作用。但由于环境执法周期长，牵扯面广，工作量大，受干扰的因素多，一些环境违法行为往往得不到有力查处。

二、加强县级环境执法工作对策

环境执法工作的难点在基层，重点也在基层。要想解决好全省环境问题，提高县级环境执法能力至关重要。

1. 认真贯彻落实国务院《关于落实科学发展观加强环境保护工作的决定》，把“建立完备的环境执法监督体系”作为当前头等大事来抓，进一步完善环境监管体制和法制，增强执法能力，建立健全有效的环境监管制度和机制，尽快建立起“国家监察、地方监管、单位负责”、“三位一体”、及时高效、公正诚信的环保行政执法监督体系。

2. 加强环保机构建设。健全和理顺环保管理体制，将环保行政主管部门纳入政府的组成部门，对地、市级以下环保部门实行垂直管理；将环境监察队伍纳入公务员管理序列，着力解决其编制、经费保障等问题，并统一全国环境执法着装。强化县级政府环境责任意识，建立环境目标责任制与奖惩实施办法，对工作力度大、环境质量改善明显的地区实行重奖，对工作不力、环境质量变化不明显甚至有恶化趋势的地区实行重罚。

3. 创新环境执法机制。建议国家修改相关环保法律法规，明确环境执法主体地位，加大执法力度，改善执法手段，逐步建立跨省界河流断面水质考核机制，实行环境质量公告和企业环保信息公开制度，鼓励社会公众参与监督环保执法；研究出台环境质量问责、环境民事和公诉制度，建立环保违法案件举报、重大环境违法案件督察督办制度，完善环境犯罪案件的移送程序，完善对污染受害者的法律援助机制。

4. 加强环境执法能力建设。一是抓好基层环境执法人员岗位培训，积极开展环境监察学历教育工作，帮助他们更新知识结构，提升文化学历层次。二是加大资金投入。长期以来，全省环保系统的大量资金都用在了人员经费和工作经费上，环保部门现有的装备建设和执法能力远远不能适应当前环境执法的需要，历史“欠账”较多，建议国家加大环保资金的投入，逐步解决好各级环保机构基础设施条件简陋、设备陈旧等问题，加快解决环保机构执法能力建设和标准化建设滞后的问题。尤其要加强县、区级环保部门的建设，在资金上优先考虑，重点扶持，配备必需的交通工具和监测设备，切实让基层环保部门担负起环境监管和执法职责。三是在全省范围内开展环保“土政策”的清查工作，对影响和限制环境监管、环境执法能力建设及排污费征收使用等方面出台的“土政策”、“土规定”、“土办法”逐一清查，坚决取缔，排除一切外来干扰和阻力，为环境保护工作提供一个良好的执法环境。

5. 加大政务公开力度，扩大执法监督范围。加快推进环境信息化工作，大力推行政务公开。建立环保行政执法稽查督察、评议考核、错案追究、侵权赔偿和案件评价督察等制度，实行执法责任追究制度，加强对环境执法的行政监察。

（作者单位：湖北省环境监察总队）

环境监察从“标准化”向“四统一”的延伸

广州市环境监察支队

为进一步加强环境监察队伍建设，加大环境执法力度，树立环保队伍执法形象，充分发挥环境监察机构在环境监督管理中的作用，在完成机构标准化建设基础上，将有限的环境执法力量进行整合，做到依法、快速、高效开展环境监督管理工作，广州市环境监察实现全市环境监察“统一执法调度、统一执法标准、统一执法标识、统一执法形象”（以下简称“四统一”）的要求。

一、统一执法调度。一是各区、县级市环保局环保热线电话“12369”（或值班电话）与市环保局联网，并保证24小时畅通和统一服从调度指挥；各区、县级市环保局每天安排执法、监测人员（3～5人）和值班车辆（每月底将执法人员安排报市环保局），遇突发事件和联合执法行动及信访处理时，服从市环保局统一调度。二是各级环保部门要利用现代化信息化手段，把业务开展情况，如环境执法、信访处理、排污收费、许可证管理、“三同时”审批和污染事故处理等工作情况，实现与市环保局联网，达到工作情况互通和数据共享、统一调配、统一监控。三是市环保局成立环境监察执法统一调度机构（设在市监察支队），统一调度监察执法工作，建立统一调度制度、工作程序等，每月定期召开环境执法调度会议，部署统一行动的工作方案和行动要求。

二、统一执法标准。一是统一工作职能。按照国家和省、市环保局赋予环境监察部门的工作职能要求，广州市各级环境监察部门的主要职能是：现场执法、排污许可证管理、排污收费、排污申报登记、信访、环境突发与纠纷事件处理，以及上级领导安排的环境执法监察工作。二是统一执法人员队伍。根据国家环保总局关于各级环境监察部门标准化建设对人员队伍设置的要求，市支队在编人员不少于55人，区、县级市大队在编人员不少于15～20人。各级环境监察人员配备必须要求政治素质高标准，业务素质严要求，依法、懂法、守法、爱岗敬业。为保证执法工作正常开展，不得以任何理由和名目随意抽调、借用监察人员。三是统一执法程序、文书和标准。统一印刷全市执法工作制度、程序和现场检查记录、询问笔录及调查表格。支队编写《环境监察工作手册》，对目前国家环保总局、省、市环保法律法规中规定的各种环境违法行为进行分类编辑，明确调查取证的具体要素和规范文本。四是统一执法装备。按照国家环保总局关于各级环境监察部门标准化建设的要求，高标准装备各级环境监察部门的环境执法设备，以保证正常开展环境执法工作和应对紧急污染事故的发生。

三、统一执法标识。一是统一全市环境监察执法车辆的标识。规范市监察支队和各区（县级市）环境执法车辆的外观标识，市环境监察支队至少配备5辆（其中两辆装备应急警灯）、各区（县级市）至少配置两辆（其中1辆装备应急警灯）统一标识的执法车辆。各级环境监察部门要配置一辆各类设备齐全的环境污染事故应急车，做到24小时随时处于待命状态。二是统一全市环境监察执法的人员身份标识。全市环境监察人员在执法时，必须统一佩戴广东省政府法制办制发的“行政执法证”，并规范佩戴的方式，全市各级环境监察人员的持证上岗率必须达100%。

四、统一执法形象。全市各级环境监察人员在执法工作中实行半军事化管理。一是要求有严格的组织纪律性，一切行动听指挥；二是要求衣着整洁、仪表端庄，保持良好的精神面貌；三是要求认真执行公务员行为规范，坚持勤政廉政，严格依法行政。

大 事 记

2005 年国家环境监察大事记

1月20日，国家环保总局、国家发改委、监察部在京联合展开晋、陕、蒙、宁4省自治区有关地区电石铁合金焦化行业环境污染整治工作会议。会议通过了《晋陕蒙宁有关地区电石铁合金焦化行业清理整顿要求》。国家发展和改革委员会副主任欧新黔、国家环保总局副局长汪纪戎、监察部副部长陈昌智出席会议并讲话。

1月21日，国家环保总局对2001年以来在打击环境违法行为中作出突出贡献的先进集体和先进个人进行表彰，授予北京市环境保护监察队等10个单位"全国打击环境违法行为先进集体"荣誉称号；授予张丰等499名同志"全国打击环境违法行为先进个人"荣誉称号(环发[2005]9号)。

2月3日，国家环保总局办公厅印发了《关于认定秦皇岛市环境监察支队等35家环境监察机构为环境监察标准化一级达标单位的复函》(环办函[2005]65号)，认定河北、山西、浙江、广东、重庆、四川、贵州等35家环境监察机构为环境监察标准化一级达标单位。

2月27日，国家环保总局向国务院上报了《关于整治违法排污企业保障群众健康环保专项行动情况的报告》(环发[2005]21号)。报告全面总结了2004年"整治违法排污企业保障群众健康环保专项行动"开展情况。

3月23日，国家环保总局印发2005年全国环境监察工作要点(环办[2005]32号)。

3月30日，国家环保总局印发了《关于开展自然保护区专项执法检查的通知》(环发[2005]37号)，要求各地开展自然保护区专项执法检查工作。

4月27日，国家环保总局协调水利部、建设部召开了全国环境保护部际联席会议联络员会议，邀请沿淮四省政府办公厅负责同志列席，会议研究并制定了《淮河流域枯水期环境监控应急方案》。

4月28日，国家环保总局、监察部联合印发《关于对企业违法排污损害群众利益突出问题开展专项检查的实施意见》(环发[2005]53号)。

4月29日，国家环保总局与沿淮河4省联合召开紧急部署淮河流域枯水期饮用水安全新闻发布会。会议主要内容：贯彻曾培炎副总理批示要求，采取有效的应急措施，确保淮河流域饮用水安全。各省通报今年以来防治淮河污染已开展的工作、当前存在的主要问题和拟采取的措施。国家环保总局有关领导和沿淮河4省政府新闻发言人及中央新闻单位参加会议。

5月10日，国家环保总局召开新闻发布会，通报2005年首批挂牌督办的晋、陕、蒙、宁交接区域电石铁合金焦化行业环境污染案等9个环境违法案件。

5月11日，国家环保总局印发了《关于开展全国生态环境监察试点工作总结的通知》(环办[2005]51号)，开展了生态环境监察试点评估、审核工作。

5月12日，国家环保总局、农业部、财政部、铁道部、交通部、中国民航总局联合印发了《关于进一步做好秸秆禁烧和综合利用工作的通知》(环办[2005]52号)，利用卫星遥感对全国秸秆焚烧情况进行监控。

5月30日，国家环保总局印发了《关于加强中高考期间噪声污染控制与监督检查的紧急通知》(环发[2005]66号)。

6月9日，国务院办公厅印发《关于深入开展整治违法排污企业保障群众健康环保专项行动的通知》(国办发[2005]220号)。

6月10日，国家环保总局、国家发展和改革委员会、监察部、国家工商行政管理总局、司法部、国家安全生产监管总局在京联合召开全国"整治违法排污企业保障群众健康环保专项行动"电视电话会议。国家环保总局局长解振华、国家发展和改革委员会副秘书长马力强、监察部副部长陈昌智、司法部政治部主任张苏军、工商行政管理总局副局长刘玉亭、安全生产监管总局副局长孙华山出席会议并讲话。国家环保总局副局长汪纪戎主持会议。

6月20日，国家环保总局、国家发展和改革委员会、监察部、国家工商行政管理总局、司法部、国家安全生产监管总局联合印发《深入开展整治违法排污企业保障群众健康环保专项行动工作方案》和《全国整治违法排污企业保障群众健康环保专项行动考核办法》的通知(环发[2005]79号)。

6月29～30日,全国环境执法工作会议在京召开。国家环保总局局长解振华、副局长祝光耀、汪纪戎出席会议并讲话。各省、自治区、直辖市、新疆生产建设兵团、副省级城市环保局(厅)主要负责同志,环境监察、纪检监察部门主要负责同志200余人参加会议。

7月24～28日,国家环保总局环境监察局与日本JICA联合举办电力企业环保监督员制度培训班。培训班主要研究与规范企业内部环境管理体制,提高企业自主守法水平。中国华能集团公司、中国大唐集团公司、中国华电集团公司、中国国电集团公司、中国电力投资集团公司以及部分发电企业环保部门负责人参加培训。

8月12日,国家环保总局决定对电解铝生产企业环境保护进行核查,并定期公告环保达标的电解铝生产企业名单(环发[2005]92号)。

8月27日,国家环保总局印发了《关于切实加强排污费征收管理,严格执行"收支两条线"规定的通知》(环发[2005]94号)。《通知》针对中央电视台《焦点访谈》栏日报道了湖北省南漳县环保局擅自以招待费、房租费、医疗费等冲抵、挪用、乱支排污费的情况,为加强排污费征收管理,严肃纪律,加强廉政建设,环境监察局进一步重申各级环保部门要严格执行"收支两条线"的有关规定,认真查找工作中存在的不足,举一反三,引以为戒。

9月17日,为贯彻落实中央领导同志重要批示,湘、黔、渝3省(市)交界地区锰矿业污染整治会议在湖南召开,国家环保总局副局长祝光耀出席会议并讲话。湖南省副省长郑茂清、重庆市副市长赵公卿和贵州省副省长肖永安分别在会上发言。

9月中下旬,为落实吴邦国委员长重要批示,国家环保总局环监局、法规司、污控司、生态司、环评司组成5个督察组,分别对河北省、内蒙古自治区、浙江省、江西省、湖北省、湖南省、广西壮族自治区的相关污染或生态破坏案件的处理工作核查并督促,切实维护群众的合法权益。

10月23～26日,国家环保总局环境监察局与日本JICA联合举办造纸企业环保监督员制度培训班。培训班主要研究与规范企业内部环境管理体制,培养企业守法责任意识,提高自主守法能力和水平,真正实现企业自主管理,

11月13日,中石油吉化双苯厂发生爆炸,苯和硝基苯等污染物泄漏,造成松花江流域重大水污染事件。在总局党组的统一领导下,国家环保总局环境监察局配合有关部门全力参与事件的调查与处置工作。

11月28日,国家环保总局印发《关于进一步加强环境监督管理严防发生污染事故的紧急通知》,要求有关部门迅速采取措施,坚决遏制重特大事故多发势头,确保人民群众生命财产安全(环发[2005]130号)。

12月1日,国家环保总局召开全国环保系统进一步加强环境监管严防发生污染事故电视电话会议。会议强调并布置了全国防范和处置突发环境污染事件工作。国家环保总局副局长王玉庆出席会议并讲话。国家环保总局副局长吴晓青主持会议。

12月5日,国家环保总局向国务院上报了《关于重庆市垫江县英特化工有限公司爆炸事故造成的环境污染处置情况的报告》(环发[2005]143号)。

12月7日,国家环保总局决定在全国范围内开展一次环境安全大检查(环发[2005]145号)。

12月8日,国家环保总局向国务院上报了《关于整治违法排污企业保障群众健康环保专项行动进展情况的报告》。对2005年"整治违法排污企业保障群众健康环保专项行动"进展情况进行阶段性总结。

12月11日,国家环保总局向国务院上报了《关于苏州市华源农用生物化学品有限公司有毒气体泄漏事故的报告》(环发[2005]150号)。

12月20日,国家环保总局向国务院上报了《关于广东省北江流域镉污染事故情况的报告》(环发[2005]154号)。

2005年地方环境监察大事记

内蒙古自治区

2005年7月12日，内蒙古自治区环保局出台了《内蒙古自治区环境违法案件移送办法》。

（廉升光）

黑龙江省

11月13日，中石油吉林石化分公司双苯厂发生爆炸事故，含硝基苯和苯等污染物的污水排入松花江，导致松花江水质受到污染，严重影响黑龙江省饮用水安全。

11月24日，黑龙江省环境监察总队下发《关于加大对松花江沿岸排污企业环境监管力度的紧急通知》，并派出检查组对松花江沿岸企业进行督察。要求各级环境监察机构尤其是松花江沿岸环境监察机构加大对重点污染源和沿松花江企业的现场监督检查力度。

12月12日，按照国家环保总局有关文件要求，黑龙江省环保局下发《关于进一步加强环境安全监管和环境安全隐患排查工作的紧急通知》，12月12日至20日在全省范围内，开展沿江沿河企业环境安全隐患排查工作。省环保局成立了4个环境安全工作督察组分赴哈尔滨、齐齐哈尔、牡丹江、佳木斯、大庆、鸡西、双鸭山、伊春、七台河、鹤岗、绥化、农垦总局等地检查督导工作。

12月31日，按照国家环保总局办公厅《关于加强冰封枯水期松花江水污染防控工作的通知》要求，黑龙江省各级环境监察机构继续深入开展环境安全隐患全面排查工作。黑龙江省环保局制定了《黑龙江省餐饮、娱乐等服务行业小型排污费排污量抽样测算办法(试行)》，自2005年7月1日起实施。并印制《“三产”小型排污者缴纳排污费登记手册》，对小型排污者排污费缴纳实行登记制度。

（郭艳军）

湖北省

3月，印发了湖北省《2005年环境监察工作要点》，并与各地签订了年度环境执法目标责任状。

4月，印发了《湖北省环境监察机构内部管理规章》。

5月～10月，省环境监察总队与省监察厅联合开展了对企业违法排污损害群众利益的突出问题专项检查活动。

12月，全省开展了重点污染源及危险化学品生产使用单位污染隐患大排查及整治工作。

（孟凡松）

宁夏回族自治区

1月1日，《宁夏回族自治区排污费征收使用管埋办法》止式实施。

1月18日，根据国家环保总局的要求，自治区环境监察总队下达监察通知，责令宁夏马莲台电厂停止违法建设。

1月25日，自治区财政厅、环保局、物价局、中国人民银行中心支行、财政部驻宁专员办事处印发《宁夏回族自治区排污费征收使用收缴管理办法》。

3月12日，银川市环境监察支队在西北5省区首家使用排污收费软件，排污申报、排污量核算、排污费征收实现了电子化管理。

4月4～5日，自治区环保局、财政厅、法制局联合举办了3期全区排污费征收使用管理培训班，对全区环境监察人员、企业环保专职干部进行培训。

8月26～29日，国家环保总局、国家发改委、监察部、安监局组成联合检查组对全区电石、铁合金、焦炭行业情况整改工作进行检查验收。

9月2日，自治区环保专项领导小组公布12家重点挂牌督办企业名单。

9月17日，石嘴山市环境监察支队首次开展对沙湖自然保护区现场监察。

10月13日，银川市环保局在银川市西夏区安装“电子眼”，即烟尘远距离监控仪，与银川市环境监察支队联网，进行实时监控。

11月11日，自治区党委组织部任命孔令彬同志为宁夏回族自治区环境监察总队总队长。

（刘韵垠）

青岛市

2月，青岛市环境监察支队支队长由汉红燕变更为李汝琦。

6月，青岛市环境监察系统通过ISO9001和ISO14001质量和环境双体系认证。

（赵润德）

沈阳市

3月28日，沈阳市环境监理大队法人代表及支部书记更换，大队长由李国宏担任，大队书记由宋平担任，同时人员结构精简，由原在岗29人调整为21人。

3月29日，市文明委、市招考委在沈阳市政府会议室召开了“沈阳市2004年中、高考‘双优’活动总结表彰暨2005年动员会”。市监理大队获“沈阳市2004年中、高考‘双优’活动突出贡献单位先进集体”奖；宇仁兵、江树志、杨宁同志分别获“先进个人”奖。

5月18日，为进一步规范排污收费行政行为，统一全市餐饮、娱乐等小型服务行业和证券、银行等事业单位的排污费征收标准，全市各区、县（市）监理、监测部门对16个类型共计405家排污单位进行监督性监测。

7月20日，根据环境监察和环境信访的工作实际，沈阳市环保局充分整合人力资源，将市监理大队、信访办、监控中心人员合署办公，提高办事效率，进一步强化环境监察职能。

7月18～22日，市环境监理大队配合市环保局政策法规处举办了两期“全市环境保护行政执法培训班”，培训内容包括环境保护工作当前形势、行政处罚权相对集中与环境执法、环境保护相关法律及环境行政执法疑难问题解析等。

9月21日，市环保局、市城市管理行政执法局等4家沈阳中华环保世纪行成员单位，召开会议研究解决新民市土法熬制沥青环境污染问题。

10月24日，市、区两级环保和行政执法部门开展了首次大气综合整治联合执法活动。

11月29日，监理大队参加了由沈阳承办的“全省市民投诉（市长电话）工作年会”，沈阳市政府市民投诉中心对沈阳市环保局“12369”环境投诉热线、沈阳市环保局外网投诉的设置等给予了充分肯定。

（郎丽娜）

环境监察统计

2005年全国环境监察工作情况

2005年,各级环境监察机构按照全国环境监察工作要点的要求,在各级环保部门的领导下,进一步提高机构能力建设水平,继续加强环境现场执法,积极参与处理处置环境污染事故、纠纷,查处群众举报的环境污染案件。在全国各级环境监察执法人员的共同努力下,2005年的环境监察工作取得了更大的成绩。

一、全国环境监察机构、人员和执法装备情况

截至2005年末,全国共设有环境监察机构3 061个,其中省级机构31个,地市级机构349个,县级机构2 681个。有派出机构(环境监察所)1 103个。

全国环境监察机构在编人员41 316人,比上年增加2 101人。实有人员53 163人。其中大专以上学历人数32 513人,比上年增加4 334人,大专以上学历人数占总人数的61%,比上年提高6个百分点,环境监察队伍整体素质进一步提高。

全国环境监察机构用房面积409 080平方米,其中省级环境监察办公用房面积10 456.4平方米,人均14.5平方米;地市级环境监察办公用房面积85 934.6平方米,人均10.4平方米;县级环境监察办公用房面积312 689平方米,人均7.1平方米。各级监察机构人均工作用房面积比上年略有减少,说明在人员增加的情况下,办公条件需进一步改善。

为了提高执法水平,加大执法力度,各级环境监察部门不断加强现场执法工具的配备,其中执法车辆达4 545台,通讯设备达6 569台,取证工具(pH计、黑度计、便携COD、照相机、摄像机等)达9 537台(套),设备总价值达50 723万元,比上年有所增加。

二、全国环境监察现场监督执法情况

随着环境保护工作的不断深化,全国各级环境监察部门加强了环境现场监督检查:2005年全国各级环境监察部门对污染源现场进行监督检查共3 787 903次,比上年2 768 059次增加1 019 844次。

1. 累计对374 556台(套)污染防治设施检查2 532 445次,比上年增加1 174 867次,污染防治设施中正常运转的有329 956台,运转率达到88.1%,其中污染防治设施运转达标率93.6%。

2. 2005年全国各级环境监察部门对新建和在建项目现场监督检查285 249次,比上年增加24 066次,一年中项目实际投产数累计57 489项,污染防治设施投产数52 521项,建设项目"三同时"执行率88.2%,比上年度增加11个百分点。

3. 2005年全国各级环境监察部门对累计31 129项限期治理项目进行现场监督检查168 354次,其中应完成的项目数25 954项,按期完成了20 900项,项目按期完成率平均为80.5%,逾期完成的项目数2 061项,未完成的项目数4 627项,占应完成项目数的17.8%。

4. 2005年对排污许可证现场检查175 113次,其中累计检查给排污单位发放许可证的单位数128 942家,其中超证排污9 748家,占7.5%。

5. 2005年度全国统计排污单位总数472 407家,已经进行排污申报的单位421 397家,环境监察部门就排污申报情况累计检查的单位数达到352 513家。

6. 全国环境监察机构在生态监察等其他现场执法中进行了274 229次检查。

三、全国环境污染事故纠纷与处理情况

根据环境监察报告,2005年全国各类污染事故比上年略有减少,污染事故的处理率达99%,结案率达98%,比上年提高1个百分点;各类污染纠纷数比上年增长近150%,比较突出,污染纠纷案件的处理率达到95%,污染纠纷案件结案率94%,比上年提高两个百分点;接待群众举报信访案件比上年增长4%,举报信访案件处理率达到98%,结案率达到96%。2005年,各类环境污染案件的查处力度均得到加强。

1. 2005年全国共发生各类环境污染事故727起,处理723起,处理率99%。结案915起,结案率98%,比上年增长1个百分点。

2. 2005年全国共发生污染纠纷128 081起,处理122 164起,处理率95%,结案120 688起,结案率94%,比上年增长两个百分点。

3. 2005年全国共接待举报信访498 836件,处理487 454件,处理率98%,结案477 275件,结案率96%。

《环境监察报告制度》2005 年度有关数据

1. 环境执法监察机构基本情况

		机构数(个)	在编人员数(人)	实有人员数(人)	人员工资来源(万元)		大专以上学历人数(人)	派出机构数(个)	派出机构人员数(人)	环境监察用房(平方米)	执法装备台数(台套)				设备价值(万元)
					财政拨款	环保补助资金					交通	通讯	取证	其他	
东部	省级	11	340	331	1 045.61	96	278	0	0	4 632	66	203	250	43	1 869.15
	地市级	110	2 666	2 776	4 191.89	748.9	2 346	28	275	37 888.7	455	795	1 414	118	8 825.09
	县级	953	12 173	15 019	6 190.78	6 953.16	8 737	540	2 399	124 154	1 652	2 297	2 993	34	16 594.02
	总计	1 074	15 179	18 126	11 156.3	7 798.06	11 361	568	2 674	166 675	2 173	3 295	4 657	167	27 188.16
中部	省级	8	145	131	284.6	0	127	0	0	3 116	23	59	86	5	633.6
	地市级	112	3 278	3 551	3 007.67	1 399.58	2 884	40	158	22 851	350	512	591	33.2	3 606.06
	县级	831	12 257	19 874	6 424.25	5 226.62	10 402	389	2 467	81 372	780	947	1 129	59	4 506.73
	总计	951	15 680	23 556	9 717.52	6 626.2	13 413	429	2 625	127 709	1 385	1 670	2 763	97.2	8 655.19
西部	省级	12	271	258	452.77	9.6	229	0	0	2 708.4	37	88	139	3	1 050.12
	地市级	127	1 878	1 925	4 250.81	656.43	1 583	24	119	25 194.9	327	517	1 022	134	4 721.298
	县级	897	8 308	9 298	7 266.7	1 874.5	5 927	82	369	107 163	855	1 151	1 913	144	8 917.143
	总计	1 036	10 453	11 485	10 379.5	2 540.53	7 739	106	488	134 867	1 219	1 756	3 070	281	14 719.55
总计	省级	31	756	720	1 782.98	105.6	634	0	0	10 456.4	126	350	475	51	3 552.87
	地市级	349	7 822	8 252	11 450.4	2 804.91	6 813	92	552	85 934.6	1 132	1 824	3 027	285.2	17 152.45
	县级	2 681	32 738	44 191	19 881.7	14 054.3	25 066	1 011	5 235	312 689	3 287	4 395	6 035	237	30 017.89
	总计	3 061	41 316	53 163	33 115.1	16 964.8	32 513	1 103	5 787	409 080	4 545	6 569	9 537	573.2	50 723.21

2. 现场监督检查执法情况

	现场监督检查总次数	污染防治设施现场检查次数	建设项目现场监督检查次数	限期治理项目现场检查次数	许可证现场检查次数	排污申报现场检查次数	其他现场检查次数
东部	1 162 267	578 479	177 887	76 732	70 996	155 681	145 069
中部	2 033 773	1 729 447	45 808	40 531	22 541	85 075	65 376
西部	679 371	224 519	61 554	51 091	81 576	111 757	63 784
总计	3 787 903	2 532 445	285 249	168 354	175 113	352 513	274 229

3. 事故、纠纷、信访查处情况

		发生数	参与调查数	处理数	参与处理数	处理率(%)	结案数	结案率(%)
东部	事故	345	187	342	114	99.13%	337	97.68%
	纠纷	103 276	14 477	97 835	14 097	94.73%	96 644	93.58%
	信访	294 348	171 956	286 325	151 145	97.27%	279 409	94.92%
中部	事故	85	78	84	67	98.82%	85	100.00%
	纠纷	7 134	5 955	6 876	6 077	96.38%	6 976	97.79%
	信访	100 528	71 008	98 175	29 428	97.66%	97 572	97.06%
西部	事故	297	282	297	277	100.00%	293	98.65%
	纠纷	17 671	16 911	17 453	16 628	98.77%	17 068	96.59%
	信访	103 960	94 176	102 954	91 312	99.03%	100 294	96.47%
总计	事故	727	547	723	458	99.45%	715	98.35%
	纠纷	128 081	37 343	122 164	36 802	95.38%	120 688	94.23%
	信访	498 836	337 140	487 454	271 885	97.72%	477 275	95.68%

2005年环境监察重要文件目录

2005年环境监察重要文件目录

国家环境保护总局文件：

文 件 名 称	文 件 号
《关于整治违法排污企业保障群众健康环保专项行动情况的报告》	环发[2005]21号
《关于开展自然保护区专项执法检查的通知》	环发[2005]37号
关于印发《国家环境保护总局监察部关于对企业违法排污损害群众利益突出问题开展专项检查的实施意见》的通知	环发[2005]53号
国家环保总局关于请国务院办公厅印发《关于深入开展整治违法排污企业保障群众健康环保专项行动的通知》的请示	环发[2005]65号
国家环保总局、国家发改委、监察部、国家工商行政管理总局、国家安全生产监督管理总局《关于加强中高考期间噪声污染控制与监督检查的紧急通知》	环发[2005]66号
关于印发"深入开展整治违法排污企业保障群众健康环保专项行动工作方案"和"全国整治违法排污企业保障群众健康环保专项行动考核办法"的通知	环发[2005]79号
关于切实加强排污费征收管理，严格执行"收支两条线"规定的通知	环发[2005]94号
《关于开展环境安全大检查的紧急通知》	环发[2005]145号
《关于整治违法排污企业保障群众健康环保专项行动进展情况的报告》	环发[2005]147号
《关于苏州市华源农用生物化学品有限公司有毒气体泄漏事故的报告》	环发[2005]150号
《关于广东省北江流域镉污染事故情况的报告》	环发[2005]154号
《关于广东省北江流域镉污染事故处置进展情况的报告》	环发[2005]159号

国家环境保护总局函：

文 件 名 称	文 件 号
《国家环保总局关于报送防治地震灾害带来环境问题有关材料的函》	环函[2005]14号
《特别重大、重大突发公共事件标准和信息报送意见的复函》	环函[2005]45号
《关于城市污水处理厂执行排放标准问题的复函》	环函[2005]127号
《关于煤矿企业排污收费有关问题的复函》	环函[2005]128号
关于对《国务院关于全面整顿和规范矿产资源开发秩序的通知》(征求意见稿)的复函	环函[2005]196号
《关于建设项目建设过程中排污申报及排污费征收问题的复函》	环函[2005]243号
《关于排污费性质等有关问题的复函》	环函[2005]246号
《关于排污费征收中污染当量值计算问题的复函》	环函[2005]287号

续表

文件名称	文件号
《关于建筑工地执行噪声排放标准征收噪声超标排污费有关问题的函》	环函[2005] 308号
《关于北京市施工工地扬尘排放量计算方法的复函》	环函[2005]309号
《关于〈国家防震减灾规划〉意见的复函》	环函[2005]377号
《关于对污染物排放单位安装自动监控设备有关问题的复函》	环函[2005]413号
《关于征收噪声超标排污费有关问题的复函》	环函[2005]445号
《关于排污申报范围适用法律等问题的复函》	环函[2005]459号

国家环境保护总局办公厅文件：

文件名称	文件号
《关于下发2004年环境应急演习资料汇编与光盘并做好环境应急工作的通知》	环办[2005]11号
《关于印发〈晋陕蒙宁有关地区电石铁合金焦炭等行业清理整顿要求〉的通知》	环办[2005]15号
《关于印发晋陕蒙宁四省自治区有关地区电石铁合金焦炭行业环境污染整治工作会议领导讲话的通知》	环办[2005]20号
《关于印发2005年全国环境监察工作要点的通知》	环办[2005]32号
《关于开展全国生态环境监察试点工作总结的通知》	环办[2005]51号
《关于进一步做好秸秆禁烧和综合利用工作的通知》	环办[2005]52号
《关于对江西、四川两起因监管不到位造成污染事件的通报》	环办[2005]57号
《关于进一步做好晋陕蒙宁有关地区电石铁合金焦炭等行业清理整顿工作的通知》	环办[2005]58号
《关于全面开展淮河和太湖流域2005年上半年度排污申报核定汇总工作的通知》	环办[2005]74号
《关于进一步做好汛期淮河流域水污染防治工作的紧急通知》	环办[2005]78号
《关于报送2005年整治违法排污企业保障群众健康环保专项行动有关情况的通知》	环办[2005]80号
《关于湖南花垣振兴化工股份有限公司违法排污行为的通报》	环办[2005]92号
《关于自然保护区专项执法检查工作情况的通报》	环办[2005]93号
《关于对14家污水处理厂整改进行挂牌督办的通知》	环办[2005]101号
《关于填报2004年度“重点调查统计工业企业”排污申报核定数表的通知》	环办[2005]103号
《关于2005年6～9月全国环保专项行动信息报送情况的通报》	环办[2005]118号
《关于贵州鑫旺锰业有限责任公司等企业违法生产情况的通报》	环办[2005]123号
《关于处理广东北江韶关段镉污染事故的通知》	环办[2005]139号

国家环境保护总局办公厅函：

文件名称	文件号
《关于对环境应急演习中表现突出的宁波市环保局予以表扬的通知》	环办函[2005]38号
《关于西安惠安化学工业有限公司污染问题的函》	环办函[2005]39号
《关于2004年第四季度淮河流域水质情况的通报》	环办函[2005]62号
《关于认定秦皇岛市环境监察支队等35家环境监察机构为环境监察标准化一级达标单位的复函》	环办函[2005]65号
《关于请解释清理整顿小钢铁厂关停范围的函》	环办函[2005]152号
《关于征求〈2005年整治违法排污企业保障群众健康环保专项行动工作方案(征求意见稿)〉意见的函》	环办函[2005]164号
《关于征求〈2005年整治违法排污企业保障群众健康环保专项行动工作方案(征求意见稿)〉意见的函》	环办函[2005]188号
《关于联合召开紧急部署淮河流域枯水期饮用水安全工作新闻发布会的通知》	环办函[2005]259号
《关于举办2005年第一、第二期全国环境监察处(队)长岗位培训班的通知》	环办函[2005]287号
《关于计征企业所得税问题的函》	环办函[2005]334号
《关于举办2005年第三、第四、第五、第六期全国环境监察处(队)长岗位培训班的通知》	环办函[2005]337号
《关于对〈促进煤矿瓦斯治理与利用的指导意见〉和〈煤矿瓦斯治理与利用总体方案〉意见的函》	环办函[2005]352号
《关于通报淮河环境监控应急方案实施情况的函》	环办函[2005]384号
《关于加强对你区造纸企业检查的函》	环办函[2005]404号
《关于举办电力企业环保监督员制度培训班的通知》	环办函[2005]408号
《关于对贯彻落实〈煤矿瓦斯治理与利用实施意见〉工作要点意见的复函》	环办函[2005]479号
《关于晋陕蒙宁四省区有关地区电石铁合金焦炭行业清理整顿工作检查的通知》	环办函[2005]483号
《关于对〈尾矿库安全监督管理规定〉〈尾矿库安全技术规程〉意见的复函》	环办函[2005]498号
《关于对湖南、贵州、重庆三省(市)交界地区锰污染企业进行核查的通知》	环办函[2005]504号
《关于核查南汇区环保局有关问题的函》	环办函[2005]515号
《关于责成湖北省环保局查处大冶市矿产企业污染问题的函》	环办函[2005]541号
《关于对湖南、重庆、贵州三省(市)交界地区锰行业污染整治工作进行联合督查的通知》	环办函[2005]547号
《关于对河北、内蒙古、浙江、江西、湖北、湖南、广西7省(自治区、直辖市)信访案件进行督查的通知》	环办函[2005]555号

续表

文件名称	文件号
《关于对〈国家重大食品安全事故应急预案操作手册〉意见的复函》	环办函[2005]572号
《关于通报2005年全国环保专项行动城镇污水处理厂专项检查情况的函》	环办函[2005]578号
《关于开展污染源自动监控系统建设使用情况调查的通知》	环办函[2005]579号
《关于举办造纸企业环保监督员制度培训班的通知》	环办函[2005]611号
《关于报送福州市"引水冲污"工程核实情况的函》	环办函[2005]612号
《关于责成内蒙古自治区环境保护局查处大黑山国家级自然保护区内违法开矿的函》	环办函[2005]632号
《关于征求对〈2005年整治违法排污企业保障群众健康环保专项行动联合督查组工作方案(征求意见稿)〉意见的函》	环办函[2005]637号
《关于〈关于煤矿瓦斯(煤层气)抽采利用的若干意见〉(征求意见稿)意见的复函》	环办函[2005]666号
《关于举办2005年全国生态环境监察培训班的通知》	环办函[2005]671号
《关于举办环境监察工作研讨班的通知》	环办函[2005]673号
《关于通报纺织印染行业环保专项检查情况的函》	环办函[2005]674号
《关于报送落实国务院整顿和规范矿产资源开发秩序通知工作方案的函》	环办函[2005]731号
《关于严肃查处怀来县长城酿造(集团)有限责任公司酒精车间污染问题的函》	环办函[2005]812号
《关于〈国务院办公厅关于充分发挥各级工商联在政府管理非公有制经济方面助手作用的意见(代拟稿)〉意见的复函》	环办函[2005]817号

国家环境保护总局环境监察通知书:

文件名称	文件号
《关于查处安徽省淮河流域环境违法企业的监察通知》	环监[2005]1号
《关于查处河南省淮河流域环境违法企业的监察通知》	环监[2005]2号
《关于对清水河沿岸淀粉加工企业进行重点督查的监察通知》	环监[2005]3号
《关于查处广东省电白县泸江矿冶化工有限公司等企业污染问题的监察通知》	环监[2005]4号
《关于查处杭州市萧山区南阳化工园区污染问题的监察通知》	环监[2005]5号
《关于查处重庆市大足县玉龙镇土炼焦企业环境污染问题的监察通知》	环监[2005]6号
《关于查处重庆铜梁红蝶锶业有限公司环境污染问题的监察通知》	环监[2005]7号
《关于查处萍乡市铟提炼企业的监察通知》	环监[2005]8号

续表

文 件 名 称	文 件 号
《关于查处内蒙古通辽梅花科技有限公司环境违法问题的监察通知》	环监[2005]9号
《关于查处河南商丘市梁园区水池铺乡爆破法制浆厂环境违法问题的监察通知》	环监[2005]10号
《关于查处湖北十堰市郧西县富民生物化工厂违法排污问题的监察通知》	环监[2005]11号
《关于查处陕西武功县东方纸业集团污染渭河问题的监察通知》	环监[2005]12号
《关于查处江西萍乡市莲花县纸业有限公司违法排污问题的监察通知》	环监[2005]13号
《关于查处重庆铜梁县造纸企业环境污染问题的监察通知》	环监[2005]14号
《关于查处安徽宿州市虹光纸业集团等3家造纸企业违法排污问题的监察通知》	环监[2005]15号
《关于查处敖汉旗非法采矿的监察通知》	环监[2005]17号
《关于查处赤峰市林西县鼎康矿冶有限公司环境违法问题的监察通知》	环监[2005]18号
《关于查处灯塔市北方化工有限公司环境违法问题的监察通知》	环监[2005]19号
《关于查处化州市平定镇非法钛铁采矿点的监察通知》	环监[2005]20号
《关于严肃查处怀来县长城酿造(集团)公司酒精厂超标排污问题的监察通知》	环监[2005]21号
《关于查处环境违法案件的监察通知》	环监[2005]22号
《关于查处大新县大新铅锌矿区环境污染问题的监察通知》	环监[2005]23号
《关于查处株洲经仕物资再生资源有限公司环境问题的监察通知》	环监[2005]24号
《关于查处萍乡市湘东区腊市镇炉前村华特溶剂厂环境违法问题的监察通知》	环监[2005]25号
《关于查处宁夏多维泰瑞制药公司和启元药业公司环境违法问题的监察通知》	环监[2005]26号
《关于查处南昌市长坡外商投资工业区和英雄工业园环境违法问题的监察通知》	环监[2005]27号

提案、议案办理：

文 件 名 称	文 件 号
《对十届全国人大三次会议第4877号建议的答复》	环提函[2005]26号
《对十届全国人大三次会议第1036号建议的答复》	环提函[2005]46号
《对政协十届全国委员会第三次会议第0663号(城乡建设类090号)提案的答复》	环提函[2005]73号

续表

文件名称	文件号
《对十届全国人大三次会议第2649号建议的协办意见》	环提函[2005]96号
《对政协十届全国委员会第三次会议第4407号(城乡建设317号)提案的答复》	环提函[2005]118号
《对政协十届全国委员会第三次会议第4429号(城乡建设类319号)提案的答复》	环提函[2005]196号
《对政协十届全国委员会第三次会议转信第X133号提案的答复》	环提函[2005]202号
《对政协十届全国委员会第三次会议第0442号(城乡建设类054号)提案的答复》	环提函[2005]206号
《对政协十届全国委员会第三次会议第0621号(城乡建设类第078号)提案的答复》	环提函[2005]207号
《对政协十届全国委员会第三次会议第2629号(政治法律类314号)提案的答复》	环提函[2005]213号
《对政协十届全国委员会第三次会议第3127号提案的答复》	环提函[2005]214号

国家环境保护总局局长函:

文件名称	文件号
《关于民间环保人士霍岱珊有关情况的报告》	局长函[2005]2号
《关于民间环保人士霍岱珊有关情况的报告》	局长函[2005]4号
《关于请国务院办公厅转发"2005年整治违法排污企业保障群众健康环保专项行动的工作方案"的请示》	局长函[2005]15号
《关于解决环境执法难有关措施和进展情况的报告》	局长函[2005]16号
《关于落实吴邦国委员长对环境污染问题重要批示情况的报告》	局长函[2005]49号

国家环境保护总局环境监察局文件:

文件名称	文件号
《关于研讨区域环境管理机构设置和工作机制的通知》	环监发[2005]1号
《关于查找洪河和沙颍河水质变化原因的通知》	环监发[2005]2号
《关于对停建30个违法建设项目进行现场检查的紧急通知》	环监发[2005]3号
《关于对淮河、太湖流域排污申报数据进行汇总的通知》	环监发[2005]4号
《关于认真办好〈中国环境年鉴(监察分册)〉的通知》	环监发[2005]5号
《关于报送2004年度环境监察工作报表有关事宜的通知》	环监发[2005]6号
《关于印发环境监察系统保持共产党员先进性基本要求的通知》	环监发[2005]7号

续表

文件名称	文件号
《关于征求对总局环境监察局党员先进性教育意见的通知》	环监发[2005]8号
《关于报送〈排污申报核定工作报表〉和〈排污费征收工作报表〉有关事项的通知》	环监发[2005]11号
《关于邀请参加环境执法中的法律障碍与解决对策工作讨论的通知》	环监发[2005]12号
《关于征求对环保总局环境监察局意见和建议的函》	环监发[2005]13号
《关于查找汾河水质变化原因的通知》	环监发[2005]16号
《关于查找淮河支流邳苍艾山西大桥断面氨氮浓度升高原因的通知》	环监发[2005]17号
《关于查找淮河阜南王家坝断面氨氮超标原因的通知》	环监发[2005]18号
《关于查找蚌埠闸断面水质恶化原因的通知》	环监发[2005]19号
《关于查找太湖流域上海青浦急水港、浙江嘉兴王江泾断面水质变化原因的通知》	环监发[2005]20号
《关于开展〈中国环境监察执法效能研究〉项目工作的通知》	环监发[2005]21号
《关于对渭河违法排污企业进行检查的通知》	环监发[2005]22号
《关于做好〈中国环境年鉴(环境监察分册)〉首卷发行工作的通知》	环监发[2005]23号
《关于就自然保护区专项执法检查工作研讨的通知》	环监发[2005]25号
《关于召开修改〈水污染防治法〉排污收费、超标处罚、环境监察机构执法地位相关问题论证会的通知》	环监发[2005]26号
《关于对不正常运行污水处理厂进行重点检查的通知》	环监发[2005]27号
《关于〈中国环境监察执法效能研究〉项目首次培训的通知》	环监发[2005]28号
《关于对中央领导同志批示有关群众反映水污染问题查处措施落实情况进行核查的函》	环监发[2005]29号
《关于组团赴国外考察、培训的通知》	环监发[2005]30号
《关于举办淮河、太湖流域排污申报核定汇总培训班的通知》	环监发[2005]31号
《关于对连片污染反弹问题进行专项检查的通知》	环监发[2005]32号
《关于召开环境监察执法能力建设研讨会的通知》	环监发[2005]33号
《关于对饮用水源保护区和重污染行业专项检查有关问题的通知》	环监发[2005]34号
《关于采掘废石等征收排污费问题的复函》	环监发[2005]35号
《关于进行2004年度重点调查统计工业企业排污申报核定数据汇审的通知》	环监发[2005]36号
《关于召开排污申报与核定工作汇审会的通知》	环监发[2005]37号

索　　引

说明：

· 本索引根据汉语拼音分类系统排列，以方便广大读者查阅

· 条目后面的数字，表示内容所在的页码

E

F

G

H

J

K

L

M

N

P

Q

R

S

T

W

X

Y

Z

张家口市环境监察支队

局长 邱建国

副局长 张绪祥

河北省张家口市位于首都北京市西北200千米，属于北京市上风向和水源地上游地区，这里活跃着一支环境监察队伍——张家口市环境监察支队。张家口市环境监察支队是张家口市环保局下设的参照公务员管理的一支环境现场执法队伍。现有环境执法人员39人。其中大专以上学历人员占89%，持证上岗率达83%。内设现场执法3个大队、排污费征收3个大队以及支队办公室、排污费稽查办公室、法制办公室、支部办公室。近几年来，张家口市环境监察支队不断开拓创新，目前已成为一支政治合格、业务优良、装备先进的环境监察队伍。2000年，市环境监察支队被评为省级排污费征收先进单位，2002年被评为省级环境执法先进单位，2002年被团市委评为青年文明号先进集体，10人被评为省级先进个人，2005年11月通过了国家环境监察机构标准化二级验收，2006年5月被河北省人事厅、河北省环保局授予“先进单位”称号。

2003年，张家口市被国家环保总局批准为国家级生态环境监察试点市，该队把生态环境监察试点工作作为重中之重，通过组建机构、建章立制、加强执法、科学研究等，使生态环境监察试点工作有延伸、有突破。首次获得了经济欠发达地区生态环境监察工作的典型经验，概括为“确立一个主题、利用两个手段、突出三个重点、夯实四个基础、抓好五个环节、运用六个结合、建立七个机制”。2007年4月被国家环保总局命名为“全国生态环境监察示范单位”，位于10个“全国生态环境监察示范单位”之首。

↑国家环保总局领导到支队视察

↑支队全体合影

辽宁省环境监测中心站

辽宁省环境监测中心站属于国家一级监测站，是全省环境监测系统的网络、技术、信息和培训中心。主要负责制定全省环境监测工作计划和规划，组织全省环境监测工作计划的实施和技术指导，开展监测科研、污染事故仲裁监测、环境质量报告的编写等工作，为各级政府实施环境管理决策提供技术支撑，为社会提供技术服务。

辽宁省站占地面积1万平方米，拥有固定资产2 600多万元，现有职工79人，拥有教授级研究员7人、高级工程师25人。

辽宁省环境监测站于1993年首次通过国家质量技术监督局计量认证，2003年通过了国家实验室认可委认可评审，成为国家认可实验室。认证范围为八大类283项。2005年国家发改委批准投资2 400多万元，在辽宁省站建设“国家环境二恶英监测中心”。

20多年来，全省开展了多学科、高层次的环境监测和环境科研，与日本、美国、德国、瑞典等国家开展了国际交流与合作。2005年被省科技厅授予“辽宁省环境监测技术重点实验室”，整体监测能力达到国内先进水平。

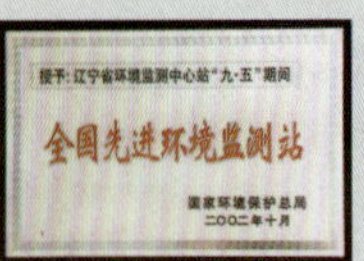

↑团结实干的省站现任领导班子

↓不断钻研、不断进取

辽宁省铁岭市监测站

站长：李国健

铁岭市环境保护监测站位于风景秀丽的龙首山脚下，占地面积2000多平方米，1975年建站到现在已经历了整整31个春秋。过去的31年，监测站在政府主管部门的领导下，在上级监测站的指导下，较好地履行了《全国环境监测管理条例》规定的市级监测站的各项职责，优质高效地完成了国家、省、市各级各项工作任务。尤其是为铁岭市的环境决策提供了技术支持，为铁岭市的环境保护执法实施了技术监督，为铁岭市的经济建设提供了技术服务。

铁岭市站拥有先进的空气和地表水自动监测在线系统，拥有先进的大型仪器设备，科技人员素质较高，工作环境优越，监测能力强。目前，监测站的软、硬件条件已经基本达到国家二级监测站建设标准的要求，并于2004年通过了上级主管部门组织的验收。

铁岭市站2002年被国家环保总局评为“九五”期间全国先进环境监测站；2003年被辽宁省环保局评为全省先进监测站；2005年被辽宁省人事厅、辽宁省环保局评为全省环境保护先进集体；1999~2005年连续7年被辽宁省环境监测中心站评为执行环境监测报告制度优秀单位；从1997年以来，质量控制工作多次受到省环境保护监测中心站的表彰。

↑主楼外景

辽宁省大连市环境监测中心

大连市环境监测中心成立于1975年，下设10个科室、6个分站。承担该市的环境质量监测、污染源监测、突发性污染事故监测、污染纠纷仲裁监测以及监测科研和社会服务性监测任务，年平均出具监测数据近90万个，是大连市环保局直属部门，是大连环境监测的技术中心、网络中心、数据中心和指导培训中心，也是大连市依法进行环境管理和监督的重要部门之一。经过30年的发展壮大，现已成为监测手段先进、监测方法齐全、监测对象广泛、监测人员素质较高的全国重点环境监测站之一，是国家环保总局大气环境监测网、近岸海域监测网主要成员单位，是中国环境监测总站渤海近岸海域环境监测东站的依托单位，先后被国家环保总局评为“优质实验室”，被中国实验室国家认可委员会认证为“国家认可实验室”，多次荣获省、市“科技进步奖”，大连市政府“先进单位”，国家环保总局、辽宁省环保局“优秀环境监测站”等称号。

↑海域例行监测及海上重点工程项目跟踪监测

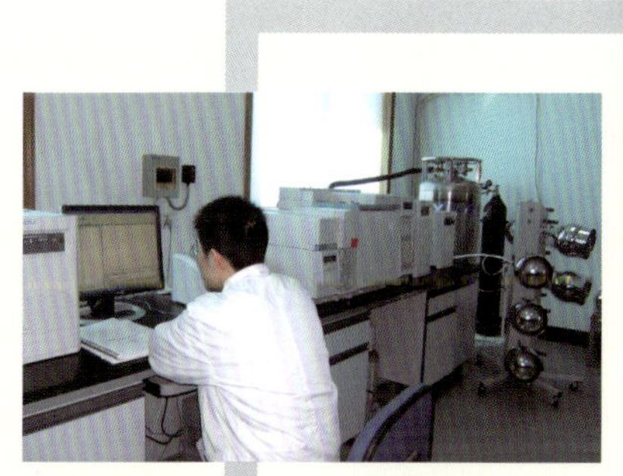
↑有机分析

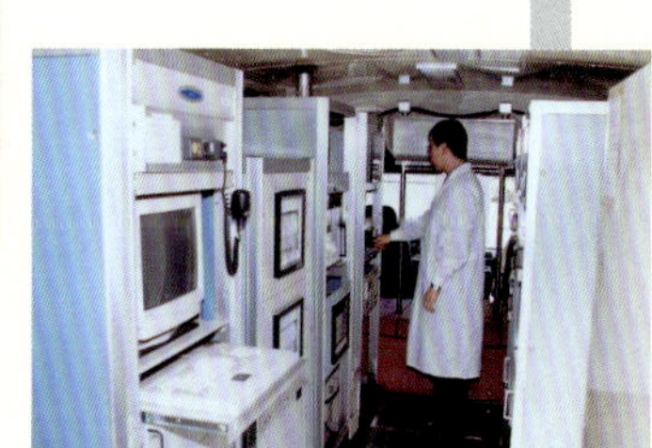
↑遍布全市的10个空气自动监测子站及流动监测车

↑学术交流活动

辽宁省盘锦市环境保护监测站

盘锦市环境保护监测站成立于1987年，隶属于盘锦市环保局。半数以上职工具有高、中级技术职称。内设办公室和8个业务科室，环境监测用房面积3 000平方米。

建站以来，始终坚持质量建站、管理治站、科技兴站的方针，紧紧围绕环境保护中心任务积极开展监测工作。“十五”期间为盘锦市环保事业的发展和生态市建设提供了可靠的技术支持和技术保证。2004年顺利通过国家总站和辽宁省环保局环境监测站标准化建设验收和抽检，达到国家二级站建设标准。

几年来，该站的工作得到了各级领导部门的肯定，先后被辽宁省环境监测中心站评为“执行环境监测报告制度”优秀单位、综合分析工作先进单位、自动化监测先进单位；2003年被辽宁省环保局评为1998~2002年度全省“先进监测站”；2003年站党支部被盘锦市委和辽宁省委评为先进党支部；2004年和2005年被盘锦市妇联和辽宁省妇联评为“三八”红旗集体；2006年被盘锦市委评为思想政治工作先进单位。

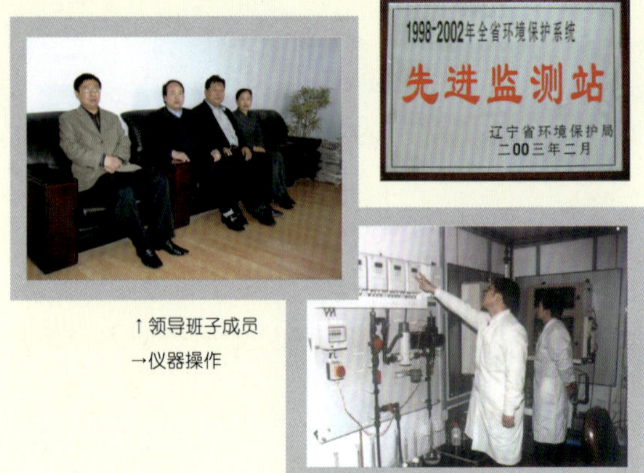

↑领导班子成员
→仪器操作

黑龙江省哈尔滨市环境监测中心站

哈尔滨市环境监测中心站成立于1977年，现已成为规模较大、检测领域广泛、技术水平较高的环境监测机构，是哈尔滨市环境监测系统的技术、信息、网络中心和培训中心。

该站于2001年12月通过了“中国实验室国家认可”认证，是我国环境监测领域第五个通过该项认可的实验室。拥有办公、实验楼面积4 800平方米，分析仪器300余台，其中，进口的先进的大型仪器有色谱－质谱联用仪、等离子发射光谱仪、气相色谱仪、液相色谱仪、离子色谱仪、原子吸收分光光度仪、傅立叶红外分析仪等。能对大气、室内空气、水体、土壤、生物、生态、噪声、放射性、振动、电磁波辐射、机动车排气等300余项指标进行检测。

其中，室内污染监测，可监测各种板材、油漆涂料及瓷砖理石、卫生洁具等造成的室内污染；检测放射线、氡、甲醛、氨、总挥发性有机物、苯以及有机挥发性气体；人发中微量元素测定；可对蔬菜、粮食、水产品、畜产品中重金属、化肥、农药等污染物进行检测。同时还可开展各种矿泉水、纯净水水质检测。

↑站领导班子
↓采样

吉林省长春市环境监察支队

支队长：刘忠诚

长春市环境监察支队是受长春市环保局委托，担负长春市城区的环境现场监督执法任务的环保队伍。支队在编人员86名，98%以上人员具有大专以上学历，持证上岗率达100%，内设12个科（队）室。多年来，支队在市局的正确领导下，坚持以“三个代表”重要思想为指导，认真落实科学发展观和构建和谐社会要求，以保护和改善环境质量为目标，以“建一流队伍，创一流成绩，出一流人才”为建队宗旨，扎实推进环境监察标准化建设，在“创建国家环境保护模范城市”和“开展整治违法排污企业保障群众健康环保专项行动”中做了大量卓有成效的工作，发挥了重要作用，解决了一批事关群众切身利益的突出环境问题，遏制了环境污染，打击了环境违法行为，维护了群众的环境权益。2001年6月世界环境日开通了“12369”环保热线电话，实行专人接警，24小时值班，实现了“有警必接，接警必出，快速反应，及时到位，查处有力”的工作目标，提高了对突发环境事件的应急能力，拓展了与群众沟通联系的渠道。

自2001年起，先后投资1 000余万元建成了“长春市环境监察自动监控中心系统”，对城区内420千米范围内5 300余台锅炉的4 000多根烟囱进行实时视频监控，对重点水污染源排放的COD及排放污水流量、污染防治设施运行情况实施在线监控管理，实时掌握了污染物排放和环保设施的运行情况。自动监控中心系统收集的数据和视频信息，与GIS电子地图和GPS卫星定位系统有机结合，对污染源点和执法车辆实施实时定位监控，就地就近指挥调派警力及时查处违法行为，形成了现场监察快速反应、机动灵活、及时高效的环境执法能力，构建了人力现场检查与远程自动监控管理相结合的立体交叉管理模式。提高了环境现场执法的工作效率，规范了执法行为，降低了管理成本，有效遏制了污染物偷排偷放和污染防治设施擅自停运现象的发生，控制和减轻了污染排放，有力地推动了城市环境的综合整治和人居环境质量的改善。

通过多年的努力奋斗，长春市环境监察支队为改善全市的环境质量、建设生态城市、维护群众环境权益做出了突出贡献。“十五”期间共督办治理排放烟尘超标锅炉近3 700台。2002年以来，城区空气质量持续改善，优良级天数连续4年保持在340天以上，优良率在93%以上，排在全国省会城市前列。“长春市中心城区空气污染治理项目”获得中国人居环境范例奖。城镇集中式饮用水源地水质达标率达到100%。城区地表水体按功能区达标，工业污染源基本实现主要污染物达标排放。2005年区域环境噪声和道路交通噪声平均值控制在56.4分贝和68分贝，噪声达标区面积达到142.95平方千米，覆盖率达到74.2%。2001年8月，长春市环境监察支队在全国47个环保重点城市中，首批通过了国家环保总局组织的全国环境监察标准化建设一级标准达标验收。先后被国家环保总局授予“全国环境保护系统精神文明建设先进集体”、“全国环境监察先进集体”；被吉林省政府评为“执政为民满意服务单位”；被吉林省环保局授予“全省环保系统精神文明建设先进集体”、“吉林省环境监察先进单位”；被长春市委、市政府授予“创建国家环保模范城市突出贡献单位”、“长春市软环境建设先进集体”、“行风建设先进窗口单位”、“‘三五’普法依法治理先进单位”；被长春市精神文明建设指导委员会授予“文明单位”称号；多次被中共长春市直属机关工委评为“理论学习先进单位”和“先进基层党组织”；连续多年被长春市环保局评为“全市环保系统先进单位”。

↑支队执法车辆

↑建一流队伍，树一流形象

↑监察人员现场执法

↑环境监察远程监控中心

黑龙江省环境监察总队

总队长：张立明

黑龙江省环境监察总队前身为黑龙江省环境监督管理站，成立于1983年3月，2004年1月更名为黑龙江省环境监察总队，目前共有人员17人，内设综合科、办公室、监察科、稽查科和生态科5个职能科室。

近年来，黑龙江省环境监察总队在黑龙江省环保局的领导下，不断加强思想、作风、能力建设，认真履行各项职责，严格环境执法，成为一支作风过硬、行动快速、执法有力的环境监察队伍。该队通过加大现场监督检查力度，强化污染源监管，全面推动了整治违法排污企业、保障群众健康环保专项行动的深入开展。同时，依法、全面、足额征收排污费，全省排污费征收额由1983年的2 523万元，增长到2005年的2.6亿元，为筹集污染治理资金奠定了基础。2005年8月，黑龙江省的4个国家级生态环境监察试点地区均以优异的成绩通过了国家环保总局的考核验收，黑龙江省成为全国率先全部生态环境监察试点通过验收的省份。为提高环境监察执法效率和水平，促进全省环境监察执法工作向程序化、制度化和规范化方向发展，该队制定了《黑龙江省环境监察工作考评办法（试行）》，对全省各市（地）环境监察工作进行考核评比，有效推动了全省环境监察工作的全面发展。先后荣获了黑龙江省省直机关“文明单位标兵”、黑龙江省环保局“先进集体”、国家环保总局“全国环境监察先进集体”、国家环保总局“全国打击环境违法行为先进集体”、中华人民共和国人事部和国家环保总局“全国环境保护系统先进集体”等荣誉称号。

↑领导班子研究工作

↑荣誉证书

↑执法车辆

哈尔滨市环境保护科学研究设计院

院长：张志泉

哈尔滨市环境保护科学研究设计院是隶属于哈尔滨市环保局的专业环境科研设计单位。其主要工作任务是环境科研，建设项目环境影响评价，环境污染治理工程设计和环保新技术、新产品开发。建院多年来，该院始终坚持以市场为导向，以科技为经济和社会发展服务的指针，依托市场求生存、求发展，成功地完成了多项环保科研开发、国家及省市重点工程项目、环境影响评价及污染治理工程设计工作，为哈尔滨市的环保事业做出了突出的贡献。其研究开发的一些适应市场需要的环境污染治理新技术、新产品，曾多次获得当地政府及有关部门的表彰和奖励。

荣誉证书

授予：
哈尔滨市环境保护科学研究设计院
“全国环境保护系统先进集体”称号，特发此证。

二〇〇〇年十二月

黑龙江省大庆市环境监测中心站

大庆市环境监测中心站属国家环境监测二级站和国家环境监测网络成员单位。经过20多年的发展建设，现已成为仪器设备优良、检测领域较广泛、技术水平较高、办公条件现代化的环境监测部门。

该站一贯遵循“监测方法科学、监测结果准确、监测结论公正、监测服务规范”的质量方针。通过了省级计量认证和国家实验室认可。在2005年松花江重大污染防控工作中被评为先进集体。

该站拥有3 500平方米的办公检验楼。设有局域网和环境监测信息管理系统，实现了资源共享和现代化办公。实验室配备了色—质谱联用仪及大气自动取样系统、流动注射分析仪、离子色谱仪等大型分析仪器设备30余种120多台套；拥有5个子站的环境空气质量自动监测系统；1个水源地水质自动监测系统，可同时对9个主要参数进行连续监测；现场环境应急监测系统；仪器设备固定资产总值近1 500万元。在全市范围内，能够对200多种有机物、无机物、放射性物质等环境污染物进行监测。

除完成例行监测工作外，该站还开展了环境影响评价现状监测、环保设施竣工验收监测、环境污染仲裁监测、环保产品认证监测、室内空气质量监测、职业卫生监测、绿色食品基地监测、油烟监测、建材环保产品测试等。

↑中国环境监测总站站长魏山峰（中）在检查指导工作

↑汽车尾气现场监测

上海市徐汇区环境监察支队

徐汇区环境监察支队前身是成立于1997年的徐汇区环境监理所，于2001年9月更名为徐汇区环境监察支队，是徐汇区环保局下属的一支环境保护现场执法队伍，主要承担辖区内“三查、两调、一收费”工作、阶段性环境整治以及区环保局委托的其他工作等。支队下设办公室、环境监察一中队、二中队和三中队，编制25人，平均年龄38.5岁；大专以上学历18人，占90%；具有中级以上职称的9人，占45%；中共党员13人，占65%，是一支年龄轻、学历高、专业精的环境监察队伍。

2006年，支队针对环保形势的变化，加大了对企事业单位的环境监察力度，今年共对辖区内企事业单位现场监察2 122户次。在做好污染源日常监察的同时，支队还对两年内审批的新建项目进行跟踪监察，全年共对建设项目现场监察532户次。在排污费开征方面，支队在贯彻实施国家新颁布的《排污费征收管理使用条例》的基础上，按照“依法、全面、足额、及时”的征收原则，积极做好宣传工作，探索新思路、新办法、新举措，2006年共开征排污费1 131户次，实收1 121户次，开征金额331.12万元，实收金额325.97万元，回收率达98.44%。在环境纠纷的处理工作中，支队按照《信访条例》的要求，在区环保局的领导下，进一步规范了信访处复流程，结合日常监管工作，提高信访处复质量，规范了信访处复。去年1～11月，支队共收到信访446件，处复488件。按照上海市环境监察总队的要求定期向被监察单位下发现场执法回单，1～3季度共回收执法回单68份，满意率为100%。执法人员以实际行动实践了“三个代表”重要思想，维护了群众的利益，赢得了居民和企业的好评。

两年中，支队按照工作计划，先后着手开展了“斜土路、田林路的餐饮综合整治”工作，积极开展“保障群众健康，整治违法排污企业”、“环境安全专项检查”、“高校实验室排污管理”等专项行动，仅在2006年的“保障群众健康，整治违法排污企业”环保专项行动中就出动835人次，检查单位1 304家，立案29家，罚款4.7万元，对各类违法排污企业开展了一系列行之有效的整治活动，保障了人民群众的切身利益。另外，支队积极参加中考、高考、司法考试、成人高考等“绿色护考”系列活动，在2006年中、高考期间，支队共出动巡查45批次，98人次，并在12个考点安排了人员驻校，共检查单位数295户，处理应急事件23件。2006年6月，“六国峰会”在上海召开，支队人员放弃休息日，连续一个多月奋战在一线，采取蹲点与巡查相结合的方法，全力以赴，日夜坚守，确保了“六国峰会”期间的环境安全。

在领导的高度重视及全体职工的努力实践下，支队的综合能力不断提升，连续5年获得上海环境监察系统考核一等奖，并获得上海市环保系统信访工作先进集体等荣誉称号。2006年上半年，支队又被国家环保总局评为“十五”期间“国家环保系统先进集体”。2006年7月，支队党支部又被评为2003~2005年度建设和交通系统先进基层党组织。

↑徐汇区环境监察支队“全家福”

↑“六国峰会”期间环保局、支队领导检查工作

↑支队长徐龙麟在考场外测噪声

↑支队领导在3月5日“学雷锋”现场解答群众提问

江苏省南京市环境监察支队

南京市环境监察支队成立于1993年9月，是一支依照公务员管理的行政执法队伍。建队10余年来，支队全体人员以建一流队伍、出一流人才、创一流业绩为目标，紧紧围绕市环保局提出的总体目标和要求开展工作，坚持以人为本，坚持从严执法，坚持求实创新，为保证全市环境安全、维护人民群众环境权益和保障全市环保工作目标的实现做出了重要贡献。

2005年南京市环境监察支队以“三个代表”重要思想和科学发展观为指导，以服务“两个率先”为落脚点，以转变执法理念，高效优质服务，创造服务品牌为着力点，在执法中服务，在服务中执法，全力打造高效、廉政、文明的执法队伍，全力维护人民群众的环境利益，并取得显著的成效，先后获得江苏省文明单位、南京市文明单位、党员先进性教育活动先进单位等荣誉称号。

↑省厅及市支队领导现场研究应急演练行动

↑接诉员在社区征求群众对环保工作的意见建议

↑政委王凤生在勤政廉政好干部李元龙家乡为支队第二课堂挂牌

↑支队联合区县大队检查挂牌监办企业污染治理设施整改情况

↑支队长王达浩在南京新闻台直播室现场解答群众建议、投诉

↑综合整治后的大胜关集中式饮用水源保护区

江苏省无锡市环境监测中心站

↑监测实验室外貌

↑现代化的分析仪器

↑监测人员在太湖采样

无锡市环境监测中心站是无锡市社会公益性事业单位，是全球环境监测系统中国网的成员单位。现有员工82人，中级以上专业技术人员占职工总数的48%。

该站拥有先进的质谱、色谱、光谱等专项监测分析仪器，具有305项指标的实际监测能力。全面履行"国家环境监测条例"和"江苏省环境监测站建设标准"所规定的环境监测职责，实施辖区范围内各类环境要素的监测工作，同时承担着江苏省"太湖水质监测中心站"、"环境监测苏南分中心"的职责。积极参与JICA、"863"等国际、国内重大科研项目的研究。

该站通过了国家计量认证，是江苏省首批"标准监测站"之一。2003年初获得中国实验室认可资质。并多次荣获省、市"环保先进集体"和省、市"文明单位"等荣誉称号。

↑多次获得省市荣誉

江苏省无锡市环境监察支队

支队长：柏宗平

无锡市，别名梁溪，东邻苏州，南濒太湖，西接常州，北依长江。沪宁铁路横亘东西，京杭运河纵贯南北，水陆空交通便捷，河流湖泊纵横交织，素有江南鱼米之乡的美称。无锡市环境监察支队正是长年默默奋战在这山明水秀、风景佳绝的太湖之滨的守护神。

无锡市环境监察支队成立于1991年，先后被命名为无锡市环境监理总站、无锡市环境监理支队，2003年更名为无锡市环境监察支队，已逐步成为一支政治素质好、业务素质过硬、团结协作、积极向上的战斗集体。

经过多年的艰苦创业，无锡市环境监察支队建成了7辆GPS全球定位系统“110”执法车；对水污染物排放量占全市75%的重点排污企业安装了COD监控在线仪和流量计；对占全市二氧化硫排放量80%的燃煤大户安装了二氧化硫监控在线仪；在城市高层建筑物上安装了两套烟气黑度监控系统，实现了对覆盖城区95%范围内黑烟排放情况的全天候自动监控。支队先后获得全国环境监察先进集体、江苏省创建文明行业示范点、江苏省文明单位、无锡市“110”社会联动服务先进集体等荣誉称号。

←无锡市环境监察系统举行首届业务竞赛

江苏省淮安市环境监察局

江苏省淮安市环境监察局现有职工32名，具有中高级职称的15名，其中有6名曾先后享受市劳模待遇。多年来，他们坚持“两手抓、两手硬”的方针，积极开展以“文明执法、强化服务，树立行业新风、塑造环保形象”为主题，以“群众满意、政府满意、社会满意”为宗旨，以改善环境质量、促进可持续发展、构建和谐社会为目标的创建活动，各项工作取得了可喜的成绩。2003年，淮安市环境监察局被世界教科文卫组织、世界扶贫基金会授予“保护环境，绿色支队”光荣称号；2004年被省环保厅、省财政厅评为排污费征收标兵单位，被市政府评为“110”社会联动服务先进单位；两次被淮安市委、市政府授予“淮安市文明单位”称号；两次被授予“江苏省文明单位”称号；2005年底，被省委、省政府授予“江苏省文明单位标兵”光荣称号，被市委、市政府表彰为“淮安市经济发展软环境建设企业满意十佳单位”。

↑监察局办公会议

江苏省镇江市环境监测中心站

"十五"期间，镇江市环境监测中心站在省、市领导的支持与指导下，以科学发展观为指导，紧密围绕监测站标准化、自动化、现代化能力建设、实验室认可等项工作，以服务管理、服务社会为中心，抢抓机遇，趋势而上，迅速成长为一个充满活力，能基本满足经济、社会与环境管理发展要求，监测手段基本现代化的文明监测集体。并通过努力，在全市监测系统实现了"国家实验室认可评审"。

5年间，镇江市监测系统着力强化能力建设，累计投入资金1 028万元，大幅度提高全系统装备水平。并且以科研为抓手，在自动监控、应急监测、生态监测以及信息建设领域开发完成了多项有特色、有成效的应用研究工作；依托"环境监测现代化建设"试点工作，从机构队伍、技术能力、装备与信息化建设入手，全面提升了监测服务的广度与深度，充分发挥出监测站作为环境管理技术中心和信息中心的技术优势；推动了人才培养，打造出一支结构合理、素质过硬的监测队伍，为镇江地区环境建设与管理、环境安全的保障奠定了坚实的基础。

经过坚持不懈的努力，该站获得多项荣誉：2001年省科协科学进步三等奖；2002年市委、市政府文明单位；2003年市政府科学进步三等奖、科研工作三等奖；2003年省文明委（2001～2002）省文明单位；2004年省环保厅酸雨普查工作（2003）先进单位、监测先进单位；2004年镇江市科技进步先进集体；2004年镇江市人民政府三等功单位；2005年全省总量监测工作先进单位；2005年省文明委（2003～2004年度）省文明单位；2004、2005年环境监测工作先进单位；2001～2005年市环保局先进单位、收费诚信标兵单位；2005年度，全省环境监测系统的综合测评排名第一；2006年省厅自动监测工作表彰（2005年度）2006省厅数据传输工作第一名表彰（2005年度）；2006年省环境监测工作先进单位（2005年度）。

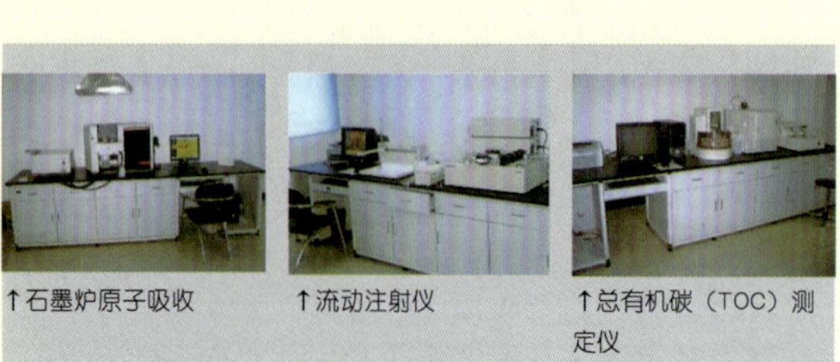
↑石墨炉原子吸收　↑流动注射仪　↑总有机碳（TOC）测定仪

↑办公大楼

江苏省徐州市环境监察支队

支队长、支部书记：林　丰

江苏省徐州市环境监察支队成立于1985年4月，前身为徐州市排污收费监理站、徐州市环境监理总站、徐州市环境监理支队，2003年更名为徐州市环境监察支队。支队现有人数32人，内设5个工作部门，按照国家环境监察一级标准建设的要求配备了各种执法装备和取证器材，承担着污染源现场监察、污染防治设施现场监察、建设项目现场监察、环境信访与污染举报受理查办、环境违法行为调查处理、污染事故应急处置、排污收费和水环境巡查等职责。

徐州市环境监察支队坚持以执法为民为宗旨，提高素质为动力，发扬“自加压力立志争先、雷厉风行真抓实干、排除万难吃苦拼命、艰苦奋斗自我牺牲、令行禁止严守纪律”五种精神，在支队内部形成了“好学上进、迎难而上、严谨细实、依靠群众、勤政廉政”的风气，人员素质不断提高，执法能力和执法水平不断增强。长期以来，徐州市环境监察支队认真做好环境监察工作，不断加大执法力度，严厉打击违法行为，切实解决群众关心的环境问题，工作取得了累累硕果，先后获得“创建全国卫生城市先进集体”、“徐州市信访工作先进单位”、“徐州市人大建议政协提案办理先进单位”、“江苏省排污收费先进集体”、“江苏省环境信访先进单位”、“江苏省排污申报先进集体”、“全国环境监察一级标准化建设单位”、“江苏省排污收费标兵单位”、“江苏省文明行业示范点”、“江苏省精神文明单位”等称号。近年来，支队把保证环境安全作为环境监察工作的中心，全力开展整治环境违法企业保障群众健康环保专项行动，取得了突出成绩，环境安全得到了有力保障。鉴于以上成绩，徐州市环保局获得了“全国打击环境违法行为先进单位”、支队长林丰获得了“先进个人”的荣誉称号。

目前，徐州市环境监察支队正以崭新的姿态，争先的精神，不断开拓徐州市环境监察工作的新局面。

南昌市环境保护监理所

所长：胡伟仁

南昌市环境保护监理所成立于1980年，主要职责是监管全市污染源、征收排污费、查处环境违法行为。近年来，该所按照“三个代表”重要思想的要求，以科学发展观为指导，以“内强素质、外树形象、严格执法、热情服务”为宗旨，以机关效能建设和“环境执法年”行动为切入点，转变观念，改进作风，依法行政，环境监察队伍的整体素质和执法水平有了进一步的提高，干部职工的法律意识不断增强，文明执法、热情服务，工作效率明显提高。通过干部职工的奋力拼搏，扎实工作，各项工作取得了突出的成绩，为南昌市成功地创建国家卫生城市和整体环境质量的改善做出了积极的贡献。先后荣获“全国环境监察先进集体”荣誉称号，多次被评为江西省环境监察先进单位，连续4年被南昌市政府授予“南昌市环境保护工作先进单位”称号。

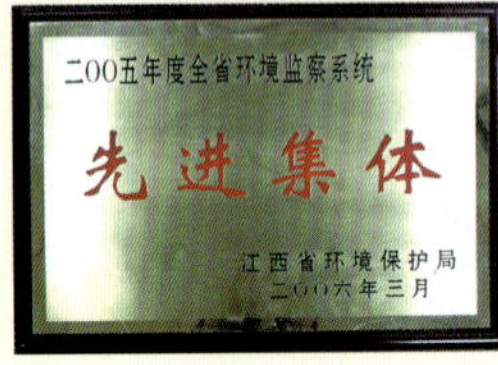

领导班子成员

九江市环境监察支队

九江市环境监察支队成立于1984年。其前身为九江市环境监理所，2000年正式更名为九江市环境监察支队，隶属九江市环保局，为全额拨款的正科级事业单位。现有人员25人，80%以上具有大中专学历。历年来，该队多次被评为省市先进集体，是一支团结、向上、务实、进取的环境现场执法队伍。

↑支队班子成员

↑现场检查

↑应急演习

↑环境现场监察

山东省环境监察总队

山东省环境监理站（并挂山东省环境保护稽查大队牌子）成立于1996年，为省环保局直属的处级事业单位。2003年根据国家环保总局《关于统一规范环境监察机构名称的通知》的要求，经省编委批准，更名为山东省环境监察总队，依法保护环境，用法律的手段来整治环境污染，维护生态平衡。作为环境执法的一线队伍，山东省环境监察总队成立十年来，一直把这一认识作为工作的指导思想和奋斗目标。在山东省环保局的直接领导下，以环境保护的各项法律法规为依据，结合山东省的实际情况，勇于执法，善于执法，严于执法，在环境管理和执法监督的道路上取得了良好的业绩，锻炼了一支业务过硬、作风优良的执法队伍，为环境保护的规范化和法制化建设做出了贡献。

十年间，该总队有36人次立功受奖，7人次被省环保局评为“优秀共产党员”，31人次被授予全国打击环境违法行为先进个人、全国排污申报核定工作先进个人、全国排污费征收工作先进个人、山东省环境监理先进工作者、山东省环保行政执法规范建设先进个人等荣誉称号；总队的主要负责人被评为“山东省省直机关廉洁勤政先进个人”。同时，山东省环境监察总队先后被国家环保总局授予“全国秸秆禁烧和综合利用先进集体”、“全国环境监察先进集体”的荣誉称号；2005年获得全国排污收费核定工作一等奖和全国排污费征收工作二等奖；同时被山东省省直机关党工委授予“省直文明单位”、“省级青年文明号”、“先进基层党组织”、“省直机关工会工作先进单位”等荣誉称号，并多次被山东省环保局评为“山东省环保系统先进集体”和“文明单位”。

↑在春节联欢晚会上唱响《环境监察队员之歌》

↑总队深入现场检查电厂脱硫工程

↑搞好文体活动，增强职工体质

↑监察队伍与执法车辆

↑标准化建设验收会

山东省莱芜市环境监察支队

山东省莱芜市环境监察支队于2002年经市机构编制委员会批准，由原莱芜市环境监理稽查支队更名为环境监察支队。近年来，支队奔波于嬴牟大地、活跃在环境执法第一线，以促进莱芜市环境质量改善、保护群众环境权益为宗旨，适应新形势，探讨新方法，促进新发展，突出工作重点，转变执法观念，内强素质，外树形象，忠实履行环境监察职能，为改善莱芜环境质量做出了突出贡献。“十五”期间，莱芜市环境监察支队出色地完成了各项任务，连续5年被评为市环保局先进单位；10人次被评为局先进工作者；1人被评为山东省环保系统先进个人，荣记二等功；两人被山东省环保局评为“十五”环境监察先进个人，1人被评为莱芜市环保先进个人；3人被评为市优秀共产党员；两人分别被评为全国排污申报登记审核和全国排污费征收先进个人。

↑现场检查

↑拆除小炼铁

↑支队赶赴现场执法

平阴县环境保护局

↑团结奋进的领导班子

平阴县环境保护局是政府序列局，内设办公室、规划财务科、环境管理科、自然生态保护和监督管理科、宣教法规科、信息督察科和环境监察大队七个科室，下设环境监理站、环境保护监测站、环保科技推广站三个事业单位，现有干部职工96人。近年来，该局高举邓小平理论和“三个代表”重要思想的伟大旗帜，认真学习贯彻党的十六大精神，严格落实《国务院关于落实科学发展观加强环境保护的决定》，以建设资源节约型、环境友好型社会为目标，以改善环境质量、保护群众健康、保障环境安全为根本出发点，紧紧围绕山东创建生态省和济南市创建国家环保模范城，解放思想，干事创业，各项工作取得了长足进展。

2006年，该县国家级生态示范区建设顺利通过国家环保总局验收，平阴县环境保护局先后荣获山东省执法规范化先进单位、山东省黄河污染事故紧急处理先进集体、济南市文明单位、济南市环保目标责任制先进单位、济南市环境保护先进单位、平阴县两个文明建设先进单位、平阴县人民满意的公务员集体、平阴县党建工作先进单位等荣誉称号，为全面构建和谐社会做出了积极的贡献。

滁州市环境监察支队

滁州市排污监理站成立于1994年，陈思昂任站长，2003年更名为滁州市环境监察支队，陈道红任支队长，丁希琴（女）任党支部书记，现有人员17人。

12年来，滁州市环境监察支队经历了从小到大、从弱到强的历程，执法程序不断规范，执法力度不断加大，应急能力不断提升。2006年，全市排污费在受到“污水处理费”冲击的情况下，比上年增加20%左右，达到823万元；作为市环保专项行动办公室，支队在制定方案、组织实施、信息汇总等方面做了大量的工作；在燃煤锅炉污染整治方面，支队通过大力推广清洁能源，采取消烟除尘措施，取得了明显成效；在污染源监控、“三同时”监察、自然保护监察等方面，进一步规范和拓展；在信访、污染纠纷及事故处理方面，提高办案效率，结案率达到98%以上，全年没有发生一起重大污染事故；在自身建设方面，工作相对独立，车辆及现场取证工具配置完善，执法经费全部纳入财政预算，执法人员素质进一步提高，大专以上文化达到95%以上。

↑滁州市环境监察支队

湖北省宜昌市环境监察支队

湖北省宜昌市环境监察支队隶属宜昌市环保局，是依照公务员管理的事业单位，成立于1988年，其前身为“宜昌市征收排污费监理站”，1993年更名为“宜昌市环境监理总站”，2003年更名为“宜昌市环境监察支队”。主要职责为：受委托监督检查环保法律、法规的执行情况；调查环境污染事故和环境污染纠纷并参与处理；实施国家的排污申报和排污收费制度。

宜昌市环境监察支队自成立以来，曾被国家环保局评为“全国排污收费工作十五周年先进集体”，先后承担开展了国家二氧化硫收费、生态环境监察等试点工作并圆满完成；历年来，在省环保局对地、市、州环境监察及排污收费工作年度考核中均位居全省前列；并多次获得省、市“信访工作先进单位”荣誉称号；2002年率先在湖北省通过国家环境监察一级标准化机构验收；连续三届被宜昌市委、市政府授予市级文明单位称号及连续两届被湖北省委、省政府授予省级文明单位称号。

←宜昌市环境监察支队军事化职工训练

←宜昌市环境监察支队领导班子

宜昌市伍家岗区环境监察大队

伍家岗区依山傍水，环境优美，是宜昌市重要的工业区。伍家岗区环境监察大队1995年成立以来，以改善辖区环境质量为目标，严格执法、突出抓好现场监督检查和排污费征收工作。经过坚持不懈努力，全面完成了环境监察各项工作任务，多次在全市环境监察、排污收费年度考核中位居前列，并多次受到区政府及区环保局的表彰，为宜昌市的环保工作做出了贡献。

在改善环境质量方面，监察队重点开展污水处理、烟尘、噪声控制等工作，增加检查频次，坚持节假日和夜间突击检查，实行定期检查与突击检查相结合。对信访处理做到快速落实、处理公正，切实改善了城区环境质量，保障了市民有一个良好的休息和学习环境。

大队长：杨玉伟

↑ 环境宣传

↑ 现场监察

长沙市环境监察支队

在湖南省长沙市1.18万平方千米的土地上，活跃着一支环保执法队伍——长沙市环境监察支队。该支队2002年在我国中西部地区率先通过国家环保总局标准化建设验收，达到国家一级标准后，继续狠抓队伍建设和能力建设，加强环境执法力度，出色地完成了环境监察的各项工作任务。同时，始终坚持以为人民群众办实事办好事为宗旨，以改善长沙环境质量、构建社会主义和谐社会为目标，积极地工作，成为了一支社会上有影响、市民中有威望、执法中有权威、领导信赖的环境现场执法队伍。

2006年，该支队创新工作思路，紧密结合长沙市实际，为改善长沙环境质量，保障人民群众身体健康，开展了声势浩大的全市环境执法专项行动——“劲风行动”。在开展“劲风行动”的“静音行动”、“蓝天行动”、“净水行动”、“警示行动”中做到了轰轰烈烈、扎扎实实、富有成效。全年共查办环境违法案件545件，出动执法人员3 620人次，组织清洁能源改烧，拆除二环线以内燃煤锅炉228台共计900蒸吨。同时，该支队在科学执法、严格执法、文明执法上狠下功夫，切实加强污染源现场监管，为长沙市创建环保模范城提升了城市形象，树立了环保威信和品牌，为打造强势环保国策做出了积极的贡献。

↑领导班子成员

↑与局领导一起检查湘江水污染

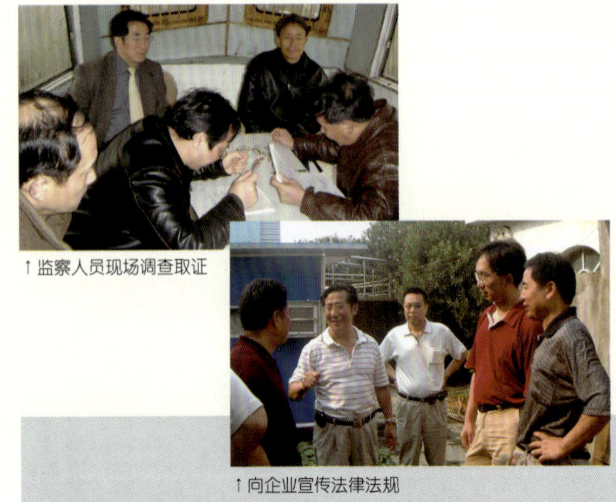
↑监察人员现场调查取证

↑向企业宣传法律法规

↑污染设施现场检查

↑区县环境监察大队长执法现场培训

深圳市环境监察支队

深圳市环境监察支队作为深圳市环保局直属的一支基层执法队伍，担负着深圳市环境污染排放和生态破坏的现场监督检查、排污费征收、污染事故和环境投诉调查处理以及放射源安全监督检查等环境执法工作，并负责对市、区环境执法事项进行专项监督、稽查和督办工作，内设综合科、监察一科、监察二科、监察三科、信访科和稽查科等6个科室 。

近年来，该支队紧紧围绕国家、省、市环境保护中心工作，围绕建设“和谐深圳、效益深圳”的目标，求真务实、开拓创新、真抓实干，在各项执法活动中冲锋陷阵，较好地履行了环境监察职能。该支队按照加强执政能力建设的要求，不断深化岗位责任制，创新环境监察机制，推行环境监察政务公开，促进了工作效率和工作质量的提高；大力开展“争创一流”活动，实施军事化培训，打下了准军事化管理基础；积极推进环境监督管理全覆盖责任体系，完善了深圳市环境监督管理长效机制，提高了规范化和科学化管理水平，推进了一批重难点问题的解决；通过开展环境执法稽查，通报整改了环境污染问题，提升了执法效能；通过实行违法排污有奖举报制度，做好信访件查处和投诉回复工作，维护了群众的环境权益，确保了社会的和谐稳定。

经过努力，深圳市环境监察支队先后荣获了“2001年度广东省环境监理先进集体”、“2002年度广东省环境监察先进集体”、“2004年全国环境监察先进集体”、“2006年全国环保系统先进集体”等称号。

↑执法人员接受廉政教育

↑现场执法

↑军训现场

四川省环境监察总队

四川省环境监察总队是四川省环保局管理的行政执法机构，内设综合科、环境稽查与收费科、城市与工业污染监察科、区域与生态环境监察科。现有职工23人，其中行政执法人员21人，工勤人员两人，大专以上学历21人。2005年，在全省污染源现场监督管理、环保专项行动、重点水污染源自动监控、排污申报与收费和环境监察能力建设等方面取得重大进展。其中，排污申报和排污收费工作获国家环保总局环境监察局评比“二等奖”，该队共计20人获得全国排污申报或排污收费工作先进个人称号。

↑张攀俊总队长（中）陪同熊跃辉副局长（左一）在检查四川省饮用水源保护工作

↑总队领导陪同四川省环保局长田维钊在环境污染事件现场指挥

↑四川省向国家检查组孙华山一行汇报环保专项行动

↑四川省为各市、州环境监察机构统一装备环境监察执法车辆

成都市环境监察支队

↑支队党支部成员研究工作

↑支队长肖缨向市环保局副局长陶宏志汇报工作

↑支队召开案件审查会议

↑支队监察人员现场执法

↑成都市环境监察系统组织军事训练

成都市环境监察支队是成都市环保局直属正处级行政执法单位，成立于1980年，现编制57人，在编人员55人，内设办公室、法制综合科、监察一科、监察二科、监察三科。2004年11月，支队通过了国家环保总局环境监察标准化建设一级达标验收。

支队在四川省环境监察总队的悉心指导下，在成都市环保局党组的正确领导下，以科学发展观为指导，努力强化环境执法，着力推进排污收费，大力加强自身建设，各项工作取得显著成绩，先后获得全国环境监察先进集体、全国环境政策法制工作先进集体、全省环境监察先进单位、市环保系统“四五”普法工作优秀集体、先进基层党组织等多项荣誉称号。2006年，环境监察系统严肃查处各种环境违法行为，全年行政处罚立案数和处罚金额比2005年分别增长240%和283%；该支队进一步规范排污收费，全年入库排污费比2005年增长20.28%；该支队共受理环境信访投诉7 467件，办结率达到100%。

雅安市环境监察支队

雅安市位于四川盆地西部边缘与青藏高原过渡地带,东与成都、乐山和眉山市接壤，西与甘孜州，南与凉山州，北与阿坝州相连，是川藏和川滇公路的必经之道，也是世界上第一只大熊猫的故乡，常年大气环境质量优于国家空气质量二级标准，地面水环境质量达Ⅱ类，城市区域环境噪声小于功能区标准，森林覆盖率达50.7%。2005年建成全国优秀旅游城市，2006年创建为国家级生态示范区。

雅安市环境监察支队是一支实施环境现场监察的执法队伍，于2002年1月成立，属市环保局直管事业单位，机构为副县级。核定执法人员事业编制20名，人员依照公务员管理，现有环境监察人员16名，大专以上学历的15名，持证上岗率达100%。2005年11月经国家环保总局验收，成为全国环境监察一级达标单位。

雅安市环境监察支队成立以来，一是按照“大局精神、敬业精神、团队精神”的要求，狠抓队伍思想建设。二是抓好人员培训，积极组织环境监察人员参加国家和省局组织的培训，使环境监察人员持证上岗率达100%。三是抓好达标创建工作，在抓好自身达到一级标准的基础上，积极指导全市区县在2006年全部达到国家三级以上标准。四是狠抓环境监察现场执法，以开展“整治违法排污企业保障群众健康环保专项行动”为载体，全面开展对建设项目、老污染治理项目、污染治理设施的运行及排污情况、饮用水源保护区的巡查监管，依法查处违法排污行为。同时开展了生态环境监察的试点工作，并通过了国家环保总局专家组的审核。按照依法、足额、全面的要求征收排污费，及时有效地受理和查处环境污染纠纷和投诉，得到四川省环保局的肯定。2003年，四川省环保局授予雅安市环境监察支队全省环境监察先进集体称号和全省环保系统行风建设先进单位称号。

↑市环保局部分干部职工

↑市环境监察支队队员

↑市环保局及支队领导

泸州市环境监察支队

四川省泸州市环境监察支队是一支专门从事环境保护现场监督的执法队伍，现有编制35人，拥有独立办公楼570平方米，现场执法装备30多件，已通过国家一级标准化建设的验收。近年来，泸州市环境监察支队涌现出一批全国环境监察先进个人、全国打击环境违法行为先进个人，并荣获全省环境监察先进集体、全省中高考环境噪声监管先进单位等荣誉称号。

↑支队组织全市监察人员业务培训

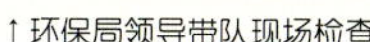

↑环保局领导带队现场检查

↑取证设备

↑执法人员现场监察

南充市环境监察支队

南充，位于四川盆地东北部、长江最大支流嘉陵江中游，面积12 494平方千米，人口726万，辖3区、5县、1市，是久负盛名的“果城”和“丝绸之乡”，是省级园林城市、国家卫生城市和国家优秀旅游城市、四川著名历史文化名城，还是老一辈无产阶级革命家朱德、罗瑞卿、民主革命家张澜和共产主义战士张思德的故乡。

←省环保局局长田维钊（右一）、市环保局局长陈家怀（左一）视察环境监察工作，并在全市环境执法工作会上做重要讲话

南充市环境监察支队是南充市环保局领导的一支环境保护现场执法队伍。该支队依法对辖区内单位和个人执行环保法律、法规、标准进行现场监督、检查，并对违法行为按规定处理。支队现有人员编制22人，组织机构健全，执法装备达到规定要求，2006年已通过国家一级标准验收。该队秉承“团结务实、廉洁奉公、与时俱进，建立一支精干、高效、廉洁、文明的环境监察执法队伍”的工作方针，以改善南充环境质量，构建和谐南充为目标，依法行政，严格执法，为南充的环保事业和经济社会的可持续发展贡献力量。

↑支队长陆伍全（右二）带领环境监察人员现场检查南充炼油化工总厂废水处理设施运行情况

西藏自治区环境监察总队

自治区环保局副局长李维星会同环境监察总队队长在现场检查全区重点公路建设项目

西藏自治区环境监察总队成立于2000年9月，为自治区环保局下属副县级事业单位，主要职能是：监督环境保护法律、法规和规章的实施；查处环境违法行为；负责中直、军队和区属企业事业单位的排污收费；协助自治区环境保护行政主管部门调查全区重大环境污染事故；协调解决全区重大环境污染纠纷。

西藏自治区环境监察总队长期奋战在平均海拔高度4 000米、地域面积约120多万平方千米的青藏高原。一直以来，自治区环境监察总队克服高寒缺氧、环境恶劣、执法人员少、设备不足、执法任务重等困难，投身于环境保护执法检查工作的第一线,积极组织、部署和指导全区环境监察工作，加强了饮用水源安全、生态环境保护（矿山、重点建设项目、自然保护区、旅游景区等）、城镇污染防治、白色污染防治、食品安全、排污费征收、环境信访查处工作的力度以及日常监督检查，精心组织安排，强化工作职责，注重现场检查，狠抓督促落实。通过4年连续开展以“整治违法排污企业保障群众健康环保专项行动”为中心的执法检查，有效打击了一批环境违法企业，在保障全区环境安全、饮水安全、食品安全等各方面做出了积极贡献，取得了良好的成绩。

自治区环境监察总队于2002～2005年连续获得自治区环保局先进集体称号、2002年、2005年荣获全国创建文明行业工作先进单位称号，2004年取得了全国打击环境违法行为先进集体称号，2005年被评为全国环保系统先进集体。

↑自治区环境监察总队现场检查矿山企业

↑自治区环境监察总队同拉萨市环境监察支队现场检查拉萨火车站

陕西省环境监察局

局长：张大昌

陕西省环境监察局是经陕西省编制委员会办公室2004年9月批准设立的环境监察机关，为省环保局直属事业单位，参照公务员管理，机构规格为正处级，经费形式为财政全额拨款单位。陕西省环境监察局的成立，标志着全省环境执法监管体制的进一步完善与发展，为环保系统进一步加强监督执法，依法打击环境违法行为提供了强有力的组织保障。

陕西省环境监察局的根本宗旨是依法打击环境违法行为，保障人民群众身体健康。主要工作职能是现场监督检查并处理全省范围内的重大环境违法问题和生态破坏问题；调查处理特别重大和重大突发环境事件；负责征收全省30万千瓦以上电力企业排污费；组织和指导全省市、县环境监察机构开展现场执法和排污费征收工作；指导全省环境监察机构和队伍建设；负责全省环境监察人员执法证件的发放和年审工作；承担省环保局委托的其他工作任务。

近年来，陕西省环境监察局先后被国家环保总局、人事部授予“十五”期间全国环境保护先进集体”称号；被国家环保总局授予 “全国打击环境违法行为先进集体”称号；被省政府授予“秦岭北麓整治工作先进集体”称号；被省环保局、省人事厅授予“陕西省环保贡献奖先进集体”；被省环保局连续3年授予“年度目标责任制考核先进单位” 称号。

↑省政府领导现场检查秦岭北麓生态保护专项整治工作

↑省环保局领导现场指挥污染事故应急处置工作

↑现场调查走访群众

↑《整治违法排污企业保障群众健康环保专项行动》电视电话会议

↑生态环境监察试点考评工作会议

咸阳市环境监察支队

支队长：胡文勇

咸阳市环境监察支队隶属咸阳市环保局，其主要职责是依法对辖区内单位或个人执行环境保护法律法规情况、污染源排放污染物情况、生态破坏情况进行现场监督检查，并负责参与协调解决和调查处理各县市区以及跨地区、跨流域的重大环境问题，负责指导排污费征收工作，负责全市环境保护行政稽查和受理环境事件公众举报。

近年来，咸阳市环境监察支队以改善环境质量、保障人民群众身心健康为宗旨，以创建国家环保模范城市为龙头，大力开展环保专项行动，严肃查处环境违法行为，有力促进了环保工作的深入开展。2005年咸阳市区空气质量二级达标天数达到295天，创历史最好水平；渭河、泾河、沣河等主要河流水质明显好转。2002年，该支队被市委、市政府授予“市级文明单位”称号；2004年，被国家环保总局评为“全国打击环境违法先进集体”；2005年，被省政府评为陕西省环保贡献先进单位，被陕西省环保局评为全省“创佳评差”优秀单位，被咸阳市委、市政府评为系统“创佳选优评差”竞赛活动优秀单位。同时，多次被陕西省环保局、咸阳市环保局评为环境监察工作先进集体、综合考核先进集体等，20多人次受到国家和省、市表彰奖励。

↑12369环保投诉电话受理群众投诉

↑环境监察人员现场执法

陕西榆林天然气化工有限责任公司

SHANXI YULIN TIANRANQI HUAGONG YOUXIAN ZEREN GONGSI

图1/厂区
图2/生产装置
图3/厂区
图4/年产15万吨醋酸开工仪式

图2

图3

图4

图1

陕西榆林天然气化工有限责任公司始建于1992年，1996年11月改制为有限责任公司。公司分别于1994年、1996年和2004年建成三套现代化甲醇生产装置，总生产能力达43万吨，居全国同行业前列。公司以陕北丰富的天然气为原料，采用国内先进的一段蒸汽转化、二段纯氧转化、低压合成工艺技术生产工业精甲醇，产品质量享誉全国。“榆天”牌工业精甲醇荣获陕西名牌称号，“榆天”牌商标被评为陕西著名商标，公司被评为全国质量管理先进企业。

公司不断进行思想创新、管理创新、技术创新，通过了ISO9001质量管理体系认证、ISO14001环境管理体系认证、OHSMS职业安全健康管理体系认证。

公司在1996年开始实施清洁生产，1997年通过清洁生产审计验收；2002年公司引入了ISO14001环境管理体系，并通过认证。公司在2003年对原三、六万吨装置技改时及新建20万吨甲醇项目时，应用了目前国内甲醇生产中最先进的换热转化和纯氧二段转化技术，同时将一段转化炉烟道气中二氧化碳进行回收，将合成驰放气中氢气和富碳气通过变压吸附进行回收利用，提高了资源的利用率，降低了生产成本，减少了环境污染。公司目前水的循环利用率达90%以上，生产过程中产生的蒸汽冷凝液全部回收利用。在“三废”排放方面，公司严格执行国家和地方的“三废”排放标准，不断新建和对现有污染治理设施进行改造，“三废”排放指标全部符合要求，并逐年下降。

公司加强对环境污染物的监测，现场配备有毒气体自动检测报警系统。积极采用新材料、新工艺、新技术，力争从源头上消除和减少对环境的污染。

江西科苑辐照技术开发有限公司

JIANGXI KEYUAN FUZHAO JISHU KAIFA YOUXIANGONGSI

地 址：江西省南昌青山湖大道388号民营科技园内　邮 编：330029
电 话：0791-8195641　网 址：www.jxfzjg.com

图1/总经理 徐宏

江西科苑辐照技术开发有限公司是由江西省农业科学院创办的，以江西省农业科学院原子能应用研究所为基础的一家专门从事辐照技术研究、开发和辐照加工服务的高新技术科技型企业，坐落于艾溪湖畔南昌民营科技园区。

公司现拥有一座设计装源量50万居里的大型全自动钴-60辐照加工装置，配备了先进的检测、实验仪器及配套设施，具备可靠的剂量监测系统。整个装置具有自动化和机械化程度高、通用性强、加工量大、剂量范围宽且辐照均匀、防护完善、安全可靠等特点，是我国自行设计和建造的集科研和生产为一体的辐照加工基地，可为农业、工业、环保和医学等领域的科研和生产提供广泛的技术咨询和技术服务。

昆山德源环保发展有限公司

KUNSHANDEYUAN HUANBAO FAZHAN YOUXIANGONGSI

地 址：江苏省昆山市千灯镇大唐村秦峰南路630号　邮 编：215341
电 话：0512-57469100　传 真：0512-57469200

图1/先进的处理设备

今日世界对于资源消耗与环境保护的关注更甚于以往，对环境污染的防治与循环经济的推展已经是目前国家发展的主要课题，昆山德源环保发展有限公司基于对环境的关注，投入到对回收有机溶剂的研究与发展中来，引进日本、德国等先进的处理设备，以反复精馏为主要工艺技术，将废有机溶剂做有效的回收处理，不但可以防止二次污染，而且为资源的再生找到新路。

公司是成立于2002年10月的合资企业，注册资本1 500万元，建筑面积1 000平方米，年处理能力1万吨，年产各类工业溶剂、快干溶剂、慢干溶剂8 000吨，公司拥有危险废物经营许可证合格资质，专门处理国家危险名录HW40、HW41、HW42等类有机废溶剂。公司是环保局认可的甲级回收有机溶剂厂，合法回收利用与处置废有机溶剂。公司的经营范围如下：

一、废有机溶剂再生处理；

二、自产产品：工业清洗剂、快干溶剂、慢干溶剂、苯类、酮类、醇类、酯类等；

三、各类环保化工设备设计，技术输出服务。

青海碱业有限公司

QINGHAI JANYE YOUXIANGONGSI

地 址:青海省海西州德令哈市工业园区　邮 编:817000
电 话：0977－8202788　传 真：0977－8201873

集团签约仪式/图1
二期项目奠基仪式/图2
公司一角/图3
公司一角/图4

青海碱业有限公司由浙江玻璃股份有限公司投资，于2003年7月11日在青海省海西州德令哈市工业园区注册成立，公司一期工程总投资16亿元人民币，年产纯碱90万吨。

公司主要生产和销售重质纯碱及其他纯碱类产品，产品广泛应用于玻璃、日用化学、化工、搪瓷、造纸、医药、纺织、印染、制革等行业。公司采用先进的索尔维制碱法生产工艺，用DCS系统进行系统控制，新技术、新设备、新材料得到了广泛运用，装备和控制水平国际领先。产品质量按国标优等品作为企业内控标准，可提供品质优良的轻质纯碱、重质纯碱、低盐重质纯碱、食用碱等产品，满足国内外各类用户的需求。

青海碱业有限公司一期工程从筹建到生产，始终秉承“人类与自然和谐相处、建设与环保同步推进”的理念，在做好项目建设的同时认真做好环保，先后6次对废液排放场址进行比选，不惜多投资1.4亿元，最终把废液排放到一个对环境影响最小的场址，真正做到了经济效益、环境效益和社会效益的和谐统一。

青海碱业有限公司一期90万吨/年纯碱工程建成试生产后，积极开始二期90万吨/年纯碱工程的项目审批工作，待国家环保总局环评批复后开工建设。公司还计划建设三期90万吨/年纯碱工程，计划建设60万吨/年烧碱、60万吨/年PVC和30万吨/年电石项目。届时，青海碱业有限公司将成为世界第二大纯碱生产基地和国内最大的烧碱、PVC生产基地。

青海碱业有限公司的建成，实现了东部地区经济、人才、管理的优势与西部地区资源优势的有机结合，促进了西部大开发的实施和西部经济的发展，符合国务院提出的东西部结合的发展思路；调整和改变了我国纯碱生产东西部布局不合理的格局，带动了西部地区纯碱工业的发展。

图1

图2

图3
图4

新平鲁奎山水泥有限责任公司

XINPING LUKUISHAN SHUINI YOUXIAN ZEREN GONGSI

地 址：云南省玉溪市新平县扬武镇大开门 邮 编：653412
电 话（传 真）：0877-7081084 Email：lkssn@126.com

图1/绿化带
图2/厂区一角
图3/荣誉牌匾
图4/荣誉牌匾

图1 图2 图3 图4

新平鲁奎山水泥有限责任公司位于昆洛公路213国道2 332处，紧靠玉元高速公路，交通便利，区位优越。公司始建于1992年，前身是扬武水泥厂，2003年7月改制为民营企业，更名为新平鲁奎山水泥有限责任公司。

公司采用ISO9001质量管理体系，企业管理实现了科学化、规范化。在激烈的市场竞争中，公司紧紧抓住机遇，以科技为先导，走科技兴企之路，倡导“以质量求生存，以信誉求发展”的经营理念，坚持“创新卓越，自强诚信”的企业精神，发挥“我靠企业生存、企业靠我发展”的团队精神；出厂水泥三个合格率均为100%，各项技术指标均达到国家（GB1344－1999、GB175－1999）标准，在生产过程中做到了工业污染源达标排放，并深化、细化环保治理工作。综合利用的废渣、废料达到了原材料的31.01%。赢得了当地各级政府和社会各界的好评，先后多次获得“重合同、守信誉”和“质量管理先进单位”、“质量、服务、信誉”3A企业等荣誉称号，主导品牌“鲁奎山”矿渣硅盐酸水泥32.5等级和普通硅酸盐水泥42.5等级经检测被评为“绿色建材产品”。产品不仅畅销本地，而且远销思茅、景洪、红河等地，产品供不应求，市场前景广阔，深受用户青睐，实现了社会效益和经济效益的同步增长，企业品牌得到突现。

多年来，公司十分重视环保治理工作，先后投资200余万元，对生产过程中产生的污染源配套了环保除尘设施，对污染源排放要求达标的污染源定量化管理，落实污染源排放总量控制，推进污染防治技术政策和清洁生产政策等治理措施，生产过程中的污染源指标完全达到国家排放一类地区标准的要求。在各工艺废气排放点实现达标排放的基础上，公司于2006年投资80余万元对机立窑进行大布袋除尘技改，同年8月28日竣工投入运行，并于2006年11月17日第一次清洁生产通过审核验收，真正成为了无烟工厂。

云南国资水泥东骏有限公司

YUNNAN GUOZI SHUINI DONGJUN YOUXIAN GONGSI

地 址：云南省昆明市官渡区大板桥镇康朗村 邮编：650211
电话：0871-7395999 传真：0871-7396503 经营部：0871-7395276
http://www.yndjcement.cn E-mail:sale@yndjcement.cn

生产场景/图1
技术领先的五级旋风预热器及旋窑系统/图2
公司厂景/图3

云南国资水泥东骏有限公司是云南瑞安建材投资有限公司、云南国资水泥有限公司合资控股公司。现有职工370多人，其中大专以上学历的有160多人，中级以上职称的专业技术人员有50多人。

公司日产4 000吨熟料水泥生产线采用先进的预分解新型干法窑生产技术，本着国家水泥工业“控制总量、调整结构”的产业政策，以提高技术水平、环境治理和节能降耗目标要求，立足于高起点，在努力实现设备国产化前提下，有重点地从德国、法国、丹麦、瑞士等国家引进了部分先进关键设备，为云南省首条工艺技术先进、环保节能型的新型生产线。

公司注重环保工作，从项目建设开始，严格执行建设项目环保设施与主体工程 “三同步”原则，严格按照环境影响书的要求，坚持高标准，认真做好环保设备的选型配套。根据不同要求，排放点采用高效静电除尘和袋式除尘器，烟尘、粉尘排放浓度及吨产品排放量达到《水泥厂大气污染排放标准》要求；尽可能采用低噪声机械设备，对噪声大的设备采用消音、降噪、减振措施，厂界噪声符合《工业企业厂界噪声标准》规定；注重公司内外环境保护管理、绿化工作，最大限度减少粉尘无组织排放。在整个项目投资中，环保投资6 961万元，占总投资的10.12%。

公司年产优质熟料124万吨，主要生产P·Ⅱ62.5 、P·O52.5 、P·O 42.5、P·S42.5 、P·S 32.5等各种等级水泥产品以及道路硅酸盐水泥、中、低热硅酸盐水泥；其次生产砌筑、抹面砂浆和垫层混凝土等工程需要的M22.5型砌筑水泥。公司产品注册商标为“石林牌”，年产水泥148万吨，生产的各品种水泥已广泛运用于云南省重点建设工程和基础设施建设中。

云南国资水泥红河有限公司

YUNNAN GUOZI SHUINI HONGHE YOUXIANGONGSI

云南国资水泥红河有限公司(总部) / 地 址：云南省开远市西南路 邮 编：661600
网 址: http://www.hongheshuini.cn 邮 箱: yngzhhsn@126.com
电 话：0873－7191888 7191808 传 真：0873－7123083

图1/公司一角
图2/日产2 500吨新型干法熟料生产线

云南国资水泥红河有限公司（原云南省开远水泥厂、云南开远水泥股份有限公司）位于滇越铁路枢纽开远市南郊，北距昆明240千米，南至河口210千米，于1969年建成投产，经多次技改扩建，现拥有一条日产2 500吨新型干法旋窑和4条湿法旋窑，员工1 167人，各类专业技术人员235人，生产总规模为年产水泥200万吨，分别在昆明、弥勒、砚山、河口和个旧等地设立分公司，总资产7.3亿元，已形成跨地区生产经营的国家大型水泥企业，连续4年产销量居全省第一，是云南省水泥工业的龙头企业。

图1

在发展过程中，公司高度重视环保工作，对新建项目严格按照国家环保“三同时”的要求进行，对原有的环保设施先后投资了2 000多万元进行技术更新改造，在治理粉尘污染的同时，还治理了干沙河，新建了广场公园，在房前屋后、道路两旁栽种各种各样的乔木，逐步实现工厂园林化、生活区公园化，改善了生产生活环境，提升了公司的整体形象。与此同时，公司还积极倡导循环经济，研究消化其他工业企业的废渣，生产多品种水泥。自投产以来处理硫酸渣、磷渣、锰渣、粉煤灰、剥离废石等各种工业废渣多达1 100多万吨。2005年建立了环境管理体系，并通过国建联信认证中心的审核认证，2006年在全公司范围内广泛开展清洁生产活动，使公司的环境管理工作步入规范化、制度化轨道。经过多年的努力，公司环保工作取得了显著的成绩，实现了经济效益和社会效益的双丰收。

图2

长期以来，公司始终坚持“质量第一，用户至上”的宗旨，秉承“以人为本、科学管理、一流品质、优质服务”的经营理念，严格按高于国家水泥标准、行业标准和通用水泥产品质量认证条件的公司内控标准组织生产，产品实行过程质量控制。公司主要产品为“红河”牌62.5级Ⅰ型硅酸盐水泥，52.5R（早强型）、52.5、42.5、32.5级普通硅酸盐水泥，42.5、32.5级矿渣硅酸盐水泥，42.5、32.5级复合硅酸盐水泥。连续20多年出厂水泥合格率和富裕强度合格率为100%，是云南省建材行业中实现产品全优的企业。公司荣获了国家免检产品、云南省著名商标、云南省名牌产品、全国“守合同、重信用”企业、全国“五一”劳动奖状等各种荣誉80多项。产品被广泛运用于桥梁、隧道、机场、铁路、公路、电站、水库、立交桥、高层建筑等工程，在用户中享有较高的信誉，为云南省和国家的经济建设做出了积极的贡献。

■ 昆明分公司
地 址：昆明市呈贡王家营 邮 编：650501
电 话：0871-7411725 传真：0871-7411064

■ 弥勒分公司
地 址：弥勒县弥东乡 邮 编：652300
电 话：0873-6136888（传真）

■ 砚山分公司
地 址：砚山县平远镇 邮 编：663010
电 话：0876-3884798

■ 河口分公司
地 址：河口县南溪镇 邮 编：661302
电 话：0873-3532752（传真）

■ 个旧公司
地 址：个旧市大屯镇 邮 编：661417
电 话：0873-2999755

洛阳黄河同力水泥有限责任公司

LUOYANG HUANGHE TONGLI SHUINI YOUXIAN ZEREN GONGSI

地 址：河南省洛阳市宜阳县城东工业区　邮 编：471600
电 话：0379-68879868

党委书记 刘保强/图1
厂区远景/图2
生产设备/图3/图4

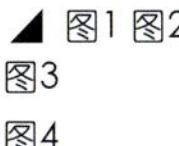

图1

图2

图3

图4

洛阳黄河同力水泥有限责任公司是由河南省建设投资总公司控股，洛阳市建设投资有限公司、宜阳虹光工贸中心、洛阳市国资国有资产经营有限公司参股，于2004年3月以合资方式组建的豫西地区最大的新型干法水泥生产企业。

公司位于洛阳市宜阳县城东工业区，距宜阳县城5千米，距洛阳市28千米，南临洛宜铁路，北依洛宜公路，距洛阳环城高速15千米，交通便利，地理位置优越。

公司5 000t/d熟料及配套的水泥生产线总投资5.6亿元，年产低碱水泥203万吨。公司现有的两处石灰石矿山储量达2.6亿吨，铝质原材料利用电厂粉煤灰，硅质原料利用玻璃厂选矿尾粉，水泥生产中利用脱硫石膏。

公司本着“高效、节能、环保、先进、成熟”的原则，生产工艺设备采用DCS集散式计算机控制系统；原料和煤磨制备选用立式辊磨；窑系统选用双系列大涡壳五级悬浮预热器和带预燃炉的双喷腾分解炉及第三代充气篦式熟料冷却机；窑磨一体机系统选用玻璃纤维履膜袋子除尘器；水泥粉磨系统选用V型选粉机+ 辊压机+旋风收尘器+管磨+高效选粉机的双循环联合粉磨系统。公司凭借先进的生产设备和严格的质量管理以及在线X荧光分析，确保过程质量的持续稳定。公司整条生产线注重环保设施投入，确保了达标排放。

公司现有员工287人，大专以上文化程度员工占60%以上，公司将通过不断的人才引进和培养，建立一支优秀团队，保持企业持久的生命活力。

公司将坚持“精烧细磨 ，持续满足顾客需求”的质量方针，加强过程质量控制。公司的“同力”牌P.032.5、P.042.5普通硅酸盐水泥由于早期强度高、碱含量低等优点，受到国家、省、市重点工程的青睐。公司完善的售后服务制度和高效率、负责任的售后服务队伍免除了顾客的后顾之忧。

安徽省德力玻璃器皿有限公司

ANHUISHENG DELI BOLIQIMIN YOUXIANGONGSI

图1/公司全景
图2/厂区一角

图1

德力企业成立于1996年11月18日，坐落在安徽省凤阳工业园，北距京沪铁路400米，距淮河4千米，相距蚌埠市中心仅5千米，占地33.17公顷，员工2 400余名，拥有器皿玻璃窑炉5座，自动化生产线28条，年产玻璃器皿10万吨，年销售额2.5亿元，是中国器皿专委会主任单位。

企业产品有压机、吹机杯，啤酒、咖啡把杯，水壶、烟缸、密封罐、玻璃碗、烛台、碟子、果盘、多用玻璃盆等各类器皿玻璃。同时有配套以后深加工能力，包括玻璃印花、贴花、刻花、喷砂、蒙砂、彩绘、描金，并可代客户专门设计。

企业注有“青苹果”、“花季”、“德力”3个商标，经多年市场培植已得到国内外市场及广大用户的认同和好评，品牌效应明显体现，已跻身世界级大型批发商如家乐福、沃尔玛、宜家等供应商行列。企业销售逐年快速增长。预计2007年销售额将突破4亿元人民币，出口率将达到40%左右。

企业董事长兼总经理施卫东率全体员工心系振兴中国日用玻璃器皿之夙愿，正为形成一个集体研发从开采石英石到生产、销售为一体的科技德力玻璃工业园而努力。

图2

青岛崂特啤酒有限公司

QINGDAO LAOTE PIJIU YOUXIANGONGSI

地 址：青岛市崂山区沙子口烟云涧 邮 编：266102
电 话：0532-88802501 传 真：0532-88802911
E-mail：laote@laotebeer.com

公司一角/图1
污水处理池/图3/图2
污水泵/图4

青岛崂特啤酒有限公司创建于1994年，位于青岛市崂山区沙子口烟云涧，占地3.33公顷，有职工200人，现已形成年产两万KL的生产规模。公司技术力量雄厚，拥有经验丰富的酿酒师和完善的生产检验设备。

崂特啤酒选取优质麦芽、崂山泉水，经传统发酵工艺精心酿制而成。企业连续7年被评为青岛市产品质量免检单位和重合同守信用企业；1999年被世界啤酒业成果博览会授予国际特别荣誉金奖；2005年通过ISO9001-2000质量管理体系认证。

公司自创建以来，时刻不忘环保工作，每年追加环保资金的投入，在完善改进环保设施的同时，加强企业员工的环保培训，提高了企业员工的整体环境意识，从而使得企业各项环保指标全部合格，并连续5年被青岛市评为环境保护工作先进单位。

青岛崂特啤酒有限公司愿与各界朋友真诚合作，共谋发展，开拓美好的未来。

图1
图2 图3 图4

青岛崂山玻璃有限公司

QINGDAO LAOSHAN BOLI YOUXIANGONGSI

地 址：崂山区沙子口街道办事处(崂山路168号) 邮 编：266102
法人代表：董中启
电 话：（0532）88802656 传 真：（0532）88802656
E-mail:Laobo@qingdaonews.com

图1/生产车间
图2/产品

青岛崂山玻璃有限公司地处崂山风景区，有职工1000余人，总资产达1.42亿元，以生产啤酒瓶为主导产品，年生产能力15万吨，为全国啤酒瓶生产大型企业之一。2005年公司加大创新力度，进行工艺改进，提高综合竞争力，顺利通过市级技术中心认定，L牌系列啤酒瓶获山东省名牌产品称号，L牌商标获青岛市著名商标称号。

崂玻公司坚持以人为本的管理理念，树立科学发展观，重视环保工作，公司在1998年通过ISO9002质量体系认证的基础上，2005年又顺利通过了ISO14001环境管理体系认证和OHSAS18001职业健康安全管理体系认证，通过加强污染预防，降低安全风险，使公司管理工作日趋规范化、程序化，被青岛市推荐为山东省发展循环经济先进单位。

图1

图2

台玻成都玻璃有限公司

TAIBO CHENGDU BOLI YOUXIANGONGSI

地 址：四川省成都市青白江区华金大道一段501号 邮 编：610300

台玻集团由台湾林玉嘉先生于1964年创立，经过40余年的高速发展，已经成为世界十大浮法玻璃生产企业之一，而玻璃纤维布的产销量更是居世界前列。

1993年，台玻集团成立台玻中国控股公司，开始了在内地的投资建厂。到目前为止，已建立青岛浮法玻璃有限公司、青岛压花玻璃有限公司、台玻长江玻璃有限公司、台嘉玻纤有限公司、台玻长度玻璃有限公司、台玻华南玻璃有限公司、台玻天津玻璃有限公司、台玻东海玻璃有限公司及多个矿业公司。

2002年，台玻集团为了加强海峡两岸的经济合作，配合西部大开发，在成都市的卫星城市青白江创立了台玻成都玻璃有限公司。2003年6月，工程开工建设，在省、市、区各级政府的关心帮助下，2004年12月，工厂完成建设并顺利点火投产。

台玻在建立优质浮法玻璃生产线的同时，也熟练掌握了PILKINGTON浮法玻璃生产工艺的操作规程，并培养了大批高素质的技术和管理人才，为台玻成都玻璃有限公司的产品品质提供了保证。

台玻成都玻璃有限公司还拥有一座玻璃深加工工厂，包括一条月产3 000吨高档银镜的生产线，及钢化、磨边、胶合设备各一套、中空两套。

2005年11月经台玻集团董事会决议通过，台玻集团将再投资4 500万美元用于台玻成都玻璃有限公司二线建设。2006年12月9日该项目正式破土动工，预计完工投产时间为2008年1月，建设周期14个月。届时公司产品市场份额将增大，竞争力将增强。台玻成都玻璃有限公司也将成为西南玻璃行业的龙头。

昆山绿来宝环保技术有限公司

KUNSHAN LVLAIBAO HUANBAO JISHU YOUXIANGONGSI

地 址:江苏省昆山市城北五联村 电 话:0512-57786918
邮 编：215316

主要经营

1.生产各种滤芯:线绕、熔喷、压缩活性炭、碳纤维等滤芯。

2.回收、利用、处置含贵金属的危险废物。

企业目标

努力推广“回收节能技术”、促进清洁生产，造福环境,优质服务,扩大市场率。

经营宗旨

拒收非法业务，树立客户服务思想,努力保持和提高客户、社会满意度。

环保方针

培养环境意识，遵守环保政策；持续改善发展,争创绿色企业。

昆山绿来宝环保技术有限公司成立于1999年9月,位于江苏省昆山市高科技工业园北,东接上海,西邻苏州,交通便利。该公司为电镀企业配套服务的专业企业,是“中国印刷电路行业协会”、“中国环境保护产业协会”、“江苏环境保护产业协会”、“中国电子学会电镀委员会”、“苏州市电镀协会”、“苏州市固体废弃物利用处置行业协会”会员单位,“中国环境保护产业协会”理事单位。公司积极参与循环经济,2006年被昆山市经济贸易委员会、昆山市环保局授予“循环经济示范单位”荣誉称号。

大闽食品（漳州）有限公司

DAMIN SHIPIN (ZHANGZHOU) YOUXIANGONGSI

图1/公司外观
图2/先进的生产技术和设备

图1

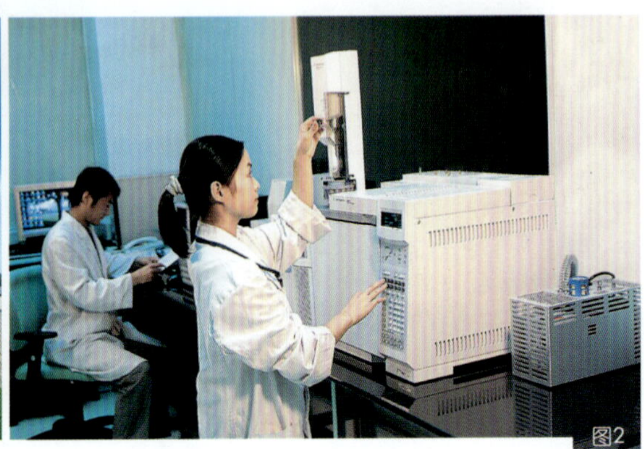
图2

大闽食品（漳州）有限公司属美国大闽国际集团的全资子公司，于1995年4月在漳州创建，是一家专业生产速溶茶粉、浓缩液、有机茶叶、植物提取物和冷冻干燥食品的公司。公司占地面积近7万平方米，首期投资2 500万美元。大闽以人为本，以科技为依托，同时溶入“博爱、超越”的理念，率先将逆流提取技术、膜分离技术、真空冷冻干燥技术和酶工程技术等尖端技术引入速溶茶的生产中，最大限度地保留了茶的营养和风味，是福建省高新技术企业、省农业产业化重点龙头企业。大闽还不遗余力地推动中国茶饮料市场的发展，举办了中国第一届、第二届茶饮料研讨会，为中国茶饮料产业的发展做出了贡献。公司经过不懈努力和跨越式发展，已形成年产能力速溶茶粉9 000吨、茶浓缩液6 000吨的生产规模，年消耗茶叶原料达45 000吨。红茶、绿茶、乌龙茶、花茶及药茶等几大系列产品久负盛誉，是国内技术先进、生产规模大的速溶茶生产商。

公司不断完善现代企业管理制度，已通过ISO9001、HACCP、GMP、HALAL、美国Kosher及有机茶加工认证。公司环境优美，被评为花园式单位。同时大闽的客户已涵盖了可口可乐、百事可乐、雀巢公司、立顿公司、康师傅、统一等著名企业，占据国内80%以上的速溶茶市场份额。公司同时开拓了国际市场，产品已销往欧美、日本、东南亚等43个国家和地区。

2001年，大闽公司投入1 500万元人民币筹建新的研发中心，组建了由博士、硕士、本科生和多位有丰富研发经验的科技人员组成的研发队伍，同时每年投入几百万元科研经费用于新产品的研制开发，工作始终以市场需求为方向，以为客户服务为宗旨，引领速溶茶粉在各个领域中的应用。

今年，中国有关茶叶提取方面的博士后科研工作站落户于福建大闽公司，它的设立意味着大闽的科研力量将步入新的台阶。

山东鲁润水务科技有限公司

SHANDONG LURUN SHUIWU KEJI YOUXIANGONGSI

地 址：山东省济南高新开发区齐鲁软件园E座A406室 邮 编：250101
电 话：0531-86515166 0531-86515626 传 真：0531-86515266
网 址：www.sdlurun.com 联系人：马立新

检查验水处理效果/图1
资质证书/图2
军区PLC控制系统/图3

图1

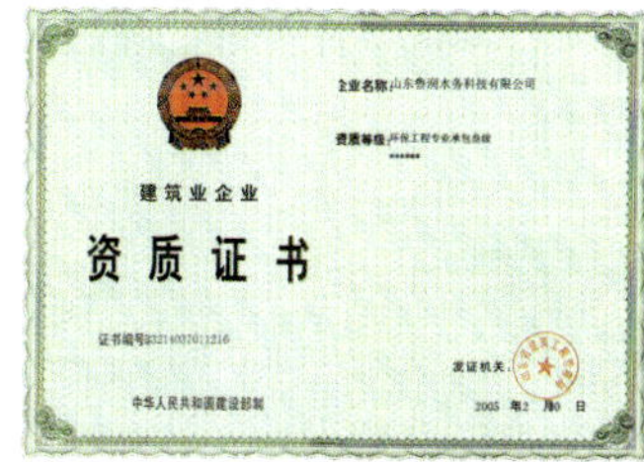

建筑业企业
资质证书
中华人民共和国建设部印

工程设计证书
乙 级

图2

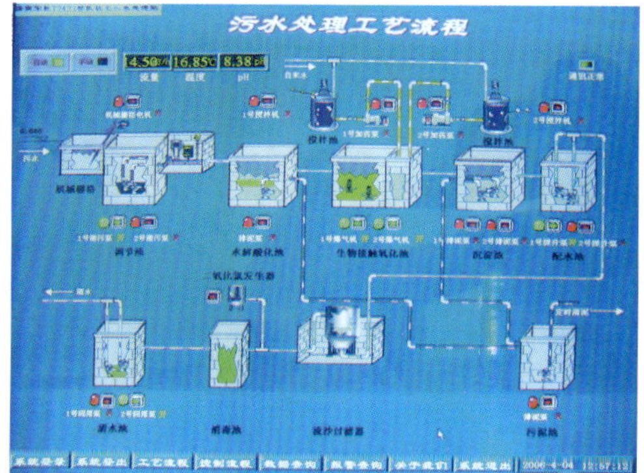

图3

山东鲁润水务科技有限公司（简称鲁润水务）位于济南市高新技术开发区内，是专业从事水务工程及环保产品研制的水务公司。公司通过了ISO9001质量管理体系认证及ISO14001环境管理体系认证，具有国家建设部颁发的乙级环保设计资质及环境保护治理设施运营资质、山东省建筑工程管理局颁发的三级施工资质，是首批通过山东省环保局环保认证的单位之一。公司具备完整的工程设计、工程施工、设备制造、安装调试、工程运营、技术支持与售后服务体系。

鲁润水务秉承“科技创新、求实高效、尽职尽责、真诚合作”的企业理念，恪守“质量第一、持续改进、追求卓越、顾客满意”的质量方针，不断完善公司管理水平，提高设计水平，并科学细化设计程序，并与清华大学等一批专业院所建立了长期的技术合作关系，不断与科研部门联合开发新的技术和产品，使公司始终处于环保技术领域的前沿。

公司拥有优秀的人才队伍，雄厚的技术力量，严谨的敬业态度和不断创新的精神，可为淀粉、制革、屠宰、纺织、印染、啤酒、酒精、食品、化工、医药、电子、造纸和生活污水回用等行业提供先进可行、安全可靠、经济适用的工程设计和设备，并有样板工程。

本溪宏远再生资源(集团)有限公司

BENXI HONGYUAN ZAISHENZIYUAN (JITUAN) YOUXIANGONGSI

地 址：辽宁省本溪市明山区卧龙镇 邮 编：117011

图1/董事长 王玉芬

本溪宏远再生资源(集团)有限公司是原市物资回收总公司破产后重组的股份制法人联合体，由28个成员企业组成。其中1个母公司，24个子公司，3个非公司制企业，下设分公司93个。现有职工1 337人，资产总额7 586万元。主要从事废旧物资回收、清选加工、钢材经销、报废汽车独家接收、七类物资定点加工等经营项目。2003年经国家外经外贸部批准取得了各类进口商品和技术自营代理权，以及进料加工，"三来一补"，对销及转口贸易的资格。

本溪宏远集团领导班子是一个团结奋进、求真务实、勇于开拓的战斗集体，在董事长兼总经理王玉芬的带领下，以超前的经营理念、积极开拓创新的精神、清晰的企业发展思路，使得本溪宏远集团每年都以跨越式的步伐向前迈进。

滨海南亚再生资源利用有限公司

BINHAI NANYA ZAISHENGZIYUAN LIYONG YOUXIANGONGSI

董事长：袁秀香
地 址：江苏省滨海县蔡桥镇工业园区内 邮 编：224500

图1 图2 图3 图4

图1/污水循环池
图2/摇床
图3/粉碎机
图4/制砖机

滨海南亚再生资源利用有限公司成立于2002年5月，位于江苏省东北部，东濒黄海，是国家环保总局核定的进口第七类废物的定点单位。公司总投资28万美元，注册资金20万美元。厂区占地面积约6.7万平方米，厂房建筑面积0.25万平方米，仓库面积250平方米，大棚面积500平方米，水泥地坪5 000平方米。拥有现代化的标准厂房及加工中心，拥有一批高、精、尖的工艺装备。具有雄厚的技术力量和专业的管理人员。公司生产所需的主要原料是从国内、外进口以回收铜为主的废电机、废电线、电缆及废五金电器等。这些原料经拆解分选取出的废铜、废钢铁、废铝、废塑料等在国内销售，主要销往上海、浙江、江苏等地的金属回收公司。

湘潭市南方高新技术研究院

XIANGTANSHI NANFANG GAOXIN JISHU YANJIUYUAN

地 址：湖南湘潭市丝绸南路1号 邮 编：411100
电 话：0732-8234160 8232353 8235386
传 真：0732-8235386 8232353
网 址：http://www.nfgxnft.com / 邮 箱：E-mail：nfgx_2000@sina.com
联系人：陈钧、朱璐

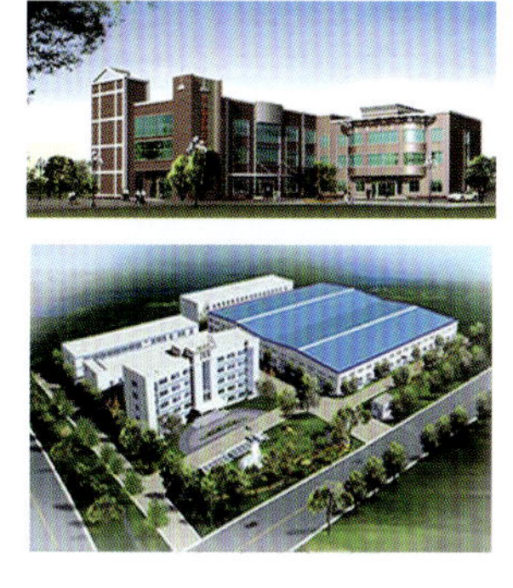

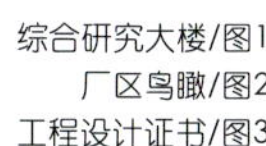

综合研究大楼/图1
厂区鸟瞰/图2
工程设计证书/图3

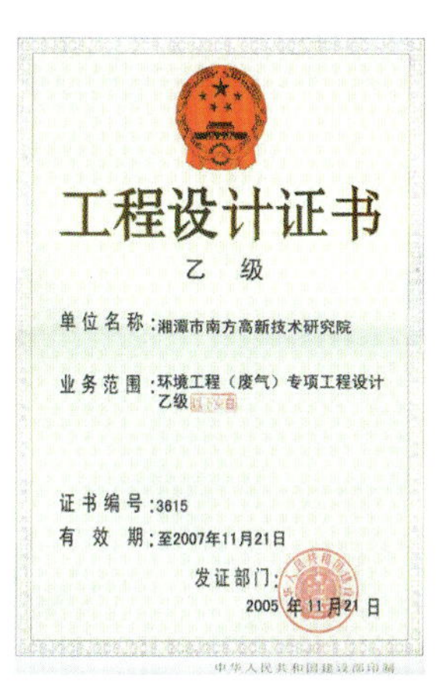

工程设计证书
乙 级
单位名称：湘潭市南方高新技术研究院
业务范围：环境工程（废气）专项工程设计乙级
证书编号：3615
有 效 期：至2007年11月21日
发证部门：
2005年11月21日

湘潭市南方高新技术研究院是1993年经湖南省科委批准核定成立的高新技术股份制企业，专门研究开发高新技术项目。现已成为了由该院环保工程研究所设计、环保设备厂生产制造、环保安装工程公司施工安装、运行维护的设计、制造、施工、售后服务于一体的环保高新技术专业化企业。并且在电站锅炉、工业锅炉和民用锅炉的烟气治理实践中取得了优异成绩。

该院自行开发研制的NFT系列高效湿式脱硫除尘设备与装置已获国家专利，专利号为：ZL00251971.2，是拥有自主知识产权的高新科技成果，它克服了传统脱硫除尘装置的诸多缺陷，利用三级除尘脱硫原理，实现高效除尘脱硫，装置气、液系统畅通，无积灰，不堵塞，总阻力≤1 200Pa，风机不带水，材料防腐耐磨，系统持续稳定运行，具有投资省、施工易、操作简便、维修便捷等优点。该装置现已在湖南、四川、广西、广东、江西、河南、新疆等省市投入使用，运行良好，效果显著，创造了明显的社会环境效益与经济效益。

NFT湿法脱硫工艺实现了除尘脱硫（冷却、吸收、氧化）一体化，塔内流速大幅度提高，喷嘴性能达到更理想程度，使设备的占地面积、投资费用更少更省。此项目已通过省科技厅组织的专家鉴定，鉴定结论为：“技术先进、国内领先”，并获得2006年国家重点环境推广实用技术称号。其关键技术及创新点为：1. 采用旋流喷淋、自激沸腾等不同方式，使气液充分接触，以保证净化的高效率；2. 充分利用冲渣水，使烟尘、废渣、废水在循环中实现“无害化”，最大限度地以废治废，并降低运行费用；3. 采用自行研制的防腐耐磨材料和高效脱硫催化剂，从理论实践上解决了脱硫装置的防腐、防磨、结垢、堵塞和耐高温的问题；4. 采用先进的脱水技术和烟气再热装置，严防风机带水与结露，保证设备安全，操作稳定；5. 除尘效率＞99%，脱硫效率＞95%，同时有一定的脱硝效率。该成果在湖南、江西、新疆、河南等地已应用于不同大小的电站燃煤锅炉，深受各界好评。

青岛中豪燃水技术研究有限公司

QINGDAO ZHONGHAO RANSHUI JISHU YANJIU YOUXIANGONGSI

地址：青岛市四方区台柳路124号-13／邮编：266031
总经理：李新爱
邮箱：administrator@zhonghaoranshui.com
公司网址：www.zhonghaoranshui.com／电话：0532-85660068 0532-80837578
手机：13361275856、13335089989 传真：0532-85660071

青岛中豪燃水技术研究有限公司是集科研、设计制造、暖通配套、销售服务为一体的综合性有限公司。公司以科学发展观有机地与海内外“有识之士”建立合作关系，共同担负起消除污染、节约能源、造福人类的使命。

公司自主研发的燃水方法，是目前获得国家专利的、世界领先的气水热解燃烧法；自主开发的“火神”、“火霸”牌燃水锅炉是采用该项专利技术运用，运用全新的设计思路设计完成的。在设计上打破了常规锅炉传统的结构设计方式，实现了“水”参与燃烧的重大突破，克服了目前工业燃煤锅炉不能使煤充分燃烧对环境污染的缺陷，实现了燃烧过程近零排放。该技术属高节能及环保型全新技术，完全达到了国家一类地区环保要求标准，与全球限制室外排放的标准相吻合，与国家现行环保政策及节约和谐型社会合拍。该技术产品已通过了山东省环境监测中心的检测。

公司利用该技术生产的一吨锅炉已经在青岛即墨市环境保护局、青岛邹志船艇有限公司投入使用。通过使用事实证明，利用该技术生产的锅炉比目前的燃煤锅炉节煤节电50%以上（一吨锅炉小时燃煤50千克左右），无烟尘。公司目前可以设计5吨以下各种蒸汽、热水锅炉。

公司拟建立燃水锅炉生产基地，预计项目建设总投资2 500万元人民币。该项目建成投产后，将实现年产燃水锅炉600台，预计年销售额6 000万元，年利税2 500万元，年利润1 300万元。项目建设资金全部由企业自筹解决，已由青岛市发展和改革委员会核准项目备案。

图1／燃水锅炉

重庆啤酒集团安徽天岛啤酒有限公司

CHONGQING PIJIU JITUAN ANHUI TIANDAO PIJIU YOUXIANGONGSI

产品系列/图1
重啤天岛公司/图2
全自动啤酒包装生产线/图3

图1

图2／图3

重庆啤酒集团安徽天岛啤酒有限公司系国有控股中型骨干企业，是重庆啤酒集团于2004年10月收购原安徽省天岛啤酒股份有限公司后重组的新公司，注册资本6 000万元，占地12.9万平方米，拥有固定资产8 176.8万元。2006年，集团公司投入3 119万元，建成新概念全自动糖化生产线一座、28 000瓶/h全自动包装线一条等生产项目，目前年生产能力18万吨。公司现有职工400人，其中工程技术人员145人，高级职称3人，中级职称16人。

公司位于安徽省天长市区，地处经济发达的长江三角洲。公司拥有19项自主知识产权的国家专利，并拥有系列啤酒产品，在苏、浙、沪、皖一带享有较好的声誉，曾被省人民政府授予“省先进集体”、“全国食品行业质量效益型先进企业”等百项荣誉称号。

公司是以生产销售啤酒为主导的企业，2005年实现销售收入7 788万元，创利税2 016万元；2006年实现销售收入 8 600 万元，创利税2 681 万元。企业综合经济实力较强。

为响应国家关于淮河污染治理及清洁生产的相关政策，公司于2005年争取到《污染综合治理及清洁生产项目》国债专项补助资金，并于2006年对该项目进行了认真实施，进一步提高了天岛公司的整体素质，实现了社会、经济、环境三个效益的统一。

西藏自治区藏药厂

XIZANG ZIZHIQU ZANGYAOCHANG

地 址：西藏拉萨市娘热路23号 邮 编：850000
电 话：0891—6821721 传真：0891—6827249
销售热线：0891—6813363 6273666—80096 80097 80098
网 址：WWW.GL-Group.cn

图1/公司大门
图2/先进设备
图3/工人在制药车间中制药
图4/公司一角
图5/厂区一角

西藏自治区藏药厂始建于公元1696年，其前身是拉萨药王山医学利众院制剂室。自成立以来，几代藏医药传人薪火相传，经不懈努力，已成为历史悠久、技术力量雄厚的大规模传统藏药生产厂家。现拥有符合GMP条件的现代化生产线和一批高素质的科研（人称“药师坛城”）、管理人才。厂区占地面积4万平方米，总建筑面积1.5万多平方米，拥有总资产1.8亿元。

药厂选用生长在世界屋脊海拔4 000米以上特殊生态环境下的地道藏药材，根据传统藏药的生产工艺，同时引进现代化的制药设备和国内中药厂家的技术专长进行生产。现可生产多达350多个品种的藏药产品，其中已取得批准文号的有54个。在国内外屡获殊荣的拳头产品“七十味珍珠丸”、“仁青常觉”等12个品种为“国家中药保护品种”。药厂秉承“敬爱苍生，传承文化，广结善缘，服务大众”的企业精神，所产藏药以配方正宗、用料地道、工艺精湛而著称于世。

图2

图3

图4

图5

福建厦门金龙旅行车有限公司

FUJIAN XIAMEN JINLONGLVXINGCHE YOUXIANGONGSI

配件中心：（0592）5608833
销售电话：（0592）5654488 5608806 销售传真：（0592）5608800
售后热线：（0592）5656208 5608817 售后传真：（0592）5622530
邮 箱: jinlong@public.xm.fj.cn 网 址：http://www.xmjl.com

图1/XML6120豪华卧铺系列高速客车

宁夏万胜生物工程有限公司

NIXIA WANSHENG SHENGWU GONGCHENG YOUXIANGONGSI

公司外景/图1
公司引进具有国际先进水平的谷氨酸膜过滤设备/图2
日处理2 400立方米的污水处理系统/图3
经过处理的废水既能达标排放，又能从中回收一部分粗蛋白/图4

宁夏万胜生物工程有限公司成立于2003年3月，是一家以玉米深加工为基础、以生物技术开发为企业未来发展方向的民营科技企业。公司位于吴忠市金积工业园区，交通便利，基础设施齐全。企业总资产2.5亿元，其中固定资产1.9亿元。年加工玉米9万吨，生产玉米淀粉6万吨，谷氨酸3.5万吨，玉米蛋白饲料、工业硫酸铵、黄粉等各种副产品5.3万吨，销售收入可达3.5亿元，利税达4 000万元。企业现有员工550人，其中各类专业技术人员170余人。公司已取得ISO9001：2000版国际质量管理体系、ISO14001国际环境管理体系和OHSMS18001职业安全健康管理体系认证证书。2004年被自治区人民政府确立为“自治区农业产业化龙头企业”，被自治区环保局评为“环境友好企业”，2005年被国家科技部认定为“国家星火计划龙头企业技术创新中心”，被国家农业部评为“全国农产品加工示范企业”，是自治区政府确定的全区30家非公有制重点骨干企业之一，是吴忠市的“优势骨干企业”之一。

图1 | 图2
图3 | 图4

徐州申佳金象冶金有限公司

XUZHOU SHENJIA JINXIANG YEJIN YOUXIANGONGSI

地 址：江苏省邳州城北民营科技工业园
邮 编：221300

徐州申佳金象冶金有限公司于2003年12月2日注册成立。公司位于邳州市民营科技工业园，主要从事硅锰合金、铬系合金的冶炼、加工、销售。

公司严格按照中华人民共和国发展和改革委员会铁合金准入条件及《中华人民共和国环境保护法》，高标准、高起点建设，具备抵御市场风险的能力。公司提出了高起点发展，内引外联，打造中国铁合金生产基地的总体发展规划。规划分两个步骤：第一步，即一期工程，由公司自主投资2.5亿元，建成两台25 000KVA矿热炉，具备年产硅锰合金8万吨的生产能力；第二步，即二期工程，由公司与上海申佳铁合金有限公司联合投资6亿元，建成4台高功率矿热炉，具备年产铬系合金、高（低）碳铬、高（低）碳锰等铁合金产品20万吨的生产能力。2005年上海申佳铁合金生产线整体搬迁邳州。两公司共同组建徐州申佳金象冶金有限公司。

项目总体规划完成后，公司年产值可达22亿元，创利税18 000万元，为当地提供约1 120个就业岗位，具有良好的社会效益和经济效益。

图1

一、徐州金象冶金有限公司工艺装备情况：

1.冶炼工艺

硅锰合金的生产采用有渣法冶炼。主要采用焦炭作还原剂，锰矿石、富锰渣和硅石做原料，石灰或白云石作熔剂在电炉连续生产。

2.全封闭式交流还原电炉

由于本工程年产量为10万吨硅锰合金，产量较高，技术比较先进，装备机械程度高，要求技术经济指标好，因此采用大容量的全封闭式交流还原电炉。

二、污染物达标排放情况：

1.烟尘污染及控制措施

电炉冶炼产生含尘烟气，主要为SiO_2、FeO、Al_2O_3、CaO和Mn等高温时气化产生的颗粒物。烟气中的煤气回收作余热利用、燃料或烧锅炉。炉渣可做建材等工业辅助原料，主要作水泥添加剂。粉尘全部返回，造球后进入炉内冶炼硅锰合金。经处理后烟尘排放浓度≤$100mg/m^3$。

2.废水污染及控制措施

还原电炉等设备的冷却水为间接冷却水，使用后水温升高，水体只受热污染。该冷却水经冷却塔冷却后循环使用，不外排，只有少量蒸发，由新水补充。

软水冷却系统基本上是密闭循环，软水不外排。

3.噪声污染及控制措施

工程主要噪声源有：电炉、除尘系统风机、空压机、水处理循环泵等设备。鼓风机、引风机、空压机均置于独立机房内，进出风口处设消声器。车间噪声经治理和距离衰减后，满足厂界噪声标准要求。

4. 固体废气物控制措施

冶炼系统生产过程中产生的固体废气物有电炉炉渣。可作建材等工业辅助原料加以利用。除尘系统捕集的粉尘可返回还原电炉作原料，因粉尘中含有30%Mn及SiO_2、MgO等物质，不排放。

图1/建成投产启动仪式
图2/董事长讲话
图3/主体厂房
图4/公司领导与伊朗客商洽谈业务

图2

图3

图4

长春市佳辰环保设备有限公司

CHANGCHUNSHI JIACHEN HUANBAOSHEBEI YOUXIANGONGSI

地 址：长春市经济技术开发区自由大路4848号北方大厦　邮 编：130022
电 话：0431-85822597 85808671　网 址：http://www.jchb.net
传 真：0431-85822535　E-mail：webmaster@jchb.net

图1/外国专家考察糠醛污水治理设备
图2/糠醛污水治理设备局部图

坐落在祖国北疆春城的长春市佳辰环保设备有限公司是一个以水污染控制及水回用技术的研制开发为己任的高科技公司。公司以现代生物技术为核心技术,融合物理、化学及新型材料、机电一体化技术，专注中国水环境治理，争做当代水务产业的报春鸟。

公司特有技术——“厌、好氧一体化曝气生物滤池”获2005年国家重点环境保护实用技术称号，已经应用于30多项工程。本公司作为日本国智索环境工程公司在中国的战略合作伙伴，利用智索公司的“自然净化法(Reactor-Bio-System)”在中国成功地进行了市政粪便、垃圾渗沥液等污染物处理工程的设计、施工及运营管理。

公司专利技术——糠醛生产工业废水的处理方法(专利号：ZL200410011386.2)及醋酸钙融雪剂的制备方法(专利号：ZL200410011385.8)突破了制约糠醛产业健康发展的瓶颈，在塔底废水回用于生产工艺、彻底零排放的基础上，回收了其中的醋酸作为环保型融雪剂CMA的原料，大大降低了废水处理过程的运行费用。

目前，吉林省有六家糠醛生产企业采用此项技术进行废水处理，其中两家企业已通过吉林省环保局组织的环保设施综合验收。

智索环境工程股份有限公司

ZHISUO HUANJING GONGCHENG GONGFENYOUXIANGONGSI

中国国内联系地址

◆智索国际贸易（上海）有限公司

上海市淮海中路　香港新世界大厦4402号

TEL：021-6385-8899　FAX：021-6385-9666

◆长春市佳辰环保设备有限公司

长春市经济技术开发区自由大路4848号北方大厦11楼

TEL：0431-85822565　FAX：0431-85822535

◆智索环境工程股份有限公司（日本联系地址）

总公司：邮编260-0015　千叶市中央区富士见2-3-1（塚本大千叶Bldg.）

TEL：0081-43-225-6651 FAX：0081-43-225-6657

水俣事业所：邮编：867-0053　水俣市野口町1-1

TEL：0081-966-63-5161 FAX：0081-966-63-4281

自然净化法－RBS（Reactor－Bio－System）

自然界中存在着自然净化作用。

比如：土壤中污水的净化就是其中的一种。

它是由生存在土壤中的微生物（土壤菌群）的活动所引起的。

RBS就是将自然界的这种原理灵活运用到人工污水净化系统中。

粪便循环回收利用系统

◆日本国熊本县水俣市将市郊及农村地区的粪便收集后运用RBS方式集中处理。处理后的剩余污泥经干燥，作为有机质肥料出售给附近地区。农田使用后效果非常显著。

◆中国吉林省正在兴建粪便无害化处理工厂。该厂将于2007年6月正式投入使用。

香港俐通集团

XIANGGANG LITONG JITUAN

Block N, 4/F, International Industrial Centre, 2-8 Kwei Tei Street, Fotan, Shatin, N.T., Hong Kong.
Tel: (852) 2690 9976; Fax: (852) 2690 9120; Web: http://www.litong.com

图1/俐通集团刘祺聪（左一）是第一届“环保营商、绿禄无穷”会议演讲者之一
图2/汇丰银行拜访俐通集团
图3/俐通参与妥善处理电子废料表扬仪式
图4/俐通的车间，技术人员把电子零件分类再用

图1
图2
图3
图4

俐通集团是一家提供废旧电子电器回收及资源再生的专业服务商，总部设在香港沙田区，另设办公室和工厂在广东省深圳保税区、盐田保税区，以及广州市番禺。公司成立以来，社会及客户的要求日益提高，而公司的规模以及营业范围也随之不断地扩充。为了保证业务持续稳定增长，俐通集团着重于系统化的管理，秉着ISO的精神，从细节着手，改善作业流程。在2006年的ISO系统复审中，俐通集团顺利地通过了ISO9001:2000及ISO14001:2004质量及环境管理的审核，充分体现了公司落实ISO系统严格要求的决心和承诺。

俐通集团在电子环保业务上拥有超过10年的经验，并且继续积极发展多项革新业务，包括：环境培训、环境管理咨询、逆物流、销毁服务、社会活动等，鼓励更多的公司和服务商加入成为业务伙伴，为环境及社会尽一份努力和责任。俐通集团所提供的一站式“电子废物再生” 方案和专业的运作流程（收集－秤重－分类－拆解－再用－破碎－精炼－再生），有能力在已失效或未能成功生产的设备上，把可用的物料再循环，进而减少弃置，使客户得到经济上的效益及满足对环境保护的承诺。根据最新执行的欧盟WEEE指令，电子制造商及零售商都需要对出产电子产品负回收的责任。但是，这个产品回收的工作流程是相当复杂的。有鉴于此，俐通集团和欧盟的策略伙伴合作提供了此项回收服务，并很荣幸地得到电子制造商及零售商的支持和信任。

在学术交流方面，2006年是俐通集团的一个里程碑。俐通集团的环境及营运经理刘祺聪及顾问胡俊杰对环境活动不遗余力，分别与业界商会及环保机构举办并参与了多项大型的环保活动，包括在深圳举办的“追WEEE赶RoHS全方案研讨会”、在香港举办的 “妥善处理电子废料表扬仪式”及“第一届‘环保营商、绿禄无穷’会议”，并做了主题为电子产品回收的再生利用的重点发言，得到了各行各业的广泛支持。俐通集团的环境业务已得到各界的认同，在香港及海外分别有大小企业及教育界人士到访，以亲身感受俐通的环保理念。俐通集团将继续努力，在电子环保业上继续发光发热。

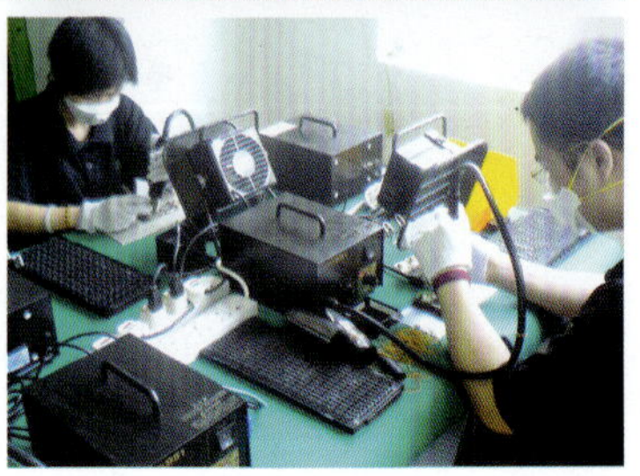

博拉经纬纤维有限公司

BOLA JINGWEI XIANWEI YOUXIANGONGSI

总经理 S.K.SRIVASTAVA

董事长 Mr.Shailendra K.Jain

中央控制室/图1
纺丝机/图2
打包机/图3
纤维成品/图4

图4 图3 图2 图1

博拉经纬纤维有限公司是印度博拉集团的重要组成部分。博拉集团是一个拥有83亿美元、市场资金为125亿美元、固定资产为80亿美元、在11个国家拥有生产单位的跨国集团公司。集团收入的25%来自国际运作。集团公司共有来自20多个国家的8.2万名员工，平均年龄36岁。2006年，集团对博拉经纬纤维有限公司进行了战略性的投资，目前占有70%股份。

博拉经纬纤维有限公司正着手在第一阶段年产3万吨粘短的基础上将年产增加到6万吨。在今后10年里，将按比率增长，完成量的飞跃。公司的目的是在生产、安全、顾客服务和赢利上成为最好的公司;目标是“提供最好的价值给我们的客户、股东、雇员和社会”；理念是创新致远，诚信立足。公司确信：博拉经纬将很快成为中国粘胶短纤维生产行业中的佼佼者。作为跨国集团的一部分，公司从本质上说是一个“人”的组织。因此公司关注的是“人”的世界，无论在东南亚还是中国以及世界各地都绝不会改变。

博拉经纬纤维有限公司有很多有才能的人，其中具有多年从事化纤工业生产经验的高、中级技术职称的中外技术人员200多人。从发达国家引进的纤维切断机、KKF粘胶过滤机达到国际先进水平，生产流程全部采用先进的计算机（DCS）自控系统。自动化程度高，其他主机设备也均属国内先进水平。

博拉经纬纤维有限公司地处全国魅力城市、科技进步先进城市襄樊市的樊城经济技术开发区，占地16.33公顷，地理位置优越，交通便利。公司遵循技术领先、质量第一的方针，全心全意为用户服务。

博拉经纬纤维有限公司的主要产品是粘胶差别化短纤维，是纺织行业的优良原料，属国家鼓励发展的不可替代的高新技术产品。主要规格有1.11~1.56dtex等棉型、中长和毛型短纤维，也可根据用户需要组织生产。目前公司具有生产超粗、超细、高白度、竹纤维、防静电、阻燃、远红外等品种的技术储备，并即将批量投放市场。本公司作为大型跨国企业的一部分，在注重产量、质量、客户服务的基础上，更十分重视环境问题，这是社会效益的重要组成部分。为民造福，为子孙后代造福，是公司义不容辞的责任。公司在改造、扩建的同时，把“三废”治理放在首位，达标排放是公司崇尚的目标，也是公司向“人”负责的首要义务。

宝鸡石油机械有限责任公司

BAOJI SHIYOU JIXIE YOUXIANZERENGONGSI

地址：中国陕西宝鸡东风路2号 邮编：721002
电话：0917-3462000 传真：0917-3212829
网址：http://www.bomco.cn

图1

图2

宝鸡石油机械有限责任公司（BOMCO）是石油所属我国大型石油装备制造企业，主要从事石油钻采装备的研发、制造与销售业务，是我国石油装备制造业的发展基地和龙头企业。

公司现有员工2 900名，占地面积近80万平方米，拥有各类设备2 000余台，制造销售陆地和海洋成套钻机、泥浆泵、井控设备、特种车辆等50多个类别、1 000多个品种规格的石油钻采设备及配件。其中9大类60种产品系列获美国石油学会API会标使用权，使国际上获得API使用权最多的企业。

公司通过了ISO9001质量管理体系、ISO14001环境管理体系和HSE/OHS健康安全环境管理体系国际认证；先后被评为陕西省绿色文明示范企业，中国石油天然气集团公司绿化先进单位，中国石油物资装备公司环保先进单位。

宝鸡石油机械有限责任公司将坚持不懈的努力，遵循ISO14001环境管理体系标准要求，持续改善环境质量，实现公司“产品绿色化、生产绿色化，排放减量化、工厂园林化”的环境方针，建设资源节约型、环境友好型的现代化企业。

图3

领导班子人员/图1
海洋钻井平台/图2
荣誉证书/图3
70DB钻机/图4
承担中国大陆科探一号的70D钻机/图5
工业废水处理站/图6

图4 图5 图6

东风汽车有限公司东风日产乘用车公司

DONGFENG QICHE YOUXIANGONGSI DONGFENG RICHAN CHENGYONGCHE GONGSI

轩逸/图1
公司办公楼/图2
轩逸/图3
蓝鸟/图4
颐达/图5

图1
图2
图3
图4
图5

东风汽车有限公司东风日产乘用车公司隶属东风汽车有限公司，成立于2003年6月，位于广州花都，拥有员工约5 800人，从事乘用车的研发、采购、制造、销售、服务业务。公司拥有广州花都和湖北襄樊两个生产基地，计划未来5年内将形成超过35万辆的年生产能力，是针对中国市场创造双赢的发力点，在东风有限的中国战略中占有举足轻重的地位。自诞生之日起，东风日产就立志成为中国乘用车市场的最佳品牌之一。主要产品有蓝鸟（BLUEBIRD）、阳光(SUNNY)、颐达(TIIDA)、骐达(TIIDA)、轩逸(SYLPHY) 、天籁(TEANA)等。

2005年，东风日产在企业和产品方面共获得60多个奖项。其中天籁获“年度车2005年度大奖”并在最佳价值体现、最具性价比车型等方面获奖；骐达、颐达获“CCTV年度中级轿车”、“2005年度十大好车”等10多项奖项；东风日产在合资企业中获得很好声誉。

东风日产本着对环境及社会高度负责的宗旨，严格遵守并落实国家、地方及行业有关环保法律、法规等的要求；坚持预防污染、持续改进；以“安全、清洁、环保、节能”为理念，倡导绿色消费，为客户提供绿色、环保的汽车产品；推行清洁生产，建立节约型、循环经济型企业，实现与自然、社会的和谐发展。

公司于2003年通过ISO9001质量管理体系认证；2005年6月达到国家一级安全质量标准化企业；2005年8月通过了环境标志产品认证；2006年6月通过ISO14001环境管理体系认证和OHSAS18001职业健康安全管理体系认证。

阜阳华润电力有限公司

FUYANG HUARUN DIANLI YOUXIANGONGSI

图1/图2/华润电力

阜阳华润电力有限公司（CRPFY）位于安徽省阜阳市以北9.5千米的周棚办事处，系中外合资企业，成立于2003年7月，由香港华润电力控股有限公司、安徽省皖能股份有限公司、安徽阜阳能源交通投资有限公司合资兴建。一期工程建设规模为2×640MW超临界燃煤脱硫机组，概算投资总额为50.35亿元人民币，注册资本12.59亿元人民币。两台机组分别于2006年3月和6月投产。项目自开工建设以来，得到了省、市各级政府和社会各界的大力支持，工程建设环境十分优越，许多指标达到和超过了国内先进水平。截至2006年12月底，完成基建投资近38亿元，实现利润2.01亿元。

针对阜阳煤炭储量丰富的现状，公司将在认真做好一期工程的同时，再投资建设2台600MW超临界机组。目前，二期扩建工程的所有外部建设条件已全部落实并通过论证。公司正在积极争取将阜阳电厂二期扩建项目纳入省“十一五”计划和2010年前开工计划，使二期扩建项目早日建成投产。

浙江江山虎集团有限公司

ZHEJIANG JIANGSHANHU JITUAN YOUXIANGONGSI

地址：浙江省江山市虎山街道彭里98号／邮编：324100
网址：www.jiangshanhu.com／E-mail：hjsjsh@21js.com
电话：0570-4061035／传真：0570-4063333

浙江省著名商标/图1
浙江省诚信示范企业/图2
ISO14001证书/图3
浙江名牌产品证书/图4
产品质量免检证书/图5

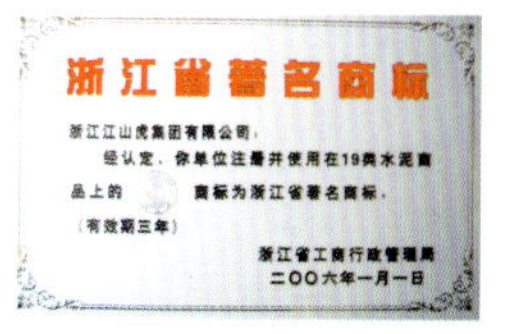

浙江省著名商标

浙江江山虎集团有限公司：

经认定，你单位注册并使用在19类水泥商品上的　　商标为浙江省著名商标。

（有效期三年）

浙江省工商行政管理局
二〇〇六年一月一日

浙江省诚信示范企业

二〇〇三年三月

ISO14001认证证书

江山市何家山水泥有限公司

GB/T24001 idt ISO14001:2004

浙江省环科环境认证中心

浙江名牌产品证书
CERTIFICATE OF ZHEJIANG NAME BRAND

浙江江山虎集团有限公司
你公司(厂)的
江山虎牌普通水泥
认定为浙江名牌产品
特颁发此证书

We award you this certificate to confirm that your products are rated as name brand of Zhejiang province.

证书编号 Certificate №: 2004(工)-256
有效期 Period of validity: 2004.9~2007.9

产品质量免检证书
CERTIFICATE FOR PRODUCT EXEMPTION FROM QUALITY SURVEILLANCE INSPECTION

经审查
浙江江山虎集团有限公司

中华人民共和国
国家质量监督检验检疫总局

浙江江山虎集团有限公司是以水泥生产为龙头，集电光源灯管、余热发电、精细化工、商品混凝土生产为一体的综合性企业，创办于1976年，现有资产60 467万元，职工1 200多人，下辖全资或控股企业8家，其中全资企业江山市何家山水泥有限公司拥有多条新型干法回转窑水泥生产线，年产水泥能力300万吨。

企业重视环保工作，早在1983年就设立环保科，配备专职管理人员，对环保工作实行归口管理，1999年通过环保“一控双达标”验收，2004年通过清洁生产审核和ISO14001：2004环境管理体系认证，企业先后多次被评为省、市环境保护先进企业、粉尘治理先进单位、环境保护“六个一工程”先进集体称号，2006年又被评为浙江省绿色企业。

公司管理科学，是浙江省水泥行业中第一家通过质量管理体系和产品质量双认证的企业，并多次荣获全国乡镇企业质量管理先进单位和省级管理示范企业荣誉。主导产品“江山虎”牌水泥是国家免检产品、浙江名牌产品。“江山虎”牌水泥商标是浙江省著名商标，“江山虎”企业商号是浙江省知名商号。

公司守法经营，是全国诚信守法乡镇企业、浙江省诚信示范企业、浙江省AAA级守合同重信用单位、浙江省AAA级资信企业。

公司领导班子年轻、团结，勇于开拓，敢于创新。在“十一五”规划中，公司将围绕“做大水泥、提升化工、精选项目、多业发展”的思路，不断改革创新，做大做强企业，争取在“十一五”期末实现销售收入12亿元、利税两亿元的目标。公司董事长徐位吉、总经理徐忠辉热情欢迎各位有识之士加盟，携手开创美好明天!

江苏申久化纤有限公司

JIANGSU SHENJIU HUAXIAN YOUXIANGONGSI

地 址：江苏省太仓市璜泾镇沙鹿公路99号
邮 编：215428

图1/放射源设备（电离）
图2/污水厌氧处理装置
图3/罐区围堰
图4/锅炉脱硫除尘装置
图5/省环保验收专家小组检查工作

图1

图2

图3

图4

图5

江苏申久化纤有限公司成立于2003年3月，位于江苏省太仓市璜泾镇，濒长江、邻上海、接苏州，坐拥优越的地域市场。公司从成立至今的短短3年里飞速发展，完成了第一、二期工程的建设，总投资额达16.5亿元人民币（其中，环保投资约1 300万元）。公司主要生产设备与技术从瑞士伊文达—菲休、德国巴马格公司引进，达到世界先进水平，具备年产50万吨聚酯，38万吨熔体纺以及6万吨切片纺涤纶POY及FDY的生产能力，是璜泾镇的第一原料供应商。产品销售辐射江浙地区的几个主要原料市场，成为中国POY市场极具影响力的生产商之一。2005年10月，上海工业投资（集团）有限公司投资入股申久，实现强强联手。由于成绩卓然，公司荣获“太仓市私营企业投入十强”称号，2005年和2006年被评为“苏州市百强民营企业”。正在规划建设中的太仓化纤产业集群项目，建成投产后年产值将达到500亿元人民币，形成“专业投资、专业生产、专业经营、专业管理、产、学、研相结合”的循环一体化产业群，能有效整合当地量大面广、布局分散的加弹企业，促进化纤产业集约化和规模化发展。

中海石油环保服务有限公司

ZHONGHAI SHIYOU HUANBAO FUWU YOUXIAN GONGSI

地 址：天津市塘沽区渤海石油路688号 邮 编：300452

董事长 张武奎/图1
溢油设备/图2

图1

自2003年1月10日中海石油环保服务有限公司（以下简称环保公司）——China Offshore Environmental Service Ltd.(简称COES)在北京挂牌成立以来，该公司从服务理念、管理模式、业务拓展等方面取得了迅猛的发展，树立了中海油在国内外的良好形象。

环保公司在提供溢油应急响应服务、人员培训演习等主营业务的基础上，不断拓展新的溢油服务领域、加强科研技术实力。截至目前，环保公司已经与13家中外石油公司签署了溢油应急服务合同，并与青岛海洋大学合作研发溢油岸线污染生物修复技术，与国家海洋局第一海洋研究所合作研发覆盖中国海域的溢油飘溢预测软件。

环保公司在塘沽总部拥有近8 000平方米的生活和工作区，在此基础上，2006年公司还兴建了污水处理厂、溢油岸线污染生物修复实验室、员工体能训练区，并绿化了厂区环境，美化了塘沽总部的厂容厂貌。为不断增强溢油应急响应服务能力，在溢油设备配置上，环保公司除拥有丹麦RO-CLEAN DESMI重型围油栏和芬兰LAMOR蒸汽注入刷式撇油器等一批国际上先进的溢油回收设备以外，还针对港口、岸滩等不同作业环境，引进了英国VIKOMA真空式撇油器及美国SPC吸附材料。在应急人员配置上，公司除保持原有高素质专业队伍外，2006年5月19日公司还聘请了天津武警5支队进行联合集训，以作为公司溢油应急响应的兼职人员。

为适应长期发展战略部署的需要，公司已经在塘沽、绥中、龙口、珠海、涠洲岛建立了溢油应急响应基地，基本可以覆盖渤海、黄海海域。为形成覆盖整个中国海域的溢油应急响应服务网络的目标，公司还要在宁波、东方（南山）、惠州、文昌等地建立溢油应急响应基地，以便更快捷地向客户提供及时有效的溢油应急响应服务。

图2

管理是企业成功发展的基石，为具备高效规范的管理制度，环保公司早在2003年就通过了DNV对ISO9000、ISO14000、OHSAS18000三个体系的现场资质认证工作，并于2006年1月通过了DNV换证审核。

环保公司以让世界减少油污为宗旨。仅在2006年环保公司就先后组织了近10次溢油应急演习、6次溢油应急响应服务，接待国内外客人参观访问近20次，得到了社会各界的充分肯定和大力赞扬。随着公司的不断发展壮大，环保公司还成功与韩国海洋污染响应公司签署了《溢油应急响应合作谅解备忘录》、与交通部救助打捞局签署了由政府主管部门与专业企业之间的《应急响应资源共享协议》和与天津武警五支队签署了《海上溢油应急响应合作协议书》。在参加美国迈阿密召开的国际溢油应急大会上，环保公司向各国环保组织及专家展示了公司实力，从而进一步扩大了公司的对外知名度和国际影响力。

北京飞燕石化环保科技发展有限公司

BEIJING FEIYAN SHIHUA HUANBAO KEJIFAZHAN YOUXIANGONGSI

地 址：北京市房山区燕山迎风三里一号 邮 编：102500
环评部联系电话/传真：010-69341626 分析测试部联系电话：010-69343246
科研发展部联系电话：010-69342347 电子邮件：feiyanhuanbao@sohu.com
传 真：010-69342700

图1/公司全景
图2/实验室认可证书
图3/环评证书
图4/公司一角
图5/现代化的实验室

◢ 图1
图2 图3 图4 图5

中国实验室国家认可委员会
认可证书
（No.L1885）

兹证明：
北京飞燕石化环保科技发展有限公司
北京市房山区燕山迎风三里一号，102500

经评审符合 CNAL/AC01：2003《检测和校准实验室认可准则》（等同 ISO/IEC17025：1999《检测和校准实验室能力的通用要求》）的要求，予以认可。
获认可的技术能力范围见附件。

发证日期：2005.01.28
有效期至：2010.01.27

中国实验室国家认可委员会秘书长 魏昊
（主任委员授权签字人）
（CNAL经国家认证认可监督管理委员会授权）

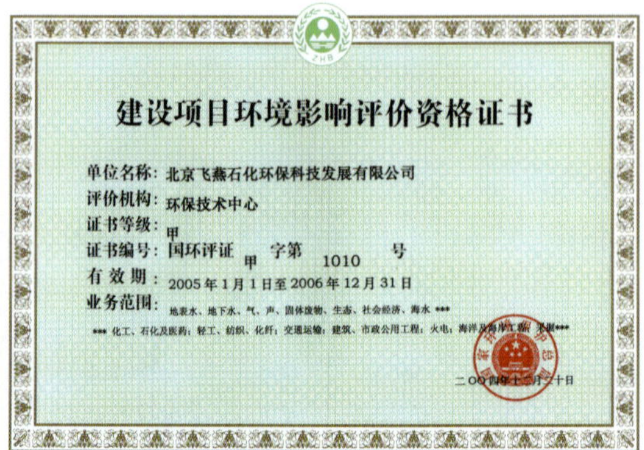

建设项目环境影响评价资格证书

单位名称：北京飞燕石化环保科技发展有限公司
评价机构：环保技术中心
证书等级：甲
证书编号：国环评证 甲 字第 1010 号
有 效 期：2005年1月1日至2006年12月31日
业务范围：地表水、地下水、气、声、固体废物、生态、社会经济、海水 ***
*** 化工、石化及医药；轻工、纺织、化纤；交通运输；建筑、市政公用工程；火电；海洋及海岸工程；采掘***

二〇〇四年十二月二十日

北京飞燕石化环保科技发展有限公司于1999年4月成立，其前身是成立于1973年9月的中国石化所属燕化公司环境监测站。公司的主要业务有：环境质量监测、环境影响评价和环保科研开发。环境监测主要负责燕化公司各二级生产厂的工业废气、废水的监测，同时对外开展环境空气质量、炉窑废气、各种水质、土壤、废渣、噪声测试等相关检测服务。环境影响评价主要从事轻工、石化、火电、建筑等7个行业建设项目的环评。科研工作主要是开展废水、废气、固体废物的治理技术。

飞燕公司拥有职工72人，其中各类专业技术人员30人，高级工程师10名，工程师15名。公司拥有4 000平方米的实验楼；拥有各类分析仪器50多台，包括色-质联机、液相色谱、离子色谱、原子吸收等先进仪器，同时还有1个中心站、3个分站的环境空气自动检测系统、15个外排水自动检测站。同时拥有先进办公设备约60台(件)，总价值约2 100万元人民币。

公司环境影响评价部是1990年6月即获得国家环保局颁发的甲级环评证书的单位之一。于2003年12月建立并实施ISO9001：2000质量管理体系，对环评业务实行全面质量控制，并通过第三方审核。公司分析测试部拥有30多年的发展历史，并于2004年按CNAL/AC01：2003《检测和校准实验室认可准则》，建立并实施了实验室质量管理体系，2005年1月取得了国家实验室认可委员会的认可证书。

飞燕公司现已成为规模较大、检测领域广泛、技术水平较高的环境保护企业。公司将以“科学准确、诚实公正、及时高效、精益求精”的质量方针，为客户提供高品质、高质量的服务。

中国石油新疆油田分公司石西油田

ZHONGGUO SHIYOU XINJIANGYOUTIAN FENGONGSI SHIXIYOUTIAN

中国石油新疆油田分公司石西油田沙漠公寓远眺图▼

中国石油新疆油田分公司石西油田位于新疆维吾尔自治区准噶尔盆地古尔班通古特沙漠腹地。以前，这里是一片沙丘连绵、人迹罕至的荒漠，常年干旱少雨、风沙肆虐，冬季寒冷、夏季酷热，自然环境和气候条件十分恶劣。基于环境与生态的特殊性，在开发建设初期，公司就秉承中国石油“奉献能源、创造和谐”的宗旨，遵循“统筹油田生产与环境保护和谐发展”的思路，认真落实“三同时”制度，建起了一座百万吨级现代化沙漠整装油田，铺展了一幅生产与环境同步发展、人与自然和谐相处的美好画卷。

经过多年来的持续快速发展，石西油田先后荣获自治区文明单位、中石油“花园式单位”等称号。2006年，获得国家环保总局“首届环境友好工程”荣誉称号。

如今，“科学发展、安全发展、清洁生产、文明生产”的环保理念，已经深入人心。今天的荣誉更加坚定了该油田响应党中央“建设环境友好型社会”号召的决心，坚定了其在油田开发建设中全面实现经济与环境并重发展的管理理念，也成为激励公司环境保护事业不断取得新成绩、争创新典范的不竭动力。

中国石油新疆油田分公司石西油田联合站远景图

陕西延长石油（集团）有限责任公司榆林炼油厂

SHANXI YANCHANG SHIYOU(JITUA) YOUXIAN ZERENGONGSI YULINLIANYOUCHANG

厂 长：张惠滋 电 话：0912-4621661

厂长 张惠滋/图1
鸟瞰榆炼/图2
原油卸车区/图3
榆炼全景/图4

图3

图2

图1

榆林炼油厂位于陕西省靖边县东郊，隶属于陕西延长石油（集团）有限责任公司。工厂始建于1993年，现有原油一次加工装置两套，生产能力150万吨/年，催化二次加工装置两套，生产能力80万吨/年，重整加工能力15万吨/年。工厂占地45.87公顷，总资产8亿元，员工总数1 513人，主要产品有90#、93#无铅汽油、-20#-+10#柴油和液化石油气等。截至2005年底，实现销售收入110.2亿元，税利22.7亿元。工厂连续10多年被省、市评为“明星企业”、“百强企业”、“市级文明单位”、“绿色企业”等。

榆林炼油厂坚持项目建设与环境保护“三同时”制度，以“节能、降耗、减污、增效”为宗旨，坚持“遵守法规、体系管理、树立企业形象、预防为主、严格控制、谨防环境污染、持续改进、变废为宝、创建美好家园”环保方针，从1994～2005年，先后投资8 500多万元用于环境保护及绿化建设。建有4 880吨/日污水处理场、1 200吨/日酸性水及碱渣处理装置、9Mw/小时的废气发电厂以及其他环境保护与治理设施。工厂全面推行HSE管理体系，2005年一次性通过清洁生产审核。

图4

特种油开发公司成立于1997年1月，是中国石油辽河油田公司直属的从事超稠油综合开发的生产企业，地处稻田、苇田、绕阳河入海口，该地区是国家二级自然保护区，含油控制面积6.67平方千米，原油黏度在20℃时可达42.8004mPa.s，在80℃时黏度100 000 mPa.s，密度1.004g/cm^3，原油密度大、黏度高、胶质沥青质含量高、凝固点高，是号称“天下第一稠”的超稠油。公司年产原油145万吨以上，是全国大型超稠油生产基地。几年来，在股份公司和油田公司的正确领导下，公司按照科学发展观的要求，严格遵守国家环保法律、法规，树立“创造能源与环境的和谐”的环境理念，以创建绿色企业为载体，以创建“生态安全与环境友好型社会”活动为主线，通过实施HSE管理体系，使全公司的环境管理工作不断创出新水平。2001年被盘锦市列为清洁生产试点企业，并率先引进实施ISO14001环境管理体系， 2002年、2003年获盘锦市清洁生产先进单位称号，2004年2月被授予辽宁省环境保护模范企业称号，连续7年获得辽河油田公司环境保护先进单位称号。

特种油开发公司

TEZHONGYOU KAIFA GONGSI

地 址：辽宁省盘锦市兴隆台区石油大街
邮 编：124010

总经理 唐清山/图1
党委书记 郑恕忠/图2
主管安全副经理 孙玉平/图3
特油公司驻地/图4
集输作业区/图5
水平井塔架式抽油机/图6
采油班站/图7

图5

图6

图

延长油田股份有限公司靖边采油厂

YANCHANGYOUTIAN GUFEN YOUXIANGONGSI JINGBIAN CAIYOUCHANG

地 址：陕西省靖边县林荫路南段 邮 编：718500

图1/厂长 王治华
图2/党委书记 刘文邦
图3/企业文化
图4/注水站
图5/办公大楼

图1

图2

图3

图4

延长油田股份有限公司靖边采油厂现拥有资产总额27.6亿元，正式职工1 457人，采油工近3 000人。各级机构健全，管理制度完善， 先后制订、修订出台了60多项管理制度，实现了管理的制度化、规范化和系统化。

采油厂现有油水井2 293口，2003年生产原油35.7万吨，实现销售收入2.4亿元，上缴税费1.5亿元；2004年生产原油40万吨，实现销售收入7.1亿元，上缴税费3.17亿元；2005年累计生产原油39万吨，销售原油38万吨，实现销售收入7.81亿元，上缴税费3.35亿元，实现利润1.245亿元；2006年累计销售原油50.1万吨，实现销售收入12.9亿元，上缴税费5.25亿元，实现利润2.51亿元。先后荣获榆林市税利“百强企业”、重点项目建设“先进单位”、技改项目建设“先进单位”、靖边县“先进企业”、“优秀企业”、“诚信纳税户”等荣誉称号。

为了解决生产发展和环境保护之间的矛盾，该厂先后投入1 500多万元，建设文明油井1 200个，实现了油井的清洁文明生产；栽植绿化苗木200多万株，油区环境面貌焕然一新；通过注水站（井），每天可回注采油污水3 200方，污水处理问题得到了有效解决；资助油区群众修建人畜饮水工程，解决了10多个行政村的人畜饮水问题。

图5

杭州杭联热电有限公司

HANGZHOU HANGLIAN REDIAN YOUXIAN GONGSI

电 话：0571-86920447 传 真：0571-86920577
地 址：浙江省杭州经济技术开发区1#路

花园式的厂区/图1
整洁的内部环境/图2
办公楼/图3

图3

图1

图2

杭州杭联热电有限公司是杭州经济技术开发区内一家中外合资的热电联产企业，成立于1997年7月，由联邦能源开发有限公司（英属）、杭州经济技术开发区北方总公司和杭州市燃料有限公司3家合资组建，总资产43 000万元人民币，占地面积10公顷。

公司生产销售电力、蒸汽，兼营灰渣综合利用。生产规模为6炉5机，即3台75t/h循环流化床锅炉和3台130t/h循环流化床锅炉配置两台15MW抽凝式汽轮发电机组、1台12MW抽凝式汽轮发电机组和两台7.5MW抽背式汽轮发电机组，锅炉总吨位达615吨/小时，发电机组容量57MW，供热能力达330t/h。

公司作为开发区的基础配套设施之一，承担着向区内企事业单位集中供热的重任，目前主要有顶新集团企业、朝阳橡胶、得力纺织、娃哈哈等82家热用户，供热管网长达50千米。

为保护区域环境，节约能源，促进杭州经济技术开发区“环境立区”的生态园区建设，公司坚持“热电联产、集中供热”的国家产业政策，充分发挥热电联产机组的高效、节能、环保作用。2005年，全厂热效率68.4%、热电比717.9%。从投产至今，公司自觉遵守各项环保法律法规，按时缴纳排污费，环保检测各项指标均达到国家规定标准。同时对循环经济进行探索，公司建立了建材厂进行灰渣制砖，使公司生产中的炉渣、炉灰固废变成可使用的建材制品。

公司自投产以来，开发区内依法拆除小锅炉20多台，公司的投产运行有效地减少了本地区的煤炭消耗，减少了污染物的产生和排放，改善了开发区及其周边地区的大气环境质量，也为杭州创建环保模范城市做出了应有的贡献。

同时，公司对电网特别是对开发区供电有较大的支撑作用，有两条并网线，市电力局把公司的发电机组作为区域性（开发区）顶峰的主要机组。

公司于2005年4月评为“杭州市清洁生产企业”，同年被评为“工业循环经济建设审核验收合格企业”，2006年2月被浙江省经济贸易委员会、浙江省环保局授予“2005年度浙江省绿色企业（清洁生产先进企业）称号。同时荣获杭州经济技术开发区环保局2004年度环境保护先进单位称号。

江苏华电戚墅堰发电有限公司

JIANGSU HUADIAN QISHUYAN FADIAN YOUXIANGONGSI

地 址：江苏省常州市南秧街特1号 邮 编：213011
传 真：0519－8772981

图1/总经理 王锡南
图2/2×390MW燃机
图3/煤机生产现场
图4/全套进口的燃气轮机

图1

图2

图3

图4

江苏华电戚墅堰发电有限公司是中国华电集团控股公司，前身是戚墅堰电厂，始建于1921年。地处江苏省常州市，南临京杭大运河，北依沪宁铁路线。目前已建有两台220MW燃煤机组、两台390MW燃气蒸汽联合循环机组，总装机容量1 220MW，年发电量50亿千瓦时，她就像一颗璀璨的明珠镶嵌在长三角地区的古运河畔。公司两个文明建设取得了丰硕的成果，建成苏南 “无渗漏工厂”，获得“一流火力发电厂”称号，荣获中华全国总工会全国模范“职工之家”、常州市“五星级工业明星企业”等荣誉称号，公司总经理王锡南分别获得常州市“杰出企业家”和“明星企业家”称号。

公司在发展壮大过程中积极致力于环境保护和污染治理工作。公司建有完善的环境保护管理制度，并成立了环境保护领导小组和环境保护技术监督网络。在污染治理方面，近几年来公司投入2 000多万元实施了灰水回收工程，投入400多万元实现了全厂的废水零排放；投入3 000多万元实施了粉煤灰深加工改造，完成了干粉煤灰分选、磨细工程，粉煤灰综合利用率超过100%；投入4 000万元实施了冷却塔降噪隔声屏障的改造及受噪声影响居民的搬迁工作；淘汰了污染严重的小锅炉，年减少2 090吨二氧化硫和3 500吨烟尘的排放；投入13 300万元实施的2×220MW燃煤机组二炉合一塔的湿法烟气脱硫工程也将于2007年投入运行。目前公司各类污染物排放均符合或优于国家标准。

华电国际莱城发电厂

HUADIANGUOJI LAICHENG FADIAN CHANG

地 址：山东省莱芜市张家洼街道办事处 邮 编：271100
电 话：0634-6262030

务实创新的领导班子/图1
除尘效率达99.5%的电除尘机器/图2
莱城电厂厂景/图3

图1

图2

图3

华电国际莱城发电厂位于山东省莱芜市张家洼街道办事处南部，是中国华电集团公司下属大型发电企业。一期工程装机总容量为4×300MW的国产凝汽式燃煤发电机组于1998年3月开工建设，首台机组于1999年12月投产发电，是山东电力行业按照电力基建改革方针第一个实行“五制”，并规范运作的大型电力工程。

建厂6年来，企业引进现代化的管理理念，通过了质量管理体系（ISO9001）、环境管理体系（ISO14001）、职业安全健康管理体系（GB/T28001）的贯标认证。累计完成发电量300多亿千瓦时，实现利税18亿元，迄今保持着首台机组投产以来的安全生产纪录。企业先后荣获原国家电力公司“一流火力发电厂”和“双文明单位”、中国华电集团公司“优秀发电企业”和“文明单位”、“省级文明单位”、“全国模范职工之家”、“山东省环保优秀企业”、山东省“富民兴鲁”劳动奖状、“全国安康杯竞赛优胜企业”、“全国企业文化建设先进单位”、“全国五一劳动奖状”等荣誉称号。

国华太仓发电有限公司

GUOHUA TAICANG FADIAN YOUXIANGONGSI

地 址：江苏省太仓市港口开发区滨江路1号
邮 编：215433
电 话：0512-53711733
传 真：0512-53711720
联系人：雒建中

图1/烟气脱硝系统（一）
图2/烟气脱硫系统（二）
图3/办公区

图2

图3

国华太仓发电有限公司2×600MW超临界发电机组是国内自行设计的超临界机组， 超临界参数、变压运行、螺旋管圈、单炉膛、一次中间再热、四角切圆燃烧、平衡通风、固态排渣、全钢悬吊П型结构、露天布置，其烟囱为240米双钢内筒烟囱，同步配有烟气脱硫、脱硝系统。其中，脱硫系统采用石灰石——石膏湿法脱硫，效率不低于97%；脱硝系统采用选择性催化还原法（SCR）脱硝，效率不低于80%。该机组技术先进、性能良好，是国内能源政策所提倡的高效、节能、环保型机组。

图1

河北长城长电极有限公司

HEBEI CHANGCHENGCHANG DIANJI YOUXIANGONGSI

地 址：河北省涞水县北义安镇工业区
邮 编：074100

河北长城长电极有限公司是河北省重点地方冶金企业，是一家以生产石墨电极、炭电极、炼钢用增碳剂三大产品为主的碳素企业。公司开发的炭电极是冶金用环保节能专用产品，得到用户及市场的肯定。2005年，公司实现产值2.3亿元，利税1 700万元，是县域经济重点支柱企业。

公司在发展规模经济的同时，积极贯彻、执行国家环保政策法规。近几年累计投入资金近800万元，用于环保治理。目前公司共有环保设施10台套，从硬件上保证了公司治污工作。目前设备运行状况良好，尾气排放达到国家治理标准。

公司成立了环保部，负责日常环保管理工作。该部落实责任制，进一步加强规范化、制度化管理，重点加强设备的日常监管。

公司在环保治理方面积极进行技术升级改造，先后走访国内十余家科研院所。2005年从沈阳煤科院引进烟煤反烧技术，目前已改造20台窑炉，环保节煤效果明显，累计投入资金100万元。同时又从浙江大学热能研究所引进高效旋流脱硫除尘环保设备，目前已建成改造3套。

公司2005年得到省级环保专向治理资金80万元用于环保设备改造，同时获得2005年保定市“清洁生产示范单位”称号。

公司为彻底搞好环保节能工作，今年与省天然气公司达成合作意向，计划于2006年底完成天然气引进改造利用工作，使公司社会经济效益双丰收 。

华阳电业有限公司漳州后石电厂

HUAYANGDIANYE YOUXIAN GONGSI ZHANGZHOU HOUSHI DIANCHANG

图1/码头
图2/烟气脱硫装置
图3/煤仓
图4/电厂全貌

图1

一、电厂全貌

华阳电业有限公司漳州后石电厂

装机容量6×600MW，福建电网主力电厂之一。电厂采用世界先进的排烟脱硫、脱硝装置和五电场静电除尘器等污染防治设备，在国内首次配备全程密闭式输煤系统及圆形煤仓，是一座以“环保为优先”的现代化火力发电厂。

二、码头

后石电厂煤码头及综合码头

煤码头：水深16米，可停靠一艘10万吨级煤船或同时停靠两艘7.5万吨级煤船，码头配备每台出力2 000T/Hr全密闭链斗式连续卸船机4台，并通过全程密闭式输煤系统将煤送至煤仓或锅炉。

综合码头：岸上配备450吨吊车一部，可停靠5 000吨级船舶。

三、煤仓

电厂共有5个全密闭式圆形煤仓，每个煤仓可储煤18万吨，可有效防止煤尘污染。

四、烟气脱硫装置

电厂烟气脱硫采用全烟气纯海水脱硫，不设旁路，脱硫效率90%以上，设计二氧化硫排放浓度235mg/m^3。

图2

图3

图4

竞华电子(深圳)有限公司

JINGHUA DIANZI (SHENZHEN) YOUXIANGONGSI

地 址：深圳市宝安区沙井镇新沙路西段东塘工业区
邮 编：518104

总经理 张子文/图1
生产厂房/图2
无尘生产车间/图3
实验室/图4

图1

图2

竞华电子(深圳)有限公司成立于2001年3月，竞华公司投资金额超过6 000万美元，厂房占地面积6万平方米，员工超过4 000人，主要生产二层至十四层的高级印刷电路板。产品销售区域为台湾地区占50%、欧美占5%、日本占45%。公司分别通过TS 16949、QS 9000及ISO 9002国际品质认证，提供给客户优良的产品及服务；公司坚持绿色环保，分别通过ISO14001及GP〔Green Partner〕国际环保认证；倡导以人为本，通过OHSMS18000职业健康安全体系，体现了国际一体化的实质竞争力。

2005年下半年公司产能突破200万平方英尺,成为华南地区印刷电路板供货商之一。公司全体员工秉承诚信、创新、尊重、团结的经营理念，坚持品质至上、追求卓越、持续改善、满足客户、注重安全、符合法规的品质政策及国际化企业管理，在产品品质、技术提升、客户服务等方面满足客户需求。

图3

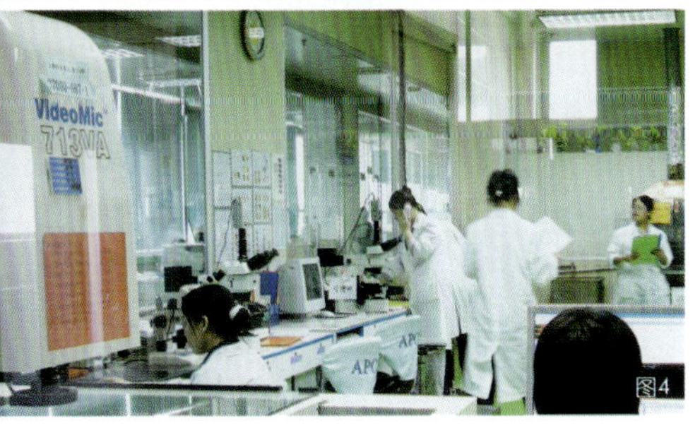

图4

2005年，公司被选定为深圳市的清洁生产试点企业，高层主管非常重视，成立了由8名资深工程师组成的专家组，吴鹏声协理亲自担任专家组组长。通过公司全体成员的努力，公司获得了良好的经济效益和环境效益，年节约电429 800度，节约水36万吨，减少废弃药水430吨，固体废物470吨，可节省成本总计1 000多万元。2006年4月被授予全国优秀清洁生产企业称号。

2006年4月,公司积极响应并参与深圳市政府开展的“鹏城减废行动”，在公司内部积极开展减少浪费、杜绝浪费机制。为进一步创建环保型企业，公司在2006年下半年开始导入绿色采购机制，加强对供应链的管理，优先采购环保性能优良和可再生、可回收、低污染、低能耗的产品或材料。

耀文电子工业(中国)有限公司

YAOWEN DIANZI GONGYE (ZHONGGUO) YOUXIANGONGSI

地 址：江苏省昆山市经济技术开发区耀宁路8号
邮 编：215300

图1/排放许可证

耀文电子工业(中国)有限公司成立于1997年， 2003年11月由顶伦科技有限公司接管。

公司下设行政部、财务部、总经理室、营业部、制造部、工务部、生管/物资部、采购部、研发部、工程部、品保部、品管部。公司占地面积约为18万平方米，其中一期厂房1.6万平方米，餐厅5 500平方米，员工宿舍1 200平方米。2000年6月一期建筑工程完成，并于2000年7月6日正式投产营业。公司初期以生产双面及多层线路板为主，以及各类BGA、MCM、FLIP CHIP及IC封装基板等新型电子元件。其中产品90%外销美、欧、亚、澳四大洲。2000年8月与日本JVC公司进行技术合作，生产高密度印刷线路HDI。并于2000年7月试生产，2001年4月达到量产。公司达到正常生产规格后，年产量50万平方米，生产BGA800万颗/年。

公司通过了ISO9001：2000、QS9000、ISO14001认证体系的认证。

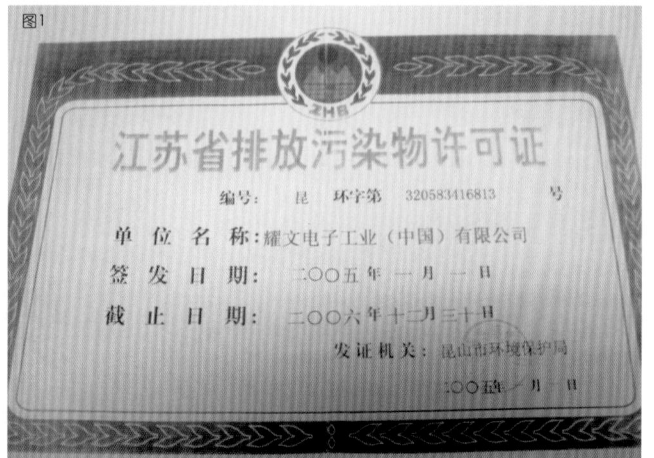
图1

江苏省排放污染物许可证

编号： 昆 环字第 320583416813 号

单位名称：耀文电子工业（中国）有限公司

签发日期：二〇〇五年一月一日

截止日期：二〇〇六年十二月三十日

发证机关：昆山市环境保护局

二〇〇五年一月一日

■ 经营目标：

“客户”第一， 利润共享， 专业领先

■ 经营理念：

诚实做人，踏实做事，创新求变，精益求精

■ 公司“5S”：

整理、整顿、清扫、清洁、洁身(教养)

■ 公司品质政策：

全员积极参与、改善不断持续、开创安全乐趣、客户全面满意、整体赢得利益

■ 公司环境政策：

遵循法令、污染预防、持续改善

泉林集团

QUANLIN JITUAN

泉林集团是以浆纸业为核心的大型企业集团，是国家循环经济试点企业之一。集团总资产40亿元，下辖15个成员企业，现有员工10 000人，年产机制纸50万吨，商品浆60万吨，有机肥料60万吨。泉林集团通过了ISO9001：2000、ISO14001：2004、OHSAS18001：2001三合一管理体系认证，是山东省百强企业、全国轻工业质量效益先进型企业、全国造纸业十强企业、国家重点高新技术企业。

多年来，泉林集团一直在积极发展循环经济，致力于资源节约环境友好型企业的建设，把发展循环经济、建设生态纸业作为竞争制胜的法宝，引领企业可持续和谐发展。集团从循环经济理论的“无害化、资源化、减量化”的3R原则出发，首先是治理生产体系中的污染物，高科技治理企业生产过程中的污染，确保污染物达标排放；其次是推行清洁生产，采用高得浆率制浆技术，规模化发展化学机械浆（CMP）、碱性过氧化氢化学机械浆(APMP)、禾叶类纤维氧化蒸煮制浆，开发引进大型、高速、宽幅、低耗及自动化水平高的抄纸生产线，制造高附加值的纸品种类；再次是以废物利用最大化为目标，研究开发废物资源的综合利用方式，循环利用环保处理的水，创新技术提取黑液中的木质素，制造绿色有机肥料；最后是针对生产体系中的资源，科学调整原料结构，提高三倍体毛白杨木纤维和可再生的芦竹纤维原料比重。

为实现“资源消费→产品→再生资源”封闭式循环型经济，集团建成了3条主要生态链：制浆→造纸→黑液提取木质素制造肥料、化工原料；制浆→产生中段水→水处理→浇灌芦竹、三倍体毛白杨→回用制浆造纸；处理后的中段水→自备电厂冷却循环用水→向各个系统供电。3条主要生态链间相互构成了横向耦合的关系，实现了原料结构的调整，形成了绿色生态产业链的构建，有效地实现了工业区域内资源→产品→再生资源的循环利用，有力地推动了泉林步入可持续发展的轨道，初步形成了生态纸业战略格局。

无限创新，开拓未来。今日的泉林集团正在积极利用市场、品牌、管理等方面的优势，致力于服务工业文明的进步，同时关注人类生存环境。坚持落实科学发展观，深化环保工程技术研发，多举措开发纤维原料，节约水资源，保护好、引导好、发挥好环保优势，建设标志性泉林生态工业园，以发展循环经济为战略指导理念优化升级产业结构，形成“资源与产业循环”的绿色循环经济产业链，2005年10月被确定为国家首批循环经济试点单位。

四川省邛崃市太平造纸厂

SICHUANSHEN QIONGLAISHI TAIPINZAOZHICHANG

图1/厂长：杨琪光
图2/造纸车间
图3/厂区鸟瞰图
图4/厂区一角

图1

图2

四川省邛崃市太平造纸厂于1956年组建,地处邛崃市宝林镇百胜村,工厂占地面积6.67公顷,建筑面积2万平方米,制浆生产能力3.6万吨,造纸生产能力2.7万吨,废水处理能力每天2万吨,职工人数530人。四川省环保局和省经委于2004年正式批准该厂废水治理达标排放验收合格。该厂固定资产总额5 300万元,其中治理污染设施1 800万元；2005年完成工业总产值4 600万元,上缴税金210万元,实现利润162万元,农民工在厂务工人数460人,全员人均年收入7 800元。

2005年向农民收购竹子5万吨,为农民增收1 750万元，有效地推动了农业产业化进程,促进农民增收达小康。

图3

图4

宁夏宇华集团

NINGXIA YUHUA JITUAN

董事长宛建华（中）被评为
“中国十大穆斯林企业家”在人民大会堂领奖/图1
新西兰客人来公司考察/图2
宇华实业公司/图3/图4

宁夏宇华集团是以成立于2000年的宇华纸业有限公司为基础，于2006年成立的。集团下辖4个有限公司：宇华纸业公司、宇华肉食品公司、宇华精铸公司和宇华实业公司。产品包括辐射造纸、纸品加工、印刷、清真食品和精密铸造等。

宇华纸业有限公司从成立以来，十分注重环保工作。于2002年取得了吴忠市环保局颁发的“吴忠市工业污染源达标排放合格证书”。2006年，筹建了吴忠市首座碱回收工程，从根本上解决了造纸工业对环境的污染问题。

经过全体宇华人的艰苦努力，集团被人民政府确定为“全区28家非公有制重点扶持企业”、“宁夏轻纺工业50家重点企业”。精铸公司在第五届国际有色及特种铸造展览会上获“优质铸件”金奖；第八届中国国际铸造、锻压及工业炉展览会上获“优质铸件”金奖。食品获“2005年度中国十大最具影响力清真品牌”称号。“沙漠王子”清真休闲熟食品在2005年北京第三届中国国际农产品交易会上被授予“畅销产品奖”。集团董事长宛建华被评为“中国十大穆斯林企业家”。

山东泰山钢铁集团有限公司

SHANDONG TAISHAN GANGTIE JITUAN YOUXIAN GONGSI

单位地址：山东省莱芜市新甫路1号　邮编：271100
电话：(0634)6114430

图1/共谋发展
图2/公司东门
图3/冷轧厂污水处理

山东泰山钢铁集团有限公司是一家集钢铁冶金、能源电力、机械加工、建筑安装、国际贸易、高科技开发、三产服务于一体，跨行业、跨产业经营的国家大型企业。泰钢拥有先进的生产工艺和技术装备，主要工艺装备有2×60吨转炉、年产70万吨热扎窄带轧机组一套等。年生产能力分别达到生铁175万吨、钢坯200万吨、钢材200万吨。

公司前身是已下马的泰安地区“小钢联”，从1984年恢复生产以来，在国家没有投入一分钱的情况下，自力更生、艰苦创业，通过开展补偿贸易等手段逐步扩大企业经营规模。目前，泰钢总资产33.62亿元，2005年实现销售收入51亿元，利税3.90亿元，被授予国家“重合同守信用”企业称号，并列入“山东省100强企业”。公司先后投资18 460万元，建成了高炉出铁场除尘器、炼钢转炉除尘设施、焦炉烟气除尘设施、发电锅炉烟气除尘设施等30套废气治理设施，炼钢除尘、热轧、冷轧、焦化等6套废水治理设施，3套废物综合利用设施；同时投资50余万元购置了环境监测设施，污染治理水平不断提高，工业水重复利用率为93.8%，取得了较好的经济效益和环境效益。

图1

图2

图3

宁夏昊盛纸业有限公司

NINGXIA HAOSHENG ZHIYE YOUXIAN GONGSI

先进的造纸生产线/图1
公司一角/图2
自治区领导视察工作/图3

图1

图2

图3

宁夏昊盛纸业有限公司（原解放军第9795工厂），1969年经中央军委批准建厂，2001年移交地方管理，2005年改制为股份合作制企业，完全退出国有。公司位于宁夏回族自治区吴忠市侯家湾，占地面积278.67公顷，固定资产6 000万元，拥有总资产8 000万元（不含土地和无形资产），年生产能力近3万吨，职工600余人，各类专业技术人员近100人，是中型制浆造纸企业。

公司一贯以“质量第一、用户至上”为宗旨，以质量求生存，以效益求发展，创连续20年盈利的优良业绩，为军队和地方建设做出了积极的贡献。骄人的业绩，突出的贡献，公司赢得了社会各界的好评，多次被军队和地方政府评为“生产经营先进单位”、“国家级守信用、重合同企业”、“社会治安综合治理先进单位”、“扶贫先进单位”、“自治区百强纳税单位”、“诚信纳税户”、“市级文明单位”，并荣获“全军思想政治工作优秀企业”和“全军节能先进单位”等荣誉称号。

公司现有1 880mm长网纸机等7条造纸生产线和达标排放的污水处理设施，已全面实现清洁生产。主要生产中高档文化用纸和生活用纸等五大系列20多个品种。4种新产品填补了宁夏造纸行业的空白，胶印书刊纸被自治区技术质量监督局授予“质量信得过产品”称号，“9795”牌商标被评为第三、四、五届“宁夏著名商标”。产品除满足本区需要外，大量销售西北各省及内地沿海等城市，并打入国际市场，深受用户欢迎。

辽阳统一企业有限公司

LIAOYANG TONGYI QIYE YOUXIAN GONGSI

地 址：辽宁省辽阳市白塔区建设路42号 邮 编：111000

辽阳统一企业有限公司是东北地区一家大型民用干电池生产企业，属于独立法人公司。公司的产品包括三大系列10个型号30多个品种，同时，公司拥有电池生产线3条，年产量可达到8 000万支，固定资产1 300余万元，是东北大学校企合作单位。现有高级工程师4人、工程师10人、助理工程师10人、技术工人68人。公司拥有先进的生产工艺，高效认真的检测手段，完善的销售网络，严格的管理制度，技术力量雄厚，在废旧电池处理研究领域处于国内领先水平。本项目产品在实际批量（每次20万支R6P）电池生产过程中，通过检测表明，与正常外购材料所做电池性能相比无差别，均优于国家标准。公司正在设计、制造废旧锌锰电池处理生产线。

公司几年来一直致力于废旧电池污染防治高新技术的研究工作，并取得了显著效果，对污染防治和环境保护做出了一定贡献。研发的废旧锌锰电池无害化、资源化处理项目具有一定先进性、良好的示范作用和推广应用价值。

废旧锌锰电池无害化、资源化处理项目由辽阳统一企业有限公司经过3年时间研制而成，是一项拥有完全自主知识产权的申请专利项目，2005年11月13日通过了辽宁省科技厅的成果鉴定，达到国际先进水平。

昆明市滇新锰铁有限责任公司

KUNMINGSHI DIANXIN MENGTIE YOUXIAN ZEREN GONGSI

地 址：云南省昆明市官渡区阿拉乡干海子 邮 编：650208
电 话：0871-7338699

副董事长 吴洪法

昆明市滇新锰铁有限责任公司是江西新余钢铁有限责任公司与昆明市冠丰矿产有限责任公司联营的专业高炉锰铁冶炼实体，为国家中型一档乡镇企业，是东西部合作项目。该企业的投产填补了云南高炉锰铁冶炼的空白。

公司2004年被昆明市政府评为“昆明市第七届优秀企业”；2006年4月又荣获“2005年度昆明地区工业企业100强企业”、“2005年度工业企业税收贡献100家”荣誉称号。在100强企业名列第71位，税收贡献100强中名列第61位。

企业一贯坚持以质取胜的经营方针。由于产品质优，1997年高炉锰铁被评为省级金奖，并颁发了省级全面质量管理合格证书，于1999年经考评授予了部级全面质量管理合格达标证书。公司于2000年被评为全国乡镇企业创名牌重点企业，2003年通过了ISO9001：2000质量管理体系认证。

公司坚持可持续发展的道路，本着综合利用、循环经济可持续性发展的理念，公司股东于1996年投资2 000万元建成年产10万吨矿渣硅酸盐水泥的昆明市复兴水泥有限公司；2000年投资1 000万元建成年产富锰渣两万吨的建水县贫矿富集有限公司；2004年投资2 000万元建成年产硅锰合金3万元吨的建水滇新铁合金有限责任公司；2004年～2005年投资400多万元，对高炉主要设备—鼓风机、热风炉进行了技术改造，提高了产量以及废气利用率；2005年投资1 000余万建成15KW余热电站一座，日发电36 000kwh，既解决了供电紧张的矛盾，又降低了生产成本，减少了废气排放，促使企业综合实力不断加强。

舞钢市海明科技有限公司

WUGANGSHI HAIMING KEJI YOUXIAN GONGSI

地 址：河南省舞钢市安寨路1号 邮 编：462512

厂区一角/图1
实验室/图2
河南省木质素工程技术研究中心在公司挂牌成立，副省长徐济超参加挂牌仪式。 /图3

图1

图2

图3

木质素产业品牌的创造者——舞钢市海明科技有限公司，是一家从事环保、科研、生产的科工贸一体化企业。公司秉承环境友好、科技创新的经营理念，以市场为导向开发出了高品质的木质素系列产品。其中木质素磺酸钠的生产能力目前已达到年产8万吨，得到了国内外客户的普遍认可。

公司自成立以来就把科技开发放在企业生产经营的首要位置，并与河南省科学院建立了长期科研合作关系，在环保治理领域获得了多项国家发明专利，承担并完成了多项省级科研攻关项目。2006年与河南省科学院合作成立了“木质素工程技术研究中心”，这是国内专业从事利用造纸废液生产改性木质素的科研机构。

海明牌木质素磺酸钠是混凝土外加剂、陶瓷行业的知名品牌，在行业内具有重要的影响力。目前，公司辐射全国的经营网络已建成，国内市场的开拓业绩如日中天，产品供不应求，已连续两年实现零库存。

2004年，公司被河南省科技厅认定为高新技术企业，主营产品木质素磺酸钠被认定为高新技术产品，并通过ISO9001：2000质量体系认证。2005年，公司又被河南省发展改革委员会认定为河南省资源综合利用企业，同时获得“河南省创新十佳单位”、“用户首选无毒害绿色环保百家畅销品牌”等荣誉称号。

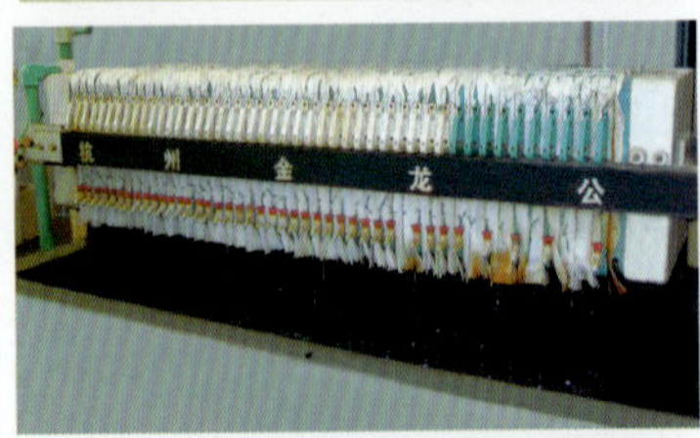

图2
图1 图3
图4

浙江康盛管业有限公司是一家专业生产经营制冷、机械用高压薄壁管材及其延伸产品的企业，其主要产品包括冰箱、冷柜蒸发器、冷凝器、空调连接管和汽车油管系统等，为目前国内邦迪管、单壁精密钢管品种齐全、规格多、生产能力大的专业管路系统生产企业。其冰箱冷柜冷凝器系统用管的全国市场占有率达到60%以上。公司产品主要销往海尔、新飞、科龙、春兰、伊莱克斯等著名制冷家电制造厂家，并出口韩国、日本、伊朗、印尼等国家，深受客户好评。公司始终秉持“产品质量至上、服务质量至上、用户满意至上”的宗旨，在全国各地设有配套服务分厂10余家，以零距离的售后服务方式与客户合作。

总公司坐落在全国著名旅游风景区，国际花园城市千岛湖湖畔。公司占地面积7.78公顷，建筑面积5.6万平方米，扩建工程占地面积36.67公顷，建筑面积25万平方米。公司资产总额3亿元，年生产能力3.5万吨。公司现有员工 2 000多人，其中各类技术人员300余人，拥有一支技术、素质过硬的员工队伍。自1996年公司创建以来，康盛人在董事长兼总经理陈汉康的带领下，始终坚持拼搏创新的精神，以实现永续经营、持续发展为己任。公司始终坚持以科研和技术领先为龙头，引导生产，推动销售的方式发展，目前拥有自主开发的21项专利技术和大量的专有技术。几年来，通过这些技术的有效运用最大限度地优化了产品，降低了制造成本，给予客户最大的性价比，实现了与客户的双赢。

浙江康盛管业有限公司

ZHEJIANG KANGSHENG GUANYE YOUXIANGONGSI

地 址:浙江省淳安县千岛湖镇排岭北路8号 邮 编:311700

董事长 陈汉康/图1
公司一角/图2
压滤器/图3
生态型污水排放池/图4
康盛邦迪厂区/图5

图5

公司在2000年通过了ISO9001：2000质量管理体系认证；2005年通过ISO14000：2004环境管理体系认证；2006年全面实行了ERP信息化管理， 2006年下半年通过了欧盟ROHS指令管理体系审核，获得了产品全面走向国际的通行证。同时在2006年年底通过了杭州市的清洁生产审核，使企业走上了环保、节能降耗、可持续发展的健康轨道。

山东茂泉资源综合利用有限公司

SHANDONG MAOQUAN ZIYUAN ZONGHE LIYONG YOUXIANGONGSI

地 址：山东省临沂市蒙山大道与金雀山二路交汇处房源集团写字楼5楼
邮 编：276000
电 话：0539-8163028
E-mail:mqziyuan@163.com

山东茂泉资源综合利用有限公司是经临沂市政府批准、省工商局注册，由国营企业改制组建的再生资源回收利用企业。

公司在临沂市所属9县3区共设立9个分公司、两个办事处；另设有旧机动车交易中心、封头加工厂、废金属加工厂、旧货交易市场及36个回收网点。公司综合占地面积21.2公顷，职工416人。

公司是第一批持有原国家经贸委颁发的资格证书的报废汽车拆解定点单位。经营范围包括废金属、废旧变压器、废塑料、旧设备调剂、旧机动车交易、钢材、封头加工等。

公司组建以来，多次被评为全国再生利用行业先进单位、省贸易系统先进单位、重合同守信用单位及劳动管理信得过单位，是“全国诚信光荣榜”首批上榜单位。

长春化工（江苏）有限公司

CHANGCHUNHUAGONG (JIANGSU) YOUXIANGONGSI

地 址：江苏省常熟经济开发区沿江工业区长春路 邮 编：215537

长春化工(江苏)有限公司成立于2002年7月，是由台湾长春集团下属公司长春人造树脂股份有限公司与长春石油化学股份有限公司投资成立的独资企业。

台湾长春集团成立于1949年，为台湾第二大石化集团，产品涵盖电子材料、电子化学品、精细化学品、工程塑料、高分子合成树脂、基础化学品等，在台湾、中国内地、日本、马来西亚、印度尼西亚、南非共有20多个营运据点。长春集团拥有丰富的人才和技术资源，以研发著称，拥有多项世界专利。

长春集团选择具有丰富的天然与人文资源、市场潜力雄厚的长江三角洲为投资发展重点，经深入评估后选定具有交通便利、规划完整、服务优良等各项优势的江苏常熟经济开发区沿江工业园作为生产基地。长春化工(江苏)有限公司投资金额3亿美元，占地100公顷，生产项目包括IT产业、电子电器业、纺织业、涂料业、化工业等所需的各项材料与化学品，建设项目除26个化工子项目外，还包含配套热电联产项目、煤炭和化工码头项目。

目前完成环保安全验收评价并已投产的各项项目有：半导体封塑料(酚醛环氧树脂)、光致抗蚀干膜、半导体封装清模剂、聚醋酸乙烯酯乳胶、抗氧剂、胺基树脂、高固型份甲基化胺基树脂、聚乙烯塑料桶、环氧化大豆油、电子级显影剂、电子级稀释剂、电子级剥离剂、电子级双氧水、低溴化环氧树脂等。

康鑫集团有限公司

KANGXIN JITUAN YOUXIANGONGSI

地址：浙江省慈溪市杭州湾新区滨海二路　邮编：315336

康鑫集团有限公司是一家以大规模聚酯熔体直纺技术生产涤纶化纤产品的新型现代化企业。公司坐落于浙江省慈溪市杭州湾经济开发区，毗邻建设中的杭州湾跨海大桥，交通便利，地理位置优越。企业占地面积约45公顷，一期投资约7.1亿元人民币，建设1条年产20万吨的大型聚酯装置及配套的直纺短纤、长丝装置。

康鑫集团有限公司于2004年1月开始筹建，一期工程于2006年1月建成试产，目前公司已具备年产20万吨聚合和15万吨短纤的生产能力。

康鑫集团有限公司的设备采用目前国际、国内的先进技术。

20万吨聚酯装置由中国纺织工业设计院成套提供。该成套设备的关键设备和控制系统从国外引进，装置性能优良、运行稳定、生产高效可靠。

直纺短纤装置是由上海太平洋机电集团配套的年产3万吨的熔体直纺短纤生产线，技术和装置处于国内先进水平。

长丝装置目前正在筹备洽谈中，拟引进国内先进的POY生产设备，生产差别化POY长丝。

本项目配套的公用工程装置设备均采用国际、国内一流企业的技术和产品。

在产品生产和开发方面，公司目前这套生产线可生产从0.8D到 2.5D的涤纶短纤维，也可开发生产差别化产品，如功能色丝、阳离子可染、荧光增白等。

公司的装备技术先进，质量优良，生产高效稳定。产品投入市场后很快满足了客户的需求，赢得了客户的信赖。目前，公司产品质量已处在国内领先水平。

作为杭州湾畔的一家新兴企业，公司在筹建伊始就以创造社会价值为己任，尊重人的价值，努力为团队成员营造一个良好的发展环境；同时强调社会责任，爱国守法，注重与自然的和谐互动，走可持续发展之路。

公司遵循以人为本，忠信诚和，严谨高效，求实创新的企业理念，用诚信赢得客户，以质量立足市场，以发展吸纳人才，公司愿以一流的质量和良好的服务与广大客户真诚合作，共创美好未来。

董事长 沈定康/图1
公司产品车间/图2

南京德林环保有限公司北京销售公司
北京金创科尔测控技术有限公司

制世界领先仪器　做中国最佳服务

Delin 德林

总　裁：洪陵成　教授
总经理：闵正理　13901382627
地　址：北京市海淀区上地信息路1号国际科技创业园2号楼505室　邮编：100085
业务联系：010-82895008 010-82895938　传真：010-82895776
技术支持：010-82895018　服务热线：010-82895011(24小时)　E-mail：mz1505@126.com

南京德林环保仪器有限公司是由中国著名水环境分析仪器专家、河海大学教授洪陵成研办，是中国环境监测仪器专业委员会常委单位，承担着国家863高科技项目和诸多研究项目。作为水环境分析仪器领域的领头羊，已稳步打造成该行业最著名的品牌。德林仪器的完全自主研发和技术的先进性，已成为中国分析仪器领域的骄傲。德林生产的DL2001A型CODcr全自动在线分析仪是洪陵成教授花费了十多年研制的成果。中国水环境监测专家魏复盛院士在该项成果鉴定报告中称，它"解决了国际上FIA用于水质CODcr监测的关键技术，具有我国自主知识产权。""该监测仪器及网络系统的组合及整个系统的先进水平，其中解决关键部件的设计达到世界领先水平"。在第六届全国FIA学术会议上，将FIA技术带入我国的中科院院士方肇伦表示，该项成果标志我国在这个领域走到了世界前头。

图1

- 国家863高科技项目承接单位
- 中国环境监测部门重点推广单位
- 被国家列为重点新产品计划项目
- 获得国家科技创新基金无偿资助
- 中国环境监测仪器专业委员会常委单位
- 获得国家环境保护产品认证证书
- 荣获"中国环保仪器行业十大影响力品牌"
- 通过ISO9001：2000国际质量体系认证

洪陵成　总裁(教授)/图1
闵正理总经理与外商合影/图2
软件证书/图3
环保证书/图4
COD样机/图5
DL2003氨氮在线分析仪/图6

图2 图3 图4 图5 图6

软件企业认定证书

经审核，南京德林环保仪器有限公司符合《鼓励软件产业和集成电路产业发展的若干政策》和《软件企业认定标准及管理办法》（试行）的有关规定，认定为软件企业，特发此证。

证书编号：苏R-2006-1034　发证机关：
二〇〇六年七月十日

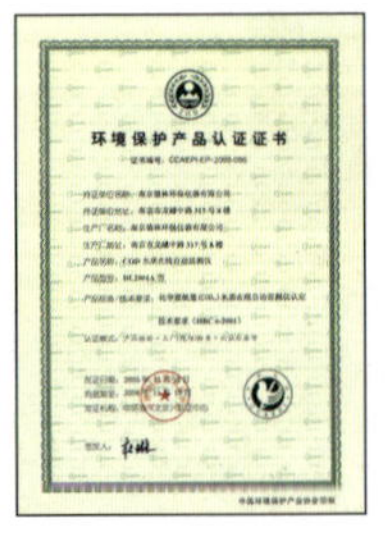
环境保护产品认证证书

DL2001A型CODcr全自动在线分析仪

- ☆ 世界惟一利用流动注射分析（FIA）技术在线测定COD
- ☆ 拥有完全自主知识产权，已获八项国家专利
- ☆ 独创的免维护采样系统
- ☆ 全进口世界品牌电器元件保证仪器的长期可靠运行
- ☆ 摒弃蠕动泵输液方式，使用陶瓷泵，无易损件，低故障率
- ☆ 380nm紫外比色分析，可监测各种有色水体
- ☆ 超大测量范围(4-50000mg/l不分档测量)
- ☆ 产品居于世界领先水平

DL2003氨氮全自动在线分析仪

- ☆ 先进的流动注射分析技术
- ☆ 独创的气液分离技术，水样无需苛刻的前处理
- ☆ 准确、快速、经济、可靠
- ☆ 超大的测量范围
- ☆ 高灵敏的比色检测
- ☆ 拥有完全自主知识产权，已获得国家专利